高新科技译丛
装备科技译著出版基金资助出版

移 动 智 能

Mobile Intelligence

[加] Laurence T. Yang　[澳] Agustinus Borgy Waluyo
[日] Jianhua Ma　[澳] Ling Tan　[澳] Bala Srinivasan

编著

卓　力　张　菁　李晓光　张新峰　译

国防工业出版社

·北京·

著作权合同登记　图字：军-2012-091 号

图书在版编目（CIP）数据

移动智能/（加）杨天若等编著；卓力等译. —北京：国防工业出版社，2014.1
（高新科技译丛）
书名原文：Mobile Intelligence
ISBN 978-7-118-08968-4

Ⅰ. ①移… Ⅱ. ①杨… ②卓… Ⅲ. ①移动通信—智能技术 Ⅳ. ①TN929.5

中国版本图书馆 CIP 数据核字（2013）第 248157 号

国防工业出版社出版发行

（北京市海淀区紫竹院南路 23 号　邮政编码 100048）

北京奥鑫印刷厂印刷

新华书店经售

*

开本 787×1092　1/16　印张 25¼　字数 481 千字

2014 年 1 月第 1 版第 1 次印刷　印数 1—2000 册　定价 98.00 元

（本书如有印装错误，我社负责调换）

国防书店：（010）88540777　　　发行邮购：（010）88540776
发行传真：（010）88540755　　　发行业务：（010）88540717

前　言

如今，随时随地使用手机等移动通信设备的人们随处可见。人们通过个人数字助理设备（PDAs）和具有无线连接功能的笔记本计算机就能连接网络获取信息。这种称为移动计算的应用正在全球范围内迅速增加。各大移动手机生产商竞相发布各自产品的最新版本，就在不久之前苹果公司推出了其有史以来第一款具有革命性的移动手机，即众多用户期盼已久的 iPhone。这对于必须紧跟信息服务以获得商业优势的移动服务提供商来说是一个巨大的挑战。

无线技术的快速发展造就了移动计算模式。它引入了随时随地的计算概念，由此诞生的应用具有广阔前景。但是在移动计算真正实现其潜力之前，仍有一些重要的问题需要解决，比如存储容量受限，断线频率，带宽窄，安全问题，非对称通信费用和带宽以及小屏幕尺寸等。计算智能是一种在研究中用于分析各种问题的强大、不可或缺的方法，它通过学习、自适应或演化计算来构建方案，在某种意义上来说可称为智能方案。这种方法已经用于解决各种不同领域的问题，如安全、市场营销、图像质量预测以及风险评估等。因此，利用它来解决移动计算的问题也颇具潜力。

将计算智能方法应用到移动模式具有广阔的应用前景，二者的结合产生了一个新的概念，也就是所谓的移动智能。移动智能可以使许多应用获益，包括数据库的查询处理、多媒体、网络安全、信息检索、电子商务系统、网络流量与应用以及搜索引擎等。

本书涵盖了移动模式下计算智能各种应用的最新研究进展，包括移动数据智能、移动挖掘、移动智能安全、移动代理、基于位置的移动信息服务、移动环境感知和应用、智能网络以及移动多媒体等。本书将致力于传播并推进移动智能的最新研究。

本书的章节选自移动智能领域杰出学者的特约稿件。全书共划分为 7 个部分，分别是：移动数据及人工智能（第 1～6 章），基于位置的移动信息服务（第 7～10 章），移动挖掘（第 11、12 章），移动环境感知和应用（第 13～15 章），移动智能安全（第 16～19 章），移动多媒体（第 20～23 章）和智能网络（第 24～27 章）。

第 1 部分（移动数据及人工智能）由 6 章构成，每章从不同方面关注无线环境下对移动数据的高效检索。第 1 章是对现有移动 Ad Hoc 网络智能路由协议的综述，对几个关键问题进行了评述，同时也讨论了这些协议如何就数据包吞吐量和延时性能等方面进行评价。该综述是学习移动 Ad Hoc 网络（MANET）无线路由协议的一个非常好的起点。第 2 章提出了 MANET 连通域集（CDS）结构的拓扑管理。书中采用区域算法来减少 CDS 的节点数量，从而可以高效管理网络。第 3 章介绍的是用于优化 MANET 介质访问控制（MAC）机制的一个智能机制。它通过释放未使用的保留信道，提高了信道效率同时增加了信道吞吐量。第 4 章介绍了移动环境中发布/订阅消息的模式，该方法将供应商与用户数据的通信进行分离，从而使移动应用具有隐藏间歇断线的功能。此外，它融入了只选择用户感兴趣消息的过滤机制，对无线网络中的有限可用带宽进行轮流优化利用。第 5 章定义了 MANET 中基于簇的合作缓存和预取机制，以提高查询性能，并对一些开放性问题进行了详细讨论。第 6 章介绍的是移动智能代理的部署，它是可直接提供移动环境数据与服务的一种方法。书中还介绍了移动代理如何使用户随时随地获得信息的基本原理。

第 2 部分（基于位置的移动信息服务）介绍的是利用智能方法解决无线移动环境下基于位置的

信息检索问题。本部分包括四章。第 7 章介绍 MANET 基于簇结构的智能信息服务协议，该协议支持多跳无线网络，具有很多优点，比如开销低，可扩展性、容错性好以及位置信息更精确等。第 8 章研究的是蜂窝以及 Ad Hoc 无线网络中的预测位置跟踪问题。本章阐述了其能够预报移动用户未来可能位置的特点，探究了位置预测的几个关键因素，并定义了一个用于位置跟踪的可行模型。该模型可以在任意无线网络中减少时延和资源消耗，并延长网络的寿命。尽管位置预测问题已经取得了重大进展，书中还是进一步提出了一些重要问题以待今后进一步探究。第 9 章是用于移动数据广播的高效无线索引机制。本章首先对文献中的索引机制进行分类和详尽讨论，而后作者提出了基于单元的分布式空间索引（CEDI）。与合并每个广播项指针不同的是，它将一组数据项的分布式结构进行智能合并，从而可以减少处理窗口查询时冗余数据项的监听，提高能量效率，减少查询访问的时间。第 10 章对无线环境下 Web 2.0 的部署进行了设计，Web 2.0 用于基于定位的服务（LBS），书中对 Web 2.0 如何有利于 LBS、如何工作以及如何实现进行了全面探讨，此外还着重讨论了一些开放性问题，如隐私保护机制的必要性。

第 3 部分（移动挖掘）包括两章，分别关于感兴趣模式和移动用户产生数据的知识。第 11 章对移动挖掘进行了全面介绍，是一篇非常好的学习移动物体数据挖掘的应用、当前趋势、问题和方法的参考资料。第 12 章则针对通过网页服务的移动设备上普遍存在的数据挖掘问题进行了讨论。本章阐述了使移动网页服务允许从移动设备远程执行数据挖掘任务并获得相应服务的实现可能性。

第 4 部分（移动环境感知和应用）由三章组成，探讨了智能机制作为移动应用支持环境感知的手段以及它的重要性。环境感知计算的基础原理和框架在第 13 章中介绍，以构成环境感知技术设计与评估的基础。第 14 章介绍的是作者关于普适中间件，用于处理用户环境、位置跟踪的移动代理系统，以及预测技术的开发经验，其中预测技术可以支持员工办公空间的动态分配。第 15 章介绍了环境感知计算中移动代理的应用，对于用户间私人通信问题的解决具有广阔的应用前景。书中作者提出了基于代理的环境感知通信系统，可根据用户的需求和偏好提供私人通信服务，并将提出的系统纳入处理冲突用户政策机制中。

第 5 部分（移动智能安全）由 4 章构成，试图通过采取不同的智能机制来解决移动环境中的安全问题。第 16 章介绍的是 MANET 中现有的路由方法，并指出了它们的缺陷，尤其强调了选择性丢包而非转发的自私或恶意代理。本章定义了一个叫做鲁棒信源路由（RSR）的新机制，该机制采用了先驱报文的概念，指的是沿路径通知所有节点数据包的流以及接收每个包的时限。这样就可以识别出恶意代理进而将其孤立。第 17 章引入了 MANET 检测威胁的在线机制，利用到神经网络的特殊形式即图神经元（GN）。该机制可实现模式识别，其中网络的状况就被当作模式。通过对这些模式实时地收集和分析，来发现网络中的入侵并检测威胁。GN 的一种扩展为分布式层次图神经元（DHGN），书中介绍了其优于标准 GN 的性能。第 18 章对 MANET 的安全路由协议进行了进一步的研究，书中强调的是中间节点间可信度的评估，以提高 MANET 的安全级别。其中引入了一个基于拒绝的信任模型，叫做 SMRTI 或带有信任机关的安全移动 Ad Hoc 网络路由。该模型能够捕获可信证据并通过多种方法对其评估，而后对一个恶意节点进行预测应用。第 19 章详细探讨的是基于定位访问控制系统的重要性、设计和需求，着重强调了隐私问题，并定义了一个叫做相关性的度量标准，用于度量位置的隐私性和准确性。一些示例的研究结果表明，该技术可以获得不错的效果。

第 6 部分（移动多媒体）注重于移动环境下智能方法用于多媒体检索的应用，共有四章。第 20 章讲的是具有语音 XML（VOICE）功能的智能移动环境感知的推荐系统。特别示例了餐馆推荐系统，它可以根据用户的偏好为用户有效提供一系列餐馆进行选择，并对用户选定的餐馆给出方向指示。第 21 章主要探讨移动计算中多媒体内容的高效管理与检索，提出了 MoVR 系统并作了详细介绍。该系统采用了智能机制用于个人视频检索，包括分层马尔可夫模型调停（HMMM），该系统对HMMM 文件进行组织建模来捕捉并存储个人用户的访问历史和偏好，从而可提供"个人化建议"，此外模糊关联概念使得用户可通过框架做出选择。为提高处理效率，在服务器端计算操作量大，而移动客户端的主要任务是管理检索到的媒体以及当前查询的用户反馈。该系统还支持移动设备的信息缓存。同样，书中也示例了一个移动足球视频的系统样本。第 22 章介绍的是普适时尚计算机（UFC），UFC 是一款可穿戴型计算机，可用于无处不在的计算环境中。该系统可支持不同通信链路（如蓝牙、Zigbee）的互操作，以及用户界面和 UFC 的直观使用。采用的用户界面叫做 i-Throw或直接输入设备，可以识别手势、方向，并利用手势来控制普适设备。书中也介绍了开发的系统样本及其有效性。第 23 章对移动设备上采用的多种不同视频编解码器的能量消耗进行了深入、系统的测试，并给出了实验数据的总结，该总结对选择移动视频的最优编解码器及其参数很有帮助。

第 7 部分（智能网络）从移动计算向前进一步到普适计算层面，此处计算的概念是与环境紧密联系的，通常包括无线传感设备。该部分由四章组成，介绍的是用于解决无线传感器网络（WSN）不同问题的先进技术。第 24 章着重探讨了 WSN 数据存储的问题，讨论了现有解决方案并作了全面对比。文章结尾提出了 WSN 数据存储相关的开放性问题并进行了发展趋势展望。在典型 WSN 设置中部署了大量传感器设备，嵌入跟踪机制很有必要，尤其是在传感器被放置在恶劣环境中人们很难进行控制的情况下。为此，第 25 章通过引入 CollECT 机制提供了一种解决方法。CollECT 的设计融入了邻近三角、事件决策以及边缘传感器选择等过程，它可以快速地检测事件并予以跟踪。书中也探讨了文献中的其他方法以及待解决的开放性问题。另一个需要克服的重要问题是 WSN 攻击，一次 WSN 攻击会导致网络不稳定甚至陷入瘫痪。对此，第 26 章提出了一个分布式拒绝服务（DDoS）攻击的模型。DDoS 被视为洪泛攻击，它利用的是网络线路间速率与节点间处理能力的不对称性，目的在于操纵网络的流量密度，使其攻击对象或整个网络丧失功能。书中提出了一个基于自组织图（SOMs）的集中式算法来检测这种攻击。SOM 神经网络通过网络流量模式进行训练，模式包括攻击模式和正常情况。所提出的 SOM 方法可以在网络流量稳定的环境中很准确地检测出攻击。最后，第 27 章介绍了 WSN 中另一个关键问题，即能量效率。书中提出了一个名为得票图神经元（VGN）的模式识别方法，它利用传感器节点间的合作来检测事件的发生，并引入了一个新的高效节能的模板匹配方法。这种方法可以使传感器节点在活动模式和睡眠模式之间转换，通过动态控制节点之间的协作来达到节省能量的目的。

作为一个非常崭新的研究领域，移动智能带来了非常多的研究机会，使研究者、工程师和开发人员能够开发出更多有趣的应用。随着移动用户知识的增多，我们相信，随之而来的应用和系统必将更加密切地贴近我们的日常生活。

本书的读者不仅可以学到移动计算不同方面的内容，还能看到相关问题的智能解决方法以及移动模式中的其他方面。

祝您阅读愉快。欢迎读者评论及反馈，谢谢！

Laurence T. Yang
Agustinus Borgy Waluyo
Jianhua Ma
Ling Tan
Bala Srinivasan

目　录

第1部分 移动数据及人工智能

第1章 移动 Ad Hoc 网络的尖端路由协议综述

1.1 引　言

传统的网络基础设施难以在即时的场景中提供计算机网络服务，而移动 Ad Hoc 网络（MANETs, Mobile Ad Hoc Networks）的出现使这成为了可能。移动网络通常是基于无线通信的，因此很多建立在有线网络基础上发展的技术无法直接应用于移动网络。特别地，由节点构成的移动网络不依赖于任何基础设施，可以短时间内在空中形成网络。形成移动网络的主要挑战在于节点的移动性、无线介质的特性、小型移动节点的能量约束以及节点可能在网络周期内随时加入或离开网络的不确定性。

由于节点的移动性，网络中路由的生命周期通常很短。有线网络中的节点通常是在固定的地理位置上，与有线网络不同，无线网络中的路由在数据通信会话的整个期间可能出现，也可能不出现。无线介质的约束性是指，节点的任何通信都是通过数据包广播完成的。由于无线介质的带宽相较于有线网络来说要窄很多，带来的问题就是几乎所有通信都会由于数据包的洪泛而占用大量的网络带宽。此外，对有限带宽的争夺会导致数据包的冲突和重传，进一步造成可用带宽的浪费。MANET 中的节点通常由电池供电，在网络对话过程中可能难以充电，这也进一步增强了无线介质的约束性，也即节点不应该把能量浪费在因冲突丢失的数据包重传上。节点消耗在传送和接收数据包上的能量几乎是相等的，所以对传往其他节点的数据包进行监听也是种能量的浪费。

无论对于有线计算机网络，还是无线计算机网络，数据包的路由选择都是最基本的操作之一。MANET 中的所有应用都依赖于可靠和有效的数据包路由选择。因此，设计出适应于 MANET 约束性并能为更高层应用提供支持的路由协议极其重要。过去 10 年来，为设计出有效的 MANET 路由协议，各方学者对此做了大量的研究工作。互联网工程任务组（IETF, Internet Engineering Task Force）[1]的 MANET 工作组正在考虑将这些协议中的某些进行标准化。但由于文献所提出的路由协议不尽相同，这对于 MANET 工作组来说相当困难。目前，工作组已将四种协议纳入了考虑范围，并为这些协议的互联网草案公开征求意见。

本章旨在对面向 MANET 的不同路由协议给出一个简明而全面的概述。本章将特别关注 MANET 工作组纳入考虑范围的协议，因为这些协议是目前为止所提出的路由协议中最为有效和可靠的协议。同时也将从历史的角度来讨论路由协议的演变和发展，并就其他协议中独特而有趣的理念进行探讨。本章中所讨论协议的更多细节可参考 Belding-Royer 和 Toh 的论文[2]以及 Perkins 的著作[3]。

本章的其余部分安排如下：1.2 节讨论路由协议的分类；1.3 节讨论主动路由协议的分类；1.4 节就反应式路由协议进行讨论；1.5 节介绍一些其他类别的协议；1.6 节就以上内容做出总结。

1.2 MANET 路由协议的分类

所有针对 MANET 设计的路由协议的主要目的均是获得高性能，如高吞吐量、低延迟、各节点的低耗能等。然而上述目标往往都是自相矛盾的，因为路由协议为了满足其中一方面的性能要求时可能必须要牺牲另一方面的性能要求。例如，假设所设计的路由协议是为了确保数据包传输时具有较低的延迟，这也可能是在网络中节点间传输多媒体内容时服务质量（QoS，Quality of Service）的需求。如果单个节点想要快速地传递或发送数据包到目的节点，它们就必须对网络拓扑结构有着明确的认识，并且尽可能准确地知道通往目的地的路径。不过，要想收集到精确的拓扑信息，就需要节点间交换局部视图。换句话说，每个节点都应时常将自身邻域内的情况告知其他节点，这样所有的节点都能获得最新的网络拓扑信息。这种类型的信息交换是通过发送控制消息（该名字用于区分实际的数据包）来完成的，并且整个过程需要节点消耗大量的能量。因此，路由协议可能不得不以牺牲电池能量为代价来换取低延迟。

所有的路由协议都隐含地设定 MANET 中的节点在传送包时是与其他节点相互配合进行的。从包的角度来看，MANET 中的节点可分为三类：发送节点、接收节点和转发节点，转发节点的任务是竭尽所能将数据包发送至目的地。MANET 的安全问题不在本章范围内，我们假设网络中的所有节点都是可信的。读者可参考 Pirzada 等的论文[4]，相关参考文献中会涉及更多有关 MANET 安全性问题的探讨。

MANET 的主要路由协议按其收集网络拓扑信息方式的不同可分为两类：主动式和反应式。主动式协议在包传递过程中通过在整个网络中积极传播拓扑信息来降低延迟。但这也带来了不利影响，无线介质中的大量可用带宽都用于发送控制信息。因此，在设计主动协议时会面临这样一个挑战性的难题，即如何才能既减小控制消息在网络中的影响，又使包传递过程达到可接受的延迟水平。有关此问题的讨论将在 1.3 节中进行详细论述。

反应式协议是通过减少网络中的控制消息从而最大限度地减少带宽浪费的一种协议。它不依赖拓扑信息的主动收集，而是采取按需方式来寻找路径。不过这种方法往往会加剧包传递的延迟。因此在设计反应式协议时的挑战性难题是，如何既能降低延迟，又能保持少量的控制消息。采用反应式协议的移动节点往往是使用间接方法，例如监听过往的无线数据流来提高对网络拓扑信息的认知。本章将在 1.4 节对该问题进行深入探讨。

此外还有一些既能结合主动式协议和反应式协议的优点又能摒除其缺陷的协议。这些协议在每个节点的小范围邻域内采用主动协议，在整个网络范围内采用反应式协议，这样一来就能够管理控制消息的数量。区域路由协议（ZRP，Zone Routing Protocol）是其中最为值得关注的，将在 1.5 节中简要对其进行讨论。

在 1.5 节中还将讨论一类叫做链路反向协议的重要协议。这些协议基于在 MANET 中保持有根有向无环图（DAG，Directed Acyclic Graph）这一简单思想，其主要目的在于保持 DAG（因此也就保有路径），不过这些协议的额外开销通常也是非常大的。

1.3 主动路由协议

主动路由协议通过主动地交换本地拓扑消息，来收集尽可能多的 MANET 信息。目的序列距离向量（DSDV，Destination Sequenced Distance Vector）协议[5]是最早的 MANET 协议之一，也是最有名的主动路由协议之一，该协议对控制消息的开销巨大，因此随着更有效的反应式协议的出现，如动态源路由（DSR，Dynamic Source Routing）和 Ad Hoc 按需距离向量协议（AODV，Ad Hoc On-demand Distance Vector），DSDV 便逐渐失宠。不过，包传送过程中的低延迟仍是主动协议最具吸引力的一个方面。近年来，相当数量的研究工作都旨在降低 DSDV 协议的开销，其中最为成功的是最优链路状态路由（OLSR，Optimal Link State Routing）协议[6]，目前它已被纳入 MANET 工作组考虑范围。本节中将首先讨论 DSDV 协议，随后就 OLSR 协议进行探讨。

1.3.1　目的序列距离向量协议

首先，本节列出关于 MANET 路由协议中的几个特点，它们同样适用于本章讨论的所有协议。路由协议是 MANET 中每个节点执行的一种分布式算法，也就是说，每个节点对数据执行的是它们在本地收集的本地协议副本。此外，这种协议的分布式执行旨在达到整体性能目标，如高吞吐量、低延迟和减少能量总开销等。下面用名词包和消息来表示无线介质中节点发送的包。

所有的路由选择都是由单个节点基于本地路由表所做的决定，从这种意义上来说，DSDV 是一种表驱动协议。DSDV 协议分为两个部分，即保持本地路由表的实时更新和根据路由表计算路径。首先讨论第二部分，因为这将能明确节点如何通过执行 DSDV 协议找到最佳路径。随后会讨论节点如何更新其路由表。

首先，假设每个节点在各自的路由表中都已完成对网络拓扑最新信息的收集。给定一个源节点 S 和一个目的节点 D，路由表的目的就是根据 S 和 D 之间的某种度量，寻找到最佳路径。在 MANET 中，中间节点（如除 S 和 D 以外的节点）负责将接收到的包从 S 转发到 D。因此，从中间节点 I 的角度来看，最佳路径就是从 I 始、以 D 为目的地的一条路径。

本节将从抽象的图论角度对路由表进行分析，这种分析方法同样适用于其他类似的表。将 MANET 中的节点看作所提出的图形中的节点，如果两个节点位于彼此的传输范围内，那么两者之间就会有链路或者一条边界。实际上，MANET 中相邻节点彼此的传输范围可能并不相同，因此节点间的链路可能不是双向的。为了使协议便于描述，将情形简化为节点间的链路总是双向的。不过，当链路是单向时，我们的描述也可依情况进行适当的修改。现在，可以将路由表视作图形的邻接矩阵，代表底层的 MANET。可以在矩阵的第 i 行和第 j 列交叉处，用 1 表示节点 i 和 j 间存在边界，用 0 表示不存在边界。

现在，可以在邻接矩阵利用 Dijkstra 最短路径算法来寻找最短路径。假设源节点（每个节点对包来说都是潜在的源节点）或中间节点 I 必须为包找到到达目的地 D 的最佳路径。节点对其路由表运用 Dijkstra 最短路径算法，找到通往 D 的最短路径，这个最短路径必须经过该节点的相邻节点。接下来，我们的任务是将包转发到这个相邻节点。相邻节点依次对其路由表运用 Dijkstra 最短路径算法找到通往目的地的最佳路径，并且重复转发数据包的过程。假设在使用 Dijkstra 算法寻找最佳路径时，跳数是唯一的度量；不过也可以用一些与无线介质相关的度量。这些度量可以是链路成本带宽、链路延迟等。最短路径的选择如图 1.1 所示说明。

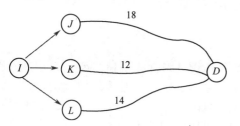

节点 I 运用 Dijkstra 最短路径算法在路由表中找到了通往目的地 D 的三条不同路径。由于花费在 K 和 D 之间路径的成本最少，I 选择相邻节点 K 作为包的下一个跳点。节点的 ID 显示在节点内部，从节点 J、K、L 出发的路径成本显示在其路径上。

图 1.1　DSDV 协议中转发节点选择示意图

现在将关注焦点转向 DSDV 协议的另一个部分，即拓扑信息的收集。如果期望节点通过运用 Dijkstra 最短路径算法寻找到最佳路径，那么每个节点的路由表就应该随时进行更新。值得注意的是，MANET 中不是所有节点的路由表中包含的信息都是正确的。换句话说，由于节点的移动性，相邻节点间已经被记作链路的所有链路在协议执行期间可能会随时消失。比如 MANET 中有三个节点 i、j、k，节点 i 有可能记录了节点 j、k 之间的链路信息。不过，通常来说这种信息是比较旧的，在节点 i 运用此信息来计算最短路径时，由于节点 j、k 的移动性，两者之间的链路可能已经断开。

值得注意的是，集中式算法和分布式算法是不同的。实际上，集中式算法在执行前具有完整的输入，而分布式算法中每个节点只有部分输入，并且节点不得不根据这些部分输入来执行算法。除此之外，由于节点的移动性，MANET 的路由协议甚至无法获得正确的部分输入。因此，MANET 的任何路由协议都不是传统意义上的精确算法。从某种意义上来说，路由协议是运用不完整的、部分错误的输入来试图达到最优结果的一种算法。

执行 DSDV 协议的节点通过交换各自的路由表来更新它们对网络拓扑的认知，如一个节点 i 和它的路由表。假设 i 目前有三个相邻节点 j、k、l。如果三个节点中的任意节点，如 j，移出了 i 的传输范围，那么 i 的路由表将会更新。这种类型的变化将会触发 i 面向网络中所有节点的广播，其他节点也将依据已经改变的拓扑结构来更新自己的路由表。i 将自己的路由表发送给当前的相邻节点，这些相邻节点再将其发送给它们的相邻节点，以此类推，广播就是通过这样的方式完成的。如果节点 m 接收到上述来自节点 i 的广播，那么 m 的路由表也会改变，之后再由 m 发起广播。

由于节点移动性而引发的节点局部拓扑结构的改变，使 MANET 中的所有节点都需要广播它们的路由表，显然，这是一个费力的过程。带宽的一大部分都消耗在了这些用于更新的数据包上，特别是在高移动性场景中。对此，在原先 DSDV 协议的基础上提出了一些减少开销的建议，将 DSDV 发送路由表的所有更新信息改为只发送更新的增量。增量更新方式的思想是，只广播路由表中更新的部分，而不是广播整个路由表。但是，事实上每个更新都会洪泛至整个网络，即使在中度移动性场景中，就数据包的吞吐量而言，协议也会变得低效。

我们通过论及 DSDV 协议的另外一个重要特征，即包的序列号分配，来对整个讨论进行总结。从节点 i 向 MANET 内所有节点广播数据包 p 的结果是，另一节点 j 会得到 p 的多重副本。除此之外，如果 i 在两种不同情况下发送了两种不同的路由表更新内容，那么将不能保证这两个数据包以正确的顺序抵达 j，也就是说，先发送的数据包有可能晚到达。由于 DSDV 依赖正确的拓扑信息进行路由选择，所以节点利用最新信息来更新其路由表就变得尤为重要。确保节点能够利用最新信息的途径之一就是在当前时间对每个数据包做时间戳。如果 j 收到从 i 发送的两个数据包，j 可以通过时间戳来判断哪个数据包比较新。不过这种方法只在所有节点保持时钟同步的情况下才适用。时钟同步在分布式系统中并不易实现，特别是在 MANET 中，所以并不期望节点能够访问任意基础设施。另一种方法是使用序列号作为逻辑时钟。每个节点都对数据包进行戳记，这样数据包在广播时就附带一个递增的整数值，称这个整数值为序列号。任意节点 j 收到从 i 发送的两个数据包时，都可以通过比较数据包序列号的大小来判断哪个数据包比较新。

1.3.2　最优链路状态路由协议

虽然 DSDV 协议因其寻找路由时的低延迟而备受关注，但是路由表广播也带来了控制包高开销的弊端。任何广播都会洪泛于整个网络中，并且会占用无线介质中的大部分可用带宽。OLSR 协议是致力于降低 DSDV 协议控制开销从而提高数据包传输吞吐量的一种相对较新的协议，它主要通过两种途径对 DSDV 协议进行改进：一是降低更新信息的长度；二是降低广播的影响。下面就这两种途径分别进行讨论。

执行 OLSR 协议的节点所广播的内容不再是路由表，而是链路状态。假设节点 i 目前有三个相邻节点 j、k、l。如果其中一个节点，如 k，移出了 i 的传输范围，那么拓扑结构将发生改变，并且 i 会将这一改变通过广播通知给其他节点。注意，i 是有能力通知其他节点链路 i-k 已经断开这一信息的，并且其他节点也可以通过这个信息来更新自己的路由表。因此，相较于路由表，广播链路状态信息能更好地将控制消息保持在低量状态。

OLSR 协议主要的改进之处在于它减轻了数据包广播的影响。对于节点 i，由于无线传输是一种全方位式的传输方式，所以所有相邻节点都会收到节点 i 发出的数据包广播。但让 i 的所有相邻节点再转播数据包是不必要的，只要令 i 的相邻节点的子集进行数据包转播即可。OLSR 协议利用相邻节点的子集来更远地传播数据包，这样的子集称为多点中继。严格地说，多点中继这一概念并不是 OLSR 协议的一部分，更确切一点，它是用于无线网络中降低数据包广播量的一种概念。可以通过一个例子详细说明多点中继的作用。节点 i 有三个相邻节点 j、k、l，这三个相邻节点称作 i 的单跳相邻节点。自 i 的两次传输可得到两跳相邻节点。假设 i 有 6 个两跳相邻节点 a、b、c、d、e 和 f。显然，每个两跳相邻节点都至少有一个 i 的单跳相邻节点作为其相邻节点（否则它们就不能成为 i 的两跳相邻节点）。如之前所提到的，节点 i 的多点中继，记作 $MPR(i)$，是 i 的单跳相邻节点的子集，那么 i 的所有两跳节点即存在于 $MPR(i)$ 的子集中。为了说明这个问题，假设 k 和 l 统称为 a、b、c、d、e 和 f 的相邻节点，选择 k 和 l 作为 $MPR(i)$ 的元素，也就是说只有这两个节点转发 i 的数据包广播。这时，j 就无需广播来自 i 的数据包。MPR 子集将由 MANET 中的所有节点通过跟踪它们的单跳和两跳相邻节点来选出。结果表明利用 MPR 集的方式可以极大减少广播开销。通过多点中继进行广播的过程，如图 1.2 所示。

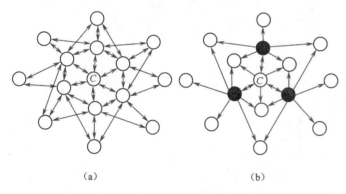

图 1.2（a）展示的是简单洪泛。每个节点在接受到最初由中央节点 C 发送的包时都会再广播一遍此包。两节点之间的双向箭头表示互相接收对方的广播（假设此为对称通信链路）。通过使用多点中继节点（黑色节点），数据包的数量大大减少，图 1.2（b）展示的便是这一现象。图中剩下的点表示的是 C 的单跳相邻节点和两跳相邻节点的所有相邻节点。当非多点中继节点的单跳相邻节点不进行广播时，数据包总量将大大减少。

(a)   (b)

图 1.2　简单洪泛及经多点中继洪泛的图示说明

OLSR 协议目前正在接受 IETF 的 MANET 工作组的审核，该协议具有高吞吐量和低延迟的理想特性。

1.4　反应式路由协议

反应式路由协议的主要设计初衷是降低主动路由协议的控制数据包开销。由于这类协议不能主动维护路由表，因而也不能按照需求尽快地寻找到路径，通常在寻找路径时会出现延迟。可用带宽将不再用于主动协议中控制包的常规洪泛，而是在反应式协议中为数据包传输所用，因此包传输将获得高吞吐量。不过，反应式协议在有需求时也需要数据包洪泛或广播。下面讨论两个最重要的反应式协议，即 DSR 协议和 AODV 协议。

1.4.1 动态源路由协议

DSR 协议[7, 8]分为两个不同的阶段，即路由发现和路由维护。若源节点 S 欲寻找一条通往目的节点 D 的路径，这时就会开始路由发现阶段。一旦通往 D 的路径被找到，当 S 利用发现的路径传输数据包时，就开始了路由维护阶段。下面将详细讨论这两个阶段。

源节点 S 通过向其相邻节点发送路由请求（RREQ，Route Request）包来启动路由发现阶段。RREQ 包有一个标识符，包括一个源节点、一个目的节点和一串连续的整数 ID 号。如果中间节点 I 接收到了 RREQ 包，但并不知道通往目的节点 D 的路径，那么它将采取以下两种行动之一。若 RREQ 包是新的（即 I 以前从未见过此 RREQ），那么 I 将 ID 号附加在 RREQ 的包头之后，再将包广播给相邻节点。同时，I 也将这个包存入列表中，这样就可以将这个包的标识符与之后接收的 RREQ 包进行比较。若 RREQ 包是旧的，也就是说 I 之前接收过此包，I 就会将这个包丢弃。

如果 I 已知一条通往目的地 D 的路径（下面会讨论 I 是如何知道路径的），节点 I 将发起一个路由回复包（RREP，Route Reply），具体过程是这样的，将 I 到 D 和 S 到 I 的路径附加到 RREP 包头中，并且将包发回相邻节点，相邻节点就会接收到相应的 RREQ 包。注意，现在 RREP 包的包头中已经有了累积的从 S 到 I 的路径。因此，任意接收到 RREP 包的中间节点都会确切地知道该向哪个相邻节点发回 RREP 包。最后，源节点 S 接收到 RREP 包。至此，路径发现阶段结束。如果中间节点都不知道通往 D 的路径，RREQ 包就会到达目的地 D（所给目的地与 S 一样处于网络相同连接部分），并且 D 会发出 RREP 包。如果源节点 S 在指定的一段时间内没有接收到路由回复，那么它可以为数据包分配一个新的 ID 号，之后发出新的 RREQ 包。DSR 协议的路由发现过程如图 1.3 所示。

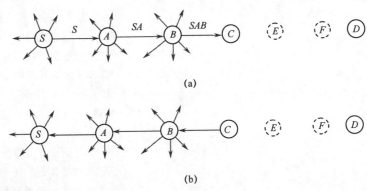

(a)

(b)

图 1.3 DSR 协议路由发现阶段的图示说明如图 1.3（a）所示，S 通过广播 RREQ 包来开始路由发现阶段。节点周围的箭头表示全方位式广播。每个节点将通往源路径的 ID 附加在 RREQ 包头中。节点 C 经过节点 E 和 F，具有一条通往目的地 D 的路径。如图 1.3（b）所示，C 向 S 发回 RREP 包。每个节点通过检查源路径来确定 RREP 包的下一个跳点。

路由发现阶段最为重要的地方就是将所有中间节点的 ID 附加到 RREQ 包和 RREP 包的包头中，有时也称 ID 列表为源路径。执行 DSR 协议的节点并不能维护路由表，因此需要这样一种机制，当接收到 RREQ 和 RREP 包后，可以通过某个节点决定转发包的去向。这种情况对于 RREQ 包来说较为容易，因为它需要被广播至所有相邻节点。但是，RREP 包的目的是传送数据包至发起路由发现阶段的源节点 S，因此，每个接收 RREP 包的中间节点都需要获悉最初发送相应 RREQ 包的前一个节点（朝向 S）。将源路径附加至 RREP 包头的目的就是提供此信息。此外，RREQ 包也需要携带源路径，因为发起 RREP 包的节点需要从相应的 RREQ 包中复制此信息。

一旦 S 接收到一个 RREP 包，它便具有了一条通往 D 的路径，并会获悉这条路径上所有节点的

ID 号，也就能根据这条路径开始数据包的传输。S 将整个源路径附加至每个数据包的包头中，这样任意中间节点都沿着这条源路径准确地向其相邻节点转发数据包。对路由发现阶段而言，维护已发现的路径是十分重要的。但是由于节点的移动性，路径在数据传输中有可能会被破坏。例如，假设路径中的其中一个链路是 G-H，这里 G 和 H 是链路的终端节点。如果现在 H 移出了 G 的传输范围，那么从 S 到 D 的整条路径将被破坏。在这种情况下，节点 D 通过使用包头中的源路径，发送路由错误（RERR，Route Error）包至 S。RERR 包在除了此时的目的是通知 S 路径已被破坏之外，其他与 RREP 包十分相似。现在 S 有两种选择，如果有备用路径的话就开始使用备用路径；如果没有，则开始新一轮的路由发现来寻找新路径。

到目前为止，本节提到了执行 DSR 协议的节点无需使用路由表。但是，实际上在 MANET 中重复运行路由发现阶段代价十分高昂，因为每一次路由发现本质上都是 RREQ 包在整个网络的洪泛。因此，DSR 运用一种叫做路由缓存的数据结构来降低洪泛带来的影响。路由缓存的目的在于储存节点搜集的任何信息，这些信息要么来自于接收或转发的包，要么来自于过往的数据流。特殊情况下，节点可能利用 IEEE 802.11 标准中所允许的混杂模式操作，即节点能够无意中监听到非预期的数据流。路由缓存的工作可以通过一个简单的例子来加以说明。考虑一个节点 I 和目的地 D。假设 I 作为中间节点，负责转发源节点 P 的资料包到 D，假设 I 到 D 的路径同时也经过其他中间节点 E、F 和 G。现在 I 在其路由缓存中储存了路由片段 I-E-F-G-D。如果 I 从其他源 S 接收到去往目的地 D 的 RREQ 包，它将会利用已缓存的路径发送 RREP 包给 S。

但是，由于 MANET 中节点具有移动性，缓存路径提供的信息可能是不正确的。例如，在上述例子中，假设节点 G 移出了 F 的传输范围，此时链路 F-G 断开。但是 I 并不知道链路被破坏的消息。如果现在 I 发送 RREP 作为对 S 发来 RREQ 的回复，那么它会报告路径已被损坏，就会带来源自 S 的进一步的路由请求这一难题。一种有效的策略是暂停该缓存的旧入口，因为由于网络的移动性，旧入口很可能会无效。ns-2 仿真器[9]就是采用上述策略，将存在超过 20s 的缓存入口暂停。

DSR 协议也采用其他一些优化措施，以降低控制包开销和提高吞吐量。由于篇幅限制，这里只讨论其中两种。第一种优化叫做包抢救。如前文所提到的，中间节点在路径中检测到链路破坏后，会发送 RERR 包给源节点。此外，中间节点试图通过路由缓存中的备用路径将数据包传送至目的地。换句话说，中间节点为了抢救数据包，通过备用路径将数据包传送至目的地。当节点转发数据包且不幸与其相邻节点遭遇链路故障时，包抢救降低了这些节点资料包丢失的可能性。由于在收到通知路径损坏的 RERR 包以前，源节点会一直发送数据包，因此网络中会存在大量的数据流，此时中间节点的缓冲区可能溢出。

另一种重要的优化与回复路径请求发送的 RREP 有关。在某种情况下，有些节点的路由缓存是最新的，同时很多不同的节点可能也正处于发送路由回复的状态。但是，由于路由回复，网络可能会洪泛。因此，DSR 利用了这样一种策略，即节点在发送路由回复前等待一段随机的时间。如果节点无意中监听到了另一节点已对相同路由请求发送了路由回复，或者源节点已开始使用备用路径，该节点便不再发送路由回复。这种优化大大降低了网络的开销。

就吞吐量方面来说，即使在高移动性情景中，DSR 都是最为高效的协议之一。此外，DSR 通常能够通过其路由机制寻找到最短路径。但是，DSR 有一个缺陷就是在每个包中都用到了源路径。随着路径长度的增加，源路径中 ID 号的数量也随之增加。由于无线介质通常支持尺寸相对较小的包，如果路径长度太长，就不可能在一个单独的包里保存整个源路径。另一方面，DSR 无法保证数据包在无线介质中按正确的顺序传输，所以将源路径划分到多个数据包的方法也不能解决问题。因此，DSR 对于规模较小的路径在 10 跳左右的 MANET 来说是一种十分有效的协议。

1.4.2 Ad Hoc 按需距离向量协议

AODV 协议[10,11]通过消除控制包和数据包中源路径的方式来克服 DSR 协议的主要弊端。此外，AODV 是首个支持在 MANET 中进行多播的协议。至此，本节已经从单播角度讨论了路由的相关内容，即单个源节点发送数据包至单个目的节点。但是，这只是应用于典型网络中的其中一种通信类型。在多播中，单个源节点有可能意图将相同的包发给多个目的节点（称作多播组）。广播是多播的一种特殊情况，这时源节点是向网络中的所有节点发送相同的数据包。在网络中，通过在多播组中找到从源节点到所有节点的单播（或一对一）路径来支持多播。不过，发现和维持多个节点的独立路由的代价通常是十分高昂的。对于多播组来说，其组内成员若能有一个共同的路由机制将是非常可取的。AODV 巧妙地解决了上述问题，本节将在后面对其进行讨论。

AODV 在某种意义上来说是一种表驱动及反应式协议。每个执行 AODV 的节点都有一个路由表，不过这个路由表是本地的，并且只包含其相邻节点的信息。与 DSDV 相反，这里不需要通过全网广播来更新路由表。像 DSR 一样，AODV 也有两个阶段，即路由发现和路由维护。路由发现阶段与 DSR 十分相似，不同之处在于 AODV 不使用源路径，并且每个 RREQ 包由数据包的源节点戳记一个序列号。源节点 S 利用 RREQ 包的四个不同字段，分别为自身的 IP 地址、目的地 IP 地址、自身的序列号和目的地 D 的最后一个已知序列号。S 有可能从过去转发的包中获得 D 的序列号，但是目前 S 还没有通往 D 的路径。数据包中包含 D 的最后一个已知序列号的目的在于把 S 获得的关于 D 的信息质量通知给其他节点。假设 S 通向 D 的序列号为 seq_1，另一个节点 I 通向 D 的序列号为 seq_2。假设 I 现在接收到一个从 S 到目的地 D 的 RREQ 包。两个序列号均为整数，I 可以对其进行比较。如果 $seq_1 > seq_2$，则与 I 相比，S 获得了有关 D 的最新信息，由于 I 中包含的信息较旧，从而 I 不需要对此 RREQ 包做出应答。相反，如果 $seq_1 < seq_2$，则与 S 相比，I 获得了有关 D 的最新信息。因此，与 DSDV 协议相似，序列号被作为逻辑时钟使用。

AODV 使用这样一种机制：在路由发现阶段，一条路径上的每个节点都设置前向和反向路径。现在通过一个实例来说明这种机制。假设中间节点 J 从另一节点 I 处接收到 RREQ 包，并且此 RREQ 包的源是节点 S。J 在其路由表中设置反向路径入口，并且将 I 作为入口的目的地。如果 J 未来接收到对此 RREQ 包作出回复的 RREP 包，则此反向入口帮助 J 为数据包安排好了途经 I、通往 S 的路径。J 同时保存了此反向路径入口的当前时间。反向路径入口若在指定的生命周期内未被使用，那么它将被清除。

假设节点 M 接收到其相邻节点 N 发来的 RREP 包。M 在其路由表中创立了前向路径入口，将 N 设为其前向路径的目的地。如果源节点 S 发送数据包，M 可将这些数据包通过 N 发送给 D。只有当节点 J 具有到 D 的未到期路径，且 D 具有更高序列号（与 RREQ 包中的序列号相比）时，节点 J 可用 RREP 来回复 RREQ。RREP 包沿反向路径入口将 RREQ 传往 J。图 1.4 说明了 AODV 协议中的前向和反向路径入口。

在已建立的路径上进行数据传输时，若因链路故障出现路径损坏，这时就进入了路由维护阶段。AODV 协议的 RERR 包发送过程与 DSR 协议十分相似，只不过执行 AODV 协议的节点在链路损坏的情况下不去抢救包。当源接收到 RRER 包时，它将开启一个新的路由发现阶段。

原始的 AODV 协议中，每个节点对每条路径只保存单一的前向路径入口。一旦发生路由损坏，路由发现阶段就要马上开始，此外还会产生大量的控制包开销，因此协议会变得很低效。这时候，一种叫做多路径 AODV（AOMDV，Multipath AODV）[12]的 AODV 协议的变体应运而生，在此协议中，每个节点为每条路径都保存多个前向路径入口。例如，假设源节点 S 请求了一条通往目的地 D 的路径，产生的 RREQ 包经过中间节点 J，那么 J 就有可能在以后接收到多个对此 RREQ 包回复的 RREP 包。假设 J 接收到三个相邻节点 U、V 和 W 发来的 RREP 包。在原始 AODV 协议中，J 会选择三个节点中的一个在路由表中对其维持一条前向路径入口，而舍弃其他两个。而在 AOMDV 协议中，对于上述情况，J 会同时维持三个相邻节点的前向路径入口。不过，当相应的 RREP 包被接收到时，J 会对这些前向路径入口做时间标记，如果入口在使用前已经比较旧，那么将被暂停使用。假设当 S 开始传输数据时，J 选择其中一个入口，如 U，来转发数据包。如果之后 U 移出了 J 的传输范围，破坏了 J-U 链路和通往目的地 D 的路径，那么 J 将开始使用另一个前向路径入口来转发包到 D，比如到 V 的链路，只要这条链路不是很旧就可以。因此，在 AOMDV 协议中，不需要因 J-U 链路被破坏而向 S 发送 RERR 包。不过，如果 J 的路由表中的最后一个前向路径入口遭到损坏，那么仍需发送 RERR 包。AOMDV 协议与 AODV 协议相比，在低数据包开销方面有着更优越的性能。图 1.5 用来说明 AOMDV 协议的前向路径入口。

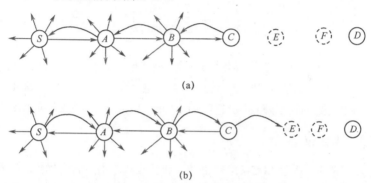

(a)

(b)

图 1.4　AODV 协议中路由发现阶段前向和反向路径的建立过程说明。图（a）中，自源节点 S 的 RREQ 包的传播由图中的直线箭头表示。每个节点通过在其路由表中记录接收到 RREQ 包的相邻节点的 ID 来建立反向路径入口。图中反向路径入口用粗体弯曲箭头表示。图（b）中，当通往目的地 D 的路径存在时，节点 C 通过发送 RREP 包来发起路由回复。当节点接收到自其相邻节点发来的 RREP 包时，节点通过在其路由表中记录接收到 RREP 包的相邻节点的 ID 来建立前向路径入口。RREP 包的传播由图中的直线箭头表示，前向路径入口由图中的粗体弯曲箭头表示。注意，由于像 E、F 这样的节点是通往 D 的路径中的一部分，因此它具备前向路径入口。

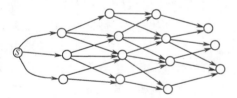

一般来说，每个节点对相应接收到的 RREP 包在其路由表中都维持有多个前向路径入口。前向路径入口由图中的粗体箭头来表示。

图 1.5　AOMDV 协议的示意图

　　接下来，讨论 AODV 如何支持 MANET 中的多播。AODV 的目的在于保持每个节点多播组的多播树。一个多播树包含两类节点：多播组成员和多播树成员。从多播组的观点看，MANET 中的其他所有节点都是非树节点。多播树的成员不是多播组的成员，不过在保持多播树的连接时会需要它们。保持多播树的连接是十分重要的，这样当多播树成员接收到数据包后，可以将包发送给任意其他成员。此外，用树代替图还可以避免路由环路。

　　多播树可以看作是一个单一实体，其任务是在 AODV 中进行路由发现。任何 RREQ 包中都应该包含一个目的节点的 ID。节点 I 在以下两种情况下可以发送 RREQ 包到多播组 M：一是 I 欲将 RREQ 包发送到 M 中的某节点处（数据请求）；二是 I 欲加入 M（加入请求）。针对数据请求的情况，任何具有通往多播组的当前路径的节点都可以发送 RREP 包来回复 RREQ。当前路径的含义与前面讨论过的原始或单播 AODV 是一样的，并且，通往多播组的路径指的是可以到达多播组中任意成员的一条路径。而在加入请求的情况下，多播树中只有一个成员可以发送 RREP。前向路径入口和反向路径入口的设置与单播 AODV 相比除这一点不同以外，其他都十分类似。在加入请求的情形下，由于 RREP 包通过多条路径传输，RREQ 的发送端有可能会接收到连接到多播树的多条潜在分支。此时，发送端从这些分支中选出一个作为通往多播组的路径，来发送多播启动消息。

维持多播树是十分重要的，这样树才不会因为组内成员的移动而失去连接。通常会选出一个特殊节点作为多播树的领导节点，并且每个节点都知道该节点的 ID 和通往该节点的路径。当一条链路损坏时，与领导节点临近的节点就会通过发送 RREQ 作为加入请求来启动路由修复。链路在相应的 RREP 包传回时得以修复，同时节点也会找到通往多播组的新路径。

1.5　其他路由协议

至此，本章已经讨论了 MANET 的两类主要路由协议，即主动式协议和反应式协议。不过，还有其他一些未提及协议，既不能将这些协议归类为纯粹的主动式协议，也不能归类为纯粹的反应式协议。本节将讨论两种重要的协议类型，即区域路由协议（ZRP，Zone Routing）和链路反向路由协议。

1.5.1　区域路由协议

区域路由协议[13]充分利用了 MANET 中主动式和反应式路由策略的优势。主动式协议的主要缺点在于主动交换路由表或链路状态信息造成的大量开销，而反应式协议的缺点在于其高延迟。ZRP 在保持主动式协议和反应式协议的优点的同时，尽力克服两者的缺陷。

MANET 中每个执行 ZRP 的节点 N 都维持着各自的路由区域。路由区域是指 N 的 k 跳邻域，这里 k 的取值较小，通常在 2～4 的范围内。k 又称为路由区域的半径，适用于 MANET 中的所有节点。每个节点在其路由区域内进行主动路由选择，也就是说，节点在其路由区域内尽力为所有节点维持完整的路由表，这点与 DSDV 协议是一样的。在路由区域以外，节点进行反应式路由选择，同 DSR 和 AODV 协议类似。

假设节点 S 欲与节点 D 进行数据通信，如果 D 处于 S 的路由区域内，S 通过查看其路由表找到通往 D 的路径，所以此时不需要进行路由发现。如果 D 处于 S 的路由区域以外，则需要进行路由发现。与反应式协议相比，ZRP 的路由发现过程开销较低。S 通过发送 RREQ 包来发起路由发现，这点与反应式协议相同，但是此 RREQ 包的发送过程更具有效性，因为它是通过使用路由区域内的边界节点来发送的。边界节点是指处于路由区域边界上的节点。例如，假设路由区域的半径是 2。对于节点 S，所有 S 的两跳相邻节点都是其路由区域的边界节点。当 S 具备路由区域的路由表时，通过查询其路由表就可以快速地将 RREQ 包送至其所有边界节点。假设 B 是 S 路由区域中的一个边界节点，这里有两种可能性：一是 D 处于 B 的路由区域内（每个节点主动地维持其路由区域）；二是 D 不处于 B 的路由区域内。第一种情况下，由于 B 的路由表中记录了通往 D 的路径，所以 B 可以向 S 发回 RREP 包。第二种情况下，B 需要进一步转发 RREQ 包，这时就要借助 B 路由区域内的边界节点来完成，RREQ 包抵达 D 或是节点 C 之前，这种传播会持续进行，而 D 正处于 C 的路由区域中。图 1.6 说明了这一过程。

显然，ZRP 中 RREQ 包的传播与纯粹的反应式协议相比，如 DSR 或 AODV，要更加有效率。每个收到包的节点都需要将包发给边界节点，通往边界节点的路由可通过查询对应的路由表得到。RREP 包利用同样的边界节点的方法进行传播。因此，与纯粹的反应式协议相比，在低延迟方面，ZRP 整体上具有更好的性能。

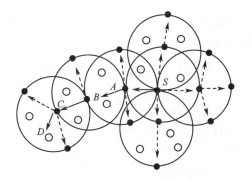

图 1.6 中，大圆圈代表各独立节点的路由区域。小实心圈代表边界节点，而小空心圈代表路由区域内的其他节点。实箭头表示成功寻找到路由的 RREQ 传播。当目的地 D 处于 C 的路由区域内时，C 可以发送 RREP。RREQ 在区域边界上从一个节点传播至另一个节点。虚箭头表示没有成功的 RREQ 传播。

图 1.6   ZRP 中 RREQ 的传播过程说明

现在有一个问题摆在我们的面前，那就是主动维护路由区域的路由表是否会为 ZRP 带来大量开销。事实上，如果路由区域非常大，那么相应的开销也会十分高，但是根据 Haas 和 Perlman[7] 的研究显示，如果路由区域的半径取值较小，如为 2 或 3，那么开销就会显著降低。这种小半径的选择可以维持低延迟与高吞吐量的性能，即使是在高移动性的场景中。

最后，通过阐述使协议更有效的一个重要优化措施来结束对 ZRP 的讨论。在 MANET 中，不同节点的路由区域通常会有明显的重叠。例如，两个相邻节点 I 和 J，除去少数几个例外，I 和 J 的路由区域内几乎包含相同的节点，此外，如果节点 M 是另一节点 N 的路由区域的边界节点，那么 N 也是 M 的路由区域的边界节点。就像上面所讨论的，如果 RREQ 包总是发送给路由区域的边界节点，那么此包将会一次次洪泛于网络的同一部分。显然，这并不可取。为了尽可能消除上述类型的洪泛现象，ZRP 通过将 RREQ 包引向 MANET 中它未曾发送到的区域，力图避免已收到包的地方发生洪泛。如果节点此后又接收到 RREQ 包，那么该节点将广播一个 RREQ 来抑制相同的 RREQ。类似地，在混杂模式下无意中监听到 RREQ 的节点将获悉 RREQ 已到达其所处网络区域内，并将避免之后再转发 RREQ。在使用 ZRP 时，这种简单的优化方法大大降低了路由发现的开销。

1.5.2 链路反向路由协议

链路反向协议的主要思想就是将 MANET 视作一个有向图，它最初是由 Gafni 和 Bertsekas[14] 为静态分组无线网络所设计的，随后 MANET 研究者将此法延伸到了移动节点网络中。首先对文献 [14] 中的协议进行讨论。

1.5.2.1 Gafni-Bertsekas 协议

考虑这样一种情况，静态无线节点网络中只有一个目的节点 D，但可能有多个源节点，源节点欲发送数据包至目的节点。两节点间的链路由传输半径决定。简单起见，假设相邻节点间的所有链路都是双向的，也就是说，它们都在彼此的传输范围内。实际上协议在链路不对称的情况下也同样适用。

对于单一目的地 D 的路由问题很自然地归结为一个有向无环图的问题，这时，无线网络中的节点即是图中的节点，而网络中相邻节点间的边缘就是图的边缘。D 是唯一无任何输出边缘的节点，除 D 之外的所有节点至少都有一个输出边缘。因此，D 就充当了网络中传输的数据包的汇点。包沿着输出边缘进行传输，经由包的接收端转发之后，又沿着有向边缘传输，这个过程会一直进行直到这个数据包到达目的地 D。当 D 不再有任何输出边缘时，数据包将不再被转发。因此，路由方案变得十分简单。节点（非目的节点）不需要知道自身在网络中的位置，也不需要知道目的地的位置。如果节点在必要时必须发送数据包到目的地，那么它只需简单地在其输出边缘上转发该包，在网络中，当 DAG 中没有环路且 D 是唯一汇点，或节点没有任何其他输出边缘时，该包将会确保被送至目的地。因此，执

11

行 Gafni-Bertsekas 协议的节点既不需要像主动式协议那样保持路由表，也不需要像反应式协议那样执行路由发现。图 1.7 是一个作为 DAG 的简单无线网络的示意图。

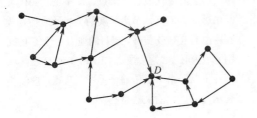

图 1.7 中，目的地 D 是唯一没有任何输出边缘的节点，其他各个节点都至少有一个输出边缘。不难看出，节点在其输出边缘上转发数据包，则该数据包最终会到达 D。

图 1.7　作为有向无环图的无线网络示意图

Gafni-Bertsekas 协议的成功依赖于路由维护。也就是说，必须确保 DAG 图总被维护，并且 D 是图的唯一汇点。首先，先来研究 DAG 是如何建立的。最初，网络只是有着相邻节点间链路的图，这些节点都存在于彼此的传输范围内。只有 D 的相邻节点有通往 D 的定向链路。当另一节点 S 需要一条通往 D 的路径来发送数据包时，作为 DAG 的网络开始初始化。通常初始化的方法是 S 在网络中使 QRY 包洪泛，任何有通往 D 的路径的节点都会通过发送 RPY 包来回复该 QRY 包。此时需要在通往目的地的路径上来解释链路反向路由协议。根据主动式和反应式路由协议，从节点的角度来看，这样一条路径没有任何整体意义。对于节点 N，如果 N 至少有一个输出定向边缘，才会存在一条通往目的地 D 的路径。

如果一个节点可以发送 RPY 包，那么这个节点要么是目的地 D，要么就是 D 的相邻节点之一，因为只有 D 的相邻节点才会具有通往 D 的路径，这是由于它们具有通往 D 的输出链路。假设节点 I 接收到一个从节点 J 发来的 RPY 包，I 和 J 是相邻节点。由于 J 具有通往 D 的链路，那么此时 I 可以将通往 J 的链路标记为输出链路。之后，I 便拥有了一条通往 D 的路径，并且 I 可以将 RPY 包发送给它的相邻节点。网络的初始化依照此方法继续进行，直到网络中的所有节点都接收到了 RPY 包，并且设定了它们的输出定向链路。至此，网络已经如我们所期望那样，呈现为只含有一个汇点 D 的 DAG。

如果节点之间的联络被切断了，那么节点在静态无线网络中就有可能失去链路，也就是说节点将停止参与网络活动。Gafni-Bertsekas 协议是为分组无线网络所设计的，在分组无线网络中参与是自愿的。一般来说，节点从网络中撤出不会造成任何损害，除非一个非目的节点比如 T 变为了汇点。换句话说，也就是 T 丢失了所有输出链路而变为了网络中的另一个汇点。这样任何到达 T 的数据包会滞留在 T 处，不能再传往 D，这显然不是我们所愿。Gafni-Bertsekas 协议通过两种机制纠正了上述情况，这两种机制分别称为完全反向和部分反向。

链路反向路由协议的主要活动是路由维护。两种反向机制均维护了网络图的定向无环，也由此维护了图中通往目的地 D 的路由。在完全反向机制中，完全丢失其输出链路的节点 I 通过反向其所有输入链路，使之变为输出链路。这样做的结果是，I 的某个或某些相邻节点可能会丢失其输出链路，并且直到所有节点至少具有一条输出链路时，完全反向过程才会停止。由此可见，如果网络处于连接状态，完全反向过程会在有限时间（通常是无线网络中很短的时间）内终止，也就是说，此时从任何节点都能到达目的地。部分反向机制则更具选择性。有两个相邻节点 I 和 J，假设 I 刚刚反向了其所有链路，并且导致 J 失去最后一条输出链路。在部分反向机制中，J 并不反向其通往 I 的链路，而是反向其他输入链路。图 1.8 对部分反向机制作出说明。

Gafni-Bertsekas 协议在网络一旦稳定时便能够确保有向无环图的产生。但是当部分或完全反向机制作用时，网络有可能暂时无法保持无环特性，即网络中有可能会出现环路。不过在无线网络中，反向机制通常会在短时间内终止。虽然 Gafni-Bertsekas 协议对于静态无线网络来说是极为简单且有效，但它并不适用于分区网络，这也是其主要缺陷。不难看出，由于节点从目的地 D 中划分开来，完全反向机制和部分反向机制可能会陷入无限期循环中（节点无限期持续反向其链路）。这种无限期循环会造成无线网络带宽的浪费。由于节点的移动性，MANET 不时地被分区，自此这种协议就不能直接用于 MANET 中。

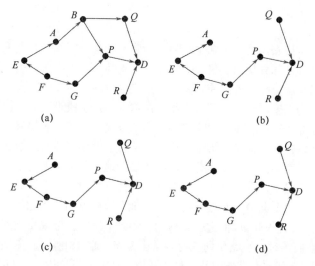

图 1.8（a）中，除目的地 D 外的所有节点都至少具有一条输出链路。图（b）所示为 B 移出，A 丢失其最后一条输出链路。如图（c）所示，A 反向其输入链路，这种情况下得到通往 E 的链路。E 此时丢失其最后一条输出链路。图（d）中，E 并不反向来自 A 的输入链路，此链路为 A 刚刚反向的。E 反向其另一输入链路，使其通往 F。此时，网络又再次成为只具有一个汇点（D）的 DAG。

图 1.8　Gafni-Bertsekas 协议中部分反向机制的说明

此处需要提及 Gafni-Bertsekas 协议的另一重要特点。纵观上述讨论，其皆假设的是网络中只有一个目的地的情况。但是，实际上在无线网络中，任何节点都有可能是数据包的源头或目的地。不过，Gafni-Bertsekas 协议易被扩展于多目的地的情况。从概念上来说，需要为 k 个目的地保持 k 个不同的 DAG。注意，Gafni-Bertsekas 协议中将不再保留对 DAG 的全局维护，而是独立节点利用分布式方式，通过储存局部信息来获得全局 DAG。节点可以在本地路由表中记录其与相邻节点的链路情况，并且为这些链路分配状态作为输入和输出，另外，在链路反向的过程中，节点还需要改变这些链路的状态。通过保持与相邻节点每条链路的 k 个副本，并根据特定目的地的 DAG 状态为每个副本分配状态（输入或输出），协议是可以支持 k 个目的地的情况的。相邻节点 I 和 J 之间的链路可作为节点 I 对目的地 D_p 的输入和 I 对另一目的地 D_q 的输出。当 I 接收到目的地 D_p 的数据包时，它不能转发该包到 J，因为链路的方向是从 J 到 I 的。而当 I 接收到目的地 D_p 的数据包时，却可以转发该包到 J，因为对于 D_q，链路的方向是从 I 到 J 的。

1.5.2.2　临时按序路由算法

TORA 协议[15, 16]是为 MANET 所设计的，它是对 Gafni-Bertsekas 算法的一种修改。由于篇幅限制，在此不再对此协议作详细讨论，有关此协议的详细描述请参考 Corson 和 Park 的综述文献[17]。这里，仅就此协议中适用于 MANET 的部分进行讨论。

TORA 协议的主要目的就是适用于分区网络，如 MANET。TORA 保留了 Gafni-Bertsekas 协议中的核心思想，如将网络视作 DAG 使用、通过完全和部分反向链路来维护 DAG。不过，还有一些额外的机制是为在 MANET 中检测分区使用的。

TORA 协议中，相邻节点间的链路方向通过向每个链路终点指定高度来决定。假设 I 和 J 是两个相邻节点，通过指定两个整数作为 I 和 J 的高度来确定两者之间的链路方向。例如，如果 I 被指定的高度是 4，而 J 的高度是 7，那么与 I 相比，J 有着更高的高度，所以两者之间的链路方向为从 J 到 I。换句话说，I 和 J 之间的链路对于 I 来说是输入，对于 J 来说是输出。如果 I 欲反向此链路，那么它就必须使其高度高于 J，如 8。在 TORA 中，通过改变链路的两个终点的高度可以实现链路反向。不过，TORA 的高度指定更为复杂，因为每个高度都由 5 个部分组成。根据这 5 个部分的字典排序对两个高度进行比较。当节点欲改变其高度时，它通常会从其相邻节点处借用高度来增加其组成部分之一的高度，这样节点的高度就比相邻节点高了。这是 Gafni-Bertsekas 算法中部分反向的基本思想。在 TORA 中欲改变高度也需遵循一些规则，不过在此不赘述所有规则，只就网络中 TORA 检测分区的方法进行讨论。

高度的组成部分之一是原始 ID，或者叫 oid，另一个则是时间。当然，在有些情况下节点无法从相邻节点借用高度并增加其组成部分以进行部分反向。在这些情况下，节点（如 I）会通过指定第一个组成部分为当前时间来发起新的全局高度分配。若当前时间是全局最高时间，新高度就会在整个网络中的字典排序最高。节点 I 发起新的高度分配时，同时也将新高度的 oid 字段设置为自己的 ID。如果随后 I 的相邻节点含有其发起的高度分配，I 便可以检测到。这意味着，所有 I 的相邻节点都在尽可能借用 I 的高度来增加自身高度以建立通往 I 的输出链路。当所有节点都不能通过增加其他节点的高度来强行建立一条新的路径时，表明网络中出现分区。如果目的地不可到达，而网络中又没有节点试图寻找新的路径时，在这种情况下，执行 TORA 的节点会清除其高度。由于节点的移动性，当分区之间存在新的节点，而这些节点又与分区相连接时，目的地有可能变为可到达的。

虽然 TORA 协议对于 MANET 的路由来说很简单，但它在高移动性场景下确实会造成相当高的开销。特别地，当网络中出现频繁的链路损坏时，链路反向变得非常多。如文献[18]所述，在高移动性场景下，TORA 的性能不如反应式协议。不过，在低中移动性场景下，TORA 与 DSR 和 AODV 等协议是相当的。

1.6 结　论

前面对几个重要的 MANET 协议做了综述，不过由于篇幅的限制，还有其他一些协议没能对其进行详尽叙述，基于位置的路由协议[19]便是其中之一。在该类协议中，通过定位服务，如全球定位系统（GPS，Global Positioning System），每个节点都能获悉其他所有节点的位置。可以看出，在此类协议中，反应式协议的开销可以大大降低。关于更多的细节信息，推荐读者参考 Stojmenovic 的综述文献[19]。

下面简要讨论如何评估 MANET 路由协议在数据包传输中的吞吐量和延迟方面的性能，这将作为本章内容的结束。借助于部署移动节点来对协议进行真实评估的花费极大，通常都是使用离散事件仿真器对其进行仿真来评估的。网络仿真器[9]或 ns-2 是研究界普遍采用的仿真器。ns-2 经全世界各大高校的研究员和博士组成的志愿者不断地进行研究和推进，至今已发展十余年。由于每年都会加入新的协议和特征量，ns-2 至今仍处于发展之中。它由最流行的面向对象编程语言之一的 C++ 语言编写而成。本章讨论的协议通常都是通过节点移动性的随机路点模型来进行评估。在这个模型中，节点沿随机方向、以随机速度移动（在最大限定速度范围内），暂停一段指定时间后，转到另一随机方向移动，在模拟期内持续进行这一过程。研究员制定的移动范围（最大速度）通常为 1m/s（行人速度）到 20m/s（车辆速度）。有关协议性能评估的更多内容可参考本章中引用的参考文献。

参 考 文 献

1. IETF MANET working group. http://www.ietf.org/html.charters/manet-charter.html.

2. E. M. Belding-Royer and C. K. Toh. A review of current routing protocols for ad hoc mobile wireless networks. IEEE Personal Commun. Mag., 6(2):46–55, 1999.

3. C. Perkins (Ed.), Ad Hoc Networking. Addison Wesley, 2001.

4. A. A. Pirzada, C. McDonald, and A. Datta. Performance comparison of trust-based reactive routing protocols. IEEE Trans. Mobile Comput., 5(6):695–710, 2006.

5. C. Perkins and P. Bhagwat. DSDV: routing over a multihop wireless network of mobile computers. In: C. Perkins (Ed.), Ad Hoc Networking, Addison-Wesley, 2001, pp. 53–74, Chapter 3.

6. Optimized link state routing protocol. IETF MANET, RFC 3626, 2003. http://www.ietf.org/ html.charters/manet-charter.html.

7. D. B. Johnson, D. A. Maltz, and J. Broch. DSR: the dynamic source routing protocol for multi-hop wireless ad hoc networks. In: C. Perkins (Ed.), Ad Hoc Networking, Addison-Wesley, 2001. pp. 139–172, Chapter 5.

8. D. B. Johnson, D. A. Maltz, and Y. Hu. The dynamic source routing protocol for mobile ad hoc networks. IETF MANET, Internet Draft, 2003. http://www.ietf.org/html.charters/ manet-charter. html.

9. NS: The Network Simulator. http://www.isi.edu/nsnam/ns/.

10. E. Belding-Royer and C. E. Perkins. Evolution and future directions of the ad hoc on-demand distancevector routing protocol. Ad Hoc Networks, 1(1):125–150, 2003.

11. C. Perkins, E. Belding-Royer, and S. Das. Ad hoc on-demand distance vector (AODV) routing, IETF RFC 3591, 2003.

12. M. K. Marina and S. Das. On-demand multipath distance vector routing in ad hoc networks Proceedings Ninth International Conference on Network Protocols (ICNP), pp. 14–23, 2001.

13. Z. J. Haas and M. R. Perlman. ZRP: a hybrid framework for routing in ad hoc networks. In: C. Perkins (Ed.), Ad Hoc Networking, Addison-Wesley, 2001, pp. 221–253, Chapter 7.

14. E. Gafni and D. Bertsekas. Distributed algorithms for generating loop-free routes in networks with frequently changing topology. IEEE Trans. Commun., 29(1):11–18, 1981.

15. M. S. Corson and A. Ephremides. A distributed routing algorithm for mobile wireless networks. ACM/Baltzer Wireless Networks J., 1(1):61–82, 1995.

16. V. Park and S. Corson. Temporally ordered routing algorithm (TORA) Version 1: functional specification. IETF MANET, Internet Draft, 2001. http://www.ietf.org/html.charters/ manet-charter. html.

17. M. S. Corson and V. Park. In: C. Perkins (Ed.), Link Reversal Routing in Ad Hoc Networking Addison-Wesley, 2001, pp. 255–298, Chapter 8.

18. J. Broch, D. A. Maltz, D. B. Johnson, Y. C. Hu, and J. Jetcheva. A performance comparison of multi-hop wireless ad hoc network routing protocols. Proceedings of the ACM MOBICOM 1998, pp. 85–97.

19. I. Stojmenovic. Position-based routing in ad hoc networks. IEEE Commun. Mag., 40(7):128–134, 2002.

第 2 章　Ad Hoc 网络的连通支配集拓扑控制

2.1　引　言

无线 Ad Hoc 网络是由自主移动设备间的无线通信而构成的,其拓扑控制对网络协议的性能起着至关重要的作用,如路由、聚类和广播。在 Ad Hoc 网络中有两种拓扑控制的方法——传输范围控制和分层拓扑组织(聚类)。这项技术旨在控制网络节点间通信链路的图拓扑,在维持全局图性能(例如连通性)的同时,降低能量消耗。此外,当接入无线信道时,拓扑控制在减少竞争方面也发挥了积极作用。通常来说,当节点的传输范围相对较小时,各节点可以同时传输,又不互相干扰,网络容量也因此而增加。理想情况下,节点的传输范围应被设置为最小值,这样通信图就能保持连通。

如前所述,传输范围控制是 Ad Hoc 网络中最为普遍的拓扑控制方法,而建立分层拓扑(聚类)是另一种有效的解决方案。基于聚类的结构通常被视为拓扑控制的变型,从这种意义上说,能耗任务是可以由聚类成员共享的。聚类的基本思想是,将网络中物理距离相近的节点分组,为网络提供既合乎逻辑同时规模又小的组织,并且易于管理[1],聚类组织的概念自出现起就被用于 Ad Hoc 网络。Baker 等人[2]介绍了完全分布式链路聚类结构,并论证了网络发生拓扑变化时的适应性。随着多媒体通信的出现,Gerla 和 Tsai[3]将聚类应用的研究重点放在了资源分配上,以支持 Ad Hoc 网络中的多媒体数据传输。Basagni 提出了一种分布式的聚类算法,它归纳了这些聚类协议,通过基于与节点关联的属类"权重"来完成簇头选择[4]。这项属性基本表明了节点在满足什么条件下才被选择为簇头。聚类算法也被明确提出用于无线传感器网络中。在这些协议中,最早提出的是低能量自适应聚类分层协议(LEACH, Low-energy Adaptive Clustering Hierarchy),参见文献[5]。为了延长网络寿命,LEACH 利用簇头的随机旋转,在传感器内均匀分布能量负载。

虽然无线 Ad Hoc 网络没有物理基础设施,但它通过连通支配集(CDS, Connected Dominating Set)的形成自然而然完成聚类的构造。通常,图 $G = (V, E)$ 的支配集(DS, Dominating Set)为子集 $V' \subset V$,这样 $V - V'$ 中的各节点至少都能与 V' 中的一个节点毗邻,当支配集的导出子图连通时,连通支配集即为支配集。也有人指出"Ad Hoc 网络中所研究的最为基础的聚类是基于支配集的"[6]。此外,在 Ad Hoc 网络中,CDS 在消息广播方面同样扮演着重要角色[7]。不过,已证明支配集和连通支配集的问题属 NP 完全问题[8]。即使对于单位圆图(UDG, Unit Disk Graph)[9],寻找最小连通支配集(MCDS, Minimum CDS)的问题仍归为 NP 完全问题[10]。

本章为无线 Ad Hoc 网络的 CDS 形成提出了一种新型的分布式算法,名为区域算法。在此算法中,将节点划分在不同的区域,选择性地连接相距两跳至三跳的两个支配节点。请注意,在多数聚类算法中[3, 4],簇头通常会形成 DS。因为这些算法将重点放在簇头的选择上,簇头和网关(被选出连接两个簇头)会形成规模较大的 CDS。因此,本章的贡献主要在于引入了区域的概念,大大降低了连接两个相邻支配节点的连接节点数量,从而减小了最终 CDS 的规模。

本章的其余部分安排如下:2.2 节介绍相关工作;2.3 节介绍网络的假设和相关基础定理;2.4 节提出我们的新型分布式 CDS 形成算法,并给出性能分析;2.5 节给出仿真结果;2.6 节给出未来的研究方向,并对主要研究成果作出总结。

2.2　相　关　工　作

在本节中，从两个范畴来讨论拓扑控制的相关工作：传输范围控制和分层拓扑组织（在连通支配集的形成范围内）。

2.2.1　传输范围控制

大多数现有的拓扑控制算法均是在保持网络连通的情况下，选取小于正常值的传输范围（也称实际传输范围）。集中式算法[11]构建了基于全局信息的最优解决方案，因此不适用于无线 Ad Hoc 网络。一些概率算法[12]调整传输范围以保持最优的相邻节点数量，但对于网络的连通性却无法提供强有力的保证。多数局部拓扑控制算法利用了从单跳信息（在正常的传输范围内）中计算的不均匀实际传输范围以及计算几何学中的某些原始研究课题，如最小生成树[13]、Delaunay 三角剖分[14]或相对邻域图[15]。多数研究主要是考虑到产生的拓扑中的路径能量效率问题。而 CBTC 算法[16]则首次研究了所需性能。文献[6]很好地综述了传输范围控制。

2.2.2　连通支配集

Das 等人提出了一种在无线 Ad Hoc 网络中使用的基于 MCDS 的路由算法[17]。该算法是 Guha 和 Khuller 的集中式算法的分布式版本，用以计算连通支配集[18]。由 Wu 和 Li 提出的算法是首先找出连通支配集，之后利用两个规则从 CDS 中删减一定的冗余节点（规则 1 和规则 2）[19]。在第一个阶段，如果节点有两个不连通的相邻节点，那么每个节点将被标记为"真"（支配节点）。根据规则 1，如果已标记节点的邻域集被另一已标记的相邻节点覆盖，那么该节点可自行取消标记。根据规则 2，如果已标记节点的邻域被两个直接连通的已标记相邻节点覆盖，那么该节点可自行取消标记。结合规则 1 和 2，就能够十分有效地减小 CDS 的规模。该算法是完全局部的，但它并不能保证良好的近似比。此后，该算法被引用时多称为规则 1&2（以两个删减规则命名）。Stojmenovic 等人根据聚类和广播又提出了一种 CDS 分布式结构[20]。文献[21]提出的解决方案依赖于具有共同时钟的各节点，并且需要两跳相邻节点信息。在 CEDAR[22]中，虚拟基础设施被称为核心，它的结构近似底层网络的最小支配集（非连通）。

对于分布式聚类算法，相邻簇头的出现并不是所希望的[4]。此时并不希望见到在支配集的形成中有距离为单跳点的相邻支配节点，因为这将导致众所周知的最大独立集（MIS，Maximal Independent Set）。一幅图的独立集 $G(V, E)$ 是一个子集 $S \subset V$，这样对于 S 中任意一对顶点来说，它们之间不存在边缘。显然，MIS S 也是独立的 DS。由 Alzoubi 等人[23]提出的两个启发式算法利用了 MIS 的性质，从而保证近似比分别为常数 8 和 12。虽然这两个算法是分布式的，但它们并不是局部的。为了解决非局部计算问题，Alzoubi 等人同时提出了具有线性时间和消息复杂度的局部消息最优算法[24]。该算法可简要概括为两个阶段。在第一个阶段，进行 MIS 构造。如前所述，这里 MIS 即为 DS。在第二个阶段，每个受支配节点对距其两跳范围内的支配节点进行识别，并且广播这个信息。运用所有相邻节点发送的该信息，每个支配节点可以确认它通往三跳范围内的各支配节点的路径，并通知该路径上的所有节点成为连接节点并参与最终的 CDS。该算法的近似比在 192 以内。为简便起见，下文中将该算法称为 AWF。近来，Wang 等人提出了一种构造低成本加权最小连通支配集的有效分布式方法[25]。

2.3　网络的假设和基础定理

在本章中，假设 Ad Hoc 网络是由一组具有相同传输范围的通信节点构成的。MAC 层负责传输调度。每个节点都有唯一的一个 ID，并且每个节点都知道其相邻节点的 ID 和等级，这将有助于实现各节点周期性地广播"HELLO"消息。由于本章的重点是 CDS 的形成,因此不再考虑节点的移动性。这里将支配集内的节点称为支配节点,将不在支配集内的节点称为受支配节点,连接距离两跳或三跳的支配节点的节点称为连接节点。特别地,分别称连接距离为两跳或三跳的支配节点的连接节点为单跳连接节点和两跳连接节点。下面介绍一些熟知的基础定理。

基础定理 2.1 通过构建 MIS 而建立的支配集,对于每个节点 u 来说,以 u 为中心 k 个单位数量为半径的圆内的支配节点数量受某一常数 l_k 所限。

证明 Alzoubi 等人通过计算得出 $l_k < (2k+1)^2 - 1$,从而证得[24]。当 $k=2,3$ 时,可得 $l_k=23,47$。近期,Li 等人又证明了 $l_3=42$[26]。

基础定理 2.2 令 G 为 UDG,opt 为 G 的 CDS 最小规模,那么 G 的任意 MIS 的规模最大不超过 $3.8 \times opt + 1.2$。

这一定理限制了 G 中任意 MIS 规模的范围,证明可参见文献[27]。

基础定理 2.3 在 DS 中,任意支配节点与其最近的另一支配节点的最大距离为 3。

证明 反证法。假设支配节点 u 与其最近的支配节点 v 的最大距离是 4,并且 u 和 v 之间的最短路径为 $\{u, x, y, z, v\}$。根据支配集的定义,节点 y 势必会有一个支配节点,这里称为 w,w 与 u 的距离比 v 与 u 的距离近一个跳点(距离 u 三个跳点)。这与假设 v 是 u 的最近支配节点相矛盾。

2.4 基于区域的 CDS 形成算法

2.4.1 概述

建立连通支配集的常见方法是首先建立一个 MIS,即一个支配集,之后添加一些连接节点来保证其连通性。该方法被 Alzoubi 等人[23, 24]所使用。文献[23]所提算法首先在各节点中选出领导节点,使该节点成为生成树 T 的根。该算法的近似比结果很好,但其消息复杂度 $O(n \log n)$ 在实际中却很高,取值范围由分布式领导节点选择所决定[1]。此外,该算法不是局部算法。文献[24]中提出的算法具有最优的消息复杂度 $O(n)$,但它需要通过添加一个或两个连接节点才能连接一对支配节点(最多距离三个跳点)。因此,由此得到的 CDS 具有一些冗余连接节点,因此规模相对较大。

区域算法的主要目标是减小 CDS 的规模。利用最有价值节点作为度量,从 CDS 图中选取节点。一个节点的价值是一种与性能相关的特性,比如说节点 ID、节点度或剩余电池寿命。在本章中,定义两种最有价值节点:一种是候选支配节点或连接节点中具有最小 ID 的节点(所得的区域算法称为最小 ID 算法);另一种是候选节点中等级最大的节点(所得的区域算法称为最大等级算法)。在后续的区域算法描述中,采用节点等级作为选择的度量。需要强调的是,本章所提出的算法易于延展,同样支持其他的节点价值。

2.4.2 最大等级算法

定义节点 u 的等级为一有序对 (δ_u, id_u),这里 δ_u 为节点等级,id_u 为 u 的节点 ID。如果 $\delta_u > \delta_v$ 或 $\delta_u = \delta_v$,且 $id_u < id_v$,那么等级为 (δ_u, id_u) 的节点 u 就比等级为 (δ_v, id_v) 的节点 v 具有更高的等级。

任何一个节点均处于以下四个状态之一:未标记节点、受支配节点、支配节点或连接节点,且每个节点最初都处于未标记节点状态,随后进入受支配节点或支配节点状态。只有处于受支配节点状态的节点才有可能进入连接节点状态。该区域算法将节点划分到不同区域,并且每个区域都有一个独特的区域 ID。因此,每个节点都会被分配一个区域 ID 来表明其所属区域。简便起见,下面首先给出一些定义。

定义 2.1(种子支配节点) 如果一个支配节点在其单跳邻域内具有最高等级,那么该支配节点称为种子支配节点。

定义 2.2（非种子支配节点）　如果一个支配节点至少有一个单跳相邻节点具有较高等级，那么该支配节点称为非种子节点。

定义 2.3（边界支配节点）　如果一个支配节点的两跳或三跳相邻支配节点具有不同的区域 ID，那么该支配节点称为边界支配节点。

2.4.2.1　区域的形成

首先，具有最高等级的未标记节点 u 成为其未标记单跳邻域内的支配节点，并且它将在其邻域内广播一个 DOMINATOR 消息。注意，这样的节点在开始时一定存在。如果节点 v 当前为未标记节点，那么在接收到 DOMINATOR 消息后，它会将其状态改为受支配节点。若这是 v 首次接收到 DOMINATOR 消息，它将在其邻域内广播一个 DOMINATEE 消息。这个过程会一直重复，直到每个节点都成为支配节点或受支配节点。

其实，种子支配节点是基于 MIS 算法过程的起始点，它的 ID 将自动成为其相应区域的 ID。在区域形成的过程中，DOMINATOR 消息中全被添加区域 ID 来表明支配节点所属的区域。当一个未标记节点接收到首个 DOMINATOR 消息时，它将成为该消息中所标明区域的一个受支配节点。每个受支配节点也会将其区域 ID 加入 DOMINATEE 消息中广播至其邻域。之后，每个非种子支配节点就会获悉其相邻受支配节点所属的区域。如果非种子支配节点的相邻受支配节点具有不同的区域 ID，那么它将任选一个区域加入。最后，具有相同区域 ID 的节点会形成一个区域。

2.4.2.2　区域连通

在节点划分到不同区域后，相关节点将执行以下步骤：

（1）每个受支配节点广播 ONE-HOP-DOMINATOR 消息，该消息中包含所有节点的 ID 以及与其单跳距离的支配节点的区域 ID。

（2）在接收到 ONE-HOP-DOMINATOR 消息后，每个节点都将获悉距其两跳的支配节点以及连接这些支配节点的相邻节点。具有较高等级的相邻节点会被优先选为连接节点（可能不是最终 CDS 的连接节点）。

（3）在接收到从相邻受支配节点发来的 ONE-HOP-DOMINATOR 消息后，受支配节点将广播一个 TWO-HOP-DOMINATOR 消息，该消息中包含所有节点的 ID 及距其两跳的支配节点的区域 ID。

（4）在接收到 TWO-HOP-DOMINATOR 消息后，每个支配节点都将获悉距其三跳的相邻支配节点以及连接这些支配节点的相关相邻节点。具有较高等级的相邻节点会被优先选为连接节点。

在获知所有距离支配节点两跳和三跳的相邻支配节点信息后，就能知道它是否是一个边界支配节点。区域内的支配节点通过选取一个连接节点来连接距离其两跳的具有更大 ID 的相邻支配节点。边界支配节点通过选取一个或两个连接节点来连接邻近区域内的距离其两跳或三跳的具有更大 ID 的相邻支配节点。也就是说，如果边界支配节点连接了邻近区域内的距离其两跳的相邻支配节点，那么它将不连接相同邻近区域内的距离其三跳的相邻支配节点。之后，通过从种子支配节点向外发散对网络的扫描从而完成对支配集的建立。为了更好地说明该算法，图 2.1 给出了利用最大等级算法的 CDS 形成实例。

2.4.2.3　实例

图 2.1 中，节点 ID 标记在节点旁边，黑色节点代表支配节点，外面带圈的黑色节点代表种子支配节点，灰色节点代表连接节点。图 2.1（b）～（d）表示一种可能的执行情况，具体解释如下。

（1）首先，所有节点都是未标记的（图 2.1（a））。

（2）节点 7 和 14 声明自己为支配节点，因为它们在其未标记的单跳邻域内具有最高等级。这两个支配节点同样也是种子支配节点。在接收到 DOMINATOR 消息后，节点 5、9、13、15、16、20、22、23、24、25、26 和 27 声明自己为受支配节点，并且广播 DOMINATEE 消息（图 2.1（b））。

（3）在接收到从邻域发来的 DOMINATEE 消息后，节点 6、10、18、19 和 21 声明自己为支配节点，并且广播 DOMINATOR 消息。究其原因，所有具有较高等级的相邻节点都成为了受支配节点，从而它们的等级在其未标记邻域内就变为了最高的。此时，所有支配节点形成一个 MIS，并且出现分别以支配节点 7 和 14 为中心的两个区域。假定支配节点 10 和 6 分别选择加入 ID 为 7 和 14 的区域（图 2.1（c））。

（4）在每个受支配节点广播 ONE-HOP-DOMINATOR 和 TWO-HOP-DOMINATOR 消息后，每个支配节点都将获悉距其两跳和三跳的相邻支配节点。根据定义，支配节点 6、10 和 14 知道自己是边界支配节点。最后，受支配节点 22 和 24 被支配节点 7 选中作为连接节点，用以连接支配节点 10、18 和 19；受支配节点 27 被支配节点 6 选中作为连接节点，用以连接支配节点 14。受支配节点 17 被支配节点 6 选中用以连接两个邻近区域。显然，所有黑色和灰色的节点形成了一个图的连通支配集，导出子图由图中的粗体黑线来表示（图 2.1（d））。

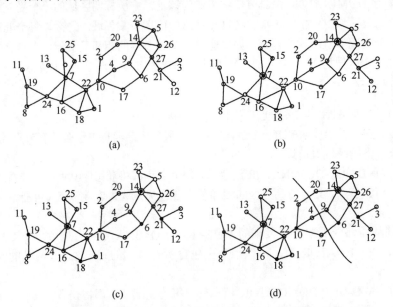

(a)　(b)

(c)　(d)

图 2.1　基于最大等级算法的 CDS 构造

(a) 原始拓扑；(b) 种子支配节点被选出；(c) 更多的支配节点被选出；(d) 完整的 CDS 形成。

注意，与受支配节点 9 的等级(3, 9)相比，受支配节点 27 具有更高的等级(4, 27)，所以它被支配节点 6 选中用以连接支配节点 14。受支配节点 27 也是唯一连接支配节点 14 和 21 的节点。当支配节点 10 在其邻近区域内具有距离其两跳的相邻支配节点（节点 6）时，将不再试图连接相同邻近区域内的距离其三跳的相邻支配节点。从上述实例中可以看出，使用区域概念的好处是，支配节点可以选择性地连接距其两跳或三跳的相邻支配节点，这样就能够减小最终 CDS 的规模。

图 2.2 表示的是采用所提出的最小 ID 和最大等级两种区域算法与规则 1&2[19]以及 AWF[24]的对比。我们利用 200 个节点的样本网络进行实验。图 2.2（a）中描绘的是网络的原始拓扑。图 2.2（b）～（e）分别表示由规则 1&2（图 2.2（b））、AWF（图 2.2（c））、最小 ID（图 2.2（d））和最大等级算法（图 2.2（e））产生的 CDS。这四幅图只表示出了 CDS 中的节点和它们的导出子图。这四种算法所构建的 CDS 大小分别为 101（规则 1&2）、98（AWF）、76（最小 ID）和 55（最大等级）。可以看

出，由最大等级算法构建的 CDS 包含的节点数量最小，其次是最小 ID 算法。

图 2.2（a）为整个网络，图 2.2（b）～（e）分别是由规则 1&2、AWF、最小 ID 和最大等级算法产生的 CDS。

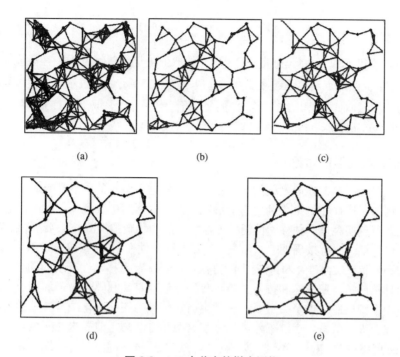

(a)　　　　　　　　(b)　　　　　　　　(c)

(d)　　　　　　　　(e)

图 2.2　140 个节点的样本网络

（a）原始网络；（b）规则 1&2；（c）AWF；（d）区域（最小 ID）；（e）区域（最大等级）。

2.4.3　性能分析

本小节将验证区域算法的正确性，分析算法的时间和消息复杂度，并且给出该算法的近似比。

定理 2.1　由区域算法选出的支配节点和连接节点构成了一个 CDS。

证明　在区域算法中，易证明如果在同一区域内存在其他支配节点，那么每个支配节点在其所属区域内都至少有一个距离其两跳的相邻支配节点。为了连接每对距离两跳的支配节点，我们要保证这些区域内的连通性。请注意，我们至少还要利用一条路径来连接两个邻近区域，此定理得证。

定理 2.2　区域算法的时间和消息复杂度为 $O(n)$。

证明　该算法的时间复杂度的边界是由 MIS 的构造来决定的，最坏情况的时间复杂度是 $O(n)$。这种情况发生在所有节点都按升序或降序分布在一条直线上的时候。其余过程的时间复杂度最大不超过 $O(n)$。当每个节点发送固定数量的消息时，消息的总量也为 $O(n)$。

定理 2.3　设 G 为单位圆图，opt 是 G 的最小 CDS 的规模，之后由区域算法构建的 CDS 的规模是 opt 的常数近似比。

证明　从基础定理 2.2 可以知道，MIS 的规模最大为 $3.8 \times opt + 1.2$。由于 MIS 中的每对节点最多为 CDS 引入两个节点，根据基础定理 2.1，CDS 中节点的数量最大为 $(42 \times 2 / 2 + 1) \times (3.8 \times opt + 1.2) = 163.4 \times opt + 51.6$。

图的密度 μ 可由下式计算：

$$\mu(r) = (n\pi r^2) / A \tag{2.1}$$

式中：n 为图中节点的数量；A 为图的区域；r 为传输范围。设 D 为在一个圆内填充的 n 个等圆的最大密度。D 的上界由文献[28]给出：

$$D \leqslant \frac{n}{\left[1 - \frac{\sqrt{3}}{2} + \sqrt{\frac{3}{4} + \frac{2\sqrt{3}}{\pi}(n-1)} \right]^2} \qquad (2.2)$$

由式（2.1）和式（2.2），将基础定理 2.1 中 l_2 的取值进一步精确为 21。在区域算法中，每个区域的导出子图中的支配节点及单跳连接节点构建成一个 CDS。令 opt' 表示一个区域导出子图的最小 CDS 规模，通过对定理 2.3 类似的分析，一个区域的 CDS 的规模最大为 $(21/2+1) \times (3.8 \times opt' + 1.2) < 44 \times opt' + 14$。

2.4.4 移动性问题的讨论

移动性管理是无线 Ad Hoc 网络的一个重要研究课题，节点的移动性有时还会为协议设计带来好的结果。例如，流行性路由[29]利用它能够在偶然分区网络中实现一定程度的连通性，而不是靠克服移动性。消息摆渡是一种移动性辅助方法，可以为稀疏的 Ad Hoc 网络提供高效数据传输，而网络分区也可持续一个有效周期[30]。但是，节点的移动性在 CDS 构建中是不可取的，因为它会造成局部视图不一致。文献[19, 24]所提出的方法可以解决节点移动性产生的动态拓扑变化问题。一般来说有两种机制：周期重建和按需更新，每种方法都有其利弊。对于周期重建，重建前时间消逝的长短对于系统性能来说至关重要。按需更新在轻微的拓扑变化中是有效的，但是面对较大的拓扑变化时却会失去效力。后续工作中计划将这两种方法与之前提出的区域算法相结合，来维持移动 Ad Hoc 网络中的 CDS。不过，如何在保持近似质量的同时又有效地更新拓扑仍是一个开放性的问题。

下节将给出大量的仿真研究，以验证区域算法在 CDS 规模和通信开销方面的实效性。

2.5 仿 真 实 验

本节中就性能方面对所提出的两个区域算法，即最小 ID 和最大等级，与规则 1&2[19]和 Alzoubi 算法[24]进行比较。在仿真时，一定数量的节点（数量范围在 60～200 的增量为 20，在 200～1000 的增量为 100）随机的均匀分布在规模为 100 个单位的正方形仿真区域内。每个节点都有固定的传输范围 r（r=15 或 30 个单位）。这里所列的仿真结果均是在 300 个连通图上执行算法得到的。实验环境的网络密度是从 n=16，r=15 和 $\mu(r)$=4（稀疏网络）到 n=1000，r=30 和 $\mu(r)$=283（高密集网络），因此本文能够在网络密度增长的情况下检验该算法的有效性。

当 CDS 用于 Ad Hoc 网络进行路由选择时，负责路由选择的节点数量可以减少到 CDS 中的节点数量。因而，本书更倾向于规模较小的 CDS。图 2.3（a）和（b）所示为节点传输范围是 15 个单位时的仿真结果。图 2.3（a）所示为网络中节点数量的范围是从 60～200 时的变化趋势（相应的图是稀疏的），图 2.3（b）所示为网络中节点数量的范围是从 200～1000 时的变化趋势（相应的图是密集的）。CDS 中的节点数量随着加入网络的节点数量的增加而增加，这是因为随着支配节点的增加，被选出作为连接节点的数量也会增加，因此 CDS 的规模也随之增加。从这两幅图中可以看到，与节点数量范围是从 200～1000（密集网络）的情况相比，CDS 的规模在节点数量范围从 60～200（稀疏网络）的情况下更加敏感。随着节点数量的增加，两种区域算法与另外两种算法的差异也更加明显。在这四种算法中，最大等级算法的性能是最好的。当网络中的节点数量达到 1000 时，最大等级算法所构建的 CDS 中节点数量仅是规则 1&2 和 AWF 的 60%。

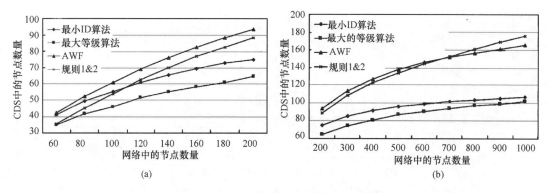

图 2.3 *r* 为 15 个单位时 CDS 中的节点数量

(a) CDS 中的节点数量（ $n \in [60, 200]$ ）；(b) CDS 中的节点数量（ $n \in [200, 1000]$ ）。

图 2.4 (a) 和 (b) 表示节点的传输范围为 30 个单位时，网络中节点数量的范围分别从 60～200 和 200～1000 时的实验结果。当传输范围增加时，如果节点的数量固定，那么随着越多节点的连接，网络也变得越密集。而随着网络规模的增加，CDS 的规模仅略有增加。根据仿真结果，发现在高密集网络的四种算法中，最小 ID 算法最优，其次是最大等级算法。对比图 2.3 (a)、(b) 与图 2.4 (a)、(b) 可知，增加节点的传输范围能够进一步增加每个节点的覆盖范围，因此网络的密度增大，进而使得 CDS 获得较小的规模。当网络中的节点数达到 1000 时，由最小 ID 算法构建的 CDS 中的节点数只是规则 1&2 构建的 45%。

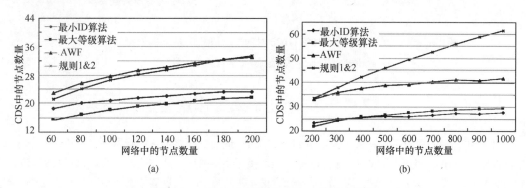

图 2.4 *r* 为 30 个单位时 CDS 中的节点数量

（a）*n* 的取值范围是 60～200；（b）*n* 的取值范围是 200～1000。

本书还比较了最小 ID、最大等级和 AWF 构建的 CDS 中的两跳连接节点的数量，仿真结果分别如图 2.5 (a) 和 (b) 所示。可以看出，最小 ID 和最大等级算法选出的两跳连接节点的数量要比 AWF 的少得多。在高密集网络中，由最小 ID 和最大等级构建的 CDS 中的两跳连接节点的数量近似为 0。

图 2.6 (a) 和 (b) 所示的分别是传输范围 *r* 为 15 和 30 个单位时，网络中节点数量与消息开销的关系（范围是 100～1000，增量步为 100），*y* 轴表示节点所传输消息的平均字节数。在这些算法中，规则 1&2 消耗的消息字节数最多，这是因为该算法中每个节点都需要与其单跳邻域交换其单跳相邻节点的信息。当 *n*=1000、*r*=15 时，这种信息交换占总消息开销的 96%，并且需要消耗大量的时间和能量。AWF、最小 ID 和最大等级所表现出来的性能相似，因为在这些算法中每个节点都只需了解其单跳邻域和一定量的两跳和三跳邻域的信息。与 AWF 相比，最小 ID 和最大等级算法只引入了略多关于稀疏网络的消息开销，这是因为每个节点在消息交换时增加了一项条目，即区域 ID。当 *n*=1000、*r*=30 时，规则 1&2 所消耗的消息字节数为 439808，是其他三种算法的近 13 倍。为了清楚地表示 AWF、最小 ID 和最大等级之间的差异，图 2.6 (b) 中没有给出规则 1&2 的曲线。

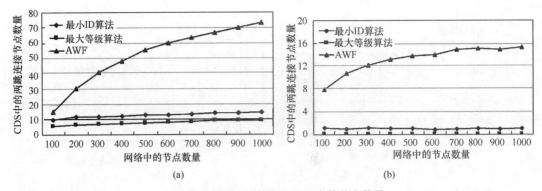

图 2.5 *r* 为 30 个单位时 CDS 中的节点数量

（a）传输范围 *r*=15 个单位；(b)传输范围 *r*=30 个单位

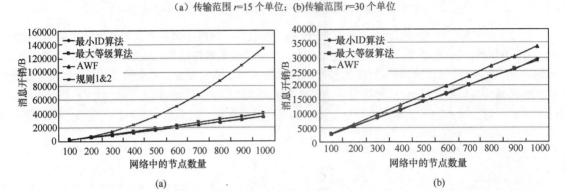

图 2.6 当 *n* 的取值范围是 100~1000 时的平均消息开销（以位元组为单位）

（a）传输范围 *r*=15 个单位；(b) 传输范围 *r*=30 个单位。

2.6 结论及未来工作展望

在本章中，我们提出了一种针对无线 Ad Hoc 网络中连通支配集形成的新型分布式算法。在区域算法中，将节点划分到不同的区域中，并且选择性地连接相距两跳或三跳的支配节点。该算法的时间复杂度和消息复杂度都为 *O(n)*。此外，该算法是局部性的，在此算法中简单的局部节点行为恰恰达到了期望的全局目标。从仿真研究中可以发现，无论网络的规模和密度如何，就 CDS 的规模而言，区域算法产生的结果要优于规则 1&2[19] 和 AWF[24]。为简便起见，本文没有考虑节点的能量和移动性问题，目前的工作重点是将剩余能量和节点移动性相结合作为选择标准，替代现有的节点 ID 和节点等级。

致　谢

本项研究获得香港特别行政区研究资助局（中国 No.（CityU 114908））和香港城市大学应用研究与发展基金的支持（（ARD（Ctr））Nos.9681001、9678002）。

参 考 文 献

1. S. Basagni, M. Mastrogiovanni, and C. Petrioli. A performance comparison of protocols for clustering and backbone formation in large scale ad hoc network, Proceedings of MASS'2004, October 2004, pp. 70–79.

2. D. J. Baker, A. Ephremides, and J. A. Flynn. The design and simulation of a mobile radio network with distributed control. IEEE J. Selected Areas Commun., 2(1):226–237, 1984.

3. M. Gerla and J. T.-C. Tsai. Multicluster, mobile, multimedia radio network, Wireless Networks, 1(3):255–265, 1995.

4. S. Basagni, Distributed clustering for ad hoc networks, Proceedings of I-SPAN'1999, June 1999, pp. 310–315.

5. W. R. Heinzelman, A. Chandrakasan, and H. Balakrishnan. Energy efficient communication protocol for wireless microsensor networks, Proceedings of HICSS'2000, January 2000, pp. 3005–3014.

6. R. Rajaraman. Topology control and routing in ad hoc networks: a survey, SIGACT News, 33(2):60–73, 2002.

7. J. Wu and F. Dai. A generic distributed broadcast scheme in ad hoc wireless networks, Proceedings of ICDCS'2003, May 2003, pp. 460–468.

8. M. Garey and D. Johnson. Computers and Intractability: A Guide to the Theory of NP-Completeness, Freeman, New York, 1979.

9. B. N. Clark, C. J. Colbourn, and D. S. Johnson. Unit disk graphs. Discrete Math., 86(1–3):165–177, 1990.

10. M. V. Marathe, H. Breu, H. B. Hunt III, S. S. Ravi, and D. J. Rosenkrantz. Simple heuristics for unit disk graphs. Networks, 25:59–68, 1995.

11. E. L. Lloyd, R. Liu, M. V. Marathe, R. Ramanathan, and S. S. Ravi. Algorithmic aspects of topology control problems for ad hoc networks, Proceedings of MobiHoc'2002, June 2002, pp. 123–134.

12. D. Blough, M. Leoncini, G. Resta, and P. Santi. The K-neigh protocol for symmetric topology control in ad hoc networks. Proceedings of MobiHoc'2003, June 2003, pp. 141–152.

13. R. Ramanathan and R. Rosales-Hain. Topology control of multihop wireless networks using transmit power adjustment, Proceedings of IEEE INFOCOM' 2000, vol. 2, March 2000, pp. 26–30.

14. X.-Y. Li, G. Calinescu, and P.-J. Wan. Distributed construction of a planar spanner and routing for ad hoc wireless networks. Proceedings of IEEE INFOCOM'2002, vol. 3, June 2002, pp. 1268–1277.

15. B. Karp and H. Kung. GPSR: greedy perimeter stateless routing for wireless networks, Proceedings of MOBICOM'2000, August 2000, pp. 243–254.

16. R. Wattenhofer, L. Li, P. Bahl, and Y.-M. Wang. Distributed topology control for power efficient operation in multihop wireless ad hoc networks, Proceedings of IEEE INFOCOM'2001, vol. 3, April 2001, pp. 1388–1397.

17. B. Das, R. Sivakumar, and V. Bhargavan. Routing in ad-hoc networks using a spine, Proceedings of ICCCN'1997, pp. 1–20.

18. S. Guha and S. Khuller. Approximation algorithms for connected dominating sets. Algorithmica, 20(4):374–387, 1998.

19. J. Wu and H. Li. On calculating connected dominating set for efficient routing in ad hoc wireless networks, Proceedings of DIALM'1999, pp. 7–14.

20. I. Stojmenovic, S. Seddigh, and J. Zunic. Dominating sets and neighbor elimination based broadcasting algorithms in wireless networks, IEEE Trans. Parallel Distributed Syst., 13(1):14–25, 2002.

21. L. Bao and J. J. Garcia-Luna-Aceves. Topology management in ad hoc networks, Proceedings of MobiHoc'2003, June 2003, pp. 129–140.

22. R. Sivakumar, P. Sinha, and V. Bharghavan. CEDAR: a core-extraction distributed ad hoc routing algorithm, IEEE J. Selected Areas Commun., 17(8):1454–1465, 1999.

23. K. M. Alzoubi, P.-J. Wan, and O. Frieder. Distributed heuristics for connected dominating set in wireless ad hoc networks, IEEE ComSoc/KICS J. Commun. Networks, 4(1):22–29, 2002.

24. K. Alzoubi, P.-J. Wan, and O. Frieder. Message-optimal connected dominating sets in mobile ad hoc networks, Proceedings of MobiHoc'2002, June 2002, pp. 157–164.

25. Y. Wang, W. Wang, and X.-Y. Li, Distributed low-cost backbone formation for wireless ad hoc networks, Proceedings of MobiHoc'2005, May 2005, pp. 2–13.

26. Y. Li, S. Zhu, M. T. Thai, and D.-Z. Du. Localized construction of connected dominating set in wireless networks, Proceedings of

TAWN'2004, June 2004.

27. W. Wu, H. Du, X. Jia, Y. Li, S. C.-H. Huang, and D.-Z. Du.Maximal independent set and minimum connected dominating set in unit disk graphs, submitted.

28. Z. Gaspar and T. Tarnai. Upper bound of density for packing of equal circles in special domains in the plane, Periodica Polytech. Ser. CIV. Eng., 44(1):13–32, 2000.

29. A. Vahdat and D. Becker. Epidemic routing for partially connected ad hoc networks, Technical Report CS-200006, Duke University, April 2000.

30. W. R. Zhao, M. Ammar, and E. Zegura. A message ferrying approach for data delivery in sparse mobile ad hoc networks, Proceedings of MOBIHOC'2004, May 2004, pp. 187–198.

第3章 一种面向移动 Ad Hoc 网络提高信道利用率的智能方法

3.1 引　言

移动无线网络的性能往往取决于介质访问控制协议。载波监听多路访问（CSMA，Carrier Sense Multiple Access）因其简便性而广为使用。但是 CSMA 无法解决隐藏终端的问题，特别是在 Ad Hoc 网络中，节点间的多跳通信非常频繁。本章通过使用一种帧交换协议解决这个问题，该协议称为请求发送/清除发送（RTS/CTS）握手协议，在文献[1]中首次被提出。

目前已有大量的研究致力于无线介质访问控制（MAC，Medium Access Control），以使所有站点之间能够有效地共享有限资源[1, 2]。IEEE 802.11 MAC 显然是最为人们所接受和被广泛使用的无线技术。IEEE 802.11 基于避免冲突的载波监听多路访问（CSMA/CA，Carrier Sense Multiple Access with Collision Avoidance）进行工作，采用随机访问的方式，即随机地发送数据包来尽可能地降低冲突的数量。另外，IEEE 802.11 引入了叫做 RTS/CTS 的握手机制和虚拟载波监听，以进一步减少由于隐藏终端问题而发生冲突的机会。

不过，经研究发现，在 MANET 中使用 IEEE 802.11 会加剧隐藏和暴露终端的问题[3]，带来的最终结果是吞吐量的严重退化和网络的不稳定。参考文献[4]表明，该问题在大型密集的 Ad Hoc 网络中更为严重。因此，改善 MANET 中 IEEE 802.11 的性能退化是一个重要的任务。

"错误阻塞"问题是从给定的一个时刻开始不必要地禁止节点进行传输[5]。最坏的情况是所有的相邻节点都被阻塞而无法传输帧，并且进入死锁状态。当 RTS 帧保留了一个信道但该信道仍未被使用时，上述情况就会发生。Ray 等人[5]提出了基于物理载波监听的"RTS 验证"，即当节点接收到 RTS 帧后，如果此时 CTS 丢失，就释放信道。

文献[6]基于相同目的，提出了名为"附加帧传输"的方法，在 RTS/CTS 握手过程中对帧传输进行控制。当节点发送了 RTS 帧而在特定时间内并没有接收到 CTS 时，它便会发送另一个小型帧去往其他目的地。文献[5, 6]中提出的这两种方法都对不必要保留的信道进行了复用。RTS 验证方法和附加帧传输方法的主要区别是利用不同的节点来检测 RTS/CTS 握手的中断。文献[6]中利用发送节点检测中断，而文献[5]利用相邻节点来检测中断。

本章提出了另外一种类型的附加帧，名为"反向附加帧"。还应注意到，当信道释放方法并不适用时仍有改善的余地。为了尽可能地复用信道，本书修改了 NAV 操作来提高信道复用的机会。另外，注意到这些方法可以独立工作，本书将修改过的方法进行结合。补充一点，本书所提出的机制不受标准 IEEE 802.11 兼容性问题的影响。仿真结果可以验证该方法的有效性。据观察，本文提出的的方法与 IEEE 802.11 相比能获得更高的吞吐量增益。

本章的其余部分安排如下：3.2 节讨论相关的工作；3.3 节对 IEEE 802.11 的基本操作进行说明，并对 MANET 中 RTS/CTS 失败过程的操作进行描述；3.4 节详解本书提出的增强 IEEE 802.11 的方法，3.5 节对提出方法的有效性及方案的评估进行讨论；3.6 节做出工作总结。

3.2　相　关　工　作

文献[7]提出了 CSMA 协议，而文献[8]对该协议易于发生隐藏终端的问题进行了论述，并提出了一种叫做忙音多路访问（BTMA，Busy-tone Multiple Access）协议的解决方案。为减小隐藏终端问题的影响，文献[1]中提出了避免冲突的多路访问协议（MACA，Multiple Access with Collision Avoidance）。MACA 利用 RTS/CTS 机制避免隐藏终端的问题，但并不包括用于确保 DATA 传输完整性的肯定应答，而在 MACAW 协议中则加入了肯定应答的方法[2]。MACAW 协议同样需要节点发送一个 DATA 发送（DS，DATA-send）数据包以表明即将开始 DATA 包的传输，不过这种机制并不是 IEEE 802.11 标准的一部分，因此该协议可能与标准协议不兼容。Ray 等人[5]指出在一般的多跳网络中，由于遮蔽节点的问题，RTS/CTS 机制并不能完全避免 DATA 包的冲突。他们还发现即使在理想条件下，例如忽略控制包的大小、不计传播延迟以及设置相同的干扰和数据包监测范围，上述问题仍然存在。即便如此，RTS/CTS 机制还是大大降低了隐藏终端问题发生的概率，一般来说，这种机制是可取的。虽然文献[9]讨论过无线网络的阻塞，但是文献[5]首次描述了错误阻塞的严重性。为了克服无线 LAN 中的错误阻塞问题，Shigeyasu 等人[10]提出了一种新型的 MAC 协议。

上述 RTS 验证能够帮助减轻错误阻塞，因为接收到 RTS 的节点会抑制自己在链中进行传输[5]。依据监听到的 RTS 帧，节点会判断对介质监听相应 DATA 帧的传输是否已经开始。它们的行为是基于物理载波监听的。如果传输没有开始，介质应在预期时段内保持空闲。当节点接收到 RTS 帧后，便开始监听 DATA 帧的传输，在此过程中，当介质在特定时段内处于空闲状态，就意味着 RTS/CTS 发生握手中断。接下来，节点将释放由 RTS 帧注册的 NAV 并停止延迟。随后，每个节点独立地释放信道。Harada 等人[11]引入了一种名为注销 RTS（CRTS，Cancel RTS）的新型帧，它会释放之前预留的信道，这是为了减轻由失败造成的信道利用率退化，并在 RTS/CTS 握手期间获得一个新的信道。在该方法中，当发送节点没有正确接收到与 RTS 对应的 CTS 时，它将发送 CTS 帧。随后，相邻节点依据监听到的 CRTS，注销由 RTS 设置的 NAV。不过，这种新型帧的引入会引发与标准 IEEE 802.11 的兼容性问题。

3.3　背　　景

IEEE 802.11 MAC 层覆盖三个功能性区域：可靠的数据传输访问、控制和安全。在本章中将主要讨论前两个，因为它们与我们提出的方法密切相关。

3.3.1　可靠的数据传输

如同任意的无线网络，使用 IEEE 802.11 物理层和 MAC 层的无线 LAN 是不可靠的。噪声、干扰以及其他传播都会对网络造成不利影响并引发相当数量的帧丢失。可靠性机制可在较高的层次如 TCP 上处理，但在较高层次上花费的时间通常以秒计算。因此，可靠性机制能够更有效地处理 MAC 层级别的错误。为解决这个问题，IEEE 802.11 包含了一个名为 RTS/CTS 握手的帧交换协议。当站点接收到从其他站点发来的一个数据帧后，它将向源站点发回一个确认帧（ACK）。这种交换不应受任何站点发起的传输干扰。如果源站点在一定时间内没有接收到 ACK，它将重传此帧。为进一步提高该方案的可靠性，在此引入四路握手方案。在这个方案中，源站点向目的站点发送 RTS 帧，随后目的站点将传回 CTS 作为响应。接收到 CTS 后，源站点开始传输数据帧，目的站点则传回 ACK 作为响应。RTS 和 CTS 都会通知传输范围内的所有相邻节点抑制传输以避免冲突。RTS/CTS 是 MAC

的一项可选功能，可以禁用。

3.3.2 访问控制

802.11 工作组审议了面向 MAC 算法设计的两种议案：①分布式访问控制，如以太网一样利用载波监听机制向所有节点分发决策；②集中访问协议，由一个集中式的决策者来对传输进行调整。分布式访问协议不仅对具有同级工作站的 Ad Hoc 网络具有重要的意义，对主要包括突发码流的其他无线 LAN 配置同样具有吸引力。IEEE 802.11 描述了两种介质访问功能，分别为集中式协调功能（PCF，Point Coordination Function）和分布式协调功能（DCF，Distributed Coordination Function）。MAC 层的较低子层是 DCF。DCF 利用竞争算法为所有码流提供访问入口。DCF 子层基于 CSMA 技术。本章将重点讨论 IEEE 802.11 DCF，为 Ad Hoc 网络提供分布式访问机制方案。

IEEE 802.11 DCF 基于 CSMA/CA，利用两路握手和四路握手提供基本的访问机制。这里只做出 IEEE 802.11 标准的基本功能概述，具体细节见文献[12]。

站点倾向于在初始化传输前通过感知介质来确定是否有另一个站点正在传输。若感知到介质在 DCF 帧间空间（DIFS，DCF Interframe Space）间隔内没有被占用，则传输会继续进行。另一方面，若介质处于忙碌中，则站点必会推迟其传输，直至当前传输结束。随后，介质将会等待一个附加的 DIFS 间隔并在传输前产生一个随机退避定时器。当介质处于忙碌时，只要介质被感知为空闲或冻结则该计数器减少，当介质再次被感知为空闲且时间长于 DIFS 间隔时，该计数器复位。只有当退避计数器减至零时，站点才能传输其数据包。

为确保退避计数保持稳定，我们运用一种叫做二进制指数退避的技术。站点在面对重复冲突时将试图重复传输，但是每发生一次冲突，随机延迟的平均值将增加一倍。二进制指数退避为处理重负载提供了一种方法。重复传输失败所造成的结果是退避时间越来越长，但这恰恰能够帮助消除负载。如果没有这样的一段退避时间，那么两个或两个以上的站点会同时传输，这将会引发冲突，随后站点会试图立即重新传输，这将会引发新的冲突。

退避计数器值在 $(0, \omega - 1)$ 之间均匀选取。ω 的值为竞争窗口（CW，Contention Window），表征信道的竞争水平。在首次尝试传输时，设定 ω 为 CW_{min}。每经一次失败的传输，ω 值将加倍，直至达到最大值 CW_{max}。图 3.1 表示基本访问机制。

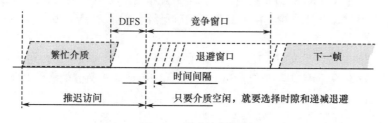

图 3.1　基本访问机制

由于站点无法在传输的同时监听信道，因此在无线介质中进行冲突检测并不可行。接收站点传输的 ACK 用以确认接收成功。接收站点在正确接收数据帧后，等待一个简短帧间空间（SIFS，Short Interframe Space）的时间，再将 ACK 发送至发送站点。如果 ACK 丢失，发送端将判定为发生了传输损耗，在 CW 加倍后会安排重传。

3.3.3 隐藏和暴露终端问题

无线网络中，隐藏节点是指在其他节点或节点集合范围以外的节点。当一个节点对于一个无线集线器可见，而对于其他与该集线器通信的节点不可见时，就会发生节点隐藏问题。该问题也会给多媒体访问控制带来困难。在传统的隐藏终端情境下，站点"B"可以监听站点"A"和站点"C"，但是"A"与"C"却无法互相监听。因此，如图3.2所示，"A"和"C"不可避免地发生冲突。在无线网络中，当一个节点由于相邻节点的传输，导致给其他节点发送数据包受阻时，就会发生暴露终端问题。在暴露终端情境中，处于有利地势的站点"A"可以监听到距离其很远的站点"C"。尽管"A"与"C"的距离足够远从而"A"不会对"C"与其附近站点的传输产生干扰，"A"仍不必要地推迟传输，这样就浪费了一个局部的再次利用信道的机会，如图3.3所示。这就是为什么有时偏远方位会有很多传输而处于有利地势的站点传输却很少的原因。

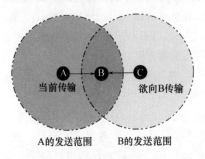 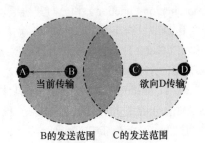

图3.2 隐藏终端问题   图3.3 暴露终端问题

3.3.4 RTS/CTS 握手机制及虚拟载波监听

RTS/CTS访问方式可以用于IEEE 802.11来减少隐藏终端问题造成的冲突。当站点需要传输大规模数据帧（该数据帧长度大于预定义的RTS阈值）时，如前所述，它将遵循基本机制的退避过程。随后，站点发送一个名为RTS的特殊简短控制帧，而不是数据帧，此帧包含了下面处理（CTS、DATA和ACK传输）所需的有关源、目的地和持续时间的信息。收到RTS后，目的地会以另一个名为CTS的控制帧作为响应，此帧包含的信息与上述内容相同。只有正确的接收到CTS帧时，传输站点才可以进行资料传输。

其他所有节点不管是监听到RTS还是CTS帧，都要在RTS/CTS帧中所指定的时间内调整自己的网络分配向量（NAV，Network Allocation Vector）。NAV包含了信道不可用的时间，将用作虚拟载波监听。图3.4所示为RTS/CTS机制。若物理或虚拟监听寻找到的信道处于忙碌状态，站点将推迟此次传输。不过，若接收端在接收到数据帧时已经设置了NAV，那么DCF会允许接收端发送ACK帧。

RTS/CTS机制的有效性见文献[13]，该机制可通过CTS的缺失提早检测到冲突。这里将CTS的缺失视作冲突的发生，从而实现早期检测。但该协议无法释放或重新分配前一RTS帧保留的信道。若站点只接收到RTS帧而没有接收到CTS帧，并不能表明没有发生传输。因此，站点在最后一次RTS中会声明推迟一个间隔。不过，这会造成发送节点周围信道能量的浪费。

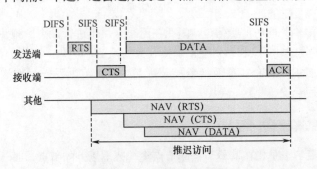

图3.4 RTS/CTS 访问机制

3.3.5 RTS/CTS 诱发的错误阻塞

本节将分析接收端没有接收到 CTS 的情形，并探讨如何提高在任何场合的信道利用率。

情形 1：两个或两个以上站点的退避定时器同时归零，并且站点同时发送 RTS 帧，此时发送端无法接收到 CTS 帧。随着网络流量的增加，这种情形的发生会更加频繁。

情形 2：如图 3.5 所示，站点 S 启动 RTS/CTS 序列的同时，一个干扰接收的传输也正在进行，如图所示，此传输位于 N 和 M 之间。在此情形下，即使 RTS 正确地到达发送端，站点 R 的虚拟载波监听也会禁止其做出 CTS 回应。

情形 3：当预期的接收端 R 移动至新的位置，如图 3.6 所示，这个位置在 S 的通信范围之外。在此情形下，R 接收不到 S 发来的 RTS。

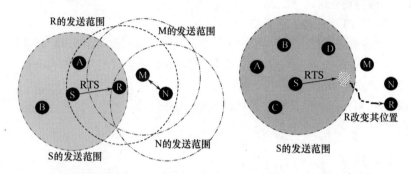

图 3.5 情形 2 的说明图   图 3.6 情形 3 说明图

上述情形在 MANET 中经常出现，由于站点可以任意移动，MANET 中各站点彼此之间通过多跳方式来传播数据包。在无线网络中，只允许节点在特定的时间传输，这样很多接收端周围的节点就可能受到阻塞，而阻塞节点的相邻节点通常都不会察觉到阻塞。所以，一个节点有可能对另一个当前处于阻塞状态的节点发起通信，但结果是目的节点无法响应接收到的 RTS 包。不过，发送端会将上述现象理解为信道竞争，随即进入退避状态。由于 NAV 由 RTS 设置，所以不允许相邻节点减小退避计数器和发送数据包。

所有接收到 RTS 的节点抑制自身传输会引起错误阻塞，当此情形循环发生时，问题会变得相当严重，形成伪死锁[5]，这会导致信道利用率降低和路由失败。因此，为使信道稳定，释放未使用信道尤为重要。RTS 验证也可降低上述问题的发生概率，但仍会导致信道能量的浪费。

本文提出的方案试图尽可能多地复用所浪费的信道能量。

3.4 信道有效利用率的增强

本章提出了三种不同的方法及其调整方案，来优化 MANET 中浪费的信道能量的使用效果。在这些方案中，通过 NAV 更新来释放没有必要阻塞的信道，并利用一些主动的方法尽可能地恢复和减少因错误阻塞造成的信道丢失。

在后续小节中将对所提出的方案逐一介绍：①NAV 操作修正；②附加帧传输（EFT, Extra Frame Transmission）；③方案整合；④反向附加帧传输（R-EFT, Reverse Extra Frame Transmission）。

3.4.1 NAV 操作修正

就 RTS 验证机制[5]而言，当节点被推迟后，就不能将已被其他 RTS 帧设置过的 NAV 恢复为原来的值。此外，RTS 验证也并不总是可用的，尤其是随着网络流量的增加，RTS 验证的不可用概率也随之增加。这样造成的结果是，RTS 验证不能够充分利用未使用的信道，进而信道复用的有效性会降低。若 RTS 验证不考虑 NAV 的设置，那么仍有可能对其进行改进。

基于以上考虑，本书修改了 NAV 操作，增加了三个新变量，如下所示：

（1）将原来的 NAV 分为两个部分：一部分是用相应的节点 ID 来索引的 NAV_k 集；另一部分是 NAV_{other}。

（2）由 NAV_k 和 NAV_{other} 集的最大值计算出的 NAV 用作操作。

（3）节点 k 监听到 RTS/DATA 帧后，对 NAV_k 做出调整。而 NAV_{other} 不同于 RTS/DATA 帧，将视情况而调节 NAV_{other}，比如接收 CTS 帧或遭受冲突。

（4）允许 NAV_k 在时间域内被新值覆盖。也就是说，当节点监听到节点 k 的 RTS/CTS 帧时，NAV_k 将在该帧持续时间内得到更新。

（5）如有需要，RTS 验证将重置 NAV_k。

NAV 更新方案能够通过相应发送端的 ID 记录来处理多节点的 NAV，这与 RTS/CTS 握手失败有关，另外，即使 NAV 已被设定，该更新方案仍能为删除 NAV 带来灵活性和便利性。这种对 RTS 验证的修正有利于删除 NAV 以及提高信道的能量。

此外，这种修正对于附加帧传输方案中的 NAV 更新也是有利的，详细内容将在下一小节中进行讨论。

3.4.2　附加帧传输

附加帧传输的工作方式如图 3.7 所示。在发送端把 RTS 传给接收端 1 并等待直到确定 CTS 不会发回后，如有合适的帧存在，它将从发送序列中挑选出一帧并立即传往备用接收端。本章后续会对"合适的帧"做出详解。如果传输完成（通过接收端的 ACK 确认）[12]或所传输的附加帧已被广播，那么附加帧将从序列中移除。如果附加帧传输未成功，发送端将通过加倍 CW 调度原始帧的重发来返回正常操作。

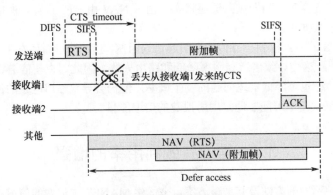

图 3.7　附加帧传输

由于标准协议没有明确说明 CTS 响应的超时值，所以在所分配时间结束前，发送端通常处于空闲状态。不过，RTS/CTS 序列却有严格的时序。所以，引入了一个新的参数，即握手超时 S，它表示接收 CTS 所需的最长时间。若发送端已等待了握手超时 S，那么就能确定接收端将不会再发回 CTS 响应。

传输的附加帧应具有以下特性：

（1）附加帧被指定送往的站点应不同于当前所尝试的站点。由于当前目的地没有发生应答，因此任何对相同站点的进一步尝试都无效。

（2）选出的附加帧应该是一个广播帧（与 RTS 阈值无关）或小于 RTS 阈值的单播帧。这样，该帧就能够在没有遵循 RTS/CTS 帧交换协议的情况下也能被立即传输。

（3）选出的附加帧应该排在发往特定接收端队列中的第一个位置。例如，发送端有两个发往同一目的地的帧，第一帧比 RTS 阈值大，第二帧则不然，那么即使第二帧可能满足上述两个条件，这两帧也都不会被发送。这个约束条件可以避免传输秩序混乱。

经观察，随着码流负载和节点密度的增加，错误阻塞发生的概率也随之增加。这种情况下，前面的 RTS 帧保留了发送端周围的信道，这为附加帧的成功传输提供了均等的机会。在此过程中，可以传输在正常操作中不能被发送的帧。

有了上述的 NAV 更新方案，该方案的优势大大提高，使接收到 RTS 并阻塞了信道的节点可以取消原 NAV 的持续时间。

事实上，节点将会在附加帧持续的时间内重新调整之前的 NAV 设置。附加帧的 NAV 在时间域内应比 RTS 发送端的当前 NAV 小；节点可以间接取消其 NAV。所以，如果选出的附加帧是一个广播帧，即其 NAV 持续时间为零，那么监听的节点可以对 RTS 的 NAV 值复位并完全取消该 NAV。即使 RTS 阈值被设置为零，附加帧也能够有效地释放信道。

3.4.3 RTS 验证与附加帧传输的结合

附加帧传输和 RTS 验证[5]为发送节点和相邻节点的工作是独立进行的，为进一步提升性能，本书提出了一种将 RTS 验证与附加帧相结合的方法。

在发送节点的等待队列中，合适的附加帧并不总是可得的，所以信道复用并不如 RTS 验证常用。即便如此，信道复用仍具备传送如附加帧的数据的能力。为了有效地运用这种能力，本书用附加帧传输来传送附加帧，并用 RTS 验证来释放信道。同时设置两个参数开展并行工作，即握手超时 N 和握手超时 S，如下所示：

```
Handshake_Timeout_S: RTS_Tx_time + propagation_delay
+ SIFS + CTS_Tx_time + propagation_delay
Handshake_Timeout_N: propagation_delay + SIFS + CTS_Tx_time
+ propagation_delay + SIFS + propagation_delay + SIFS
```

其中：Tx 表示传输时间。

有了这些参数，当节点检测到 RTS/CTS 握手中断时，若附加帧可用，该附加帧将会传送一个小型数据，并通过 NAV 更新来释放信道。若附加帧不可用，RTS 验证只需释放信道即可。因此，这两种互补机制能够共同引导信道有效性的提升。

3.4.4 反向附加帧传输

为使相邻节点监听到 RTS，本书提出了一种积极的信道复用方法，该方法引入了一种名为"反向附加帧"的新型附加帧。新型附加帧的传输定时与 RTS 验证释放信道的定时相同。因此，它可以说是 RTS 验证的一个子集。方案的算法如图 3.8 所示，其中包含反向附加帧。

通常来说，一旦 RTS 帧发出，它在 RTS 帧所指定的持续时间内是不受冲突影响的，而算法的思想也源于此。此时如果一个相邻节点能够向发送端发送一个帧，那么预计此帧可成功抵达。为利用这段相对安全的时间来复用信道，此时让相邻节点向发起 RTS 的节点发送一个附加帧。反向附加帧传输工作方式如图 3.9 所示。

由于其他符合条件的候选节点会发送附加帧，所以要想完全避免反向附加帧的冲突近乎是不可能的。为了降低冲突发生的概率，本书引入以下几个约束条件。

（1）反向附加帧应该处于队列的第一帧位置，并且发往已发送 RTS 帧的节点处。

（2）反向附加帧的持续时间长度应该比 RTS 指定的时间长度短。

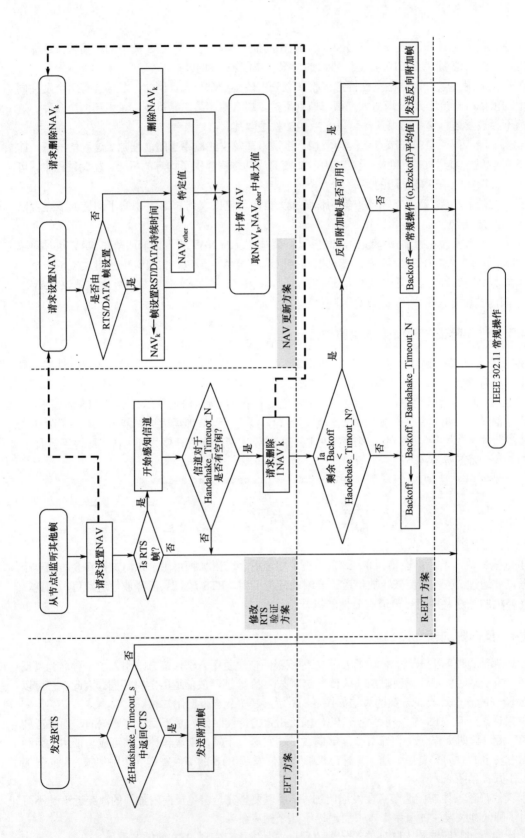

图 3.8 方案结合的流程图

34

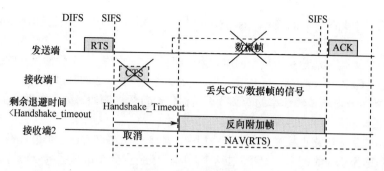

图 3.9 反向附加帧传输

（3）节点应具备一个小型退避计时器，若节点没有接收到 RTS 帧，该计时器逾期作废。

若寻找到一个合适的反向附加帧，节点会立即发送，待传输完成（由发送端的 ACK 确认）再将其从队列中移除。之后，节点将回归正常操作。

即使 RTS/CTS 握手中断，此时也将禁止相邻节点的传输。RTS 验证能够释放信道，但是节点却无法恢复因发生中断而造成的损失。因为当节点意识到信道忙碌时，它们的退避计时器在 RTS/CTS 握手期间不会递减。

当反向附加帧可用时，节点可以弥补上述的时间损失。因为没有执行 RTS/CTS 握手操作，所以节点可以传输本该在不久后发送的数据帧。不过由于为避免冲突而施加了约束，反向附加帧不能保证在所有情况下都可用。当没有反向附加帧用以弥补时间上的损失时，将允许节点各自递减其退避计时器。

允许这些节点的递减和它们各自剩余退避计时器中"握手超时"的时间相等。但对于那些退避计时器中剩余时间小于或等于"握手超时"的节点，为使它们的访问不同来避免冲突，将从（0，当前退避时间）中均匀的随机选择退避时间。

所以，当反向附加帧不可用时，节点将会递减退避计时器的延迟时间，如同它没有被打断一样。这样，就能在传输前减少节点的等待时间，并且增加吞吐量。

3.4.5 与 IEEE 802.11 的兼容性

CRTS[11]通过引入一个附加帧来释放 NAV，而本书的方案能够保持格式不变。这样，该方案就能与现有的 IEEE 802.11 标准兼容。即使有些站点不支持这种加强方案，也不会影响它们的正常工作。

3.5 性能评估及讨论

在本节中将就性能评估和用于网络仿真的场景展开讨论，随后解释和分析得到的结果。

3.5.1 仿真场景

本书将使用目前公认的网络仿真器 ns-2[14]来对机制的有效性进行评估，对标准 IEEE 802.11[13]、RTS 验证[15]和本章提出的增强方案的性能进行比较。

仿真所用的模型为多跳无线拓扑网络模型，采用的路由协议为 Ad Hoc 按需距离向量协议（AODV，Ad Hoc On-demand Distance Vector）[15]。链路层是一个共享介质的无线电，标称的信道比特率为 1Mb/s。

设置的参数列于此：时间间隔= 20μs，SIFS= 10μs，DIFS= 50μs，传播延时= 2μs，RTS 阈值= 0 字节。

流量源和目的地随机地分布于整个网络。为证明我们的评估过程不受帧尺寸的影响，码流的类型为恒定比特率（CBR，Constant Bit Rate），其包的大小在 512～2048bit 间随机选取。此时生成 30 组 CBR 码流，所有发送端传输速率的总和代表所提供的负载。例如，如果提供的负载是 600kb/s，那么 CBR 码流的传输速率为 20kb/s。

仿真中使用的是随机路点模型。在这个模型中，一个移动站点会在一个位置停留一段特定的时间（将这个时间称为暂停时间）。一旦超过这个时间，该站点会在仿真区域内随机选择一个位置，并在[最小速度，最大速度]内以均匀概率随机选择一个速度。每个节点依据具有下列参数的随机航路点模型来移动，最大速度为 10m/s，最小速度为 0m/s，暂停时间为 50s。

每次实验都在 1500m×500m 的区域内进行 700s 仿真，从 100s 开始测量，直到 700s。图中所示的都是经过平均至少 50 次仿真得到的结果。作为每个仿真的默认参数，定义站点的数量为 50。每个节点依据具有下列参数的随机路点模型来移动，最大速度为 10m/s，最小速度为 0m/s，暂停时间为 50s。

3.5.2　实验结果及分析

在本节中，比较了 RTS 验证和本章所提出方案的性能。仿真将在两个不同的场景下分别进行：一个是所提供的负载为 200～800kb/s；另一个是节点的数量为 10～90。

依据上述两个场景中 MAC 层的吞吐量（Th_{mac}）来评估方案的有效性。Th_{mac} 是每个节点单位时间内成功发送数据帧大小的总和。假设 u_i 是节点 i 以比特为单位成功传输的数据帧大小。如果传输总时间为 t，那么 Th_{mac} 的单位是比特每秒（b/s），定义为

$$Th_{mac} = \frac{\sum_{i=1}^{i=N} u_i}{t} \tag{3.1}$$

首先，给出对于六种不同组合方案，MAC 层吞吐量（Th_{mac}）与提供负载的关系曲线，如图 3.10 所示。该图表明 NAV 更新方案提升了附加帧和 RTS 验证的 Th_{mac}。由于信道释放发生的概率增加，RTS 验证与 NAV 更新的结合要比附加帧与 NAV 更新的结合更为有效。RTS 验证及其变体（RTS 验证与 NAV 更新、反向附加帧的结合）能够在所提出的结合方案中获得较高性能。

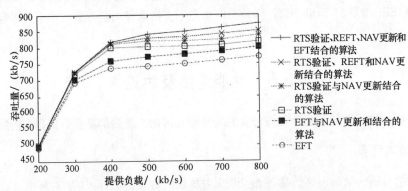

图 3.10　MAC 层吞吐量（Th_{mac}）与提供负载的关系曲线

另一方面，如图 3.11 所示，当节点数量变化时，RTS 验证及其变体的 Th_{mac} 随着节点数量的增加而大幅度递减，最坏的情况是 RTS 验证比附加帧与 NAV 更新相结合的性能更低。这是由于 RTS 验证及其变体是基于物理载波监听的，它们对网络中的传输数量极其敏感。

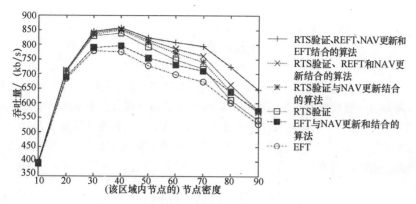

图 3.11 MAC 层吞吐量（Th_mac）作为节点密度的函数

即使处于上述的严苛条件中，由于具备发送附加帧和释放信道的双倍优势，附加帧仍能保持较高的改善水平。EFT 与 R-EFT 的结合使其特性更为稳定，即使节点数量有所增加。当节点数量达到 60 或 60 以上时，改善则更为明显。因此，RTS 验证及其变体与附加帧的结合以一种互补的形式工作，使得该方案在上述两种场景中有较高性能。

在所提出的结合方案中，尽可能积极地复用信道。所以，为了验证这个增强方案的可靠性是否会有退化，本书测量了每个单播帧的传输速率。

数据包传输速率（PD，Packet Delivery）由下式计算得到：

$$PD = \frac{\sum_{i=1}^{i=N} R_i}{\sum_{i=1}^{i=N} S_i} \tag{3.2}$$

式中：S_i 是节点 i 发送的单播数据帧的总数据大小；R_i 是节点接收到的 ACK 帧的总数据大小。

图 3.12 和图 3.13 所示的是对于 RTS 验证和 IEEE 802.11，CBR 数据包传输速率与提供流量负载和节点密度之间的关系曲线。

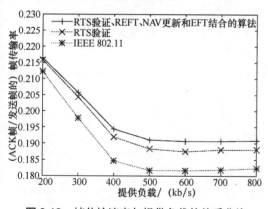

图 3.12 帧传输速率与提供负载的关系曲线

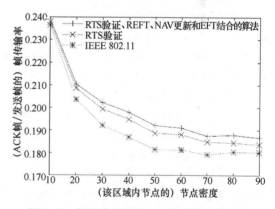

图 3.13 帧传输速率与节点密度的关系曲线

在上述的两种场景中，当 RTS/CTS 中断发生得不频繁时，所有方案的数据包传输速率都是相近的。但是当 RTS/CTS 握手中断发生得越来越频繁时，与其他方案相比，本书的结合方案在相同场景下会产生更高的数据包传输速率。在高节点密度场景中，特别是当 RTS/CTS 握手中断频繁发生时，本书所提方案的数据包传输速率比其他方案的都要高。这是因为积极复用浪费的信道会使节点以稳定的方式传送更多的数据包，进而增加了数据包的传输速率。这些结果表明，无论信道是否被积极地释放或复用，本书的结合方案都不会对数据包传输速率产生任何不利影响。

3.6 总 结

本章证明了所提出的方案能够克服 MANET 中 RTS/CTS 握手的固有信道效率低下问题，特别是在节点密度高并且中断频繁发生的情况下。同时，本书的增强方案不受兼容性问题的困扰，也不会产生额外的开销，这对网络的顺利部署来说十分重要。从大量的仿真结果来看，与标准 IEEE 802.11 和 RTS 验证方案相比，本书的结合方法大大提高了吞吐量。因此可以确定，在无线通信中，这种智能方法可以提高信道的利用率。

参 考 文 献

1. P. Karn, MACA: – A new channel access method for packet radio. In Proceedings the 9th ARRL Computers Networking Conference, Ontario, Canada, September 1990.

2. V. Bharghavan, A. Demers, S. Shenker, and L. Zhang,MACAW: A media protocol for wireless LANs. In Proceedings of the ACM SIGCOMM'94, London, UK, September 1994.

3. S. Xu and T. Saadawi. Does the IEEE 802.11 MAC protocol work well in multihop wireless ad hoc networks? In Proceeding of IEEE Commun. Mag., 39(6):130–137, 2001.

4. Y.Wang and J. J. Garcia-Luna-Aceves. Collision avoidance in multihop ad hoc networks. In Proceedings of the IEEE/ACM MASCOT'02, Texas, USA, October 2002.

5. S. Ray, J. Carruthers, and D. Starobinski. Evaluation of the masked node problem in ad-hoc wireless LANs. IEEE Trans. Mobile Comput., 4(5): pp. 430–442, 2005.

6. A. Chayabejara, S.M.S. Zabir, N. Shiratori, An enhancement of the IEEE 802.11 MAC for multihop ad hoc networks, In Proceedings of IEEE Vehicular Technology, 2003 Fall, Florida, USA. October 6–9, 2003.

7. L. Kleinrock and F. A. Tobagi, Pakcet switching in radion channels: Part 1. Carrier sense multiple access modes and their throughput-delay characteristics. IEEE Trans. Commun., COM-23(12):1400–1416, 1975.

8. L. Kleinrock and F. A. Tobagi, Pakcet switching in radion channels: Part 2. The hidden node problem in carier sense multiple access modes and the busy tone solution. IEEE Trans. Commun., COM 23(12):1417–1433, 1975.

9. V. Bharghavan, Performance evaluation of algorithms for wireless medium access. In IEEE Performance and Dependability Symposium '98, IEEE, Raleign, NC 1998.

10. T. Shigeyasu, T. Hirakawa, H. Matsumo, and N. Morinaga. Two simple modifications for improving IEEE 802.11 DCF throughput performance. In IEEE Wireless Communication and Networking Conference (WCNC), 2004.

11. T. Harada, C. Ohta, M. Morii. Improvement of TCP throughput for IEEE 802.11 DCF in wireless multi-hop networks. IEICE Trans. Commun., J85-B(12):2198–2208, 2002.

12. IEEE Standard forWireless LAN Medium Access Control (MAC) and Physical Layer (PHY) Specication. IEEE Std. 802.11, August 1999. [Online]. Available: http://standards.ieee.org/getieee802/802.11.html.

13. G. Bianchi, Performance analysis of the IEEE 802.11 distributed coordination function. IEEE J. Select. Areas Commun., 18(3):535–547, 2000.

14. The Network Simulator Version 2 (ns–2), [Online]. Available: http://www.isi.edu/nsnam/ns/.

15. C. E. Perkins, E. M. Royer, and S. Das, Ad hoc on-demand distance vector (AODV) Routing, RFC 3561, July 2003. [Online]. Available: ftp://ftp.rfc-editor.org/in-notes/rfc3561.txt.

第4章 发布/订阅系统的移动性

4.1 引 言

近年来，许多新兴移动应用如基于位置服务、移动商务、游戏和娱乐服务不断涌现，但是这些新兴移动应用的通信模式与现有的传输层通信原语不相匹配。这类应用通常会产生大量的数据，还需要复杂交互模式，如多对多通信，并且这些模式需具备强大且高效的过滤和路由能力。此外，移动设备通常具有资源有限与高移动性的特点，因而随着网络流量与规模的不断扩大，通信基础设施的发展面临着严峻挑战。

基于内容的分布式发布/订阅通信范式致力于满足新兴移动应用的性能需求，参与者之间的松耦合能支持消息层的无缝移动性。此外，有表现力的说明性语言也考虑到了细粒度消息过滤、复杂交互作用以及消息到移动节点的可扩展高效路由。

在本章中：4.2 节首先通过一些移动应用实例来讨论其背景，并从应用中提炼出关键特征，这些特征可用来启发移动应用对通信基础设施的需求；4.3 节介绍满足上述要求的发布/订阅模型；4.4 节介绍能够有效支持分布式发布/订阅系统移动性的算法；4.5 节提出一个示例场景，以此来说明过滤和复杂交互模式都可能使用了发布/订阅通信抽象；4.6 节对本章做出简要总结。

4.2 移 动 应 用

在设计移动应用的系统架构前，理解这些应用的特性尤为重要。本节将介绍多种移动应用并概述其属性及运行设备。依据以上分析，还将对其特定的基础设施需求进行讨论以促进移动应用的发展。

4.2.1 应用实例

移动应用正在持续不断地发展演变，很难明确概括出其应用需求。不过，从这些新兴的应用中，仍能看到一些特定的趋势和特性。

移动设备的早期应用多是独立的程序，并不能与其他应用或网络进行交互。应用实例包括基础个人信息管理（PIM，Personal Information Management）应用程序，如日历和待办事项列表；单机游戏，如纸牌游戏；以及供用户拍摄和浏览照片的摄像头应用程序。本次讨论的背景是，这些应用没有网络访问，所有数据均手动输入。然而这类应用可能会具备与台式计算机同步数据的能力，它们需要对计算机进行物理访问，因此降低了移动设备的优势。

这里，本书更多地考虑在移动的同时进行网络访问。如今在用户处于移动状态的情况下，绝大多数移动设备都会提供网络访问的方法。例如，移动电话允许其应用程序使用 SMS 功能或是访问 Web。同样地，很多 PDA 也支持多种访问设备外部数据的方式，如红外、蓝牙、GPS 或是 WiFi 接口。

移动设备的早期网络应用多是传统的网络感知桌面应用，能够移植到移动设备上，包括如电子邮件（黑莓设备上的一个流行应用）、即时消息功能（如短信服务）以及简单文件共享（利用多媒体消息服务）等 PIM 应用。虽然这些应用通常是与桌面程序相当的受限版本，但可以在移动时使用。

随着移动设备功能的提升（其无线网络成本及性能方面尤为明显），开发人员积累了更多的应对移动平台的经验，由此多种类型的移动应用随之应运而生，并且可以在移动设备上发挥其全部功能。基于位置的服务便是其中之一，这种服务包括位置感知提示（如本地交通查询或附近商家的广告），或是企业车辆追踪系统，系统能够提供同一机构车辆的实时位置。显然，这些位置感知应用需要获得设备的位置信息，它们可通过 GPS 接收器或电信服务提供商提供的位置追踪技术自动收集，或是由用户自己输入。信息也可由多种方式推断而来，如从已知路标处检测到的信号。

近来，在移动设备上出现了商业和金融性的应用。这种应用包括移动支付服务，它可以确保用户在其移动设备上安全购买商品，或是存储财务数据，如存储信用卡信息。这类应用可以是位置感知的、具备网络能力的，但首先它必须在面对恶意攻击时具有鲁棒性。

上述所有示例，包括应用程序和设备，其最终使用者都是人，所以应尽量避免应用程序执行用户未知的智能处理或自动操作。不过，还有一类应用是由几乎不含有人工交互的自主代理构成的，最具代表性的当属基于传感器网络的应用，即大量资源受限的节点合作执行共同的任务。传感器网络应用的实例包括分布式环境检测或自动化流水线。

4.2.2 设备和应用特性

基于上述列举的应用实例，我们总结了移动设备和应用的一些重要特性。

移动设备是典型的资源约束型的，虽然这些设备可用的计算、内存、带宽和电池寿命在不断提升，但相对于其他计算设备如台式计算机来说仍是受限的。此外，这些设备的用户界面存在两种状态，在传感器网络节点的情况下是不存在的，而在 PDA 和移动电话上存在却很受限。另外，当用户处于移动状态时，大部分移动设备都支持一些与外界通信的方式，为此所用的技术涉及广泛，包括 WiFi、蓝牙和 GPRS。

在应用方面，其关键特性在于，所有新兴的应用实际上均需要某种形式的无线网络连接，以便与其他移动设备协同工作或是通过网络与其他服务通信。随着移动设备的改良，这些应用显然也变得更为资源密集了。这次讨论中最令人感兴趣之处在于必须处理的数据量的提高，而且其中很大一部分由受限且不可靠的网络传输。例如，为了找到与用户相关的信息，位置感知的流量报告服务可能需要过滤和处理大量的连续数据流。

4.2.3 基础设施需求

上述的移动应用需要通过某种形式的基础设施来具体操作，为此本书将着重于探究所需的通信基础设施，以便通过网络与其他可访问的设备或服务进行通信，除此之外，还将概括这些基础设施的需求。

（1）规模庞大：随着移动电话使用率的迅猛增长和移动设备上的可用移动应用日益增加，基础设施势必需具备支持大规模设备的能力。

（2）网络约束：时至今日，移动设备通常都具备无线连接，不过这些无线连接大多存在着带宽有限、延迟长和不可靠的问题。而对于基础设施而言，必须要容忍和适应这样的网络。这里最为值得注意的是，不可靠网络连接需要断开与应用程序的操作，但在网络不可用时应用程序必须进行连续操作（以某些受限的方式），在网络可用后"恢复"。

（3）动态系统：由移动节点组成的系统是高动态的。不仅是节点不断移动，在网络连接性能和可用性上也处于持续波动。应用程序需要通信抽象来简化处理上述环境的过程。

（4）数据量：基础设施作为一个整体要具备在大量移动设备之间传输海量数据的能力。此外，各个独立设备上的应用也需要一个简单但强有力的机制来过滤和处理这些数据。

（5）复杂交互：大部分传统互联网应用程序间的通信都涉及双方的会话（如 Web 浏览和电子邮件应用程序），而如今的应用程序则更多地在移动设备和服务之间建立更复杂的通信。例如，传感器网络以一种不可预知的方式协同工作；位置感知移动应用程序可以与附近任意数量的设备进行通信。这里的交互模式可以是任意复杂的，包括一对一、一对多和多对多通信方式的任意组合。

（6）定位支持：定位对于移动设备来说是一项非常重要的内在属性，而这也是应用程序需要利用的。因此，在应用程序有需求时，通信抽象需要公开（或隐藏）这个信息。有些应用程序可能需要以一个与位置无关的方式来进行寻址服务，而另一些则需要依赖位置名称。

（7）灵活的命名和寻址：设备命名的问题涉及上述几个特点。设备需要通过这种方式来命名以便寻址，包括与位置无关或位置相关的寻址，或独立寻址，亦或以集合的子集形式寻址。例如，不管其位置（或是其网络连接）如何，一个应用程序都可能希望与 John 的 PDA 进行通信，那么设备周围几个半径内的所有传感器或任何地方的所有移动电话都将支持 SMS 服务。通信抽象必须允许这种灵活寻址能力的存在。

（8）响应能力：一些移动应用程序需要实时获知发生的外部事件。例如，流量报告应用程序在获悉触发了流量警报后，会尽快通知用户这个情况。

上述的所有特性在需要物理通信基础设施支持的同时，还必须通过软件抽象来寻址，以便用于各类应用程序和系统软件架构中。本书把软件和架构称为中间件，并将在下面的讨论中列举一些能够解决实际问题的中间件范例。

4.3 发 布 / 订 阅

4.2 节中讨论的通信基础设施需求将在发布/订阅模型中来解决。发布/订阅模型为应用程序交互提供了一个简单但强有力的抽象概念。下面将介绍发布/订阅模型，并简单概括其优点，最后描述一个该模型的分布式实现方法。

4.3.1 发布/订阅模型

发布/订阅是一种数据传播模型，有很多有益的特性。在发布/订阅模型中有三个主要实体：发布者、用户和代理。发布者是数据的生产者，用户是数据的消费者，而代理则斡旋于发布者和用户之间。这些实体都是逻辑性的，并无与之相对应的物理组件。例如，一台计算机可以是发布者、用户或是代理。

发布/订阅模型的一个实例是股票报价信息传播应用。在这个例子中，发布者是证券交易所，比如纽约证券交易所；用户可以是实时追踪特定股票最新价格的股票代理人。用户 S 通过向代理发送订阅消息来表达其对这些股票的兴趣。而代理将这些订阅消息储存在索引 T 中，作为一组（订阅，用户）元组。发布者 P 通过向代理发送消息 e 来传送最新的股票信息。在接收到消息 e 后，代理将搜索索引 T 中与 e 相匹配的订阅者所在的用户组，并通知这些用户匹配发布的消息（通常是通过向用户简单转发 e）。图 4.1 所示为上述事件的消息序列。

请注意，来源于发布者的消息并不包含任何地址，相反，它们是根据自身内容通过系统进行路由的（基于内容的系统）。在没有明确地址的情况下，发布者仍能向用户组发送消息，这种能力促使发布者和用户间的交互解耦，并作为实现 4.2.3 节中提出的多种基础设施要求的关键。

发布/订阅模型从某种角度来说是双重传统数据库模型。在数据库模型中，数据被保存在数据库中，用户可以查询和恢复这

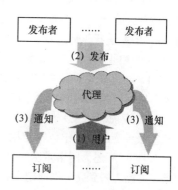

图 4.1 发布/订阅消息序列

些数据，而在发布/订阅模型中，查询（订阅）是存在于代理处，数据（发布）则保存于用户处。订阅可以被认为是一个长时间运作的查询过程，因此它有助于将发布/订阅模型近似视作数据库触发器[1]。更为重要的是，在绝大多数发布/订阅系统中，订阅只与未来发布匹配。发布进入系统后，随即被送往感兴趣的用户处，之后消失①。这是发布/订阅模型与数据库模型的一个重要差异。另一点值得注意的是，数据只从发布者送往用户处。当然，在一个给定的应用程序中，如果组件同时作为发布者和用户，那么两个组件间的通信有可能是双向的。

发布/订阅系统可以基于其订阅语言的可表达性进行分类，如基于主题（或题材）、类型或内容。在基于主题的发布/订阅中，用户可以订阅一定数量的主题，并将得到所有有关这些发布主题的通知。系统通常提供平面或分层两种寻址。在平面寻址中，所有主题都是分开的，而在分层寻址中，主题是有组织的分层结构；订阅可以在分层结构中对任意节点进行寻址，并对该节点的所有子主题进行隐式寻址。基于类型的发布/订阅系统类似于基于主题的系统，只是利用发布类型替换主题来进行匹配。基于内容的发布/订阅系统通过对发布内容更为复杂的查询增加了订阅的可表达性[3]，包括 XML 数据[4]。还有一些系统甚至支持位置约束，如对固定地标附近的移动用户数量或自身附近区域中的移动用户数量有约束条件[5-7]。

早期的发布/订阅系统是集中式系统[3, 8]；系统中只有一个代理，负责接收系统的所有发布和订阅。如图 4.1 中所示的场景。对于这种系统的研究主要是针对发展算法，使其迅速且有效地在数以百万计的订阅中选出一个与发布进行匹配。不过，在系统中有数以百万的地理位置上分散的潜在订阅和用户，对于只有一个集中式代理的系统来说可能会遭遇处理、内存和网络上的瓶颈。于是新型系统应运而生，它采用一组分布式的代理[9-11]。此处重点研究分布式匹配和多播。分布式匹配指的是将订阅存储在系统节点的子集中，这样匹配可以在节点中分布式进行。多播指的是一种向感兴趣用户传播发布的技术，它能够使整个网络的流量最小化。

4.3.2　发布/订阅的优势

发布/订阅模型具有其独特的优势。首先，该模型有着非常简单的接口。如图 4.1 所示，模型中涉及的消息只有发布和订阅，而操作只有发布、订阅和通知。

该模型的另外一个重要优势是能够令发布者和用户解耦。这种解耦存在于下述几个方面。

（1）地址解耦：发布者和用户并不知道对方的地址，发布是基于发布内容和用户兴趣而传送到相应用户处的。出于这个原因，发布/订阅也常被称为基于内容的路由。地址解耦的另一个优点是它为发布者和用户提供的信息都是匿名的。只有代理知道用户的身份和兴趣，数据则是由特定的发布者发布的。

（2）平台解耦：发布/订阅中的所有实体都是利用网络消息进行通信的，所以它们能够在异构平台上运行。因此，一个强大的多处理器服务器与专用网络的连接可以确保其在无线链路上与资源受约束的 PDA 进行无缝通信。

（3）空间解耦：如上所述，发布者和用户可以处于相距很远的两个地理位置上。

（4）时间解耦：一些发布/订阅算法允许发布者和用户不同时与网络连接，断开与网络连接的用户还可以通过重新连接恢复之前丢失的发布[12, 13]。

（5）表征（语义）解耦：一些发布/订阅系统可以调整发布和订阅之间的谓词词义[14]。例如，在交友服务应用程序中，特定用户年龄的发布要与符合用户年龄要求的订阅进行匹配。

发布/订阅还为网络带宽的使用带来益处。值得注意的是，模型中的数据在可用时就会被送往用户端，这比为得到新数据而定期轮询用户更为有效。系统中的上百万用户此时都会查询同一个代理，

---

① 这里还存在一些对发布/订阅语义的扩展，以便支持匹配的历史数据[2]。

这种情况很容易造成代理透支的结果。另外数据推送会更快地将数据送至用户。此外，分布式发布/订阅系统是利用有效的多播技术来最小化用户所用消息量的。图 4.2 所示的是一个多播实例，实例中的发布只需经过三个跳点就能到达两个用户端。而单播发布，即由发布者独立地发送发布至每个用户处，需要四个跳点。在具有上百万用户的大规模系统中，多播的带宽效率比单播更高。

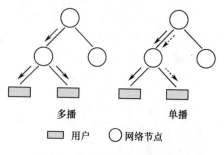

图 4.2　多播与单播传播的比较

除了上述的固有优势，还有大量研究工作是围绕增加基础发布/订阅模型的企业级功能特性的，如安全性[15-17]、可靠性[18, 19]、负载平衡[20]、事物客户的移动保证[21]和对发布的统一访问[2]。这些努力使得发布/订阅在任务至上的企业应用中更具吸引力，也更有用处。

4.3.3　发布/订阅路由

如 4.3.1 节所述，由于可扩展性，一个发布/订阅代理能够由一个代理网络替代。在代理网络中，每个代理只具备其邻域的本地信息和路由消息。在本节中，主要介绍分布式发布/订阅网络中代理完成的主要操作。

发布/订阅路由主要完成以下三个操作：①转发广告；②转发订阅；③转发发布。

这三个操作的细节对订阅和发布表征语言的可表达性高度依赖。

为了更好地理解发布/订阅路由操作，下面给出发布和订阅表征语言的正式定义，这也是众多科研文献中最常用的定义。发布的正式表述为：$\{(a_1,\text{val}_1),(a_2,\text{val}_2),\cdots,(a_n,\text{val}_n)\}$。订阅被表示为布尔谓词的连词。在正式的描述中，一个简单的谓词表示为(*Attribute_Name Relational_Operator*)。谓词(*a rel_op* val)与属性值对(*a*, val)匹配的条件是，当且仅当属性名称相同(*a* = *a*)且(*a rel_op* val)布尔关系为真。订阅 *s* 与发布 *p* 匹配的条件是，当且仅当 *s* 的所有谓词都能与 *p* 中的某些对进行匹配。

现在，本文将着眼于发布/订阅路由操作的细节部分。

4.3.3.1　转发广告

广告被发布者用来声明它们即将发布的信息。因此，广告为从用户到发布者的订阅建立了路由路径，而订阅则为从发布者到用户的发布建立了路由路径。通常，订阅和广告具有相同的正式表达方式。不过，广告中的谓词和订阅中的谓词之间存在着一个重要的差异：订阅中的谓词被视作一个连接结构，而广告中的谓词则表现为反义连词。

广告 *a* 与发布 *e* 匹配的条件是，当且仅当其所有属性值对都与广告中的某些谓词相匹配。形式上，广告 $a=\{p_1,p_2,\cdots,p_n\}$ 决定发布 *e*，当且仅当 $\forall(\text{attr,val})\in e$，$\exists p_k\in a$ 时，(attr,val)匹配 p_k。

广告 *a* 与订阅 *s* 交叉的条件是，当且仅当发布集的交叉由广告 *a* 决定，并且与 *s* 匹配的发布集是非空集合。形式上，在谓词水平，广告 $a=\{a_1,a_2,\cdots,a_n\}$ 与订阅 $s=\{s_1,s_2,\cdots,s_n\}$ 交叉的条件是，当且仅当 $\forall s_k\in s$ 时，$\exists a_j$ 且存在某些属性值对(attr,val)时，(attr,val)匹配 s_k 和 a_j。表 4.1 列举了一些订阅、广告及其对应的交叉关系实例。

表 4.1　订阅、广告及交叉关系实例

订阅 *s*	广告 *a*	交叉关系
(product="computer",brand="IBM",price≤1600)	(product="computer",brand="IBM",price≤1500)	*a* 与 *s* 交叉
(product="computer",price≤1600)	(product="computer",brand="IBM",price≤1600)	*a* 与 *s* 交叉
(product="computer",brand="IBM",price≤1600)	(product="computer",brand="Dell",price≤1500)	*a* 与 *s* 不交叉

下面是在接收到广告后发布/订阅路由进行的操作步骤：

（1）对于接收到的广告，检查广告表中是否存在覆盖的广告。若存在，则不进行广告转发。

（2）若不存在覆盖的广告，则将传入的广告嵌入广告表并转发该广告至所有邻域。

（3）检查订阅表中是否存在交叉的订阅。若存在，则将该交叉订阅转发至接收到上述广告的邻域。

4.3.3.2 转发订阅

订阅处理与广告处理类似。已知两个订阅 s_1 和 s_2，s_1 覆盖 s_2 的条件是当且仅当所有与 s_2 匹配的发布，又与 s_1 匹配。换句话说，如果用 E_1 和 E_2 表示发布集合，它们分别与订阅 s_1、s_2 匹配，那么 $E_2 \subseteq E_1$。

在谓词水平，覆盖关系可由以下形式表示：已知两个订阅 $s_1 = \{p_1^1, p_2^1, \cdots, p_n^1\}$，$s_2 = \{p_1^2, p_2^2, \cdots, p_m^2\}$，$s_1$ 覆盖 s_2 的条件是当且仅当 $\forall p_k^1 \in s_1$，且 $\exists p_j^2 \in s_2$，p_k^1 和 p_j^2 表示相同的属性，若 p_j^2 与某些属性值对 (a, val) 匹配，那么 p_k^1 也与 (a, val) 匹配。换句话说，s_2 潜在含有更多的谓词，并且这些谓词要比 s_1 中的更具限制性。表 4.2 列举了一些订阅和覆盖关系的实例。

通俗地说，当代理 B 接收到订阅 s 时，只有在之前没有发送过其他覆盖 s 的订阅 s' 的情况下，代理 B 才会将 s 发送至邻域。代理 B 会接收所有与 s 匹配的发布，因为它接收了所有与 s' 匹配的发布，与 s 匹配的发布是与 s' 匹配的发布的子集。

表 4.2 列举了一些订阅与相应覆盖关系的实例。订阅覆盖的目标是抑制订阅传播，从而降低网络流量、休整订阅列表规模（即路由）。

订阅处理是在发布/订阅路由中进行的，之后将按以下操作步骤进行：

（1）对于每个传入的订阅，检查订阅表中是否存在覆盖的订阅。若存在，则将不进行订阅转发。

（2）若不存在匹配的订阅，则将传入的订阅插入订阅表中。

（3）检查广告表中是否存在交叉的广告。若存在，则转发该订阅至与接收到的广告匹配的邻域。

表 4.2 订阅与覆盖关系实例

订阅 s_1	订阅 s_2	覆盖关系
(product="computer",brand="IBM",price≤1600)	(product="computer",brand="IBM",price≤1500)	s_1 覆盖 s_2
(product="computer",brand="IBM",price≤1600)	(product="computer",brand="IBM",price≤1600)	s_2 覆盖 s_1
(product="computer",brand="IBM",price≤1600)	(product="computer",brand="Dell",price≤1500)	s_1 不覆盖 s_2
		s_2 不覆盖 s_1

4.3.3.3 转发发布

最后，发布执行以下操作。

对于每个传入的发布，检查订阅表中是否存在匹配的订阅。若存在，将该发布转发至接收到各个匹配订阅的邻域。

4.3.4 发布/订阅的代理网络

基于内容的路由网络可以组织起一定数量的发布/订阅代理。对于这样一个网络，最重要的一个问题是基于发布内容的对感兴趣用户的发布路由。文献中已提出了多种路由协议，它们在一定程度上都是遵循分布式发布/订阅代理结构的[9-11]。不过其中有些协议并不使用广告，而有些则不执行订阅覆盖。

通常，为了在基于内容的网络中路由信息，所提出的解决方案均涉及由互相协作的代理组成的代理网络。如图 4.3 所示，发布者的广告遍布整个网络并负责储存每个代理的路由表，以便构造一个分布式广告树。当用户接收到一个广告后，它将沿着广告树的反向路径发送交叉订阅。这些订阅将沿着订阅路径储存于每个代理的路由表中，最终形成分布式多播树。最后，发布者的发布将沿着所有匹配订阅的反向路径（即发布者是多播树的根），送至感兴趣的客户端。

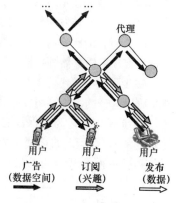

图 4.3　分布式发布/订阅

在一些分布式发布/订阅系统中，消息流在概念上遵循图 4.3，但细节部分可能略有不同。例如，协议中的代理多采用于 MANET[22, 23]、无线传感器网络[24]、多对多网络[25,26]或循环覆盖[27]中，用以调整它们的路由协议，以便更好地利用其自身特性或克服各自环境中的约束。然而本章的研究对象是传统的分布式发布/订阅系统，此时假设代理相对稳定并形成了一个非循环覆盖，如图 4.3 所示。

4.4　客户的移动性

Cugola 等人是最先支持分布式发布/订阅系统移动性的研究者[10]。他们引入了"迁入"和"迁出"操作，这样就能使客户断开和重新连接系统。不过，这些标准的分布式发布/订购算法在系统客户经历频繁流动时并未表现出良好特性[13, 28]。本书对用户和发布者移动性的解决方案是不同的。

4.4.1　用户的移动性

首先介绍 Cugola 等人提出的用户移动性算法，它被视为标准算法[10]。之后，本书将提出一系列对该算法的优化措施。

4.4.1.1　标准算法

图 4.4 所示为用户经历断开和重新连接到不同代理这段时间的时间轴。在时间 t_1 内，客户与代理 1 连接并且能够接收到事件。在时间 t_1 结束时，客户断开与代理 1 的连接并在经过时间 t_3 后与代理 2 重新连接。时间 t_2 被用来进行一项最优化处理，这将在 4.4.1.2 节中详细叙述。时间 t_4 是完成重新连接的时间段，这之中涉及恢复和再现断开连接期间客户错过的事件。最后，在时间 t_5 内，客户将接收到新近发布的事件，正如之前在时间段 t_1 内的情形。

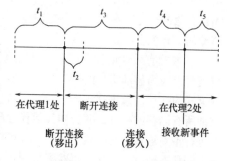

图 4.4　移动用户时间轴

该算法的目的在于重新配置事件多播树，以充分考虑客户的移动性。假设客户总是与其物理上最接近的代理进行重新连接。当客户断开与代理 1 的连接后，该代理将在本地储存客户本应在连接时会接收到的事件。若该客户与代理 1 重新连接，那么所储存的事件会在时间 t_4 内简单重播给客户。不过更为有趣的是客户与其他代理进行重新连接时的情况，如代理 2。以下是时间 t_4 内所进行的操作步骤：

（1）在重新连接时，客户会通知代理 2 它以前曾与代理 1 连接过。

（2）代理 2 从代理 1 中恢复与客户有联系的订阅。

（3）代理 2 订阅这些订阅，并且发送一个 REQUNSUB 消息给代理 1 以要求退订。

（4）代理 2 在本地队列中为客户储存其接收到的新事件。

（5）代理 1 转发所储存的事件至代理 2。

（6）所有的状态都已由代理 1 传入代理 2。现在，代理 2 既要重播接收到的代理 1 中的事件，还要为客户重播存储进本地队列的新事件。

在步骤 6 中，代理 1 传送的重复事件和代理 2 本地队列中的重复事件被移除。这里假定重复事件是可以区分的，如利用发布者特定事件的序列号。

在步骤 3 中，为确保没有事件遗漏，需要代理 1 和 2 在代理层级的共同原型于代理 1 退订前就能清楚代理 2 的订阅。为简化这个步骤，假定覆盖代理层级是由底层网络层级构成的，即覆盖拓扑中两个代理间的最短路径就是底层拓扑中的最短路径。除此之外，还假定代理间收到消息的顺序是按照它们发出的消息顺序，如果按照代理之间是 TCP 连接的预期，这样的假定是合理的。代理 2 在发送 REQUNSUB 后再发送订阅，共同原型了解了这样的顺序，那么当其处于覆盖拓扑中代理 1 和 2 间的最短路径时，通过上述假定，代理 1 会在共同原型之后看到 REQUNSUB。这样上述需求就得到了满足，也不会遗漏任何事件。但在其他更为复杂的方案中，该假定是无效的[29]。不过，随着算法复杂度的增加，状态转移成本也会随之增加，导致额外开销加剧[13]。

所有在两个代理之间交换的消息都表示为单播消息。正如在实验部分看到的，单播消息大大促进了系统额外开销的增长。另外，对多播树的重新配置的开销增益可能要比令事件使用最短路径更大。

下面介绍一些对标准订阅移动性算法的优化。

4.4.1.2 预取算法

预取算法是利用未来移动性模式的知识。除了在时间 t_2 内执行步骤（2）～（5）（订阅和储存事件的传送），该算法类似于标准算法。而在时间 t_4 内，只执行步骤 6。预取的增益来源于两个途径。第一个是，用户在断开连接时，由代理 1 转向代理 2 会发生隐性的状态转移延迟。此时，t_4 时间段缩短。第二个是，在状态转移提前发生时，只有极少量的事件是需要代理 1 转发的。因此，整体上传输的消息就会减少。

预取的有效性依赖于对客户目的地的成功预测。为了提高成功的可能性，代理 1 预测代理集合将有可能成为移动客户的下一个目的地。代理 1 能够使这项预测有所依据，比如可以基于客户移动性模式的统计信息进行预测。若客户与其中一个预测代理进行重新连接，那么这个特殊的代理将会重播所有储存的事件，并告知其他代理放弃该用户的储存事件和订阅。若客户与一个完全不同的代理进行重新连接，那么这个新的代理可以在预测代理集合中选择与其最近的代理，正如标准算法中发生的状态转移。这里不再对多代理预取进行评估。

4.4.1.3 日志记录算法

日志记录算法利用的是系统中订阅的位置（一种订阅相似度的测量）。这里，所有代理都保有最近接收到事件的日志。当移动客户重新连接时，代理 2 扫描其日志以寻找到该移动客户感兴趣的事件，而日志中任何与之相关的事件都不需要从代理 1 传送。

该算法的状态转移部分与标准算法类似。完成步骤 2 后，代理 1 将一个带有储存事件 ID 的消息传往代理 2。代理 2 在日志中检查这些事件并发送与该 ID 相匹配的事件到代理 1，以指示代理 1 在步骤 5 中可以不再发送这些事件。步骤 5 只需传输那些代理 2 中不存在的事件即可，时间 t_4 也会因此比标准算法中的短。相反，若不存在上述那些事件，因发送事件 ID 而浪费的额外开销会使得

时间 t_4 变长。因此，在消息和延迟成本方面，日志记录比标准算法表现得好或者坏，取决于运动场景和订阅位置。

日志记录需要事件具备系统范围内的独特 ID，假定系统中每个发布者都具备独特的 ID，上述内容便很容易实现，而发布者将会对事件进行排序。这样，事件的 ID 就由发送它的发布者 ID 和本地递增序列号组成。

4.4.1.4　主代理算法

在该算法中，每个客户都配有一个主代理。在进行迁入操作后，客户会与其物理上最接近的代理进行重新连接，而逻辑上客户是与其主代理进行重新连接。订阅会存留于主代理中，从而通过定期多播机制来持续接收事件。主代理随后会转发这些事件至使用单播消息的客户端。主代理算法的设计模仿移动 IP 中处理移动性的方法[30]。

主代理通过不迁移订阅和重建多播树来获得增益，其代价是无法使用最短路径来发送事件。需要注意的是，即使客户处于连接状态，单播流量仍然存在。

4.4.1.5　设备上订阅的方法

订阅迁移是状态转移的一个重要组成部分。若移动设备具备充足的资源，它便可以本地储存订阅并在重新连接之际直接向新的代理发送这些订阅。这样一来，旧代理就不再需要向新代理转移订阅。该方法的适用性取决于客户具备的订阅数量、移动设备的资源以及用户是否希望使用更多的设备。

4.4.1.6　讨论

应该指出的是，这些优化会对底层系统做出微小的假设。优化适用于任何类型的分布式发布/订阅系统。此外，优化也可以联合工作。例如，设备上订阅的方法就是预取和日志记录算法有机结合的产物。

在实验中，我们模拟 800 位用户在工作结束后下班回家的场景，进而发现标准算法产生的额外开销是移动性算法的近 80%。这就意味着在具备足够容量的网络中引入移动性来为非移动发布/订阅系统提供服务，需要加倍的网络容量。通过提前转移状态，预取在该场景中几乎不产生任何额外开销，因为断开的时间较长，并且迁移订阅所需的流量远小于断开期间事件的流量。日志记录算法通过综合利用日志记录和订阅位置，用多播局部替代单播的状态转移，因而性能优于标准算法。主代理算法的消耗最大，其产生的额外开销是平均值的近 600%。主代理算法与移动 IP 的工作原理类似，移动 IP 的结果表明，在这样的场景中解决网络层的移动性并不可行。

图 4.5 为上述实验中消息成本（非相对额外开销）的曲线图。在图 4.5 中，用四条曲线来表示每个移动性算法产生的消息总量，用脉冲表示对应时间段内断开用户的数量。首先，注意到预取算法几乎达到最优的性能状态，相较于实验开始和结束时候静止不动的情况，当用户处于移动状态时，也几乎没有增加消息负载。此外，其他算法的消息成本紧随执行状态转移的并行客户数量的变化，这表明这些状态转移是消息负载增加的首要原因。该图有助于说明主代理的性能问题。在所有用户都重新连接后，其他三种方法都具有相同的成本，因为它们重建了多播树并组播事件至各个客户端。而在主代理算法中，事件仍是从主代理端单播至客户端。这种大规模且持久的单播即使在重新连接结束仍会进行，这也是主代理算法性能不佳的原因。

有关上述实验以及其他实验的详细信息参见文献[28]。实验结果表明，预取算法几乎消除了移动性额外开销，而日志记录算法在用户表现出高度局部性的情况下，其性能接近最优预取算法。这种推断是有依据的，当用户对相似的发布表现出兴趣时，因为其他用户也可能会需要，日志记录算

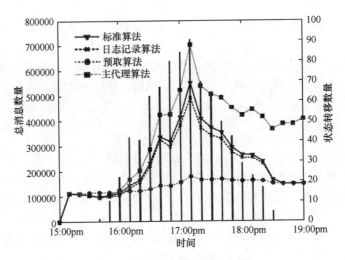

图 4.5　订阅移动性消息成本

法会在一个用户中缓存这些发布。实验还表明主代理算法是一个不明智的选择。

4.4.2　发布者的移动性

正如 4.4.1 节所述，为了支持用户的断开连接操作，代理必须为用户储存发布，在用户重新连接网络时还要为其重播这些发布。与用户的断开连接操作不同，发布者在断开连接期间不会遗漏任何信息，因此发布者的移动性并不构成一个问题。不过，也不尽然。由于发布者每移动一次，广告树（在整个网络范围内广播）就需要拆除重建一次，所以研究表明发布者的移动性会产生显著的额外开销[13]。

下面将介绍标准的发布者移动性算法，同时提出一些优化方案。

4.4.2.1　标准算法

发布者经历一段断开连接的时间后，会重新连接到一个新的代理，这与图 4.4 中所示的无异，不过在经过时间 t_4 后，发布者会发布新的事件而不是接收它们。在时间 t_1 内，发布者与代理 1 连接，建立了作为广告和多播树根源的发布者，从而准确地将发布组播至所有感兴趣的用户处。在时间 t_1 结束时，发布者断开与代理 1 的连接，转而在时间 t_3 后与代理 2 重新连接。时间 t_2 用于执行下面介绍的预取和预取延迟优化算法，在时间 t_4 内需要完成重新连接阶段，其中涉及了重建广告和多播树。最后，在时间 t_5 内，发布者的发布会再次准确地组播至所有感兴趣的用户处。

发布者移动性算法的目的是通过重新配置广告和多播树来说明发布者的移动性。假设发布者总是与其物理上最接近的代理进行重新连接。当一个发布者断开与代理 1 的连接时，代理 1 为每个接收到的广告都发送一个非广告消息。注意，这些非广告消息可能会诱发非订阅信息在其传播的反方向上传播（拆除多播树），就如同广告会诱发订阅的传播一样。在时间 t_2 内，一旦不存在与系统中发布者相关的状态，多播树的拆除就会发生。在时间 t_3 结束时，发布者与代理 2 进行连接，在这次重新连接时会再次发送广告。在时间 t_4 内，广告和多播树已完成重建，最后在时间 t_5 内，发布会被送至所有感兴趣的用户处。这就是移动性诱发树的拆除和重建过程，它使得传统的广告假设无效。

时间 t_4 内发送的发布可能不会送至对其感兴趣的用户处，这是因为此时多播树还没有重建。不过在本算法中，没有办法知道在经过时间 t_4 后，多播树是否已被重建，而代理 2 同样不知道多播树重建的准确时间。这是由发布/订阅模型中发布者和用户解耦引发的基本问题；发布者并不知道对其内容感兴趣的用户集合。事实上，没有一个节点能够获悉给定多播树中的候选节点集合。新订阅是在发布者迁入后不久进入系统的，旧订阅则是简单而缓慢到达发布者处，区分这两者本身已十分困难，而上述事实更增加了难度。发布/订阅语义要求后面的订阅用户接收发布者发来的发布，同时允许前面的订阅用户遗漏一些发布直到用户的订阅传播到整个系统。由于时间 t_4 的长度未知，因此将尽可能缩短该时间，目的是使重新连接后发送的发布没有到达感兴趣用户处的概率最小。

4.4.2.2 预取算法

预取算法利用未来移动性模式的知识，类似于标准算法，除了广告和多播树是在时间 t_2 内重建，标准算法时是在 t_4 内。因此时间 t_4 目前的长度为零，并且发布会在重新连接后被立即送往感兴趣的用户处。注意，t_2 是重建树所用的时间，它依赖于断开连接的时间。

本算法的优势在于它能够隐藏发布者重建的树，这是因为它通常发生在发布者断开连接期间。此外，由于旧树（以代理 1 为根）在构造新树（以代理 2 为根）时会被拆除，所以在其拆除前，新树会先嫁接到旧树上，这样就可以避免完全拆除旧树。下面介绍的延迟算法试图强制执行这种情形，而预取算法中只是偶然发生。

4.4.2.3 代理算法

代理算法是预取算法的延伸。这里，假设发布者倾向于在规定的区域内活动。例如，一辆出租车司机只在城市中特定区域内提供服务（出租车可能会给调度员或潜在客户发布一些位置更新）。代理算法指定一组代理来作为发布者的代理。这些代理始终为发布者保有树。这样，当发布者断开或连接其中一个代理时，都不需推倒或重建树了。不过，若发布者与一个非代理的代理者连接时，也无需进行树重建。

4.4.2.4 延迟算法

延迟算法利用旧树（以代理 1 为根）与新树（以代理 2 为根）有显著重叠这一现象。若代理 1 和 2 在物理上接近，且移动发布者始终保持连接状态，上述情况尤为如此。在延迟算法中，代理 1 处的旧树拆除是在迁出操作后再延迟一段时间进行的。在这段时间内，允许发布者重新连接到另一个代理，同时将新的发布树嫁接到旧树上。延迟之后，旧代理只需拆除合并后树中的多余部分即可。

4.4.2.5 预取延迟算法

预取延迟算法是预取和延迟算法的结合。由于有预取算法的参与，预取延迟算法会在发布者与代理 1 断开连接时，在代理 2 处发起树的重建，因此发布者得以隐藏树的重建时间。但是，由于拆除以代理 1 为根的树与构造以代理 2 为根的树同时进行，所以有可能会出现在构造新树前旧树就已完全拆除的现象。预取延迟算法会延缓旧树的拆除，以允许新树及时嫁接在旧树上。这样，预取延迟算法就同时具备了预取和延迟两种算法的优势。

4.4.2.6 讨论

这些优化只对底层系统做了最低限度的假设，适用于任何类型的分布式发布/订阅系统。此外，这些优化可以结合使用。例如，代理算法与延迟算法的结合可能会获得更好的性能。

请注意，标准算法无法区分移动中的发布者和离开、进入系统的发布者。因此，发布者通常是在迁出时丢弃所有与其相关的状态（广告和多播树），并在迁入时再全部重建。我们提出的优化将解决这一问题。

由于发布者的移动性会引发高昂的广告和多播树重建，利用订阅洪泛替代广告洪泛不失为一种极具吸引力的做法。但是，订阅者通常在数量上超过发布者，因此发布者的移动性诱发树重建成本的节省并不能证明订阅洪泛的合理性。此外，现在的订阅移动性还会引发多播树重建；这种重建要比使用广告时昂贵许多，这是因为现在的多播树跨越整个网络，不再仅仅是发送给感兴趣用户的订阅中那些极微小的树了。

图 4.6 所示为随着发布者数量的增加，四种移动性算法的树构造消息成本。该实验的详细信息见参考文献[13]。可以看到，对于所有算法来说，虽然树重建的成本都是以近似线性的趋势增长，但它们之间也存在着很大差异。标准算法的消息成本是代理、延迟以及预取延迟算法的 10 倍。标准算法性能不佳的原因是每一次迁出（迁入）都会引发移动发布者的整个广播和多播树的拆除（重建）。虽然这里没有提及预取算法，但实际上预取算法的消息成本也同样高昂，其中旧代理通知新代理开始重建树的过程还要额外消耗成本。因此，预取算法无法在旧树拆除前快速构造好新树并完成嫁接。由于预取算法无法提供预取延迟算法所不具备的任何优势，所以为了简化说明，在此不再赘述预取算法的实验结果。

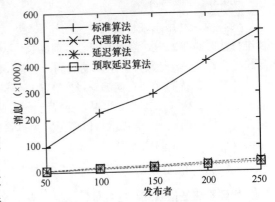

图 4.6 发布者的移动性消息成本

与标准算法不同，代理、延迟以及预取延迟算法都需要嫁接到现有的树上。延迟算法比代理算法性能好的原因是，在延迟算法中，旧树根植于一个附近的代理处（召回沿着相邻代理移动的发布者），所以为嫁接到现有的树上，广告所需传播的距离较短。在代理算法中，上述距离依赖于发布者相对于其固定代理的位置。预取延迟算法具有与延迟算法相同的消息成本。两者之间的唯一区别是预取延迟算法会较早进行树重建——在发布者断开连接的时间段内。

文献[13]中列举了更多能够分析发布者移动性算法的实验。结果表明，预取延迟和代理算法的表现最为出色，不过它们需要精确（对于预取延迟算法）或近似精确（对于代理算法）的未来移动性模式知识。延迟算法比上述两种算法稍逊一筹，但它不需要任何移动性知识。标准算法的表现最为不佳，它对处理发布者的移动性问题不适用。

4.5 示例应用

本节将介绍如何使用发布/订阅模型实现一个示例场景。4.4 节已经论述了发布/订阅系统的性能，在此，通过展示发布/订阅消息抽象如何提供一个简单而强大的机制实现多种服务间的复杂交互来指出该模型的优势。

考虑这样一种情景，某地区开发了一个综合性系统，系统集合了有关交通基础设施的所有信息，包括道路状况、公路交通模式和交通运输等方面的内容。已有一些司法管辖区实行和使用这样的系统，如格鲁吉亚交通部和宾夕法尼亚联邦。实行的目的是提供一个综合性的平台，使得丰富、多样和大量的数据得以过滤并以灵活高效的方式送至感兴趣的用户处。

在这种场景中，信息处理的实体或发布者包括监测流量和速度的传感器、上下班期间报告道路拥堵情况的市民、归档事故现场电子报告或要求在犯罪现场备份的警务人员，或者是发送重要天气预警的气象机构。相应地，用户则包括需要得知道路事故情况的应急响应人员、欲知附近道路拥塞情况的的士司机，或为管理交通流量而希望监测交通模式的运输部门。

图 4.7 所示为系统中多种实体都可能涉及的发布和订阅的一个示例。图中顶部所列的实体为发布者，底部为用户。发布 P_1 表示一个警察发布的交通报告，它包括事故性质和详情信息。发布 P_2 表示驾驶员在驾驶过程中利用手机告知系统有关道路的拥塞情况而发布的信息，发布 P_3 表示当地气象学家发送的天气预警。系统内积聚的发布信息为多种用户所用，例如订阅 S_1 的护理人员，若辖区

内发生了严重的伤害事故,他们需要及时接收到其管辖范围内的任何报告,又如订阅 S_2 的护理人员,他们在赶往突发事件的过程中需要了解路况信息以避免遭遇道路拥塞。汽车经销商则可能对涉及自身车辆的交通事故感兴趣,所以他们会订阅 S_3。订阅 S_4 可以帮助拖车操作员获悉潜在的事故信息及天气预警。普通市民则希望了解涉及亲朋好友的突发事件信息,他们会发布订阅 S_5,而发送 S_6 是为了接收严重交通拥塞的警报。

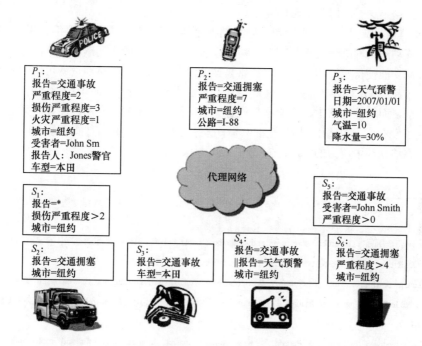

图 4.7 交通报告场景中的发布/订阅消息

上述示例说明复杂交互可能伴有简单的基于内容的发布/订阅模型。首先可以注意到的是,发布和订阅均比较容易构建和理解。此外,发布者和订阅者的解耦意味着发布者只需简单发布信息而不用考虑谁是最终的接收者,而订阅者也只需表明其兴趣而不用特定指明要从哪些发布者处接收这些数据。注意,这些简单的描述性信息将引发复杂的消息模式。例如,发布 P_1 与四个用户发出的订阅都匹配并最终被送至各个用户处,这在本质上来说是一种广播操作,图 4.7 描绘了这样的场景。同时,发布 P_2 只与订阅 S_2 和 S_6 匹配,它被送至这两个用户处,这是一种多播操作。最后,发布 P_3 只与订阅 S_4 匹配,它们之间表现为一种单播传输。从用户的角度来看,有些用户是从多个发布者处接收数据,而有些则只与一个发布者进行交互。简单而功能强大的发布/订阅消息抽象通过订阅和发布之间的交互作用,实现了以上所有的交互模式。

还应注意到的是,用户能对接收到的数据进行过滤,这对于一个含有大量发布信息的系统来说是至关重要的。此外,用户还可以通过多种方式"寻址"它们的发布者,包括基于位置的方式。例如,订阅 S_4 只对发生在一个特定城市内的事故感兴趣。基于内容的发布/订阅扩展语言会支持更多复杂的基于位置的语义[5]。

图 4.7 中所有的发布者和用户都可能是移动的,代理网络可采用 4.4 节中的移动性算法来透明地管理断开或间歇性连接用户的行为。例如,右下方的用户已经关闭了她的 PDA,但是发布/订阅代理网络仍储存她感兴趣的事故报告,并在她最终打开 PDA 时传送给她。发布/订阅基础设施所提供的这些功能简化了应用程序的开发进程。

4.6 总　结

移动应用程序越来越多地利用网络连接来为用户提供增强型的服务，如多人游戏、移动支付应用和基于位置的服务。移动设备存在其固有的局限性，特别是在受限或不可靠的网络连接方面，此时大量数据需急需处理，一些移动应用程序也会表现出复杂的交互作用，所以在这种情况下需要一个通信基础设施来满足这些应用和平台的需求。

发布/订阅消息范式提供了一个简单而强大的抽象体，它可以解耦数据提供者和用户间的通信。这种解耦对于移动应用程序来说极其有益，移动设备会隐藏应用程序间歇性断开的操作。此外，该模型的强大过滤功能使得应用程序只接收其感兴趣的消息，而过滤掉移动设备可用的、昂贵且有限的无线信道。再者，基于内容的发布/订阅路由还允许应用程序设计复杂的交互作用，这样它们就能够进行设备寻址，而其他方法中，无论是与位置无关还是依赖位置，应用程序都是采用统一的方式进行寻址。除了发布/订阅模型的优势之外，本书已经证明分布式发布/订阅系统是可扩展的，并存在可处理高动态移动环境压力的算法。

参 考 文 献

1.　D. McCarthy and U. Dayal. The architecture of an active database management system. In Proceedings of the 1989 ACM SIGMOD International Conference on Management of Data. ACM Press, 1989, pp. 215–224.

2.　G. Li, A. Cheung, S. Hou, S. Hu,V. Muthusamy, R. Sherafat, A.Wun, H.-A. Jacobsen, and S. Manovski. Historic data access in publish/subscribe. In Proceedings of the Inaugural Conference on Distributed Event-Based Systems, , New York, NY, USA, ACM Press, 2007, pp 80–84.

3.　F. Fabret, H.-A. Jacobsen, F. Llirbat, J. Pereira, K. Ross, and D. Shasha. Filtering algorithms and implementation for very fast publish/subscribe systems. In Proceedings of ACM SIGMOD, 2001.

4.　G. Li, S. Hou, and H.-A. Jacobsen. Routing of XML and XPath queries in data dissemination networks. In Proceedings of the 28th International Conference on Distributed Computing Systems (ICDCS'08). IEEE Computer Society Press, 2008.

5.　Z. Xu and H.-A. Jacobsen. Expressive location-based continuous query evaluation with binary decision diagrams. In IEEE International Conference on Data Engineering (ICDE), 2009.

6.　Z. Xu and H.-A. Jacobsen. Adaptive location constraint processing. In Proceedings of the International Conference on Management of Data (SIGMOD 2007). ACM, 2007 pp. 581–592.

7.　Z. Xu and H.-A. Jacobsen. Evaluating proximity relations under uncertainty. In Proceedings of 23rd International Conference on Data Engineering (ICDE). IEEE Computer Society, 2007.

8.　M. K. Aguilera, R. E. Strom, D. C. Sturman, M. Astley, and T. D. Chandra. Matching events in a content-based subscription system. In Symposium on Principles of Distributed Computing, 1999 pp. 53–61.

9.　A. Carzaniga, D. S. Rosenblum, and A. LWolf. Design and evaluation of a wide-area event notification service. ACM Trans. Comput. Syst., 19(3):332–383, 2001.

10.　G. Cugola, E. Di Nitto, and A. Fuggetta. The JEDI event-based infrastructure and its application to the development of the OPSS WFMS. IEEE Trans. Software Eng., 27(9):827–850, 2001.

11.　E. Fidler, H.-A. Jacobsen, G. Li, and S. Mankovski. The PADRES distributed publish/subscribe system. In International Conference on Feature Interactions in Telecommunications and Software Systems(ICFI), Leisester, UK, 2005.

12.　S. Bhola, Y Zhao, and J S. Auerbach. Scalably supporting durable subscriptions in a publish/subscribe system. In Proceedings of the International Conference on Dependable Systems and Networks (DSN 2003). IEEE Computer Society, 2003, pp. 57–66.

13. V. Muthusamy, M. Petrovic, and H.-A. Jacobsen. Effects of routing computations in content-based routing networks with mobile data sources. In International Conference on Mobile Computing and Networking (MobiCom), Cologne, Germany, 2005.

14. M. Petrovic, I. Burcea, and H.-A. Jacobsen. S-ToPSS: a semantic publish/subscribe system. In International Conference on Very Large Databases (VLDB), Berlin, Germany 2003.

15. L. I. W. Pesonen and D. M. Eyers. Encryption-enforced access control in dynamic multi-domain publish/subscribe networks. In Proceedings of the Inaugural Conference on Distributed Event-Based Systems, New York, NY, USA. ACM Press, 2007, pp. 104–115.

16. A. Wun, A. Cheung, and H.-A. Jacobsen. A taxonomy for denial of service attacks in content-based publish/subscribe systems. In Proceedings of the Inaugural Conference on Distributed Event-Based Systems, New York, NY, USA. ACM Press, 2006, pp. 116–127.

17. A. Wun and H.-A. Jacobsen. A policy framework for content-based publish/subscribe middleware. In Gustavo Alonso, Eyal de Lara, Indranil Gupta, and Rams'es Morales, editors. ACM/IFIP/USENIX 8th International Middleware Conference, Lecture Notes in Computer Science (LNCS). Springer-Verlag, Vol. 4834, 2007.

18. P. Costa, M. Migliavacca, G. P. Picco, and G. Cugola. Epidemic algorithms for reliable content-based publish-subscribe: an evaluation. In ICDCS '04: Proceedings of the 24th International Conference on Distributed Computing Systems (ICDCS'04), ,Washington, DC, USA. IEEE Computer Society, 2004, pp. 552–561.

19. R. S. Kazemzadeh and H.-A. Jacobsen. Reliable and highly available distributed publish/subscribe service. In Symposium on Reliable Distributed Systems, Niagara Falls, New York, 2009.

20. A. K. Y. Cheung and H.-A. Jacobsen. Dynamic load balancing in distributed content-based publish/ subscribe. In ACM/IFIP/USENIX 7th International Middleware Conference, Melbourne, Australia, 2006. ACM/IFIP/USENIX, ACM.

21. S. Hu, V. Muthusamy, G. Li, and H.-A. Jacobsen. Transactional mobility in distributed content-based publish/subscribe systems. In 29th IEEE International Conference on Distributed Computing Systems(ICDCS), Montreal, Canada, 2009.

22. S. Baehni and R. Guerraoui, and C. S. Chhabra. Frugal event dissemination in a mobile environment. In Gustavo Alfonso, editor, 6th International Middleware Conference (MIDDLEWARE 2005), Lecture Notes in Computer Science Grenoble, France, vol. 3790, 2005, pp. 205–224, Springer.

23. M. Petrovic, V. Muthusamy, and H.-A. Jacobsen. Content-based routing in mobile ad hoc networks. In MOBIQUITOUS '05: Proceedings of the the Second Annual International Conference on Mobile and Ubiquitous Systems: Networking and Services, Washington, DC, USA. IEEE Computer Society, 2005, pp. 45–55.

24. M. Petrovic, V. Muthusamy, and H.-A. Jacobsen. Managing automation data flows in sensor/actuator networks. Technical report, Middleware Systems Research Group, University of Toronto, Toronto, Canada, 2007.

25. I. Aekaterinidis and P. Triantafillou. Pastrystrings: a comprehensive content-based publish/subscribe DHT network. In ICDCS '06: Proceedings of the 26th IEEE International Conference on Distributed Computing Systems, Washington, DC, USA. IEEE Computer Society, 2006, p. 23.

26. V. Muthusamy. Infrastructureless Data Dissemination: A Distributed Hash Table Based Publish/Subscribe System. PhD Thesis, University of Toronto, 2005. (Also available as a Technical Report.)

27. G. Li,V. Muthusamy, and H.-A. Jacobsen. Adaptive content-based routing in general overlay topologies. In ACM Middleware, Leuven, Belgium, 2008.

28. I. Burcea, H.-A. Jacobsen, Es. de Lara, V. Muthusamy, and M. Petrovic. Disconnected operation in publish/subscribe middleware. In International Conference on Mobile Data Management (MDM), 2004.

29. M. Caporuscio, A. Carzaniga, and A. L. Wolf. Design and evaluation of a support service for mobile, wireless publish/subscribe applications. IEEE Trans. Software Eng., 29(12):1059–1071, 2003.

30. C. E. Perkins and D. B. Johnson. Mobility support in IPV6. In MobiCom '96: Proceedings of the 2nd annual international conference on Mobile computing and networking, New York, NY, USA, ACM, 1996, pp. 27–37.

第5章 移动 Ad Hoc 网络中自适应协同缓存的跨层设计框架

5.1 引 言

移动 Ad Hoc 网络（MANET，Mobile Ad Hoc Network）由一组移动设备组成，网络不需任何现存的网络基础设施或管理中心的支持。在 MANET 中，移动设备通过无线链路连接，每个设备都作为一个路由器来转发其他节点的数据包。MANET 有动态拓扑、能量与带宽受限以及链路速率随时间变化等特点[1]。在过去，MANET 主要用于战场、灾区等地，这些地方通常只有一个价格不菲的集中式基础设施，有些地方甚至还负担不起这样的设施。而如今，MANET 成为了一种普遍存在的计算环境，不过挑战也接踵而至，特别是在提高性能和提供应用服务质量方面（QoS，Quality of Service）。

跨层设计近来已成为处理无线计算环境中性能问题的一种重要方法。为了使跨层设计的概念更加清晰，首先回顾一下分层网络的体系结构。用于互联网的混合参考模型[2]便是其中之一。混合参考模型根据总的网络任务分为五个层次。每个层次在隐藏上层实施细节的同时还会提供一些特定的服务。体系结构中不允许不相邻层间直接通信，而相邻层间的通信是由一套原语提供的[3]。这种严格的分层设计促成了互联网的巨大成功，并且成为无线网络默认的网络协议结构。跨层设计的引入是为了克服严格分层结构所造成的问题，它来源于违背分层通信结构的协议设计[3]。实现不相邻层间的直接通信便是违背分层通信结构的一个实例。

在过去的几年中，多数针对 MANET 的研究都集中在路由协议的发展上[4-8]，以求在拓扑不断变化环境中增强移动主机间的连接。不过对于一个网络来说，访问信息和数据才是最终目标。当 MANET 融入互联网亦或数据中心置于 MANET 时，如何使移动主机有效地访问互联网或数据中心成为当前的首要挑战。近年来，为了增强数据的可访问性、降低 MANET 的查询延迟，一些方案已被广泛引入[9-15]。这些方案以协同缓存的思想为基础，多个主机协同工作，相互分享各自的缓存数据。虽然这些方案极大地提升了 MANET 环境中数据访问的性能，但是它们并没有完全采用跨层设计进一步提升性能，并使系统更具自适应性。

本章其余部分安排如下：5.2 节描述无线网络中基于跨层的方法和实现框架；5.3 节综述目前 MANET 中的协同缓存方法；5.4 节详细说明提出的方法；5.5 节对本章进行总结，并且讨论一些开放性的挑战和研究机遇。

5.2 无线网络中的跨层设计

5.2.1 无线网络中跨层设计的优势

无线网络引入跨层设计的主要原因如下。

首先，无线网络中的假设与有线网络中的不同[16]。例如，在有线网络中，假设包丢失是网络拥塞造成的结果，而在无线网络中，丢包现象通常是由受损引发的。如果 TCP 仍调用拥塞避免机制来处理无线环境中的包丢失，那么这种情况会变得更糟。能够有效解决该问题的方法是在链路层到传输层的信令中明确通知包受损情况，而不是拥塞情况[17]。

其次，由于 MANET 中的资源受限，那么协议栈中的多种协议能否高效地协调利用有限的带宽和降低能耗就变得至关重要。例如，恶劣的信道条件会导致链路层的帧重传和延迟，转而造成 TCP 重传。为了解决这个问题，重传信息可以在链路层和传输层之间进行传送；通过增强 MAC 子层的重传机制能够降低能耗进而防止 TCP 重传[18, 19]。

第三，随着 MANET 和无线网状网络逐渐被接受，WMN 的 QoS 要求也须利用应用层和中间件层与低层交换信息来提升性能，比如可接受的包丢失率和有界的端到端延迟等需求都应被考虑在内。例如，应用程序可能发送 QoS 要求到 TCP 层，而 TCP 反过来会调整接收窗口[18]。

最后，无线介质允许不存在于有线网络中的通信模式。例如，物理层能够同时接收多个数据包。为了在无线网络中利用这些模式，协议设计中需要进行跨层设计[3]。

5.2.2　跨层设计方案和实现框架

现有的文献中已提出了一些针对无线环境的跨层设计方案。根据不同协议层通信方式的不同，现有的跨层方案可分为以下四种类型[3]。

创建新的接口：新的接口建立在特定的协议层中，用于不同层间的信息交换。不同层间的信息流向可以是向上、向下、向前和向后的。

相邻层融合：如果两个或两个以上相邻层频繁地协同工作，就可以将这些层设计成为一个新层，该层周围的其他层仍可使用其原始接口进行通信。

不创建新接口的设计耦合：两个或两个以上耦合层与另一层交换信息时并不创建任何额外的接口用于该交换操作，该类型要求设计层熟悉其他层的处理过程。

垂直校准跨层：在该类型中，共享的数据可以被整个协议栈访问。这种类型的跨层设计使得协议栈中的所有层能够共同工作，最大程度地提升性能。

文献针对如何实现无线网络架构中的跨层方案，提出了以下三种方法。

方法 1：扩展或修改现有的协议。一些方案扩展了现有互联网协议的功能，例如互联网控制消息协议（ICMP，Internet Control Message Protocol），这样它们就能够携带更多的消息类型；另一些协议则修改了包头并在其中添加了额外的信息。利用这种方法，跨层信息可以通过协议层传输并被目标协议所共享。

Yang 等人[20]提出了一种速率适配的机制，它能够根据物理层的信道评估信息，比如信令强度信息，来适应 MAC 子层的数据速率。为了获得物理层的信息，他们对目前的 IEEE 802.11 RTS/CTS 帧结构做了细微的修改。他们利用数据速率（4 bits）和数据包长度（12 bits）替代了原 RTS/CTS 帧的时间域。在这种机制中，源节点在数据传输前先向目的节点发送修改后的 RTS 帧，其中包括了基本的数据速率和包长度。在接收此帧后，目的节点评估信令强度，计算出最优的数据速率。随后，目的节点将新的数据速率和包长度（来自接收到的 RTS 包）放入修改后的 CTS 帧并将此帧发回源节点。在接收到应答后，源节点将使用新的数据速率进行后续的数据传输。

方法 2：创建不同层间的快捷路径。另一种实现跨层信息传输的方法是在相邻或不相邻层之间创建快捷路径，这种方法需要进行信息交换。由于该方法不使用任何内部协议，所以共享信息无需流经中间层。跨层信令快捷路径（CLASS，Cross-layer Signaling Shortcuts）[16]是一种极具代表性的方法。通过使用无约束信令快捷路径，信息得以在任何两个相邻或不相邻协议层之间交换。例如，如果应用层和网络层间存在跨层信息，那么信息就会在这两层之间直接传输，不需通过传输层。

方法 3：创建新的独立组件。这种实现方法是将从各层提取出的共享信息储存在一个独立的组件中。协议层可访问组件，取出所需信息[16]。与方法 2 一样，这种方法也不需要使用内部协议进行不同层间的信息交换。不同层之间是通过独立组件来交换共享信息的。文献[21]提出利用一个系统描述文件的独立组件来进行中间件层和网络层之间的信息交换。在所提出的系统框架中，应用层在Ad Hoc网络中产生视频数据，并与同一组的其他用户共享这些数据，中间件层负责提供数据访问服务，路由层则负责搜索可用的路径。系统描述文件组件内储存了从中间件层和路由层获得的信息。通过系统描述文件，中间件层和路由层能够相互共享信息，并协同工作以实现更高的数据可访问性。

Conti 等人[22]提出了一种完整的跨层设计方案，它类似于文献[21]中提出的方法，不过会更加复杂。与绝大多数具体到两层或三层之间信息交换的跨层设计方案不同，这个结构是一个完整的跨层设计。该体系结构创建了一个名为网络状态的核心组件，它就像一个数据库，负责储存所有协议层的信息。每个协议都可以共享自己的信息并通过网络状态组件访问其他层的信息。该组件可被视为一个垂直协议层，能够被其他所有协议层所共享。

方法 1 扩展了现有协议的功能或修改了现有的包头，这种方法无需创建新的内部协议用于不同层之间的信息传输。不过，该方法的不足之处也显而易见。首先，它的效率不高。如果两个不相邻层需要交换信息，那么该操作不得不涉及中间层。其次，它仅限于两层或三层之间传输信息，难以实现一个协议栈范围内的跨层设计。最后，该方法只能传输简单的消息，如信令消息。

方法 2 相较于方法 1 来说更加高效和灵活，因为信息能够在任意两层之间直接传输，无需流经中间层，所以它是一种完整的跨层设计。但是，如果是特定层的信息被其他层共享，那么就不得不多次收集该信息，而这种重复操作会造成额外开销。此外，这种架构还可能导致程序结构变得复杂。

方法 3 具有非常清晰的体系结构，因为所有的共享信息都处于一个独立的垂直层中，同样是一个完整的跨层方案。方法 3 主要解决如何实现各个协议层与垂直层之间交互的问题。由于共享信息保存在垂直层中，这样就避免了数据收集的重复操作。不过从另一方面来说，方法 3 并不如方法 2高效，因为不同层之间的信息交换必须借助于网络状态。

5.3　MANET 中协同缓存的方法

为了提升 Web 服务的性能,简单且兼具协同性的缓存系统被广泛应用于互联网中[23-30]。文献[31]叙述了对 Web 缓存的调研情况。一般来说， Web 缓存系统由客户端、缓存代理和 Web 服务器组成。缓存代理置于服务器和客户端之间，它们合作为客户端提供缓存。当客户端请求一个 Web 页面时，它会先检查自己的缓存情况。如果失败，它将向其中一个缓存代理发送页面请求。如果所请求的页面没有在该代理处找到，它将向其协同代理发送请求。如果在这些代理中都未找到所请求的页面，请求将被发送至远程 Web 服务器以获得原始页面。Web 缓存系统降低了带宽的使用、Web 服务器的工作负担和客户端的查询延迟[31]。

Web 缓存系统在很大程度上提升了 Web 服务的性能。但是由于 MANET 的移动性和资源约束，这种方案并不能直接应用于 MANET 环境中。MANET 中的所有节点都是移动的，网络拓扑也随之频繁更换，所以在 MANET 中建立缓存代理几乎是不可能的。因此，为实现 MANET 环境中的协同缓存系统，必须要采用一种不同的方法。近来，学术界已提出一些用于在 MANET 中应用协同缓存的方法。在这些方法中，每个移动节点都具备一定数量的缓存空间，这些空间可以被自身或相邻节点访问。各个节点不仅能够从自身的缓存空间获得请求数据，还能从其相邻节点的缓存空间中获得。通过这种方法，每个节点就拥有了比它本身更大的缓存空间。

5.3.1　协同缓存系统中的基本操作

一般来说，协同缓存系统包括以下模块。

信息搜索（或缓存分辨）：该模块用于处理客户端寻找请求数据项的操作。返回的数据可能来自数据源的原始数据或移动节点的缓存副本。

缓存管理：包括三个子模块：缓存准入控制，它决定是否缓存所接收的数据项；缓存替换，在缓存空间已满但还有新的数据项必须被缓存时，它决定缓存空间移除哪个缓存项；缓存一致性，它负责缓存数据项与数据源的原始数据项同步。绝大多数方法都是采用基于生存时间（TTL，Time-to-live）的缓存一致性策略，这里给每个数据项指定一个 TTL 值，该值表示数据项存于缓存空间的时间，缓存数据项在 TTL 逝去前被视为是有效的。

预取：它负责决定哪个数据项应从数据源中预先取出以备将来使用。

5.3.2 现有的协同缓存方法

目前的协同缓存方案可根据其使用的不同标准进行分类，如底层路由协议，缓存空间内容，是否利用广播进行信息搜索等。这里利用底层路由协议来对它们进行分类，即使用一般路由协议的方法和使用特定路由协议的方法。

5.3.2.1 使用一般路由协议的方法

Cao 等人[9, 10]为 MANET 引入了基于协同缓存的数据访问。它是一种中间件，位于路由协议的上方。网络中存在一个或多个数据中心。Cao 等人提出了三种缓存技术——缓存数据、缓存路径和混合缓存，力图通过缓存数据或数据路径来提升数据访问的性能。在网络中，每个节点都会检查过往的数据。一旦发现常见的数据，该节点就会将其缓存入自己的缓存空间（缓存数据）或缓存该数据项的路径信息（缓存路径）。当这个节点接收到一个请求时：（1）如果它有缓存副本，那么它将应答该请求；（2）如果它有请求项的路径信息，并且该节点与缓存节点间的距离小于该节点与数据中心间的距离时，这个请求会重新发送给缓存节点；否则，（3）该请求包会转发给数据中心。

缓存数据和缓存路径利用基于 TTL 的缓存一致性。对于缓存准入控制来说，本书认为在 MANET 中数据的可访问性要比查询延迟的优先级高，而且节点应避免缓存其相邻节点已经缓存过的数据项。因此，若接收到的数据项来自相邻节点，就不缓存该数据项[9]。当缓存区已满时，就利用两个参数来决定哪个缓存项将被移除。一个是缓存项的次序，这是基于访问兴趣设定的，另一个是缓存项的大小。上述两个因素乘积值最大的缓存项将被移除。

Lim 等人[11]提出了一种缓存方案——基于 MANET 的互联网聚集缓存。在这个方案中，一些主机拥有对互联网的直接链路，从而将其作为互联网的接入点（APs，Access Points）或网关。使用一种基于广播搜索的简单搜索算法便可在移动主机或 APs 中寻找请求数据。当移动主机需要数据项时，如果其缓存区内没有可用的数据项且无法直接连接任何 AP，它将向其相邻移动主机广播一个请求包。接收到请求包的移动主机若缓存了所请求的数据项，则应答该请求，否则将该请求转发至其邻域。在请求包中使用跳数限制机制以减少洪泛造成的通信量。这种缓存方案利用的缓存准入控制策略与参考文献[9]相同。这里有两个因素被视为是它们的缓存替换策略：一个是距离，即请求者与 AP 或其他缓存了请求数据项的节点间的跳点数量；另一个是请求数据项的访问频率。针对上述两个因素，Lim 等人提出了三种替换方案：距离的权重大于访问频率的权重、访问频率的权重大于距离的权重、两者具有相同的权重。

文献[14]中提出的协同缓存方案重点解决了缓存系统中的缓存分辨和缓存管理问题。缓存分辨分为三个步骤。首先，基于轮廓的分辨。每个节点都保有之前接收过的数据请求的记录。如果在本地缓存中搜索请求数据项失败，节点将根据其轮廓搜索数据源并向源节点发送请求。随后，利用受限洪泛在邻域中搜索数据项。最后，在上述两个步骤失败的前提下，数据请求将被送往数据源。沿途的转发节点若有该数据项的副本，则可应答此请求。该方法中的缓存管理方案试图在邻域内储存更多不同的数据项副本，这与 Cao 等人[9]运用的缓存准入控制策略相似。缓存替换利用的是 LRU，而缓存一致性策略则同样是基于 TTL。

Denko 和 Tian[15]提出了一种与上述不同的方案，不同之处体现在两个方面。一个方面是该方案是基于聚类的。最小 ID 聚类（LIC，Lowest ID Clustering）算法[32]用于对整个网络进行分组。每个聚类由一个簇头（CH，Cluster Head）、一个数据源（DS，Data Source）、一些缓存代理（CAs，Caching Agents）和移动主机（MHs，Mobile Hosts）组成。DS 负责在网络中产生其他 MHs 所需的数据项。而多个数据源则负责储存不同类型的数据项。主机作为 DS，为 CHs 和本地 CAs 所熟知。另外，次级簇头用于应对簇头变化和丢包情况[33]。另一方面的不同是，该方案采用了预取方法来进一步提升协同缓存系统的性能。主动预取缓存中最为频繁访问的数据，或者频繁预取 TTL 期限内所需的数据，能通过降低延迟来大大提升网络的性能。prefetch-on-mis 方案在 TTL 期满时使用一个特殊数据项来降低通信开销。TTL 也用于实现缓存一致性，最少最近/频繁使用（LRFU，Least Recently/Frequently Used）算法[34]结合了每个数据项的两种度量方法，即访问频率和延迟，用于缓存替换。

5.3.2.2 利用特定路由协议的方法

Sailhan 和 Issarny 的协同缓存策略[12]建立在区域路由协议（ZRP，Zone Routing Protocol）的基础上。对于一个移动主机来说，其邻域就是它的区域。当一个移动节点没有在本地缓存中找到所需的数据项时，该节点首先在其区域内向其他主机广播请求。如果失败，节点随后将向移动终端发送请求数据包，移动终端位于该区域以外，具有所需数据的副本，并且与基站相比距离请求者更近。最后，请求数据包被送往最近的基站。此过程中没有采用缓存准入控制机制，并且对每个接收到的数据项都进行缓存。当节点的本地缓存已满时，移除项的选取基于以下四个度量：普及度、访问成本、相干性和尺寸。而缓存一致性策略同样是基于 TTL。

Wang 等人提出了一种基于缓存的透明机制[13]。首先，他们引入了一种名为动态备份线程路由协议（DBR^{2}P，Dynamic Backup Routes Routing Protocol）的新型按需路由协议以支持他们的缓存方案。DBR^{2}P 不仅能够发现从源头到目的地的完整路由，还能建立其他可供选择的备份路由。之后，他们会基于 DBR^{2}P 建立自己的缓存机制。在该方案中，频繁被访问的数据和数据路径将被一些特殊的移动节点缓存。如果一个节点的邻域具备其所需的数据项，或者通往缓存节点的路径信息距离请求者比距离数据源近，那么该节点就能得到所需的数据项。他们也采用 LRU 算法用于缓存替换。

文献[11, 12, 14]中采用洪泛方法在邻域内进行信息的搜索。为了降低单纯洪泛造成的巨大通信开销，这些方法中的洪泛跳点数都控制在一或很小的数量。在文献[9, 11, 14, 15]中，跳点数量用于决定是否缓存所接收的数据项的度量。如果请求者和缓存节点间的跳点数量低于某个阈值，那么所接收的数据项将不会在请求者处被缓存。这样一来，邻域内的节点就能够缓存更多不同的数据项，并且数据的可访问性也会随着查询延迟成本的增加而增加。由于这些方法均认为在 MANET 环境中，数据的可访问性要比查询延迟更加重要，因此这样做是有价值的。而其他方案只是缓存了所接收的每个项。

文献[12-14]将 LRU 算法用于缓存替换，文献[15]则采用 LRFU 算法。其他一些方案[10-12]则选择采用自己的缓存替换算法，这样可以考虑更多的因素。大多数方法均采用基于 TTL 的一致性策略，以保持缓存数据项与数据源处的原始项相干。文献[10, 13]中的方法是将每个节点的缓存空间中的数据和数据路径信息进行缓存，而其他方法只是缓存数据项。

5.4 基于聚类的自适应协同缓存方案

本书方案中认为 MANET 环境中有一个数据中心（DC，Data Center）和一些 MHs。在本章中的后续部分仍称为节点。DC 的地址为其他所有 MHs 所熟知，DC 可看作是数据库服务器，负责储存整个 MANET 所需的所有数据项，亦或看作因特网的网关，负责为其他 MHs 提供信息服务。DC 中的数据项是常规对象，如文本文件和图片，它们的尺寸各不相同。所有对数据项的修改都由 DC 进行操作，MHs 从 DC 处获得所需的数据项。方案的实现运用了 Ad Hoc 按需距离向量（AODV，Ad Hoc On-demand Distance Vector）路由协议[6]。

5.4.1 基于 COCA（COoperative CAching）跨层的概述

如图 5.1 所示，COCA 是一种基于聚类的中间件，它位于网络层上部，负责为上层应用提供缓存服务。COCA 包括信息搜索、缓存管理和预取模块。跨层设计用于优化系统性能，使系统自适应能力更强。栈剖面模块负责与跨层相关的功能。在 MANET 中，每个 MH 都具备特定量的缓存空间，用于缓存从 DC 或其他 MHs 处获得的缓存数据，COCA 和栈剖面位于每个移动主机处。

5.4.2 各模块简述

5.4.2.1 聚类的体系结构

聚类是组织 MANET 的一种有效方式，它降低了 MANET 中的通信开销、洪泛和冲突。此外，它还使网络更具扩展性。在 COCA 中，采用最少簇变化（LCC，Least Cluster Change）聚类算法[35]，它是一种对 LIC 聚类算法[32]的改进算法。LIC 的工作过程如下。在 MANET 中，给每个节点分配一个 ID，节点可广播其自身 ID 并能周期性地监听其所

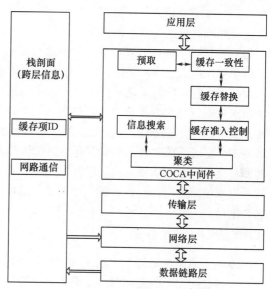

图 5.1　COCA 的简明系统结构

有单跳相邻节点。如果一个节点能够监听到的所有 ID 都比自身的 ID 大，那么该节点就作为簇头，其他相邻节点则是簇成员。如果一个节点能够监听两个或两个以上的簇头，那么该节点既是簇成员又是网关。在一个簇中，任意两个节点至多只有两跳的距离。在整个网络中，没有簇头被直接连接。LCC 是基于 LIC 的，它降低了簇头的变化，使得整个聚类体系结构更具扩展性。

5.4.2.2 跨层设计

本书的跨层设计实现方案类似于 5.2.2 节中方法 3。栈剖面模块独立于协议栈，负责为协议栈中的层提供数据交换缓冲。层将待共享的信息放入栈剖面。之后，其他需要该信息的层将从栈剖面中将其取出。除了在不同层间共享信息，一个层还可以通过栈剖面调用其他层的函数，用以替代在不同层间建立接口，这样做减少了不同层间的耦合。以下信息需要在不同层间进行共享。

网络通信。它由数据链路层提供。中间件层的预取过程需要该信息。一个节点只在网络通信不忙时发起预取过程，DC 在网络通信忙碌时将不会应答预取请求。

缓存项 ID。它由 COCA 中间件层提供。网络层需要该信息。信息搜索过程的其中一个步骤是向 DC 发送一个请求。当该请求数据包沿路径传往 DC 时，要接受转发节点检查（路由协议从中间件处获得 ID 信息）。如果转发节点具备请求数据项的副本，那么它将丢弃请求数据包，转而向请求者应答所请求的数据项。

目前的方案是维持网络通信和缓存项 ID 这两种信息。这些信息会在中间件、网络和数据链路

层内进行交换。不过，栈剖面模块可被扩展用以支持在不同协议层间进行信息共享和函数调用。

5.4.2.3 信息搜索

信息搜索的主要任务是找到 MANET 中用户所需的数据项或原始数据。在一个簇中，每个簇成员都会周期性地向簇头发送缓存数据项的 ID 列表。因此，簇头将只有一个 ID 列表，表中记录了哪个数据项在该簇中的哪个节点处被缓存。信息搜索以簇体系结构为基础，结合了不同的查寻方法，这些方法的执行顺序从具有最小通信开销的方法开始，到具有最大通信开销的方法为止。

当一个节点请求一个数据项时，它首先检查自己的本地缓存。如果没有找到数据项，该节点将在其邻域内搜索请求的数据项。如果 DC 与该节点相邻，那么搜索请求将发往 DC。否则，节点会向其邻域广播该请求（节点的单跳邻域）。如果一个簇成员接收到了请求数据包，它若缓存了请求项，那么它将应答该请求；否则，它将丢弃该包。如果簇头接收到了该请求，若缓存了请求项，那么它将应答该请求；否则，它将检查数据项 ID 列表。如果找到了相应项的 ID，它会转发请求数据包至缓存了该数据项的节点。如果簇头无法找到该数据项的 ID，它就把请求数据包转发至 DC，前提是 DC 位于簇头的单跳邻域内。阈值时间过后，如果请求者没有收到应答，它将向 DC 发送请求。当请求数据包沿路径传往 DC 时，它会被每个转发节点检查。如果其中一个转发节点具有该请求数据项，它将丢弃请求数据包并向请求者应答所请求的数据项。该方法是协同缓存系统中利用跨层设计的一个例子。最终，DC 会接收到请求数据包并向请求者应答所请求的数据项。

5.4.2.4 缓存管理

本书的方案中采用了文献[9]提出的缓存准入控制策略，不过对其稍做了改进。在文献[9]中，当节点接收到一个数据项时，如果该节点的邻域内已缓存了该项，那么节点将不再做缓存。这种策略使得节点及其邻域能够缓存更多不同的数据项，以提升数据的可访问性。而本文的改进之处为，节点将缓存接收到的所有数据项，直到缓存空间满了为止。在缓存空间已满后，如果接收到的数据项在簇中有副本，那么节点将不再缓存该数据项，如果接收到的数据项来源于簇外，那么节点将缓存该数据项。本书的方案中也采用了基于 TTL 的缓存一致性策略，此外，还运用了一种名为 LRU-MIN[36]的变形 LRU 算法。LRU 是一种广泛应用于各种领域的替换算法，它能够从缓存空间中重复移除最近最少被引用的数据项，直到空间中有足够的区域缓存新到达的数据项。LRU-MIN 算法倾向于较小的数据项，即它通过率先移除较大数据项来尽可能使移除项的数量最少。其工作过程如下：当一个大小为 S 的数据项需要被缓存且可用的缓存空间小于 S 时：（1）LRU-MIN 选出缓存空间中大于或等于 S 的数据项，之后基于 LRU 移除这些项，直到有足够的空间供新数据项使用；（2）如果所选出的项都被移除后仍没有足够的空间供新数据项使用，就令 $S=S/2$，再重复步骤（1）。

5.4.2.5 预取

预取的基本思想是预测用户的请求，提前安排最有可能被需要的数据项。虽然会引起网络开销，但预取不失为是一种能够有效降低访问延迟的好方法。COCA 中采用了一种相对简单的预取策略。该方案的思想来源于文献[15]，即一个节点的本地缓存中的数据项将来很有可能被请求。当这些数据项中的一部分由于其 TTL 值变为零而无效时，它们仍很有可能被请求。而这些无效的数据项就是 COCA 中预取过程的目标。为了提高预取的有效性、保存本地缓存空间、节省带宽，方案会使那些无效的数据项更有可能被率先预取。虽然该方法能够使缓存性能得以提升，但却导致了网络通信量的增加，从而会对无线网络产生消极的影响，特别是对 MANET 来说。因此，上述预取过程应在网络通信量较低时执行。在 MANET 中，可以采用两种度量[20,37]来决定是一个节点网络通信繁忙，还是其周围区域的网络通信繁忙。一个度量是 MAC 层的利用度，一个是瞬时队列长度。这里选择瞬时队列长度作为通信量指标。一个节点只在网络通信量较低时才向 DC 发送预取请求。在接收到预取请求后，如果网络通信并不繁忙，DC 会应答该请求者。通过使用跨层设计，可以充分地利用预取的优势，摒弃其缺陷，使系统变得更为自适应。

5.4.3 实验结果及讨论

本书出的方案是在 NS2 仿真环境[38]中实现的。每个节点的移动模式都遵循随机路点运动模型[39]。假设每个节点都能产生一个序列的数据请求，并且时间间隔呈指数分布。请求模式则遵循类 Zipf 分布[40,41]，该分布用于对类似网页请求模式等多种行为的建模。

使用三种性能度量来衡量该方案的性能情况。第一种是数据可访问比，它表示成功请求量占总请求量的百分比。第二种是平均查询延迟，它表示从发送请求到接收应答所需的平均应答时间。第三种是平均查询距离，它表示一个成功请求所覆盖的平均距离（即跳点数）。下面是对一些缓存方案进行的比较。

简单缓存（SC，Simple Caching）：如果请求项不存在于本地缓存中，那么该请求数据项被直接发往数据源（即 DC）。

协同缓存（CCNP，Cooperative Caching）：该缓存方案是本章中提出的，其中不含预取过程。

含预取的协同缓存（CCPF，Cooperative Caching with Prefetching）：该协同缓存方案结合了预取操作。

SC 与 CCNP 之间的比较用于说明协同缓存的性能，而 CCNP 与 CCPF 之间的比较则是用于说明预取方案的有效性。

此外，包含跨层设计的协同缓存（CCCL，Cooperative Caching with Cross-layer Design）与不包含跨层设计的协同缓存（CCNCL，Cooperative Caching without Cross-layer Design）之间的比较用来说明跨层设计的有效性。仿真实验是在有 50~120 个运动节点、面积为 3500m×500m 的区域内进行的。进一步的仿真参数见表 5.1。

表 5.1 仿真参数

因　素	数　值	因　素	数　值
传输范围/m	250	TTL 平均值/s	100~3000
带宽/（Mb/s）	2	Zipf 参数，θ	0.8
节点速度/（m/s）	0~10	数据项数量	1000
暂停时间	100	请求间隔/s	10
数据项尺寸/kB	1~10	仿真时间/s	2000
缓存尺寸/ kB	300		

图 5.2 所示的是数据可访问比与节点数量的关系曲线。从图中可以看出，CCNP 在各个水平上都优于 SC，该图清晰地说明了协同缓存的作用。此外，随着节点数量的增加，系统的性能也有所提升。这意味着随着节点数量的增加，相邻节点缓存数据的数量也会随之增加。

图 5.3 所示是平均查询延迟与节点数量的关系曲线。仿真结果表明 CCNP 的性能要优于 SC，原因是 CCNP 能够从相邻节点处获得请求项，与从遥远的数据源处获得请求项相比，它大大降低了通信时间。在 MANET 中，数据包在从数据源到目的地的过程中被多次转发。因此，数据源与目的地之间的跳点越多，通信时间越长。

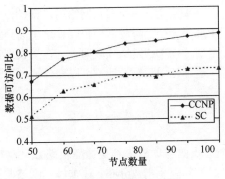

图 5.2　数据可访问比

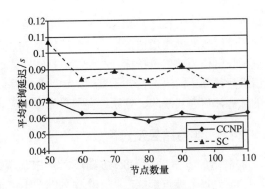

图 5.3　平均查询延迟

图 5.4 所示的是平均查询延迟与平均 TTL 时间的关系曲线。从图中可以看出，当平均 TTL 较小时，CCPF 的性能明显优于 CCNP。但是，随着平均 TTL 的增加，虽然 CCPF 的性能仍优于 CCNP，但是两者之间的差异越来越小。这是因为当平均 TTL 较小时，缓存项在仿真期间内频繁到期。如果结合预取过程，这些缓存项就要提前被取出以备未来之用。因此，一个节点能够在其缓存空间中找到更多的请求项，这大大降低了通信时间。但是，当平均 TTL 较大时，绝大多数缓存数据项在仿真期间内都是有效的，这会导致 CCPF 与 CCNP 之间只存在很小的性能差异。该图说明了 MANET 环境中预取算法的优势，特别是在平均 TTL 较小的情况下。

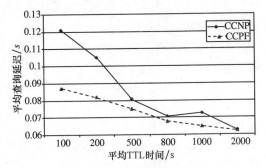

图 5.4　平均查询延迟

图 5.5 和图 5.6 给出了跨层设计的有效性曲线。当一个节点从本地缓存及其相邻节点缓存处恢复数据失败时，它将向 DC 发送请求。从图 5.5 中可以看出，CCCL 与 CCNCL 相比使用的跳点数量较小。当跳点数量较低时，CCCL 的平均查询延迟会相应地降低。图 5.6 所示的是平均查询延迟与节点数量的关系曲线。在本实验中，基于跨层的方案要相对地比没有使用跨层的方案表现得更好。

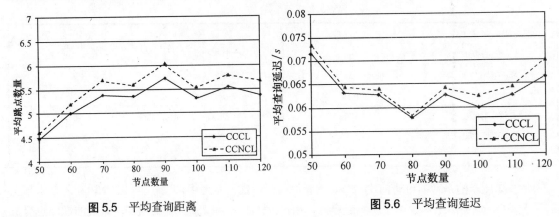

图 5.5　平均查询距离　　　　　　　　　　图 5.6　平均查询延迟

5.5　结论及未来发展趋势

在本章中，首先对无线环境中现有应用的跨层设计方法进行了总结，它们能够使系统性能得以改善。之后概括了近年来为 MANET 环境提出的协同缓存方案，它们能够提升数据的可访问性。随后介绍了基于簇的协同缓存方案，它完全采用跨层设计的方法，提升性能的同时还使系统自适应性更强。从上述的实验结果及其他协同缓存方案可以看出，协同缓存是 MANET 环境下的一种能够有效降低数据延迟和提升数据可访问性的方法，而在 MANET 环境中引入跨层设计还使得系统更加高效和自适应。此外，本文还提出了一种预取方案，它与协同缓存系统相结合，进一步提升缓存的性能。在一定条件下，本书的预取方案虽然能够大大降低查询延迟，但仍面临一些难题。

首先，虽然跨层设计被视作无线计算环境中一种有效提升性能的方法，Kawadia 和 Kumar[42]仍就该方法指出了三个相应的问题。第一，由于严格分层体系结构在互联网上取得了巨大成功，它已经成为无线网络的默认体系结构，而跨层设计是分层体系结构的违例。协议设计者应牢记分层体系结构的重要性，并在设计跨层方案时酌情对分层结构进行修改。第二，由于每个协议设计者都有各自的实现方法，因此目前不同种类的跨层设计处于共存状态，这些不受约束的跨层设计将可能导致代码复杂度的提高。第三，跨层设计可能会在不同层之间创建意想不到的交互作用，但反过来也可能会对整体性能造成不良影响。

其次，对于 MANET 环境中的缓存管理，还有很多工作需要做。其中最重要的问题是缓存替换算法。在 MANET 中，当缓存项必须被移除时，要考虑很多因素。除了数据项的频率和延迟，还必须考虑通信成本、数据项尺寸和能量状态，进而找到一个具有更高权重的因素，以此决定移除某个缓存项。在某些场景下，如战场，必须具备强大的缓存一致性策略，而如何有效地部署这个策略则是一个更大的挑战。

再次，网络通信量对 MANET 的网络性能有显著的影响。当网络流量较大时，由于通信冲突丢包事件频繁发生，这会恶化网络吞吐量。在本文的方案中，为了进行路由发现和路由维护，AODV 路由协议周期性地广播 hello 消息，聚类协议为了进行簇形成和簇维护也会周期性地广播这些消息。因此可以将这两种消息结合在一起来降低通信开销，但是将不得不面临在跨层设计上所面临的问题。此外，虽然预取能够提升缓存系统的性能，但它仍会引发通信量开销。因此必须找到一种行之有效的方法来降低预取造成的开销。未来将计划在 MANET 中部署多个 DC，以降低每个 DC 的工作负荷，减少每个 DC 周围的通信冲突。这种方法同样会提高数据的可访问性。

最后，为了开发和测试 MANET 中的缓存系统，急需一个标准化环境（在仿真工具和参数设置方面）。在现有的协同缓存方法中，网络区域和网络密度都不尽相同。每种方法都有各自的源数据项和客户端查询模型。因此，未来需要开发一个用于性能评估和验证的标准环境，并且使用具有真实通信数据的实验测试平台。

参 考 文 献

1. D. P. Agrawal and Q. Zeng. Introduction to Wireless and Mobile Systems, 2nd edition, Thomson Brooks/Cole Pacific Grove, 2006.

2. A. S. Tanenbaum. Computer Networks, 4th edition, Prentice Hall PTR, 2002.

3. V. Srivastava and M. Motani. Cross-layer design: a survey and the road ahead. IEEE Commun. Mag. 43(12): 112–119, 2005.

4. D. B. Johnson and D. A. Maltz. Dynamic source routing in ad hoc wireless networks. In T. Imielinski and H. Korth, eds. Mobile Computing. Kluwer Academic Publishers, 1996, pp. 153–181.

5. V. D. Park and M. S. Corson. A highly adaptive distributed routing algorithm for mobile wireless networks. In Proceedings of the 6th Annual Joint Conference on IEEE Computing and Communication (INFOCOM'97). Vol. 3, 1997, pp. 1405–1413.

6. C. E. Perkins and E. M. Royer. Ad-hoc on-demand distance vector routing. In Proceedings of the 2nd IEEE Workshop on Mobile Computer Systems and Application (WMCSA'99). Vol. 2, 1999, pp. 90–100.

7. C. E. Perkins and P. Bhagwat. Highly dynamic destination-sequenced distance-vector routing (DSDV) for mobile computers. In Proceedings of the Conference on Communications Architectures, Protocols and Applications (SIGCOMM '94), 1994, pp. 234–244.

8. Z. J. Haas and M. R. Pearlman. ZRP: a hybrid framework for routing in ad hoc networks. In Ad Hoc Networking. Addison-Wesley Longman Publishing Co., Inc., Boston, MA, USA 2001, pp. 221–253.

9. G. Cao, L. Yin, and C. R. Das. Cooperative cache based data access in ad hoc networks. IEEE Comput. Soc., Vol. 37, no. 2, 2004, pp. 32–39.

10. L. Yin and G. Cao. Supporting cooperative caching in ad hoc networks. IEEE Trans. Mobile Comput., 5(1): 77–89.

11. S. Lim, W. C. Lee, G. Cao, and C. R. Das. A novel caching scheme for internet based mobile ad hoc networks. In Proceedings of the 12th International Conference on Computing and Communication Networks (ICCCN 2003), 2003, pp. 38–43.

12. F. Sailhan and V. Issarny. Cooperative caching in ad hoc networks. In Proceedings of the 4th International Conference on Mobile Data Management, 2003, pp. 13–28.

13. Y. Wang, J. Chen, C. Chao, and C. Lee. A transparent cache-based mechanism for mobile ad hoc networks. In Proceedings of the International Conference on Technology and Applications (ICITA'05), Vol. 2, 2005, pp. 305–310.

14. Y. Du and S. K. S. Gupta. COOP-A cooperative caching service in MANETs. In Proceedings of the Joint Conference on Autonomic and Autonomous Systems and International Conference on Networking and Services (ICAS-ICNS 2005), 2005, pp. 58–63.

15. M. K. Denko and J. Tian. Cooperative data caching and prefetching in wireless ad hoc networks. In Proceedings of the 2nd IEEE International Conference onWireless and Mobile Computing, Networking and Communications (WiMob2006). Montreal, Canada, 2006.

16. Q. Wang and M. A. Abu-Rgheff. Cross-layer signalling for next-generation wireless systems. In Proceedings of the IEEE Wireless Communications and Networking (WCNC2003), Vol. 2, 2003, pp. 1084–1089.

17. H. Balakrishnan, Challenges to reliable data transport over heterogeneous wireless networks, Ph.D. Thesis, University of California, Berkeley, 1998.

18. V. T. Raisinghani and S. Iyer. Cross-layer design optimizations in wireless protocol stacks. Comput. Commun., 27(8): 720–724.

19. M. Methfessel, K. F. Dombrowski, P. Langend¨orfer, and H. Frankenfeldt. Vertical optimization of data transmission for mobile wireless terminals. IEEE Wireless Commun., 9(6): 36–43.

20. N. Yang, R. Sankar, and J. Lee. Improving ad hoc network performance using cross-layer information. In Proceedings of the IEEE International Conference on Communications (ICC2005), 2005, pp. 2764–2768.

21. K. Chen, S. H. Shah, and K. Nahrstedt. Cross-layer design for data accessibility in mobile ad hoc networks. Wireless Personal Commun., 21(1): 49–76, 2002.

22. M. Conti, G. Maselli, G. Turi, and S. Giordano. Cross-layering in mobile ad hoc network design. IEEE Comput. Soc., 37(2): 48–51, 2004.

23. C. Aggarwal, J. L. Wolf, and P. S. Yu. Caching on the world wide web. IEEE Trans. Knowledge Data Eng., 11(1): 94–107, 1999.

24. A. Chankhunthod, P. B. Danzig, C. Neerdaels, M. F. Schwartz, and K. J.Worrell.Ahierarchical internet object cache. In Proceedings of the USENIX Annual Technical Conference. 1996, pp. 153–164.

25. L. Fan, P. Cao, J. Almeida, and A. Broder. Summary cache: a scalable wide-area web cache sharing protocol. IEEE/ACM Trans. Network., 8(3): 281–293, 2000.

26. S. Iyer, A. Rowstron, and P. Druschel. Squirrel: a decentralized, peer-to-peer web cache. In Proceedings of the 21st Annual Symposium on Principles of Distributed Computing (PODC '02), Monterey, California, USA, 2002, pp. 213–222.

27. K. W. Ross. Hash routing for collections of shared web caches. IEEE Network, 11(6): 37–44, 1997.

28. A. Rousskov and D. Wessels. Cache digests. Comput. Networks ISDN Syst., 30(22): 2155–2168.

29. D. Wessels and K. Claffy. ICP and the Squid web cache. IEEE J. Select. Areas Commun., 16(3): 345–357.

30. C. M. Bowman, P. B. Danzig, D. R. Hardy, U. Manber, and M. F. Schwartz. The harvest information discovery and access system. Comput. Networks ISDN Syst., 28(1–2): 119–125, 1995.

31. J.Wang. A survey of web caching schemes for the Internet. ACM SIGCOMM Comput. Commun. Rev., 29(5): 36–46, 1999.

32. M. Gerla and T. Tsai. Multiuser, mobile multimedia radio network. J. Wireless Networks, 1: 255–265, 1995.

33. H. Lu and M. K. Denko. Replica update strategies in mobile ad hoc networks. In Proceedings of the 2nd IFIP International Conference

onWireless and Optical Communications Networks (WOCN2005), Montreal, Canada, 2005, pp. 302–306.

34. D. Lee, J. Choi, J. H. Kim, S. H. Noh, S. L. Min, Y. Cho, and C. S. Kim. LRFU (Least Recently/Frequently Used) replacement policy: a spectrum of block replacement policies. IEEE Trans. Comput., 50(12): 1352–1361, 1996.

35. C. C. Chiang, H. K.Wu,W. Liu, and M. Gerla. Routing in clustered multihop, mobile wireless networks with fading channel. In Proceedings of the IEEE SICON'97, 1997, pp. 197–211.

36. M. Abrams, C. Standridge, G. Abdulla, S. Williams, and E. Fox. Caching proxies: limitations and potentials. In Proceedings of the 4th International World Wide Web Conference, Boston, USA, 1995, pp. 119–133.

37. Y. C. Hu and D. B. Johnson. Exploiting congestion information in network and higher layer protocols in multihop wireless ad hoc networks. In Proceedings of the 24th Intternational Conference on Distributed Computer Systems, 2004, pp. 301–310.

38. Network Simulator 2, version 2.29, http://www.isi.edu/nsnam/ns/.

39. J. Broch, D. A. Maltz, D. B. Johnson, Y. Hu, and J. Jetcheva. A performance comparison of multi-hop wireless ad hoc network routing protocols. In Proceedings of the 4th Annual ACM/IEEE International Conference on Mobile Computing and Networking (MobiCom '98), Dallas, Texas, USA, 1998, pp. 85–97.

40. G. K. Zipf. Human Behavior and the Principle of Least Effort: An Introduction to Human Ecology, Addison-Wesley, Redwood city, 1949.

41. L. Breslau, P. Cao, L. Fan, G. Phillips, and S. Shenker.Web caching and zipf-like distributions: evidence and implications. In Proceedings of the 18th Annual Joint Conference of the IEEE Computer and Communications Societies (INFOCOM'99), 1999, pp. 126–134.

42. V. Kawadia and P. R. Kumar. A cautionary perspective on cross-layer design. IEEEWireless Commun., 2(1): 3–11, 2005.

第6章 面向移动 Agent 应用的研究进展

6.1 引　言

近年来，由计算机技术飞速发展给用户带来的各种新型服务，有目共睹。这主要归功于网络基础设施如互联网等的引入对全球计算应用的支持。单台计算机已不再是一个孤立的实体，它可以和其他系统进行交互共同完成用户交给的各种任务。随着异构的分布式计算应用的到来，人们需要随时随地都可以访问数据和获取服务。在这些新的需求下，用户及其感兴趣数据通常都处于移动状态，共处的网络环境具有低带宽、资源有限和频繁断线等特点。因此，基于这种环境下的应用开发需要采用能够处理突发事件和解决技术约束的新方法。移动 Agent 技术则是该领域中取得巨大成功的新型移动计算应用设计典范之一。

一般地，移动 Agent 技术是指一个软件实体，它能够在运行中挂起，转移到另一个环境，再从挂起的断点处开始运行。当移动 Agent 在网络中自由移动时，需要和其他 Agent 相互协作，即使它们携带了不同的目标任务。移动 Agent 具有典型的自主性，可感知的智能性，还能根据他们已有的知识和当前的环境条件动态规划下一步的操作。Agent 的移动特性也不是一成不变的，而是可以依靠当前计算，或由用户预先指定的行程进行移动。Agent 通常具有克隆自己的能力，因此，会在不同地点同时对自身执行大量的代码复制。正是因为具有这些能力，Agent 受到了研究者的极大关注。由于 Agent 具有移动性和并发处理能力，这使得它们非常适合分布式应用。需要指出的是，Agent 的运行独立于它们源自的计算设备，直到完成最新分配的任务，这样，Agent 十分适合应用于资源有限或间断性连通的环境。

移动 Agent 的应用非常广泛，从多源信息检索到复杂的分布式系统管理。移动 Agent 还可以用于帮助提高性能和可靠性的智能软件中，比如搜索与跟踪应用，以及在提高教育系统等方面 Agent 的作用也是显而易见的。本章将介绍移动 Agent 的大量相关应用，以诠释该技术的卓越之处。6.2 节主要讨论移动 Agent 在分布式信息检索的应用；6.3 节讨论移动 Agent 在管理复杂系统的应用；6.4 节介绍近年来几个典型的传感器网络应用实例；6.5 节介绍移动 Agent 在增强群体智能技术产生的巨大影响；6.6 节给出 Agent 技术在普适计算中的一个应用实例，并重点阐述有关发展趋势；6.7 节给出结论。

6.2 移动 Agent 与分布式信息检索

分布式信息检索是指根据用户的需求定位和检索用户感兴趣的信息。如 6.1 节所述，移动 Agent 对数据进行计算。相比传递数据，在出现多个大数据集的情况下代码迁移能够更加有效地提高系统效率，在信息检索系统中，这些数据集与所处理任务并不相关。本节将对近年来移动 Agent 在分布式信息检索的应用进展进行综述，图 6.1 是其环境概貌图。本节将分成两部分内容：6.2.1 节是分布式查询处理和信息检索；6.2.2 节主要阐述移动 Agent 在事物管理中的应用。

6.2.1 分布式查询处理和信息检索

一般来说，信息检索系统关注的不只是改进搜索性能，还包括提高检索结果的查准率和查全率。用户的请求可能是一次性的，或是周期性的。利用 Agent 解决这些问题源于这样一个事实：移动 Agent

可以独立于发送它们的系统工作，因此对于短期和长期的查询需求，Agent 都可以满足。在 Agent 试图寻找与其所执行任务相关的感兴趣信息的过程中，它们可以很容易地总结出系统环境是集中式还是完全分布式的。更重要的是，Agent 最大的优点是智能性，他们可以根据用户的需求以及收集和观察到的历史数据对数据的相关性进行分析和动态决策。接下来，将讨论 Agents 企业存储管理（CoMMA，Corporate Memory Management Through Agents）[1]项目中有关移动 Agent 用于信息检索的实例，随后给出其他四个基于移动 Agent 的信息检索系统实例。

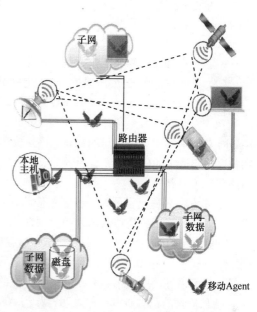

图 6.1　传统网络环境下的移动 Agent

CoMMA 项目的研究目标是通过移动 Agent 实现对企业存储管理的支持。在此，组织者负责对信息的分发进行有计划的管理，组织成员则需要有效利用所管理的信息。对于共有信息，考虑采用三个分布的和异构的组件进行管理：第一个组件负责信息自身的存储和检索；第二个组件负责和用户交互来获取用户的背景和偏好；第三个组件负责执行系统任务，可以看作是前两个组件的接口。CoMMA 的结构可以用 4 个实体的角色和关系进行建模：本体和模型、互连、标注和用户。本体和模型实体通过与 Agent 进行交互，向 Agent 提供下载、更新和查询等机制来管理本体。互连实体内的 Agent 充当与系统中其他 Agent 之间的中介角色。在标注实体中，Agent 关注的是用户的信息搜索和检索请求。在用户实体内，Agent 则专注于适应用户的偏好和提供帮助。实体中 Agent 的内部组织从一开始的对等模式逐渐演变成自我复制和分层。Agent 之间的交互由各组织内专门负责这项任务的 Agent 来担当。对 CoMMA 原型系统的测试结果表明，对标注文档进行有效的内容规范可以减少处理查询的消息数量。

基于 Agent 的面向社区的路由网络（ACORN, Agent-based Community-oriented Routing Network）是为实现用户长期查询目标所设计的配对系统[2]。系统的主要工作是通过观察用户网络的社区行为，将 Agent 派遣到该目的地（或相关信息）。正如其名，ACORN 是一个多代理系统，它将一组信息（如文档、音乐、视频等）表示成一个代理，每个代理包含了全局唯一标识以及瘦代理的服务器地址。胖代理包含了在瘦代理中加入的所有其他代理感兴趣的知识。ACORN 包括一个客户端和系统用户接口（用于管理 Agent 的传入和传出）。ACORN 包含一个主服务器，该服务器负责提供和管理从网络到一个指定站点的入口点。系统还包含一个 Agent 核，核内有 Agent 执行任务所需的全部信息。此外，还有一个目录服务器和一个匿名服务器。前者负责跟踪 Agent 以便实时处理用户和 Agents 之间的通信，后者可以生成匿名 Agent 来保护用户隐私。为了尽可能地提高系统性能，系统采用了 k 均值算法将 Agents 基于它们的兴趣进行动态聚类为 cafés，从而产生最小化的"混合" Agents。作者从 ACORN 的仿真实验中得出，ACORN 可以降低网络流量，增强用户隐私。

MAMDAS（Mobile Agent-based Mobile Data Access Systems）表示基于移动 Agent 的移动数据接入系统[3]。它的设计理念是克服大规模移动数据接入系统的两大困难，即数据资源和/或用户的异构性和移动性。实验结果表明，在相同的物理配置下，基于移动 Agent 的计算模式相比传统的基于 Client/Server 模型，可以达到更好的性能和鲁棒性。此外，作者也指出，从软件工程的角度来看，移动 Agent 的应用能够显著提高模块性和可重用性，并简化大型复杂系统的管理。

为了提高信息检索的性能，该系统舍弃集中式方法[4]，提出在分布式环境中搜索使用 Agent。

所提出方法去除了关于存在一个掌握了系统所有资源情况的集中式中介的前提假设。所提出的系统中的 Agent 由 5 部分组成。第 1 个是收集同时将信息集共享给其他 Agents。此外，每个 Agent 包含下列 3 个部分：

（1）一个搜索引擎局部判定是否满足用户查询。

（2）一个控制中心负责接收用户查询并执行搜索。

（3）一个 "agent-view"（Agent 视图）结构负责维护相邻 Agents 形成的网络拓扑结构知识。

第 5 个部分是收集描述子，是与 Agent 收集有关的签名。后者也采用分布式方式，因此它允许 Agents 获取网络中可用信息的知识。该系统在很大程度上依赖于 Agents 之间的通信，以定位、聚合和排序用户请求的信息。通过引入分布式搜索机制和基于搜索算法的拓扑结构最优化，信息检索的性能得到了显著提高。

隐式方案还提出了另外一种利用移动 Agent 进行信息检索的建议，特别是在网络搜索中，通过数据挖掘技术尝试提高搜索结果的相关性[5]。系统中的 Agents 利用从其他用户观察到的行为执行相似性搜索。在隐式系统中，Agent 通过分析存储在数据库中的用户行为进行模式提取以完成其任务；利用观察模式，Agent 可以对用户或其他的 Agent 做出建议。根据信息检索在相关性方面的初步实验结果，可以证明所提出的系统获得了性能的提高。

信息检索的已有研究工作表明，移动 Agent 解决了该领域的主要问题。Agents 自身的移动性、自主性和智能性成为改进信息检索的一种载体，它能够定位分布式和/或异构信息并基于各种规则对结果排序。Agent 还在系统中扮演了一种重要角色，它能支持用户的断开连接，从而允许执行长期查询。因此我们期望一种全局方法的信息检索。更深层次的信息检索揭示了这类查询处理系统的依赖性。因此，本节的其余部分将展示 Agent 机制对查询处理的影响。

在分布式信息系统中，查询处理可能需要来自多个数据源的数据。通常情况下，查询处理器负责把高层次的用户查询分解成一组子查询，每一个子查询对应一个数据源，然后根据系统的统计结果确定一个最优执行计划。因此，查询处理面临多个挑战。在远程数据源上执行子查询会生成大量的中间数据，导致过多的网络流量。数据源的异构性使得查询处理器必须知道每个数据源的本地数据结构，这导致了更高的复杂性。查询处理器根据系统统计数据确定查询执行计划；而这样的统计数据也许已经过时，产生的是一个次优执行计划。在动态系统中，当远程区域的数据或资源不可用时，会导致子查询甚至全局查询的失效。此外，由于本地的自治性，本地数据源可能拒绝执行生成的子查询。因此，大规模潜在的数据量、数据的异构性、分布性和其他限制将需要一个可靠、鲁棒和有效的检索技术，使其在保持本地自治性的同时，可以访问分布式异构数据源的数据。移动 Agent 的特点是移动性，自主性以及具有处理远程站点的能力，这些特点使其成为一种可行且有效的分布式查询处理方法，接下来将继续展开讨论。

6.2.1.1　有线网络

基于 Agent 的复杂查询和信息检索引擎（ACQUIRE，Agent-based Complex QUerying and Information Retrieval Engine）是一个专为有线网络 [6]中大型、异构和分布式数据源设计的基于 Agent 的查询处理系统。ACQUIRE 的中心服务器有一个本地数据库，负责记录不同数据源的站点描述和域模型。尽管处于异构环境，ACQUIRE 仍能为用户呈现出单一、统一、同质数据源的形式。ACQUIRE 对所有移动 Agent 的生成、规划和优化进行指导和控制。主机生成的每个子查询均会创建一个移动 Agent，每个 Agent 负责从对应的数据源检索出查询结果。该系统包含三个模块：查询规划模块、查询优化模块和查询执行模块。ACQUIRE 处理查询的过程如下：当收到一个高层用户查询时，查询规划模块指向站点和域数据库，以便把查询分解成一组子查询。查询优化模块创建一个最优规划，并对这些子查询进行排序以最大化检索效率。查询执行模块从查询优化模块中接收一组子查询，并生成一系列移动 Agent 来执行这些子查询。然后，为每个 Agent 安排要访问数据库站点的路线以及在每个站点要执行的数据检索和处理任务。当移动 Agent 返回时，查询执行模块对返回的数据进行过滤和合并，随后将最终查询结果返回给用户。实验结果表明，ACQUIRE 相比对标准的分布式查询处理，显著减少了中间数据量和数据检索时间（30%～70%）。

在本地自治和数据源距离约束的情况下，统计信息检索是很困难的；然而，查询执行规划的最优化是至关重要的。移动 Agent 可以用来优化加入操作，优化时把一个加入操作当作 Agent，这样就能对估计误差和新执行状态做出响应[7]。这种方法可以动态地适应当前的统计数据、资源和数据可用性，因而减少了响应时间，促成了有效的迁移决策。Agent 携带了初始执行计划，并且首先派遣 Agent 执行初始计划。然后，Agent 收集查询中所涉及的当前关系统计数据，检查估计误差，以及决定是执行初始计划还是开始一个新计划。实验结果表明，相比系统统计过程中没有动态调整的方法，使用移动 Agent 的响应时间显著减少了 60%以上。

6.2.1.2　移动数据接入系统

移动数据接入系统（MDAS，Mobile Data Access System）是分布式信息系统的扩展，其中的用户移动于资源有限的无线环境之中。用户的移动性虽然提供了更多的灵活性，但这种移动性对查询处理提出了诸多新的挑战，而且这种挑战已经超出了我们考虑的范围。MDAS 有几个新的特点；基于这个事实——移动用户通过间断性无线连接接入系统，这种无线连接不够稳定且带宽较低。此外，用户可以改变他们的位置，这将导致临时的断开或切换（变换接入点）。最后，便携式设备计算能力较低，存储容量小且电量有限。MDAS 也引入了位置相关查询（LDQ，Location Dependent Query，查询结果取决于查询位置）的概念。这些挑战使得移动数据接入系统的查询处理比固定网络的分布式系统更加困难。移动 Agent 的自主性使用户在查询处理中的交互最小化，因此一旦用户提交了查询，就可以关闭他们的设备。基于 Agent 的方法有效地管理了便携式设备上的有限资源并将计算转移到网络上。接下来，本书将讨论 Agent 对 MDAS 的作用。

自定义移动计算协助的自主 Agent 架构（ANTARCTICA, Autonomous ageNT bAased aRChitecture for cusTomized mobIle Computing Assistance）是专为基础设施上分布的无线网络而设计的一个查询处理系统，如无线蜂窝网络和无线局域网络（WLANs）[8]。这项研究证明了利用移动 Agent 跟踪移动用户和数据对象的有效性。假定基站（BSs）存储了其覆盖区域内当前所有的数据对象和移动用户信息。对于一个简单的 LDQ，ANTARCTICA 的查询处理器将在指定搜索区域内访问所有 BSs 并返回请求的数据对象。LDQ 的处理过程如下：

（1）移动用户给覆盖查询位置的基站发送一个监视跟踪代理。当用户移动到另一基站覆盖区时，监视跟踪代理跟随用户迁移到达另一个基站。

（2）监视跟踪发送一个跟踪代理，该代理携带了覆盖所有查询参考对象 BS 的一个子查询。

（3）每个 Tracker 代理寻找覆盖区域和搜索区域相交的基站，并为这些基站创建一个更新（Updater）代理。

（4）每一个 Updater 代理在基站数据库中执行它的子查询，在基站中保存搜集到的数据，然后发送给 MonitorTracker，这些数据经过合并，将最终结果返回给用户。

ANTARCTICA 也可以利用上述步骤处理连续查询，但需要不断地评价用户请求。系统监视移动用户和参考数据对象，而不是重复发起相同查询。当用户或感兴趣的目标移动时，将触发 Agent 重新执行。然后用 Tracker 代理周期性地更新参考位置（以一定的跟踪频率）并为新的基站创建 Updater 代理。当数据对象移动时，Updater 代理以一定的频率（刷新频率）执行子查询以更新查询结果。

凡是基础设施不支持的无线网络类通常简称为移动 Ad Hoc 网络（MANET, Mobile Ad Hoc NETwork）。这类网络通常建立在对等网络（P2P，Peer-to-Peer）拓扑结构中，其中的用户可以是客户端、消息路由器以及服务提供商。文献[9]提出了一种这类环境下的系统设计，以支持简单有效的查询处理。参考系统包含一个主动数据库组件和一个基于事件－条件－反应（ECA，Event–Condition–Action）准则的移动 Agent 结构。每个移动查询 Agent 由一些 ECA 准则和数据库来定义。这些 ECA 准则描述了 Agent 的逻辑性和数据集的逻辑性，包含了初始参数以及跟随收集结果变化的 Agent 状态。Agents 在网络中迁移，在对等数据库中发现请求数据，然后传送到客户端。在连续查询的情况下，移动查询 Agent 将关联更加复杂的准则，来判定应该何时停止监视对等节点上的数据库而迁移到一个新的对等节点。经过分析研究，作者证明了在 P2P 结构中利用主动数据库技术能够达到高效、简单和可扩展的查询处理。然而，在位置约束的条件下，所提出工作还没有解决用户的切换和查询。

P2P 分散式信息生态系统技术（P2P-DIET，Peer-to-Peer Decentralized Information Ecosystem Technologies）是一种基于 Agent 的资源共享系统，用于支持超级节点网络的连续查询[10]。一个超级节点网络由两种类型的节点组成：客户端节点和超级节点。所有的超级节点彼此平等，承担相同的责任，因此超级节点子网络是一个纯 P2P 网络。每个超级节点作为一部分客户端的接入点（AP，Access Point）同时保存这部分客户端资源的索引。客户端可以在用户计算机上运行，资源（文件或共享应用程序）在客户端节点上保存。P2P-DIET 允许客户端向接入点发布查询，从而提供 Ad Hoc 查询支持。然后，初始 AP 向所有超级节点广播查询，并用网络中发现的数据产生响应。最后，初始 AP 给客户端传送响应。如果客户端断开连接，生成的结果将存储在网络中，以备用户重新连接后再检索。客户端也可以向 AP（超级节点）发起连续查询来表达其信息需求。超级节点随后向其他超级节点转发发起的查询。无论资源何时发布，凡是其连续查询与该资源元数据相匹配的客户端，P2P-DIET 均要保证通知到。P2P-DIET 经过实现，可以提供连续查询的支持，从而达到了系统目标。

表 6.1 总结了固定网络和 MDAS 应用移动 Agent 查询处理方案的优点。表中还列出了移动 Agent 在这两种环境下面临的挑战和代表性方案。

表 6.1　基于移动 Agent 的查询处理系统

系统	执行环境	主要挑战	Agent 方法的特点
ACQUIRE	查询异构和有线网络的分布式信息系统	数据异构性，低带宽，间歇性连接	自主 Agent 携带了数据计算。减轻了对带宽和连接的依赖
MAMDAS	移动用户访问分层有线网络，异构数据源	数据异构性，低带宽，间歇性连接	自主 Agent 携带了数据计算。减轻了对带宽和连接的依赖。利用 Agent 克隆能力最大化并行搜索
自适应优化	优化有线网络的执行规划	低带宽，间歇性连接，执行规划的次优化	根据当前环境动态可调的执行规划
ANTARCTIC	移动用户查询异构和有线网络的分布式系统	移动设备资源有限，间歇性连接，用户的移动性，位置相关查询。	支持位置约束的连续查询。跟踪移动用户和数据对象
P2P-ECA	对等系统的用户查询	移动设备资源有限，间歇性连接，动态网络拓扑结构	引入主动数据库概念提高伸缩性。支持连续查询
P2P-DIET	某些节点作为其他系统接入点的对等系统用户查询	移动设备资源有限，间歇性连接，用户的移动性，动态网络拓扑结构	支持连续查询。能够通知重新连接用户检索网络中的查询结果

6.2.2 事务管理

在数据库的上下文中，事务是数据库管理系统中用户程序的抽象视图：一组读取和写入[11]。通常情况下，事务管理涉及事务调度和 ACID 属性维护（ACID，Atomicity，Consistency，Isolation，Durability），这些属性是一些事务执行的正确性准则。ACID 属性包括下面几点：

（1）原子性（Atomicity）：事务必须全部完成或完全放弃。

（2）一致性（Consistency）：事务必须一致，并与预定规则相一致。

（3）隔离性（Isolation）：事务之间不能相互干扰；一个事务的中间结果对另外一个正在同时执行的事务是不可见的。

（4）持久性（Durability）：事务执行必须可靠并且提交的事务不能丢失。

由于任务执行的正确性和顺序一部分取决于事物管理的方式，因此事务处理的有效性会大大影响系统的性能。这个关键任务在分布式环境中变的更难执行。一般情况下，提交到系统的事务被分成在不同站点执行的子事务；然后引入移动 Agent 执行分布的任务。本节介绍了事务处理 Agent 的概念及其在各种数据库领域的应用。

6.2.2.1 事务代理

事务代理是指多个自主 Agent 共同执行一个事务，执行该事物时可以相互合作，或通过一个专用规划代理生成一个执行计划[12,13]。在下面的约束条件下，全局事务为每个移动 Agent 分解成多个子事务[13,14]:

（1）提交或放弃应保留多代理上的事务语义。

（2）一旦忽略了节点或网络的失效，应该正确执行事务。

（3）利用同一个事务多个移动 Agent 的同步性，应能支持内部事务的并行性。

（4）通过保留 Agent 在本地站点上执行的事务全局状态，应能支持从失效中恢复。

文献中提出了许多在 Agent 之间拆分任务的方法并建模了 Agent 完成任务的协作方式，同时保持事务的正确性和可靠性。文献[13,15,16]提到的多种方案提出了移动 Agent 的一次性执行协议和部分回滚机制的概念。为了便于 Agent 之间交互执行事务，文献[17]研究了使用基于提交者、委员会和目击者概念的承诺规则。Agent 有义务保证自己做出的承诺，否则，在与会各方出现时必须履行正确的注销过程。

事务处理也要考虑系统的性能、容错和资源利用率。为此，引入了容错的移动 Agent 系统（FATOMAS，FAult-TOlerant Mobile Agent System）[18]和非阻塞执行模型（Non-Blocking Execution Models）[19]来解决这些问题。按照这些方法，移动 Agent 漫游整个网络，并在一系列机器上执行操作；Agent 执行的位置可以视作是他们的逻辑执行环境。传统的"位置相关"执行模型是阻塞的；为保护某个组件的原子失效，将阻止 Agent 在系统所有站点上执行。这样，锁定的资源不会对其他事务代理开放。移动 Agent 故障的检测是很困难的，很难与缓慢处理引起的延时做出区分。在不可靠故障检测下发起另一个 Agent 有悖于一次性事务属性，从而促使了 Agent 移动中容错协议的出现[18]。该方案通过给当前阶段终点的一组序列位置转发 Agent 副本，探索了 Agent 复制和一系列协议问题的概念。如果一个位置失效，只要可靠的广播可用，另外一个位置就可以接管这项执行任务。正如文献[18]所述，基于非阻塞 Agent 的事务模型通过牺牲一些通信成本开销，可以换取更好的资源利用和容错性。

6.2.2.2 数据库管理

数据库管理中最关键的问题之一是确保和加强跨多个数据库的数据完整性以及一致性。利用移动 Agent 可以有效实现全局完整性的约束检查[20]。在提出的系统中，全局约束存储在全局元数据库中，由远程数据库对象的数据描述来创建。约束检查模块接受用户的插入/更新/删除操作并检查他们是否违反了全局元数据库的约束。当提交了一个数据源的全局事务时，站点上的约束检查模块会给全局数据库发送一个移动 Agent，从全局元数据库提取所有受影响的全局约束。接下来，移动 Agent 给它的起点发回约束列表，同时按计划和顺序生成子约束。最后，给所有相关数据源发送生成的移动 Agent，以检查是否违背了子约束。在所有检查执行完毕之后，检查结果被发送到起始位置，以检查是否违背了全局约束。经过分析研究表明，所提方法具有快速约束检查的能力[20]。显然，这里所介绍的过程只能应用在固定网络的多数据库中。在移动多数据库中，由于断线，生成的 Agent 无法返回到原来的位置。因此，移动多数据库的约束检查是今后需要探索的一个挑战。

6.2.2.3 分布式对象

移动 Agent 可用于多对象服务器中来解决当保留 ACID（原子性、一致性、隔离性和持久性）属性时锁定对象的问题[21]。一个对象服务器存储的对象包含了数据和操作数据的方法。对于每一个事务，移动 Agent 会从基计算机开始遍历，跨越多个对象服务器在本地操作对象。Agent 会留下一个代理 Agent 锁定本地对象或数据库的对象，并基于两阶段提交协议（2PC，Two-Phase Commit）在本地提交事务。在事务发生冲突的情况下，也就是移动 Agent 想使用代理 Agent 锁定的对象；前者可以等待、协商或者跑出去使用另一个对象服务器。与客户机-服务器模式相比，事务代理缩短了操作数据库服务器对象的时间[21]。当生成 100KB 的记录时，事务代理的方法比双层客户机-服务器方式提高了 20%～50% 的性能；比三层客户机-服务器结构提高了 10%～40% 的性能。然而，加载 Agent 类的时间明显增加；因此，建议提前加载 Agent 类。

分布式事务处理需要预知所有资源，对象事务服务（OTS，Object Transaction Service）就是这样的一个典型，它是一个用于建立分布式事务应用程序的中间件。这种需求造成在许多应用场景下事务处理的不灵活，包括事务生命周期很长的的情况。文献[14]中提出的 X-TRA 通过使用移动 Agent，解决了这种局限性。提出的事务模型可以支持下列情况：

（1）WAN 的事务。

（2）有关快速变化资源的相关应用。

（3）移动应用。

（4）各类资源的协调。

其中，X-TRA 还包含了 Agent 的支持控制和协调、迁移管理、通信、信任服务等组件。该模型有两个工作阶段，即准备阶段和执行阶段。在准备阶段，由于没有发生真正的执行，参与事物的 Agent 以绕过 OTS 并忽略 ACID 属性的非事务方式查看资源。在执行阶段，Agent 使用 OTS 实际执行事务处理。

参与事务的对象均是 OTS 感知（OTS-aware）的，即提供了准备提交接口，使其可以处理回滚。此外，还支持非 OTS 感知，这里对象不必具有准备提交接口，而需要 Agent 的支持以补偿或撤销事务的部分影响。X-TRA 支持两种模型，对于进一步的细节有兴趣的读者可以参看文献[14]。

文中所提出的框架消除了对资源先验知识的需求，因此允许灵活的资源管理。在开始执行之前，资源中的 Agent 位置也降低了长时间运行多个事务失败的可能性。根据分析，X-TRA 显示出可以保证事务的一次性语义。

6.2.2.4 基于 WEB 的分布式数据库

为了避免在基于 Web 的分布式数据库中下载和启动 Java 数据库连接（JDBC，Java Database

Connectivity）驱动程序的开销，文献[22]引入了 DBMS-Aglet 框架，通过在客户端和数据库服务器之间使用移动 Agent 进行数据库连接、事务处理和通信，以尝试提高该环境下的事务性能。在 DBMS-Aglet 框架中，移动 Agent 在 Web 服务器中进行部署和路由，以启动数据库服务器的 JDBC 驱动、连接数据库、执行数据库请求并给客户端返回结果。通过将事务转移到服务器的执行环境，以及去除客户端执行环境的下载和安装需求，系统性能获得了提高。此外，在单次访问过程中调度移动 Agent 访问多个数据库服务器，可以扩展支持多个数据库系统。作为改进，在整个应用进程中用于特定服务的 Agent 可以被替代存放在数据库服务器中，以维持 JDBC 和数据库的连接和接口。这样，对于进程中的每个数据库请求，信使 Agent 在客户端和数据库服务器之间漫游，然后通过暂停 Agent 发出请求，并把结果返回给用户端。经过此项改进，每次请求时重加载 JDBC 驱动以及重连接数据库的负荷被消除了。当信使 Agent 被替换为客户端 Java applet 和服务器端的暂停 Agent 之间的消息通信时，可以进一步提高性能。消息还包含指引暂停 Agent 到各数据库服务器的指令。评价结果显示，进程中首次查询的平均响应时间减小了，在 10Mb/s 的连接速度下客户端–服务器方法是 8.4s，而暂停 Agent 和消息方法是 3.9s，在 9600b/s 的无线链接方式下从 249.6s 减小到 13.2s。首次查询的显著提高可以弥补后续查询性能的微小下降，如 10Mb/s 连接速度下从 0.4~0.7s，9600b/s 无线链接从 3.6~4.2s。因此也证明了基于 Agent 的方法稳定性明显更高。

6.2.2.5 多数据库系统

多数据库的事务管理比传统集中式或分布式数据库更加复杂，主要原因在于前者要访问多个异构自治的数据库。MDBAS[23]是一个原型系统，该系统探索了对移动 Agent 进行有效的分布式执行以及对分布式数据库事务进行透明管理的可能性。与已有方法类似[22]，MDBAS 使用了 JDBC API 访问底层数据库并用同一个主机进行服务。另一方面，MDBAS 专门为多数据库管理所设计，因此实现了分布式数据库过程的执行。该模型的主要目的是将不同本地数据库之间数据从具有灵活管理且充分互连的多数据库结构中轻松转移的优势进行结合。为了达到这个目的，MDBAS 有两种类型的功能单元：中央单元和工作场所单元。中央单元是全局事务的起始端，存储了所有 Agent 的全局模式和代码。几个工作场所单元分布在本地数据库站点或提供快速访问本地数据库的站点中。工作场所单元协调本地数据库访问，使用搬运者 Agent 作为移动工作者 Agent 数据库的端口，这些移动工作者 Agent 提交非程序请求，而运行者 Agent 负责请求程序执行。基于上述方式，本地数据库的异质性隐藏在统一的工作场所单元中。此外，该系统无需在本地数据库中预先安装正确的集成代码，移动 Agent 可以携带这些代码到这些站点中。文献[24]重点介绍了移动过程执行的优点，如减少了传输数据量和在最有利站点上具有预取数据的能力。测试结果表明，当远程数据操作语句的比例较高时，MDBAS 过程迁移比商业分布式数据库（Sybase/Oracle）具有更多的优势。表 6.2 给出了事务管理中移动 Agent 应用总结。

表 6.2　事务管理中移动 Agent 的应用

应　用　范　围	移动 Agent 方法	优　　点
数据库管理	Agent 控制执行计划的生成。检查本地约束确保全局一致性	减少了通信
分布式对象[14,21]	使用代理 Agent 锁定对象。使用 Agent 封装非 OTS 感知源	降低了失败的可能性，减少了执行时间。去除了资源预知约束
基于 Web 的分布式数据库访问[22]	Agent 封装 DB 服务器的交互	减少了开销。改进了响应时间。稳定性
多数据库系统[22,23]	透明请求执行	异构数据源的统一视图。改进了执行时间

6.3　系　统　管　理

随着计算系统变得更加复杂、动态和异构性，人们已经难以处理这些系统的管理任务。需要对环境的复杂性和动态性不断监测，以便于检测到由不稳定/不良状态产生的任何波动。此外，计算机系统的异质性和分布性要求系统管理员能够独立的以智能方式管理系统。移动 Agent 具有独立或协作执行当前任务的能力；此外，移动 Agent 的智能性使其可以根据预定义参数做出决策并适应变化。之所以把这种管理自身复杂系统的模式作为理想方法，不仅因为该模式适用于任何分布式环境，而且这种模式的智能性和独立性能够解决系统管理中的一些核心问题。下面将重点讨论这种模式的贡献，特别是对系统管理方面的作用。

6.3.1　资源管理

移动 Agent 技术在处理现代计算机网络和远程通信方面表现出巨大的潜力，这归功于以下优点：

（1）分布式协同计算。

（2）通过减少远程交互数量降低了网络流量和带宽需求。

（3）自主性和在断开网络连接时继续操作。

（4）易于配置和升级。

（5）可扩展性和动态性。

本节将概述移动 Agent 在管理任务方面的应用，范围从数据库、网络和系统管理、安全保护到电力系统管理，为读者展现该领域的研究进展。

6.3.1.1　网络管理和路由

利用对象移动性的概念，移动 Agent 应用允许进行派遣。MIAMI 项目的性能管理部分[25]是一个用移动 Agent 方法进行网络管理的早期实验。移动 Agent 的使用受移动性约束，也就是说，一个静态对象发送一个 Agent 去网络节点执行，该节点会引导移动 Agent 的运动。MIAMI 的性能管理利用静态性能协商代理（PNA, Performance Negotiation Agent）从用户接收请求和配置信息，并与系统的其他部分进行协商。PNA 创建移动性能监视代理（PMA，Performance Monitor Agent），迁移到一个预定义的网络单元中去监视和搜集来自性能单元代理（PEA，Performance Element Agent）的性能数据。PEAs 驻留在网络节点中，担任其他网络监视技术的包装 Agent，例如简单的网络管理协议（SNMP，Simple Network Management Protocol），带有 Q3 接口的远程通信管理网络（TMN Q3,Telecommunication Management Network With Q3 interface）等等。移动 Agent 的优点在于对象的移动性和动态定制，它们可以提供强大的按需智能机制[26]。

尽管移动 Agent 可以自主游走于网络中，但是其路线和 Agent 自身通常设计在一些特定网络上工作才有效，而不能在其他网络中重复使用。通过引入一个框架可以解决上述问题，该框架将特定网络路线部分从特定任务行为逻辑部分进行分离[27]。该框架在所谓的 Mobile Spaces 上建立一种分层的移动 Agent 系统，在该系统中几个移动 Agent 在迁移过程中被包含在一个 agent 之内。专门网络与专门任务部分的分离通过使用两种类型的 Agent 实现，即任务 Agent 和巡航 Agent。即便没有网络知识，任务 Agent 仍然可以执行其访问的每一个网络节点的管理任务。位于代理池的巡航 Agent 熟悉特定子网，这样他们可以在整个网络上执行任务 Agent。他们还具有路由能力和管理他们自身的路由表。任务 Agent 使用基于事件的通信，基于巡航 Agent 来定位并迁移到感兴趣的节点。由此产生的系统可以提供最优化路线；与网络类型无关的小而简单的任务 Agent；巡航 Agent 许可下任务 Agent 的访问控制；以及巡航 Agent 中定义任务部署的多个策略。

本节目前讨论的工作还没有解决动态环境中特有的问题，如 MANET。移动 Agent 广泛应用在 MANET 中以有效管理资源。将引领读者关注该领域内一些最有吸引力的提案，这些提案利用移动 Agent 技术重点解决了 MANET 中的路由问题。在 MANET 的范围内，Ad Hoc 按需距离矢量（Ad-Hoc On-Demand Distance Vector，AODV）[28]是一种路由算法，仅当源需要发送数据时，它才寻找源和目的地之间的路线。因此，实际的数据传输将被延迟直到发现路由，这将导致大量路由机制使用移动 Agent 来维持网络的拓扑结构。RoyChoudhury 等[29]已试图通过使用移动 Agent 定期更新其路由信息，来获知节点拓扑。当 Agent 在节点间移动时，会增加节点计数器，Agent 离开时生成最新标号。然后，其他节点在更新路由表时，用最新标号来判定 Agent 所维持特定节点的路由信息哪个较新。该机制也试图通过一个预测算法预计链接寿命来判定网络拓扑结构，根据观测到的仿真结果证明，这种基站可以从单个节点的感知估计出网络拓扑结构的偏差。

当移动 Agent 发现网络拓扑结构时，通常随机选择下一个节点进行迁移。这些节点可能还需要等待 Agents 更新他们的路由表，才可以开始向目的地传输数据，目的地的已知路线可能并不足够近。为了解决这个问题，Marwaha 等人[30]提出了一种混合的路由算法，该算法利用 "Ants"（蚁群）来更新节点路由表；而且在打算和目的地通信的当前路由对于正在等待更新路由信息的缓冲数据来说并不够新的情况下，允许每一个节点启动 AODV 协议。经过仿真证明，该提议可以有效减少拓扑发现的时延以及端到端的传输延迟。

文献[31]根据节点资源的可用性也提出了一种判定最优路由流量路径的方法。该方法假设每个节点有静态 Agent 来监视可用连接（局部拓扑）以及节点资源。此外，移动 Agent 漫游整个网络，收集来自静态 Agent 的信息以便共同发现网络的全局拓扑结构，随后的路由流量将以一种有效的方式兼顾中间节点资源的可用性。这项工作作为一个假设被提出，仍需开展进一步的实验来确定其可行性和有效性。

6.3.1.2 电力系统

电力系统也是一类分布式网络环境，其中互联网通信和移动 Agent 技术可以帮助其维护、控制和管理。在日本，移动 Agent 技术已经被用来增强远程操作和系统监控，以保护和控制电力系统[32]。该框架研究了从多个变电站自动采集信息的可行性，以提高系统维护。它使用的是在中继设备和系统之间运动的移动 Agent，其中的系统对所需数据进行采集和处理。设置 Agent 在网络中漫游，负责在保护继电器中设置保护和控制配置，即自适应继电器。Agent 根据一个脚本执行任务，通过克隆自身来并行执行任务。另外，自适应设置可用在根据电力系统变化要调整设置的地方。智能分析 Agent 利用推理引擎和知识及技术收集和分析数据。最后，巡逻 Agent 对用于分析的中继设备条件进行检验。所提出的工作已经得以实现，作者声明该工作可以提高维护效率和效益。

作为提高系统可靠性的一种尝试，通过监测电力/控制设备，使用 Agents 进行变电站的故障检测[33]。Agents 遍历整个局域网，去访问具有不同特点、工作环境和连接模式的控制和保护设备，以提取数据。当检测到异常数据时，Agent 制定一个计划，以获取更多信息，并卵化子代理到其他相关设备，相互协作来找出故障原因。文献[33]所述的工作也强调了嵌入式设备的资源局限性。它采用动态加载的方式，即迁移后从服务器下载类，以减少内存和网络资源消耗。此外，Agent 迁移到电力站中一个资源多的服务器中执行高代价任务，如规划。该系统经过实施表明，能有效利用网络资源，相比于传统系统减少了响应时间。

除了监控和维护任务，Agents 也可以用于控制电网的连锁故障[34]，在触发状态转换前尝试去消除可能导致连锁故障的网络约束冲突。分布式自主 Agent 网络用于运行分布式模型预测控制（DMPC, Distributed Model Predictive Control）。DMPC 把全局控制问题分解成一组子问题，与 Agent 一一对应。Agent 部署在网络中的每一条总线中，收集局部信息并检测网络冲突。它也从其他 Agent 收集数据，以获得整个电网的状态。当发生冲突时，Agent 相互协作调整其局部控制变量，以消除冲突。表 6.3 给出了本书讨论的固定网络中资源管理的工作总结。

表 6.3　固定网络的资源管理

应 用 域	基于 Agent 的方法	优 点
网络管理和路由[24,26,29,30]	Agent 迁移收集性能数据。任务分离。Agent 迁移发现网络拓扑结构	减少通信。动态系统监控。网络环境的抽象视图。网络流量的高效路由
电力系统	使用推理调整监测任务。通过 Agent 收集数据和设备配置。Agent 检测网络约束冲突并阻止连锁故障	灵活的配置。提高了故障检测。减少通信。控制变量的动态调整

6.3.2　系统安全

网络和系统监控可以扩展到入侵检测系统中（IDS, Intrusion Detection System）[35]。一般情况下，传统的分布式入侵检测系统提供了具有中央处理和分析的分布式数据采集。相比之下，基于移动 Agent 的方法把几个入侵检测组件集成在网络节点上部署的单个 Agent 中，执行自主任务。本节探讨了文献中出现的几个基于 Agent 的 IDS。

监控可疑事件如用户的有意滥用、入侵和系统不一致，以抵御潜在攻击，需要一个与 IDS 密切相关的监控框架[36]。具体来说，该框架试图解决对将新监控过程和相关函数动态引入监控事件的需要。为了适应可疑攻击所处的环境，移动 Agent 能改变其监控、聚合和信息处理的策略。此外，新的 Agent 可以很容易地部署到网络中，以增加新的事件类型和功能。所提出的框架为特定事件和检测过程维护了基于分离 prolog 的逻辑数据库。系统中的 Agent 监控特定可疑事件上的节点及其坐标。这些事件存储在一个数据库中，并可以触发其他 Agent 的派遣，具有到相关分析和模式检测节点的动态行程。一旦检测到可能的入侵或异常，将向安全管理员发出预警。此外，该系统可以执行常规一致性检查以及系统维护。框架原型侧重于动态引入监控过程和相关函数的支持能力。

文献[37]提出的 IDS 结构可以解决检测复杂攻击的问题，同时降低通信负载，其瓶颈问题是会对中央处理产生一些副作用。所提工作引入了一个分层结构，将监控 Agent 分成三个等级：

（1）节点检视器。

（2）子网监视器。

（3）网络监视器。

每个 Agent 都有自己的知识库和分析引擎。它们从纵向和横向两方面合作检测协同攻击。为了保证鲁棒性，如果高等级监视器在低等级监视器中发现异常，它将要求另一个同等级的检测器/监视器克隆自己并迁移到异常节点中。另外，如果检测器/监视器检测到其同等级检测器/监视器中出现异常，它可以克隆和迁移到该节点恢复同等级。最后，块可扩展交换协议（BEEP, Block Extensible Exchange Protocol）用于 IDS 代理之间的安全通信。该框架原型系统显示了系统能够实现其设计目标。

利用移动 Agent 的分布式入侵检测系统（DIDMA, Distributed Intrusion Detection System Using Mobile Agents）可以尝试对攻击的来源进行检测[38]。DIDMA 具有静态 Agent（SA, Statin Agent）监控关键网络节点。当检测到可疑活动时，SA 用移动主机调度（MAD, Mobile Host Dispatcher）

方式给受害主机列表（VHL，Victim Host List）发送事件标识和地址。MAD 发起用于专门攻击的移动 Agent(MA, Matile Agent)，用来一个接一个重复访问 VHL 列表中每个节点中的攻击类型，然后对主机数据与从前的多个主机中接收到的数据进行聚合和相关性分析。移动 Agent 分析数据，并根据攻击检测向警告 Agent 生成警报。由于 MA 是一种特定攻击，因此该方法具有高度的模块化和可扩展性。经过原型系统实现，作者们发现该系统减少了网络带宽并具有支持异构平台系统的灵活性。

开发轻量级的智能 Agent 是为了提高 IDS 的性能，其中轻量级的智能 Agent 中 Agent 用最少代码开展和执行它们的任务[39]。提出的分层结构包括依赖平台的系统主动代理、系统日志路由器和网络路由器，这些路由器负责读取系统和网络活动并把它们反馈到相关数据清洗 Agent。每个静态数据清洗 Agent 获得并提交一个特定事件的相关信息。解调器控制低等级的移动 Agent。它们访问数据对应的数据清洗 Agent，检测并分类特定事件的数据，为解调器返回已分类的数据。解调器路由数据到本地数据库并运行数据挖掘算法连接相关事件，生成紧凑视图。该模型也可用于分布式知识网和数据仓库技术。它具有合并低级数据的数据融合 agent 和多个用机器学习生成预测规则的数据挖掘 Agent。由于轻量级 Agent 的出现，该模型改进了系统性能，同时可以增加运行时间，并增强了通信和协同能力。

基于主机的监控也是 IDS 的一个组成部分。文献[40]已经探讨了移动 Agent 在端口扫描和文件完整性检查中的应用。运行端口扫描 Agent 以访问并检查已知机器上各端口的可用性，验证服务列表的入口，检测运行在特殊端口上的非法服务器。然后 Agent 给控制服务器发送报告。该方法能够检测开放的木马端口并关闭未使用的端口。文件完整性检查 Agent 检查内容或一些关键文件和系统脚本，并同系统测度的安全副本进行比较。因此，可以检测出未经授权的文件和脚本变化，但是它们可能会留下一个后门。原型系统已显示出，对端口扫描 Agent 的内存和 CPU 使用具有很小的影响。

6.4　移动代理和传感器网络

传感器网络（Sensor Network）可以被认为是这样一种结果网络，该网络在特定区域通过协作和通信执行任务可能随机部署了多个能量有限的感知设备（Sensing Devices）。感知设备通常指传感器节点（Sensor Nodes）。网络中可能包含了数以千计的具有不同计算能力的节点，一般是通过无线介质进行通信。节点收集到的数据转发到网络中的一个特别的节点上，该节点称为基站（Base Station）或汇聚（Sink）节点。基站通常假设不受其他节点资源稀缺的影响，并且无需安装任何感知器件。图 6.2 给出了传感器网络环境中移动 Agent 的图形化抽象。在传感器网络范围内，应用程序通常关心可用处理数据的采集和聚合。对于多任务传感器节点的可重构性，即允许特定网络处理多个任务，是该环境的一个新趋势。与我们的讨论相一致，到目前为止，认为有必要探讨移动 Agent 技术对传感器网络中两个主要研究领域的影响。首先，将集中讨论数据聚合（Data Aggregation），随后在 6.4.2 节讨论可重构传感器网络的研究。

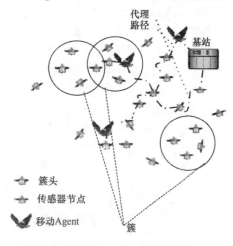

图 6.2　传感器网络环境的移动代理

6.4.1 数据聚合

在无线传感网络（WSNs，Wireless Sensor Networks）领域中，数据聚合一般是指从节点中收集和融合感知数据的任务。收集网络节点数据的典型方式仿效传统的基于客户机-服务器的结构，在这一结构中多个单节点通过通信信道发送收集到的数据到基站。让多个节点发送数据是低效的，这是因为节点之间可能感知到了同一组数据，因而在通过接收器接收的信息中引入了冗余。为了避免这种情况的发生，数据聚合技术侧重于减少在通信信道上漫游的信息冗余。在此提到的数据聚合与数据融合（Data Fusion）不做区分，后面仍然讨论现已提出的利用移动 Agent 在无线传感器网络中执行数据聚合。

使用移动 Agent 技术是为了尝试提高数据融合的效率，同时减少由于网络连接产生的问题[41, 42]。按照文中所述的方法，移动 Agent 被发送到单个节点，收集感兴趣的信息，因而减少了需要转发到 Sink 节点的数据量。此外，多个移动 Agent 可以克服链接失效，因为一旦它们迁移到一个节点，如果连接失效，它们将等待重新建立连接后再提交收集到的感兴趣结果。本书工作并没有对网络中节点的相对距离做任何假设。该模型提出了一个分层结构，其中一组传感器节点根据互联簇头处理单元（PEs，Processing Elements）集进行聚类。此外，假设任一节点在与其相关 PE 在一跳内。该模型的传感器节点收集数据并转发到指定簇头，簇头中的移动 Agent 聚合冗余数据。在本书设置的环境中，作者们声明理想条件下使用移动 Agent，数据传送时间提高了 90%，执行时间减少了 98%。这样的声明是基于仿真和分析研究得到的；感兴趣的读者可以参阅文献[41,42]进一步了解。

文献[43,44]的工作建立在宽松假设的基础上，即网络由相关的 PEs 簇组成，因为这项工作试图研究数据聚合中使用移动 Agent 的效率。相反，传感器网络环境是由彼此相对接近的传感器组成，这样会产生大量冗余的感知数据。这种模型的 Sink 同时查询节点，移动 Agent 被用来按顺序收集感兴趣节点的结果。所提工作应用移动 Agent 明显提高了三个等级的数据聚合的效率。在节点级中，移动 Agent 可以来回漫游应用所需的节点中；在任务级中，移动 Agent 聚合数据并减少相邻节点感知数据的冗余度。最后，在组合任务级，移动 Agent 可以把预定传递到 sink 节点的小数据包组合成大数据包，这样可以避免多个小数据包相关的通信开销，因此提高了网络寿命。通过仿真实验结果表明，所提工作在增加端到端延迟的同时减少了执行时间。

无线传感器网络中移动 Agent 有关数据融合（Data Fusion）的路由计算也是一个重要的问题[45]。如果移动 Agent 用一种非最优方式访问节点，移动 Agent 相关的通信和计算开销，可能会显著影响网络寿命（或单个节点）。聚合数据的精度（分辨率）会随着 Agents 访问节点数量的增多而提高。但是，并非所有被访问的节点具有执行融合的相关数据；而访问这些节点会消耗网络带宽、限制节点资源。在提供数据融合所需分辨率的同时，让移动 Agent 访问最小节点集合变得十分必要，这个问题称为移动 Agent 的路由问题[45]，该问题要考虑最小化数据聚合在能量消耗和路径丢失的代价。移动 Agent 路由被证明是一个 NP 完全问题[45]，因此，人们提出一种使用两级遗传编码的遗传算法来处理移动 Agent 的路由问题。第一级表示按照移动 Agent 访问次序传感器 IDs 的数字编码。在第二级中，用二进制格式编码节点访问状态，节点次序与第一级相同。然后映射这两个序列来确定移动 Agent 的潜在路径；由于算法具体细节已超出本章范围，感兴趣的读者可以参阅文献[45]。所提算法经过仿真，结果显示在节点保持 1~2h 活动进程的环境下具有很低的开销。

6.4.2 可重构传感器网络

传感器节点一旦部署完就去执行一个静态任务，这些节点并不能适应环境的变化，因此需要考虑布置新的参数完成手头任务。即使环境中已经部署了一组节点，一组新的传感器节点也必须在环境中重新部署，这样就需要同时或交替执行两种不同的任务。为了使传感器能够支持多个任务，研究人员把注意力集中在可重构传感器网络的问题上。顾名思义，可重构传感器网络允许网络（或节点）进行重新编程以适应环境的变化或者满足更新用户的需求。接下来讨论已提出的允许节点重新配置的系统。着重探索了利用移动 Agent 完成这些系统目标的方法，这也代表了解决现存问题的热点趋势。

加州大学戴维斯分校的研究人员提出了一种建立在 Mate 虚拟机顶部的移动 Agent 框架[46]，用来研究在传感器网络应用中 Agent 自主传播的效率。该框架允许 Agent 在解释器内执行，该解释器试图阻止受损 Agent 中节点的碰撞。解释器完成 Agent 的基本功能，如 Agent 转发，以便最小化节点到节点要传递的 Agent 代码大小。解释器通过单播和广播通信模式支持 Agent 迁移，Agent 保留了通信模式的决策权，以提高应用需求的效率。在迁移过程中，Agent 根据容错需求也可以决定是否要请求确认。通过在节点上写状态或读节点生存期间存储的状态，Agent 由蚁群系统（ACS，Ant Colony Systems）启发的"bread crumbs"（面包屑）实现通信。文中所提出的 Agent 框架是在 4KB RAM 和 128KB 程序 flash 的 Mica2Dot motes 上实现的。扩展的 Mate 虚拟机允许 Agent 发现邻居并在 Agent 上下文中执行，而不需要通过网络传播。让 Agent 程序员重点控制应用程序的效率或可靠性。通过仿真证明，Agents 能够有效支持存在大量节点的传感器网络应用[47]，特别是仅有一部分网络需要重新配置的情况下。

Agilla[48]致力于解决由于静态安装软件引发的传感器网络缺乏灵活性的问题。Agilla 允许每个节点支持多个 Agent，这些 Agent 也许会/不会合作完成一项任务。它允许 Agent 之间通过元组空间相互通信（类型和值字段的有序集合）。Agilla 支持 4 个局部元组空间操作和 4 个非阻塞远程元组空间操作。Agilla 假设每个节点知道自己的地理位置，并且用该位置作为其地址。Agent 可以克隆自己或者携带他们的代码和状态或仅有他们的代码，移动到其他的位置。考虑到有效利用内存空间，Agilla Agent 在任务完成后即死亡。Agilla 架构包含 3 个主层：移动 Agent 层、Agilla 层和 TinyOS 层。Agilla 层被进一步分为 5 个主件：

（1）一个 Agent 管理器。
（2）一个上下文管理器。
（3）一个指令管理器。
（4）一个元组空间管理器。
（5）一个 Agilla 引擎。

当某个 Agent 准备运行时，Agent 管理器负责为 Agent 分配内存并通知 Agilla 引擎。上下文管理器处理节点的上下文信息，如邻居列表和节点位置；它负责使用信标发现邻居。指令管理器用来处理 TinyOS 不支持的动态内存分配。Agent 到达节点后，说明其需要的指令内存大小；然后指令管理器根据要执行的指令序列处理内存分配问题。元组空间管理器控制元组的内存分配。它实现了非阻塞元组空间操作并管理反应注册表，该表跟踪 Agents 及其感兴趣的元组。一旦插入的元组与某个 Agent 的感兴趣模板相匹配，元组空间管理器通知 Agent 管理器，执行 Agent 的反应代码。当 Agent 通过系统发生迁移时，元组空间管理器会处理包装并恢复 Agent 反应。Agilla 引擎以轮询调度方式处理 Agent 的执行调度。它也负责发送和接收节点之间的 Agents，被认为是一个控制节点 Agents 当前执行的虚拟内核。如果 Agents 通知 Agilla 引擎他们感兴趣的具体元组模板，他们可能会对元组的变化做出反应。此外，引擎可以用最多两次重传的端到端通信处理远程元组操作。所提出的框架已在运行 TinyOS 的 4KB 数据内存和 128KB 指令的 MICA2 motes 上实现，以证明其在通用计算网格基础设施上的可行性。作者在一个火灾跟踪应用框架之上建立了原型系统，证明了 Agilla 提供的系统的可行性，以及该框架是如何简化传感器网络应用开发的。

下面介绍第 3 个也是最后一个名为 ActorNet[49]的系统，该系统试图通过提供一个抽象的传感器网络环境以简化应用程序的开发。ActorNet 能够支持异步通信模型、上下文切换、多任务代理协调和虚拟内存。Agent 系统可以认为由两个实体组成：Agent 语言（角色语言）（Actor Language）和平台设计。角色语言基于文献[49]方案，为用户提供基本功能，如发送和接收信息的能力。其他 Agent 的基元可以用这种语言实现。考虑到 Agent 状态是连续成对的，该语言允许 Agent 携带他们的状态迁移，这些状态通过已有方案中的一个运算符调用来获得，然后把执行程序的剩余部分表示为一个值进行续传。ActorNet 平台是一个虚拟机，每个节点可以支持多个角色（代理）。该平台通过隐藏角色实施细节为所有角色提供一个统一的环境。该平台是专门为 Berkeley Mica2 motes 运行 TinyOS 操作系统设计并已得到实施。作者注意到，支持结构紧凑和可维护代码的 ActorNet 提供的协调任务的高层次抽象。系统的缺陷主要是在通信过程中缺乏容错机制。

使用移动 Agent 解决可重构传感器网络问题是一种新兴的主流方式。在过去几年里这项技术在该领域的研究证明了我们观点的正确性。此外，传感器网络本来就是分布存在的，具有低连通性和资源，因此移动 Agent 非常适于满足具有特殊要求的环境。表 6.4 对比了本文讨论的基于 Agent 移动和通信的平台。

表 6.4　无线传感网络的 Agent 平台

Agent 平台	移动性	通信
UC Davis 框架	弱	面包屑
Agilla	弱	元组空间
ActorNet	强	信息传递
弱移动性（支持 Agent 代码的迁移）；		
强移动性（支持 Agent 代码和状态的迁移）		

6.5　群　体　智　能

如果用有关自主、通信组件的应用程序构造做比喻，则 Agent 可以提供软件设计者和开发者，从而建造软件工具和基础设施。这意味着，Agent 提供了一个新的、通常更适合的途径来开发复杂计算机系统，特别是在开放和动态的环境中。一个有趣的例子是软件代理（Software Agents）和群体智能（Swarm Intelligence）的自然耦合，其实就是简单自主的 Agent 组合起来形成一种新的集体智能（Collective Intelligence）。

1989 年，Beni 和 Wang 在"细胞机器人系统（Cellular Robotic Systems）"一文中首次提出了"群体智能（Swarm Intelligence）"[50]。这是一种人工智能技术，研究了在分散自组织环境中的群体行为。群体智能系统受自然界中群居动物（Social Animals）而启发：一群蚂蚁觅食；一群白蚁建造极其复杂的巢穴；一群鸟从一个地方迁移到另外的一个地方；一群鱼一起游来觅食和一起逃跑等。在这些生物系统中，每个个体是一个简单的 Agent，但是正常情况下没有中央控制来指示单个 Agent 应该有何行为。令人吃惊的是，Agent 之间简单的局部交互以及 Agent 和周围环境的交互经常导致出现复杂的、针对目标的全局行为。

一个群体的抽象视图意味着群体中 N 个 Agent 协作完成一些有目的的行为和达到某种目标。显而易见，"集体智能（Collective Intelligence）"似乎出自一大群相对简单的 Agents。Agents 使用简单的局部规则来约束他们的行为，通过整组的相互作用，达到群体目标。"自组织"类型来源于组行为集合。这一领域的研究已经产生了许多分布式、高效、启发式的方法来解决各种各样的难题，如动态网络 QoS 管理优化[51]、分布式文档聚类[52]以及地理信息系统平台中的位置分配问题[53]。本节的剩余部分，将利用上述研究成果来证明移动 Agent 作为一个设计比喻是如何与群体智能无缝工作的。

在不可预知参数的情况下，通过优化重路由发现有效动态资源预留的任务，例如通信量和拓扑改变，网络规模变化和连接断线，称为 NP 完全。Youssef 等人[51]总结了群体智能在执行网络 QoS 管理优化方案时移动 Agent 的有效集成问题。在这种启发式方案中，移动 Agent 称为探索者 Agents，主要负责发现路由。他们使用概率模型指引自己的运动（下一跳）并利用信息素强度来表示他们发现路由的质量。实验结果表明，由于移动 Agent 的自适应和分布性，所提出的方法对于大型网络可以快速收敛到最佳资源分配的有效路由方案。

Cui 等人应用生物启发算法来解决无监督文档聚类问题[52]。它是一种分布式的群算法，其中每只鸟（一只鸟或一个移动 Agent）代表了一个文档，文档主题是判定鸟的种类。目标是允许同一种鸟形成一个单独的群（flock），不同种类的鸟形成不同的鸟组。换句话说，相似文件聚类到一个单独的组，不相似文件应该被分开。最初，鸟随机分布在问题空间中。每只鸟遵循如下四个简单的局部规则：

（1）排列规则（Alignment Rule）（飞往同一个方向）。

（2）分离规则（Separation Rule）（避免碰撞）。

（3）凝聚规则（Cohesion Rule）（彼此相邻）。

（4）相似性规则（Similarity Rule）（飞往相同的种类）。

鸟在虚拟空间飞行并与其相遇的鸟交流，在相同物种的鸟相遇时开始形成群。实验结果表明，该算法产生了高质量的聚类结果。

Sharma 等人针对地理信息系统（GIS，Geographical Information System）中的定位问题提出了一种基于群体智能的分布式算法[53]。一个基本问题是位置组的选择，这些位置最好地满足选择准则提出的一组约束。如果问题空间很大，基于群体智能解决方案的应用允许独立并行的做出局部决策。文献 [53]所提算法受白蚁建巢的三个步骤启发：

（1）识别合适的位置。

（2）建立多个最大高度的柱子。

（3）建立连接柱子的拱门。

该算法首先将整个位置空间分成相同大小的单元格。然后创建移动 Agent 并随机分布在图上。每个移动 Agent 可以感知与其当前格相邻的 8 个格。通过排名函数来判定一个 Agent 的运动。排名函数的参数是位置选择准则，移动 Agent 总是试图移动到排名最高的单元格中。每个 Agent 寿命有限，所有 Agent 到达生命周期时结束算法。作者得出结论，群体智能对需要大量计算的 GIS 应用，提供了一种高度扩展性和鲁棒性的解决方案。

本节中介绍了移动 Agent 作为设计比喻而非驱动技术的应用示例，让我们从另一个角度了解了移动 Agent 在移动和分布式系统设计中的作用。随着群集智能研究的发展，不可或缺的实施伙伴——移动 Agents 将作为一种有效的软件设计范例赢得认可。

6.6　代理，普适计算和教育:案例研究

普适计算（Pervasive Computing）是计算机科学的一个分支，它专注于把先进的技术引入用户的日常行为活动。换句话说，普适计算探索了技术集成到用户环境的任务，目的是积极主动地执行工作，减轻用户的工作量。在普适计算中，后台工作的计算机在一些智能化知识的基础上，可以把普遍访问的信息和服务提供给用户。普适计算假想在一个和人类用户美妙融合且充满计算和通信能力的环境中。诸如普适计算趋势设想的访问信息和服务需要利用智能实体以及设备和相关系统的合作。在一个普适环境中，用户应一直连接计算资源，不论用户是移动的还是静止的。无线便携设备、嵌入式系统、蓝牙技术和其他技术的引入，展现了普适计算近期兴趣的核心，代表了该领域进展的驱动力。

普适计算的目标要求任何此类应用要处于异构和分布式的环境中。用户必须用的信息和服务可以驻留在任何设备和位置中；此外，为了让信息和服务更有用，需把它们进行融合。在这样的约束条件下，移动 Agent 的应用已经成为普适计算应用发展中一个具有吸引力的解决方案。在此，给出了一个研究案例，重点介绍普适应用中移动 Agent 给教育系统带来的好处。

美国宾夕法尼亚州立大学、华盛顿州立大学和北德州大学的计算机科学与工程的研究人员已加入该队伍试图打破传统的教学实践。根据他们的评估，在过去的 800 年中一直是基于传统的讲课教学、离散的课程结构形式和一对多的教学模式。信息技术的最新进展允许有人改革这一旧传统，通过开展动态的、连续的、适应性强、积极主动的学习环境来支持一对一教学实践。

6.6.1　静态教学环境

传统基于讲课的、一对多的师生比例传承于社会经济学平台，在这里高等教育不再是一个必需品，而在要求高等教育的社会中，特权不再有效。结合先进技术的这一事实已经极大地提高了师生比例，并扩大了课程范围。由于课堂参与量大幅下降，课堂环境也逐渐消失；学生通常可以通过互联网访问课程资料，因此扩大了师生之间的交流鸿沟。教室不再是一个交换想法和解决问题的活跃媒介，课程变得越来越宽松，分散和不相关，使得高等教育变得难以承受。

当前信息技术的进步可以在一定程度上弥补这些不足。例如，众所周知，不同的人有不同的学习方式，这个世界充满了耳学习者和那些通过物理实践学习的人。教学工具、动漫技术和远程访问信息资源可以用来：

（1）用多种不同方式提供相同的信息，因此提供了三种学习模式。

（2）在呈现相同资料时允许时间和空间的一致性。

（3）具有自主性、隐私性和灵活性。

（4）确保高效的资源利用，并降低学生和提供者成本。

尽管如此，先进信息技术的最近实践既没有找到解决高师生比例问题的方法，也没能提供一个积极的课堂氛围。

6.6.2　普适的连续课程

设想这样一个系统，在这个系统中集成了普适计算，移动 Agent 范式，并提供随时随地访问信息来：

（1）减少师生比例。

（2）发展一个积极、健壮、动态、连续的课程和课程体系。

（3）使高等教育可以负担得起，可用并可以访问。

（4）减少学科内部和学科间的冗余。

（5）创建可重用的课程和课程体系。

（6）实行积极主动、互动式教学方法，并最终开发出导航工具，允许课程和课程内容具有更高的访问性和透明度。

三个实体集合代表学位授予程序：

（1）导师集合（I）。

（2）学生集合（S）。

（3）课程集合（C）。

$i \in I$ 说明有一个学科或几个学科的专家评价；$s \in S$ 中说明打算攻读一个学位，需要按顺序学习 C 中的课程以满足学位要求和目标；$c \in C$ 中代表课程表中一门课程。C 中的的课程是相互关联的，并且课程表结构决定了课程之间的相互关系。在这种情形下，每一个集合形成一个软件代理群，他们之间根据规定的任务互相交流和协商，那就是，指导学生、安排课程、个性化课程内容等。图6.3描绘了整个系统的配置图。

该系统取决于普适信息社区组织（PICO，Pervasive Information Community Organization）[54]，该组织作为媒介支持系统各角色间的交互。当移动Agent代表用户完成任务时，PICO允许移动Agent驻留在一个动态的、面向任务的环境中。使用PICO没有解决用户可能感兴趣的数据搜索和融合的相关问题。可以使用摘要架构模型（SSM，Summary Schemas Model）[55]作为底层基础设施模型来完成这项任务。每门课程被细分为一些模块，这些模块代表该课程涵盖的主题。每一个模块被设计为独立工作，但其具有同其他模块合作的能力；这种模块化的课程组织也能增强主动性而不是被动学习，以增加学生的参与度和对材料的吸收，同时允许个体学生以他或她的步调开展学习。课程被划分成模块的形式，使系统可以在更细的粒度上查看课程，因此很容易最小化主题的冗余度并最大化课程内容的适应性，使学生朝他或她的学位迈进。一个或多个Agent与课程中的每一个模块相关；这些模块与相同课程的其他模块以及与相关内容模块相连接。当学生注册一门课程时，系统为学生创建一个Agent来表示学生，该Agent包含学生的学术背景，专业和兴趣爱好信息。然后学生Agent与表示导师和课程的Agent协商。学生Agent和课程Agent之间通过交互为学生产生一套定制的模块，以及相关任务（项目、测验等）和日程安排表（会议时间、学习时间等）。学生Agent、课程Agent和导师Agent之间的交互将生成一个"虚拟"导师，来监测和评估学生课程的进展，即这是一个虚拟的一对一的师生比例。

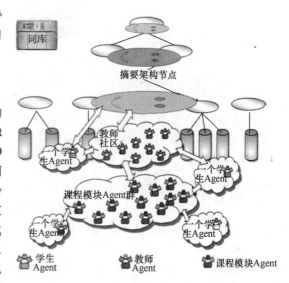

图6.3 课程咨询和指导系统：整体配置

本章概述的教育系统改革是很有应用前景的，因为它企图在课堂上结合更细粒度的技术。建成后，该系统有望有效地降低师生比例和课程内容的冗余，同时提高学生在课堂的参与度。该系统还将为学生提供他们感兴趣的大量信息，所研究的模块使用SSM来定位，提取和智能地处理数据。

6.7 结论和未来趋势

本章旨在介绍利用移动Agent的最新进展。为此，介绍了大量有助于分布式信息检索的Agents的使用，同时重点介绍了该领域关于查询处理和事务管理的基本问题。也讨论了当人们连续正确执行某些任务变得很费力时，移动Agent可以帮助管理和执行这样的复杂系统。无线传感器网络已经受到了大量研究群体的关注，这受益于网络上汇聚了分布式数据的机制以及允许WSN节点重新配置以支持多个动态任务。正如俗话说，"三个臭皮匠，顶个诸葛亮"；这一概念直接应用到了移动Agent领域。Agent实体间的相互合作和协调推动了群体智能的发展，在本章中也论述了其广泛应用。

在此，还要重申，在任何高度分布领域中利用移动Agent的适应性可以提高性能，这可能需要某种形式的智能处理，也可能不需要就能够实现。移动Agent的移动性、独立性和智能性，使其能在多个领域进行开拓性研究，通过案例研究也预见到了这种趋势的延续。移动Agent已从研究逐步深入到人们的日常生活中，未来还可以进一步提高应用的可靠性，扩大研究方向的影响力。

致　谢

受到国家科学基金会（NSF）合同 IIS-0324835 的支持。

公告：本手稿已经通过 UT-Battelle，根据美国能源部 DE-AC05-00OR22725 的合同授权。美国政府保留，出版商接受出版，承认美国政府保留非排他性，缴足的，不可撤销的，世界范围许可出版和复制这个手稿，允许他人出版和复制。

参 考 文 献

1. F. Gandon, L. Berthelot, and R. Dieng-Kuntz. A multi-agent platform for a corporate semantic Web. In AAMAS '02, 15–19 July 2002, pp. 1025–1032.

2. J. Carter, A. A. Ghorbani, and S. Marsh. Just-in-time information sharing architectures in multiagent systems. In AAMAS'02, 15–19 July 2002, Bologna, Italy.

3. Y. Jiao and A.R. Hurson. Application of mobile agents in mobile data access systems: a prototype. J. Database Manag., 15(4), 1–24, 2004.

4. H. Zhang, W. B. Croft, B. Levine, and V. Lesser. A multi-agent approach for peer-to-peer-based information retrieval systems. In AAMAS '04, 19–23 July 2004, New York, New York, USA.

5. A. Birukov, E. Blanzieri, and P. Giorgini. Implicit: an agent-based recommendation system for web search. In AAMAS '05, 25–29 July 2005, Utrecht, Netherlands.

6. S. Das, K. Shuster, and C. Wu. ACQUIRE: Agent-based Complex QUery and Information Retrieval Engine. In AAMAS, 2002.

7. J. Arcangeli, A. Hameurlain, F. Migeon, and F. Morvan. Mobile agent based self-adaptive join for wide-area distributed query processing. J. Database Manag., 15(4), 2004.

8. S. Ilarri, E. Mena, and A. Illarramendi. A system based on mobile agents for tracking objects in a location-dependent query processing environment. In DEXA Workshop, 2001.

9. V. Kantere and A. Tsois. Using ECA rules to implement mobile query agents for fast-evolving pure P2P database systems. In Conference on Mobile Data Management, 2005.

10. S. Idreos and M. Koubarakis. P2P-DIET: ad-hoc and continuous queries in peer-to-peer networks using mobile agents. SETN, 2004.

11. R. Ramakrishnan and J. Gehrke. Database Management Systems, 3rd edition. McGrawHill, 2003.

12. K. Nagi. Transactional agents: towards a robust multi-agent system. Lecture Notes in Computer Science, Springer-Verlag, No. 2249, 2001.

13. R. Sher, Y. Aridor, and O. Etzion. Mobile transactional agents. In 21st International Conference on Distributed Computing Systems, 16–19 April 2001, pp. 73–80.

14. H. Vogler and A. Buchmann. Using multiple mobile agents for distributed transactions. In Proceedings of 3rd IFCIS International Conference on Cooperative Information System, August 1998, pp. 114–121.

15. K. Rothermel and M. Strasser. A fault-tolerant protocol for providing the exactly-once property of mobile agents. Proceedings of the 17th IEEE Symposium on Reliable Distributes Systems, October 1998, pp. 100–108.

16. K. Rothermel and M. Strasser. System mechanisms for partial rollback of mobile agent execution. In Proceedings 20th International Conference on Distributed Computing Systems (ICDCS'00), April 2000, pp. 20–28.

17. H. Little and A. Esterline. Agent-based transaction processing. In Proceedings of the IEEE Southeast Conference, April 2000, pp. 64–67.

18. S. Pleisch and A. Schiper. FATOMAS: a fault-tolerant mobile agent system based on the agentdependent approach. In Proceedings of the 2001 International Conference on Dependable Systems and Networks, July 2001, pp. 215–224.

19. S. Pleisch and A Schiper. Non-blocking transactional mobile agent execution, proceedings. In 22nd International Conference on Distributed Computing Systems, (ICDCS' 2002), July 2002, pp. 443–444.

20. P. Madiraju and R. Sunderraman. A mobile agent approach for global database constraint checking. In Proceedings of the 2004 ACM Symposium on Applied Computing, March 2004.

21. M. Shiraishi, T. Enokido, and M. Takizawa. Agent-based transactions on distributed object server. In Proceedings of International Conference on Computer Network and Mobile Computing (ICCNMC'03), October 2003, pp. 20–23.

22. S. Papastavrou, G. Samaras, and E. Pitoura. Mobile agents for World Wide Web distributed database access. IEEE Trans. Knowledge Data Eng., 12(5), 2000.

23. R. Vlach, J. Lana, J. Marek, and D. Navara. MDBAS: a prototype of a multidatabase management system based on mobile agents. In SOFSEM 2000, Spring-Verlag, LNCS, 1963, pp. 440–449.

24. R. Vlach. Mobile database procedures in MDBAS, database and expert systems applications, 2001. In Proceedings of 12th International Workshop, September 3–7 2001, pp. 559–563.

25. AC338. MIAMI: Mobile Intelligent Agents for Managing the Information Infrastructure. University College London (UCL) http://cordis.europa.eu/infowin/acts/rus/projects/ac338.htm. page: http://www.ee.ucl.ac.uk/dgriffin/miami/.

26. C. Bohoris,GPavlou, and H. Cruickshank. Using mobile agents for network performance management. In Network Operations and Management Symposium (NOMS' 2000), April 2000, pp. 637–652.

27. I. Satoh. A framework for building reusable mobile agents for network management. In Network Operations and Management Symposium (NOMS' 2002), 2002, pp. 51–64.

28. C. E. Perkins and E. M. Royer. Ad hoc on-demand distance vector routing. In Proceedings of the 2nd IEEE Workshop on Mobile Computing Systems and Applications, New Orleans, LA, February 1999, pp. 90–100.

29. R. RoyChoudhury, S. Bandyopadhyay, and K. Paul. A distributed mechanism for topology discovery in ad hoc wireless networks using mobile agents. In Proceedings of First Annual Workshop on Mobile Ad Hoc Networking Computing, MobiHOC Mobile Ad Hoc Networking and Computing, 11 August, 2000.

30. S. Marwaha, C. K. Tham, and D. Spinivasan. Mobile agents based routing protocol for mobile ad hoc networks. In Symposium on Ad Hoc Wireless Network, National University of Singapore, 2002.

31. N. Migas, W. J. Buchanan, and K. A. Mc Aartney. Mobile agents for routing, topology discovery, and automatic network reconfiguration in ad-hoc networks. ECBS, 2003.

32. T. Shono, K. Sekiguchi, T. Tanaka, and S. Katayama. A remote supervisory system for a power system protection and control unit applying mobile agent technology. In Transmission and Distribution Conference and Exhibition 2002: Asia Pacific IEEE/PES, Vol. 1, 2002, pp. 148–153.

33. K. Cho, Y Irie, A. Ohsuga, K. Sekiguchi, and S. Honiden. Application of the uPlangent intelligent mobile agent architecture for embedded systems to the inspection of power systems. In Systems and Computers in Japan, Vol. 36. Wiley-Interscience, 2005, pp. 60–70.

34. P. Hines, H. Liao, D Jia, and S. Talukdar. Autonomous agents and cooperation for the control of cascading failures in electric grids. In Proceedings of the IEEE Networking, Sensing and Control, March 2005, pp. 273–278.

35. M. Bishop. Introduction to Computer Security. Addison-Wesley, 2004.

36. A. Tripathi, T. Ahmed, S. Pathak, M. Carney, and P. Dokas. Paradigms for mobile agent based active monitoring of network systems. In Network Operations and Management Symposium (NOMS' 2002), pp. 1–13.

37. S. Zhicai, J. Zhenzhou, and H. MingZeng. A novel distributed intrusion detection model based on mobile agent. In Proceedings of 3rd International Conference on Information Security (InfoSecu04), November 2004, pp. 155–159.

38. P. Kannadiga and M. Zulkernine. DIDMA: a distributed intrusion detection system using mobile agents. In Proceedings of the 6th International Conference on Software Engineering, Artificial Intelligence, Networking and Parallel/Distributed Computing and 1st ACIS

International Workshop on Self-Assembling Wireless Networks (SNPD/SAWN'05), 2005.

39. G. Helmer, J. Wong, V. Honavar, L. Miller, and Y. Wang. Lightweight agents for intrusion detection. J. Syst. Software, 67:109–122, 2003.

40. S. Y. Foo and M. Arradondo. Mobile agents for computer intrusion detection. In Proceedings of the 36th Southeastern Symposium on System Theory, 2004, pp. 517–521.

41. H. Qi, S. S. Iyengar, and K. Chakrabarty. Multiresolution data integration using mobile agents in distributed sensor networks. IEEE Trans. Syst. Man Cybernet C Appl. Rev., 31(3): 383–391, 2001.

42. H. Qi, Y. Xu, and X. Wang. Mobile-agent-based collaborative signal and information processing in sensor networks. In Proceedings of the IEEE, Vol. 91, No. 8, August 2003.

43. M. Chen, T. Kwon, Y. Yuan, and V. C. M. Leung. Mobile agent based wireless sensor networks. J. Comput., 1(1), 2006.

44. M. Chen, T. Kwon, and Y. Choi. Data dissemination based on mobile agent in wireless sensor networks. In Proceedings of the IEEE Conference on Local Computer Networks 30th Anniversary (LCN'05), 2005.

45. Q. Wu, S. V. Rao, J. Barhen, S. S. Iyengar, V. K. Vaishnavi, H. Qi, and K. Chakrabarty. On computing mobile agent routes for data fusion in distributed sensor networks. IEEE Trans. Knowledge Data Eng., 16(6), 2004.

46. P. Levis, D. Gay, and D. Culler. Bridging the gap: programming sensor networks with application specific virtual machines. UCB//CSD-04-1343, August 2005.

47. L. Szumel, J. LeBrun, and J. D. Owens. Towards a mobile agent framework for sensor networks. In Second IEEE Workshop on Embedded Networked Sensors, Sydney, Australia, 2005, pp. 79–87.

48. C.-L. Fok, G.-C. Roman, and C. Lu. Rapid development and flexible deployment of adaptive wireless sensor network applications. In Proceedings of the 24th International Conference on Distributed Computing Systems (ICDCS'05), Columbus, Ohio, 2005 June 6–10, pp. 653–662.

49. Y. Kwon, S. Sundresh, K. Mechitov, and G. Agha. ActorNet: an actor plaform for wireless sensor networks. In Fifth International Joint Conference on Autonomous Agents and Multiagent Systems, AAMAS06.

50. G. Beni and U. Wang. Swarm intelligence in cellular robotic systems. In NATO Advanced Workshop on Robots and Biological Systems, Il Ciocco, Tuscany, Italy, 1989.

51. S. M. Youssef, M. A. Ismail, and S. A. Bassiouny. Integrating mobile agents and swarm optimization for efficient QoS management in dynamic programmable networks. In IEEE MELECON, 2002.

52. X. Cui, J. Gao, and T.E. Potok. A flocking based algorithm for document clustering analysis. J. Syst. Architect. (in press).

53. A. Sharma, V. Vyas, and D. Deodhare. An algorithm for site selection in GIS based on swarm intelligence. In 2006 IEEE Congress on Evolutionary Computation, 2006, pp. 1020–1027.

54. M. Kumar, B. A. Shirazi, S. K. Das, B. Y. Sung, D. Levine, and M. Singhal. PICO: a middleware framework for pervasive computing. IEEE Pervasive Comput. Mobile Ubiquitous Syst. 2(3): 72–79, 2003.

55. M. W. Bright, A. Hurson, and S. Pakzad. Automated resolution of semantic heterogeneity in multidatabases. ACM Trans. Database Syst., 19(2): 212–253, 1994.

第 2 部分　基于位置的移动信息服务

第 7 章　KCLS：基于簇的定位服务协议及其在多跳移动网络中的应用

7.1 引　言

随着无线宽带技术和面向用户智能服务的发展，移动通信技术的集成和互用性将成为下一代移动通信系统的研究热点。未来的通信基础架构将是异构和多跳无线网络，如 Ad Hoc 网络和无线传感器网络。然而，许多技术问题仍需要进一步研究，如分布式路由协议的设计，该协议能通过多跳移动通信处理动态网络环境。

最近，移动节点的位置信息被用于改善多跳无线网络的路由协议[1,2,7,8,12]的性能。移动节点可以通过使用低功耗、低成本的全球定位系统（GPS，Global Positing System）接收器或者测量信号强度并计算相对坐标来获取自己的位置信息[21]。定位服务系统定位目标的范围可以是全世界、一个大都市、一个校园、一个特定的建筑或者一个房间。在多跳无线网络中，定位服务的主要目的是寻找源节点、目标节点和所有可能的中间节点的位置信息，因此需要设计定位服务协议来提供单个节点的物理位置或逻辑联系。

定位服务协议的效率主要取决于提供及时准确的位置信息的可能性。由于多跳无线网络中存在频繁的拓扑变化，最新位置信息的分布很容易使网络饱和；另一方面，位置更新延迟会导致网络路由不稳定。文献[1]对现有的定位服务方法进行了技术评述。

近年来提出的定位服务协议可分为主动式定位服务和反应式定位服务[1]。主动式定位服务可以进一步分为定位数据库系统和定位传播系统。典型的定位数据库系统通常将某些特定的节点用作定位服务器来维护已注册的移动节点的位置信息，如分布式虚拟骨干网移动性管理方案[6]、网格定位服务（GLS，Grid Location Service）[10]和倍增界方案[12]，它们都把多个节点作为存储库，在这些节点上复制信息。另一种定位数据库系统是主区域方案[15,16]，它的每个移动节点都与一个主区域相关联。由于位置更新，定位数据库系统能够显著减少通信开销，但是定位服务器的位置搜索会带来较大的延迟。此外，预先确定的矩形或圆形区域[10,16]可能无法与 Ad Hoc 环境很好地匹配，尤其当网络移动基于组时，如战场上的军队移动[11]。

相比之下，典型的定位传播系统方法包括面向移动的距离路由效应算法（DREAM，Distance Routing Effect Algorithm For Mobility）[7]、DREAM 定位服务（DLS，DREAM Location Service）[9]、简单的定位服务（SLS，Simple Location Service）和 GPS/类似蚂蚁的路由算法（GPSAL，GPS/ant-like Routing Algorithm）[9]。在这类方法中，节点定期交换各自的位置信息，因此每个节点都必须维护整个网络的位置映射。由于所有节点均可作为定位服务器，所以这类系统的位置查询具有鲁棒性且成本较低。然而，该类方法的位置更新所需的通信开销太大，难以支持大型的多跳无线网络。

另一方面，对于反应式定位服务协议[9,13]，节点的位置信息可以从中间节点或者被请求的节点上获取。显然，这种方法交换位置信息的成本较低，但位置搜索的成本较高。此外，由于没有节点维护位置映射，同时也没有可用的定位服务器，所以网络的稳定性通常较弱。

本章面向具有良好扩展性的多跳无线网络中的移动节点，重点探讨基于分层聚类的定位服务协议。簇结构不同于一些应用于地理位置固定的移动网络的典型结构如网格[10]或圆形[12]，它能自适应地建立定位服务系统。一般来说，基于簇的定位服务可以通过单级或者多级进行管理。在多级簇中，如分层状态路由（HSR，Hierarchical State Routing）[20]，多级拓扑的随机变化使得维护分层的多级位置映射需要巨大的通信开销；另一方面，在高等级的骨干网中，数据包的转发需满足高带宽和拓扑稳定性。因此，多级簇不适合 Ad Hoc 环境。相比之下，单级簇的簇头比较简单，由于节点的移动，它只需要跟踪局部拓扑的变化。在这种情况下，簇的大小可以通过 k-跳簇来扩大，这无疑比单跳簇具有更好的可扩展性。借鉴距离效应[3]和虚拟骨干网方案[6]，本章提出了一种基于 k-跳簇的定位服务（KCLS，k-hop Cluster-based Location Service）协议。

本章剩余部分安排如下：7.2 节介绍 KCLS 协议的技术细节；7.3 节通过理论分析和仿真对性能进行评估；7.4 节介绍一些基于 KCLS 协议的应用；7.5 节对本章进行总结。

7.2　KCLS 协议

KCLS 协议通过部署一个单级 k-跳簇结构来提供定位服务，每个节点都有一个唯一的节点 ID，簇头的 ID 定义为簇 ID。k-跳簇 C_m 的定义是：在同一簇头 h_m 下的一组节点，且任意节点与簇头的距离都等于或小于 k 跳。如图 7.1 所示，每个簇包含一个簇头、簇内部的普通簇成员节点和边缘处连接相邻簇的网关节点。

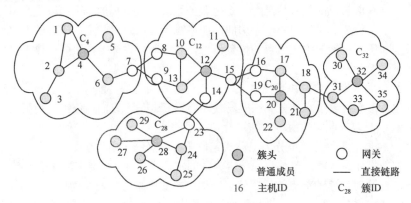

图 7.1　k-跳簇示例（k=2）

通过 k-跳簇方案如最大–最小启发式算法[5]、基于 k 跳复合准则的聚类（KCMBC，k-hop Compound Metric-based Clustering）方法[19]或者通过将网络划分为几个逻辑组，多跳无线网络可以分成许多不重叠的簇。如果网络被划分为几个逻辑组，那么每组对应一个特定的用户组，他们具有共同的特征和相同的移动模式，如战场上的坦克营、救援行动中的搜索队、同一公司的移动行为或者同一班级里的学生。一个逻辑组可以由一个或多个 k-跳簇组成。

7.2.1　位置管理概述

KCLS 协议使用两级逻辑分层，即簇内级和簇间级。簇内级由簇头构成，这些簇头作为分布式定位服务器，用来维护簇间连接表。簇 ID 或簇头的位置代表这个簇中所有移动节点的位置信息。

另一方面，簇内级还包括同一簇中的成员节点，这些成员只拥有局部拓扑信息。当一个节点想要获取目标的位置信息时，它就向它的簇头（或者最近的簇头）发送定位查询数据包；反过来，簇头对位置信息做出回复。

簇内的位置管理是基于链路状态路由方法[14]实现的。当簇被创建好之后，每个簇成员都维护着一个局部连接（LC，Local Connection）表和一个簇内路由（IntraR，Intracluster Routing）表。LC 表是簇成员根据簇头提供的信息创建的，它包括该簇成员的相邻节点、通过网关连接的相邻簇以及该簇成员与簇头之间的距离。例如，表 7.1 所列的是图 7.1 中属于簇 C_{12} 的各个簇成员的 LC 表。如果有簇内链路被破坏或者创建，那么局部连接变换（LLC，Local Link Change）数据包会被发送到相应的簇成员，以此来更新它们的 LC 表。根据当前的 LC 表，每个簇成员利用 Dijkstra 最短路径算法建立一个 IntraR 表，用来指明前往特定簇成员或邻近簇的下一跳。表 7.2 所列的是节点 h_{10} 的 IntraR 表。由于链路状态的变换和路由表的建立都是在簇内进行的，所以簇内的位置管理高效且鲁棒。

相比之下，簇间位置信息的管理由簇头控制。除了 LC 表和 IntraR 表，每个簇头还维护着一个定位服务（LS，Location Service）表，它包含网络中每个簇的成员以及簇间的连通性。在 LS 表中，每行表示一个簇的簇状态（CS，Cluster State），包括簇 ID、位置信息的序列号、簇头的平面坐标（如果有）、簇成员列表以及相邻簇。表 7.3 所列的是图 7.1 中簇头 h_4 的 LS 表。

表 7.1 簇 C_{12}（图 7.1）中各个节点的 LC 表

节点	8	9	10	11	12	13	14	15
簇 ID	$10,C_4$	$13,C_4$	8,12,13	12	10,11,13,14,15	9,10,12	$12,C_{28}$	$12,C_{20}$
相邻簇								
节点								
距离	2	2	1	1	0	1	1	1
簇								
簇头								

表 7.2 节点 h_{10}（图 7.1）的 IntraR 表

距离	8	9	11	12	13	14	15	C_4	C_{20}	C_{28}	C_{32}
下一跳 ID	8	13	12	12	13	12	12	8	12	12	12

表 7.3 簇头 h_4（图 7.1）的 LS 表

簇 ID	位置信息的序列号	簇头平面坐标	簇成员 ID	相邻簇
C_4	T_{C_4}	Coordinates of h_4	1,2,3,4,5,6,7,	C_{12}
C_{12}	$T_{C_{12}}$	Coordinates of h_{12}	8,9,10,11,12,13,14,15	C_4, C_{20}, C_{28}
C_{20}	$T_{C_{20}}$	Coordinates of h_{20}	16,17,18,19,20,21,22	C_{12}, C_{32}
C_{28}	$T_{C_{28}}$	Coordinates of h_{28}	23,24,25,26,27,28,29	C_{12}
C_{32}	$T_{C_{32}}$	Coordinates of h_{32}	30,31,32,33,34,35	C_{20}

7.2.2 簇间位置更新

簇头根据它的 LS 表来响应定位查询。在动态的多跳无线网络中，为了保持 LS 表的准确性，位置更新的速率必须足够快才能反映拓扑的变化。然而，如果位置更新数据包的转发是基于洪泛算法实现的，那么它将占用大量的带宽。因此，下面将对 KCLS 协议中有效位置更新机制展开论述。

当一个新的簇被创建时，其簇头会向网络中其他所有簇头广播 CS 数据包。随后，簇头根据接收到的 CS 数据包建立它的 LS 表或者更新其所在簇的位置信息，因为每个 CS 数据包都携带了相应簇的位置信息，包括簇 ID、簇头的坐标、簇成员列表以及邻近簇列表。考虑到多跳无线网络覆盖的区域可能会很大，所以采用 CS 数据包的序列号来消除副本，并避免传输循环。

作为局部协调器，每个簇头都维护和监控着它的簇拓扑。如果在时间间隔 τ_{CSm} 内检测到下列任一事件，那么簇头 h_m 在这段时间内至多生成并传输一个 CS 数据包：

（1）任何成员离开或加入簇。

（2）与一个新的邻近簇连接或者与原先相连的邻近簇断开。

（3）新簇的创建导致簇拓扑的变化、簇头选举或者簇移除。

（4）当 h_m 生成最后一个 CS 数据包时，h_m 的累积移动距离超过了预先设定的阈值 D_{th}。

为了减少开销，CS 数据包往往只包含更新信息，而不是配置的整个影像。此外，根据簇的移动模式如平均链路有效时间，簇头 h_m 发送 CS 数据包的时间间隔 τ_{CSm} 通常设定为 0.1~10s。簇头 h_m 可以按照如下公式设置传输间隔：

$$\tau_{CSm} = \sigma T_{AM} \tag{7.1}$$

式中：σ 为比例因子；T_{AM} 为簇 C_m 的平均链路有效时间。根据 LC 表的变化，簇头可以在固定的时间间隔 T_{SLOT} 内，通过计算平均链路有效时间来取得 T_{AM}。

令 CS_m^u 表示由 C_m 的簇头 h_m 发出的序列号为 u 的 CS 数据包，那么 C_i 的簇头 h_i 检查接收到的数据包 CS_m^u 的规则如图 7.2 所示。注意 C_m 的簇头 h_m 在每个时间间隔 τ_{CSm} 内发送一个 CS 数据包，它的相邻簇就能在相同的时间间隔内接收到 CS 数据包，但是其他与 C_m 不相邻的簇在每两个 τ_{CSm} 的时间内至多接收到一个 CS 数据包。这是因为当 C_m 的相邻簇从 h_m 接收到两个连续的 CS 数据包后，它们向各自的相邻簇只转发一个 CS 数据包来更新 C_m 的位置信息。由于距离效应[3]的存在，簇间位置信息的准确性将随着它们之间距离的增加而降低。

If CS_m^u has been received before
    packet CS_m^u is dropped;
else
    h_i modifies (or creates) the CS item for cluster C_m in its LS table;
    If C_m is not C_i's neighboring cluster or C_m is newly created
        CS_m^u is forwarded to C_i's neighboring clusters;
    else
        If u is an odd sequence number
            CS_m^u is stored in the memory of h_i;
        else
            h_i creates a new packet CS_m^u which merges the location information
            attached in the original CS_m^u and CS_m^{u-1}, and forwards the new CS_m^u to
            C_i's neighboring clusters.

图 7.2 簇头 h_m 处理接收到的 CS 数据包 τ_{CSm} 的规则

CS 数据包可以通过多播机制进行转发，该机制要求所选的网关能够同时与多个相邻簇连接。这是一个著名的集覆盖问题[17]，它可以基于簇头中的 LC 表利用贪婪算法来解决。也就是说，节点连接的相邻簇（不包括发送 CS 数据包的相邻簇）越多，被选为网关的优先级就越高。该网关选择过程将持续到所有相邻簇被覆盖为止。然后 CS 数据包将通过所选的网关被多播到相邻簇。例如，如图 7.3 所示，当从 C_k 接收到一个 CS 数据包时，簇头 h_i 将选择网关 h_l 和 h_7 来多播 CS 数据包到相邻簇 C_d、C_e、C_f 和 C_g。

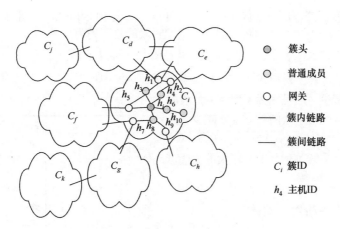

右侧图例：
- 簇头
- 普通成员
- 网关
- —— 簇内链路
- —— 簇间链路
- C_i　簇ID
- h_4　主机ID

图7.3　多播的网关选择

在 7.3 中，将对大型多跳无线网络中 KCLS 的性能进行评估。

7.3　性能分析

本节采用离散事件仿真器评估 KCLS 协议的性能。仿真中的多跳无线网络包含 N 个同类的移动节点，它们随机分布在面积 $S = 30 \times 30$ 平方单位的区域里，所有移动节点具有相同的无线电传输范围，其半径 r=1 单位。假设每个节点的连接到达率服从均值为 λ_{Call} 的泊松分布。仿真采用的移动模型为随机走动模型[32,33]，该模型中节点的移动速度只会在节点移动的开始阶段发生改变，之后节点的移动速率和方向都恒定不变，且分别服从预设范围为$[0, V_m]$和$[0, 2\pi]$的均匀分布，其中 V_m 是节点移动的最大速率。所有簇都是通过 KCMBC 方法[19]来创建和维护。仿真参数见表 7.4。

表 7.4　定位服务协议的仿真参数

项　目	值	项　目	值
节点总数 N	1000～4000	比例因子 σ	0.1～0.5
最大移动速率 V_m	0.2～1 单位/s	测量链路有效时间的时间间隔 T_{SLOT}	10s
节点移动时间间隔 τ_e	1s	距离阈值 D_{th}	2 个单位
平均连接到达率 λ_{Call}	1/420s		

进行了 10 次相互独立的仿真，每次仿真都随机产生 50000 个连接请求，其中不包括预热期的 1000 个随机连接请求，这些连接请求是用来确保在仿真过程稳定的基础上能对仿真结果进行估计。

7.3.1　初始阶段的开销

在簇的初始阶段，每个被创建的簇的簇头会向其他簇头广播一个 CS 数据包。令 d_C 表示某个簇周围相邻簇的平均数量，N_h 表示簇中节点的平均数量，遗漏 N_C 表示网络中簇的总数，H_C 表示任意簇内路由的跳数的平均值。当接收到一个 CS 数据包时，簇头会将该数据包多播到其他相邻簇。由于 CS 数据包会被每个簇均转发一次，所以每个 CS 数据包被节点传输的总次数为 $d_C H_C N_C$。如果 H_C 近似等于 k，$N_C = N / N_h$，那么初始阶段 CS 数据包所需的开销为

$$O_{CS} = d_C H_C N_C^2 \approx d_C k N^2 / N_h^2$$

此外，初始阶段的开销还包括簇形成所需的开销。由文献[19]可知，采用 KCMBC 方法形成簇的总开销为 $O_{CF} = (2k+3)N$ 个数据包。因此，初始阶段的总开销为

$$O_{\text{Initial-KCLS}} = O_{CF} + O_{CS} \approx (2k+3)N + d_C kN^2/N_h^2 \qquad (7.2)$$

图 7.4 所示的是仿真结果和式（7.2）的计算结果。从图中可以看出，当 k 的数值增加时，初始阶段的开销将显著减少，这是因为 k 值越大，簇的尺寸也就越大，那么网络中簇的数量也就越少。然而，如果 k 值固定，$O_{\text{Initial-KCLS}}$ 将随着节点个数 N 的增加而增大。但是，当 N 增加时，较大的 k 值可以抑制 $O_{\text{Initial-KCLS}}$ 的增长率。

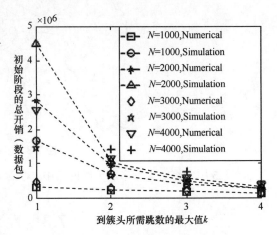

图 7.4　初始阶段 KCLS 产生的开销

7.3.2　位置维护阶段的成本

位置维护阶段的开销包括簇内位置更新的开销、簇间位置更新的开销和周期性信标的开销。由于信标已被用于大多数多跳无线网络的路由协议中，所以从性能比较的角度来看，这里没有必要讨论信标的开销。簇内位置更新的开销是由簇内链路的激活和失活产生的。簇内链路的任何变化都会触发一个 LLC 数据包被发送到每个簇成员；另一方面，这样的链路变化可能会影响簇成员关系、簇结构（如簇合并、簇移除和簇重选）以及簇间的连通性，因此需要发送 CS 数据包来更新位置信息。另外，定位查询会产生一小部分开销。所以位置管理的成本，即每秒的控制数据包个数，是簇间位置更新成本（C_{inter}）、簇内位置更新成本（C_{intra}）和定位查询成本（C_{enq}）的总和，公式如下：

$$C_{\text{KCLS}} = C_{\text{inter}} + C_{\text{intra}} + C_{\text{enq}} \qquad (7.3)$$

式（7.3）中，C_{enq} 可以被忽略，因为每个定位查询数据包的传输只在一个簇内进行。表 7.5 所列的是对于不同的 k 和 N,C_{inter} 和 C_{intra} 的平均值，其中置信区间为 95%。显然总成本主要由 C_{inter} 和 C_{intra} 决定。从表 7.5 可以看出，如果 N 值固定，当 k 增加时，C_{intra} 随之增大，而 C_{inter} 随之减小，这是因为较大的 k 值会使簇的尺寸也较大，那么网络中簇的数量也就越少。在这种情况下，每个 LLC 数据包的传输次数就会增加，转发 CS 数据包的簇的数目就会减少。

表 7.5　位置管理的成本，V_m=0.5 单位/s，$\sigma = 0.2$

k	1000		2000		3000	
	C_{intra}	C_{inter}	C_{intra}	C_{inter}	C_{intra}	C_{inter}
1	$(2.8\pm0.26)\times10^3$	$(8.87\pm0.75)\times10^4$	$(1.09\pm0.11)\times10^4$	$(4.91\pm0.53)\times10^5$	$(3.54\pm0.39)\times10^4$	$(1.15\pm0.16)\times10^5$
2	$(3.15\pm0.21)\times10^3$	$(7.12\pm0.54)\times10^4$	$(2.38\pm0.25)\times10^4$	$(2.97\pm0.37)\times10^5$	$(8.41\pm0.73)\times10^4$	$(4.83\pm0.53)\times10^5$
3	$(3.95\pm0.29)\times10^3$	$(5.15\pm0.63)\times10^4$	$(4.06\pm0.29)\times10^4$	$(1.80\pm0.24)\times10^5$	$(1.44\pm0.10)\times10^5$	$(2.54\pm0.39)\times10^5$
4	$(4.79\pm0.33)\times10^3$	$(3.72\pm0.47)\times10^4$	$(5.61\pm0.42)\times10^4$	$(1.26\pm0.21)\times10^5$	$(2.42\pm0.18)\times10^5$	$(1.27\pm0.20)\times10^5$

显然，C_{inter} 取决于 CS 数据包的传输间隔，它由比例因子 σ 和每个簇的平均链路有效时间决定。图 7.5 所示的是 σ 对 C_{inter} 的影响，从图中可以看出，当 k 值固定时，C_{inter} 随着 σ 的减小而增大，这是因为较小的 σ 可以减少簇传输 CS 数据包的延时。然而，频繁的簇间位置更新会

产生大量开销。相比之下，σ 较大时，可以减小簇间位置更新的成本，但是会降低基于 KCLS 协议的定位服务的准确性，这是由较大的传输延时引起的。σ 对定位服务准确性的影响可以参看 7.3.3 节。

图 7.6 所示的是位置管理的总成本 C_{KCLS} 与 k 的关系，其中 $V_m = 0.5$ 单位/s，$\sigma = 0.2$。显然总成本随节点数量 N 的增加而增加，但是当 N 增加时，较大的 k 值可以抑制 C_{KCLS} 的增长率。例如，当 $k=1$ 时，$N=4000$ 时的总成本是 $N=1000$ 时的 22.3 倍，但当 $k=3$ 时，$N=4000$ 时的总成本只是 $N=1000$ 时的 11.6 倍。

从表 7.5 可以发现，对于较小的 k 值，总成本主要由 C_{inter} 决定。当 k 增加时，C_{inter} 随之减小，而 C_{intra} 随之增大，且对总成本的影响越来越大。因此，如图 7.6 所示，当 N 值固定时，总成本将随着 k 的增大而减小，同时可以看出 $k=1$ 的簇结构不适合应用于大直径的多跳无线网络；另外，当 k 从 2 增加到 4 的时候，位置管理的总成本显著减少。

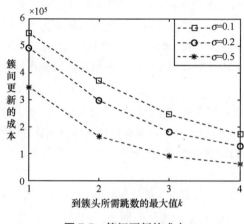

图 7.5　簇间更新的成本 C_{inter}

（$N=2000$，$V_m = 0.5$ 单位/s）

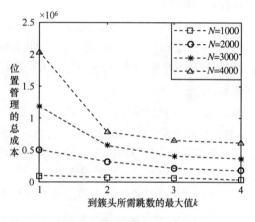

图 7.6　位置管理的总成本

（$V_m = 0.5$ 单位/s，$\sigma = 0.2$）

图 7.7 所示的是节点移动性对 C_{KCLS} 的影响。从图中可以看出，C_{KCLS} 随着 V_m 的增大而增加，这是因为当节点的移动速率变大时，链路状态和簇结构都会频繁地发生变化。然而，较大的 k 值可以抑制 C_{KCLS} 的增长。此外，还可以发现 k 值较大的簇结构能显著减少位置管理的成本，尤其是当节点移动剧烈的时候。

KCLS 协议可以被认为是分层的链路状态协议，其中全局簇间链路状态由簇头维护，局部簇内链路状态由每个簇成员存储，由此，将对 KCLS 的位置管理成本和 LSR 协议[4, 14]的链路状态更新成本进行比较，分别用 C_{KCLS} 和 C_{LSR} 表示。表 7.6 所列的是两者的对比情况，其中 $V_m = 0.5$ 单位/s，$k=3$，$\sigma = 0.2$。从表中可以看出，

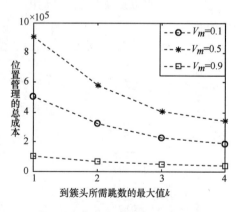

图 7.7　节点移动性对 CKCLS 的
影响（$\sigma = 0.2$，$N=2000$）

当 N 增加时，C_{LSR} 按照近似平方的速率增长，这是因为任何链路的变化都会触发每个节点转发一次位置更新数据包。另外，对于固定的 N 来说，C_{KCLS} 要比 C_{LSR} 小很多。例如，当 $N=4000$ 时，C_{LSR} 约是 C_{KCLS} 的 80 倍。随着 N 的增加，KCLS 的总成本按照线性的速率增长。每个节点的平均位置管理成本是关于节点密度的亚线性函数。仿真结果可以证

表 7.6   LSR 和 KCLS 的成本对比（$V_m = 0.5$ 单位/s， $k = 3$ ， $\sigma = 0.2$ ）

N	100	2000	3000	4000
C_{LSR}	8.04×10^5	6.44×10^6	2.17×10^7	5.15×10^7
C_{KCLS}	0.55×10^5	2.21×10^5	3.98×10^5	6.50×10^5

明提出的 KCLS 协议可以应用于大且密集的多跳无线网络。

7.3.3   定位服务的准确性

定位服务的准确性可以用每个查询获得位置信息的平均命中概率来衡量。命中概率 $P_{HC}(\omega)$ 定义为定位查询的响应能正确提供目标的簇 ID 的概率，其中 ω 表示源和目标之间的簇-跳距离。

图 7.8 所示的是 KCLS 协议的平均命中概率与 k 的关系，其中 $N=2000$， $V_m = 0.5$ 单位/s。从图中可以看出，随着 k 的增加， $P_{HC}(\omega)$ 按照近似线性的速率增长，这是因为节点驻留在某个簇的时间随着簇平均尺寸的增大而增加。此外，当簇-跳距离 ω 从 1 变为 5 时，平均命中概率随之下降，这是因为目标簇 C_m 的相邻簇在每个 τ_{CSm} 时间间隔内至多接收到一个 C_m 的 CS 数据包，而其他簇在每 $2\tau_{CSm}$ 时间间隔内至多接收到一个 C_m 的 CS 数据包，因此数据包中旧的位置信息可以被靠近目标的中间簇头修改。

从图 7.8 中还可以发现，当 ω 和 k 都固定时，命中概率随着比例因子 σ 的增大而减小，这是因为 CS 数据包的传输延时与 σ 成正比。显然，位置管理的成本和定位服务的准确性之间存在着折中。由于目标的相邻簇维护着最新的位置信息，所以 σ 的值取决于 $P_{HC}(\omega = 1)$ 。为了确保对于任意的 k， $P_{HC}(\omega = 1)$ 都高于 90%， σ 可以设定为 0.2。

图 7.9 所示的是节点的最大移动速率分别是 0.1 单位/s 和 0.9 单位/s 时的命中概率 $P_{HC}(\omega)$ 。从图中可以看出，对于这两种移动情况，命中概率都是随着 k 的增加而增大，但随着 ω 的增加而减小。此外，当 ω 固定时，这两种移动情况的 $P_{HC}(\omega)$ 差异较小，由此可见，节点的最大移动速率的变化对命中概率的影响很小，这是因为在 KCLS 协议中，CS 数据包的传输间隔与相应簇的平均链路有效时间（可以反映节点的移动程度）成正比。因此，KCLS 可以适应各种动态环境中位置更新的频率。

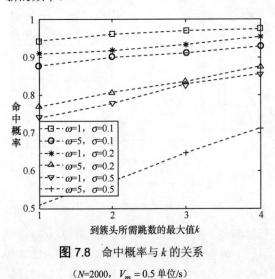

图 7.8   命中概率与 k 的关系

（$N=2000$， $V_m = 0.5$ 单位/s）

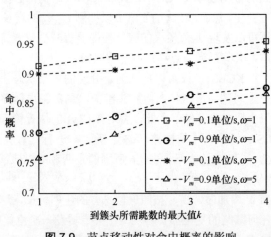

图 7.9   节点移动性对命中概率的影响

（$\sigma = 0.2$， $N=2000$）

7.4　定位服务及应用

根据簇体系结构，采用 KCLS 协议的多跳无线网络是一个分布式定位服务系统，其中每个簇头作为定位服务器，向其簇成员提供位置信息。在这种情况下，来自某个孤立节点的定位查询只会被转发到最邻近的可访问的簇头。因此，在位置搜索方面，KCLS 协议的延时远小于其他定位服务协议[6,15]，因为这些协议需要在多个数据库中搜索目标。

这种基于簇体系结构的分布式定位服务是可靠的，甚至当簇间链路失效导致一些簇头无法访问时，这种失效也只会影响相关的簇，而网络中其他簇仍然是活跃的。此外，在缺少准确的目标位置信息时，数据包的传输依然是有效的，这是因为包头中的位置信息可以被源和目标之间的中间簇头修改。例如，当数据包在向目标传输的过程中，如果簇间链路失效，这个数据包会被转发到最邻近的可访问的簇，该簇的簇头将对数据包中的位置信息进行修改，包含目标的簇 ID、簇头的坐标以及序列号，由此传输数据包的路由会发生相应的改变。

若将定位服务整合到多跳无线网络中，它还能提供许多潜在的服务。下面将讨论三个基于 KCLS 的位置感知的应用：簇级路由、Geocast 协议和传感器数据融合。

7.4.1　簇级路由

借助于 KCLS 协议，簇级路由能通过减少开销、提高路由的稳定性和增强路由的恢复能力来改善路由协议的性能。对于主动式路由协议，如动态源路由（DSR，Dynamic Source Routing）[18]协议，它的数据包必须携带一个完整的路由列表，这样会产生大量开销，尤其对于横跨大规模网络的长路由路径。相比之下，簇级路由的簇头可以利用基于最短路径算法的 LS 表来确定到达目标的簇级别的路由。由于定位查询的响应是采用背负式并沿着簇级路径发回给源节点的，所以数据包只需携带一个簇级的路由，这使得它的开销要远小于节点级的路由。

与节点级路由相比，簇级路由更稳定且更适合动态多跳拓扑。在簇级路由中，簇内链路的失效对转发数据包到达目标的影响非常有限，这是因为总能够很容易地找到通往下一个簇的其他路径。如果路由上的某个簇无法被访问，那么数据包会被转发到最近的可用的簇，用来修改位置信息和搜索其他簇级路由。因此，针对链路失效，KCLS 协议具有自我恢复簇级路由的能力，从而可以避免由重选路由过程带来的较长的延时。

图 7.10 所示的是一个有关簇级路由以及路由恢复的例子。当簇 C_i 的节点 h_a 想要与节点 h_b 通信时，h_a 会向它的簇头 h_i 发送一个定位查询，h_i 就根据当前的 LS 表将 h_b 的簇 ID(C_h)和簇头 h_h 的坐标作为查询的响应。这个响应还能提供一个位于 h_a 和 h_b 之间的簇级路由，即 $C_i \rightarrow C_l \rightarrow C_m \rightarrow C_j \rightarrow C_g \rightarrow C_h$，路由上的这些簇会逐个转发包含簇级路径和 h_b 位置信息的数据包。假设由于节点的移动，C_m 和 C_j 之间的簇间链路被破坏。当 C_m 的网关接收到一个转发数据包后，发现该数据包不能直接发送到 C_j，在这种情况下，数据包会被发送到簇头 h_m，h_m 的 LS 表显示 h_b 仍位于 C_h 内，然后 h_m 会设计一条新的局部路由 $C_m \rightarrow C_k \rightarrow C_j$ 替换原来的 $C_m \rightarrow C_j$，从而继续转发数据包。此外，当 C_h 的网关接收到数据包时，它会检测目标 h_b 此刻是否仍在 C_h 内，如果不在，那么这个数据包会被转发到簇头 h_h，由于 h_h 记录了 h_b 已经移动到簇 C_e，该数据包会被发送到 C_e，然后被转发到目标 h_b。最后 h_b 发送给源 h_a 一个应答数据包，包含新的簇级路由，即 $C_i \rightarrow C_l \rightarrow C_m \rightarrow C_k \rightarrow C_j \rightarrow C_g \rightarrow C_h \rightarrow h_e$，之后由 h_a 发送给 h_b 的数据包将沿着这个新的簇级路由传输。

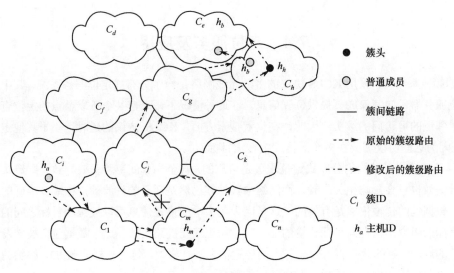

<figure>

●	簇头
◉	普通成员
——	簇间链路
- - →	原始的簇级路由
-·-·→	修改后的簇级路由
C_i	簇ID
h_a	主机ID

</figure>

图 7.10　簇级路由以及路由恢复

7.4.2　Geocast 协议

　　Geocast 协议是一种基于位置的多播协议，其目的是向特定区域内的所有移动节点发送信息[22,23]，称特定区域为 Geocast 区域。当某个特定区域发生紧急事件或者一些信息必须被发送到某些区域内的移动节点时，Geocast 能很方便地实现。为了确定多跳无线网络中的 Geocast 组成员，每个节点必须知道自己的物理位置或者相对坐标。

　　现有的 Geocast 协议可以分为基于洪泛、基于路由和基于簇三大类。基于洪泛的协议[24,25]采用洪泛或者广播的方式将 Geocast 数据包从源转发到 Geocast 区域，且只允许属于转发区域和 Geocast 区域的节点转发 Geocast 数据包。基于路由的协议[26-28]会在源与 Geocast 区域之间创建路由，中间节点则沿着创建的路由将 Geocast 数据包转发到 Geocast 区域。基于簇的协议[23,29]按地理把一个网络分割成多个大小相等且互不相交的蜂窝/网格区域，并在每个区域中选择一个簇头来执行信息交换。关于这些协议的详细介绍，可以参考文献[30]。

　　在多跳无线网络中，KCLS 协议能支持 Geocast 服务。与基于路由的 Geocast 协议类似，源节点的簇头能很容易地为覆盖 Geocast 区域的簇分配路由，在这种情况下，簇级路由取代节点级路由，作为从源到 Geocast 区域的路径。另一方面，我们的方法继承了传统的基于簇的 Geocast 协议的优点，只有簇的网关节点转发 Geocast 数据包，而不是每个节点都转发；此外，当目前的簇级路由被破坏时，路径上的中间簇头能立即设计出其他路由来代替。Geocast 数据包一旦到达 Geocast 区域内的簇，它就会在簇内被洪泛。

　　基于 KCLS 的 Geocast 协议结合了基于路由的 Geocast 协议和基于簇的 Geocast 协议的特性，只需很少的数据包开销就能提供鲁棒的服务。该协议对于链路损毁具有很强的容忍能力，且具有良好的可扩展性，适用于大规模网络。

7.4.3　传感器数据融合

　　近来，随着无线通信和电子技术的发展，低成本的无线传感器网络已应用到医疗保健、军事及家庭等各个方面。无线传感器网络由感知节点、无线通信和计算能力组成，它不仅要感知环境，还需要将节点的相关汇总数据（由节点间相互传递的消息序列组成）和计算结果传送到一个或几个指定的汇聚节点上。

无线传感器网络通过对大量感知信息进行分布式处理来提高传感精度。网络传感器可以通过融合数据来提供一个丰富、多维的环境视图，且在个别传感器失效的情况下仍能准确运作。所以，数据融合对解决无线传感器网络中的内爆和重叠问题非常重要[31]。

KCLS 协议能提升无线传感器网络数据融合的性能。在每个数据收集周期中，传感器节点会将感知的数据发送给它们的簇头，由簇头执行数据融合。然后簇头将融合后的数据沿着簇级路由分配的多跳路径传送到汇聚节点。在这种情况下，传感器节点的功能很简单，就是感知和短程通信，而簇头的功能更为复杂，包括协调 MAC、进行数据融合以及与汇聚节点进行远程通信。

7.5 结 论

本章提出了一种新的基于簇体系结构的定位服务协议，该协议在多跳无线网络中具有以下优点：首先，通过采用简单的簇级路由，并结合基于簇移动模式或组特性的自主簇间转发，能显著减少开销；其次，基于簇 ID 的簇体系结构具有灵活的可扩展性，适用于大规模的多跳无线网络；第三，当链路连接失效时，具有自我恢复簇级路由的能力；最后，根据距离效应，可以在簇内及邻近区域提供更准确的位置信息，这与多跳无线网络的动态特性相匹配。

仿真结果表明初始阶段的开销和位置维护阶段的总成本都随着 k 的增加而减少。较大的 k 值不仅可以在网络的节点数量增加时抑制总成本的增长率，还可以增加定位服务的命中概率以及减少节点移动的负面影响。此外，比例因子 σ 可以平衡定位服务的成本和准确性。选择最优的 k 和 σ 能使 KCLS 协议的总成本少于链路状态协议总成本的 2%。

各种基于位置的服务已被应用于网络、手机和手持设备，包括宾馆和餐馆的信息、地图和导航、行程安排、天气预报以及多媒体娱乐。KCLS 协议的可扩展性、容错性、低成本和自我发现特性能够适应多跳移动网络中许多现有的基于位置的应用。

参 考 文 献

1. T. Camp. Location information services in mobile ad hoc networks. In Handbook of Algorithms for Mobile and Wireless Networking and Computing. 2005, pp. 317–339, Chapter 14.

2. I. Stojmenovic. Position-based routing in ad hoc network. IEEE Commun. Mag., 128–134, 2002.

3. S. Basagni, I. Chlamtac, and V. R. Syrotiuk. Geographic messaging in wireless ad hoc Networks. In Proceedings of the 49th IEEE VTC, Vol. 3, pp. 1957–1961, 1999.

4. M. Joa-Ng and I. T. Lu. A peer-to-peer zone-based two-level link state routing for mobile ad hoc networks, In IEEE JSAC, Vol. 17, No. 8, pp. 1415–1425, 1999.

5. A. Amis, R. Prakash, T. Vuong, and D. T. Huynh. Max Min D-cluster formation in wireless ad hoc networks. In Proceedings of the IEEE INFOCOM, 1999.

6. Z. J. Haas and B. Liang. Virtual backbone generation and maintenance in ad hoc network mobility management. In Proceedings of the IEEE INFOCOM 2000, 2000.

7. S. Basagni, I. Chlamtac, and V. R. Syrotiuk, B. A. Woodward. A distance routing effect algorithm for mobility (DREAM). In Proceedings of the MOBICOM, 1998, pp. 76–84.

8. Supeng Leng Liren Zhang, L. W. Yu, C. H. Tan. An efficient broadcast relay scheme for MANETs. Comput. Commun., 28(5): 467–476, 2005.

9. T. Camp, J. Boleng, and L. Wilcox. Location information services in mobile ad hoc networks. In Proceedings of the IEEE International Conference on Communications (ICC), 2001, pp. 3318–3324.

10. J. Li, et al., A scalable location service for geographic ad hoc routing. In Proceedings of the 6th International Conference on Mobile Computing and Networking. ACM, 2000, pp. 120–130.

11. K. H. Wang, and B. Li. Group mobility and partition prediction on wireless ad-hoc networks. In Proceedings of IEEE ICC Conference, 2002, pp. 1017–1021.

12. K. N. Amouris, S. Papavassiliou, and M. Li. A position based multi-zone routing protocol for wide area mobile ad-hoc networks. In Proceedings of the 49th IEEE VTC, 1999, pp. 1365–1369.

13. M. Kasemann, et al., A reactive location service for mobile ad hoc networks. Technical Report, Department of Science, University of Mannheim, TR-02-014, 2002.

14. R. Perlman, Interconnections: Bridges and Routers. Addison-Wesley, 1992, pp. 149–152, 205–233.

15. L. Blazevic, et al., Self-organization in mobile ad hoc networks: the approach of terminodes. IEEE Commun. Mag., 39(6): 166–175, 2001.

16. S.-C.Woo and S. Singh, Scalable routing protocol for ad hoc networks. ACM Wireless Networks, 7(5): 513–529, 2001.

17. T. Cormen, C. Leiserson, and R. Rivest. Introduction to Algorithms. MIT Press, Cambridge, MA USA, 1990.

18. D. B. Johnson and D. A. Maltz. In T. Imielinski and H. Korth, editors, Dynamic source routing in ad hoc wireless networks, mobile computing, Paper 5, Kluwer Academic, 1996, pp. 153–181.

19. Supeng Leng,Yan Zhang, Hsiao-Hwa Chen, Liren Zhang, andKe Liu.Anovel k-hop compound metric based clustering scheme for ad hoc wireless networks, IEEE Trans. Wireless Commun., 8(1):367–375, 2009.

20. J. Sucec and I. Marsic. Hierarchical routing overhead in mobile ad hoc networks. IEEE Trans. Mobile Comput., 3(1): 46–56, 2004.

21. S. Capkun, M. Hamdi, and J.P. Hubaux, GPS-free positioning in mobile ad-hoc networks. In Proceedings of the Hawaii International Conference on System Sciences, 2001.

22. Y.-B.Ko and N. H.Vaidya, Geocasting in mobile ad hoc networks: location-based multicast algorithms. In IEEE Workshop on Mobile Computing Systems and Applications, 1999.

23. C.-Y. Chang, C.-T. Chang, and S.-C. Tu, Obstacle-free geocasting protocols for single/multi-destination short message services in ad hoc networks, Wireless Networks, 9(2):143–155, 2003.

24. Y. Ko and N. H. Vaidya. Geocasting in mobile ad hoc networks: location-based multicast algorithms. In Proceedings of WMCSA, 1999, pp. 101–110.

25. I. Stojmenovic.Voronoi diagram and convex hull based geocasting and routing in wireless networks. Technical Report, University of Ottawa, TR-99-11, 1999.

26. J. Boleng, T. Camp, and V. Tolety. Mesh-based geocast routing protocols in an ad hoc network. In Proceedings of IPDPS, 2001, pp. 184–193.

27. T. Camp andY. Liu. An adaptive mesh-based protocol for geocast routing. J. Parallel Distribut. Comput. [Special Issue on Routing in Mobile and Wireless Ad Hoc Networks], 62(2):196–213, 2003.

28. Y.Ko and N. H.Vaidya. GeoTORA: a protocol for geocasting in mobile ad hoc networks. In Proceedings of ICNP, 2000, pp. 240–250.

29. W.-H. Liao, Y.-C. Tseng, K.-L. Lo, and J.-P. Sheu. GeoGRID: a geocasting protocol for mobile ad hoc networks based on GRID. J. Internet Technol., 1(2):23–32, 2000.

30. P. Yao, E. Krohne, and T. Camp.Performance comparison of geocast routing protocols for a MANET. Technical report, Department of Mathematics and Computer Sciences, Colorado School of Mines, 2004.

31. Ian F. Akyildiz, et al., A survey on sensor networks. IEEE Commun. Mag., 40(40):102–114, 2002.

32. S. Leng, L. Zhang, H. Fu, J. Yang. Mobility analysis of mobile hosts with random walking in ad hoc networks. In Computer Networks. Elsevier Science, Vol. 51, No. 10, pp. 2514–2528, 2007.

33. T. Camp, J. Boleng, and V. Davies, A survey of mobility models for ad hoc network research. Wireless Commun. Mobile Comput., 2(5):483–502, 2002.

第8章 蜂窝和 Ad Hoc 无线网络中的
预测位置跟踪

8.1 引 言

蜂窝和 Ad Hoc 网络的推广以及互联网服务的渗透正在改变移动计算的许多方面。不断增长的移动客户端人群使用不同的移动设备来访问无线媒介，同时人们正不断开发各种异构应用程序（如视频流、网络）以满足客户端的需求。实现这样一个苛刻的环境需要解决许多技术问题，包括无线电管理、网络化、数据管理等。

大多数具有挑战性的问题的产生是因为底层环境中资源极其有限且存在内在不确定性，如无线通信信道带宽有限且易于出错。由节点（用户）移动性引起的不确定性具有根本性的影响，因为它引起了网络拓扑结构的不确定性，从而导致路由和数据传送方面出现问题。此外，蜂窝和 Ad Hoc 无线网络中的通信负荷和资源需求也是不确定的，这多数取决于用户轨迹。

在这种恶劣的环境中，无缝并且普适的连接是基本目标。这个目标要求智能技术能够确定移动目标当前和未来的位置。用于确定移动客户端（未来的）位置的能力可以显著改善无线网络的整体性能。以蜂窝网络中的切换过程为例，它与资源管理算法的设计直接相关，这些资源可以是带宽、MAC 帧和数据包。文献[28]采用主动的方法，即在需要之前分配资源，而不依赖于被动的方法，即在交接过程中分配适当的资源，这样就不用纠正，而是绕开切换的负面影响。此外，隐式簇方法[31]通过位置预测将资源仅分配给最可能移动的单元，从而避免分配给所有的邻近单元。最后，位置预测可应用于连续寻呼方案[8]中，以降低联合寻呼成本，同样也适用于呼叫准入控制技术[60]。

位置预测和跟踪不仅适用于蜂窝网络，还适用于其他类型的无线网络，如移动 Ad Hoc 网络（MANET，Mobile Ad Hoc Network）。移动 Ad Hoc 网络是一个无线网络，由一组通过无线连接的移动节点构成一个临时网络，它没有任何基础设施如基站的支持，也没有集中式的管理，如交换中心。在 Ad Hoc 网路中，两个彼此不在对方传输范围内的节点之间的通信是通过中间节点实现的，它能在两个节点之间建立通信信道并中继消息。对于 MANET 节点 v，它希望与自己传输范围之外的节点 u 进行通信，在这种情况下，利用节点 v 的未来位置可以将它与 u 的通信推迟到两者足够近的时候，这样有助于减少 v 的能量消耗。文献[9]对这种技术进行了研究。

8.1.1 预备知识

本章探讨了蜂窝和 Ad Hoc 无线网络中的预测位置跟踪问题，并在两个不同的设置下对其进行了检测。在 8.2 节中，假设了一个通用的象征性网络拓扑模型，类似于文献[8]，其中假设存在"单元"。这些单元不一定是六边形，可以是任意形状。无线单元的概念已经在蜂窝网络中得到完善，而对于 Ad Hoc 网络，也可以用类似的方式定义无线单元，方式如下：在区域上覆盖一个任意类型的网格[9]，Ad Hoc 网络的移动主机在其内部移动。在这种情况下，移动目标的定位在单元水平上进行。在 8.3 节中，取消存在单元的假设，每个移动主机的定位仅由其地理坐标决定。

在移动中建立连接不是一项简单的任务，网络必须应对由移动目标自由移动产生的不确定性。因此，移动性的管理至关重要。根据移动终端处于积极通信还是待机模式，将管理分为：①会话移动性管理；②无会话移动性管理。前者是蜂窝网络中众所周知的切换管理，它能使移动主机从一个单元移动到另一个单元时保持呼叫和会话的进行，从而改变它的网络连接点。通常情况下，切换管理的过程要比后者的管理更容易，后者称为位置管理或位置跟踪，负责在待机模式下跟踪移动目标。

在一般的无线网络中，位置跟踪问题包括两个过程，即寻呼和更新。一种极端的情况是，在寻呼（由系统执行）的帮助下，人能就这个问题提出建议；当呼叫到达时，网络开始搜索要寻找的移动目标，（同时）查询每一个可能发现移动目标的站点。在蜂窝网络中，这是由移动交换中心执行的，它通过基站在一个专用前向控制信道中广播寻呼消息。所有的移动设备都监听这一寻呼消息，但只有目标移动设备通过反向信道给予响应。在最坏的情况下，系统可能需要寻呼整个服务区中的所有单元。显然，这种方法所需通讯流量太多，因此是有问题的。

另一种极端的情况是，人能提出一个解决方案，要求移动目标从一个站点（单元）移动到另一个站点（单元）时发送报告。该报告称为位置注册，首先是由移动目标通过反向信道发送一个更新消息，随后是一些流量，负责系统端与此相关的数据库维护操作。同样地，如果移动目标频繁地改变单元，那么这种方法也可能产生过多的通信流量，因此是不切实际的。

在实际情况中，位置跟踪的执行介于这两种极端方法之间[47]。虽然人们已经提出了许多（被动的）位置管理方法，但由于预测（或主动的）位置跟踪具有减少甚至消除有关位置跟踪的延迟这一潜力而倍受关注。此外，存在一种情况，即移动目标的运动预测最终会导致网络断开，这就需要制定特定的路由决策，包括适合于高度移动 Ad Hoc 网络和延迟容忍网络[62]的路由协议。

一般情况下，预测位置跟踪技术的实现就是为每个移动主机构造一个移动模型，模拟移动目标的移动历史。显然，这两个概念是不同的，前者是概率性的，并延伸至未来，而后者是确定性的，指的是过去。位置预测与底层网络的能力有关，需要记录、学习进而预测移动目标的运动。预测的成功是因为移动用户在运动过程中会呈现出一定程度的规律性[8]。一个"智能"的网络能够记录客户端的移动历史，然后为它构造一个移动模型。设计一种有效的预测位置跟踪方法的真正挑战是量化过去在预测未来中的效用。

8.1.2 本章结构

本章重点介绍适合预测无线网络中移动主机未来位置的技术，主要针对两种不同的情况。根据第一种情况，网络覆盖区被划分成一些互不重叠的区域（称为单元），位置跟踪在单元水平上进行；根据第二种情况，覆盖区不被划分，位置跟踪在地理坐标水平上进行。8.2 节针对第一种情况，介绍了基于信息论的位置预测方法。8.3 节针对第二种情况，提出了移动主机位置索引的相关问题，以支持预测查询。对于这两个宽泛且重要的问题，本章讨论了无线网络中预测位置跟踪的关键问题和难点，并对最新的解决方法进行了调研、分类和比较。

8.2   预测位置跟踪技术

由于移动目标运动的内在不确定性，可以把它们视为一个底层随机过程的结果，利用信息论的概念和工具对其建模[34, 56]。文献[17]的基础工作表明，传统上用于数据压缩的方法（因此描述为"信息论"）也可用于预测。对于象征性的网络拓扑模型[8]，可以用由离散符号组成的有限字母表代表空间状态。字母表由所有客户端已经访问过或可能会访问的站点（单元）组成（假设覆盖区内的单元数量是有限的）。通过这种转换，可以利用传统上用于数据压缩的方法进行预测。接下来，对这些方法进行详细阐述。

8.2.1 离散序列预测问题

对于量化过去在预测未来中的效用，需要给出该问题的正式定义。设 $\sum$ 是一个字母表，它由有限个符号 $s_1, s_2, \cdots, s_{|\sum|}$ 组成，其中 $|\cdot|$ 表示参数的长度/基数。预测器是用于生成预测模型的算法，它积累的序列类型为 $a_i = \alpha_i^1, \alpha_i^2, \cdots, \alpha_i^{n_i}$，其中对于 $\forall i, j$，$\alpha_i^j \in \sum$，n_i 表示组成 a_i 符号数量。不失一般性，可以假设预测器的所有知识由单一序列 $a = \alpha^1, \alpha^2, \cdots, \alpha^n$ 组成。基于 α，预测器的目标是构造一个模型，在给定"一些"过去的情况下，为任何未来结果分配概率。通过将移动模型作为一个随机过程 $(X_t)_{t \in N}$，可用如下公式表示上述目标。

定义 8.1（离散序列预测问题） 给定任意时间 t（意味着已经按逆序出现 t 个符号 $x_t, x_{t-1}, \cdots, x_1$），按如下公式计算条件概率：

$$\tilde{P}[X_{t+1} = x_{t+1} \mid X_t = x_t, X_{t-1} = x_{t-1}, \cdots],$$

式中：$x_i \in \sum$，$\forall x_{t+1} \in \sum$。因为概率不随时间变化，因此该模型采用了平稳马尔可夫链。预测器的输出是一个根据 $\tilde{P}$ 的符号排列。采用这种预测模型的预测器被称为马尔可夫预测器。

根据应用的需求，预测器可能只返回概率最高的符号，即"最可能"预测策略，或者返回 m 最高概率的符号，即"最高-m"预测策略，其中 m 是预先设定的参数。任何情况下，策略的选择是次要问题，只在预测排名时给予关注，因此本章不予考虑。

上述定义中所使用的"历史" $x_t, x_{t-1}, \cdots$ 叫做预测器的上下文，指的是影响下一个输出的部分过去。历史的长度（也叫马尔可夫链/预测器的长度、记忆或阶）用 l 表示。因此，预测器利用 l 个过去符号计算条件概率的公式如下：

$$\tilde{P}[X_{t+1} = x_{t+1} \mid X_t = x_t, X_{t-1} = x_{t-1}, \cdots, X_{t-l+1} = x_{t-l+1}] \tag{8.1}$$

一些马尔可夫预测器在模型创建之前就固定了 l 的值，将其预设为常数 k，从而降低预测模型的大小和复杂度。这些预测器及其相应的马尔可夫链叫做 k 阶固定长度的马尔可夫链/预测器。其计算概率的公式为

$$\tilde{P}[X_{t+1} = x_{t+1} \mid X_t = x_t, X_{t-1} = x_{t-1}, \cdots, X_{t-k+1} = x_{t-k+1}] \tag{8.2}$$

式中：k 为常数。

虽然从概率的角度来看，这是一个很好的模型，但从估计的角度来看，这些马尔可夫链并不合适，其主要限制与它们结构上的缺陷有关，因为无法确定最优的 k 值。

其他马尔可夫预测器允许其长度可变，即

$$\tilde{P}[X_{t+1} = x_{t+1} \mid X_t = x_t, X_{t-1} = x_{t-1}, \cdots, X_{t-l+1} = x_{t-l+1}] \tag{8.3}$$

式中：l 是过去值的函数，$l = l(x_t, x_{t-1}, \cdots)$。

这些预测器叫做可变长度的马尔可夫链；长度 l 的范围是 1 到 t。如果对于所有的 $x_t, x_{t-1}, \cdots$，$l = l(x_t, x_{t-1}, \cdots) \equiv k$，那么就是固定长度的马尔可夫链。可变长度的马尔可夫预测器可能会限制长度的上界。可变长度的概念能提供丰富的预测模型，并有调整自身数据分布的能力。如果能以数据驱动的方式选择函数 $l = l(\cdot)$，那么只能获得普通的固定长度的马尔可夫链，但这不是一个简单的问题。

马尔可夫预测器（固定或可变长度）是根据上下文之后出现的符号的个数来计算概率 $\tilde{P}$。预测器还特别注意对未观察到的符号（即上下文之后出现零次的符号）的处理，为其分配一些"最小概率块"。

8.2.2 马尔可夫预测器的能力

无线网络中的预测问题，尤其是位置预测，在过去的几年中已受到人们的关注，且所提出的技术主要针对自动控制学习、卡尔曼滤波和模式匹配。

自动控制学习是有限状态的自适应系统，它不断与环境交互，并学习一种"行为"。自动控制

学习已应用于位置预测[28]，虽然简单，但并不是有效的学习者，因为需要以 Ad Hoc 的方式设计适当的惩罚/奖励策略，而且收敛到正确动作的速度慢。

卡尔曼滤波是一种递归处理算法，用于产生最优估计。基于卡尔曼滤波的方法[33]依靠运动的速度、加速度和方向的具体分布来构建移动目标运动方程。因此，他们通过测量信号强度假设相对准确的地理位置知识，其性能很大程度上取决于卡尔曼滤波器的稳定时间和系统参数的知识（或估计）。

最后，（近似）模式匹配技术已被用于位置预测[33]。它们对集合的或者每个用户的移动配置文件进行编译（或者假设存在），并在当前位置和存储的轨迹之间执行相似度匹配。相似度匹配是通过计算当前位置和每个所存储轨迹之间的编辑距离实现的，用于导出预测位置。虽然利用动态规划能很快计算出编辑距离，但对于个别符号（如插入、删除、替代）来说，选择有意义的编辑操作集来给它们分配权重、处理不等的符号序列和选择作为相似性度量编辑距离而非字符串对齐，则相对比较困难。

因此，出现两个问题：(1)为什么从技术的角度来看马尔可夫预测器更适合执行位置预测；(2)位置预测是否服从马尔可夫链的预测。根据技术上的原因，提倡在这些问题上采用马尔可夫预测器，但其最大的优点是普遍性；它们与区域无关，即与地理坐标没有任何耦合或者不需要对分布作特定的假设，只需要一个从研究区域的"实体"到字母表的简单映射。因此，他们能够支持位置预测。

马尔可夫链的预测依赖于短记忆原理，简单地说就是给定先前的序列，通过观察序列中的最后几个符号就能非常精确地估计出下一个符号的（经验的）概率分布。该原则合理且直观地符合人们旅行或者寻求信息时的行为。移动用户在旅行时通常有明确的目的地，并设计旅行的特定路线（公路或者偏爱的步行路径）。这种"有目标的"旅行绝非随机游走假设，它可以通过研究实际的移动迹线来确定[45]。因此马尔可夫链预测的能力源于它的普遍性、建模能力以及与人类行为的一致性。

8.2.3 马尔可夫预测器家族

马儿可夫预测器为它们的输入序列构造概率模型，并采用数字搜索树（Trie 树）来跟踪感兴趣的上下文以及一些用于计算条件概率 $\tilde{P}$ 的计数。Trie 树的根节点对应于"空"事件/符号，而树的其他每一个节点对应于一个事件序列，该序列用于标记节点。将马尔可夫预测器等效于 Trie 树，每个节点伴有一个计数器，它描述了事件序列（对应于从根节点到父节点的路径）自跟踪起这一事件出现的次数。

为方便起见，给出了一些本章后续部分需要使用的定义。使用的样本事件序列为 $\alpha = aabacbbabbacbbc$，它的长度就是所包含的符号个数，即 $|\alpha| = 15$。子序列 $s = ab$ 的出现次数为 $E(s) = E(ab) = 2$，其归一化出现次数等于 $E(s)$ 除以相同长度子序列能具有的最大出现次数（可能重叠），即 $E_n(s) = E(s)/(|\alpha| - |s| + 1)$。一个符号出现在给定子序列之后的条件概率定义为该符号正好出现在给定子序列后面的次数除以子序列出现的总次数。因此，符号 b 出现在子序列 a 之后的条件概率 $\tilde{P}(b \mid a) = (E(ab))/(E(a)) = 0.4$。本节的其余部分介绍了马尔可夫预测器家族。

8.2.3.1 基于局部匹配方案的预测

基于局部匹配方案的预测，简称 PPM，是以通用的压缩算法[14]为基础的。对于预测模型的构造，首先假定一个预设的最大阶数为 k。然后，对于每个长度可能为 $1 \sim k+1$ 的子序列，在 Trie 树中创建或更新相应的节点。虽然，该描述意味着能预先知道整个输入序列，但该方法以在线方式工作，利用一个大小为 $k+1$ 的"滑动"窗口在序列上滑动。PPM 预测器的样本序列 $aabacbbabbacbbc$ 如图 8.1 所示。可以通过检测序列 $s\sigma$（将其作为 Trie 树中源于根的路径）来计算符号 σ 出现在上下文 s 之后的条件概率，其中 $|s\sigma| \leqslant k$。预测的方式与此类似。例如，采用一个"最可能"预测策略，对于测试上下文 ab，其预测符号为 a 或 b，它们的条件概率均是 0.50（参见图 8.1 中的灰色阴影节点）。

PPM 预测器能利用的最大上下文为 k；虽然长度为 $1 \sim k-1$ 的所有中间上下文均可以使用，不过仍称这种模式全 K 阶 PPM 模型。各种长度的上下文的交错并不意味着这个方案是可变长度的马尔可夫预测器（虽然有时这么称呼），因为上下文的长度是预先决定的，而不是以数据驱动的方式决定的。

除这个基本方案之外，人们还提出了许多变化方案，试图根据输入数据的统计信息来修剪 Trie

树的某些路径，从而减小它的尺寸。他们为归一化出现次数和子序列的条件概率设置了下限，然后剪去没有超过这些界限的所有分支[10, 16, 37]。显然，这些方案是离线的，并通过传递一次或多次输入序列来收集所需的统计信息。

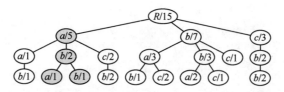

图 8.1 序列 *aabacbbabbacbbc* 的 PPM 马尔可夫预测器

8.2.3.2　Lempel-Ziv-78 方案

Lempel-Ziv-78 马尔可夫预测器，简称 LZ78，是第二种有利于实现预测的方案[8, 56]。为了寻到一种用于固定长度编码方法的通用变量，人们提出了 LZ78 算法[64]，它为输入序列构造预测模型的方式如下。首先，它不需要为生成的模型设定最大阶数。然后，它将输入序列解析成多个不同的子序列，即 $s_1, s_2, \cdots, s_x$，$\forall j(1 \leqslant j \leqslant x)$，子序列 s_j 的最大前缀与某些 s_i 相等，其中 $1 \leqslant i < j$。已发现的子序列和相关统计数据被插入 Trie 树中，插入的方式与 PPM 方案相同，且条件概率的计算方式与 PPM 完全类似。图 8.2（a）所示的是 LZ78 预测器的样本序列 *aabacbbabbacbbc*。然而，在这个例子中，LZ78 无法为测试上下文 *ab* 产生预测（即灰色阴影节点下面没有子树）。

显然，LZ78 马尔可夫预测器是一个在线方案，它缺少管理调谐参数的下限，如出现次数，是可变长度的马尔可夫预测器的一个典型范例。虽然，有充分的结果证明它的渐近最优性和对固定长度 PPM 预测器的优越性，但实际上，各种实验的研究否定了这个结果，因为输入序列的长度是有限的。然而，LZ78 预测器仍然是一个很常用的预测方法。文献[8, 34]对最初的 LZ78 预测方案进行了改进，除所考虑的子序列之外，它的所有后缀也被插入 Trie 树中（图 8.2（b））。

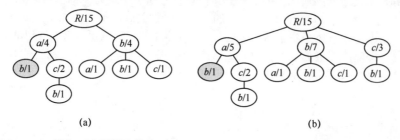

(a)　　　　　　　　　　　　　　　(b)

图 8.2　LZ78 马尔可夫预测器的序列 *aabacbbabbacbbc* 及文献[8]中改进的 LZ78 预测器

8.2.3.3　概率后缀树方案

文献[41]介绍了概率后缀树马尔可夫预测器，简称 PST，并给出了它与 LZ78 和 PPM 的一些相似之处。虽然它给所考虑的上下文指定了最大阶数，但实际上它是可变长度的马尔可夫预测器，并按如下方式为输入序列构造 Trie 树。构造过程使用五个管理设置参数：k 为最大上下文长度，$P_{\min}$ 为考虑被插入 Trie 树的子序列的最小归一化出现次数，r 为当前子序列和它的直接父节点之间预测能力差异的简单测量，$\gamma_{\min}$ 和 α 共同定义符号条件出现的重要性阈值。然后，对于每个长度为 1 到 k 的子序列，如果它之前没有出现过且三个条件均成立，那么就在 Trie 树中增加一个新的节点，并用该子序列标记。假设当前的子序列为"abcd"，那么该子序列当且仅当以下条件满足时才被插入 PST 的 Trie 树中：

（1）$E_n(abcd) \geqslant P_{\min}$；

（2）存在某一符号 x，满足：

①　$\dfrac{E(abcdx)}{E(abcd)} \geqslant (1+a)\gamma_{\min}$；

② $\dfrac{\tilde{P}(x\mid abcd)}{\tilde{P}(x\mid abc)}\geqslant r$ 或 $\leqslant 1/r\equiv\dfrac{E(abc)}{E(abcd)}*\dfrac{E(abcdx)}{E(abcx)}\geqslant r$

或 $\leqslant 1/r$ 。

图 8.3 所示的是参数 $k=3,P_{\min}=2/14,\ r=1.05,\gamma_{\min}=0.001$ 以及 $\alpha=0$ 的 PST 预测器，其样本序列为 $aabacbbabbacbbc$。显然，当 k 相同时，PST 是基准 PPM 方案的一个子集。本例中的 PST 无法为测试上下文 ab 产生预测（即灰色阴影节点下面没有子树）。

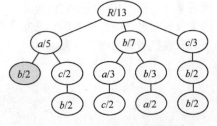

图 8.3 PST 马尔可夫预测器的序列 *aabacbbabbacbbc*

除这个基本方案之外，人们还提出了许多变化方案[5]，大部分给出了改进的算法，即对于学习输入序列的过程和预测的进行是线性的。

8.2.3.4 上下文树加权方案

上下文树加权马尔可夫预测器[58]，简称 CTW，的基本思想是将许多有限阶的马尔可夫链和二进制字母表以指数方式相结合。CTW 为生成的模型假定了一个预设的最大阶数 k，并且构造一个高为 k 的完全二叉树 T。节点 s 的左子节点和右子节点分别用 0s 和 1s 表示。每个节点 s 维护着两个计数器 a_s 和 b_s，分别用于计数到目前为止输入序列中 0 和 1 的数目。此外，每个上下文（节点）s 还维护着两个概率 P_e^s 和 P_w^s，前者是 Krichevsky-Trofimov 估计器，后者是 P_e 的某些值的加权和。图 8.4 所示左边部分是 CTW 预测器的二进制样本序列 010|11010100011。

用 P_e^R 和 P_w^R 分别表示根节点的 Krichevsky-Trofimov 估计和 CTW 估计，那么可以用如下方式预测下一个符号。首先，假设下一个符号为 1，并根据根节点的新估计 $P_w'^R$ 来更新 T，那么，$P_w'^R/P_w^R$ 是下一个符号为 1 的条件概率。

针对非二进制字母表的情况，Volf[57] 提出了各种扩展方法，其中分解 CTW，简称 DeCTW，能实现方法效率和简单性之间的最优折中。首先，假设符号属于基数为 $|\Sigma|$ 的字母表 Σ，并考虑一个具有 $|\Sigma|$ 个叶节点的满二叉树。每个叶节点与 Σ 中的一个符号相关联。每个内部节点 v 用于预测下一个叶节点符号位于 v 的左子树还是右子树。然后，将二进制 CTW 预测器"附加"到每个内部节点上。在"相关"符号（即对应于根为 v 的子树）上设计训练序列，并将 v 的左子树上的符号译为 0s，右子树上的符号译为 1s。图 8.5 所示的是 DeCTW 的图解。

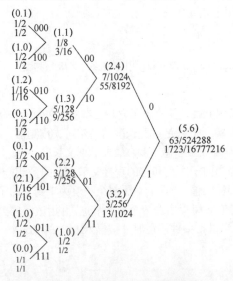

图 8.4 CTW 马尔可夫预测器的
二进制序列 010|11010100011

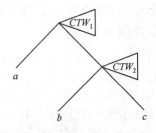

预测器	模型序列
CTW	*aa-a---a--a---*
CTW	*bcbbbbcbbc*

图 8.5 DeCTW 马尔可夫预测器的
序列 *aabacbbabbacbbc*

8.2.4 预测方案的比较

在 8.2.3 节中，简单介绍了四种马尔可夫预测器的结构，本节将对它们进行定性比较；首先，对其一般特征/优点做出评论，然后阐述每种预测器的适用场合。

所有的马尔可夫预测器都隐式或显式地基于短记忆原理，这表明通过序列中最后的 k 以内个符号就能估计出下一个符号的概率分布。有些方法预先固定了 k 的值（如 PPM、CTW）。如果所选的 k 值过低，就无法捕获符号之间的所有依赖关系，从而降低预测效率。另一方面，如果 k 值过大，那么该模型将过度拟合训练序列。因此，从这个角度来看，可变长度的马尔可夫预测器（如 LZ78、PST）更加合适。这就是后来改进 PPM 和 CTW 的原因，是考虑无限长的上下文起见，如 PPM★算法[13]。

另一方面，序列和长度的选择是可变长度预测器需要考虑的问题。PST 试图估计每个子序列的预测能力，以便将它存储在 Trie 树中，但这需要配置许多可调的参数。LZ78 采用基于前缀的去相关方法，这导致至少在第一阶段，一些重复性结构不被包含在 Trie 树中。这一特性对无限长度的序列来说不是很重要，但对于短序列，可能会导致性能损失，例如无法在图 8.2 的 LZ78 的变体中找到模式 *bba*。虽然这个例子不能证明 LZ78 不如其他算法，但它表明个别算法的特性可能会影响它的预测性能，尤其在短序列中。尽管 PPM 方案的预测性能更优越，但其应用远不如 LZ78 普遍，因为后者的记忆效率和计算复杂度优于 PPM 算法。

在表 8.1 中，对马尔可夫预测器家族及其主要成员，以及它们的主要属性特征进行了总结。

表 8.1　离散序列预测模型的定性比较

预测方法			开销			特性
家族	变体	马尔可夫类	训练	参数化设计	存储	
LZ78	[8]	可变	在线	适度	中等	可能会遗漏模式
	[64]	可变	在线	适度	中等	
PPM	[10]	固定	离线	繁重	大	固定长度
	[14]	固定	离线	适度	大	高复杂度
	[16]	固定	离线	繁重	大	
PST	[5]	可变	离线	繁重	低	参数化
	[41]	可变	离线	繁重	低	
CTW	[57]	固定	在线	适度	大	二进制特性
	[58]	固定	在线	适度	大	

从表 8.1 中，可以了解到各种方法的适用场合。虽然强调特定模型的选择和性能很大程度上取决于应用特性，但相关文献中的一些结果表明具体应用中方法性能相对于其他方面的增益。据我们所知，对于位置预测问题，还没有哪项研究同时利用合成数据和实际数据对本文提到的所有预测器家族进行比较。一般而言，这类研究的数量是有限的，且他们使用的实际数据来自有限的环境（如大学校园），而非商用无线系统，如蜂窝网络的用户，因此不可能从这些工作中得出安全的结论。文献[11, 21, 37, 45]给出了一些有价值的研究，其中包含了基于实际数据的综合性实验。

虽然替代性方法是可行的，但对于策略选择，主要从以下两个方面给出建议：第一方面反映问题（即位置预测）的类型；第二方面反映执行预测的"网络部分"（即固定的、资源丰富的网络服务器，或者资源匮乏的移动主机）。

对于移动应用，有一些非常重要的直观结果（但也被实验所证实[25]）：①随着时间的推移，用户兴趣会发生显著变化（非"强"平稳）；②有许多可供选择的路径能到达同一目标位置，因此规律性模式会受到噪声的干扰，使其变得"模糊"。根据第一个观察结果可知，使用 LZ78 预测器的可能性很小。此外，由于单个客户端的轨迹长度会发生变化，所以剩下的可变阶马尔可夫预测器比较合适；假设程序以离线方式在资源丰富的服务器或者较为强大的笔记本电脑上运行，在这种情况下，PST 将是最佳的选择。

如果节省能量消耗是应用（小型便携式设备如 PDAs、移动电话）的主要问题，那么选择 PPM 预测器更为合适，因为它们是在线的，但是它们为了降低模型的复杂度，会牺牲一些预测性能（因为模型的阶相对较小，且是固定的）。第二个观察可能使所有的预测方法变得没有效率，因为它违反了模式中符号出现的"连续"性，而这一属性正是所有介绍的马尔可夫预测器所依赖的。对于"噪声符号"被交错在模式子序列中的情况，可以采用文献[16, 37]中介绍的改进的马尔可夫预测器，但是这些算法是离线的，且需要大量的资源（内存、能量），因此它们只适用于能收集大量用户轨迹的固定网络服务器。

位置预测是一个相对容易管理的问题，这是因为可供选择的上下文很少（即蜂窝系统的六边形架构、无线局域网中的几个固定接入点以及智能家庭应用），且平稳性"强"（即校园/城市内的一些习惯性的路线、城市区域内的一些旅行路径——道路网络）。

对于位置预测应用，在每个特定场景中都可以使用多种马尔可夫预测器家族。对于移动主机的动态跟踪（利用运行于网络服务器或移动主机上的跟踪应用程序），PPM 和 LZ78 方法都是适用的。低阶 PPM 模型和增强型 LZ78[8]能达到最佳性能，因为平稳性假设是有效的。事实上，文献[45]证实了那些直观结果。这些变体也完全适用于切换前的动态资源分配。对于位置区设计应用，重在发现"长期存在的"重复的用户路线，其处理过程是离线的，因此 PST 或文献[16, 37]所介绍方法是适用的，且其统计偏差更小。

8.3　预测位置索引技术

在 8.2 节中，针对象征性的拓扑模型，提出了预测位置跟踪的主要方法。但是在许多情况下，想在粒度更细的空间和时间上跟踪移动目标的位置，如跟踪鸟、飞机或卫星的轨迹，或者跟踪热带风暴、火灾的移动，因为我们需要知道"什么时候两个卫星会相遇？"、"火灾会不会威胁到村庄 Thetidio？"等。

这就需要在数据库中存储每个移动目标的运动矢量，而不是当前位置，它相当于位置关于时间的函数。也就是说，如果在 t_0 时刻记录目标的位置以及它的速度和方向，那么就可以推导出 t_0 之后所有时刻的预测位置。当然，运动矢量需要时常更新，但没有位置更新频繁。因此，从位置管理的角度来看，需要动态维护当前一组移动目标的位置，从而可以知道当前位置、不久之后的位置或者随着时间的推移移动实体和静态几何体之间发展的任何关系。

为了支持这种功能，数据库必须建立索引；索引能根据搜索键快速访问单个或多个数据库中的记录，从而避免其他不必要的扫描。文献[18]介绍了许多能够支持连续移动的索引。适用于移动目标的索引可以被分为用于查询过去的移动状态的索引和用于查询移动目标未来位置的索引，前者叫做历史性查询，后者叫做预测性查询。下面介绍预测位置索引技术。

8.3.1　假设和专业术语

在大多数应用中，移动目标的大小和形状是无关的。所以，每个目标用一个几何点来表示，其位置由一个特定运动参数的时间函数 $x(t)$ 构成。根据 $x(t)$，应用能够估算目标的未来位置。此外，需要相关目标能够定期报告 x 参数发生的任何改变。例如，在多数情况下，$x(t)$ 是时间的线性函数 $x(t)=x(t_{\mathrm{ref}})+v(t-t_{\mathrm{ref}})$，其中两个参数分别为参考时刻 t_{ref} 的位置 $x(t_{\mathrm{ref}})$ 和速度矢量 v。一般而言，方程参数指定时间–位置双重空间。

查询可以分为范围查询和邻近或最近邻（NN，Nearest Neighbor）查询。范围查询称为：①时间片或快照(r,t)，其中 r 为给定区域，通常为超矩形，t 为查询所有位于区域 r 内的移动目标的时间；②窗口$(r,[t_1,t_2])$，即在$[t_1,t_2]$期间查询超矩形 r 内的所有目标；③移动$(r_1,r_2,[t_1,t_2])$，即查询梯形内的所有目标，其中梯形由时刻 t_1 的超矩形 r_1 和时刻 t_2 的超矩形 r_2 连接而成；④选择性或聚合$(r,[t_1,t_2])$，即给定区域 r 和时间间隔$[t_1,t_2]$，估计$[t_1,t_2]$期间经过 r 的目标数量。类型①～③也称为范围报告，而类型④适用于内存有限且实时性处理要求高的情况。

另一方面，对于离给定位置最近的 k（$k \geqslant 1$）个移动目标的查询访问是在时刻 t 或在$[t_1,t_2]$期间。有时候，所有将给定位置作为最近邻的目标都被请求，这种搜索叫做反向最近邻（RNN，Reversed Nearest Neighbor）搜索。

在上述定义中，可能会有两个变化：首先，查询范围/点也会移动，从而使查询能够连续；其次，返回的响应集可能包含时间或空间的有效信息，这样可以告知用户关于有效结果的到期时间 t 或者包含查询位置的有效区域 r。

总结本节，简单讨论了 R 树[19]，它是一种通用且实用的索引结构，因为大多数解决方案是在它的基础上被提出来的。所以 R 树是高度平衡树，可以视作 B^+树的一个扩展，用于处理多维数据。每个几何体目标的最小边界矩形（MBR，Minimum Bounding Rectangle）连同指向目标实际所在的圆盘地址的指针一起被存储到叶节点中。每个内部节点由指向子树 T 的指针和 T 的 MBR 组成，其中定义 T 的 MBR 为封闭所有存储在 T 中的 MBRs 的 MBR。和 B^+树一样，每个节点包含的条目数最少为 m，最多为 M，其中 $m \geqslant M/2$。另一方面，与 B^+树不同，一次搜索查询可能会激活多条从根节点到 R 树叶节点的搜索路径，这导致在最坏情况下查询性能与数据集的大小成线性关系。

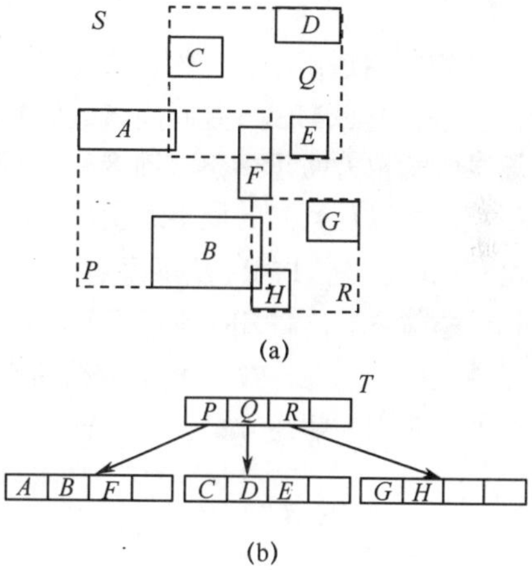

图 8.6　R 树例子

（a）矩形 A-H 的集合 S；（b）相应的 R 树 T。

图 8.6 所示的是矩形集 S 上的 R 树。自 R 树被提出以来，人们已经提出了它的一些变体，通过调整一些参数来改善性能。在“R 树家族”中，最突出的是 Beckmann 等人[6]提出的 R*树。

8.3.2　范围查询的索引结构

8.3.2.1　范围报告

Tayeb 等人[55]是最早为快照和窗口查询提出移动目标索引的研究者之一，他们索引定期重建的组 PR 四叉树[44]中的行，但对空间的要求较高。随后，Kollios 等人[27]提出了一维和二维范围搜索的解决方案，即使用 R 树[19]在 xt 平面中索引目标，或者利用动态外部分区树[2]在二维对偶空间中索引目标。由于所采用的索引结构，最后的建议主要在于理论意义。

文献[43]介绍了 R^*树的一个时间参数化版本，称为 *TPR* 树，这是因为在 R 树家族中，没有哪个成员能有效地索引移动目标。借助图 8.7，对此进行说明。图 8.7 中最左边的子图所示的是七个点目标在 0 时刻的位置和速度矢量。假设在 0 时刻构造一个 R 树。第二个子图所示的是目标的 MBRs 分配情况，其中每个节点最多包含三个目标。先前的工作已经表明，最小化重叠、死角和周长的数量能获得一个具有良好查询性能的索引[6]，所以要有选择地分配。然而，虽然某种分配目前有利于查询，但目标的移动可能会对该分配产生不利影响。第三个子图所示的是目标在时刻 3 的位置和相应的 MBRs（假设 MBRs 增大并保持有效）。增大的 MBRs 对查询性能产生了不利影响，且随着时间的增加，MBRs 将继续增大，从而导致性能进一步恶化。即使属于同一 MBR 的目标（如目标 4 和 5）最初比较接近，但它们的移动方向不同，所以它们的位置会相距越来越远，从而导致 MBRs 增大。对于时刻 3 的查询，比较合适的分配方式如最右边的子图所示，而在 0 时刻，该分配所对应的查询性能比原分配差。因此，当大多数查询来临时，必须考虑如何将目标分配到 MBRs 中。

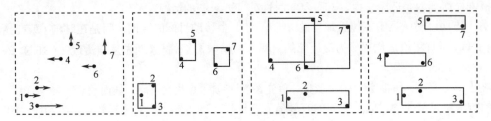

图 8.7 移动目标和叶级别的 MBRs

TPR 树适用于在一维、二维和三维空间中匀速移动的目标，它实际上是针对未来查询的空间索引。本例中的 MBRs 是时间参数化的边界矩形（由 *TPR* 树支持）。该方法的新颖之处就是采用了与速度矢量相关的 TPBRs（图 8.8）：对于每个坐标 x_i，下限被设定为在时刻 t_{ref} 观察到的最小的 x_i 坐标值，并以观察到的最小速度移动，上限被设定为 t_{ref} 时刻最大的 x_i 坐标值，并以观察到的最大速度移动。由于 TPBRs 从不收缩，且是保守有界的，所以将索引调整为 H 个时间单元；之后进行结构的总体重建。TPBRs 还利用了 *R** 树的更新和重建算法的泛化，所以它们各自的目标函数是时间参数化的。总之，*TPR* 树能支持所有类型的范围查询（时间片查询、窗口查询和移动查询），是一个非常实用的解决方案。

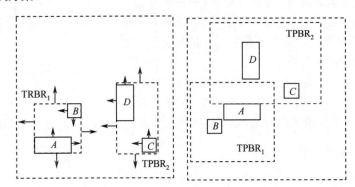

图 8.8 时间参数化的边界矩形的形成

Agarwal 等人[3]为应答窗口和移动窗口查询提供了具有理论意义的解决方案，适用于一维和二维的移动点，其时间复杂度取决于当前时间和查询时间之间发生的事件数，事件包括目标之间关于一个轴的相对位置顺序的改变，或者移动目标的插入/删除。他们将平面/空间分割成对数个条带（厚板），每个包含有限数量的事件。然后，每块板的安排被存储在 B 树的持久性版本中。因此，一维和二维的移动窗口查询的时间复杂度分别为 $o(\log_B n + k/B + B^{i-1})$ 和 $o(\sqrt{n/B^i}(B^{i-1} + \log_B n) + k/B)$，$B$ 为页容量，i 为板号。

R^{EXP} 树[42]也使用 TPBRs 来限制移动目标。然而，我们做出一个假设：目标经过一段时间 t_{exp} 后到期，且在这段时间内没有报告它们的位置，利用这一假设，作者能得出解析公式，用于产生更紧缩的 TPBRs。这一事实连同只发生在更新操作后的过期目标的懒惰移除一起能发现一个过期项，这使 R^{EXP} 树与 *TPR* 树相比具有更好的实验性能。STAR 树[39]也是 *TPR* 树的一个改进，适用于二维的情况。该方案的主要特点是能自我调节：根据用户对空间开销和性能质量的要求，该索引能自动调整，不需要用户的干涉。为此，不断估计点的延伸，并且当一个节点的子节点重叠过多时，借助一个优先级队列将它们重新分配。作者给出了以下改进：与 TPR 树相比，速度提高了 2.3%，且随着时间的推移，该方案的恶化很有限。

TPR^*树[52]对 TPR 树进行了改进，即引入更详尽的决策过程，用于插入路径选择、节点重新插入和子节点再分配，这有效提高了搜索性能。此外，作者提出了一个原始 TPR 树的成本模型，强调了影响其性能的因素，并显示了 TPR^*树相对于 TPR 树的优越性。这一事实也被大量的实验研究所证实，实验结果表明，TPR^*树的查询成本平均减少了 5 次，而平均更新成本几乎不变。

文献[1]针对平面中的移动点介绍了三个理论上的索引方案。第一个方案通过使用一个两级的外部分区树来对文献[27]中的方法进行改进，其时间复杂度为 $o(n^{1/2+\varepsilon}+k)$，其中 k 为输出大小。另外两个方案支持一维和二维的查询，这些查询可能是当前的，也可能是按严格的时间顺序到达的，两个方案都具有对数复杂度。一维索引采用运动的 B 树，而二维索引采用运动的范围树。

Patel 等人[38]介绍了条纹索引，它基本上是一个多维的外部 PR 组四叉树，能支持所有类型的范围查询（时间片、窗口和移动）。将每个移动目标表示在双重 $2d$ 维参数空间中。参数空间的索引是通过应用不相交的常规划分（主要由底层四叉树施加）实现的。作者测试了条纹索引的性能，并与 TPR^*树进行比较，得出他们的方法所需的更新时间和查询时间均更少，其中查询速度提高了四倍，更新操作快了一个数量级，这是因为 TPR^*树缓存位置差，且是多径遍历。

Tao 等人[48]处理的是某一时间间隔内的环形静态范围查询，其中移动目标的移动模式是未知的。为了支持任意移动，Tao 等人提出了一个监视索引框架：每个移动目标利用作者引进的运动矩阵各自不断地计算递归函数，该函数最好地描述了它的移动。另一方面，对于每个目标，服务器采用相同的粗多项式函数 m。后者存在不精确性，其处理过程分为两个步骤。首先，在筛选阶段，利用 STP 树选择所有肯定或可能满足查询的目标。可以认为 STP 树是 TPR 树和 TPR^*树的一个泛化，即任意多项式函数 m。其次，在精炼阶段，服务器与可疑目标进行通信，这些目标根据他们自己精确的移动函数评估查询，并将结果返回给服务器，如果需要，还将返回 m 的修正参数。该方案的适用性已经通过一系列实验得到了充分研究，这类实验涉及运动近似方法和新的索引。

8.3.2.2　范围聚合

2002 年，Choi 和 Chung[12]最先开展有关静态查询的矩形范围选择性的工作。对于一维的情况，其解决方案就是简单的观察，当且仅当由移动点在查询时间的首尾时刻（暂定）形成的线段与查询范围 r 相交时，该移动点满足 r。作者提出了一种基于直方图的计算方法，将空间划分成许多时间演变组。通过在每个空间维度上投射目标和查询以及将选择性评估为一维结果的产物，该方法也被扩展到二维的情况。

以往的方法会导致估计过高，因为投射忽略了必要的时间条件。Tao 等人[54]通过删除投射步骤取得了较好的估计结果；他们利用一个时空直方图来解决问题，该直方图同时考虑了位置和速度。作者给出了其在选择性精度和更新操作方面的显著改善。文献[20]处理的是一维和二维的移动。实际上，作者介绍了两个解决方案：第一个解决方案也是基于多维直方图，且这些直方图依然定义在对偶空间上；对于第二个解决方案，将移动目标住宿到一个索引是首要条件。也就是说，每个叶节点条目的概要（包括目标的数量和它们有界的矩形空间范围）被存储在哈希表中，用于推断输出。

不同于先前的三个解决方案，为了节省空间和处理开销，文献[53]采用随机采样来实现选择性估计。尤其是，引入的 Venn 采样方法使用由 m 个 PIVOT 查询组成的集合 S，它们代表了实际分布，且被准确估计。最有意思的部分是，根据 S 能形成 m 个移动目标（并不一定属于底层数据集）的一个加权样本，且传送给移动目标。任何进入的查询均可以查询到该样本，并且符合条件的目标的权重总和会返回给用户。系统以及移动目标不断监视样本集的质量；如果估计误差超过一个阈值，就会调整样本权重，而不是调整各自的样本目标。作者给出的实验结果使得该方案极具吸引力。

8.3.3 最近邻查询的索引结构

Kollios 等人[26]介绍了用于平面中定位静态查询的最邻近移动目标的解决方案，它允许目标在固定的线段中任意或受限制地移动。该方案虽然只是初步的，但很实用。他们同时考虑了两种情况，即 xt 平面中和双平面中的索引。第一种情况采用标准空间索引如 R 树[19]来索引，而第二种情况采用的是 B^+ 树[15]和水平条纹中的双平面分割。

Song 和 Roussopoulos[46]研究了连续的 kNN 问题，用于查询一个移动查询点的 k 个静态最近邻。他们观察发现当查询点移动到一个新的位置时，某些之前被报告的近邻仍然在 k 个最近邻之中。要正式表达这一事实需使用标准索引结构（如 R 树）的一系列条件。

Zheng 和 Lee[63]利用有效性信息来提高 NN 查询。该方法非常简单：利用静态数据集的 Voronoi 图来计算移动点的最近邻。由于最近邻的 Voronoi 单元 c 是可得到的，所以围绕查询点且不跨越 c 的任何边界的最大圆构成了查询结果有效的安全下限。

文献[7]通过适当扩展 TPR 树算法来处理时间间隔 t 内查询点 q 的二维最近邻和反向最近邻查询。NN 查询采用深度优先搜索技术，即不断删除无法围合最近点的 TPBRs。RNN 查询更加复杂：相交于 q 的直线将查询点 q 周围的空间分成六个相等的部分 s_i，因为至多存在六个 RNN 点，每个 s_i 中至多一个。因此，包含两个或更多 q 的最近点的部分将被舍弃，并且在剩余部分的最近邻中搜索。

文献[22]从不同的角度处理静态数据集的连续 NN 查询。该解决方案建立在围绕移动查询点的椭圆体区域上，该区域是通过利用当前、过去、未来的轨迹位置和精心挑选的度量标准生成的。另一方面，利用"空间"结构，如 R 树，来索引静态数据集。由于当查询点的位置发生变化时，不会重复使用先前的响应，所以这种方法调整后才能有效。

Tao 等人[51]对静态输入数据集位于 R 树 T 中，且查询点是线性移动时的连续 kNN 搜索展开研究。当 $k=1$ 时，这些假设确保输出集由点 p_i 序列组成，这些点将移动线段分割成互不相交的片段 s_i，s_i 中的每个点将 p_i 作为它的最近邻。这些事实表明可以采用启发式节点修剪来进行 T 的分支界限研究。Tao 等人还将修剪规则推广到连续 kNN 的情况，并给出了大量的实验评估。

Aggarwal 和 Agrawal[4]介绍了目标在任意维度中非线性移动（其参数表示满足所谓的凸包性质）情况下的 NN 解决方案。d 维的匀速轨迹、d 维的抛物线轨迹、椭圆轨迹和近似 Tailor 展开的轨迹都属于这种情况。由于具有凸包性质，所以在参数空间中的位置与目标的位置相对应，因此，NN 搜索可以通过在传统空间索引中进行的分支界限、最佳优先算法来实现。作者分别针对三维空间中的线性轨迹和二维空间中的抛物线轨迹演示了他们的方法。

文献[40]对 TPR 树算法进行了改进，从而可以支持 $[t_1, t_2]$ 期间移动点的连续 kNN 查询。该解决方案利用了以下几何事实：kNN 点可以通过 $[t_1, t_2]$ 期间移动点关于移动查询的平方距离函数的 k 级排列来确定。因此，通过底线 TPR 树的深度优先遍历（根据 t_1 时刻移动查询和边界矩形之间的最小平方距离度量）收集到至少 k 个点之后，$[t_1, t_2]$ 的 kNN 点就确定了。然后在第二阶段，对 TPR 树再遍历一次，以精炼输出集。

Iwerks 等人[23]也提出了响应连续 kNN 查询的算法，其中查询点可以是静止的，也可以是移动的。该方法的执行也分为两个阶段。在第一阶段中，通过连续查询距离限 d 以内的目标来筛选输入集。然后，符合条件的点被排列在一个优先级队列中，用于跟踪点改变它们到查询点的距离的时刻或者改变它们相对于当前某个 kNN 点的顺序的时刻。

文献[1]也介绍了最近邻查询。具体地说，Agarwal 等人提出了一个能提供 NN 搜索的近似结果的算法，并用多面体度量替代了欧氏度量。输入集被放置在一个三级复合索引中，其时间复杂度为 $o(n^{1/2+\varepsilon}/\sqrt{\delta})$，$\delta>0$，$\varepsilon<1$。前两级是对偶空间中的外部分区树，最后一级将轨迹的下包络线存

储在线性列表中。

文献[35]介绍了概念划分方法（CPM, Conceptual Partitioning Method），用于不断监测高度动态环境中的多个连续 NN 查询。简单地说，就是将空间由一个规则网格划分，并在主存储器中被索引。该网格的每个单元都维护着驻留在其中的目标的列表，每个查询连同它的当前结果集一起存储在一个表中。此外，CPM 基于邻近准则在每个查询周围的单元中强加一个总序。这样一来，数据和查询集中的每个更新所需的计算成本达到最低，且没有任何有关移动模式的假设；这是通过定性且周密的实验分析给出的。

之后，Mouratidis 等人[36]提出了一个主存储器解决方案，用于增量监测查询和数据目标在道路网中移动时的连续 kNN 查询。该方法主要基于关于查询的网络扩展，直到收集 k 个最近邻。形成的最短路径树连同查询一起被存储，以便顺利整合所有更新。此外，作者提出了一种查询之间计算共享的方法，其中，这些查询的最短路径相互交叉。作者对提出的所有解决方案都进行了实验评估。

最后，Lee 等人[30]处理的是连续的最近包围（NS, Nearest Surrounder）查询，即请求来自查询点的各个不同角度的最近邻。因此，NS 查询通过同时考虑距离和角度特性来监测查询周围的最近邻。该系统将目标的位置记录到一个 R 树中，并将查询连同它们的当前结果一起记录到一个哈希表中，以便可以利用文献[29]中最先介绍的"安全区域"的概念递增地评估数据或者查询目标的任何更新。

8.3.4 窗口和最近邻查询的索引结构

文献[50]介绍了时间参数化窗口和 kNN 查询（TP），它们连同满足空间条件的目标，同样的返回响应过期时间和当时导致响应无效的改变。该方法的关键理念是影响时间与每个移动目标 o 相关，就表明移动目标 o 影响响应有效性的时间。按照定义，响应的过期时间等于所有目标的影响时间的最小值，这可以通过 NN 搜索来评估，其中距离度量就是影响时间。这一观察对于窗口查询和 kNN 查询都是有效的。作者证明了解析公式来评估目标的影响时间。因此，可以使用包含目标集的索引的标准分支界限遍历。他们的解决方案还可以通过在当前结果到期时形成一个 TP 查询来处理连续的时空查询。最后，TP 查询也能支持最早的事件查询，即请求未来某一事件能够发生的最早时间；例如可能需要算出移动查询点 q 第一次和另一个移动目标相遇的时间。通过用一个半径随时间变化的圆包围 q，该查询可以简化为评估圆包含一个点的最早时间，也等效于确定这种圆的最小半径。

基于文献[50]，Zhang 等人[61]也对有效性 kNN 和窗口查询进行了探讨。在第一种情况中，k 阶 Voronoi 单元构成了有效性区域。这些可以通过以下两步来建立：首先，生成最近邻；然后，将时间参数化的 kNN 查询转化为其边界点的定位。在第二种情况中，首先估算围绕窗口中心的最大矩形 r（在其内部，结果保持不变）；然后，从 r 中减去会促使查询错误地包含不在响应中的点的部分。这两个步骤包含一个标准窗口查询、一个"多孔"窗口查询和一些主存储器 TP 窗口查询。

Tao 等人[49]为有效性范围和 NN 查询证明了一些理论界限。具体地说，就是当查询的长度和移动选自恒定数量的组合，且点集是静态的时候，查询成本是对数的，且空间是线性的。当点集是静态的，查询长度是任意的，且移动是轴平行的时候，时间复杂度为 $o(\log_B^2(n/B)/\log_B \log_B(n/B))$，空间成本为 $o(n/B \log_B(n/B)/\log_B \log_B(n/B))$。另一方面，在输入点集是静态的，查询的长度和移动是任意的情况下，空间复杂度为 $o(n/B)$，而查询的成本为 $o((n/B)^{1/2+\varepsilon})$。当数据点是动态的，查询是静态的时候，查询具有对数的复杂度，而空间受 $o(n^2/B \log_B(n/B))$ 的约束。数据点和查询点都是动态的情况只在一维空间中予以考虑，且证明其具有线性空间和对数时间复杂度。至于 NN 搜索查询，当输入点集是由平面上的静态点或者线上的移动点组成时，那么该解决方案具有线性空间和对数查询成本。

文献[24]介绍了 B^x 树，它能支持范围查询、kNN 查询以及它们的连续查询。该方法的主要部分是移动线性化：时间轴被分割成一个个具有 Δ 时间单元的时间间隔，每个间隔被进一步细分为 n 个等长的子间隔。然后根据 t_{ref} 将每个目标分配到一个子间隔中。在每个子间隔中，根据空间填充曲线将目标的位置线性化，然后将其存储到一个 B^+ 树中。因此，B^x 树实际上是 B^+ 树随时间推移演变形成的 B^+ 序列。作者进行了大量的实验，其结果表明对于各种查询，B^x 树要优于 TPR 树。这里，必须注意的是 BB^x 树[32]是 B^x 树的自然扩展，能够响应预测性查询和历史性查询。

文献[24]的线性化过程只考虑了目标的位置，这会导致过多的错误点击。因此，文献[59]提出了 B^{dual} 树。B^{dual} 树也使用了 B^+ 树索引，但其空间填充曲线同时基于目标的位置和速度。作者用分析（即公式推导）和实验证明了他们的方法比 B^x 树优越——实验还给出了 STRIPES 和 TPR^* 树的数据。总之，B^{dual} 树可以视为最先进的解决方案。

8.3.5 预测索引的评估

总的来说，对于范围查询，TPR 树[43]和它的变体如 TPR^* 树[52]被认为是最合适且实用的选择。在资源有限的情况下，Venn 采样技术[53]是最为合适的选择。至于最近邻查询，选择 TPR 树的变体[40]和 CPM[35]比较合适。最后，如果想要同等处理范围查询和最近邻查询，那么 B^x 树[24]和 B^{dual} 树[59]是最恰当的解决方案。

关于索引方法的未来研究，则希望索引能够捕获由网络延迟引起的移动目标位置的不确定度和移动的连续性。此外，如果索引能有效地处理非线性的轨迹，那么可索引的移动目标的范围将被显著扩大。另一个吸引人的主题就是设计能够支持混合查询（关于移动的过去和未来）的索引结构，这点对于扩展移动应用程序功能尤为重要。同样具有吸引力的还有有效性查询的增量评估。最后，从工程的角度来看，以下两点是非常有意义的：①用实际的数据集测试所有索引，因为到目前为止，所有的实验调查都是基于半实际的数据集进行的；②为索引设计有效的更新算法，其不同于常规的"删除和再插入"做法，需要实现查询时间或者结果的准确度与更新时间之间的折中。

8.4 结 论

本章鉴定了移动设备在无线网络中移动时的内在不确定性和由该不确定性引起的资源分配问题，随后认识到预测移动主机未来位置的重要性。在很多情况下，该功能可以主动地而非被动地执行。例如，如果有移动主机的未来位置的估计，那么网络可以采取适当的决策，将带宽合理地分配给包含这些位置的单元。此外，在无线 Ad Hoc 网络中，相距较远的节点之间的通信是通过存储-转发的方式实现的，但是，如果将节点之间的通信推迟到它们相距足够近时再进行，那么就能节省网络资源如带宽、中间节点的存储空间，减少数据包冲突等。

然而，预测位置跟踪只有在移动目标的运动呈现出一定程度的规律性的情况下才能执行，这使得构建移动模型成为可能。位置预测的一般原则可以用一句话概括：学习现在，计划未来。利用这一原则，位置预测问题就是记录当前的移动轨迹并从中建立移动模型。轨迹的存储要允许紧凑表示和预测的有效生成。

随后，研究了位置预测的两种不同情况。根据第一种情况，移动目标的移动区域可以视为任意几何形状的互不重叠的单元；根据第二种情况，位置跟踪在地理坐标粒度上进行。对于第一种情况，将预测位置跟踪问题视为离散序列预测问题，并提出马尔可夫预测器作为实用且高性能的解决方案；将这些预测器分为四个家族，并给出它们的定性特征、优势和弱点。对于第二种情况，即与位置数据库耦合更紧密的情况，调查了最先进的索引构造技术，用于响应涉及各种复杂的未来预测的查询。

毫无疑问，预测位置跟踪对于减少无线网络中的延迟和资源消耗或者延长无线 Ad Hoc 网络的使用寿命是非常重要的。然而，该问题是不易管理的，因为使用构造模型来代表实际的移动轨迹较为困难。虽然人们已经在这方面取得了显著的成绩，但仍有许多工作要做，如描述移动轨迹的可预测性，分析实际的移动轨迹集，开发更有效的预测模型，以及通过合作开发预测的分布式模型，其中最后一点适合应用于无线传感器网络。

致　谢

该研究由 Л Y θ ATOPA Σ Ⅱ 国家科研计划"移动 Ad Hoc 网络数据管理"项目 Ⅱ ET 奖资助。

参 考 文 献

1. P. K. Agarwal, L. Arge, and F. Erickson. Indexing moving points. J. Comput. Syst. Sci., 66(1):207–243, 2003.

2. P. K. Agarwal, L. Arge, F. Erickson, P. G. Franciosa, and J. S. Vitter. Efficient searching with linear constraints. J. Comput. Syst. Sci., 61(2):194–216, 2000.

3. P. K. Agarwal, L. Arge, and J. Vahrenhold. Time responsive external data structures for moving points. In Proceedings of the International Workshop on Distributed Algorithms and Data Structures (WADS), Vol. 2125, Lecture Notes in Computer Science, pp. 50–61, 2001.

4. C. C. Aggarwal and D. Agrawal. Onnearest neighbor indexing of nonlinear trajectories. In Proceedings of the ACM Symposium on Principles Of Database Systems (PODS), pp. 252–259, 2003.

5. A. Apostolico and G. Bejerano. Optimal amnesic probabilistic automata or how to learn and classify proteins in linear time and space. J. Comput. Bio., 7(3–4):381–393, 2000.

6. N. Beckmann, H.-P. Kriegel, R. Schneider, and B. Seeger. The R*-tree: an efficient and robust access method for points and rectangles. In Proceedings of the ACM International Conference on Management of Data (SIGMOD), pp. 322–331, 1990.

7. R. Benetis, C. S. Jensen, G. Karciauskas, and S. Saltenis. Nearest neighbor and reverse nearest neighbor queries for moving objects. Very Large Data Bases J., 15(3):229–250, 2006.

8. A. Bhattacharya and S. K. Das. LeZi-Update: an information-theoretic framework for personal mobility tracking in PCS networks. ACM/Kluwer Wireless Networks, 8(2–3):121–135, 2002.

9. S. Chakraborty, Y. Dong, D. K.Y.Yau, and J. C. S. Lui. On the effectiveness of movement prediction to reduce energy consumption in wireless communication. IEEE Trans. Mobile Comput., 5(2):157–169, 2006.

10. X. Chen and X. Zhang. A popularity-based prediction model for Web prefetching. IEEE Comput., 36(3):63–70, 2003.

11. F. Chinchilla, M. Lindsey, and M. Papadopouli. Analysis of wireless information locality and association patterns in a campus. In Proceedings of the IEEE International Conference on Computer Communications (INFOCOM), Vol. 2, pp. 906–917, 2004.

12. Y.-J. Choi and C.-W. Chung. Selectivity estimation for spatio-temporal queries to moving objects. In Proceedings of the ACM International Conference on Management of Data (SIGMOD), pp. 440–451, 2002.

13. J. G. Cleary and W. J. Teahan. Unbounded length contexts for PPM. Comput. J., 40(2–3):67–75, 1997.

14. J. G. Cleary and I. H. Witten. Data compression using adaptive coding and partial string matching. IEEE Trans. Commun., 32(4):396–402, 1984.

15. D. Comer. The ubiquitous B-tree. ACM Comput. Surv., 11(2):121–137, 1979.

16. M. Deshpande and G. Karypis. Selective Markov models for predicting Web page accesses. ACM Trans. Internet Technol., 4(2):163–184, 2004.

17. M. Feder, N. Merhav, and M. Gutman. Universal prediction of individual sequences. IEEE Trans. Inform. Theory, 38(4):1258–1270, 1992.

18. R. H. Güting and M. Schneider. Moving Objects Databases. Series in Data Management Systems. Morgan-Kaufmann, 2005.

19. A. Guttman. R-trees: a dynamic index structure for spatial searching. In Proceedings of the ACM International Conference on Management of Data (SIGMOD), pages 47–57, 1984.

20. M. Hadjieleftheriou, G. Kollios, and V. J. Tsotras. Performance evaluation of spatio-temporal selectivity estimation techniques. In Proceedings of the IEEE International Conference on Statistical and Scientific Database Management (SSDBM), pp. 202–211, 2003.

21. M. Halvey, M. Keane, and B. Smyth. Mobile Web surfing is the same as Web surfing. Commun. ACM, 49(3):76–81, 2006.

22. Y. Ishikawa, H. Kitagawa, and T. Kawashima. Continual neighborhood tracking for moving objects using adaptive distances. In Proceedings of the IEEE International Database Engineering and Applications Symposium (IDEAS), pp. 54–63, 2002.

23. G. S. Iwerks, H. Samet, and K. Smith. Continuous k-nearest neighbor queries for continuously moving points with updates. In Proceedings of the International Conference on Very Large Data Bases (VLDB), pp. 512–523, 2003.

24. C. S. Jensen, D. Lin, and B. C. Ooi. Query and update efficient B^+-tree based indexing of moving objects. In Proceedings of the International Conference on Very Large Data Bases (VLDB), pp. 768–779, 2004.

25. D. Katsaros and Y. Manolopoulos. Prediction in wireless networks by Markov chains. IEEE Wireless Commun. Mag., in press.

26. G. Kollios, D. Gunopoulos, and V. J. Tsotras. Nearest neighbor queries in a mobile environment. In Proceedings of the International Workshop on Spatio-Temporal Database Management (STDBM), Vol. 1678, Lecture Notes in Computer Science, pp. 119–134, 1999.

27. G. Kollios, D. Gunopoulos, and V. J. Tsotras. On indexing mobile objects. In Proceedings of the ACM Symposium on Principles Of Database Systems (PODS), pp. 261–272, 1999.

28. M. Kyriakakos, N. Frangiadakis, L. Merakos, and S. Hadjiefthymiades. Enhanced path prediction for network resource management in wireless LANs. IEEE Wireless Commun., 10(6):62–69, 2003.

29. K. C. K. Lee, W.-C. Lee, and H. V. Leong. Nearest surrounder queries. In Proceedings of the IEEE International Conference on Data Engineering (ICDE), 2006.

30. K. C. K. Lee, J. Schiffman, W.-C. Zheng, B. Lee, and H. V. Leong. Tracking nearest surrounders in moving object environments. In Proceedings of the IEEE International Conference on Pervasive Services (ICPS), pp. 3–12, 2006.

31. D. A. Levine, I. F. Akyildiz, and M. Naghshineh. A resource estimation and call admission algorithm for wireless multimedia networks using the shadow cluster concept. IEEE/ACM Trans. Network., 5(1):1–12, 1997.

32. D. Lin, C. S. Jensen, B. C. Ooi, and S. Saltenis. Efficient indexing of the historical, present, and future positions of moving objects. In Proceedings of the IEEE International Conference on Mobile Data Management (MDM), pp. 59–66, 2005.

33. T. Liu, P. Bahl, and I. Chlamtac. Mobility modeling, location tracking, and trajectory prediction in wireless ATM networks. IEEE J. Select. Areas Commun., 16(6):922–936, 1998.

34. A. Misra, A. Roy, and S. K. Das. An information-theoretic framework for optimal location tracking in multi-system 4G wireless networks. In Proceedings of the IEEE International Conference on Computer Communications (INFOCOM), Vol. 1, pp. 286–297, 2004.

35. K. Mouratidis, M. Hadjieleftheriou, and D. Papadias. Conceptual partitioning: an efficient method for continuous nearest neighbor monitoring. In Proceedings of the ACM International Conference on Management of Data (SIGMOD), pp. 634–645, 2005.

36. K. Mouratidis, M. L. Yiu, D. Papadias, and N. Mamoulis. Continuous nearest neighbor monitoring in road networks. In Proceedings of the International Conference on Very Large Data Bases (VLDB), pp. 43–54, 2006.

37. A. Nanopoulos, D. Katsaros, and Y. Manolopoulos. A data mining algorithm for generalized Web prefetching. IEEE Trans. Knowledge Data Eng., 15(5):1155–1169, 2003.

38. J. M. Patel, Y. Chen, and V. P. Chakka. STRIPES: an efficient index for predicted trajectories. In Proceedings of the ACM International Conference on Management of Data (SIGMOD), pp. 637–646, 2004.

39. C. M. Procopiuc, P. K. Agarwal, and S. Har-Peled. STAR-tree: an efficient self-adjusting index for moving objects. In Proceedings of the Workshop on Algorithm Engineering and Experiments (ALENEX), Vol. 2409 Lecture Notes in Computer Science, pp. 178–193, 2002.

40. K. Raptopoulou, A. Papadopoulos, and Y. Manolopoulos. Fast nearest-neighbor query processing in moving-objects databases. Geoinformatica, 7(2):113–137, 2003.

41. D. Ron, Y. Singer, and N. Tishby. The power of amnesia: learning probabilistic automata with variable memory length. Mach. Learn., 25(2–3):117–149, 1996.

42. S. Saltenis and C. S. Jensen. Indexing of moving objects for location-based services. In Proceedings of the IEEE International Conference on Data Engineering (ICDE), pp. 463–472, 2002.

43. S. Saltenis, C. S. Jensen, S. T. Leutenegger, and M. A. Lopez. Indexing the positions of continuously moving objects. In Proceedings of the ACM International Conference on Management of Data (SIGMOD), pp. 331–342, 2000.

44. H. Samet. The Design and Analysis of Spatial Data Structures. Addison-Wesley, 1990.

45. L. Song, D Kotz, R. Jain, and X. He. Evaluating location predictors with extensive Wi-Fi mobility data. In Proceedings of the IEEE International Conference on Computer Communications (INFOCOM), Vol. 2, pp. 1414–1424, 2004.

46. Z. Song and N. Roussopoulos. k-nearest neighbor for moving query point. In Proceedings of the International Symposium on Advances in Spatial and Temporal Databases (SSTD), Vol. 2121 Lecture Notes in Computer Science, pp. 79–96, 2001.

47. S. Tabbane. Location management methods for third-generation mobile systems. IEEE Commun. Mag., 35(8):72–78, 83–84, 1997.

48. Y. Tao, C. Faloutsos, D. Papadias, and B. Liu. Prediction and indexing of moving objects with unknown motion patterns. In Proceedings of the ACM International Conference on Management of Data (SIGMOD), pp. 611–622, 2004.

49. Y. Tao, C. Faloutsos, D. Papadias, and B. Liu. Prediction and indexing of moving objects with unknown motion patterns. In Proceedings of the ACM International Conference on Management of Data (SIGMOD), pp. 611–622, 2004.

50. Y. Tao and D. Papadias. Time-parameterized queries in spatio-temporal databases. In Proceedings of the ACM International Conference on Management of Data (SIGMOD), pp. 334–345, 2002.

51. Y. Tao, D. Papadias, and Q. Shen. Continuous nearest neighbor search. In Proceedings of the International Conference on Very Large Data Bases (VLDB), pp. 287–298, 2002.

52. Y. Tao, D. Papadias, and Q. Sun. The TPR*-tree: an optimized spatio-temporal access method for predictive queries. In Proceedings of the International Conference on Very Large Data Bases (VLDB), pp. 790–801, 2003.

53. Y. Tao, D. Papadias, J. Zhai, and Q. Li. Venn sampling: a novel prediction technique for moving objects. In Proceedings of the IEEE International Conference on Data Engineering (ICDE), pp. 680–691, 2005.

54. Y. Tao, J. Sun, and D. Papadias. Selectivity estimation for predictive spatio-temporal queries. In Proceedings of the IEEE International Conference on Data Engineering (ICDE), pp. 417–428, 2003.

55. J. Tayeb, O. Ulusoy, and O. Wolfson. A quadtree-based dynamic attribute indexing method. Comput. J., 41(3):185–200, 1998.

56. J. S. Vitter and P. Krishnan. Optimal prefetching via data compression. J. ACM, 43(5):771–793, 1996.

57. P. Volf. Weighting Techniques in Data Compression: Theory and Algorithms. PhD Thesis, Technische Universiteit Eindhoven, 2002.

58. F. J. Willems, Y. M. Shtarkov, and T. J. Tjalkens. The context-tree weighting method: basic properties. IEEE Trans. Inform. Theory, 41(3):653–664, 1995.

59. M. Yiu, Y. Tao, and N. Mamoulis. The B^{dual}-tree: indexing moving objects by space-filling curves in the dual space. Very Large Data Bases J., in press.

60. F. Yu and V. Leung. Mobility-based predictive call admission control and bandwidth reservation in wireless cellular networks. Comput. Networks, 38(5):577–589, 2002.

61. J. Zhang, M. Zhu, D. Papadias, Y. Tao, and D. L. Lee. Location-based spatial queries. In Proceedings of the ACM International Conference on Management of Data (SIGMOD), pp. 443–454, 2003.

62. Z. Zhang. Routing in intermittently connected mobile ad hoc networks and delay tolerant networks: Overview and challenges. IEEE Commun. Surv. Tutorials, 8(1):24–37, 2006.

63. B. Zheng and D. L. Lee. Semantic caching in location-dependent query processing. In Proceedings of the International Symposium on Advances in Spatial and Temporal Databases (SSTD), Vol. 2121 Lecture Notes in Computer Science, pp. 97–113, 2001.

64. J. Ziv and A. Lempel. Compression of individual sequences via variable-rate coding. IEEE Trans. Inform. Theory, 24(5):530–536, 1978.

第9章 一种移动计算环境中面向空间数据分发的高效空间索引方案

9.1 引　言

面向无线通信技术的移动计算是爆炸性增长领域之一。多数无线通信系统具有不对称特性，即下行信道的带宽高于上行信道。另外，无线信道易于出错，这是由各种链接错误造成的，如频繁断开[1]。在移动计算环境下，电池寿命有限的移动客户端可以随时随地获得他们想要的信息，如股票信息等。另外，高速无线网络、便携式设备和位置识别技术如 GPS 的发展使与定位相关的信息服务（LDIS，Location-dependent Information Services）成为可能[2, 3]。

在上述移动计算环境下，有两种方法可以满足移动客户端获取所需信息的需求。其中一个方法是按需方法[4]，由信息服务器负责来自移动客户端的查询，可支持大量移动客户端的各种查询。在该方法中，每个客户端发送查询来请求其所需的数据项，然后信息服务器通过一对一无线通信返回查询的结果。这一过程可能引起可扩展性问题，服务器会因大量的移动客户端而过热。按需方法的例子如图 9.1 所示。每个移动客户端向信息服务器请求其感兴趣的公司的股票价格，该信息服务器维护着约 10 家公司的 DB，然后服务器将股票价格返回给移动客户端。

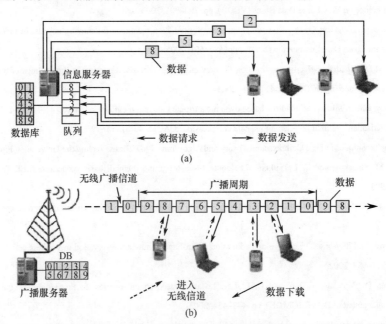

图 9.1　两种方法：按需和数据广播

（a）按需方法；（b）数据广播方法。

另一个用于支持大量移动客户端需求的方法是无线数据广播[5-8]，由于无线数据广播系统能容纳任意数量的客户端，因此它能有效地将信息发布给大量的移动客户端。在无线数据广播中，广播服务器通过下行信道定期地广播一组数据项，每个客户端在调谐无线信道后可以筛选出他所需的数据项。因此，无线数据广播方法不存在可扩展性问题。另外，数据广播可以减轻上行信道的负载。图 9.1(b)所示为无线数据广播方法的例子。广播服务器分发 10 家公司的股票价格，每个移动客户端可以从无线广播信道下载他感兴趣的公司的股票价格。目前常见的广播模型有三种，即推送式广播、按需式广播和混合广播。推送式广播模型就是广播服务器分发数据项时不考虑移动客户端的需求[4, 9]；在按需式广播模型中，广播服务器分发数据项时考虑了移动客户端的需求[10, 11]；而混合广播模型结合了推送式模型和按需式模型的优点[12, 13]。

客户端的电池寿命有限，他们在访问所需的数据项时有两种运行模式：主动模式（耗能模式）和休眠模式（节能模式）。系统的性能由访问时间和调谐时间来评定[4]。访问时间指的是从发出查询到响应查询所经过的时间，代表访问效率；调谐时间指的是访问阶段处于主动模式的时间，代表客户端的能量消耗，因为主动模式的能量消耗要大于休眠模式。

为了从无线信道下载所需的数据项，移动客户端必须在主动模式下监听信道，直到所需的数据项出现在信道上。因此，由于长期处于主动模式，移动客户端在数据检索过程中会消耗大量能量。为了节省能量，人们提出了无线广播系统的空间索引，有选择地监听所需的数据项[3,4,6,14]。空间索引的基本思想是在无线信道中将包含所有数据项到达时间的索引信息与数据项相交错。在进入信道之后，移动客户端利用索引信息预测所需数据项的到达时间，并且切换到休眠模式，直到数据项到达无线信道。然后，移动客户端切换到主动模式，并监听数据项。然而，额外的索引信息会延长广播周期。这一缺点使移动客户端的访问时间变长，而调谐时间缩短。

近来，为了将 LDISs 融入无线数据广播系统，人们提出了空间数据项的系统，以满足移动客户端的各种空间查询。这一系统可以获得各种空间查询的结果，如窗口查询和 k-最近邻（kNN，k Nearest Neighbors）查询。窗口查询是在一个给定的查询窗口 qw 中找出所有数据项，而 kNN 查询是从整个数据项中找出离给定查询点 q 最近的 k 个数据项[15, 16]。例如，移动客户端可以找到离他当前位置最近的餐馆，或者方圆 1km 以内的所有旅馆。在过滤和精化技术方面，可以利用窗口查询（包含 kNN，查询窗口为 qw ）的响应查找 kNN 的方式来处理 kNN 查询[17]。因此，窗口查询的有效处理可能对各种查询也是有效的，尤其对 kNN 查询。在这一章中，探讨了移动计算环境中面向空间数据的空间索引方案，它能有效地支持 LDISs。首先，简单回顾现有的面向空间数据和非空间数据的空间索引。其次，提出基于空间分割的分布式空间索引，与现有的面向空间数据的空间索引方案相比，提出的索引具有更少的能量消耗和对无线信道中链接错误的鲁棒性[3]。

本章剩余内容组织如下：9.2 节介绍有关无线数据广播的基础知识和数据结构；9.3 节介绍各种面向非空间数据的空间索引；9.4 节介绍面向空间数据的空间索引；9.5 节提出基于单元的分布式空间索引，称为 CEDI，这种空间索引实现了无线数据广播环境下的能量节省和错误恢复的数据搜索；9.6 节对本章进行总结。

9.2 预备知识

9.2.1 基本概念

在空间索引中，广播周期由包含索引信息的索引片段和包含数据项的数据片段组成。这两个片段构成一个组序列，其中组是最小信息传送的逻辑单元，且所有的组具有如磁盘页面一般相同的大小[4]。因此，移动客户端以组为单位访问数据项。索引组是索引片段中的组，数据组是数据片段中的组。每个组包含一个组头，它包含以下信息：组 ID（*bucket_id*）是组标识符，组类型（*bucket_type*）表明组的类别，即索引组或数据组，广播周期的指针（*bcast_pointer*）指的是到下一个广播周期开始的偏移量，以及索引指针（*index_pointer*）用于指明下一个索引片段。*Bcast* 被定义为广播周期的长度。

调谐时间由初始探测、索引监听时间和数据监听时间组成[4]。初始探测就是确定无线信道中下一个索引片段出现的时间，在调谐到无线广播信道之后，平均在 1.5 个组之内完成初始探测。索引监听时间是移动客户端监听索引片段的时间量。数据监听时间是移动客户端从无线广播信道下载所需数据项的时间量。访问时间是探测等待和 *Bcast* 等待的总和。探测等待是指调谐到无线广播信道之后遇到下一个索引片段的持续时间。*Bcast* 等待是指下载完所需数据项之后遇到第一个索引片段的持续时间。

有助于选择性监听所需数据项的空间索引必须满足以下要求才能有效地支持移动客户端处理给定的查询。

（1）线性结构：由于移动客户端线性地访问无线信道，空间索引的数据结构应是线性的。因此，为了有效地支持移动客户端的索引搜索，空间索引的线性结构是一个非常重要的特性。

（2）降低空间成本：为了减少调谐时间方面的索引监听时间，在访问时间方面将 *Bcast*（无线信道上额外的空间索引会导致它的增加）最小化和加强抵抗各种信道链接错误的容错性，空间索引的大小应被降到最低。索引尺寸越大，组丢失的概率和无线信道的链接错误概率就越大。

（3）支持能量有效的查询处理：这是空间索引最基本的性质。为了节省能量，在查询处理期间，空间索引不应使移动客户端监听不包含在给定查询中的冗余数据项。

尤其是上述的第三个要求，它对于处理空间查询是必不可少的，因为空间索引为给定的空间查询确定的搜索空间可能包含冗余数据项。

9.2.2　数据结构

无线广播信道上的数据结构非常重要，因为它会影响访问时间和调谐时间的性能。我们考虑了四种将无线广播信道上的索引信息与数据项相交错的方法，即延时优先选择、调谐选择、(1, *m*)索引和分布式索引，如图 9.2 所示。

（1）延时优先选择：该技术提供最好的访问时间和最差的调谐时间。能获得最好的访问时间是因为无线信道中没有索引信息，如图 9.2(a)所示。在这个技术中，*Bcast* 被最小化，且移动客户端在调谐到信道之后监听所有的数据项，直到所需的数据项出现在无线信道中。

（2）调谐选择：该技术提供最好的调谐时间和最差的访问时间。索引信息只在每个广播周期的开始阶段被广播一次，如图 9.2(b)所示。在这个技术中，为了访问索引，移动客户端在调谐到无线广播信道之后从第一个组的组头获取索引指针。然后，移动客户端用索引指针访问索引，并在索引的搜索期间预测所需数据项的到达时间。之后，移动客户端根据索引所确定的时间访问并下载数据项。

（3）(1, *m*)索引：在这个索引分配方法中，整个数据项的索引在一个广播周期内被广播了 *m* 次，并且位于每个（1/*m*）数据项之前，如图 9.2(c)所示，这样可以减少访问时间的探测等待[4, 18]。每个索引片段的第一个组包含一个元组，它的第一个字段是前一次被传播的记录的属性值，第二个字段是到下一个广播周期开始的偏移量。这个元组能引导在当前广播周期中错过所需数据项的移动客户端调谐到下一个广播周期中[4]。

（4）分布式索引：在这个索引分配方法中，部分数据项的索引被放置在这部分数据项之前，如图 9.2(d)所示。分布式索引方案的访问时间比(1, *m*)索引更短，因为它减少了探测等待和 *Bcast*[19]。另外，为了使移动客户端能利用这个分布式索引完成给定的查询处理，需要维护分布式索引间的链接，以便有效访问被查询的数据项。

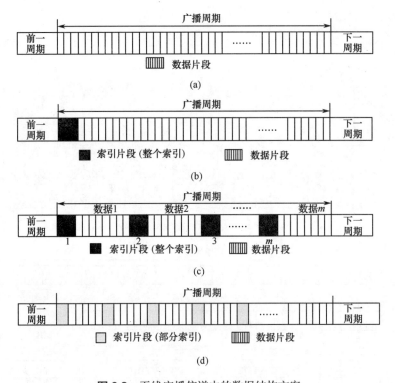

图 9.2　无线广播信道中的数据结构方案

（a）延时优先选择；（b）调谐选择；（c）(1, *m*) 索引；（d）分布式索引。

9.3　非空间数据的空间索引

9.3.1　基于树的索引

基于树的空间索引采用了传统的磁碟式环境中的树形结构的索引[4]。为了使数据项的索引以树的形式被广播，每个数据项的唯一标识符被用作索引树的密钥。索引树保持着无线广播信道中每个数据项的到达时间，而磁碟式环境中的树保持的是磁盘记录的位置。图 9.3 所示的是广播 81 个数据项的索引树，白色圆圈代表索引树的索引节点，灰色方框代表一组数据项（包含三个数据项）。索引树中的每个叶节点保持着三个数据项的属性键和到它们的偏移量（单位为组），如图 9.4 所示。

图 9.4 描述了两种基于索引树的索引方案，即 (1, *m*) 索引和分布式索引方案。对于 (1, *m*) 索引，整个索引树与每个（1/*m*）数据项相交错，且索引树中的所有节点都根据他们的级别被放置在无线信道上，如图 9.4(a) 所示。对于分布式索引方案，索引树的一部分和与之关联的数据项相交错。对于分布式索引的结构，树被分为两个部分，重复部分和非重复部分，如图 9.3 所示。重复部分由树的上层节点组成，它的每个节点在一个广播周期中被重复 *d* 次，其中 *d* 等于该节点的子节点数。例如，图 9.3 中，*d* 等于 3，根节点 *R* 和节点 *a*1 在一个广播周期中均被重复 3 次，如图 9.4(b) 所示。非重复部分由树的下层节点组成，它的每个节点在一次广播周期中仅被广播一次。分布式索引方案通过在无线信道中增加索引信息可以大大减少 *Bcast* 的增量。这可以在不牺牲调谐时间的情况下显著改善访问时间。另外，分布式索引方案中的重复部分起着链接分布式索引的作用，并能支持多路径访问所需数据项。

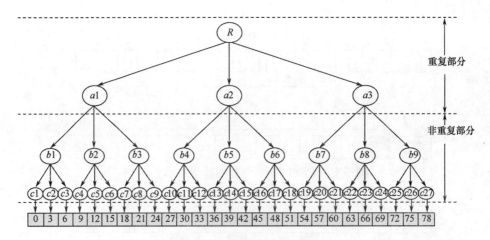

图 9.3 索引树例子

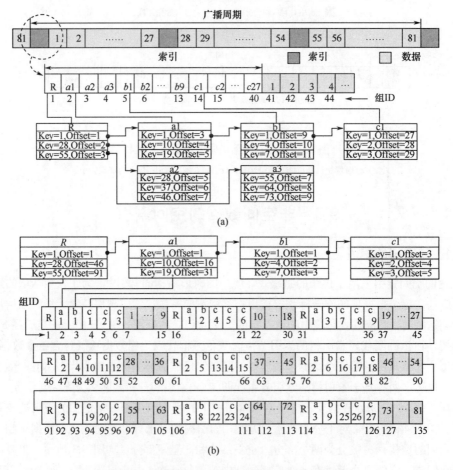

(a)

(b)

图 9.4 基于索引树的各种索引方案的信道结构

（a）基于树的（1,*m*）索引方案的信道结构（*m*=3）；（b）基于树的分布式索引方案的信道结构。

9.3.2 基于哈希的索引

对于基于哈希的空间索引，所使用的数据帧由数据部分和控制部分组成。每个数据帧中的数据部分由一个数据项组成，控制部分的信息在一个哈希函数和一个转移函数上，帮助移动客户端筛选出所需的数据项。哈希函数将密钥属性散列化，以计算所需数据帧的到达时间。转移函数是哈希函数的互补函数，针对由于哈希函数的不完善而发生冲突的情况。转移函数保持指针指向发生冲突的组[20]。

9.3.3 基于签名的索引

在该方案中，比特流的签名是通过与信息帧进行散列生成的，并且与相关信息帧相交错，如图 9.5 所示[21]。为了筛选出所需的信息，移动客户端通过执行按位与运算将查询签名与信息帧的签名进行比较。如果查询签名与信息帧的签名相匹配，那么移动客户端从信息帧下载所需的数据项，否则移到下一个签名。

简单的基于签名的索引方案是将签名交错在它们的信息帧之前，如图 9.5(a)所示。而多级的基于签名的索引方案在简单索引方案的基础上增加了信息帧组的集成签名。图 9.5(b)所示的是两级索引方案，其中信息帧组包含两个信息帧。每个信息帧都有自己的简单签名，信息帧组的集成签名则位于该组的组头。

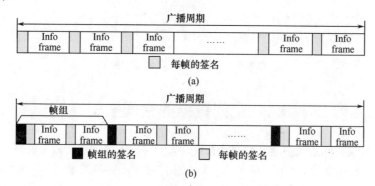

图 9.5 基于签名的索引的信道结构

（a）简单签名；（b）多级签名。

9.3.4 混合空间索引

混合索引方案结合了基于树的索引和基于签名的索引这两种索引的优点，前者适合随机数据访问，后者适合顺序访问，如无线数据广播[22]。混合索引由稀疏索引树和签名构成。稀疏索引树是索引树最上面的 t 层，它提供了信息帧的全局视图。图 9.6 所示的是混合索引的例子。移动客户端搜索稀疏索引树来获得无线广播信道中所需信息帧的位置。然后，移动客户端在获得帧之后对签名进行比较，以筛选出所需的数据项。

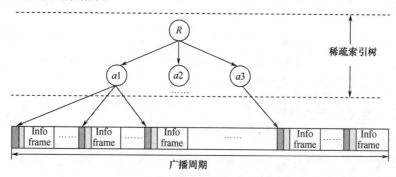

图 9.6 混合索引及其信道结构

9.3.5　指数索引

指数索引就是一个索引表，它允许在任何基值情况下索引空间都能以指数方式被分割[1,23]。指数索引方案通过采用分布式索引分配方案，允许移动客户端从无线广播的任意位置开始搜索。图9.7所示的是基值为 2 且具有 16 个数据项的指数索引。该索引方案允许移动客户端访问一次索引表就能获得多个指针，因此能支持多数据访问。然而，由于数据项的标识符和指针的重复数与索引表的条目数是一致的，因此指数索引的尺寸较大。对于大型数据集，指数索引的访问时间很长，这是因为随着数据项的增加，指数索引的尺寸快速增加。另外，在访问中间索引过程中，由于使用了组块（结合了索引表和数据项），移动客户端无法避免对冗余数据的监听。

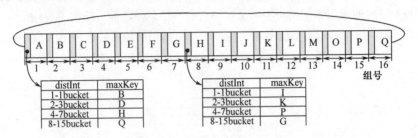

图 9.7　指数索引及其信道结构

9.4　空间数据的空间索引

为了支持传统数据库系统中的各种空间查询，人们提出了面向空间数据的索引技术，如 *R* 树、*R** 树、四叉树和 *k-d* 树[24-27]。然而，它们在无线数据广播中不容易被采用，因为他们的非线性结构与移动客户端的线性访问模式不匹配。近来，人们提出了一些用于处理无线广播环境中的空间查询的空间索引[2,18,19,28]。

9.4.1　基于树的索引

文献[29]研究了树形结构索引上的窗口查询，但是所提出的技术无法支持 *k*NN 查询。

9.4.2　基于空间分区的索引

D 树是基于 Voronoi 图（VD，Voronoi Diagram）的二叉搜索树，用于支持最近邻（NN，Nearest Neighbor）查询[30]。它递归地将 VD 分割成两个子空间，直到每个空间有一个区域，且把信息保存在子空间的折线上。这使得 D 树的尺寸较大，从而引起 *Bcast* 的延长和访问时间的恶化。另外，D 树不容易扩展到 *k*NN 查询。

网格划分索引是结合 VD 和网格的混合索引，它通过减小搜索空间能有效地支持 NN 查询[31]。在索引中，VD 被划分为许多网格单元，并将查询点映射到网格单元。该方案具有两层索引：上层建立在网格上，下层建立在可能成为 NNs 的数据项上，这有利于对它们的访问。

9.4.3　基于空间填充曲线的索引

提出希尔伯特曲线索引（HCI，Hilbert Curve Index）和 DSI 用来处理各种空间查询，例如窗口查询和 *k*NN 查询[18,19,28]。这两种索引方案采用希尔伯特曲线（HC，Hilbert Curve）（一种空间填充曲线）来调度无线信道中的空间数据项和组织空间索引。

每个数据项被给定一个 HC 值，它与数据项的位置有关。例如，图 9.8(a)所示的是数据集 D。图中的圆点表示 16 个数据项在二维数据空间 $DS[0, 1]^2$ 中的位置。为了生成 HC，DS 被划分为 $n_h \times n_h$ 个网格，直到每个网格单元中只包含一个数据项，其中 $n_h = 2^h$，h 表示 HC 的顺序。然后，在网格上生成 HC，并根据 HC 给予所有网格单元 HC 值。网格单元的 HC 值被用来作为数据项的唯一标识符。图 9.8 所示的是位于 DS 上的数据集 D 的 HC，其中 h=3。图 9.9(a)所示的是 D 中数据项的 HC 值。

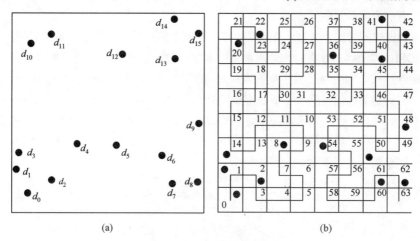

(a)   (b)

图 9.8 希尔伯特曲线的生成
（a）空间数据项；（b）希尔伯特曲线（h=3）。

HCI 和 DSI 是利用数据项的 HC 值构建的。HCI 实际上是 B^+ 树，数据项的 HC 值被用来作为树的密钥。图 9.10(a)所示的是利用图 9.9(a)中数据项的 HC 值构建的 B^+ 树。广播 HCI 的分配方案为($1, m$)索引，这样可以缩短探测等待。图 9.10(b)所示的是采用 HCI 的无线信道结构（m=4）。DSI 即为索引表，其中每个表保持着数据项的 HC 值和指针，这些数据项属于数据集 D 的一个子集，如图 9.10(c)所示[19]。DSI 的每个索引表通过分布式索引方案被广播，与($1, m$)索引方案相比，具有更短的探测等待。HCI 和 DSI 能很好地与移动客户端访问信道的模式相匹配。然而，它们在性能方面存在着以下几个问题。

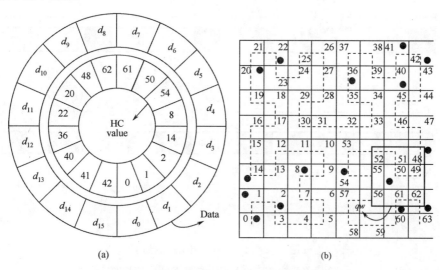

(a)   (b)

图 9.9 数据项的 HC 值和窗口查询的例子
（a）HC 值与数据项的对应关系；（b）窗口查询的例子。

123

首先，在访问时间方面，减小索引的整个尺寸能减少访问时间，因为尺寸越小，索引的 *Bcast* 就越接近延时优先选择的 *Bcast*。因此，一个广播周期中索引的整个尺寸是非常重要的。然而，HCI 和 DSI 在索引的尺寸方面是低效的。在 HCI 中，索引的整个尺寸是非常大的，因为整个数据项的索引被重复了 m 次。在 DSI 中，由于采用的是部分数据的分布式索引，所以与 HCI 相比，其索引的尺寸减小了很多，但是会随着广播数据项的增加而快速增长，这是因为数据项的 HC 值和指针被重复的次数等于索引表的条目数。

其次，在调谐时间方面，消除冗余数据的监听和减小索引尺寸能够减少调谐时间，即节省能量。对于 HCI 和 DSI，移动客户端在查询处理过程中需要消耗许多能量，这是因为需要利用 HC 从大量的候选项中筛选出被查询的项。对于查询窗口 $q\omega$ 的窗口查询，HCI 确定的候选项为查询窗口内的所有数据项，它们的 HC 值在第一个 HC 值和最后一个 HC 值之间。例如，利用 HCI 来处理查询窗口 $q\omega$，如图 9.9(b) 所示，移动客户端需要访问 HC 值在 48 到 62 之间的数据项，即 $d_9(48)$、$d_6(50)$、$d_5(57)$、$d_7(61)$ 和 $d_8(62)$。然后，他们从中筛选出所查询的项 d_6。HCI 需要移动客户端监听四个冗余项，这需要消耗大量的能量。

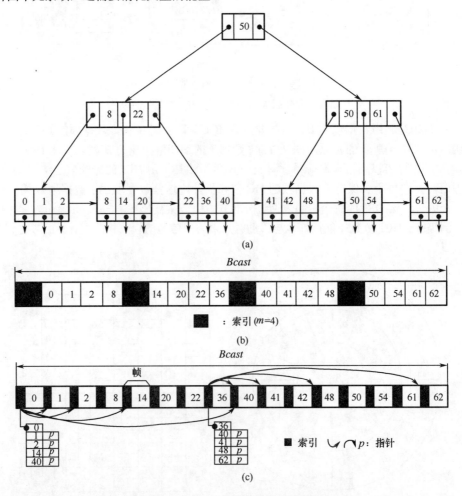

图 9.10　HCI 和 DSI 的信道结构

(a) HCI 的 B^+ 树；(b) HCI 的信道结构；(c) DSI 的信道结构。

DSI 确定的候选项为查询窗口内的所有数据项。例如，图 9.9(b) 中 $q\omega$ 的候选项为

$d_9(48)$、$d_6(50)$、$d_7(61)$ 和 $d_8(62)$。然后，移动客户端从中筛选出 d_6。DSI 需要移动客户端监听三个冗余项。虽然 DSI 的冗余项要比 HCI 少，但它依然有冗余项。另外，对于 DSI，移动客户端在访问分布式索引表来获取所需数据项时必须监听冗余数据项，因为 DSI 采用了组块，它结合了索引表和数据项。这需要消耗移动客户端的大量能量。缩减索引的数量和大小能够减少调谐时间。

最后，考虑到由于信号干扰、组丢失等情况使得无线信道易于出错，所以索引的尺寸越大，其损坏的概率就越大。索引的尺寸直接影响着错误鲁棒性。在从链路错误恢复期间，移动客户端会有相当长的访问时间和大量的能量消耗。从容错性的角度来说，减小索引的尺寸能提高错误鲁棒性。

9.5 面向空间数据的基于单元的分布式空间索引

为了节省窗口查询处理的能量消耗，本节提出了基于单元的分布式空间索引（CEDI，Cell-based Distributed Air Index），它能抵抗无线信道中的各种链接错误，并且具有较短的数据等待时间[3]。

9.5.1 CEDI 的设计目标

（1）线性结构：为了支持移动客户端的线性访问模式，CEDI 被设计为表格形式的线性结构。

（2）减小索引尺寸：为了减小索引尺寸，设计 CEDI 时，通过数据空间的分割只保留数据组的指针，消除了无线信道上的数据项的指针。

（3）能量节省：为了减少移动客户端的能量消耗，CEDI 在访问数据项之前利用数据项的原始坐标筛选出被查询的数据项。因此，这个筛选方案去除了对冗余数据项的监听。另外，CEDI 通过减小它的尺寸减少了移动客户端的索引监听时间和查询处理期间访问的索引数。

（4）缩短访问时间：CEDI 采用分布式索引方案，通过减少探测等待来缩减访问时间。另外，CEDI 通过分布式索引之间的链接可以支持所需数据项的多路径访问，从而缩短访问时间。

（5）鲁棒的差错恢复：为了加强对各种链接错误的恢复能力，CEDI 将索引尺寸尽可能地减小。此外，为了能从链接错误中快速恢复回来，CEDI 的设计需要能够支持多路径访问。

9.5.2 索引结构和广播信道结构

为了实现上述目标，通过划分数据空间 DS 将 CEDI 构建在 $n \times n$ 网格上。为了构造 CEDI，包含 N 个空间数据项的二维数据空间 $DS[0, 1]^2$ 被划分成 $n \times n$ 的网格，如图 9.11(a)所示。网格的每一行用 $r_i(0 \leqslant i < n)$ 表示，其中 r_0 为最下面一行。每个网格单元用 $c_j(0 \leqslant j < n^2)$ 表示，按照从左到右的顺序分配，其面积为 $\delta \times \delta$，其中 $\delta = (1/n)$。例如，图 9.11(b)所示的是图 9.8(a)中数据项的 4×4 网格以及 r_i 和 c_j。

CEDI 采用两级结构的线性表：上级行表用 RT_i 表示，下级单元表用 CT_j 表示。具有数据项的网格行都有自己的行表，用来索引含有数据项的其他行和单元。另外，行表携带全局信息，即网格水平的数据项分布的全局视图。每个含有数据项的网格单元都有自己的单元表，它们携带着局部信息，即单元中数据项原始坐标的局部视图以及指向相邻单元和相邻行的指针。

r_i 的行表 RT_i 配置如下：

$$RT_i = \langle i, BR, BC_i, PT_i^r, PT_i^c \rangle, \ 0 \leqslant i < n \tag{9.1}$$

（1）比特流 BR：即 n 位比特流，用于指明每行网格是否为空。$BR = (b_0, b_1, \cdots, b_{n-1})$，如果 r_a 有数据项，那么 $b_a = 1$，否则为 0。

（2）比特流 BC_i：即 n 位比特流，用于指明 r_i 中的每个单元是否为空。$BC_i = (b_0, b_1, \cdots, b_{n-1})$，如果 c_j 有数据项，其中 $j = i \cdot n + a (0 \leqslant a \leqslant n-1)$，那么 $b_a = 1$，否则为 0。

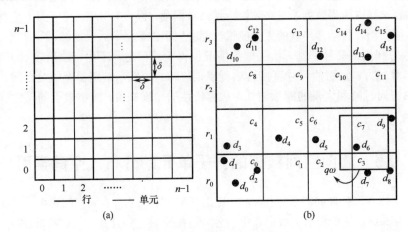

图 9.11　CEDI 的空间划分

(a) $n \times n$ 网格；(b) 运行示例的 4×4 网格。

（3）指针表 PT_i^r：该表所保持的指针指向有数据项的行的行表，即行表被广播的时间。$PT_i^r = \{ t_{Ra} \mid t_{Ra}$ 是 $BR(a) = 1$ 的 RT_a 被传送的时间，$0 \leqslant a \leqslant n-1 \}$。

（4）指针表 PT_i^c：该表所保持的指针指向 r_i 中有数据项的网格单元的单元表，即单元表被广播的时间。$PT_i^c = \{ t_{ca} \mid t_{ca}$ 是 $BC_i(a - \lfloor a/n \rfloor n) = 1$ 的 CT_a 被传送的时间，$n \cdot i \leqslant a < n(i+1) \}$。

BR 和 BC_i 有助于移动客户端完成以下两种件事：检查出空行和空单元，以及确定 PT_i^r 和 PT_i^c 中的指针被访问的顺序。$\sum_{b=0}^{a} BR(b) - 1$ 表示 PT_i^r 中指向 r_a 的指针的顺序，$\sum_{b=0}^{a\%m} BC_i(b) - 1$ 表示 PT_i^c 中指向 r_i 中 c_a 的指针的顺序。BR 和 BC_i 有助于减小 CEDI 的尺寸，因为它们不需要维护 PT_i^r 和 PT_i^c 中行和单元的标识符。

指针表 PT_i^r 和 PT_i^c 通过共享其他行表和单元表之间的链接为移动客户端提供对所需行和单元的多路径访问。另外，在给定查询的处理过程中，维护在 PT_i^r 中的指向其他行的指针能够减少被访问索引表的数目，这是因为利用 PT_i^r 可以直接访问所需的行，而不需要访问其他的索引表。

c_j 的单元表的 CT_j 配置如下：

$$CT_j = \langle j, p_{nc}, p_{nr}, COT_j \rangle, \ 0 \leqslant j < n^2 \tag{9.2}$$

（1）指针 p_{nr}：指向无线信道中紧邻 CT_j 的行表的指针。

（2）指针 p_{nc}：指向无线信道中紧邻 CT_j 的单元表的指针。如果 c_j 是某行的最后一个单元，那么 p_{nc} 与 p_{nr} 相同。

（3）（坐标表 COT_j）：保持 c_j 中所有数据项的原始坐标的表。$COT_j = \{ (d_x, d_y) \mid (d_x, d_y)$ 是 c_j 中数据项 d 的坐标 $\}$。

指针 p_{nr} 和 p_{nc} 构成一个指向行和单元的指针链，能够支持移动客户端顺序访问单元或者行。COT_j 使移动客户端只需访问查询窗口中的项，因为这些项在访问前已经被筛选出。而现有的索引方案要求客户端访问所有候选项之后提取所查询的数据项。因此，这使得移动客户端的能量消耗比其他索引方案少得多。

图 9.12 所示的是采用 CEDI 的无线广播信道的结构，其中数据项为图 9.8(a) 中的数据项。行表 RT_i

的后面是 r_i 中的单元的单元表，而每个单元表后面紧跟着的是单元中的数据项。RT_0 的 PT_0^r 用粗实线表示，它让客户端直接访问特定的行表，不需要参照其他表。RT_0 的 PT_0^c 用粗虚线表示，它允许客户端直接访问 r_0 中的单元。CT_6 的 p_{nr} 和 p_{nc} 分别用细实线和细虚线表示，它们让客户端按顺序分

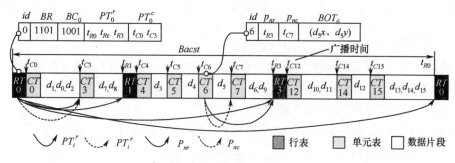

图 9.12 CEDI 的信道结构

别访问 RT_3 和 CT_7。

9.5.3 隐式单元数据筛选

为了使移动客户端能选择性调谐，CEDI 提供了隐式单元数据筛选（IDF，Implicit Cell Data Filtering）方案，而不是在单元表中提供数据项的指针，客户端利用该方案可以计算出单元中数据项的广播时间。IDF 方案缩小了单元表的尺寸，因为它不需要保持数据项的指针。对于 IDF 方案，一个单元中的所有数据项是按照它们在 COT_j 中的顺序被广播的，如图 9.13(b)所示。

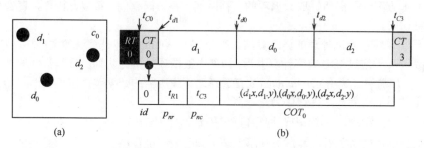

图 9.13 隐式单元数据筛选方案

（a）c_0 中的数据；（b）c_0 附近的无线信道。

定理 9.1 对于一个单元中大小相同的 N_c 个数据项，某个特定数据项的广播时间是通过被广播的相对顺序和广播 N_c 个数据项的所有时间计算出来的。

证明：令 t_s 和 t_e 分别为广播一个单元中大小相同的 N_c 个数据项的起始时间和结束时间。广播 N_c 个数据项的时间长度为 $t_e - t_s$，所以广播一个数据项的时间为 $t_e - t_s / N_c$。令 t_k 为广播第 k 个数据项的起始时间，那么 $t_k = t_s + (k-1)(t_e - t_s)/N_c$。

根据定理 1，很容易计算出一个单元中数据项的指针。广播一个单元中所有数据项的时间长度被设置为 p_{nc} 与完成单元表广播的时间之间的差。N_c 被设置为 COT_j 中的坐标数量。特定数据项的广播顺序被设置为数据项的坐标在 COT_j 中的顺序。图 9.13(a)所示的是 c_0，它有三个数据项，即 $\{d_0, d_1, d_2\}$。图 9.13(b)所示的是 c_0 附近无线信道的结构。考虑一个移动客户端下载数据项 d_0 的情况。客户端首先访问无线广播信道中的 CT_0，然后利用 COT_0 确认 c_0 中的数据项个数为 3 以及数据项 d_0 的坐标顺序为第 2。客户端很容易计算出 t_{d_0}，即 d_0 的广播时间。t_{d_0} 是 $t_{d_1} + (2-1)(t_{CT3} - t_{d_1})/3$，其中 t_{d_1} 是完

成 CT_0 广播的时间，即广播 c_0 中数据项的起始时间。借助计算得到的 t_{do}，客户端可以从 c_0 的三个数据项中选择性地下载 d_0。

IDF 方案能够提供"无需索引地索引数据项"的概念。因此，该方案使得显著减小整个索引的尺寸成为可能，从而最小化 $Bcast$。另外，它减少了监听索引表的时间，从而提高了能量效率。

9.5.4 查询处理

客户端按如下方式处理查询窗口为 $q\omega$ 的窗口查询。这里，$q\omega$ 由 (LL_x, LL_y) 和 (UR_x, UR_y) 确定，它们分别是左下角和右上角的坐标。

首先，客户端确定与 $q\omega$ 重叠的单元集 Q，方式如下：

$$Q = \left\{ c_j \mid j = a \cdot n + b, \left\lfloor LL_y / \delta \right\rfloor \leq a \leq \left\lfloor UR_y / \delta \right\rfloor, \left\lfloor LL_x / \delta \right\rfloor \leq b \leq \left\lfloor UR_x / \delta \right\rfloor \right\}$$

当利用分布表顺序访问 Q 中的单元时，只有 $q\omega$ 中的数据项被下载。令 c_n 表示下一个要访问的单元，它的指针为 ptr。客户端利用 CEDI 的表来确定 ptr，方式如下：

$$\text{With } RT_i, ptr = \begin{cases} PT_i^c[a], & \text{if } \lfloor cn\%n \rfloor == i, \text{here } a = \sum_{b=0}^{c_n\%n} BC_i(b) - 1 \\ PT_i^r[a], & \text{otherwise} \quad \text{here } a = \sum_{b=0}^{c_n/n} BR_i(b) - 1 \end{cases}$$

$$\text{With } CT_j, ptr = \begin{cases} pnc, & \text{if}(j < c_n) \text{and}(\lfloor j/n \rfloor) = (\lfloor c_n/n \rfloor) \\ pnr, & \text{otherwise} \end{cases}$$

当客户端遇到 RT_i 时，它将满足以下条件的单元 $c_j (\in Q)$ 移除：

$$\left(BR(\lfloor c_j / n \rfloor) = 0 \right) \text{ 或者 } \left((BC_i(c_j\%n) = 0) \&\& (\lfloor c_j / n \rfloor = r_i) \right)$$

因为它是一个空单元。访问 CT_j 后，客户端从 Q 中移除 c_j，并利用 COT_j 提取 $q\omega$ 中的数据项。然后它采用 IDF 方案计算出所提取数据项的广播时间，并访问它们。重复此操作，直到 Q 中的所有网格单元都被访问。

算法 1 给出了窗口查询处理的详细算法。3~23 行的 while 循环是算法的主循环。第 10 行中，函数 $getDataPointer()$ 通过 IDF 方案计算并返回 $q\omega$ 中数据项的指针队列。该函数的算法在算法 2 中给出。然后，客户端通过调用 $getData()$ 函数有选择地下载所需的数据项，该函数返回 $dpQueue$ 所指的数据项。主循环不断重复，直到 Q 为空。

图 9.14 所示的是对图 9.11(b) 中查询窗口 $q\omega$ 的查询处理。在该例子中，Q 确定为 $\{c_2, c_3, c_6, c_7\}$。调谐到无线数据广播信道之后，客户端利用下一个索引表（被保持在第一个完整组的组头）的指针来访问 RT_0，如图 9.14 所示。根据 RT_0，客户端利用 RT_0 的 BC_0 删除 Q 中的 c_2，因为它是空的。客户端选择 c_3 作为 c_n，并确定指向 $PT_0^c[4]$ 的指针 ptr 来访问 Q 中的 c_3。根据 CT_3，客户端从 Q 中删除 c_3，并利用 COT_3 检查 c_3 中是否有数据项被包含在 $q\omega$ 之内。客户端不下载任何数据项，因为 $q\omega$ 内没有数据项。然后，客户端选择 c_6 作为 c_n，设置 ptr 指向 p_{nr} 并移至 RT_1。根据 RT_1，客户端设置 ptr 指向 PT_0^c [20] 来访问 c_6。根据 CT_6，客户端从 Q 中移除 c_6，选择 c_7 作为 c_n，并设置 ptr 指向 p_{nr}。移动客户端移动到 c_7，但不下载任何数据项，因为 c_6 的 d_5 不在 $q\omega$ 中。根据 CT_7，客户端从 Q 中移除 c_7，此时 Q 为空。客户端利用 COT_7 提取出 $q\omega$ 中的 d_6，并通过调用函数 $getDataPointer()$ 计算出它的广播时间。然后，客户端下载它，并完成对 $q\omega$ 的处理，因为此时 Q 为空。

Algorithm 9.1: *Window Query*

Input: *qw*, a query window

Output: *Result*, a set of data items belonging to *qw*

1: $Q \leftarrow$ the cells overlapped with *qw*;

2: *Table* $\leftarrow$ the indexing table firstly encountered after tuning-in;

3:while true do

4:   if(*Table* is CT_j of c_j)then

5:      Select c_n from Q,the cell to be accessed next;

6:      if$\left((c_j < c_n) \,\&\&\left(\left\lfloor \dfrac{c_j}{n} \right\rfloor == \left\lfloor \dfrac{c_n}{n} \right\rfloor \right) \right)$then $p_{tr} \leftarrow p_{nc}$;

7:      else $p_{tr} \leftarrow p_{nr}$;

8:      if($c_j \in Q$)then

9:         Remove c_j from Q;

10:         *dp Queue*←*get Data Pointer*(qw,COT_j);

11:         for pointer $p_i \in$ *dp Queue* do

12:           $d_i \leftarrow$*getData*(p_i);//d_i:data pointed by p_i

13:           *Result*←*Result*$\cup d_i$;

14:   else//when *Table* is RT_i of r_i

15:      for all grid cells $c \in Q$ do

16:         if($BR(\lfloor c/n \rfloor)==0$ or$((BC_i(c\%n)==0)\&\&(\lfloor c/n \rfloor==r_i)))$then Remove c form Q;

17:      Select c_n from Q:

18:      if$(\lfloor c_n/n \rfloor==r_i)$then $p_{tr} \leftarrow PT_i^c\left[\displaystyle\sum_{b=0}^{c_n\%n} BC_i(b)-1 \right]$;

19:   else $p_{tr} \leftarrow PT_i^r\left[\displaystyle\sum_{b=0}^{\lfloor c_n/n \rfloor} BR(b)-1 \right]$;

20:if$(Q==\phi)$then break;

21:else Switch to the doze mode and wake up at *ptr*;

22:*Table*←the table accessed currently;

23:endwhile;

24:return *Result*;

Algorithm 9.2:*get Data Pointer* (qw,COT_j)

Input:qw,COT_j

Output:*dpQueue*,a queue keeping pointers to data items contained in qw

1:$N_c \leftarrow$the number of coordinates in COT_j;

2:for $COT_j[a],a=1$ to N_c do

3:   if $COT_j[a] \in qw$ then

4:      *dpQueue*←$\left(t_s + (a-1)\dfrac{t_s - t_1}{N_c} \right)$;

      // t_s and $t_e$are the starting and ending time of broadcasting data items in a cell

5:return *dpQueue*

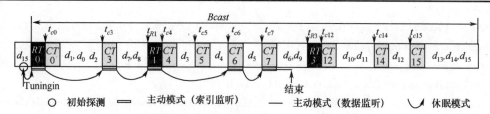

图 9.14　基于 CEDI 的窗口查询处理

129

9.6 总 结

为了在无线数据广播环境中实现能量有效的查询处理,本章提出了空间索引技术。首先,简单回顾了无线数据广播的基础知识和空间索引下的数据结构。其次,介绍了非空间数据的索引,如基于树的索引、基于哈希的索引、基于签名的索引、混合索引和指数索引。对于空间数据的空间索引,本章详细介绍了基于希尔伯特曲线(一种空间填充曲线)的 HCI 和 DSI。这些索引存在着各种问题,如较大的尺寸和对冗余数据项的监听导致广播周期较长。在本章中,提出了 CEDI。CEDI 大大减小了索引的尺寸,因为它利用 $n \times n$ 网格保持数据项组的指针,而非数据项的指针。CEDI 具有分布式结构,并通过复制数据组的指针来支持多路径访问。CEDI 在访问数据项之前利用它们的原始坐标筛选出所查询的数据项,从而消除了窗口查询处理过程中对冗余数据项的监听。CEDI 在节能和访问时间方面是非常有效的。此外,CEDI 对于易错无线传输环境中的链接错误具有鲁棒性。

参 考 文 献

1. J. L. Xu, W.-C. Lee, X. Y. Tang, Q. Gao, and S. P. Li. An error-resilient and tunable distributed indexing scheme for wireless data broadcast. IEEE Trans. Know. Data Eng., 18(3):92–404, 2006.

2. J. L. Xu, B. H. Zheng, W.-C. Lee, and D. L. Lee. Energy efficient index for querying location-dependent data in mobile broadcast environments. In Proceedings of the 19th International Conference on Data Engineering (ICDE03), Banglore, India, March 2003.

3. S. J. Im, M. B. Song, J.W. Kim, S.-W. Kang, and C.-S. Hwang. An error-resilient cell-based distributed index for location-based wireless broadcast services. In Proceedings of the 5th ACM International Workshop on Data Engineering for Wireless and Mobile Access MobiDE06, Chicago, IL, USA, June 2006 pp. 59–66.

4. T. Imielinski, S. Viswanathan, and B. R. Bardrinath. Data on air: organization and access, IEEE Trans. Know. Data Eng., 9(3):353–372, 1997.

5. S. Acharya, R. Alonso, M. Franklin, and S. Zdonik. Broadcast disks: data management for asymmetric communications environments. In Proceedings of ACMSIGMOD Conference on Management of Data, San Jose, CA, USA, May 1995, pp. 199–210.

6. T. Imielinski, S. Viswanathan, and B. R. Badrinath. Power efficiency filtering of data on air. In Proceedings of the International Conference on EDBT, Cambridge, UK, March 1994, pp. 245–258.

7. ADatta, A. Celik, J. Kim, D. VanderMeer, and V. Kumar. Adaptive broadcast protocols to support power conservation retrieval by mobile users. In Proceedings of the 13th International Conference on Data Engineering (ICDE97), UK, April 1997, pp. 124–133.

8. Datta, D. VanderMeer, A. Celik, and V. Kumar. Broadcast protocols to support efficient retrieval from databases by mobile users. ACM Trans. Database Syst., 24(1):1–79, 1999.

9. S. Hameed and N. H. Vaidya. Efficient alogorithms for scheduling data broadcast. ACM/Baltzer J. Wireless Networks, 5(3):183–193, 1999.

10. S. Acharya and S. Muthukrishman. Scheduling on-demand broadcasts: new metrics and algorithms. In Proceedings of the 4th Annual ACM/IEEE International Conference on Mobile Computing and Networking (MobiCom '98) SIGMOD Conference on Management of Data (SIGMOD 97), Dallas, TX, USA, 1998, pp. 43–54.

11. D. Aksoy and M. Franklin. R x W: a scheduling approach for large-scale on demand data broadcast. IEEE/ACM Trans. Network., 7(6):846–860, 1999.

12. S. Acharya, M. Franklin, and S. Zdonki. Balancing push and pull for data broadcast. In Proceedings of the ACM SIGMOD Conference on Management of Data (SIGMOD 97), 1997, pp. 183–194.

13. T. Imielinski and S.Viswanathan. Adaptive wireless information systems. In Proceedings of the Special Interest Group in DataBase Systems (SIGDBS) Conference, Tokyo, Japan, October 1994, pp. 19–41.

14. T. Imielinski, S. Viswanathan, and B. R. Badrinath. Energy efficient indexing on air. In Proceedings of the International Conference on Management of Data, 1994, pp. 25–36.

15. N. Roussopoulos, S. Kelley, and F. Vincent. Nearest neighbor queries. In Proceedings of the ACM SIGMOD International Conference on Management of Data (SIGMOD 95), 1995, pp. 71–79.

16. Zheng, J. H. Xu, W.-C. Lee, and D. L. Lee. Energy-conserving air indexes for nearest neighbor search. In Proceedings of EDBT04, Heraklion, Crete, Greece, March 2004.

17. T. Seidl and H. Kriegel. Optimal multi-step k-nearest neighbor search. In Proceedings of the ACM SIGMOD International Conference on Management of Data (SIGMOD 98), 1998, pp. 154–165.

18. H. Zheng, W.-C. Lee, and D. L. Lee. Spatial queries in wireless broadcast systems. Wireless Network, 10(6):723–736, 2004.

19. W.-C. Lee and B. H. Zheng. DSI: a fully distributed spatial index for location-based wireless broadcast services. In Proceedings of the 25th IEEE International Conference on Distributed Computing Systems, 2005.

20. T. Imielinski, S. Viswanathan, and B. R. Bardrinath. Power efficiency filtering of data on air. In Proceedings of the International Conference on Extending Database Technology (EDBT), 1994, pp. 245–258.

21. W.-C. Lee and D. L. Lee. Using signature techniques for information filtering in wireless and mobile environments. Spatial Issue Database Mobile Comput. J. Distribut. Parallel Databases, 4(3):205–227, 1996.

22. Q. L. Hu, D. L. Lee, and W.-C. Lee. Performance evaluation of a wireless hierarchical data dissemination system. In Proceedings of the 5th Annual ACM International Conference on Mobile Computing and Networking (MobiCom '99), Seatle, WA, USA, Vol. 4, No. 3, August 1999, pp. 163–173.

23. J. L. Xu, W.-C. Lee, and X. Y. Tang. Exponential index: a parameterized distributed indexing scheme for data on air. In Proceedings of ACM/USENIX MobiSys, June 2004, pp. 153–164.

24. A Guttman. R-trees: a dynamic index structure for spatial searching. In Proceedings of the ACM SIGMOD Conference on Management of Data, 1984, pp. 47–54.

25. T. Sellis, N. Roussopoulos, and C. Faloutsos. R+-trees: a dynamic index for multi dimensional objects. In Proceedings of the 13th Internation Conference on VLDB, 1987, pp. 507–518.

26. N. Beckmann, H. Kriegel, R. Schneider, and B. Seeger. The R*-tree: an efficient and robust access method for points and rectangles. In Proceedings of the ACM SIGMOD International Conference on Management of Data, 23–25. May 1990, pp. 322–331.

27. H. Samet. The Design and Analysis of Spatial Data Structures. Addison-Wesley, MA, 1990.

28. B. H. Zheng, W.-C. Lee, and D. L. Lee. Spatial index on air. In Proceedings of the 1st IEEE International Conference on Pervasive Computing and Communications (PerCom'03), Dallas-Fort Worth, Texas, 23–26 March 2003, pp. 297–304.

29. S. Hambrusch, C. L. W. Aref, and S. Prabhakar. Query processing in broadcasted spatial index trees. In SSTD3, July 2001.

30. J. L. Xu, B. H. Zheng, W.-C. Lee, and D. L. Lee. The D-tree: an index structure for planar point queries in location-based wireless services. IEEE Trans. Know. Data Eng., 16(12):1526–1542, 2004.

31. B. H. Zheng, J. L. Xu, W.-C. Lee, and D. L. Lee. Grid-partition index: a hybrid method for nearest neighbor queries in wireless location-based services. VLDB J., 15(1):21–39, 2006.

第10章 下一代基于位置的服务：
将定位与 Web 2.0 融合

10.1 引 言

除了时间，位置也是决定我们日常生活的主要工程量之一。当在城市间或公路上行驶时，人们需要用位置来进行预约订购商品或服务，或者仅仅是告知他人自己的下落。因此，在现实世界中，位置的概念对定位很重要。另一方面，互联网的出现向我们展示了如何去掌握这个概念。无论在世界的什么地方或者相距有多远，人们都能进行沟通和信息交流，不会受到位置的影响。互联网遮蔽了参与者的位置，所以通常也称为地球村或者网络空间。

移动是指位置的改变（至少本书这么理解）。人们想在移动时进行通信，由此出现了蜂窝网络如 GSM，它们能提供一些支持移动性的机制，例如用于路由来电呼叫到可与用户连接的基站的位置管理。最初，蜂窝网络只应用于电话，但近些年随着 GPRS 或 UMTS 打包交换等数据服务的融入，现在蜂窝网络越来越多地被用于互联网接入。地球村或其修改版本的许多服务如推送邮件或通过 WAP 浏览等已经可以被移动设备访问，且不受用户位置的影响。然而，如果服务的执行过程中考虑用户的当前位置，那么移动服务的附加值将显著增加，这也是基于位置的服务（LBS, Location-based Service）的主要思想。通过使用 LBS，用户的位置不再被遮蔽，而是被用来使服务适应特殊情况和满足用户的需求。LBS 让现实世界和网络空间融合在一起，代表了移动智能的核心功能。

LBS 可以被定义为根据用户、其他人或者移动物体的当前位置来创建、编辑、选择或过滤信息的服务，例如所谓的探测服务能给用户提供一个附近的兴趣点列表，如餐馆或者商场，导航服务能给机动车司机提供路线指示，儿童跟踪器能让家长知道孩子的移动方位。LBS 的一个重要特性是用户不需要手动输入自己的位置，而是通过某种定位技术自动对用户进行定位和跟踪，如单元-识别技术，用户的位置来自服务基站的坐标或者全球定位系统（GPS，Global Positioning System）。由于在大多数情况下这些技术只提供地理坐标，所以 LBS 必须与一个地理信息系统（GIS，Geographic Information System）连接，该系统能将坐标映射成有意义的描述性位置，如街道地址或显示在地图上的用户位置。

一直以来，LBS 都由蜂窝网络的运营商主导，他们完全控制着用户的定位，因此拥有位置数据的唯一卖点。第三方服务提供商无法获得位置数据，只能反对过高的要价，这导致 LBS 市场缺少创造力，人们对 LBS 的需求也远不如出现第一个这类服务时许多市场分析员预测的那样好。

然而，最近 LBS 的情况已经发生了明显的改变，这主要有两方面原因：首先，集成了 GPS 接收器的移动设备在市场上日益增多，因此用户的位置不再由蜂窝网络的运营商控制，相反用户能够自己定位，并且自己决定什么时候以及通过什么方式把他的位置数据提供给外部参与者。其次，万维网（WWW，World Wide Web）经历了一个重大转变，也就是 Web 2.0，该术语并不反映某种技术，也不是一个标准或者一个服务平台，它描述的是一个调整，即对"纯旧式网络"（对服务提供商和消费者有着明确的角色分配）进行改组，使用户可以自己制作和发布内容（由用户生成的内容（UGC，User-generated Content）），可以通过结合几个现有的服务（网络应用混合）创造新的服务，以及可以在社区中组织。Web 2.0 跟 GPS 一样，是以用户为中心的定位技术，它对于建立下一代 LBS 有着巨大的潜力。下一代 LBS 和第一代有着明显的不同，它为用户提供了新的创新服务和一个巨大的附加值。这一发展也已经得到了 Web 2.0 社区的认可，并且在年会上讨论了新的应用、思想和技术，它的称呼与术语"Web 2.0"很类似，即"Where 2.0"。

本章剩余部分讨论了第一代 LBS 的缺点，并解释了可以从 Web 2.0 获得什么。该部分提供了一个分类方案，用来识别创建特定 LBS 时所需的基本机制，并介绍了一个供应链，它通过运用 Web 2.0 的基本原理来描述 LBS 参与者之间的交互。此外，本章促进了对共同位置管理的需求，并解释了它的基本操作。最后论述了 LBS 环境中的隐私保护需求，并勾勒了它的基本机制。

10.2　LBS：第一代

LBS 的主要起源之一是美国的 E911 命令，它是 1996 年由联邦通信委员会（FCC，Federal Communications Commission）推出的，用来要求蜂窝网络的运营商能够以规定的最低精度定位紧急服务呼叫者，并将呼叫者的地理位置传送到附近的公共安全应答点（PSAP，Public Safety Answering Point），也就是接收紧急呼叫的办公室。根据美国的紧急电话号码 911，这一命令称为增强型 911（E911）。然而在 1996 年，当时的网络还不能满足这一命令所要求的高精度，紧急情况呼叫者的位置只能通过将服务基站的单元–标识映射为它的地理坐标来确定，这依赖于无线电单元的大小，其精度不好于 300m。那时也无法使用 GPS，因为还没有可以集成到移动电话中低成本的 GPS 接收器。为了解决精度方面的不足，人们通过先进的定位方法来扩展蜂窝网络，该方法基于移动电话和至少三个基站之间的最小二乘法，实现了 50~150m 的精度。有关这些方法的概述可以参看文献[1,2]，它们称为增强的观测时间差（E-OTD，Enhanced Observed Time Difference）或者高级前向链路三边（A-FLT，Advanced Forward Link Trilateration）。运营商必须花费巨大的投资才能将这些方法集成到他们的网络中，因此他们将这些新的定位方法不仅用于 E911，还用于商业的 LBS，以此来收回他们的投资。

不仅仅是美国，许多国家的蜂窝网络运营商都推出了一系列 LBS，它们多数情况下以探测服务的形式出现，能提供一个附近的兴趣点列表，如餐馆、加油站或者 ATMs。在第一代 LBS 开始实施阶段，一些市场分析认为 LBS 是提供数据服务的新杀手级应用，并预计在全球范围内有数十亿美元的收入。然而，事实很快证明，这些预测不会实现，因为多数用户实际上对 LBS 不感兴趣，至少 LBS 提供服务的方式不是他们所喜欢的。因此许多运营商很快淘汰了他们的 LBS，并停止了新服务的开发。造成这一失败的原因有很多，其中一条是标准化和制造商创建了一个以网络为中心的方法，这给运营商提供了一个有关用户位置数据的唯一卖点，如图 10.1（a）所示，或参看文献[1]。定位以及位置数据的交换和处理由蜂窝网络基础架构的内部控制，并且与独立的第三方服务提供商隔离，这些提供商只能通过一个所谓的网关移动位置中心（GMLC，Gateway Mobile Location Center）（许多运营商不支持）获得位置数据，或只能反对过高的要价，因此 LBS 市场在很长一段时间里是一个整体，由运营商主导，且没有什么竞争性。LBS 的应用潜力被削弱到只剩探测服务，新的应用领域和新的复杂功能没有被开发。

然而近来，集成 GPS 接收器的移动设备的市场不断发展，使得通过其他方法实现 LBS 成为可能。如图 10.1（b）所示，用户的位置由他的移动设备确定，然后可以通过数据服务如 GPRS 或 UMTS 打包交换传送给外部参与者，例如，独立的 LBS 提供商。这样，用户的位置不再由网络运营商控制，而是用户能够自己决定什么时候、通过什么方式以及向谁提供她当前的位置。因此，上述以网络为中心的方法将被以用户为中心的方法取代。

以用户为中心也是 Web 2.0 的一个重要概念，这也是为什么自主的自我定位和 Web 2.0 能够主导下一代 LBS 出现的原因。

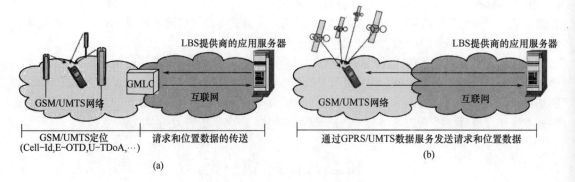

图 10.1　两种实现 LBS 的方法

（a）以网络为中心的方法；（b）以用户为中心的方法。

10.3　Web 2.0

Web 2.0 可以被视为一个新的范式，表现了以用户为中心的方法如何创建和发布网络服务以及相关内容。纯旧式网络自 20 世纪 90 年代中期出现以来一直由专业服务、应用和内容的提供商主导着，而 Web 2.0 将焦点集中在用户上，把他们作为网络进一步发展的主要推动力，因此，Web 2.0 也往往与民主化、开放性和社交网络等术语相联系。

Web 2.0 范式基本是由以发布者 Tim O'Reilly 为核心的小组人员形成的，并且最先出现在 2004 年的一个网络会议的标题上。这起因于人们关于新经济崩溃原因的讨论，得出的结论是虽然经济崩溃，但"网络比以往任何时候都重要，令人兴奋的新应用和网站以令人惊讶的规律性出现"[3]。然而，必须强调的是对于 Web 2.0 存在过于夸大的宣传。许多人，包括网络的发明者 Tim Berners-Lee 认为，Web 2.0 是一个流行词，而不是一种创新的方法，因为 Web 2.0 的基本技术和 Web 1.0 一样，且两者之间基本没有什么区别[4]。然而，尽管存在上述观点，我们仍然愿意接受，当回顾 LBS 的历史以及分析第一代 LBS 的不足时，Web 2.0 方法塑造了一些令人关注的概念，可以考虑用于下一代 LBS。

Web 2.0 的一个重要设计理念是"将网络视为一个平台[3]"。虽然自 PC 时代开始以来，应用程序需要在 PC 上手动安装和维护，但现在是在网络浏览器中动态加载和运行。这个方法的优点是用户不需要繁琐的安装和更新过程，可以直接从任何一台装有适当网络浏览器的 PC 上申请应用程序的最新版本。这个方法背后的使能技术被称为异步 JavaScript 和 XML（Ajax，Asynchronous Javascript and XML）。用 Ajax 写的客户端应用程序在网络浏览器中执行。多数情况下，用户请求在本地被处理，而与服务器的交互则通过后台执行尽可能的远离用户，即异步。因此与传统的 HTML 网页相比，用 Ajax 写的客户端应用程序更具交互性，而且不存在由服务器/客户端通信引起的较大延时。然而，值得注意的是 Web 2.0 不仅仅基于 Ajax 技术，而是结合了一系列技术、标识语言和协议，如 Flash 播放器、传统的 HTML 和 HTTP 或者简单对象接入协议（SOAP，Simple Object Access Protocol）。

Web 2.0 的另外一个特点是所谓的网络应用混合，也就是服务和不同来源的内容的结合。结合的表现和程度不一定由提供商预先决定，而可以由用户自己决定，用户可以根据自己的特殊需求混合并定制不同的服务和内容来源。网络应用混合可以由 Ajax 技术实现。例如，服务提供商可能会提供一个 Ajax 脚本，当该脚本被加载到用户的 PC 时，它能接收来自不同提供商的内容并显示给用户，或者按某种方式混合来创造新的功能或信息，如图 10.2 所示。谷歌广泛使用了这种方法：用户可以结合并链接搜索、日程表、电子邮件和地图服务。例如，用户可以在地图上显示搜索获得的餐厅位置，或者可以根据日程表通过电子邮件邀请已安排会议的参与者。

因此，Ajax 和网络应用混合并不只注重专业的应用程序开发者，它们允许用户自己担任服务提供商的角色，并写应用程序供他人使用。这些由用户生成的服务可以与专业服务竞争，或者用附加功能对专业服务进行扩展。然而，这种以用户为中心的方法并不局限于服务，还可以应用于内容，也就是 UGC，它是 Web 2.0 的主要概念之一。

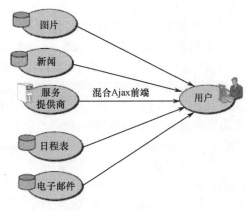

图 10.2 网络应用混合

UGC 几乎包含了所有的内容形式，如文本、图像、音乐和视频，可以被不同的技术和服务发布。一个典型的应用就是博客，用户可以在该网站上发布新闻、想法或者对某个主题的评论，并按时间顺序排列。另一个例子是所谓的 RSS 源，RSS 具有多个含义，例如真正简单的整合或者丰富的站点摘要。RSS 源与博客不同，需要由专用阅读器访问。用户必须订阅一个或多个源，然后阅读器会定期检查这些源的更新并将新的内容显示给用户。另外，近年来出现的新服务允许用户在网上发布和链接博客、图像、照片和视频，这些内容可以被所有用户访问，也可以只被特定的用户或用户组访问。后者就是社交网络现象的一部分，它描述的是人们之间的联系，如拥有共同爱好，具有相同的专业，小时候上同一所学校或者在同一个公司工作。这些服务可以被扩展为聊天和公告板功能，也被称为社区服务。

因此，Web 2.0 包含了许多可以被下一代 LBS 采用的方法和概念。以 Web 2.0 的方式创建 LBS 就是遵循以用户为中心的方法，这样蜂窝网络运营商就无法控制用户位置的访问权，如 10.2 节中所强调的。遵循 Web 2.0，位置数据不是被简单地"透露"给其他参与者，而是变成了由用户生成的内容，它可以被发布、细化以及与其他内容形式如照片或者视频相结合。这种方法已经在一个叫做 *Flicker* 的网站得到了应用，该网站允许用户将他们的照片和拍摄照片的地理位置一同发布。这些照片通常由集成了摄像头和 GPS 接收器的移动设备拍摄的，并可以通过数据服务如 GPRS 或者 UMTS 被上传。

将社交网络的原理应用于 LBS 就是和其他社区成员分享自己的位置。例如，位置成为了即时通信应用的好友列表中的另一个属性，当好友的位置发生变化时，它会自动刷新；此外，还可以在地图上显示社区成员的空间分布或者订阅其他成员接近的及时通知。另一个例子是，用户可以向其他已经去过附近餐馆的社区成员请求建议。

最后，用户不再依赖于服务提供商提供满足他们需求的 LBS，他们可以通过应用与 GPS 结合的 Ajax 和网络应用混合技术来创建自己的 LBS，并提供给其他用户，以此来产生收益或者实现其他目标。这个方法对于发展新的 LBS 在不同领域的应用有着巨大的潜力。

10.4 节提出了一种分类方法，它有助于识别创建此类 LBS 时所需的功能和机制，后续章节则是对组织事项、定位技术、协议和隐私方面的概述。

10.4 LBS 分类

对移动营销或移动游戏等应用领域的检查有助于人们总体了解 LBS 的目的、表现和好处，但它不能帮助识别构成一个特定 LBS 所需的功能。此类功能的示例就是定位方法、LBS 供应链中的参与者之间的位置数据交换策略、隐私机制或者协议，它们要能够适用于不同的应用。图 10.3 所示的是从功能的角度对 LBS 分类时的不同标准的概述。下面将对这些标准进行解释和讨论。

自我参照 VS.交叉参照 LBS。对 LBS 执行过程中其参与者所采用的角色进行区分是非常重要的，一般来说可以分为 LBS 用户和目标两种角色，LBS 用户是请求并使用 LBS，而目标则是被定位和跟踪。在自我参照 LBS 中，用户和目标是相同的，即用户对位置的处理是出于自己的目的，典型的例子就是探测服务或者导航服务，前者能给用户显示一个附近的兴趣点列表，后者能够引导司机到达他的目的地。在交叉参照 LBS 中，用户和目标是由不同的人来担任的，用户请求目标的位置或者永久跟踪目标所处的位置，典型的例子就是儿童跟踪服务或者车队管理服务，前者能够告知父母他们孩子的下落，后者能给承运总部显示卡车的位置。与自我参照 LBS 相比，交叉参照 LBS 对隐私保护机制有着更强

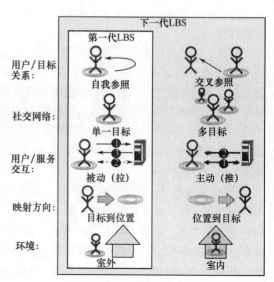

图 10.3 LBS 的功能分类

烈的要求，特别是，目标要能够控制有限的、明确指定的用户组访问他们的位置数据。另外，访问可能还要受到其他限制，例如时间间隔或者地理区域如公司的楼宇。

单一目标 VS.多目标 LBS。另一种分类是根据参与 LBS 服务会话的目标数量。单一目标 LBS 主要是跟踪单个目标的位置。通常情况下，目标的位置与地理内容是相关联的，这是为了给用户显示目标在地图上的位置，或者给用户显示附近的兴趣点，或者创建路线数据来导航。因此，其主要目的是把由纬度、经度和海拔高度决定的地理位置转换成有意义的描述性位置，如目标当前居住的街道地址或城市。之前介绍的儿童跟踪服务是单一目标 LBS 的一个典型例子。多目标 LBS 主要是使多个目标的位置相互关联。典型的应用包括确定目标之间的距离，在地图上显示居住在同一城市的目标的位置，或者探测目标群。在 Web 2.0 环境中，多目标 LBS 主要集中于社交网络服务，此处位置数据可以被用来作为现有社区服务的补充，或者被用来建立新的社交网络。

被动式 VS.主动式 LBS。LBS 可以分为被动式服务和主动式服务[2,5,6]。如果有关位置的信息是在用户请求的情况下发送的，那么这个 LBS 就是被动式的。服务和用户之间的交互大致如下：用户首先通过移动设备或 PC 调用服务并建立一个服务会话，然后请求某些功能或信息，随后服务确定并处理位置（用户自己的或者另一个目标的），并将基于位置的结果返回给用户。之前提到过的探测服务就是被动式 LBS 的一个典型例子。另一方面，主动式 LBS 会在预先设定的位置事件发生时自动初始化，例如，当目标进入、接近或离开某一兴趣点，或者当目标接近、遇见或离开另一个目标。举例来说，一旦游客接近一个地标时，电子导游就会通过 SMS 通知他们。因此，主动式 LBS 并不需要用户明确的请求。在被动式 LBS 中，用户仅在需要时被定位，而主动式 LBS 要求用户被永久跟踪，并且根据某些限制检查所获得的位置，例如接近附近的地标。

目标到位置 VS.位置到目标 LBS。传统的 LBS 导出一个或多个知名目标的当前位置，也就是将目标集映射到位置集，这些服务称为目标到位置 LBS。然而，这些集合之间的映射方向可以反过来，即从位置集到目标集，这样就能够确定处于某一特定位置的目标的数量和身份，这些服务被称为位置到目标的服务。通常情况下，定位方法和控制程序是针对目标到位置的服务而设计的，必须预先知道要被定位的目标，然后通过在应用或定位服务器和目标的移动设备之间发送信号来触发定位。另一方面，对于位置到目标的服务，基本没有适当的定位或传感器技术，居住在某一特定位置的目标则可以通过在一个中央数据库中进行空间查询来确定，这能永久跟踪所有感兴趣的目标。

室外 VS.室内 LBS。室外 LBS 可应用于大型的地理区域，并且利用卫星或者蜂窝定位技术，而室内 LBS 则是在建筑物内帮助用户，并且基于局部定位技术。这些种类之间的区别对于使用的底层定位技术是必不可少的。通常情况下，基于位置的 Web 2.0 服务是围绕基于设备的定位技术建立的，它们允许自主的自我定位，其中设备从周围的基础设施（如 WiFi 接入点、蜂窝基站或卫星）观察传输，并从中计算它的位置，例如 GPS 或者指纹识别，后者是当场观测无线电模式，并与在明确指定的位置上预先录制的模式比较。定位技术可以分为室外技术和室内技术，它们的特性在很多方面存在差异，如使用的定位技术、覆盖范围以及发送的位置数据的准确性和格式。室外系统的显示精度通常在 10m（GPS）到数百米（如蜂窝方法）之间，这些系统主要是基于空间参考系统传送坐标形式的地理位置数据。另一方面，室内技术的精度能达到数米，有的甚至是几厘米。在多数情况下，它们提供象征性的位置数据，例如接入点的标识符、建筑物内的房间号或者基于局部坐标系的位置数据。有关室外系统的概述可以参看文献[2]，有关室内技术的概述可以参看文献[7]。

上述的分类标准之间是毫无关联的，即一个 LBS 可以被分配到不同标准的种类中。从图 10.3 中可以得出，探测服务是被动、自我参照且单一目标的服务，并由中央应用服务器实现，主要用于室外。其他例子还有儿童跟踪服务（被动、交叉参照、单一目标、室外以及室内），或者社区服务（被动、交叉参照、多目标、室内以及室外）。

10.5　一个适用于 LBS 的 Web 2.0 供应链

通常情况下，可能有很多参与者涉及 LBS 的操作，因此在供应链中描述他们的交互是非常有用的。参与者可以是个人、组织、部门或者企业，他可以将服务提供给其他参与者，或者从其他参与者那里消费服务。可以根据角色对参与者进行分类，其中角色代表一个参与者所活动的领域，即一套功能，这些功能用于实现和控制一个服务的某些部分并使服务能被终端用户访问。图 10.4 所示的是 LBS 供应链的一般模型，它遵循 Web 2.0 方法，并能识别参与的角色以及他们之间的关系。

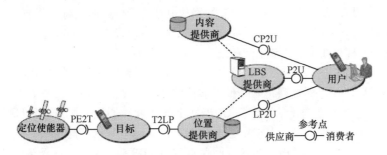

图 10.4　一般的 LBS 供应链

供应链遵循由 Web 2.0 宣告的以用户为中心的方法和网络应用混合，即通过在用户的设备上结合来自多个源的内容来创建新的服务。除了图像、视频和文本之外，目标的位置数据被认为是另一种内容。供应链包含以下角色：

（1）目标。正如 10.4 节中所提到的，目标就是被定位、被跟踪或者被监视的移动的人或物体。为此，它配有一个移动设备，除了通信，还能定位。

（2）定位使能器。定位使能器用于控制和协调定位过程，在以用户为中心的方法中，该基础设施能够允许终端定位，且可能是由 GPS 卫星网络或者 WiFi 网络来执行指纹识别。

（3）内容提供商。内容提供商提供地理的或者非地理的内容，前者包括地图、用于导航的路径数据或者兴趣点等，而后者可能以新闻、博客或视频的格式提供给用户，如果它指的是某一位置，那么它可能对 LBS 的情况比较感兴趣。

（4）位置提供商。目标被连接到某个位置提供商以便发布他们的位置。位置提供商基本上是另一个内容提供商，它在目标与用户之间充当中介，并在考虑目标隐私权的情况下为 LBS 的用户提供所谓的定位服务，使用户能够以被动或者主动的方式访问目标的位置。较先进的定位服务也许还能提供多个目标之间的位置关系信息，例如一对目标是否位于同一个城市。每个目标的位置数据都假设被某个位置提供商管理和控制。

（5）LBS 提供商。LBS 提供商为实现 LBS 准备服务逻辑。在 Web 2.0 环境中，该服务逻辑由 Ajax 脚本提供，这些脚本被传到用户的浏览器并链接来自不同提供商的内容。对于移动设备，简化的版本可能在 HTML 中或者作为专门的客户端应用程序来提供，后者采用 Java2 缩略版（J2ME，Java2 Micro Edition）引擎。为了不依赖于某一特定技术，在下文中将脚本、网页或者客户端应用程序归入术语"前端"。LBS 提供商维护与 LBS 用户的订阅，如果需要，还提供其他辅助功能，如核算、会话和身份管理。

（6）LBS 用户。LBS 用户消费 LBS。由 LBS 提供商传送的前端在用户设备上执行，然后根据前端的指令，来自不同源的内容和位置数据被请求、接收、处理以及聚合。

角色间的关系在下文中被称为参考点，可能是行政性或者技术性。行政性参考点可能是参与者、要价状况以及信任模型之间协商的服务水平协议（SLA，Service Level Agreement），而技术关系包括与 LBS 操作相关的通信链路、接口、协议和事务。下面从技术的角度来强调参考点：

（1）PE2T。定位使能器和目标之间的参考点代表定位过程，它取决于所使用的定位系统。在 GPS 中，这种关系对由 GPS 卫星发出的不同信号进行描述，这些信号被目标的设备所观察，用于执行范围测量和通过多边法计算它的位置。如果指纹识别被用于室内的 WiFi 网络，那么这种关系代表在封闭环境中各个 WiFi 接入点发出的无线电信标，以及将观察到的无线电模式映射到地理（或者描述性）位置的控制过程。如果目标定位需要收费，此关系还包括相关过程，如订阅和密钥交换。预计 2010 年投入运营的欧洲卫星系统伽利略就是这样一个例子，目标需要为高精度的定位支付费用。

（2）T2LP。该参考点代表定位管理的操作，它发生在目标和位置提供商之间，用于在 LB2U 参考点上提供定位服务。T2LP 具有隐藏所用定位技术的技术方面的机制，在下文中被称为定位透明度。然而，更重要的是，参考点还包括将位置数据从目标传给位置提供商的操作。位置提供商可以根据需要请求位置数据，或者永久跟踪目标，此时根据某一位置更新策略，位置数据被自动传送到位置提供商。这一过程将在 10.6.2 节中阐释。

（3）P2U。该参考点包括前端和相关数据从 LBS 提供商到用户设备的传送。在 LBS 服务会话的环境中，用户需要注册，然后获得一个他的服务的特制外观，例如他偏爱的"外观和感受"和他所希望接收信息的内容源（随后在参考点 CP2U 上被请求）。此外，脚本包括目标和访问他们位置数据相关的定位服务的参考（发生在参考点 LP2U 上）。这些数据可能与从其他源接收到的内容相结合。对用户服务配置文件的改变将被返回并报告给 LBS 提供商，可用于未来的服务会话。

（4）LP2U。该参考点包括由位置提供商提供的定位服务。用户请求一个或多个目标的位置数据或者通知位置提供商在一段时间内跟踪目标。为了解决他们的隐私担忧问题，需要用户与位置提供商进行认证，例如利用用户的电话号码、邮件地址或者其他预先商定的、清晰的、连同密码的标识符。如果目标授权给提取请求的用户，那么该用户可以访问位置数据。可能存在几个选项可以强制执行目标的隐私，这点将在 10.7 节中阐释。如果位置或者跟踪请求被接受，那么目标的位置将反馈给用户。该参考点还包括可供选择的通信链路，如用户可以向位置提供商注册以便通过 SMS 接收目标的位置。

（5）CP2U。最后，该参考点用于获取其他内容，而不是位置，如利用 API 从 Google 地图获得的地理图。该机制由于 Web 2.0 而众所周知，因此这里不再进一步阐释。

除了上述参考点，LBS 提供商可能与内容和位置提供商相互联系（在图 10.4 中用虚线表示）。这些参考点可能是行政的或者技术的，如后者用于实现身份管理。然而，由于这些参考点对 LBS 来说并不是特别感兴趣，所以这里没有包含它们。

值得注意的是，对于 LBS 的具体实现，该供应链可以动态配置，尤其是一个参与者可能采用多个角色，而其他角色被忽略。图 10.5 所示的是一个有 5 个参与者的简单示例。在这个例子中，Bob 想要找到附近的素食餐馆，并从 LBS 提供商 EatNoMeat 处下载相应的前端。然后，他用自己设备的局域 GPS 接收器定位，并从内容提供商黄页处接收到位于他周围的餐馆列表。由于他还想知道其他用户对这些餐馆的评价，前端自动向推荐系统的提供商请求评价。最后，在他考虑这些评价并选择合适的餐馆之后，地图内容提供商将导航指示传送给他，用于寻找到餐馆最短或者最快的路径。因此，根据之前给定的分类，该服务属于被动式、自我参照、单一目标的服务。在这里，同一个人既是用户，又是目标，因为 Bob 定位自己，并不需要专门的位置提供商。

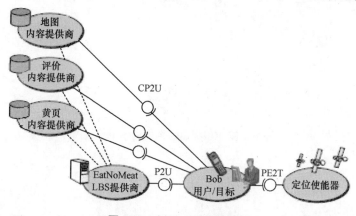

图 10.5 例子：餐馆查找器

在另一个场景中，供应链被配置为孩子查找器和跟踪服务，由 LBS 提供商 Share & Care 提供。家长可以观察孩子现在的位置，并显示在地图上，如果需要，他们还能连续跟踪孩子，或者一旦有孩子离开学校，他们就能通过 SMS 接收到警报。为此，家长可以配置服务，无论孩子是在相对上次报告位置的预选距离内还是离开了某一地理区域，都更新位置。该供应链如图 10.6 所示。Alice 和 Andrea 正在回家的路上，他们被 GPS 所定位，而 Simon 还在学校，他被局域 WiFi 网络所跟踪。位置是由孩子们的设备传送给他们的位置提供商 TraX，家长利用 Share & Care 的前端来与 TraX 和地图内容提供商连接。因此，该服务是交叉参照 LBS，具有被动和主动的交互模式。

图 10.7 所示的是这种服务前端的略图，它包括通过输入孩子的姓名来请求位置数据和在跟踪的情况下指定所需的更新距离。随后传送的位置显示在由 Google 提供的地图上。

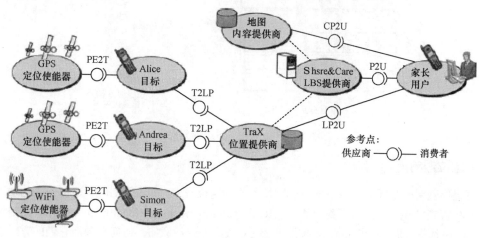

图 10.6 例子：孩子查找器和跟踪服务

139

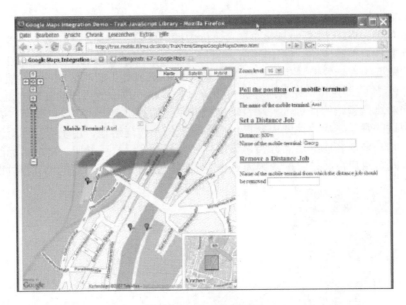

图 10.7　LBS 前端例子

10.6　定　位　服　务

如 10.5 所述，定位服务由 LP2U 参考点提供，并由 T2LP 参考点实现，包括实现定位透明度的机制和位置管理的操作，两者都基于图 10.8 所示的架构，本节将对它们进行阐释。

T2LP 参考点的核心元素是执行于目标移动设备上的定位进程，它位于一个或多个定位技术的执行之上，并向本地前端或者由位置提供商维护的远程位置服务器发布位置数据。对于各种自我参照的 LBS，即用户自己的位置被用于请求基于位置的内容，本地前端的接口是必要的。如果使用专用的客户端应用程序，那么它将通过一套定义明确的 API 从定位进程接收位置数据。为了能通过本地网络或者 WAP 浏览器访问位置数据，定位进程还能被配置为本地代理，这样作为一种网络服务，能够与载入到浏览器中的网页或者脚本相连接。接下来重点介绍将位置数据发布到远程位置服务器这种情况。

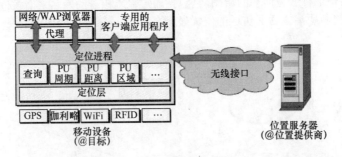

图 10.8　发布位置数据的架构

10.6.1　定位透明度

需要定位透明度是因为移动设备可能支持不同的定位技术，即除了 GPS，还有未来的伽利略卫星系统、WiFi 指纹识别或者基于射频识别（RFID，Radio Frequency Identification）标签的定位。通常情况下，在某些方面，异构定位技术之间存在着较大差异，例如，访问和激活它们的方式或者传送位置数据的精度和格式。因此希望将技术依赖方面从定位管理的其他功能中分离出来，从而能在各种移动设备上复用它的软件部分，而不依赖于应用的定位技术。

图 10.8 所示的定位层隐藏了来自上层的不同定位技术的实现，它接收对位置数据的请求，可能是针对某一定位技术，或者以一种抽象的方式定义对位置数据的要求，例如希望的精度和位置数据格式。然后，定位层从各移动设备可用的定位方法中选择最合适的一个并将其激活。另一个任务是不同位置格式之间的映射，对于地理位置数据，采用计算实现，对于描述性位置，则通过本地或者远程数据库的支持实现，如文献[8]。此外，定位层还可能支持多个定位技术的融合，以此来提高位置数据的精度和加强定位切换的执行。后者指的是不同定位方法之间的转换，当已选的方法突然变得不可用时，就需要转换，例如当被 GPS 覆盖的目标由室外进入建筑物时，就需要转换到室内的 WiFi 指纹识别系统。

定位层的功能可以被一套定义明确的 API 使用，有潜力实现该层并提供此类 API 的是用于 J2ME 的位置 API，参见文献[9]。

10.6.2 定位管理

一般而言，基于设备定位的缺点是移动设备知道自己在哪，但是位于固定网络中的位置服务器并不知道。因此，定位管理的主要任务就是提供一系列操作，使目标的移动设备能将位置数据传送给位置提供商的远程位置服务器。目前存在两种基本交互模式，即查询和更新，后者可以进一步细分为多个子类，如文献[10]。此外，他们能根据各应用的要求动态调整参数。

查询是基于移动设备和位置提供商的服务器之间的同步通信实现的。服务器显式地从定位进程请求位置数据，并立即获得响应。相应的顺序图如图 10.9(a)所示。请求携带着有关位置数据质量的要求，如精度、延迟和格式。在定位进程中，该请求被分析，并被传送给定位层，该层会选择合适的定位方法。当位置被确定之后，该位置通过查询响应消息被报告给发出请求的位置提供商。在服务器端，查询的应用可能和缓存策略相结合，以此来减少位置请求的数量。

与查询不同，更新是基于异步通信。它是基于事件的，当触发条件为真时，移动设备就对其进行初始化。在多数情况下，位置提供商的服务器首先要向移动设备订阅接收位置更新，并指定触发条件。更新的一般过程如图 10.9(b)所示。

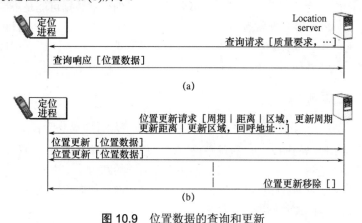

图 10.9　位置数据的查询和更新

（a）查询；（b）更新。

触发条件基本上充当一个过滤器，被用于处理聚集在移动设备上的位置数据。每次从定位层传送一个新的位置，并经过过滤器的核查，只有当条件是真时，该位置才被传送到位置服务器。更新可以细分为以下类别。

（1）即时更新。每次新的位置数据由移动设备确定，并被传送到服务器。因此，对于这种类别，不需要指定触发条件。

（2）定期更新。当时间距离上次位置更新一个预定义的时间间隔，即所谓的更新时间间隔时，移动设备就发送一个位置更新消息。

（3）基于距离的更新。当目前位置和上次报告的位置之间的视线距离超过预定阈值，即更新距离时，移动设备就发送位置更新。

（4）基于区域的更新。当目标进入或者离开预定地理区域时，位置更新就被初始化。其中，更新区域可以是具有明确中心和半径的圆或者多边形。

（5）基于航迹推算的更新。另一个更先进的策略是基于航迹推算，其中触发条件由一个阈值给定，指的是位置估计与实际位置的偏差。若要应用该策略，移动设备和服务器都必须执行航迹推算算法。移动设备基于上次报告给服务器的位置、目标的方向和运动的速度来进行位置估计，然后将估计结果和目前位置进行比较，如果误差超过阈值，那么向服务器发送一个携带目前位置的更新。另一方面，当收到处理两个更新的请求时，服务器就对上次从设备接收到的位置应用相同的算法。对于该更新方案的详细介绍，可以参看文献[11]。

如图 10.9(b)所示，可以在位置更新请求消息中指定用于航迹推算的更新类型以及更新周期、距离、区域或者参数。此外，请求还包含了服务器的回呼地址，即更新消息被转移的目的地址。

这里介绍的操作以一定的方式部署，即尽可能减少位置数据的转移，并根据需要进行位置数据转移。尽可能减少位置数据转移的原因有以下几点：首先，数据的过多转移会显著加大移动设备电池的负担；其次，定位管理的消息是通过无线接口发送的，无线接口是无线网络中最重要的资源，因此需要避免不必要的或者冗余的数据产生，例如，当目标停留在某个地方时，如果她的相同位置被反复转移，就会产生冗余数据；此外，多数目标是通过蜂窝数据服务如 GPRS 和 UMTS 与位置提供商连接，需要支付相应的费用；最后，大量目标过多转移位置数据会对位置服务器造成严重负担，从而导致较大的延迟，甚至失败。

另一方面，位置数据的发送视需要而定，以此来满足各应用的要求，如精度和及时性。查询适用于各种被动式 LBS，它的优点是位置数据尽可能新，但是处理查询请求和响应消息以及获取目前位置都会产生延迟。平均而言，缓存策略能减少延迟，同时还能降低网络负载。然而，如果目标的位置自上一次查询响应之后发生了显著变化，那么缓存传送的位置数据可能是不准确且过时的。另一方面，更新对于目标的跟踪是非常有用的，它尤其适用于主动式服务，即当目标触发一个位置事件时能自动执行任何动作。位置事件包括进入、接近或离开某一兴趣点，或者接近或离开另一个目标。后者的一个例子是邻近探测，下一节会对它进行简略介绍，以演示定位管理操作的使用。

10.6.3　例子：邻近探测

邻近探测被定义为当一组移动目标中的一对目标彼此接近且距离小于预定的邻近距离 d_p 时，定位服务能够进行自动探测的能力。一种简单的方法是位置服务器要求每个目标以一个固定的更新距离 r 执行基于距离的更新。这样，每个目标都在半径为 r 的圆内，其中圆心 c 为前一次报告的位置，如图 10.10(a)所示。如果目标离开了它的圆，它的移动设备就向位置服务器执行位置更新，圆就被移动到目前位置，从而使目标继续被跟踪。

为了选择合理的更新距离 r，引进边缘公差 b。令 $\mathrm{dist}(t_i,t_j)$ 为目标 t_i 和 t_j 之间的当前距离，那么每次位置更新到达时位置服务器必须根据以下条件检查邻近：

（1）$\mathrm{dist}(t_i,t_j) < d_p$，必须探测邻近；

（2）$d_p \leqslant \mathrm{dist}(t_i,t_j) \leqslant d_p + b$，可能探测邻近；

（3）$\mathrm{dist}(t_i,t_j) > d_p + b$，不探测邻近。

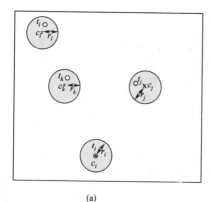 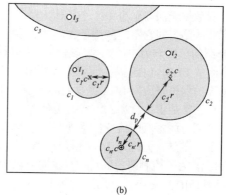

(a) (b)

图 10.10 邻近探测

（a）固定更新距离；（b）动态更新距离。

为了保证根据这些条件能可靠地探测邻近事件，更新距离必须被设置为$(b/2)$。对于较大的数值，邻近事件在某些情况下会被探测得太晚，而较小的数值会引起不必要的位置更新。

然而，这一策略的缺点是更新距离$(b/2)$与期望目标的平均距离相比是一个较小值，因此，即使被观察的目标离邻近距离较远，也会产生大量的位置更新。一个更复杂的方法是为每个目标动态地确定更新距离，且由该目标和离她最近的目标之间的距离决定。因此，围绕目标的圆平均要大于静态方法中选取的圆，从而降低位置更新发生的频率，如图 10.10(b)所示。无论某一目标已经执行了位置更新或者刚向位置服务器注册邻近探测，她都能从服务器获得一个新的更新距离，该距离由最近的另一个目标的更新圆决定，且这两个圆的边界至少相隔 d_p。

文献[12]阐释了各种邻近探测策略，并对它们在无线接口中传输的数据量进行了比较。定位管理的操作还能用于探测目标之间的其他关系，如分开、目标的簇或离某个目标最近的 k 个目标。

10.7 位 置 隐 私

LBS 能从技术上确定目标的当前位置，但也产生了众多伦理道德问题。毫无疑问，一个 LBS 能否被它的用户所接受，从而在市场上取得成功，其隐私意识是其中一个关键要求。简单来说，位置隐私指的是目标者控制谁能在某种情况下或者以某一详细程度访问他的位置信息的能力。访问基本上可以分为三种不同的类型。

首先，不积极参与 LBS 操作的行动者通常归为入侵者，可以通过为 LBS 参与者之间的认证和通信信道的保护提供合适的安全机制来抵制他们的入侵。幸运的是，这类机制可以被广泛使用，且是可靠的。然而，有个例外，就是无法避免第三方的访问，即权威或者智能服务的合法拦截。在世界的许多地方，为阻止或发现犯罪活动而处理用户的私人数据是符合当地法律的，服务提供商不得不支持政府的这项工作。

第二类隐私风险源于 LBS 供应链中的中间行动者的恶性行为，如位置提供商或者 LBS 提供商。例如，中介可以将收集的位置数据非法卖给其他"在目标背后"的人。另一个可能性是在中介工作的人想把某一特定目标的隐私暴露给他人，或者威胁他做某事。为防止这种欺诈性使用，传统的安全机制是不够的，因为中间的 LBS 行动者需要使用位置数据，无法简单地被排除。可能的一种解决方法就是在交给中介之前将数据匿名化。所包含的位置信息的解释可能依然是有意义的，而目标的真实身份被隐藏，如使用笔名。然而，相应的问题是简单地使用用户名与位置数据脱离不能提供足够的保护：利用目标的背景知识，如生活或者工作场所等，数据可以被去除匿名。因此，文献提出了几种方法来可验证地匿名位置数据，其中文献[13]基于时空隐匿：刻意降低定位的时空精度，以此使某人的位置数据无法与至少 $k-1$ 个其他人的数据区分开来。不幸的是，这种基于 k–匿名的正式模型的方法存在缺陷，即它不能应用于主动式、多目标的 LBS，文献[14]对此进行了探讨。

之前介绍的以用户为中心的供应链是一个可行的匿名化技术（大体上比较麻烦）。通过在用户的浏览器中组成 LBS，LBS 提供商就无法获得目标的位置信息。因此，目标可以被各种 LBS 跟踪，而不需要特殊的保护来应对 LBS 提供商的改变。相反，每个目标都与单一的可信实体（位置提供商）相关联。用户通常是否愿意加入这样的信任关系仍然是一个未解决的问题，移动网络用户就是这样一个例子，他们对运营商的信任似乎处在一个类似的水平上。

第三种类型的访问是通过 LBS 用户，当然，仅限于用户和目标不是同一人以及 LBS 为交叉参照 LBS 的情况。为了控制用户的访问，我们可以应用所谓的授权策略，它可以由不同类型的限制构成，参见文献[15]：角色限制只允许某些用户可以访问，时间限制指定哪些时候可以访问位置数据，位置限制只允许访问某些预定的位置。此外，通过指定精度限制能刻意降低所发出位置信息的精度。授权策略通常由目标定义，但由位置提供商来执行。

另一个策略是 Ad Hoc 授权。当特定用户想要定位目标时，该策略会交互式地提示目标，以获得目标的准许。Ad Hoc 授权是针对社交方面的位置信息披露而被发展的，如文献[16]。社会可接受性的一个重要因素是向 LBS 用户调解访问拒绝并被他感知的方式。例如，如果访问没有被同意，那么用户可能会感觉到被目标拒绝。另一方面，目标可能因同意调查者访问而感觉到社会压力，这是为了避免产生负面的社会影响。一个补救这种消极情况的一般概念就是合理的推诿，如文献[17]。基本上，原则规定用户不能确定缺乏信息披露是有意还是无意，这减小了目标做决定时的社会压力。一个应用于 Ad Hoc 授权的简单例子是目标直到某一超时发生也不响应位置请求。从用户的角度来看，无法确定访问拒绝是故意的还是目标现在太忙而无法响应。

10.8　总　结

本章介绍了 LBS 在 Web 2.0 环境下的设计和实现。虽然第一代 LBS 因内在倾向封闭的、以网络为中心的解决方案和缺少合适的定位技术而在许多国家都失败了，但是下一代 LBS 得益于 Web 2.0 中的一些方法和概念，如以用户为中心、混合和社交网络。"把网络视为一个平台"并和以用户为中心的定位方法如 GPS 相结合是发展新形式的 LBS 时能包含大量用户并利用其创造力的关键。本章通过提出 LBS 的分类方案来给出这种新形式 LBS 的例子，还介绍了实现的一般供应链以及对建立定位管理的操作和机制的需要作了解释。最后，本章强调了隐私保护的需要，简略介绍了它的基本机制，并讨论了一些未解决的问题。

参 考 文 献

1.　3rd Generation Partnership Project. TS 23.271 Functional stage 2 description of LCS. http://www.3gpp.org/.

2.　A. K¨upper. Location-based Services: Fundamentals and Operation, Wiley, 2005.

3.　T. O'Reilly. What IsWeb 2.0: Design Patterns and Business Models for the Next Generation of Software, 2005, http://tim.oreilly.com/.

4.　N. Anderson. Tim Berners-Lee on Web 2.0: nobody even knows what it means, 2006.

5.　S. Fischmeister and G. Menkhaus. The dilemma of cell-based proactive location-aware services. Technical Report TR-C042. Software Research Lab, University of Constance, 2002.

6.　G. Popischil, J. Stadler, and I. Miladinovic.Alocation-based push architecture using SIP. In Proceedings of the 4th International Symposium on Wireless Personal Multimedia Communications (WPMC '01), Aalborg, Denmark, 2001.

7.　W. Krzysztof and J. Hjelm. Local Positioning Systems: LBS Applications and Services, CRC Press, 2006.

8.　A. LaMarca, et al. PlaceLab: device positioning using radio beacons in the wild. In Proceedings of the International Conference on Pervasive Computing, Munich, Germany, Springer Verlag, 2005, pp. 116–133.

9. Java Community Process, JSR-179 Expert Group. Location API for Java 2 Micro Edition, 2003.

10. A. Leonhardi and K. Rothermel. Protocols for updating highly accurate location information. In A. Behcet, editors. Geographic Location in the Internet. Kluwer Academic Publishers, 2002, pp. 111–141.

11. A. Leonhardi. Architektur eines verteilten skalierbaren Lokationsdienstes. PhD Thesis, Univerisity of Stuttgart, 2003.

12. A. K¨upper and G. Treu. Efficient proximity and separation detection among mobile targets for supporting location-based community services. Mobile Computing and Communications Review (MC2R), ACM SIGMOBILE, Vol. 10, No. 3, 2007, pp. 1–12.

13. M. Gruteser and D. Grunwald. Anonymous usage of location-based services through spatial and temporal cloaking. In Proceedings of the First International Conference on Mobile Systems, Applications, and Services, 2003.

14. P. Ruppel, G. Treu, A. K¨upper, and C. Linnhoff-Popien. Anonymous user tracking for location-based community services. In Proceedings of the 2nd International Workshop on Location and Context-Awareness (LoCA), Dublin, Ireland, Springer-Verlag, 2006.

15. G. Myles, A. Friday, and N. Davies. Preserving privacy in environments with location-based applications. IEEE Pervasive Comput., 2(1):56–64, 2003.

16. S. Consolvo, I. Smith, T. Matthews, A. LaMarca, J. Tabert, and P. Powledge. Location disclosure to social relations: why, when, & what people want to share. In Proceedings of the SIGCHI Conference on Human Factors in Computing Systems, ACM Press, New York, 2005, pp. 81–90.

17. S. Lederer, I. Hong, K. Dey, and A. Landay. Personal privacy through understanding and action: five pitfalls for designers. Personal Ubiquitous Comput., 8(6):440–454, 2004.

第3部分　移　动　挖　掘

第11章　面向移动对象数据库的数据挖掘

11.1　引　言

近年来，由于移动设备和 GPS 系统的发展以及网络技术的进步，移动计算已经成为一项关键技术。随着移动技术的进步，关于移动对象数据库的研究[16]成为数据库领域的研究热点。顾名思义，"移动对象数据库"是一个存储和管理移动对象（如车辆、携带移动设备的行人等）信息的数据库。如今，人们已经对移动对象数据库开展了各种不同的研发工作，主要涉及的主题有：适合表示移动行为的数据模型，高效响应查询的查询处理与索引方法，以及有效利用基础移动对象数据库的应用技术等。

在这一章中，主要研究面向移动对象数据库的数据挖掘技术。自 20 世纪 90 年代中期以来，数据挖掘研究迅速发展为计算科学中主要研究领域之一[25,26]。近些年来，虽然数据挖掘研究已经扩展到多个领域，面向移动对象数据库的数据挖掘技术仍旧处于一个新兴的发展阶段。由于利用现代移动信息技术可以实时监控大量移动对象，使得这项技术将拥有广阔的应用前景。移动数据库管理的数据具有高度动态化以及时空语义的特点，因此应该针对其特点研究新的数据挖掘技术。本章对目前移动对象数据库中数据挖掘的发展趋势，包括作者在这一领域内的研究成果进行简介。我们不准备提供一个全面的综述，除了有关数据挖掘的内容，在此省略了有关移动对象数据库的内容，如数据建模、查询处理和索引方法。

本章的组织结构如下：11.2 节介绍一些移动预测方法，这些方法可看作是面向移动对象的数据挖掘特例；11.3 节简单概述将序列模式挖掘应用于移动数据库的方法；11.4 节介绍其他的移动模式挖掘技术；11.5 节介绍移动对象的聚类技术；11.6 节简单总结面向移动对象数据库的密度估计和查询选择性估计方法；11.7 节介绍一些有关比较轨迹的新思想；11.8 节对本章进行了总结。

11.2　利用移动历史的移动预测

移动预测用于预测给定移动对象未来的轨迹，这在移动计算中是一个广泛研究的课题。假设一个处于蜂窝移动电话网络中的移动用户，该用户一边打电话一边连续不断地移动。基础网络系统必须在蜂窝之间转接他的呼叫状态[70]。如果能够预测到移动用户要移动到的下一个蜂窝，那么就可以实现基站之间资源的有效预留和快速转接。由此出现了各种移动预测方法。文献[6]对这一课题进行了充分的研究，将移动预测方法粗略地分为两类。

（1）与域无关的方法：将位置或蜂窝视为符号，并且只考虑位置名称，不考虑其他语义。

（2）特定域方法：利用附加信息，如移动对象的坐标、方向和速度，道路网和地图信息，以及

/或设备位置。

在这一小节中，选取一些基于移动历史的移动预测模型进行介绍，因为这些模型与数据挖掘的概念相关。重点介绍马尔可夫预测器及其扩展模型。

11.2.1 与域无关的马尔可夫预测器

首先介绍最基本的移动预测器类型：马尔可夫预测器及其变体。

11.2.1.1 马尔可夫预测器

马尔可夫预测器的基本思想比较简单：根据马尔可夫链（Markov Chains）思想从最近的移动历史预测下一个位置。在这一框架中，将每一个位置看作一个状态，位置之间的每一次移动对应一个状态转移，对于一个 k 阶马尔可夫预测器，将利用移动历史中的 k 个最近的位置来进行预测。

假设 $\boldsymbol{X}=(\boldsymbol{X}_1, \boldsymbol{X}_2, \cdots, \boldsymbol{X}_n)$ 是一个随机变量序列，这些随机变量在有限位置集合 $\boldsymbol{L}=(l_1, l_2, \cdots, l_m)$ 中取值，L 表示状态空间。马尔可夫性质（Markov properties）如下：

$$\Pr(X_{n+1} = l_i | X_1, \cdots, X_n) = \Pr(X_{n+1} = l_i | X_{n-k+1}, \cdots, X_n) \tag{11.1}$$

$$= \Pr(X_{n+1} = l_i | X_{j+1}, \cdots, X_{j+k}) \tag{11.2}$$

式（11.1）表明转移概率只取决于最近的 k 个移动，式（11.2）表明转移概率是固定的，或者说是时不变的。根据移动历史可以大致估计出转移概率。具有最大概率的位置就是预测的下一个位置。

11.2.1.2 应用字符串压缩技术

有一种马尔可夫预测器的扩展方法，该方法利用字符串压缩技术以一种紧凑的方式汇总统计数据。其基本思想是该字符压缩方法具有根据已知输入文本预测即将出现字符的预测能力。

接下来，将简单说明一种代表性方法，称为基于 LZ 的预测器，该预测器是 k 阶马尔可夫预测器的扩展版本，其中 k 是随输入而变化的一个变量。该方法基于著名的 Lempel-Zip 文本压缩方法（LZ78）[45]。LZ78 以一种在线方式顺序读取一个文本流并且构造一个层（tire）（或树）形结构的词典，进而对发生的模式进行总结。LZ78 压缩将用该词典进行压缩，而 LZ78 预测器在移动预测中文本流是一个位置符号序列，并且用构造的词典进行预测。

例如，假设某移动对象的移动历史为 "ABCABACBADABCD"，其中 A 到 D 是位置符号。LZ78 对该输入构造了一棵树，如图 11.1 所示，其中 ε 表示一个空字符。在插入输入字符串时，将输入字符串拆分成如 "A/B/C/AB/AC/BA/D/ABC/" 的子串来构造树。每个结点右上角的数字表示结点标识符，一旦在后续文本中读到相同字串时将引用该数字。LZ78 将该示例文本编码为 "0A0B0C1B1C2A0D4C"。基于 LZ 的预测器存储附加信息：每个结点包括一个用于记录访问数量的计数器，该计数信息用于移动预测。例如，

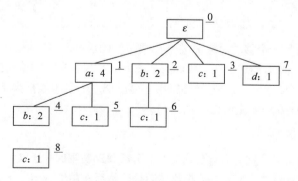

图 11.1 LZ 预测器的树结构词典

如果我们要估计 A 中的一个对象下一步移动至 B 或 C 的概率，如果概率为 Pr(B|A)=2/4 和 Pr(C|A)=1/4，则 B 为预测的下一个位置。

LZ 预测器存在的问题是丢失了位于边界上某些子串的信息。例如，输入包含一个子串"CBA"，但未出现在树中。为了解决这一问题，Bhattacharya 和 Das[3]提出了 LeZi-Update 法。当在树中插入一个子串时，LeZi-Update 也插入其后缀。例如，将"ABC"插入示例文本"A/B/C/AB/AC/BA/ D/ABC/"的树时，也会插入其后缀"BC"和"C"。虽然该方法试图解决跨边界问题，但还是不能解决所有的边界问题。

Song 等[54]从一个实际移动无线网络中收集到一个大型用户移动数据集，采用一个与域无关的预测器进行了实验测试。实验中比较了基于马尔可夫的方法、基于 LZ 的方法及其变体以及另外两种相关方法。有趣的是，实验结果表明低阶马尔可夫预测器和比较复杂的预测器性能相当或者更好。最好的预测结果是通过一个改进 2 阶马尔可夫预测器得到的。虽然基于 LZ 的方法和其他相关方法对于文本数据是有效的，但是实验结果表明这些方法对于移动预测不一定有效。原因是文本数据的统计性质和移动历史的统计性质是完全不同的。

11.2.2 空间网格上的马尔可夫链模型

11.2.2.1 基本思想

马尔可夫预测器基本上是与域无关的，也就是说，这些预测器将单元处理为符号并且不用位置等其他信息。我们课题组[22]提出的移动模型将基本的马尔可夫链模型通过直接加入空间信息进行了扩展。主要区别是考虑了目标空间上的空间网格结构。图 11.2 解释了这一概念。将目标空间的每一维均等地划分成 2^P 个范围。该图表示了 $P=2$ 的情况。称这种划分为 P 级划分（level-P partitioning）。基于这种划分方法，存在 $R=2^{2P}$ 个网格。对于每一个区域，分配了满足 Z-ordering 法的一个 $2P$ 位网格数。Z-ordering 法的特点是相邻的网格往往具有相似值。该图表示了在 $t=\tau$ 处位于区域 9 的对象 A 移动至 $t=\tau+1$ 处的区域 12，然后移动至 $t=\tau+2$ 处的区域 6。通过 $9^{(2)} \rightarrow 12^{(2)} \rightarrow 6^{(2)}$ 表示这种转移，其中$^{(2)}$表示划分级 $P=2$。

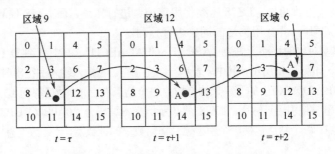

图 11.2 空间网格上的马尔可夫链模型

假定位于网格 9 的另一个移动对象 B 在一个单位时间后移动至网格 12。如果想要知道对象 B 下一次移动至区域 6 的概率，通过 Pr(6|9,12)表示此概率。如果在空间网格间的转移满足马尔可夫性质，可以说此概率是一个二阶马尔可夫转移概率。可以把这一思想概括为 k 阶马尔可夫转移概率 $Pr(c_k|c_0,\cdots,c_{k-1})$，其中 $c_i(i=0,\cdots,k)$ 是网格序号。

11.2.2.2 多重分辨率

该模型的一个主要特点是拥有多重分辨率。在分析移动数据时，通常需要在不同粗糙度下观察数据。例如，可能希望在粗糙分辨率下分析总体趋势，然后在精细分辨率下集中对某些特定区域进行详细的分析。该情况类似于在线分析处理（OLAP，On-Line Analytical Processing）[25,48]中的"下钻"（drill-down）操作。从精细到粗糙分辨率的相反操作对应于"上滚"（roll-up）操作。

用图 11.3 说明在空间意义上如何表示一阶马尔可夫链的"上滚"与"下钻"操作。左边图表示 1 级划分，右边图表示 2 级划分。1 级（2 级）划分是 2 级（1 级）"上滚"（"下钻"）形式的表示。Z-ordering 法可以很容易地映射成不同分辨率的表示。例如，考虑 2 级划分的单元序号 9，其二值表示为"1001"。如果省略最后两个数字，可以得到"10"表示，表示在 1 级划分中对应网格序号 2。

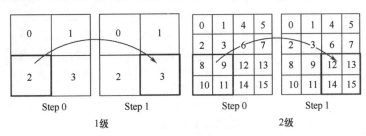

图 11.3 上滚与下钻

基于上述思想，在文献[22]中描述了一种近似运动统计的移动直方图构造方法。其详情在 11.6.3 小节中描述。也提出了一种利用马尔可夫链处理移动统计查询的有效算法[21]，其主要特点是有效地应用了空间索引来加速查询处理。

11.3　基于序列模式挖掘的方法

序列模式挖掘[2,25,56]是数据挖掘中的一个重要课题，它经常应用于购物车数据分析和网页应用分析中。序列数据挖掘在移动对象数据库中有一些有意思的应用。接下来，将简要解释一下序列模式挖掘的概念。

假设有四个移动对象，其移动历史以下列形式给出：h_1=<A,B,C>，h_2=<B,C,E>，h_3=<A,C>，h_4=<A,C,D,C,E>，其中 A 至 E 是位置符号，<>表示一个序列。例如，<A,B,C>表示移动对象的访问顺序为位置 A、B 和 C。以某序列模式<A,C>为例，表示 C 在 A 之后被访问。请注意，也可以访问 A 和 C 之间的其他地方。对于上述例子，该模式与 h_1、h_3、h_4 匹配。由于 h_4 有两个匹配，匹配的总数，又称为模式的支持度，为 4。

序列模式挖掘的一个主要目标是列举所有的频繁序列模式。一个频繁序列模式定义为其支持度大于或等于给定阈值的序列模式，该阈值称为最小支持度。如果采用与域无关的方法，将位置视为符号，可以直接将序列模式挖掘应用到移动历史中，但是会失去移动对象的时空性质。接下来，介绍一些将移动对象语义用于序列模式挖掘的思想。

11.3.1　TrajPattern 模式：前 *k* 个轨迹模式

TrajPattern 模式是由 Yang 和 Hu[66]提出的，是序列模式挖掘驱动的一个框架。由于轨迹存在不精确性和噪声，该算法试图将轨迹提炼成 *k* 个主要移动模式。

该方法中轨迹采用的形式为 t=<$(L_1,\sigma_1),(L_2,\sigma_2),\cdots$>，其中 l_i 与 σ_i 是移动对象在第 i 个瞬态的期望位置和标准偏差。模式 p=<$p_1,\cdots,p_n$>与轨迹 t=<$(L_1,\sigma_1),\cdots,(L_n,\sigma_n)$>之间的匹配概率 $\Pr(p,t)$视为轨迹的模糊度（在此省略其定义）。匹配（match）度定义如下：

$$\text{match}(p,\ t) = \frac{\log \Pr(p,\ t)}{|n|}$$ （11.3）

当给定长度大于模式 *p* 的轨迹时，匹配度定义扩展如下：

$$\text{match}(p,\ t) = \max_{\forall t' \subseteq t, |t'|=|p|} \text{match}(p, t') \tag{11.4}$$

式中："≤"表示子序列关系。当给定一个轨迹集 D 时，匹配度进一步扩展为

$$\text{match}(p, D) = \sum_{t \in D} \text{match}(p,\ t) \tag{11.5}$$

将该分数作为模式 p 在 D 中所发生的频率数。粗略地说，TrajPattern 模式找到了具有最高分数的 k 个模式。

TrajPattern 以序列挖掘方法为基础，但也能利用聚类。它首先识别出具有高分的短模式，然后尝试将这些模式扩展为具有高分的较长模式。为了去掉不合格的候选模式，该算法利用了最小–最大性质，该性质是一个类似于先验性质的概念[1,25,56]，同匹配度的定义相比较，它是一个较弱的概念。

11.3.2　移动规则：网格拓扑结构和噪声的考虑

Yavas 等人[67]通过扩展序列模式挖掘方法提出了一种从移动历史（一系列单元数）中挖掘移动规则（mobility rules）的方法。首先，该方法从给定序列中提取用户移动模式，一个用户移动模式表示为一个频繁单元序列。通过扩展序列模式挖掘方法试图找到有用的用户移动模式，需要进行下面两个扩展。

（1）生成一个用户移动模式，该模式包括相邻单元，这些相邻单元是移动对象有可能运动到的单元。也就是说，该方法考虑了基本的单元拓扑结构。

（2）由于随机运动和损毁移动，移动轨迹中经常包含噪声。因而，他们提出了一种鲁棒的支持度计算方法，该方法利用字符对齐的思想进行灵活的字符匹配。

然后，生成移动规则。该算法在上一步提取用户移动模式的基础上，生成了如<A,C>-><D,B> 的规则，此规则表示从 A 移动至 C 的对象将会在从 D 移动到 B 时具有较高的支持度和置信度。

11.3.3　从一长轨迹中挖掘频繁运动模式

Cao 等人[4]从一个长轨迹中挖掘频繁时空模式。此类数据的一个例子是：对城市中一辆汽车进行一整天的追踪。该方法在没有预先定义轨迹分割的前提下检测频繁模式。首先，该算法将给定的轨迹数据化简为一个近似线段的列表；接下来，分组类似的线段以找到频繁出现的序列模式；然后，将每一个序列模式中包含的线段转化为一区域序列 IDs，其中区域是指用线段包围的区域；最后，通过合并短的序列模式得到较长的频繁序列模式。为了加速生成（这些模式）的步骤，他们利用了一个树结构和一个类先验的裁剪技术。

11.3.4　其他相关工作

Peng 和 Chen[47]提出了一种从运动日志数据识别移动模式的算法。给定一个支持度阈值，该算法试图找出形如"ABDEB"的长序列模式，在移动网络中每一个模式对应一个单元。挖掘出的运动模式用于给正确的移动地点分配数据，以保证移动对象在移动网络中移动时能够有效获得数据。

11.4　发现其他的有趣模式

11.3 节主要介绍了序列模式挖掘的扩展。本节介绍从移动对象数据库中发现有趣模式的其他挖掘方法。

11.4.1 时空关联规则

关系规则挖掘是数据挖掘[1,25,56]中最热门的课题之一。例如，关联规则（*Association rule*）
{notebook} ⇒ {pen}。这个规则说明如果购买了一个笔记本，很可能也购买笔。到目前为止，人们
已经提出了一些针对大量交易数据的关联规则挖掘方法。

Verhein 与 Chawla[61]将关联规则的概念推广至时空上下文中。他们将这些规则称为时空关联规
则。最简单的规则类型可以写为

$$R = (r_i, \Delta_i) \Rightarrow (r_j, \Delta_j) \tag{11.6}$$

式中：r_i, r_j 是空间区域；Δ_i, Δ_j 是满足 $\Delta_i < \Delta_j$ 的时间间隔。上述规则说明在时间间隔 Δ_i、区域 r_i 处出
现的对象将在时间间隔 Δ_j、区域 r_j 处出现。为了找出令人感兴趣的规则，他们提出了空间支持度的
概念：

$$\text{spatial\_support}(R) = \frac{\sigma((r_i, \Delta_i) \Rightarrow (r_j, \Delta_j))}{\text{area}(r_i) + \text{area}(r_j)} \tag{11.7}$$

式中：$\sigma((r_i, \Delta_i) \Rightarrow (r_j, \Delta_j))$ 表示规则的常规支持度——满足规则的对象数量，$\text{area}(r)$是区域 r 的面
积。面积越小，规则的空间支持度越高。

另外，文献[61]提出了几种有趣的模式。示例如下：

（1）稠密区域：在 Δ 期间如果 $\text{density}(r,\Delta) = \sigma(r,\Delta)/\text{area}(r) \geq \delta$，该区域 r 称为一个稠密区域（或
热点），其中 $\sigma(r,\Delta)$ 是在 Δ 期间区域 r 的对象数量，δ 是一个最小密度阈值。

（2）高流量区域：在 Δ 期间如果进入 $r(n_l)$ 或者离开 $r(n_r)$ 的对象的数量满足 $\alpha/\text{area}(r) \geq \tau$，其中 $\alpha = n_e$
或 n_l，τ 是最小流量阈值，区域 r 称为高流量区域。

（3）静止区域：如果 $\sigma((r,\Delta_i) \Rightarrow (r,\Delta_{i+1}))/\text{area}(r) \geq \tau$，$r$ 称为一个静止区域。

文献[62]的作者对该方法进一步细化以表示较长的模式。

11.4.2 组模式

Wang 等人[60]提出的算法发现了移动对象的分组，即在大部分时间内空间上彼此接近的同组
成员。这些对象分组称为组模式。已知对象的运动历史，该算法试图基于下列准则找到正确的分
组：① 这些组成员应该在物理上彼此接近；② 组成员在一个有意义的持续时间内应该是聚在一
起的。

人们提出了两组模式挖掘算法：类先验组模式挖掘（AGP，Apriori-like group pattern mining）
算法和有效组增长（VG-Growth，Valid group-growth）算法。前者是著名的先验算法[1]的一种推广，
后者是基于 FP-增长（FP-growth）的算法[24]。还有一些用于加速挖掘过程的技术也被引入其中。

11.4.3 周期移动模式

移动对象经常按照周期移动。例如，一辆在常规路线上运行的汽车每天表现出相似的移动模式。
Mamoulis 等人[39]尝试在时空数据（包括一个移动对象的较长运动历史）中发现周期移动模式。该方
法是从事件序列[23]中周期模式挖掘的一种扩展。

一个周期模式定义为每 T 时间戳出现一个空间区域序列：该模式在输入轨迹中出现至少
min-sup 个周期间隔。例如，"AB*C*D"是一个长度 $T=6$ 的模式，其中"*"表示"不考虑"字
符，可以匹配任何区域。也就是说，该模式表示该对象以循环方式顺序访问区域 A 至 D。一个有
趣的特点是这些区域没有被事先定义；该算法发现合适的区域以组成移动模式。这些区域定义为
稠密区域，并且利用一种密度聚类[25,26]驱动的方法来确定。因此，该方法适用于在轨迹中存在少

量噪声的情况。

Cao 等人[5]进一步扩展了这种思想，提出了周期模式的变体和发现这些模式的方法。

11.4.4 对象群，领导，汇聚和会面

由 Laube 等人提出的相对运动 REMO(RElative MOtion)框架[34,35]，定义了面向移动对象组的行为模式分类。Gudmundsson 等人[14,15]从该框架中选择了一些模式，并给出了正式的定义：

（1）对象群：在半径为 r 的圆内至少有 n 个对象，他们沿相同方向移动。

（2）领导：除了满足对象群模式条件之外，对象组应该满足另一条件：这些对象其中之一沿着该方向至少前进 τ 个时间跨度。

（3）汇聚：至少 n 个对象不改变方向通过半径为 r 的同一个圆，但这些对象不必在同一时间到达。

（4）会面：这是汇聚模式的特例。至少 n 个对象同时汇聚在半径为 r 的同一圆内。

文献[14,15] 提出利用近似技术基于计算几何的有效计算方法。

11.4.5 更复杂的模式

其他一些研究者已经提出了利用更复杂的模式表示移动对象的复杂行为。虽然他们的目标是数据表示和查询处理，但这些思想可以应用于移动对象数据库的数据挖掘中。

Mouza 和 Rigaux[43]提出的移动模式是一种表示位置区域之间运动模式的语言。移动模式示例如下：

（1）已知在 10min 内所有对象从 A 运动到 F，从 F 运动到 C：Start_at A, follow F, roam 10, follow C

（2）已知所有对象穿过 F 到另一区域，然后前往 D 或 C，并且利用同一区域返回到 F: follow F.@X, follow{D,C}, follow @x.F; @x!=F

例如符号 A 是区域标签，@x 是一个变量。在文献[42]中，这一思想被推广到多重分辨率的轨迹中。目标空间可以在不同级粗糙度下表示，根据粗糙度级别归纳移动模式。

Hadjieleftherion 等人[19]也采用了有效的处理方法进行复杂时空模式查询的理念。考虑了两种时空查询方法。

（1）基于时间的时空查询：可以包含任意类型的空间谓词（如范围搜索），每一个谓词可能与一个精确的时间约束相关。例如，"找出在时间 T_1 穿越区域 A，在后一时刻 T_2 尽可能接近点 B，在某个时间间隔（T_3，T_4）停止在圆 C 内的对象。"

（2）基于顺序的时空查询：同前者的区别是每一个谓词与一个相对顺序有关。在这个意义上，他们比前者更具有一般性。例如，"找出首先穿越区域 A，然后尽可能近得从 B 点穿越，最后停止在圆 C 内的对象。"

有学者也提出了利用索引方法的有效查询处理方法。Jin 等人[29]试图从用户移动日志中找出移动模式。他们采用图结构，在该结构中结点与位置相对应。他们的算法考虑结点遍历的支持度数量并找出了典型的移动模式。有趣的是该算法从移动日志中找出了很少被访问的结点与随机通道。一个随机通道由多个结点组成,用户以随机的方式在这些节点之间频繁移动。他们也提出了基于挖掘移动行为的位置预测与位置查询技术。

11.5 聚类移动对象

聚类是一种将大量对象进行分组并产生簇的技术，以概括原始数据集。人们提出了许多用于数据挖掘[25,56]的聚类算法。接下来，将介绍一些面向移动对象数据库的聚类技术。

11.5.1 移动簇的持续维护

Li 等人[36]提出了一种面向移动点的实时自适应簇维护方法。该方法基于微簇的思想，该思想最初是由 BIRCH[69]提出的，一个微簇是由附近对象组成的一个小尺寸簇。当微簇产生以后，将每一个

微簇看做一个独立的实体，然后对微簇应用一些不同的聚类算法。文献[36]从目标移动对象中产生移动微簇，然后用微簇生成全局簇。当移动对象位置和方向发生变化时，该方法可以自适应维护这些簇。

微簇的合并和划分过程利用聚类特征来完成，聚类特征概括了这些簇。对于一个（微）簇C_i，其聚类特征定义为

$$cf_i = (sx_i, sy_i, sv_{xi}, sv_{yi}, n_i, t_i) \tag{11.8}$$

式中：t_i是簇产生的时间；n_i是元素数量（$n_i=|c_i|$）；sx_i（sy_i）（$sx_i = \sum_{j:O_j \in C_i} x_j$）是这些元素在$x$轴（$y$轴）的坐标值之和；$sv_{xi}(sv_{yi})$（$sv_{xi} = \sum_{j:O_j \in C_i} v_{xj}$）是这些元素在$x$轴（$y$轴）速度值之和。

当两个簇C_i，C_j在时刻t_k（$t_i,t_j<t_k$）合并时，结果簇C_k的聚类特征cf_k定义为

$$cf_k = (sx_k, sy_k, sv_{xi} + sv_{xj}, sv_{yi} + sv_{yj}, n_i + n_j, t) \tag{11.9}$$

其中：sx_k定义如下：

$$sx_k = sx_i + (t-t_i)sv_{xi} + sx_j + (t-t_j)sv_{xj} \tag{11.10}$$

sy_k以类似的方式定义。当将一个簇分为两个簇时，可以很容易计算出聚类特征（计算方法在此省略）。

该方法的一个特点是其簇管理方案。它试图使移动微簇的空间范围保持较小值。一个微簇的紧凑度通过其包围矩形来衡量。如果包围矩形的尺寸超过特定阈值，将分离该微簇。

11.5.2　从对象移动历史中检测移动簇

Kalnis 等人[30]在较长的移动历史中确定移动簇。从直观上看，他们的方法中一个移动簇是一个出现在对象移动连续快照上的空间簇序列，如两个连续空间簇共用大量公共对象。

基本思想如下：输入是运动对象位置的快照。在时刻t的簇C_t与在时刻$t+1$的簇C_t+1,如果这两个簇满足条件：

$$\frac{|C_t \cap C_{t+1}|}{|C_t \cup C_{t+1}|} \geq \theta \tag{11.11}$$

（C_t，C_{t+1}）称为一个移动簇。这一思想类似11.6节中描述的稠密区域的概念，但区别是簇连续移动并共享对象。已有人提出了一些簇检测算法。

以图 11.4 为例对这一概念进行解释。S_t、S_{t+1}与S_{t+2}是三个连续的移动快照。在每一个快照中的圆表示一个簇。如果采用一个阈值，如$\theta=0.5$，那么这三个簇都被处理为运动簇。

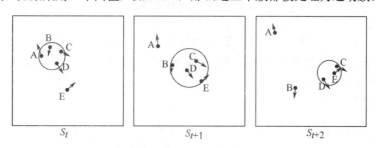

图 11.4　一个移动簇的实例

11.5.3　位置不确定性时移动对象聚类

Kriegel 与 Pfeifle[31]提出的聚类方法考虑了移动对象位置的不确定性。他们重点研究了移动对象位置的模糊性质。移动对象的不确定性通过一个空间密度函数来建模，该模糊函数表示一个特定对

象位于一特定位置的不确定性。由于移动对象的位置是不确定的，他们的算法完成了几个点的聚类，这些点是从移动对象的概率密度函数中采样得到的。给每一个所得的簇分配一个排序值，该值反映了每个簇到其他样本簇的距离。具有最小排序值的簇称为 medoid 聚类并将其作为所有样本簇的平均簇。基于这一方法该算法获得了鲁棒的聚类结果。

11.5.4　其他工作

Nanni 与 Pedreschi[44]利用基于密度的聚类算法[25,26]对簇轨迹进行聚类。这种方法根据密度在已知空间区域内聚类对象。密度聚类所用的典型约束是：对于一个簇中的每一个对象，通过一给定半径 ε 限定其临域，该临域必须至少包含 n 个对象。基于密度的聚类方法具有一些优越特征：它可以检测任意形状的非球状簇，并且它对噪声的鲁棒性好。由于轨迹可能具有类似"蛇"的形状且经常包含噪声，因此这一优点是非常适用的。

Yiu 与 Mamoulis[68]提出了一种在空间网络（如公路网）上聚类对象的方法。每一个对象（不一定是一个移动对象）位于一个大型网络的一条边上。对象之间的距离定义为在网络上它们之间的最短路径长度。他们也研究了划分方法的变体、基于密度的聚类方法与分级聚类方法。

Zhang 和 Lin[71]考虑了移动对象的位置、速度和大小，来生成 k 个簇。他们提出了一种采用速度与位置的特殊距离函数，并将聚类问题转化为 k 个中心优化的问题。他们提出了一种基于有效的近似方法和一种簇精细化方法。将所构造的簇用于估计移动对象数据库的查询选择性问题。

有一种针对轨迹聚类的基于统计模型的方法。Gaffney 与 Smyth[13]用回归模型聚类相似的轨迹。该方法考虑了两个"类似"的轨迹，这些轨迹可能是一个通过添加高斯噪声产生的公共核心轨迹。文献[10]中提出一种在簇内对轨迹的空间和时间移动具有不变性的聚类算法。该技术被应用于人体运动轨迹、气流轨迹等的聚类中。

还有一些方法是从理论上进行聚类移动对象的方法。Hershberger[27]提出了一种确定性的运动数据结构，该结构以一种在线方式，通过 d 维盒子在 R^d 空间中维持对运动点的覆盖。盒子的数量总是在最可能的静态覆盖的一个因子 3^d 之内。Har-Peled[26]指出了如何将 n 个线性移动点分成为 k^2 个静态簇，对于当前点的位置，在任意时刻每一个簇的直径至多等于一个最优 k-聚类的最大簇直径，但必须预先知道所有移动。

11.6　稠密区域和选择性估计

对于空间上的某个个区域，如果包含在该区域内的移动对象数量高于某一阈值，则该区域称为稠密区域。针对基础移动对象数据库的稠密区域检测与基于密度的聚类（如上所述）高度相关。稠密区域检测也与有关移动对象数据库的查询选择性估计问题相关。接下来简要介绍一些稠密区域检测方法和查询选择性估计技术。

11.6.1　检测稠密区域

Hadjieleftheriou 等人[17]考虑了移动对象数据库中进行基于密度的查询问题。在时间间隔 Δt 内区域 r 的密度定义为

$$\text{density}(r,\Delta t) = \frac{\min_{t \in \Delta t} n(r, t)}{\text{area}(r)} \qquad (11.12)$$

式中：$n(r,t)$ 是在时刻 t 区域 r 内对象的数量；$\text{area}(r)$ 是区域 r 的面积。从稠密区域的定义来看，也应

该检测到微小的稠密区域。为了检测到有意义的稠密区域，他们将上述基本概念进行了扩展。

举个例子，一个周期密度查询定义如下：已知移动轨迹、一个常量 H 以及阈值 α_1,α_2 和 ξ，找出区域 $\{r_1,\cdots,r_k\}$ 和相关最大时间间隔 $\{\Delta t_1,\cdots,\Delta t_k|\Delta t_i \in [t_{now},t_{now}+H]\}$ 使得 $\alpha_1 \leqslant area(r_1) \leqslant \alpha_2$ 以及 $density(r_i,\Delta t_i)>\xi$，其中 t_{now} 是当前时刻。针对匀速直线运动的移动对象数据库，人们已经提出了找到稠密区域的算法。为了简化这个问题，他们将数据空间划分为多个不相交的单元而不是任意区域，然后找出稠密区域。

Jensen 等人[28]重点研究了在时刻 $t \in [t_{now},t_{now}+H]$ 稠密区域的确定问题。这里对象是连续移动的，并且他们的位置和速度经常更新。在一个在线设置中进行查询时，假定这些对象在告知发生变化之前线性移动，利用一个密度直方图（Density Histogram）有效地计算给定查询，以保持在线。

11.6.2 选择性估计和直方图

查询的选择性是一个表示数据库中有多少对象满足给定查询条件的比值[48]。假定对一个移动对象数据库进行查询，如给定"查询在时刻 t 进入一个特定区域 r 的所有的对象"。为了构造一个高效的查询估计方案，该移动对象数据库系统需要估计满足该查询条件的对象的数量。对于时空查询选择性估计提出了几种方法。一种典型的估计查询选择性方法是构造直方图[20]，该直方图是一个概括主要数据库统计特性的紧凑结构。

11.6.2.1　移动对象的静态查询直方图

Choi 和 Chung[8]扩展了面向空间数据库的传统直方图技术，以解决线性移动点对象问题。该方法估计了空间范围查询的选择性。已知一个矩形范围 r 和表示某个未来时刻的时间戳 t，用该方法估计选择性。在这个意义上，该方法重点研究了移动点的情况和静态查询问题。为了创建一个直方图，根据移动对象的当前位置对移动对象进行聚类，然后将这些对象编成多个组。对于每一个组，构造一个覆盖组内对象的空间边界矩形和一个限定组内对象的速度边界矩形。然而，为了进行准确估计，该直方图应被频繁重建，并在假定匀速的情况下执行估计。该文作者还进一步提出了改进方法[9]，考虑了速度的不均匀性并构造了一种精细直方图。

Hadjieleftheriou 等人[18]也提出了一种选择性估计方法，他们假定的是线性轨迹。在该方法中，利用了对偶变换技术：在原始的时间空间中移动点转换到对偶的速度–截距空间中，然后在对偶的速度–截距空间中构造直方图。

11.6.2.2　移动对象的移动查询直方图

相比之下，Tao 等人[57]提出了一种改进方法，所提的多维时空直方图支持所有类型的对象（静态/动态以及点/矩形）和移动查询。该方法构造了一个时空直方图，考虑了划分的位置和速度。另外，也有人提出了一种增量直方图维护方法。

11.6.2.3　其他工作

Sun 等人[55]利用一种自适应多维直方图来表示当前时刻移动对象的位置。以前的直方图以历史梗概的方式存档并且允许用户发布和过去相关的聚集查询。另外，有人在当前移动统计参数的基础上，提出了一种估计未来移动的预测方法。Tao 等人[58]提出了一种有趣的方法。该方法将时空索引与草图相结合，以聚集包括对象移动的时空统计参数。草图是一种近似计数信息的普通方法，并且被看作是一种特殊的直方图。所提出的思想用于找出如 $(r_i,T,p) \Rightarrow r_j$; 的时空关联规则。此规则表示在区域 r_i、在时刻 t 的一个用户将在区域 r_j、在时刻 $t+T$ 以概率 P 出现。有关移动对象的时空直方图的其他方法参见文献[12,46]。

11.6.3　基于马尔可夫链的移动直方图

11.2.2 小节给出了在空间网格单元上利用马尔可夫链表示的移动模型。在这一小节中，将描述用于概括移动统计性质的直方图结构[22]。该直方图结构具有两种表示级：逻辑级和物理级。

11.6.3.1　逻辑级：数据立方体

为了表示基于 k 阶马尔可夫链的移动统计性质，构造一个$(k+1)$维数据立方体的移动直方图。一个数据立方体[25]是一个用多维数组来概括表示基本数据的数据结构，经常用于 OLAP 中，以提供灵活的分析能力。一个 $k=2$ 的数据立方体的例子如图 11.5 所示。该数据立方体对应 11.2.2 小节中所提到的一级空间划分（$P=1$）。由于二维目标空间被划分为 $R=2^{2P}=4$ 个空间区域，该数据

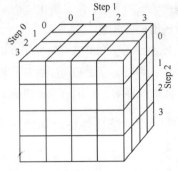

图 11.5　逻辑直方图表示为一个数据立方体

方体包含 $R^{k+1}=64$ 个单元。对于数据立方体的每一维，每一步 0、1 和 2 对应 2 阶马尔可夫链的每一步。例如，当一个序列 $1^{(1)} \rightarrow 1^{(1)} \rightarrow 2^{(1)}$ 作为一个输入转换序列给出时，对应的单元值（1,1,2）是增量。

利用数据立方体表示可以进行更直观的数据处理。例如，考虑如图 11.5 所示的数据立方体。一个对象从区域 1 移动到区域 2，然后移动到区域 4 概率计算如下：Pr(4|1,2)=val(1,2,4)/val(1,2,*)，其中 val(1,2,4)是立方体单元(1,2,4)的值，$\mathrm{val}(1,2,*) = \sum_{i=0}^{2^P-1} \mathrm{val}(1,2,i)$。而且，一个对象在 $t=\tau$ 时在区域 1 中、$t=\tau+2$ 时在区域 3 中、$t=\tau+1$ 时在区域 2 中（τ 是某个任意时间）的概率计算如下：val(1,2,3)/val(1,*,3)。

如小节 11.2.2 所述，我们的移动模型考虑了利用不同分级设置下的多种分辨率。对于数据立方体也支持上滚和下钻操作，用户进行分析时能够改变分辨率。数据立方体表示也支持其他类型的查询。例如，具有聚集和选择的数据立方体能够进行密度查询。

11.6.3.2　物理直方图：多维 Trie 树

一个物理直方图具有类似多维 Trie 树的结构，用于概括具有多重分辨率的移动统计性质。它具有下述特征：

（1）一个 Trie 树的每一个结点有四个分支，标记为 00、01、10 和 11。每一个分支对应于空间分成 2×2 的一个 1/4 区域。也就是说，该空间以一种类似四叉树的方式进行分解[51]。

（2）该 Trie 树根的第一个分支与马尔可夫链的步骤 0 对应，下一个分支与马尔可夫链的步骤 1 对应，以此类推。这样每一个分支依次与马尔可夫链的转移步骤对应。这个思想源于 k-d 树[51]。

（3）一个 Trie 树的每一个结点有一个计数器，用于记录所访问轨迹模式的数量。

图 11.6 表示了在最大分级 $P=2$ 的结构。虚线表示边缘没有实例，因为对应的序列没有出现。本例是插入一个转移序列 $3^{(2)} \rightarrow 6^{(2)} \rightarrow 12^{(2)}$ 的情况。如 11.2.2 小节所述，该模型基于 Z-序方法分配区域号，这种方法的优点是四路分支方法与 Z 序标号法精确对应，还能够自适应地累积移动模式，从而不创建不必要的 Trie 树分支。而且，为了减少直方图存储的附加信息，有人提出了一种近似的直方图构造算法[22]。考虑到 Tire 树中结点的统计性质，该算法以流的方式接收移动轨迹并逐步扩展该 Tire 树。虽然构造的直方图不包括精确的计数信息，但它以一种相对小的存储代价近似表示总统计性质。

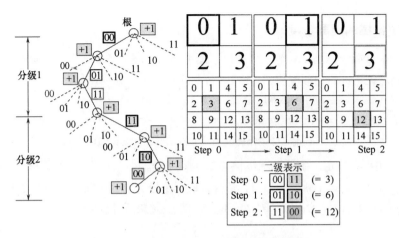

图 11.6　基于多维 Tire 树的物理直方图结构

11.7　移动对象轨迹比较

11.7.1　轨迹间的距离

为了执行移动对象轨迹的聚类或相似性搜索，对两种轨迹之间的距离（或者相似性）进行正确的定义非常重要。一般地，在二维或三维空间中，将移动对象的轨迹表示为一个连续位置序列，与一维情况相比，这种情况在时间序列数据库中较为普遍[33,52]。另外，移动对象轨迹的距离对于奇异点应该具有鲁棒性，因为在移动环境中的测量值具有噪声，并且对象的移动可能包含"间隙"。针对移动对象轨迹所提出的一些距离度量研究如下。

例如，已知(x,y)平面移动对象的两个轨迹为：$A=((a_{x,1},a_{y,1}),\cdots,(a_{x,n},a_{y,n}))$ 和 $B=((b_{x,1},b_{y,1}),\cdots,(b_{x,m},b_{y,m}))$，其长度分别为 n 和 m。当 $n=m$ 时，可以采用欧式距离（L_2 距离），该距离简单而且也是最常用的。

$$L_2(A,B)=\left(\sum_{i=1}^{n}[(a_{x,i}-b_{x,i})^2+(a_{y,i}-b_{y,i})^2]\right)^{\frac{1}{2}} \tag{11.13}$$

虽然欧式距离可以进行有效地估计，但是当两个轨迹具有不同的长度时，欧式距离是不适用的。

11.7.2　动态时间规整

计算具有不同长度的轨迹之间的相似性是经常需要的。一个著名的方法是利用动态时间规整 (DTW, Dynamic Time Warping)[33,52]，其定义如下：

$$\begin{aligned}\text{DTW}(A,B)=|a_n,\ b_m\ |+\min\{&\text{DTW}(\text{head}(A),\text{head}(B)),\\ &\text{DTW}(\text{head}(A),B),\text{DTW}(A,\text{head}(B))\}\end{aligned} \tag{11.14}$$

式中：$|a_n,\ b_m|$ 是点 $a_n=(a_{x,n},a_{y,n})$ 和 $b_n=(b_{x,m},b_{y,m})$ 之间的距离，通常用欧式距离来度量。head(A)是一个没有最后一项$(a_{x,m},a_{y,m})$序列 A。图 11.7 是 DTW 匹配的一个例子，其中 A 和 B 是两个轨迹。DTW 是匹配点之间的累计距离并允许灵活的序列匹配，但它不是一个适用于含有噪声轨迹数据的有效距离量度，因为利用 DTW 时两个轨迹中所有的元素必须匹配。在该图中，三个点 x、y 和 z 是奇异点，而 DTW 试图匹配这些点。虽然这两个轨迹除了这些奇异点之外是相同的，但 DTW 会返回一个很大的距离值。

11.7.3 更鲁棒的距离量度

在上述思想的基础上，Vlachos 等人[63]提出了最小公共子序列（LCSS，least common subsequence）距离，用于移动对象轨迹的相似度检索。LCSS 分数定义如下（为简单起见，简化了原始定义）：

$$\text{LCSS}(A,B) = \begin{cases} 0, & A\text{或}B\text{是空集} \\ \text{LCSS(head}(A),\text{head}(B)) \leqslant |a_n - b_m| < \varepsilon\text{且}|n-m| \leqslant \delta \\ \max(\text{LCSS(head}(A),B),\text{LCSS}(A,\text{head}(B))), & \text{其他} \end{cases} \quad (11.15)$$

参数 ε 和 δ 由用户给定。条件 $|a_n - b_m| < \varepsilon$ 表示 a_n 和 b_m 可以看做是相同的符号。LCSS 分数表示匹配的符号的数量，当两个轨迹相似时，该分数取一个较大的值。图 11.8 表示了 LCSS 匹配的一个例子，其中 LCSS(A,B)=6。Vlachos 等人用下式定义了 LCSS 距离：

$$D(A,B) = 1 - \frac{\text{LCSS}(A,B)}{\min(n,m)} \quad (11.16)$$

如图 11.8 所示，LCSS 匹配略去了奇异点，所以它对噪声更具有鲁棒性。考虑到时间的延伸和转换他们扩展了距离的概念。

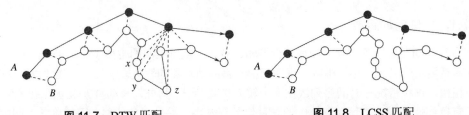

图 11.7　DTW 匹配　　　　　　　　图 11.8　LCSS 匹配

Chen 等人[7]沿此方向进一步扩展了这一思想。他们提出了一种面向移动对象轨迹的新距离，称为基于实序列的编辑距离（EDR，Edit Distance On Real Sequence）。EDR 的基本思想是它对非匹配点给予惩罚。因此 EDR 对奇异点的数量比 LCSS 更敏感。当两个轨迹在 LCSS 的意义上相似并且还有较少的奇异点时，它们之间的距离变小。在有噪声的轨迹上，该距离函数显示出具有比 DTW 与 LCSS 更好的鲁棒性。

11.7.4 其他工作

Yanagisawa 等人[64]讨论了面向移动对象轨迹的基于形状的相似性查询问题。他们提出了一些考虑轨迹近似的相似性量度。Yanagisawa 与 Satoh[65]定义了两种轨迹距离度量。这两种距离度量分别是欧式距离和 DTW 的拓展，并且考虑了移动对象轨迹的形状和速度。Lin 和 Su[37]提出了用于比较移动对象轨迹的"单向距离"函数。另外，还有一些实现技术被提出。

11.8　结　　论

在本章中，总结了目前关于移动对象数据库的数据挖掘技术的发展趋势。由于移动对象具有动态性质和时空语义的特点，因此移动对象数据库的数据挖掘与常规的数据挖掘有所不同，挖掘出的知识也具有不同的应用。这些新的需求促进了新技术的诞生。如上所述，在此研究领域中出现了各种各样有吸引力的方法。

也给出了相关领域的一些建议。时空数据库技术是和移动对象数据库密切相关的一个课题，它是存储和管理对象信息的数据库的一个通用名称，这些对象具有时空特征。时空数据库技术也包括移动对象数据库的概念。然而，一个时空数据库不一定用于移动对象，如将它在时变地理信息的表示中的应用。文献[32,41]是关于时空数据挖掘文章的文集。Roddick 等人[50]总结了 2000 年之前时空数据库的数据挖掘技术的文献列表。López 等人[38]综述了用于空间、时间和时空数据库的聚集技术。聚集技术被用于对一个基本数据库进行积累统计，对于数据挖掘和从数据中学习是有用的。Dunham 等人[11]和 Wang 等人[59]综述了时空数据挖掘技术。同时，现在已经有了大量的关于时空数据库的教科书[40,49,51,53]和著名的数据挖掘教科书[25,56]。

致　谢

　　本研究部分地得到日本文部科学省特定区域科学研究辅助基金（19024037，21013023）与日本学术振兴会科学研究辅助基金（19300027）的资助。

参 考 文 献

1.　R. Agrawal and R. Srikant. Fast algorithms for mining association rules in large databases. In Proceedings of the International Conference on Very Large Data Bases　(VLDB'94), 1994, pp. 487–499.

2.　R. Agrawal and R. Srikant. Mining sequential patterns. In Proceedings of the International Conference on Data Engineering (ICDE'95), 1995, pp. 3–14.

3.　A. Bhattacharya and S. K. Das. LeZi-Update: an information-theoretic framework for personal mobility tracking in PCS networks. ACM/Kluwer Wireless Networks, 8(2–3): 121–135, 2002.

4.　H. Cao, N. Mamoulis, and D. W. Cheung. Mining frequent spatio-temporal sequential patterns. In Proceedings of the International Conference on Data Mining (ICDM'05), 2005, pp. 82–89.

5.　H. Cao, N. Mamoulis, and D.W. Cheung. Discovery of periodic patterns in spatiotemporal sequences. IEEE Trans. Knowledge Data Eng., 19(4):453–467, 2007.

6.　C. Cheng, R. Jain, and E. van den Berg. Location prediction algorithms for mobile wireless systems. In B. Furht and M. Ilyas, editors, Wireless Internet Handbook: Technologies, Standards, and Applications, CRC Press, pp. 245–263, 2003.

7.　L. Chen, M. T. Öʻzsu, and V. Oria. Robust and fast similarity search for moving object trajectories. In Proceedings of the ACM SIGMOD International Conference on Management of Data (SIGMOD'05), 2005, pp. 491–502.

8.　Y. -J. Choi and C. -W. Chung. Selectivity estimation for spatio-temporal queries for moving objects. In Proceedings of the ACM SIGMOD International Conference on Management of Data (SIGMOD'02), 2002, pp. 440–451.

9.　Y. -J. Choi, H. -H. Park, and C.-W. Chung. Estimating the result size of a query to velocity skewed moving objects. Inform. Process. Lett., 88(6):279–285, 2003.

10.　D. Chudova, S. Gaffney, E. Mjolsness, and P. Smyth. Translation-invariant mixture models for curve clustering. In Proceedings of the ACM SIGKDD International Conference on Knowledge Discovery and Data Mining (KDD'03), 2003, pp. 79–88.

11.　M. H. Dunham, N. Ayewah, Z. Li, K. Bean, and J. Huang. Spatio-temporal prediction using data mining tools. In Spatial Databases: Technologies, Techniques and Trends. Idea Group Publishing, 2004.

12.　H. G. Elmongui, M. F. Mokbel, and W. G. Aref. Spatio-temporal histograms. In Proceedings of the International Symposium on Spatial and Temporal Databases (SSTD'03), LNCS 3633, 2005, pp. 19–36.

13.　S. Gaffney and P. Smyth. Trajectory clustering with mixtures of regression models. In Proceedings of the ACM SIGKDD International Conference on Knowledge Discovery and Data Mining (KDD'99),1999, pp. 63–72.

14. J. Gudmundsson, M. van Kreveld, and B. Speckmann. Efficient detection of motion patterns in spatio-temporal data sets. In Proceedings of the ACM International Workshop on Geographic Information Systems (GIS'04), 2004, pp. 250–257.

15. J. Gudmundsson and M. van Kreveld. Computing longest duration flocks in trajectory data. In Proceedings of the ACMInternationalWorkshop on Geographic Information Systems (GIS'06), 2006, pp. 35–42.

16. R. H. G"uting and M. Schneider. Moving Objects Databases. Morgan Kaufmann, 2005.

17. M. Hadjieleftheriou, G. Kollios, D. Gunopulos, and V. J. Tsotras. On-line discovery of dense areas in spatio-temporal databases. In Proceedings of the International Symposium on Spatial and Temporal Databases (SSTD'03), 2003, pp. 306–324.

18. M. Hadjieleftheriou, G.Kollios, andV. J. Tsotras. Performance evaluation of spatio-temporal selectivity estimation techniques. In Proceedings of the International Conference on Scientific and Statistical Database Management (SSDBM'03), 2003, pp. 202–211.

19. M. Hadjieleftheriou, G. Kollios, P. Bakalov, and V. J. Tsotras. Complex spatio-temporal pattern queries. In Proceedings of the International Conference on Very Large Data Bases (VLDB'05), 2005,pp. 877–888.

20. Y. Ioannidis. The history of histograms (abridged). In Proceedings of the International Conference on Very Large Data Bases (VLDB'03), 2003, pp. 19–30.

21. Y. Ishikawa, Y. Tsukamoto, and H. Kitagawa. Extracting mobility statistics from indexed spatiotemporal databases. In Proceedings of the Workshop on Spatio-temporal Database Management (STDBM'04), 1004, pp. 9–16.

22. Y. Ishikawa, Y. Machida, and H. Kitagawa. A dynamic mobility histogram construction method based on Markov chains. In Proceedings of the International Conference on Scientific and Statistical Database Management (SSDBM'06), 2006, pp. 359–368.

23. J. Han, G. Dong, and Y. Yin. Efficient mining of partial periodic patterns in time series database.In Proceedings of the International Conference on Data Engineering (ICDE'99), 1999, pp. 106–115.

24. J. Han, J. Pei, and Y. Yin. Mining frequent patterns without candidate generation. In Proceedings of the ACMSIGMOD International Conference on Management of Data (SIGMOD'00), 2000, pp. 1–12.

25. J. Han and M. Kamber. Data Mining. Morgan Kaufmann, 2nd edition, 2005.

26. S. Har-Peled. Clustering motion. Discrete Comput. Geometry, 31(4): 545–565, 2004.

27. J. Hershberger. Smooth kinetic maintenance of clusters. Comput. Geometry, 31(1–2):3–30, 2005.

28. C. S. Jensen, D. Lin, B. C. Ooi, and R. Zhang. Effective density queries on continuously moving objects. In Proceedings of the International Conference on Data Engineering (ICDE'06), 2006.

29. M. -H. Jin, J. -T. Horng, M. -F. Tsai, and E. H. -K. Wu. Location query based on moving behaviors.Inform. Syst., 32(3):385–401, 2007.

30. P. Kalnis, N. Mamoulis, and S. Bakiras. On discovering moving clusters in spatio-temporal data. In Proceedings of the International Symposium on Spatial and Temporal Databases (SSTD'05), LNCS 3633, 2005, pp. 364–381.

31. H. -P. Kriegel and M. Pfeifle. Clustering moving objects via medoid clusterings. In Proceedings of the International Conference on Scientific and Statistical Database Management (SSDBM'05), 2005,pp. 153–162.

32. R. Ladner, K. Shaw, and M. Abdelguerfi, editors. Mining Spatio-temporal Information Systems.Kluwer, 2002.

33. M. Last, A. Kandel, and H. Bunke, editors. Data Mining in Timeseries Databases. World Scientific,2004.

34. P. Laube and S. Imfeld. Analyzing relative motion within groups of trackable moving point objects.In Proceedings of the International Conference on Geographic Information Science (GIScience'02),LNCS 2478, 2002, pp. 132–144.

35. P. Laube, M. van Kreveld, and S. Imfeld. Finding REMO—detecting relative motion patterns in geospatial lifelines. In Proceedings of the International Symposium on Spatial Data Handling(SDH'04), 2004, pp. 201–215.

36. Y. Li, J. Han, and J. Yang. Clustering moving objects. In Proceedings of the ACM SIGKDD International Conference on Knowledge Discovery and Data Mining (KDD'04), 2004, pp. 617–622.

37. B. Lin and J. Su. Shapes based trajectory queries for moving objects. In Proceedings of the ACM International Workshop on Geographic Information Systems (GIS'05), 2005, pp. 21–30.

38. I. F. V. L'opez, R. T. Snodgrass, and B. Moon. Spatiotemporal aggregate computation: a survey. IEEE Trans. Knowledge Data Eng.,

17(2):271–286, 2005.

39. N. Mamoulis, H. Cao, G. Kollios, M. Hadjieleftheriou, Y. Tao, and D. W. Cheung. Mining, indexing,and querying historical spatiotemporal data. In Proceedings of the ACM SIGKDD International Conference on Knowledge Discovery and Data Mining (KDD'04), 2004, pp. 236–245.

40. Y. Manolopoulos, A. N. Papadopoulos, and M. G. Vassilakopoulos. Spatial Databases: Technologies,Techniques and Trends. Idea Group Publishing, 2004.

41. H. J. Miller and J. Han, editors. Geographic Data Mining and Knowledge Discovery. Taylor&Francis, 2001.

42. C. du Mouza and P. Rigaux. Multi-scale classification of moving object trajectories. In Proceedings of the International Conference on Scientific and Statistical Database Management (SSDBM'04), 2004,pp. 307–316.

43. C. du Mouza and P. Rigaux. Mobility patterns. GeoInformatica, 9(4):297–319, 2005.

44. M. Nanni and D. Pedreschi. Time-focused clustering of trajectories of moving objects. J. Intell. Inform.Syst., 27(3):267–289, 2006.

45. M. Nelson and J. -L. Gailly. The Data Compression Book. M&T Books, 2nd edition, 1995.

46. H. K. Park, J. H. Son, and M. H. Kim. Dynamic histograms for future spatiotemporal range predicates.Inform. Sci., 172(1–2): 195–214, 2005.

47. W. -C. Peng and M. -S. Chen. Developing data allocation schemes by incremental mining of user moving patterns in a mobile computing system. IEEE Trans. Knowledge Data Eng., 15(1): 70–85,2003.

48. R. Ramakrishnan and J. Gehrke. Database Management Systems. McGraw-Hill, 3rd edition, 2002.

49. P. Rigaux, M. Scholl, and A.Voisard. Spatial Databases:With Application to GIS. Morgan Kaufmann,2001.

50. J. F. Roddick, K. Hornsby, and M. Spiliopoulou. An updated bibliography of temporal, spatial, and spatio-temporal data mining research. In Proceedings of the Workshop on Temporal, Spatial, and Spatio-temporal Data Mining (TSDM'00), LNCS 2007, 2000, pp. 147–164.

51. H. Samet. Foundations of Multidimensional and Metric Data Structures. Morgan Kaufmann, 2006.

52. D. Shasha and Y. Zhu. High Performance Discovery in Timeseries. Springer-Verlag, 2004.

53. S. Shekhar and S. Chawla. Spatial Databases: A Tour. Prentice Hall, 2002.

54. L. Song, D. Kotz, and R. Jain. Evaluating next-cell predictors with extensive Wi-Fi mobility data.IEEE Trans. Mobile Comput., 5(12):1633–1649, 2006.

55. J. Sun, D. Papadias, Y. Tao, and B. Liu. Querying about the past, the present, and the future in spatiotemporal databases. In Proceedings of the International Conference on Data Engineering (ICDE'04),2004, pp. 202–213.

56. P. -N. Tan, M. Steinbach, and V. Kumar. Introduction to Data Mining. Addison-Wesley, 2005.

57. Y. Tao, J. Sun, and D. Papadias. Selectivity estimation for predictive spatio-temporal queries. In Proceedings of the International Conference on Data Engineering (ICDE'03), 2003, pp. 417–428.

58. Y. Tao, G. Kollios, J. Considine, F. Li, and D. Papadias. Spatio-temporal aggregation using sketches.In Proceedings of the International Conference on Data Engineering (ICDE'04), 2004, pp. 214–226.

59. J. Wang, W. Hsu, and M. L. Lee. Mining in spatio-temporal databases. In Spatial Databases:Technologies, Techniques and Trends. Idea Group Publishing, 2004.

60. Y.Wang, E. -P. Lim, and S. -Y. Hwang. Efficient mining of group patterns from user movement data. Data Knowledge Eng., 57(3):240–282, 2006.

61. F. Verhein and S. Chawla. Mining spatio-temporal association rules, sources, sinks, stationary regions and throughfares in object mobility databases. In Proceedings of the International Conference on Database Systems for Advanced Applications (DASFAA'06), LNCS 3882, 2006, pp. 187–201.

62. F. Verhein. k-STARs: sequences of spatio-temporal association rules. In Proceedings of the Workshop on Spatial and Spatio-temporal Data Mining (SSTDM'06), 2006.

63. M. Vlachos, G. Kollios, and D. Gunopulos. Discovering similar multidimensional trajectories. In Proceedings of the International

Conference on Data Engineering (ICDE'02), 2006, pp. 673–684.

64. Y.Yanagisawa, J. Akahani, and T. Satoh. Shape-based similarity query for trajectory of mobile objects.In Proceedings of the International Conference on Mobile Data Management (MDM'03),LNCS2574,2003, pp. 63–77.

65. Y. Yanagisawa and T. Satoh. Clustering multidimensional trajectories based on shape and velocity. In Proceedings of the IEEE International Workshop on Multimedia Databases and Data Management (MDDM'06), 2006.

66. J. Yang and M. Hu. TrajPattern: mining sequential patterns from imprecise trajectories of mobile objects. In Proceedings of the International Conference on Extending Database Technology (EDBT'06), LNCS 3896, 2006, pp. 664–681.

67. G. Yavas?, D. Katsaros, O¨. Ulusoy, and Y.Manolopoulos. A data mining approach for location prediction in mobile environments. Data Knowledge Eng., 54(2):121–146, 2005.

68. M. L. Yiu and N. Mamoulis. Clustering objects on a spatial network. In Proceedings of the ACM SIGMOD International Conference on Management of Data (SIGMOD'04), 2004, pp. 443–454.

69. T. Zhang, R. Ramakrishnan, and M. Livny. BIRCH: a new data clustering algorithm and its applications. Data Mining Knowledge Discov., 1(2):141–182, 1997.

70. J. Zhang. Location management in cellular networks. In I. Stojmenovic, editors. Handbook of Wireless Networks and Mobile Computing. Wiley, 2002, pp. 27–49.

71. Q. Zhang and X. Lin. Clustering moving objects for spatio-temporal selectivity estimation. In Proceedings of the Australasian Database Conference (ADC'04), 2004, pp. 123–130.

第12章 在小型设备上通过 Web 服务的
移动数据挖掘

12.1 引　言

　　数据分析是一个复杂的过程，通常涉及远程资源（计算机、软件、数据库、文件等）和人员（分析员、专业人员、终端用户）。近年来，分布式数据挖掘技术用于分析分散的数据集。为了发掘人们所有操作位置的信息，这就需要新的数据分析技术和新方法作为支持，而移动计算技术的应用推动了这一研究领域的进展。

　　移动设备通过调用数据挖掘任务的远程执行并显示挖掘结果，来实现客户端程序的可用性，这对于无固定地址用户和需要执行仓储数据分析的组织而言是非常有实际应用价值的，因为这些仓库通常远离用户工作的地点，只能生成与物理位置无关的知识。

　　本章讨论在移动设备上通过使用 Web 服务进行数据库数据挖掘的常用技术。通过执行移动 Web 服务，允许远程用户从移动电话或者个人数字助理（PDA）上执行数据挖掘任务，以及在这些设备上接收数据分析任务的结果。然后通过描述数据选择任务，服务器调用机制以及移动设备上的结果显示，设计了一个基于 J2ME 客户端的原型。

　　本章组织结构如下：12.2 节介绍移动数据挖掘；12.3 节讨论在移动环境中 Web 服务的应用；12.4节描述开发的基于 Web 服务技术的移动数据挖掘系统的设计和实现；12.5 节总结本章内容。

12.2　移动数据挖掘

　　移动数据挖掘（Mobile Data Mining）是一种用于分析和监控移动设备重要数据的先进技术。

　　移动数据挖掘除了面临分布式数据挖掘环境原有的问题以外，还受到如窄带宽网络、存储空间有限、电量不足、处理器缓慢和可视化结果屏幕小等技术约束[1]。

　　移动数据挖掘领域涉及多种应用场景，例如：移动设备可以作为数据发生器、数据分析器、远程数据挖掘器的客户端，甚至具备上述这些设备的组合功能。具体地来说，将移动数据挖掘划分为三个基本场景：

　　（1）移动设备作为终端无处不在地访问提供某些数据挖掘服务的远程服务器。在此场景下，服务器分析存储在本地或分布式数据库中的数据，并将数据挖掘处理结果发送给移动设备，以便可视化。本章描述的系统就是基于这一方法。

　　（2）通过一个移动装置收集移动上下文生成的数据，然后以流的方式发送至远程服务器，并存储在本地数据库中。使用特定的数据挖掘算法周期性地分析数据，根据分析结果对给定用途做出决策。

　　（3）移动装置执行数据挖掘分析。由于现有移动设备有限的计算能力和存储空间，在一个小型设备上完成整个数据挖掘任务是不可行的。然而，数据挖掘任务的某些步骤（如数据选择和预处理）可以在小设备上运行。

　　MobiMine[2]是数据挖掘环境的一个例子，设计用于实现移动设备上的股票智能检测。MobiMine采用客户端-服务器结构，在移动设备如 PDAs 上运行客户端，监测来自服务器的资金数据流。服务器从数据库中多个 Web 源收集股票市场数据，然后利用不同的数据挖掘技术对这些数据进行处理。

客户端从数据库查询关于股价等最新信息，客户端与数据库用代理进行通信。这样，当一个用户进行数据库查询时，她/他给代理发送查询信息，代理连接数据库，将检索结果返回给客户端。为了在带宽有限的无线链接上实现数据挖掘模型的有效通信，MobiMine 采用基于傅里叶的方法来表示决策树，不仅节省了移动装置上的存储空间，也减少了网络带宽。

文献[3]提出了另一个移动数据挖掘系统实例。该系统把单个逻辑数据库分成多个片段。每一片段存储在一台或多台通过有线或无线通信网连接的计算机中。每一个地址都能够处理需要访问本地或远程数据的用户请求。

用户能够从移动设备上访问企业数据。根据移动应用的具体要求，在有些情况下移动用户可以登录到企业数据库服务器，并利用这些数据开展工作。另一种情况，用户可以在移动设备下载数据开展工作，或者将远程站点采集的数据上载至企业数据库。该系统定义了一个全局关联规则挖掘的分布式算法，不必移动全部本地数据到一个站点，因此不会产生过多的网络通信代价。

移动数据挖掘另一个有前景的应用是对移动设备产生的数据流进行分析。例如：病人健康监测，环境监测和传感器网络。车辆数据流挖掘（VEDAS，Vehicle Data Stream Mining）系统[4]是一个用于实时监控和挖掘车辆数据流的移动环境实例。该系统通过无线网连接的板上 PDA 系统监控车辆。VEDAS 不断分析大多数现代车辆上装载的传感器所产生的数据，以确定出现模式，然后通过窄带无线网络连接将这些模式汇报给远端控制中心。VEDAS 的总体目标是通过描述司机们的状态给他们提供支持并帮助车队管理者快速检测安全隐患和车辆问题。

12.3　移动 Web 服务

面向服务的架构（SOA，Service-Oriented Architecture）模型广泛应用于现代科学和面向商业的场合中，以实现分布式系统，系统中的应用和组件从平台到语言彼此独立且相互作用。

目前 Web 服务是 SOA 模型最重要的应用，这主要是由于如 XML 与 HTTP 等网络技术的推广使用。Web 服务的应用促进了分布式应用、处理以及数据、优化系统应用与提高效率的融合。特别是，融合在 B2B 场合中代表一种重要的竞争因素，这里的信息系统可能是异质且复杂的。

最近，人们对移动环境下应用 Web 服务的兴趣呈现出增长趋势。移动 Web 服务（Mobile Web Services）使得融合移动设备与运行在不同平台的服务器应用程序成为可能，同时允许用户从其个人设备上访问和编写各种分布式服务。

本节其余部分讨论了 SOA 模型的基本特征，介绍了基本的 Web 服务概念，并且讨论了移动环境下实现 Web 服务的主流方法。

12.3.1　面向服务的架构

SOA 是一个用于构建灵活、模块化、可互操作的软件应用模型。在 SOA 基础上衍生了基于组件的软件、面向对象的编程和一些其他的模型。SOA 模型无需考虑实现细节、安装位置和开发初衷，就能够组合分布式应用。事实上，面向服务的结构的一个重要原则是在不同的应用和处理中实现软件复用。

面向服务的架构本质上基于服务的集合。一个服务是一个能够完成给定任务或商业功能的标准部件，它通过依附一个定义好的接口来完成，该接口详细说明了所需参数和结果属性（服务的客户与服务本身之间的一个约定）。一个服务连同其接口必须以最常用的方式定义，使其能应用于不同的背景和实现多种用途。

服务一旦被定义和安装好，这些服务将独立运行于系统所定义的服务状态。然而，服务独立并不禁止服务之间彼此合作来完成一个共同目标。SOA 的最终目的是提供一个应用结构，其中全部功能被定义为已定义接口的独立服务，这一应用结构能够以序列形式被调用以形成商业过程[5]。

面向服务的架构在三个角色之间进行交互，这三个角色为：供应商 Provider——提供服务的主体；消费者 Consumer——需要和使用服务；以及注册表 Registry——发布可用服务的信息。在这些角色中可能存在三种交互：供应商发布服务信息至注册表；消费者查询注册表以找到所需服务；以及消费者和服务提供者直接交互。

12.3.2　Web 服务

Web 服务是一种基于 Internet 的 SOA 模型实现。本质上来讲，Web 服务是软件服务，能够使用 XML 格式和标准 Internet 协议（如 HTTP）[6]对其进行描述、发现和调用。XML 作为基本语言，允许独立共享来自基本平台和编程语言的数据。同时，标准 Internet 协议的使用允许开发面向 Internet 应用（如 Web）的软件和硬件等平台。

Web 服务与传统的基于远程组件如 RMI、CORBA 与 DCOM 的分布式结构有很多不同之处。Web 服务利用独立于平台的形式进行消息交换，传统的结构利用低级的二进制通信方式，因此数据编码完全依赖于专有技术。

另一个重要的区别是 Web 服务被认为是粗粒度服务。而传统结构主要是支持细粒度组件。换句话说，Web 服务在一个更高抽象级上表现其功能，而远程组件表现在与大部分实现方面相关的低级操作。

Web 服务利用一系列基于 XML 的标准技术进行服务描述（WSDL）、客户和服务之间的通信（SOAP）以及服务发现（UDDI）。

Web 服务描述语言（WSDL，Web Services Description Language）[7]用于描述 Web 服务的接口。基本上，WSDL 允许描述服务提供的操作以及与服务进行交换的所有操作的输入输出消息。

简单对象访问协议（SOAP, Simple Object Access Protocol）[8]定义了一个在客户和 Web 服务之间交换消息的标准形式。SOAP 协议可以和几个传输协议交换，但它们一般通过 HTTP 协议传输。

最后，通用描述、发现和集成服务（UDDI，Universal Description, Discovery, And Integration）[9]是一个用于发布和发现 Web 服务的注册表。服务供应商用它发布他们的 Web 服务，并且服务消费者用它在他们接口定义基础上寻找 Web 服务。

12.3.3　移动环境下的 Web 服务

随着新技术和新功能的不断出现，移动设备如智能电话与 PDA 的市场迅速扩张。由于这些设备运行在不同的平台上，即使共享一个公共的函数集，融合服务器应用程序仍然是我们要解决的首要问题。在标准有线环境下，移动环境中利用 Web 服务可以提高独立运行在不同平台上的客户与服务器应用之间的交互能力。

基本上，在移动环境下用于执行 Web 服务的结构模型有三种[10]。

（1）无线便携式网络。

（2）无线可扩展网络。

（3）对等（P2P）网络。

在无线便携式网络中，移动客户与 Web 服务供应商之间存在一个网关。该网关接收客户请求并且关心对应 SOAP 请求的发布，以及移动设备支持的特定格式回复。

在无线可扩展网络结构中，移动客户与 Web 服务供应商直接交互。在这种情况下，移动用户是真正的 Web 服务客户并能够发送或接收 SOAP 消息。

最后，在对等网络中，移动用户能同时起到 Web 服务客户与供应商的作用。担任消费者和供应商角色的能力在 Ad Hoc 网络系统中可能大有用处。目前，它的实际系统尚未实现，但它可用于表示更通用的模型，在不远的将来该模型能够为移动服务提供更多机会。

在大多数应用场合中，移动设备仅仅起 Web 服务消费者的作用。在此情况下，无线便携网络与无线可扩展网络间的选择主要取决于应用所要求完成的性能级别。

无线可扩展网络结构要求移动设备具有 XML/SOAP 处理能力，这一要求会增加额外的设备处理负荷以及通过无线网络传输 SOAP 消息的流量[11]。而在大多数设备中额外的处理载荷可以忽略不计，在带宽有限的无线连接情况下流量将会影响响应时间。

另一方面，无线便携式网络结构需要网关作为中介，网关在客户请求与服务供应商之间起到代理的作用。为了减少通过无线连接传输的数据量，可考虑利用一些优化技术（如数据压缩、二进制编码），但是这些方法一般取决于应用中所使用的特定数据结构[10]，因此其可行性是有限的。

在无线便携式网络和无线可扩展网络结构之后，一些学者研究了如何在移动环境中提高 Web 服务的功能和性能。

Adacal 和 Bener[10]提出了一种结构，包括三个标准 Web 服务角色（提供者、消费者和注册表）和三个新组件：服务代理、工作流引擎和移动 Web 服务代理。移动网络服务代理负责将移动设备连接至 Web 服务的网关，并管理移动设备与移动代理或工作流引擎之间的通信。该代理位于移动网络的内部，接收移动设备所需服务执行的输入参数并返回已执行的服务。它也根据用户的偏好和上下文信息如位置、空间链接容量或访问网络类型的背景信息选择服务。

Chu 等人[12]提出了一种结构，该结构将应用组件分成两个部分：本地组件，在移动设备上运行；远程组件，在服务器端运行。该系统能够为本地或者远程动态实现应用组件的重新配置，以根据用户偏好优化应用程序函数。与无线环境下一般应用的瘦客户端（瘦客户端仅仅能够提供一个用户接口）不同，此方法利用了一个智能客户模型。

Zahreddine 与 Mahmoud[13]提出了一种面向 Web 服务组合的方法，该方法由一个代理代表移动用户执行组合。在所提结构中，将客户请求发送给服务器，服务器将创建代表用户的代理。接下来将该请求转换为代理要完成的工作流。该代理寻找在一 UDDI 注册表中发布的服务，检索适合请求需求的多个服务地址。然后，代理创建下一个具体的工作流，以确保从一个平台转移至另一个执行工作流任务的平台。

除了这些和关于架构方面相关的研究工作，一些企业从事名为 JSR-172[14]的软件库的实现工作，这一软件库提供了来自移动设备的 Web 服务标准接口。JSR-172 可以作为一个面向 Java 2 微型版本（J2ME）平台[15]的附加库。因此，可以将其用在支持 Java 技术的移动设备上。

JSR-172 的主要目标是能够使 J2ME 客户与 Web 服务协调工作。其通过下列步骤完成此目标。

（1）结构化 XML 数据的基本操作 APIs，在标准 API 的子集的基础上对 XML 进行分析。

（2）APIs 和 J2ME 中基于 XML 的 RPC 通信的例行程序，包括：

① WSDL-to-Java 映射的严子集定义，适合 J2ME 标准。

② 基于 XML 的 RPC 通信映射的 stub APIs 定义。

③ 运行时间 API 的定义，根据上述映射支持存根的生成。

12.4 节中将描述我们的系统。该系统应用了一个无线可扩展网络架构。为了执行客户应用程序，使用了 JSR-172 库。

12.4 系统设计与实现

在本节中，描述系统的设计和实现。如前所述，该系统的目标是通过 Web 服务，支持小型设备如移动电话或 PDA 上的移动数据挖掘。首先，介绍系统的结构并描述系统组件的设计。然后，介绍系统的功能及其实现。

12.4.1 总体结构

该系统采用客户端-服务器结构,如图 12.1 所示。

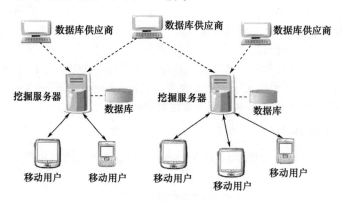

图 12.1 系统的总体结构

系统结构包括三种组件。

(1)数据供应商:产生被挖掘的数据的应用程序。

(2)移动用户:需要在远端执行数据挖掘计算的应用程序。

(3)挖掘服务器:用于储存数据供应商所产生的数据和用于执行移动用户所提交的数据挖掘任务的服务器结点。

如图 12.1 所示,数据供应商产生的数据通过一组挖掘服务器收集后,将数据存储在本地数据库中。根据应用需求,一个给定的供应商所提供的数据可存储在多个挖掘服务器中。

挖掘服务器的主要作用是让移动客户端使用一组数据挖掘算法执行远程数据的分析。一旦移动客户端连接到给定服务器,就允许用户选择要分析的远程数据和要运行的算法。当挖掘服务器完成数据挖掘任务后,计算的结果在用户设备上以文本形式或者可视形式进行显示。

12.4.2 软件组件

本节描述挖掘服务器和移动用户端的软件组件。

12.4.2.1 挖掘服务器

每一个挖掘服务器通过两个 Web 服务:数据选择服务(DCS,Data Collection Service)和数据挖掘服务(DMS,Data Mining Service)实施功能。图 12.2 示出了一个挖掘服务器的 DCS 与 DMS 以及其他软件组件。

数据供应商调用的 DCS 将数据存储在服务器上。DCS 接口定义了上载新数据集、更新现有数

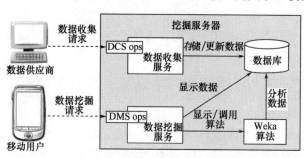

图 12.2 挖掘服务器的软件组件

据集的增量数据或者删除已有数据集等一系列基本操作。在该图中这些操作集中表示为 DCS ops。通过 DCS 上载的数据在本地文件系统中存储为普通数据集。图中展示了 DCS 执行本地数据集的存储或更新操作的过程，从而对数据供应商请求做出响应。

移动客户端调用 DMS 来执行数据挖掘任务。其接口定义了一组操作（DMS ops），这些操作允许获得可用数据集和算法的列表，提交数据挖掘任务，得到当前计算状态以及给定任务的结果。表 12.1 列出了 DMS 执行的主要操作。

DMS 利用 Weka 库[16]所提供的一部分算法执行数据分析，其中包括了用 Java 编写的一部分机器学习算法，用于数据分类、聚类关联规则发现和可视化。当一个数据挖掘任务提交到 DMS 时，调用适合的 Weka 库算法以分析移动客户端所指定的本地集。

12.4.2.2　移动客户端

移动客户端包括三个组件：MIDlet、DMS stub 和记录管理系统（RMS，Record Management System）（图 12.3）。

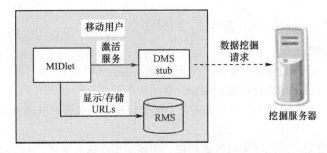

图 12.3　移动用户的软件组件

MIDlet 是一个 J2ME 应用程序，负责用户执行数据挖掘操作与可视化其结果。DMS stub 是一个让 MIDlet 启动远程 DMS 操作的 Web 服务存根。该存根由 DMS 接口生成以符合上一节介绍的 JSR-172 规范。尽管 DMS 存根与 MIDlet 是两个逻辑上相分离的组件，但他们作为独立的 J2ME 应用程序分布和安装。

RMS 是一个简单的面向记录的数据库，该数据库允许 J2ME 应用程序跨越多个启动持续地存储数据。在我们的系统中，MIDlet 利用 RMS 存储用户调用的远程 DMS 的 URL。URL 列表存储在 RMS 中，用户利用 MIElet 功能对其进行更新。

12.4.3　系统的功能

下面描述在系统中客户端和服务器组件执行的典型步骤，根据这些步骤执行数据挖掘任务：

（1）用户在其移动设备上启动 MIDlet。在启动后，MIDlet 访问 RMS 得到远程挖掘服务器的列表。将该列表显示给用户，用户选择将要连接的挖掘服务器。

（2）为了得到在服务器上可用的数据集列表和算法，MIDlet 启动远程 DMS 的 ListDataSets 与 ListAlgorithms 操作。将该列表显示给用户，用户选择要分析的数据库以及挖掘算法。

（3）通过用户选择的具有相关参数的数据集和算法，MIDlet 启动远程 DMS 的 SubmitTask 操作。该任务以分批方式进行提交：只要任务被提交，DMS 为其返回一个唯一的 id，用户端和服务器之间的连接也将被释放。

（4）在任务提交后，MIDlet 通过查询 DMS 监视其状态。因此，MIDlet 周期性地启动 GetStatus 操作，该操作接收该任务的 id 并返回其当前的状态（表 12.1）。查询间隔是一个由用户设置的应用程序参数。

（5）只要 getStatus 操作返回 done，MIDlet 启动 getResult 操作来接收数据挖掘分析的结果。根据数据挖掘任务的类型，MIDlet 要求用户选择如何对计算的结果（如修剪树、混淆矩阵等）进行可视化。

表 12.1　数据挖掘服务操作

操　作	描　　述
listDatasets	返回本地数据库列表
listAlgorithms	返回可利用的数据挖掘算法列表
submitTask	利用一个具体的数据挖掘算法分析给定的数据集并提交数据挖掘任务，为这一任务返回唯一的 id
getStatus	通过一个给定的 id' 返回任务的当前状态。一个任务可能有三种状态：running、done 或 fail
getResult	利用一个给定 id 以文本或可视化形式返回任务的结果

12.4.4　实现

除了数据采集服务，所有系统组件已经被实现并通过测试。利用 Sun Java 无线工具箱[17]实现了移动用户端的应用，该工具箱被 J2ME 应用程序开发广泛采用。利用 Apache Axis[18]实现了数据挖掘服务，Apache Axis 是一个为创建和利用 Web 服务应用程序的开源 Java 平台。

屏幕尺寸小是移动设备应用的主要局限性之一。在数据挖掘任务中，一个小屏幕尺寸会影响挖掘模型复杂结果的可视化。在我们系统中，将结果分为不同的部分，并且允许用户每次选择某一部分进行可视化，以此来克服局限性。此外，用户可以选择以文本或图像形式对挖掘模型（如聚类排列或者决策树）进行可视化。在这两种情况下，如果信息不能适合屏幕尺寸，用户通过可以利用移动设备的常规导航功能滚动屏幕。

图 12.4 给出了一个例子，图中显示了移动客户端在一个测试应用程序中截取的两个屏幕截图，MIDlet 在 Java 无线工具箱的模拟器上运行，而数据挖掘服务利用 Apache Axis 提供的 Web 服务容器在一个服务器上运行。图 12.4（a）的屏幕截图显示了一个菜单，用于选择要进行可视化的分类结果；图 12.4（b）的截图显示结果，在此情况下，显示的是修剪树形式的分类结果。

该系统已经用 UCI 及其学习数据库[19]的某些数据集，Weka 库（见 12.4.2 节）所提供的一些数据挖掘算法进行了测试。早期的实验结果表明，该系统的性能几乎完全取决于执行数据挖掘任务的服务器的计算能力。相反，由于客户端和服务器之间交换的数据量非常小，因此在 MIDlet 与数据挖掘服务之间的通信消耗对运行时间影响不大。一般地，当数据挖掘任务相对比较耗费时间时，通信消耗时间在所有运行时间中所占的百分比可以忽略。

（a）　　　　　　（b）

图 12.4　运行在 SunJava 无线工具箱的
模拟器上的客户应用程序截图

（a）选择可视化选项的菜单；
（b）对选择的分类树进行可视化的结果。

12.5　小　结

本章讨论了如何通过 Web 服务对移动设备中的数据库进行数据挖掘。通过实现移动 Web 服务，让远程用户从移动电话或 PDA 上执行数据挖掘任务并将数据分析结果显示在那些设备上。通过描述移动设备上的数据选择任务、服务器启动机制和结果表示，讨论了一种基于 J2ME 客户端的原型机。

虽然移动数据挖掘尚不成熟，但它给用户和专业人员表现出是一个大有前景的领域，这些用户和专业人员需要在用户端、源数据和应用程序移动的情况下分析数据。根据我们的实验结果，推断出：将面向服务的方法和移动编程技术相结合，能够使移动知识发现应用程序实现起来更加容易，以处理异构与普适情况，在这些情况下，数据及其处理在不同地点之间转移。

参 考 文 献

1. S. Pittie, H. Kargupta, and B. Park. Dependency detection in MobiMine: a systems perspective. Inform.Sci., 155(3–4):227–243, 2003.

2. H. Kargupta, B. Park, S. Pitties, L. Liu, D. Kushraj, and K. Sarkar. Mobimine: monitoring the stockmarked from a PDA. ACM SIGKDD Explor., 3(2):37–46, 2002.

3. F.Wang, N. Helian, Y. Guo, and H. Jin. A distributed and mobile data mining system. In Proceedings of the International Conference on Parallel and Distributed Computing, Applications and Technologies,2003.

4. H. Kargupta, R. Bhargava, K. Liu, M. Powers, P. Blair. S. Bushra, and J. Dull. VEDAS: a mobile and distributed data stream mining system for real-time vehicle monitoring. In Proceedings of the SIAM Data Mining Conference, 2003.

5. K. Channabasavaiah, K. Holley, and E. M. Tuggle. Migrating to a service-oriented architecture, 2007.http://www-106.ibm.com/developerworks/library/ws-migratesoa.

6. Web Services Activity, 2007. http://www.w3.org/2002/ws.

7. Web Services Description Language (WSDL), 2007. http://www.w3.org/TR/wsdl.

8. Simple Object Access Protocol (SOAP), 2007. http://www.w3.org/TR/soap.

9. Universal Description, Discovery, and Integration, 2007. http://www.uddi.org.

10. M. Adçal, A. B. Bener. Mobile web services: a new agent-based framework. IEEE Internet Comput.,10(3):58–65, 2006.

11. M. Tian, T. Voigt, T. Naumowicz, H. Ritter, and J. Schiller. Performance considerations for mobile web services. Comput. Commun., 27(11):1097–1105, 2004.

12. H. Chu, C. You, and C. Teng. Challenges: wireless Web services. In Proceedings of the International Conference Parallel and Distributed Systems (ICPADS 04), IEEE CS Press, 2004.

13. W. Zahreddine, Q. H. Mahmoud. An agent-based approach to composite mobile Web services. In Proceedings of the International Conference on Advanced Information Networking and Applications (AINA'05), IEEE CS Press, 2005.

14. JSR-172: 2007. J2ME Web Services Specification, http://jcp.org/en/jsr/detail?id=172.

15. Java Micro Edition, 2007. http://java.sun.com/javame.

16. H.Witten, E. Frank. Data Mining: Practical Machine Learning Tools with Java Implementations.Morgan Kaufmann, 2000.

17. Sun Java Wireless Toolkit, 2007. http://java.sun.com/products/sjwtoolkit.

18. Apache Axis, 2007. http://ws.apache.org/axis.

19. The UCI Machine Learning Repository, 2007.

20. http://www.ics.uci.edu/□mlearn/MLRepository.html.

第4部分　移动环境感知和应用

第13章　上下文感知：形式化基础

13.1　引　言

越来越多的通信设备出现在我们的日常生活中，人们利用这些通信设备可以交换多媒体信息，并享受其提供的多种综合服务。很显然，未来的发展趋势将会使消费者在多样化的普适通信设备和服务中享受计算体验，其中以导航性、上下文敏感度、适应性和普适性为主要特征。目前，人们已经对其中的若干问题进行了研究，提出了模型和方法论，并实现了工具和系统。但是本文重视的是基础问题以及在研究中容易忽视的问题，例如上下文感知和上下文相关的形式化模型，或是用大量不可靠的组件合成可靠的复杂系统等理念，都是最为关心的问题。本章将讨论移动上下文感知和上下文相关的服务衍生，及其应用开发的形式化基础和软件工程技术，重点探讨上下文和系统之间的关系。

13.2　背　景

目前全球范围内用于商业经营的终端已超过 20 亿，无线和移动技术促进了第一波普适性的通讯系统和应用程序的发展。这一趋势表现在以下几方面，即越来越小型化的计算单元之间日益强化的通信作用，这几方面都与计算演变发展一致。近年来，人们已经在这些系统上完成了多个层面的重要研究工作，从最低的物理层到最高的信息处理层。然而，后者的研究深度不及前者。例如，认为最重要的问题是：真正的普适计算、上下文感知和上下文相关的未来前景还没有得到相关研究机构的重视。

自 20 世纪 90 年代初，"上下文"就得到了广泛的研究；它主要与位置概念相关，其实它具有更丰富的意义；一些研究工作将上下文分成几个方面，如计算、用户、物理、空间和时间上下文[1-6]。然而，目前对上下文仍然没有一个精确定义。在这一章，我们将上下文理解为事件发生的环境，认为这个定义更适用于系统软件的研究。

在先前的工作中[7]，已经描述了一个上下文感知移动计算的形式化方法：给出了一个定义在传统行动系统子集上[8]的上下文感知行为系统框架，为管理和处理上下文信息提供了系统化方法。基于这种形式化的基本概念和属性，为移动应用衍生出上下文感知服务[9]，并实现了幼儿园环境的智能上下文感知，用无线传感器网络对孩子们进行监督[10]。

考虑问题需要理论与实际相结合，因此系统建模需要谨遵形式化方法，从形式化模型中衍生软件体系架构，然后对规范、代码生成和验证与仿真逐步求精。虽然人们对这些问题已经分别进行了广泛研究，但最终实现中的交互性给我们带来了新的挑战，这就是本章讨论的重点。

13.3　相　关　工　作

一些相关研究已经注意到寻求上下文感知运算[11]基础的重要性。Roman 等人提出了一种上下文感知形式化处理方法：用上下文处理部分将移动 UNITY 扩展到上下文 UNITY[12]。上下文 UNITY 的形式类似于我们的上下文感知行动系统的形式，这种方法采用类代理的思路建模上下文感知和上下文相关。

Henricksen 等人提出用概念性框架和软件体系结构共同解决上下文感知计算应用[13]方面遇到的一些已知软件工程问题。上下文模型使用 CML 语言[14]建立语义级，它在软件工程过程中可以被归类为对象角色建模的扩展。

Hinze 等提出用 UML 方法上下文建模，其中 UML 图表结合离散事件系统，方便了移动上下文感知系统[15]的开发。由于 UML 缺乏严格的数学基础，上述方法可以被视为一种半形式体。与 UML-like 类似的方法参见文献[16]，提出了一种基于仿真的范例。除了上下文的一般情况，人们还考虑了上下文的其他方面，如本体论[17]、理性[18]、中间件[19]和信任[20]。

13.4　无线传感器网络

无线传感器网络为研究上下文感知和上下文相关系统提供了一个完美的平台。自 20 世纪 90 年代初以来[21]，受无线网络进步和传感器发展的促进，无线传感器网络成为了一个被广泛研究的领域。直到最近，无线传感器网络已经从学术研究阶段转变到实用的商业产品生产中，生产数量也在不断增加。

尽管已经开展了大量的研究工作，但是受安全与环境应用程序限制[22]，大部分的研究工作仍然是针对特殊用途的。然而，需要更通用的、更全面的方法，从而解决无线传感器网络中真正的系统级问题及其应用。基于这一观点，我们为无线传感器网络[23]开发了一个设计框架，如图 13.1 所示。

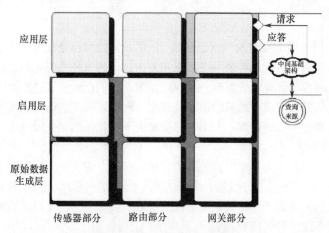

图 13.1　传感器网络系统框架

在这个框架下，区分了上下文发布者和上下文使用者；前者是检测环境和获得上下文的响应部分，而后者是解释和响应上下文的主动部分。上下文发布者和上下文使用者之间的交互，构成一个完整的上下文感知和上下文相关系统。

由于双向通信的可能性，以及限制传感器读取上下文的不可能性，所有节点可以作为上下文发布者又可以作为上下文使用者。扮演什么角色取决于数据是否正在传播（如一次查询）或正在合成（如一个回复）。

13.5　形式化上下文感知和上下文相关

首先简要描述行动系统的形式，然后说明如何利用该形式对上下文感知和上下文相关进行建模。通过将形式化模型映射到无线传感器网络的软件架构上，然后展示在系统软件研究上的一些具体实现。

13.5.1　行动系统

行动系统形式是基于具有防护命令的 Dijkstra 语言[24]。这种语言包含赋值、顺序合成、条件选择和迭代。

13.5.1.1　行动

一个行动就是一个防护命令，即构造形式 $g \to S$ ，g 是一个谓词，即 Guard，S 是一条程序语句，即 Body。当 Guard 为真时启动一个 Action。如果一个行动不改变程序的状态，它称为束行动。

行动 Body S 的定义如下：

$$S ::= \text{abort} \,|\, \text{skip} \,|\, x := e \,\big|\, \{x := x' \,|\, \pmb{R}\} \big| \quad \text{if } g \text{ then } S_1 \text{ else } S_2 \text{ fi} \,|\, S_1; S_2$$

式中：x 是一个属性列表；e 是一个相应的表达式列表；x' 是一个代表未知量的变量列表；$\pmb{R}$ 代表 x 和 x' 间的关系。直观地说，$skip$ 是一个束行动，$x := e$ 是多重赋值，if g then S_1 else S_2 fi 是两个状态的条件复合语句，S_1；S_2 是两个状态的顺序复合语句。行动 $abort$ 操作总是失败，用于模拟被禁止的行为。给定关系 $\pmb{R}(x, x')$ 和一个属性列表 x，通过 $\{x := x' \,|\, \pmb{R}\}$ 表示某个值 $x' \in \pmb{R}.x$ 到 x 的非确定性赋值(效果同中止一样，如果 $\pmb{R}.x = \varnothing$)。

行动语言的语义用一种标准方式[25]以最弱的先决条件被定义。因此，对于任何谓词 $\pmb{p}$，定义：

$$\pmb{wp}(\text{abort}, \pmb{p}) = \text{false}$$

$$\pmb{wp}(\text{skip}, \pmb{p}) = \pmb{p}$$

$$\pmb{wp}(x := e, \pmb{p}) = \pmb{p}[x := e]$$

$$\pmb{wp}(\{x := x' \,|\, \pmb{R}\}, \pmb{p}) = \forall x' \in \pmb{R}.x \cdot \pmb{p}[x := x']$$

$$\pmb{wp}(S_1; S_2, \pmb{p}) = \pmb{wp}(S_1, \pmb{wp}(S_2, \pmb{p}))$$

$$\pmb{wp}(\text{if } g \text{ then } S_1 \text{ else } S_2 \text{ fi}, \pmb{p}) = \text{if } g \text{ then } \pmb{wp}(S_1, \pmb{p})$$
$$\text{else } \pmb{wp}(S_2, \pmb{p}) \text{ fi}$$

$\pmb{p}[x := e]$ 代表在谓词 $\pmb{p}$ 中所有自由出现的属性 x 被代替的结果。

13.5.1.2　一个行动的结构单元

一个行动系统是一种形式的构建：

$$
\begin{aligned}
A = \big\| [&\text{import } i; \\
&\text{export } e := e_0; \\
&\text{var} \quad v := v_0; \\
&\text{do} \quad A_1 [\ ] A_2 [\ ] \cdots [\ ] A_n \quad \text{od} \\
&] \|
\end{aligned}
$$

import 部分描述了未被声明的输入变量 i，但是在 A 中使用。变量 i 在其他行动系统中被声明，因此他们模拟了行动系统之间的通信。export 部分描述了在 A 中声明的输出变量 e。他们可以在 A 中使用，也可以在引用变量 e 的其他行动系统中使用。他们被赋予初值 e_0。如果没有初始化，类型组 e 中的任意值将被赋为初始值。var 部分描述了行动系统 A 的局部变量，他们只能在 A 中使用，赋初值为 i_0，如果没有初始化，其类型中的任意值将可能作为初始值。从技术上讲，所有使用的输入输出变量都是全局变量，只有定义 var 部分中的是局部变量。do…od 部分描述 A 中涉及到的计算。在循环内部，$A_1, \cdots, A_n$ 是 A 的行为。

行动系统 A 的行为如下：首先初始化所有变量，然后从 $A_1, \cdots, A_n$ 中反复随机选择并执行一个激活行动。如果两个行动是独立的，也就是说，它们没有任何公共变量时就可以并行执行[25]，并行执行就相当于不按顺序地执行逐个行动。

13.5.1.3　行动系统的组成

行动系统通常不是孤立的，而是更复杂系统的一部分。一个大的行动系统可以由较小的行动系统组成。考虑两个行动系统 A 和 B 如下：

$$A = \| \begin{array}{ll} \text{import} & i; \\ \text{export} & e := e_0; \\ \text{var} & v := v_0; \\ \text{do} & A_1 [\ ] A_2 [\ ] \cdots [\ ] A_n \quad \text{od} \\ \| \end{array}$$

$$B = \| \begin{array}{ll} \text{import} & j; \\ \text{export} & f := f_0; \\ \text{var} & w := w_0; \\ \text{do} & B_1 [\ ] B_2 [\ ] \cdots [\ ] B_m \quad \text{od} \\ \| \end{array}$$

其中：$v \cap w = \varnothing$。我们定义行动系统 C 为 A 和 B 的并列组合，记为 $A \parallel B$：

$$A \parallel B = \| \begin{array}{ll} \text{import} & k; \\ \text{export} & h := h_0; \\ \text{var} & u := u_0; \\ \text{do} & A_1 [\ ] A_2 [\ ] \cdots [\ ] A_n [\ ] B_1 [\ ] B_2 [\ ] \cdots [\ ] B_m \\ & \text{od} \\ \| \end{array}$$

其中：$k = (i \cup j) \backslash h$，$h = e \cup f$，$u = v \cup w$。在 $A \parallel B$ 中变量的初始值和行动是原始行动系统的初始变量和行动的组合。

二进制并行组合算子 $\parallel$ 是相关的并且可交换的，可以理解为有限集合行动系统的并行组合。行动系统并行组合的行为依赖于单个行动系统之间的相互作用。并行组合算子也可以起到相反的作用：将一个行动系统分解成多个。具体内容可以查阅其他文献[26]。

13.5.1.4　行动系统的细化

行动系统逐步发展的一个重要基础是细化演算 [26]。在细化演算中，程序语句等同于具有最弱前提条件的谓词转换子。然而，谓词转换子框架不足以推理主动系统。于是 Back 和 Wright 提出了轨迹细化扩展[27]，Sere 和 Walden 提出了数据细化扩展[28]。在上述理论的基础上，实现对行动系统细化的处理。

13.5.2　上下文模型

在这种形式下，通过指定上下文发布者和上下文使用者，开始建模 13.3 节所述的上下文感知和上下文相关系统。首先，考虑一个上下文相关系统，用行动系统 CD 来建模：

$$CD = \|[\text{import} \quad \dots$$
$$\text{export} \quad \dots$$
$$\text{var} \quad \dots$$
$$\text{do} \quad g \to S[\ ] \neg g \to T[\ ]\beta$$
$$\text{od}$$
$$\|]$$

其中：g 是上下文 guard，S 是一个依赖于上下文 g 的语句。$g \to S$ 是提供上下文的系统行为模型。$\neg g \to T$ 是没有提供上下文的系统行为模型；β 代表了 CD 的其他行为。上下文 guard g 是本地和上下文变量 x 的谓词。上下文变量由输入和输出变量的子集构成。g 的值是由某个其他行动系统 CH 确定的，称为上下文处理程序。因此，上下文变量 x 既是到 CD 的输入变量又是 CH 中的输出变量。

因此，需要介绍图 13.2 中的上下文处理程序来确定 g。上下文处理程序是一个上下文发布者，也可能是一个潜在的上下文使用者，取决于服务。如果它不是上下文发布者，那么就没有任何关于上下文的事情需要处理。因此，上下文处理程序是系统中一个独立但必要的一部分。

用行动系统 CH 来建模上下文处理程序：这里 b 是谓词；$b \to x := x'|x' \in \{g, \neg g\}$ 不确定地更新上下文全局变量 x。非确定性的更新之后被提炼为实际可行的智能算法。因此，它对提供给 CD 的上下文进行建模。

$$CH = \|[\text{import} \quad \dots$$
$$\text{export} \quad \dots$$
$$\text{var} \quad \dots$$
$$\text{do} \quad b \to x := x'|x' \in \{g, \neg g\}$$
$$\neg b \to V$$
$$\text{od}$$
$$\|]$$

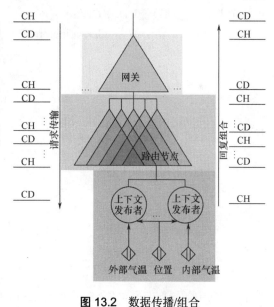

图 13.2　数据传播/组合

现在，行动系统 CD 和 CH 的并行组合 CD ‖ CH，是一个完整的上下文感知模型，它对上下文发布者和上下文使用者之间的相互作用进行了建模。

图 13.1 解释了软件架构设计中该模型的含义，图中的灰色阴影区域表示他们主要负责的节点。深灰区域构成了传感节点，灰色区域构成了在途节点，浅灰色区域构成了网关节点。此外，每一节点应该首先解释为层，然后是段。

我们模型的一个优点是，有意将上下文的初始点与整个上下文感知系统分开。这种分离有一个重要的结果：上下文是上下文发布者处理后的结果；也就是说，操作系统 CH 可以区分数据和相关数据，因此上下文总是细化的原始数据。

从现实的含义上说，在无线传感器网络中，上述想法促进了传感器节点的进一步分类，如图 13.2 所示。从面向服务的观点出发，所有传感器不一定响应查询所需要的数据，也不一定起到在途节点的作用。因此，如果可能，在途节点根据上下文对潜在传感节点是否可以提供相关信息做出判决，根据判决确定前进与否。一旦做出判决，考虑能源效率，在途节点也可以提供相关性数据。最后，上下文信息融合在途结点的一个网关节点中，为传播查询提供准确的答案。

13.5.3　上下文细化

在本节中，将讨论在所提模型如何将细化原则与并行组成规则结合使用。将展示如何由抽象规范向详细规范完善，以及这些细化方法在软件系统设计中的现实意义。

13.5.3.1　上下文使用者

首先，考虑一个简单的细化方案：

$$CD \parallel CH \leqslant_R CD' \parallel CH$$

其中：CD′ 是 CD 细化的结果。这个方案的现实意义是没有涉及感应部分，同时升级了传感器应用程序。这种类型的细化意味着：假设有一个监控软件 CD 运行在无线传感器网络基础设施上，现在把现有软件更新为具有更多功能的最新版本 CD′。

由于这种细化方法只考虑单个行动系统，因而不改变整个系统的聚合行为。因此，定义细化规则如下[28]。

考虑两个行动系统 CD 和 CD′：

$$
CD = \Big\|
\begin{aligned}
&\text{import } i; \\
&\text{export } e{:=}e_0; \\
&\text{var } a{:=}a_0; \\
&\text{do } \quad A_1 [\ ] A_2 [\ ] \cdots [\ ] A_n \\
&\text{od}
\end{aligned}
\Big\|
$$

$$
CD' = \Big\|
\begin{aligned}
&\text{import } i; \\
&\text{export } e{:=}e_0; \\
&\text{var } a'{:=}a'_0; \\
&\text{do } \quad A'_1 [\ ] A'_2 [\ ] \cdots [\ ] A'_n [\ ] X_1 [\ ] X_2 [\ ] \cdots [\ ] X_m \\
&\text{od}
\end{aligned}
\Big\|
$$

其中：CD 中的局部变量 a 在 CD′ 中被替换为新的局部变量 a'。CD 中的行动 A_i 在 CD′ 中被替换为 A'_i，并在 CD′ 中添加了新的辅助行动 X_j。

R 是新的局部变量 a' 与旧的局部变量 a 之间的映射关系。因此，可以说，行动系统 CD′ 是行动系统 CD 的细化，如果存在一个抽象关系 $R(a,a')$，将有下列条件成立：

（1）初始化：$R(a_0,a'_0)$

（2）主要行动：$A_i \leqslant_R A'_i$, for $i = 1, \cdots, n$

（3）辅助行动：$\text{skip} \leqslant_R X_j$, for $j = 1, \cdots, m$

（4）继续条件：$R \wedge gCD \Rightarrow gCD'$

（5）内部合并：

（6）$R \Rightarrow wp(\text{do } X_1 [\ ] X_2 [\ ] \cdots [\ ] X_m \text{ od, ture})$

其中：第一个条件说明通过初始化建立了抽象。第二个条件要求 A_i 的每个行动由相应的行动 A_i' 利用 $R(a, a')$ 进行细化。第三个条件规定，对于全局变量 $i \cup e$ 来说，辅助行动 X_j 就如 *skip* 一样，同时保留 $R(a, a')$。第四个条件要求只要 CD 中一个行动被激活并且 $R(a, a')$ 成立时，CD' 一个行为就被激活。最后的条件规定，只要 $R(a, a')$ 成立，单独执行辅助操作就不能永远继续下去。

13.5.3.2　细化上下文变量

其他简单的细化方案只考虑上下文发布者本身：

$$\text{CD} \| \text{CH} \leq_R \text{CD} \| \text{CH}'$$

其中：CH' 是 CH 的细化结果。这个方案的实际含义是：在不涉及上层传感器的应用程序条件下，改善上下文处理单元。这种类型的细化可以通过如下实例说明：假设有一个监控软件运行在无线传感器网络构架建设上，现在改进无线传感器网络构架建设以提供更多相关且精确的上下文信息。

这种细化方法也关注单个行动系统，并且整个系统的聚合行为没有改变。因此，在本例中，也可以使用在 13.5.1.1 节所阐述的细化规则。

这里考虑一个常见的细化上下文处理算法的例子。在我们的原始模型中，上下文处理算法最初表示为 $b \to x := x' | x' \in \{g, \neg g\}$。有必要将这种算法进一步精炼成有实际应用的智能算法。通常这种类型的细化方法只改进局部行动，关于这个问题更多的研究可以参考其他文献[29]。

13.5.3.3　组合的细化

最后的细化方案很复杂，需要上下文发布者和上下文使用者共同细化：

$$\text{CD} \| \text{CH} \leq_R \text{CD}' \| \text{CH}'$$

其中：CD' 是 CD 细化的结果；CH' 是 CH 细化的结果。这个方案的实际意义在于同时细化了传感部分和应用部分。这种类型的优化可以利用如下实例说明：假设有一个运行在无线传感器网络构架建设上的监控软件，现在重新设计包括现有的上层软件和较低层的无线传感器网络构架建设在内的整个系统。

显然，这种细化方法是复杂的，因为它不仅涉及每一个行动系统的单独行为，而且涉及整个系统的聚合行动[29]。

可以使用 Back 和 Wright 提出的组合细化进行扩展，连同在 15.5.3.1 节和 15.5.3.2 节提到的其他细化规则，来优化这种方案。为方便理解，没有列出完整的细化规则(关于这个问题可以参考其他文献[30])，但在图 13.3 中给出了一个直观的说明，以便于读者理解这种类型的优化方法，图中箭头表示一个细化步骤，直线代表一个抽象的关系。

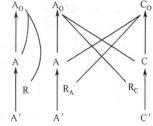

图 13.3　个体细化与组合细化

这里举一个例子，即通过组合细化方法向整个系统引入新的上下文：假设我们有一个原始模型 $\text{CD} \| \text{CH}$，CD 和 CH 的定义在 15.5.2 节中已经给出。基于这种初始设置，只有 g 作为我们的上下文。现在想引入一个新的上下文到整个系统，以此来扩展上下文部分。实际上，这种方案意味着在系统中利用额外的数据，通常导致系统被迫重新设计。

使用组合细化方法，可以研究如下问题。首先，考虑 CD'，它是 CD 细化的结果。令额外的上下文为 d。假设 d 是 $\neg g$ 的一个子集，也就是 $d \subseteq \neg g$。使用 15.5.3.1 节和 15.5.3.2 节中提到的细化规则，可以改进在 10.5.2 节提到的原始行为 $\neg g \rightarrow T$，把它细化成两个新的行动：

$$d \rightarrow R[\quad](\neg g \backslash d) \rightarrow T' \quad \wedge$$
$$\neg b \backslash d \rightarrow V'$$

其中：R 和 T' 是细化语句，满足

$$T \leqslant_R R \quad \text{and} \quad T \leqslant_R T'$$

然后在 CH' 中对新的上下文进行评估，CH' 是 CH 细化的结果。现在 $CD' \| CH'$ 是 $CD \| CH$ 细化的结果。

实际上，这是一种将新的特性逐步添加到系统的有效方式，但不可避免地涉及了感应部分和应用程序部分。如果限制系统故障的上下文，这个方法类似于在容错方向所做的工作[30]，为处理某些故障提供了解决方法。

13.6 案例研究：通过形式化，从规范到实现

以一个智能幼儿园场景为例，对提出的上下文角色分类方法进行案例研究。这个应用程序将作为幼儿园的一个智能监测系统，其核心概念如图 13.4 所示。

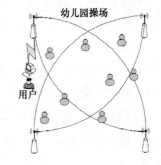

该系统由固定基站、安装在孩子身上的移动传感器节点和监控应用程序组成。允许孩子们在一个预定义的区域（操场）里自由移动，监控器能够获取所有节点（可视化）的位置信息。当一个孩子离开预定的区域，系统警觉度增加并通知监控器。更高的警觉度意味着更强的通信。此外，当检测到振动时（可以认为是孩子的移动），不同的节点会提供强化的定位报告。

这是一个典型的上下文感知和上下文相关的例子，该例包括一个上下文发布者和一个上下文使用者。系统行为和上下文使用者，主要依靠上下文发布者提供的上下文，来实现监控和定位。此外，在这个特例中，基站起到上下文发布者的作用，即图中的灯塔，和上下文使用者一起来计算位置并提高警戒级别。

图 13.4 智能幼儿园案例研究

利用 13.4 节中提出的上下文模型和形式化[7]，我们对 ROCRSSI[31] 进行了改进，用于本地化服务。在这里，给出了一个如图 13.5 所示的系统模型，这一模型是在图 13.1 基础上逐步发展的结果，同时也是幼儿园应用程序的基础。最终得出如下结论，这一系统以分等级地形式发送/接收上下文信息。

接下来，截取这个模型的一个片段来分析其规范。例如，跟踪部分的规范如下：

```
getLocationY=Y[ ]
import    recordHeardSignals,timeInterval,getPos,now
export    square,chaeckState,tracking;
var
do
    getPos ∧ nowTime-recordHeardSignals.time>timeInterval
            ->tracking:=inquiry.calcLocation
        [ ]
        getPos ∧ square=recordHeardSignals.intersection
        ->checkState:=setState
    od
]
```

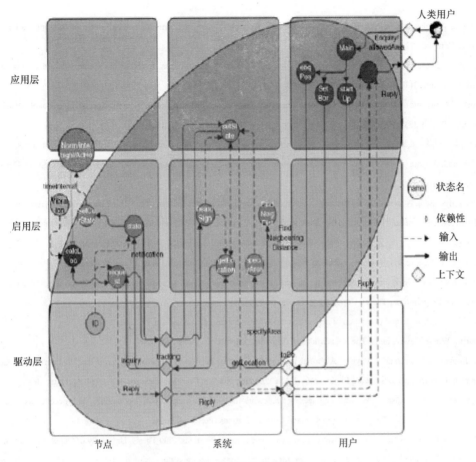

图 13.5　最终的系统模型

这里上下文可以被视为 Guard，其中 GetPos（获取当前位置），CheckState（状态检查）和 Tracking（跟踪）都是变量。输入变量是为上下文使用者服务的部分。输出变量构成了这一片段的上下文发布者，因此，CheckState 和 Tracking 可以出现在导入它们的系统 guards 中。

为了使本章易于理解，没有给出完整的系统规范。幼儿园应用程序和它具体实现细节可以参考文献[10]。

13.7　结　束　语

从多个角度对上下文感知计算的形式化理解之后，把这些多元视角组成基本关系，同时提供了一个框架来理解各种形式相互作用背后的基本原则。特别是，本章中的上下文模型为设计和评估上下文感知技术形式化框架的进一步发展，奠定了基础。

参 考 文 献

1.　A. K. Dey and G. D. Abowd. Towards a better understanding of context and context-awareness. In *Proceedings of the CHI2000 Workshop on the What, Who, Where, When, and How of Context-Awareness, The Hague, The Netherlands, 2000.*

2. M.Raento, A.Oulasvirta, R.Pent, H.Toivonen. ContextPhone:-a prototyping platform for context-aware mobile applications. In IEEE Pervasive Comput., 4(2): 51-59, 2005.

3. G. D. Abowd, M. Ebling, H.-W. Gellersen, G. Hunt, and H. Lei, "Guest Editors' Introduction: Context-Aware Computing," IEEE Pervasive Comput., 1(3): 22-23, July-September, 2002.

4. H.Chen, T.Finin, and A.Joshi. An ontology for contextaware pervasive computing environments. Special Issue Ontol. Distribut. Syst., Know. Eng. Rev., 18(3): 197-207, 2004.

5. A. Schmidt, M. Beigl, and H.-W. Gellersen. There is more to context than location. Comput. Graphics,23(6): 893-901, 1999.

6. G. Chen and D. Kotz. A survey of context-aware mobile computing. Technical Report TR2000-381, Dartmouth College, Department of Computer Science, 2000.

7. L. Yan and K. Sere. A formalism for context-aware mobile computing. In Proceedings of the Third International Symposium on Parallel and Distributed Computing/Third International Workshop on Algorithms, Models and Tools for Parallel Computing on Heterogeneous Networks, 2004.

8. R. J. Back and K. Sere. From action systems to modular systems. Software Concepts Tools, 17: 26-39,1996.

9. M. Neovius and C. Beck. From requirements via context-aware formalization to implementation. In Proceedings of the 17th Nordic Workshop on Programming Theory Copenhagen, Denmark, 2005.

10. C. Beck. An application and evaluation of sensor networks. Master thesis, Abo Akademi, Finland,2005.

11. P.Dourish. Where The Action Is: The Foundations of Embodied Interaction. MIT Press, 2001.

12. G.-C. Roman, C.Julien, and J. Payton. A formal treatment of context-awareness. In Proceedings of the 7th International Conference Fundamental Approaches to Software Engineering (EASE). Lecture Notes in Computer Science, Vol. 2984, Springer, 2004.

13. K.Henricksen and J.Indulska. A software engineering framework for context-aware pervasive computing. In Proceedings of the 2nd IEEE International Conference on Pervasive Computing and Communications (PerCom), 2004.

14. K. Henricksen. A framework for context-aware pervasive computing applications. PhD Thesis, University of Queensland, 2003.

15. A. Hinze,R Malik, and R. Malik. Interaction design for a mobile context-aware system using discrete event modeling. In Proceedings of the Twenty-nineth Australian Computer Science Conference(ACSC), Hobart, Australia, 2006.

16. P. Guo and R. Heckel. Modeling and simulation of context-aware mobile systems. In Proceedings of the 19th IEEE International Conference on Automated Software Engineering (ASE), 2004.

17. A. Pappas, S.Hailes, and R.Giaffreda. A design model for context-aware services based on primitive contexts. In Proceedings of the UbiComp, 2004.

18. Y.Roussos and Y.Stavrakas. Towards a context-aware relational model. Technical Report TR-2005-1,National Technical University of Athens, 2005.

19. E.Katsiri. Middleware support for context-awareness in distributed sensor-driven systems. PhD Thesis, University of Cambridge, 2005.

20. M. Carbone, M. Nielsen, and V.Sassone. A formal model for trust in dynamic networks. BRICS Report RS-03-4, 2003.

21. S. S. Iyengar and R. R. Brooks. Distributed Sensor Networks. Chapman & Hall/CRC, 2004.

22. E. Yoneki and J. Bacon. A survey of wireless sensor network technologies: research trends and middleware's role. Technical Report UCAM-CL-TR-646, University of Cambridge.

23. M. Neovius and L. Yan. A design framework for wireless sensor networks. In Proceedings of IFIP 1st International Conference on Ad-Hoc Networking, Santiago De Chile, Chile, 2006.

24. E. W. Dijkstra. A Discipline of Programming. Prentice Hall, 1976.

25. R. J. Back and K. Sere. Stepwise refinement of action systems. In Struct. Program., 12(1): 17-30,1991.

26. R.-J. Back, J. von Wright. Refinement calculus: a systematic introduction. Graduate Texts in Computer Science. Springer-Verlag, 1998.

27. R.-J. Back, J. von Wright. Trace refinement of action systems. In Proceedings of the 5th International Conference Concurrency Theory. Lecture Notes in Computer Science, Vol. 836, Springer, 1994.

180

28. K. Sere, M. A. Walden. Data refinement and remote procedures. In Proceedings of the Third International Symposium on Theoretical Aspects of Computer Software. Lecture Notes in Computer Science, Vol. 1281, Springer, 1997.

29. R. J. Back and J. von Wright. Compositional action system refinement. In Proceedings of the BCS FACS Refinement Workshop. Electronic Notes in Theoretical Computer Science, Vol. 70, Elsevier, 2002.

30. K.Sere and E.Troubitsyna. Hazard analysis in formal specification. In Proceedings of SAFFCOMP'99,Toulouse, France. Lecture Notes in Computer Science, Vol. 1710, Springer Verlag, 1999.

31. C. Liu, K. Wn, and T. He. Sensor localization with ring overlapping based on comparison of received signal strength indicator. In Proceedings of the IEEE International Conference on Mobile Ad-hoc and Sensor Systems (MASS), 2004.

第 14 章　智能办公室项目的体验

14.1　引　言

　　自第一个办公环境出现以来，在很长一段时间内办公技术仅限于纸张和油墨。纸是一种鲁棒的、一致的和持久的信息媒介，使用简单且不受使用地点限制。对内，它用于办公大楼内部的通信，对外，则是用于和客户或者其他管理机构的通信。而且，在传统的情况下，选择办公室的位置是一个战略性的决定。几乎可以在每一个城市都能找到支持书面交流和面对面会议的商业场所。但是众所周知的是地价很贵。相比制造工厂，日工作空间利用率将近 100%，而办公室的工作空间利用率只有 30%。在咨询公司，大部分的员工绝大多数时间都是在办公室外工作，办公室的利用率甚至低于10%。因此减少办公室的数量可以直接降低固定成本。

　　科技的进步已经从根本上改变了办公室的工作环境。信息可以在很短的时间内轻松地传送到很远的距离。不知道从什么时候起纸质印刷变成数字化，并在任何地方都能在线使用。新设备的开发改变和补充了打印方式，如打印机、传真机和复印机。现在的办公如果没有上述这些设备就不能够打印图像。不幸的是，这样的发展并没有减少办公室的人员配备，办公地点的价格依然很高。

　　解决这种不尽人意现状的办法就是灵活办公。在灵活的办公环境里，员工不需要固定的办公室。办公室可以根据各种实际需求灵活分配。如果你想保证每一位员工都有工作场所，可不是一个简单的工作。但是这种普适而有机的系统想法孕育了一种可能，即自动完成人员分配以及所有相关管理。不仅如此，这种普适系统提供了一种新的服务，这种服务以一种全新的方式为办公室工作提供支持。这样灵活的办公需要复杂的基础设施，以便将各个地方的员工准确无误地一体化管理。我们所设想的灵活办公理念用以下方案来描述。

　　灵活办公的方案：一个销售代理员次日需要他们公司的一间会议室。他需要在网上预订一个地方、指定具体的时间和参加会议的人数。另外，他还需要一间办公室在那里工作几个小时。

　　第二天当他走进公司大楼，他从储藏室拿出他的办公设备。员工的安全徽章（工卡）用来追踪他在办公环境内的位置。他会被智能门牌系统引导到指定的办公室。当通过一个智能门牌时，会显示一个指向指定办公室方向的箭头。他的存储器也可以进行定位跟踪。当他到了指定的办公室，把他的存储器放在附近一个桌子上，系统会重新初始化环境（如电话、计算机）。此门牌现在会显示他的名字以表明他今天将在这个办公室工作。

　　在会议开始前几分钟，访客到达入口。在信息服务台，访客将会得到一个安全徽章并且选择他要访问的人名。访客也能被室内定位跟踪系统追踪，并被智能门牌引导到会议室。同时系统还会通知销售代理员访客刚刚到达并且在通往会议室的路上。

　　一个灵活的办公机构需要一个高级的软件系统，将办公用房动态地分配给现有员工，软件系统需要具备高动态化、可扩展性和上下文感知性。办公大楼内的计算机环境包括具有有线或无线 wifi 连接的服务器、个人计算机、笔记本计算机、掌上计算机和传感器节点。由于硬件和软件系统的异构性，选用中间件的方法，考虑到系统的复杂性，将中间件分别建立在自主[1]和有机[2]的计算原则之上，以满足这种系统的高度管理要求。

　　中间件上层的服务可以分为中间件的核心服务和应用服务。为了执行高分布移动的应用软件，我们开发了一个普适移动代理系统，为组合用户个人兴趣和普适分布系统需求提供了一个简单的方法。移动代理基本上达到了最高水平的分散。移动代理封装的个人信息，可以代表用户进行定位服务。本系统的设计思想是在普适环境中，给用户提供移动代理形式的虚反射。

14.2 节详细介绍智能办公室项目。主要描述具体方案和办公室安装的硬件部分。14.3 节和 14.4 节主要介绍应用层——普适移动代理系统（UbiMAS，Ubiquitous Mobile Agent System），该系统对应用程序方案的实现起基础性的作用；14.4 节介绍定位追踪和定位预测；14.5 节介绍操作控制单元（OCU，Operation Control Unit），即面向普适环境的基础有机计算中间件。这个中间件被用于实现有机的/自动的性能，如自我配置、自我修复、自我保护、自我优化。最后是结论。

14.2 智能办公室项目

我们的研究目标致力于为普适和有机计算应用提供一个灵活办公环境平台。选择在自己的办公室建立一个智能设施。每个办公室都有一些设备如个人计算机、笔记本计算机、掌上计算机、电话和传感器板。灵活办公室最重要的地方是智能门牌。在每个办公室都用触屏电子显示器来代替传统的门牌。图 14.1 给出了智能门牌的示例图，图 14.2 是我们单位的楼层分布图，楼层内的每个门都有一个智能门牌。

智能门牌不仅能够显示实际办公室的信息，而且为面向用户和基于位置的服务提供了可能性。使用触摸屏可以使人与灵活办公室系统直接进行交互。下面的场景展示了智能门牌（图 14.3）与访客/员工的追踪系统以及附加传感器的组合应用。

图 14.1 智能门牌　　　　　　　　　图 14.2 有智能门牌的楼层

14.2.1 作为指示牌的智能门牌

智能门牌可以在办公大楼里充当指示牌，为员工指引分配好的办公室，为访客指引员工所在位置。假设访客就像 14.1 节所述在电子接待处进行登记并选择他们要访问的人。访客得到一个安全徽章并且被指引到员工的办公室。该引导系统通过智能门牌来执行。只要访客在门牌附近，它就会指示你要寻找的办公室方向。假设一个访客在他去办公室的路上要经过好几个智能门牌，它会给出一个满足指示要求最合适的方向。如果这个员工在大楼内而不在他的办公室内，智能门牌会给访客一个方向，以便直接找到这个员工的当前位置。

图 14.3 显示了智能门牌的基本功能，给出了两个办公室主人的名字和其他一些额外的信息。如果一个员工在他的办公室内，那么在他的名字前面会显示出一个小图标。

14.2.2 访客在办公室主人在时到达

假设办公室主人在办公室内，会出现几种情况：主人在打电话而且不想被打扰。这时门牌就会在这个员工的图标上显示电话标志来防止被打扰。当电话挂断的时候，智能门牌就通知等待的访客并且引导他们进去。如果有两个或更多的同事共用一个办公室，刚好一个同事在忙，而另一个同事要负责接待访客。如果接待处信息提示办公室有空置的话，此门牌会显示允许访问。

如果办公室主人在他的办公室开会，智能门牌会显示此人在，但是不想被打扰。办公室主人的笔记本计算机或者掌上计算机上会出现一个关于等待访客名字的通知，而他可能会应答这个通知并说明这个会议预期何时结束。所有访客信息通过智能门牌发送和接收而不打扰会议。

如果办公室被用做会议室，这个智能门牌会显示一个适当的信息：这个办公室由于会议而被占用、参加会议人的名单（图 14.4）、会议结束的时间等。这些信息可能来自电子会议协议。

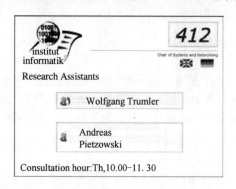

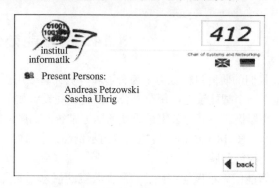

图 14.3 智能门牌作为指示牌和其基本功能　　　　**图 14.4** 智能门牌显示当前所在人员

14.2.3　访客在办公室主人不在时到达

如果办公室主人离开办公室并把日期显示在他的电子时间表上，这时智能门牌会显示他当前所在地的位置（在家、不在家或其他更多的细节）和他预期回来的时间。如果办公室主人在别的办公室，这个办公室的号码会显示在智能门牌上，并且它附近的智能门牌可以给你指明方向。另外，如果员工能够很快返回办公室，系统则会根据情况预测，建议访客等待（图 14.5）。

访客可以在智能门牌（麦克风或者预先设定的触摸面板）上留一个口头的或者书面的信息。当办公室主人回来的时候会注意到这个信息，并在智能门牌上或者办公室里读取这些信息。紧急的信息会被发送到此主人当前位置（如通过局域网、无线局域网或者是移动通信的短信服务远距离传送）。

14.2.4　智能门牌或他人计算机上的电子邮件检索

通常员工用他办公室的私人计算机来检索电子邮件。在这种情况下，如果他有紧急的电子邮件则可以安排最近的智能门牌来通知他。考虑到安全性，他不想在别人的智能门牌上或在另一间办公室的私人计算机上接收传来的邮件。为此，他可以在智能门牌或者别人的私人计算机上对传来的电子邮件进行过滤。办公系统需要考虑安全性问题，同时需要在员工所需邮件到达时对其提醒。员工可以在最近的智能门牌或在其他办公室的私人计算机上读电子邮件，但为了身份认证，用户必须入用户名和密码。小型键盘（图 14.6）的使用为受限触摸屏上输入数据提供了方便。

14.2.5　智能门牌或他人计算机上的文件传输

像邮件一样，员工可以选择放在自己办公室个人计算机上的一个文件，并把它传输到另一个办公室实际的智能门牌或他人的计算机上。例如，如果用户在离办公楼比较远的地方开会，使用这个应用程序将非常方便。即使使用者没有任何电子设备进入他的文件，他也可以将文档从他的私人计算机上转移到会议室。他将文档设置为对会议室的每个人可用，这样每个人都能阅读和复制它。

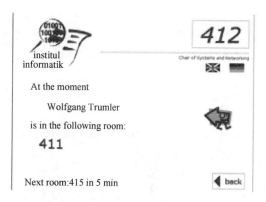
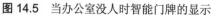
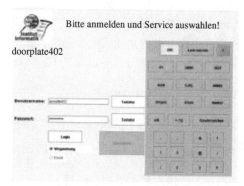

图 14.5 当办公室没人时智能门牌的显示　　　　　　图 14.6 用户输入的小键盘

14.3 智能办公室内的反射移动代理

如前所述，我们提出利用智能环境存储和发送个人信息。在智能环境中，总是有一个移动虚拟对象伴随着人们，以便提供有关个人资料的基于位置的服务。当然普适系统也能用以服务为中心的方法来实现。但是对于个人的行踪和数据，只要实体进入服务器就能够获取所有个人信息，这将会使你觉得总是有人在跟踪你。对于智能的环境，由于大量的客户端和服务项目在系统上运行，这将导致中央服务器迅速达到瓶颈。而且，一个服务的故障会危及整个系统。

移动代理范例完美地融合了分散式的方法。这个移动代理构成了用户的虚拟反射。在智能环境中每个人都伴有反射代理并携带用户特定的数据。员工有他们个人的反射代理，反射代理驻留在环境中，并包含员工的数据。那些数据包括使用者基本信息，如姓名、办公室号等，安全性的数据包括私人或公家的钥匙、用户名和拥有者用于通信、数据安全和访问操作的密码。此外，代理储藏的全部信息都属于用户，代理还会自动更新这些数据。

智能门牌还可以充当用户和代理之间的接口。用户可以命令他们的反射代理代表他们执行服务。反射代理可以和服务代理进行通信并传达他们的指令。如果用户到一个新的地方，反射代理会移到与用户紧挨的智能门牌上。用户的位置会被 14.4 节中描述的组合跟踪系统所确定。

移动代理模式应用在普适移动代理系统中[3-5]。在普适环境中还存在一些其他的移动代理系统，如蜂巢系统[6]，即利用网络本地系统资源用分布式代理平台建立应用程序；空间代理[7]，它描述了一个框架，在这个框架里，当用户移动时移动代理会跟随他们，并标记一个地方作为虚拟的地址。普适移动代理系统 UbiMAS 的框架结构将在下一节中介绍。

14.3.1 UbiMAS 框架

UbiMAS 框架描述了基于中间件的移动代理系统构架。为了定义一个应用范围更广的通用框架，代理系统会有意识地与中间件层分离。

中间件的顶层为服务层。除了提供如定位跟踪服务、中间件服务之外，UbiMAS 主机也作为一个服务运行。UbiMAS 主机为移动代理提供一个平台，从而支持一些基本功能：如启动、执行和终止代理及其通信。

我们实现了一个有机和普适的中间件，中间件采用 P2P 系统 JXTA 技术[8]作为通信基础设施，14.5 节会详细描述中间件。

UbiMAS 主机由两部分组成：UbiMAS 基本平台和 UbiMAS 扩展。UbiMAS 基本平台定义了抽象代理主机和代理运行接口。该平台实现了主机和代理之间的基本通信功能，也对主机和代理存在的一些安全性问题进行了考虑。

UbiMAS 扩展实现了特定应用程序组件：反射用户代理和服务代理。此外，为了满足智能门牌应用程序的需求，通信功能扩展了安全 Agent-to-agent 和 Agent-to-host 的消息传送方式。

基础部分和扩展部分的分离促使 UbiMAS 可以应用于更广的范围。

14.3.2　UbiMAS 主机服务

为了建立 UbiMAS 代理的连接,每一个对等节点必须启动至少一个 UbiMAS 代理主机作为中间件顶层服务（图 14.7）。

UbiMAS 为移动代理与主机间通信、代理迁移提供了附加的通信协议。所有的信息都要经过 UbiMAS 确认，这对基础中间件是无法实现的。

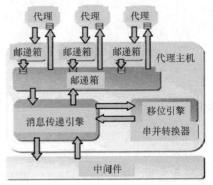

如果一个中间件对等地收到一个 UbiMAS 类型信息，它会通过发送一个主机监听事件来通知主机。UbiMAS 主机提供一个消息传递引擎，这一引擎能够接收中间件发送的事件并处理接收到的消息。如果主机想要发送一个消息，它需要把这个消息转发到消息传递引擎，在这个引擎上填写正确的头信息以避免伪装攻击。

如果消息接收者是一个代理，这个消息传递引擎会把消息传给邮递箱（PoBox）。邮递箱为每一个代理提供一个称为

图 14.7　普适移动代理系统的架构

邮递箱的界面（PoBoxAdder），这个邮递箱允许代理发送和接收信息。邮递箱用 PoBoxAdder 处理代理和主机之间的通信。PoBoxAdder 描述了消息插入队列的接口。在主机和代理之间除了用 PoBoxAdder 添加消息外，没有其他方法。

PoBox 对每一个代理带来的消息都有一个队列。同样，每个代理对邮递箱发送的消息也有一个队列。这个队列的长度由处理实体动态管理。这种方法提供了各种安全特性，详细介绍参见文献[3]。

代理主机可以利用中间件组管理者的服务用对等组的形式构成联盟。如果两个同级的代理想要建立一个对等组，他们必须用一个管道公告来建立新的管道。这个公告要包含一个唯一管道 ID。只有知道这个管道 ID 的代理才能从这个管道发送消息。每一个想要加入这个对等组的代理主机都要发送一个请求。由对等组成员来决定这个请求通过还是被拒绝。每一个对等组中的代理主机都要通过一个安全通信协议进行通信。

不同的对等组能够建立一种伙伴关系。这一伙伴关系可以应用于办公大楼，每一个楼层建一个对等组，同一个单位的楼层可以构成一个联盟。这使代理主机与其他对等组的主机进行通信成为可能。将信息发送给对等组之外的主机是不安全的。除了 UbiMAS，还有一些其他的服务，如定位服务同样是用中间件进行通信的。移动代理能够注册这些服务事件，当有新的事件发生时，就会通知移动代理。用这种方法，通过环境里的传感器事件或者具体人物的位置事件通知代理。

14.3.3　UbiMAS 的移动代理

UbiMAS 中的代理在实际主机中是以单线程启动的。代理对信息做出反应，即代理在一个回路里面等待到来的信息。一个 UbiMAS 主机能够管理好几个代理，主要有两种类型的代理：用户代理和服务代理。这两种代理类型来自抽象代理，抽象代理为通信和安全性能定义了各种基本方法。

代理们使用消息进行通信。当一个特定的信息到来时，代理必须完成它所执行的功能。当一个代理不知道消息的类型时，将会忽略该信息。抽象代理定义了创建和发送消息的方法。代理主机在这里充当中介角色。传递到本地移动代理上的消息被直接转发到当地 PoBox 的接收器。如果这个代

理在另一个主机上，则这个消息就会转发到这个主机。

每一个代理都用一个唯一的 ID 来标识。UbiMAS 支持消息加密。每一个主机都有一个凭证、一个公共密匙和一个私有密匙。每个代理都有自己的密钥对来加密消息。抽象代理为代理的安全密匙和实际主机的公共密匙定义了更深一层的数据结构。此外，还有一些办法用于获取其他代理和主机的公共密匙。

UbiMAS 的安全架构旨在使代理和主机免受恶意行为的损害。由于个人信息通常是敏感的，一个安全的系统对接收反射移动代理是至关重要的。实验结果表明：一个具有 10Mbit/s 网速的智能办公室环境，代理传输是否具有安全性能都能满足需求[5]。

14.4 定位跟踪与预测

14.4.1 定位跟踪

为了完成整个操作，智能办公室系统需要提供用户当前位置的服务。这个服务至少能够确定用户当前所在的地方，因此出现了一些定位跟踪技术。在阐明我们的方法和经验之前先给出一些其他方案。

Want 等人[9]采用主动徽章（Active Badges）在定位系统方面进行了开创性的工作。他们使用了一个基于红外发光二极管和传感器的精确空间定位系统。Bahl 等人将无线电技术、无线局域网应用到雷达系统中[10]。此外，这个工作讨论了大量的分析测量方法。其他的无线发送技术分析工作还有 Feldmann 等人的[10]（蓝牙）以及 Ni 等人的[11]（RFID）。对于上述技术，大概都有 2~5m 的中间偏差。ARIADNE[12]尝试修改这些误差，通过自动构建无线电传播地图生成一个参考地图，从而不需要太大开销。这样，中间偏差降为 1m 左右。

使用超声波[13,14]取得了更好的结果。其中，误差在 10cm 和 50cm 分别占全部情况的 95%和 90%。但是必须认识到要达到这样的效果，需要花费高昂的技术设备成本和安装成本。

由于现存系统存在高误差或高成本等不足，决定建立自己的定位追踪系统。因此，使用嵌入式传感器板 ESB430[15]和一个 TR1001 无线电收发器。

试验台包括三个大约 80m² 的屋子，放置三个传感器板作为基础设施。移动用户携带第四个板子。用一个无源设备来接收移动板发出的信号。这样易于按时间顺序给跟踪的位置分配信号。用这种配置，记录了一个超过 30000 个数据集的参考模型。在房间里设置了 70 个测量点，从四个方位来收集每一个点上的数据。通过记录每个点上的几个数据集，希望减小无线电收发器的误差。

为了计算位置，比较了三种方法：信号强度空间中的最近邻（NNSS）研究（已应用在雷达）、基于正态分布的密度的统计分析（STAT）和随机分析（每次测量点都是随机选择的）。最后一种方法作为参考方法来评估我们推测位置的准确度。

三种方法的评价结果如下[16]：正如所预期的，随机分析的结果最差。信号强度空间中的最近邻（NNSS）和基于正态分布的密度的统计分析（STAT）结果差不多都有 2.5m 的误差，NNSS 的结果要稍好一些。为了进一步计算，分析邻近点数量对结果的影响。就如显示的那样，尤其是当处理临近点较少时，每增加一个临近点结果就能得到改善。当处理的临近点数量较多时，改善不明显。此外，分析参考数据库（参考点的数据）的大小和每个点测量次数对结果的影响，仅仅是最低限度地影响位置的计算。

位置计算的进一步分析显示所有计算的准确率只有 60%以上。因此，如果一开始以 100%准确度估算空间，位置的计算精度也会得到提高。为了验证这种假设，利用板上已有的红外线发送器和接收器来确定空间。测试显示中间偏差从 2.5m 降到 2m。基于无线发射系统的准确度对环境中移动墙、门的打开甚至空气的湿度都很敏感。因此，采取两个传感器系统融合的方法，对它们各自来说不一定能提高准确度，但是有可能提高整体的准确性。

在智能办公室项目的实际应用中，这种方法还是不够准确。接收无线电发射信号强度的抖动是个很大的问题，可以考虑用一个好的接收器进行改善。

14.4.2　位置预测

能否根据办公楼里工作人员历史运动的房间顺序预测他的活动呢？在我们看来，人们遵循一些习惯，但是会不规律地打破这些习惯，有时也会改变这些习惯。此外，当人们移动到别的办公室时，习惯也要发生彻底改变。因此，预测位置需要具备一些特点：高预测精度、短训练时间、预测的保留以预防不规律的习惯中断，适当的改变来预防习惯变化。

利用几个月内四个人的移动数据作为测试基准，实现智能办公室的应用。这些基准叫做Augsburg 室内定位跟踪基准（Indoor Location-Tracking Benchmarks）。这些基准是公开可用的[17]，可以应用于一些预测技术，还可以依据相同的评价设置和数据来比较那些技术的有效性。

我们的目的是调查在不依赖于额外知识的条件下，怎样的机器学习技术可以动态地预测房间顺序和进入房间的时间。当然，信息需要和背景知识结合在一起，例如，办公时间表或者某人的个人日程，但是，重点研究的是没有背景知识的动态技术。

一些文献中提到一些预测技术——Bayesian网络[18]、Markov模型[19]或Hidden Markov模型[20]、不同的网络神经方法[21]和状态预测方法。所面临的挑战是：将这些算法转换为处理上下文信息。调研了五种方法：动态的Bayesian网络[22]、多层感知器[23]、Elman网、Markov预测器和状态预测器[24]。在使用Elman网和Markov预测器的情况下，又额外使用了一个置信估计[25]优化和各种混合预测模型[26]增强版本。有关这些方法的比较可以参看文献[27,28]。

到达预测位置的时间取决于当前位置的滞留时间加上移动到预测位置的相对恒定时间。滞留时间可以被建模成 Bayesian 网络[22]。还测试了预测时间，计算了某一位置历史滞留时间的均值和中值，通过中间值达到最好的结果。时间预测和位置预测方法是相互独立的，并且可以和任何有关的方法相结合。

14.5　普适环境的有机计算中间件

OCμ①设计用于在普适环境中独立于设备应用的有机计算需求[29]。利用 OCμ 可以将一系列具有不同计算能力、存储空间和能量供应的异质设备聚合起来。

除了中间件的设计，还调研了中间件的自我配置（Self-configuration）、自我优化（Self-optimization）、自我修复（Self-healing）和自我保护（Self-protection）。Self-x 特性表现为一种按需使用的服务。OCμ 的总体结构如图 14.8 所示。下一节将详细介绍中间件结构以及 Self-x 特性。

14.5.1　OCμ 中间件的组成

OCμ 的基本结构与现有的其他中间件系统类似。它由三层组成：最底层传输连接器（TransportConnector）负责向不同的通信基础设施上各节点发送消息；中间层事件调度（EventDispatcher）能够准确地找到由本地或其他节点发送消息的接收者；应用程序和中间件的基础服务，同配置服务和发现服务一样，驻留在顶层。

中间件上还有三个附加部分用来区分 OCμ 和其他中间件系统，这三个部分分别是：①中间件两个较低层上有一个精密的监控；②Self-x 服务的有机管理者；③消息传递类，使消息发送和服务

---

① OCμ 是普适环境有机计算中间件（Organic Computing Middleware for Ubiquitous Environments）的缩略词。

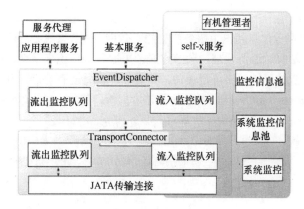

图 14.8 OCμ 结构

请求变得更加灵活。

要想使用 OCμ 提供的功能，需要将应用从分布在各网络节点的服务中分离出来。未来的普适系统将包含众多计算节点，因此应用程序应包括若干服务，而不应成为一个巨大的软件体。这有两方面优点：首先一个应用程序的服务比一段代码更容易被重复利用；其次，可以将服务分布在网络上，来增加应用程序的计算能力。

对于智能办公室场合，已经实现了 UbiMAS 的代理主机、定位跟踪和位置预测等应用服务。

传输连接器：为了从底层通信基础设施中分离出中间件，对于不同的通信基础设施，连接器使用者必须使用特定的传输连接器。在实际的实现中，使用JXTA技术来提供一个JXTA[8]传输连接器。点对点的方法非常适合OCμ所使用的传输功能。

根据给定的通信基础设施，可以取代传输连接器的实现，这个基础设施对于OCμ的剩余部分都是透明的，应用程序也建立在这个通信基础设施之上。此外，也可以在同一时间（CAN总线、串行线路）、不同通信基础设施上使用不同的传输连接器。

事件调度：负责传递服务之间消息。功能如下：能够发送消息以及记录这些消息，来监听特定类型的消息。一个服务能够记录多种类型的消息，当收到的消息属于所记录的类型时，就会通知该服务。

事件调度处理广播和单播消息的发送。事件调度知道这消息是在本地发送还是必须发送到远端节点。信息的收集在运行期间完成，如果目标位置是未知的，则通过查询一个特殊的服务显式地采集，如果服务已经启动，则从服务广告中隐式地采集，这些服务广告在节点之间互相交换。每一个服务必须在事件调度上注册，还必须提供一个含有这一服务的基本信息的服务广告。事件调度会向其他节点传播服务广告。

Services：一个服务采用一个特定接口加入 OCμ，以接收事件调度传送的信息。该接口还能提供发送信息的功能。

将服务接口分成两类。具有系统通信全部功能的简单服务以及一个可重定位服务。可重定位服务能够转移到其他节点，而正常服务必须绑定在起始节点上。对于那些需要特殊软硬件环境的服务来说，绑定在一个特定的节点上是很重要的（如固定的传感器或数据库）。

服务代理：服务代理为最近被重新定位到其他节点上的服务转发消息。它具有有限的生命周期，一旦超过时限就会自动消失。该生命周期取决于在节点上启动服务时建立服务广告的有效期。当某个服务移动到其他节点上时，该机制可以阻止系统一次发送大量信息。会尽可能地延长总开销，如在服务移动后，无需立即更新所有节点上的服务信息。如果另一个服务想要使用该移动服务，它会向服务代理发送请求，以将信息转发到新位置。请求的响应会直接返回到该请求节点上，以便即时更新该服务的入口。

如果某节点的移动服务信息超出了服务广告的有效期，该节点就会到达与服务广告具有相同时限的服务代理。如果无法到达服务代理，该节点必须采取各种措施来发现该服务。因此更新各节点的开销转为一点，这一点的开销是不可避免的，但是比广播到所有节点的开销要少。

有机管理者：OCμ 的结构如同一个观察者/控制者架构，其中，包含 Self-x 服务的有机管理者担任控制者，监视器为观察者。本地监视器收集有关服务和节点本身的所有相关信息，然后分别储存到监视器和系统监视器信息池的有机管理者中。信息池为其他服务以及采用出版者/订阅者机制的 Self-x 服务提供收集到的信息。如果有人订阅了新的消息，信息池就会通知订阅者。

14.5.2 监控

为了得到服务、资源和节点自身的消息，在 OCμ 中进行监控是至关重要的。为了避免集中式监控的通信开销，所有监控器在本地收集各节点信息。

为了尽可能多地获取信息，必须使用多个监控点，针对不同的任务使用专用的监控器。OCμ 不仅在每一层（系统、传输接口和事件调度）使用一个监控器，而且在需要的时候利用监控器队列来增加和移除监控器。

对于一个细粒度的监控来说，OCμ 能够为传输接口和事件调度上的传入传出信息增加监控器。在每个方位上存在不同的监控器队列。监控器队列的优势是当需要的时候可以增加和移除监视器，以保持监视器简单和快速的特性。此外，监控器队列能够在确定顺序中增加监控器来建立用于处理信息的队列。

传输层的监控：传输层的监控器负责监控与传输相关的信息。例如，传入和传出的信息，可以用来监控对等体间的延迟和服务之间的数据交换量。这个信息可以用于度量服务适合在本地运行还是在较远的节点运行。

事件调度的监控：由于事件调度负责传送传入和传出消息，因此，非常适合监控与信息交换相关的服务信息。

如果一个服务请求另一个服务上信息，调度者可以计算出本地和远程的响应时间。它还能通过监控信息来收集服务的实时信息，以确保至少有一个服务可用。通过查看进行中的通信来降低实时信息的开销。

系统监控器：系统监控器用于收集节点运行计算平台上的信息。这些信息包括存储器、处理功率和通信能力，将作为推算服务分布的重要指标。

目前，Java 不支持收集系统信息的接口。目前存在各种管理应用程序接口可以收集系统消息，如简单的网络管理协议（SNMP，Simple Network Management Protocol）、Java 管理扩展等。为了监控关于本地节点的信息，使用 JMX 的部分功能和一些本地代码来提供被请求的信息。

14.5.3 类型化消息

系统通信采用了与 CORBA 或 JINI 类似的方法调用。它们使用存根/骨架机制来保证与远程对象方法一致。这种方法的缺点是在开发（编译）一个服务或者应用程序的时候必须已知存根，而且新的服务必须完全匹配那个接口。

OCμ 的通信采用了信息交换方法而不是方法调用。一个事件信息由事件单元组成，每个事件单元都有一个名字和封装值。

在 OCμ 中，参数类型的定义和 Stub/Skeleton 系统一样，但是它们出现的顺序没有相关性。另一个优点是通信的可扩展性。一个服务能够处理有限数量的参数请求，也能处理一个包含扩展参数集的请求。这意味着服务的扩展版本比先前的版本可以处理更多的参数，并且在没有其他通知的时候与系统顺利融合。

如果一个接口发生改变，Stub/Skeleton 系统需要对所有受影响的组件重新编译。如果一个对象调用一个远程方法，Stub/Skeleton 系统通过自省机制来确认所需的方法，该机制尽可能地找到这个方法的正确名字、参数数量以及参数的类型与顺序。因为服务记录了感兴趣的消息类型，并且具备处理不同参数消息的能力，所以 OCμ 不存在这种情况。

OCμ 支持两种信息发送方法。直接定位一个服务或类型化一个消息，将造成消息被发送到所有注册为该类型消息的服务上去。如果一个消息直接定位到某个服务，则事件调度只把消息发到该服务上，而不管可能注册过这种消息类型的其他服务。如果一个消息以类型化消息被发送，事件调度就会搜集所有注册为这种消息类型的服务，并将消息发送给这些服务。消息类型可以是用户定义和分层的。OCμ 与 Stub/Skeleton 的另一个区别是请求的不阻塞性质。所有消息被异步发送，因此，如果一个服务向另一个服务发送请求，它不会受到阻碍。

14.5.4 自配置

自配置（Self-Configuration）用于发现一个应用程序的服务分布，从而达到较高的服务质量（QoS，Quality of Service）。一个配置说明包含了所有服务及其资源需求。配置说明洪泛在网络中，每个节点为本地服务计算 QoS，然后以降序排列。那些没有考虑资源约束而采用独立收集的服务，将不予提供。

配置说明也具有所谓的约束。应用程序所需的约束可以用数学全称量词的形式来描述，即"每一个带有智能门牌的节点都应该启动智能门牌服务。"这些需求会在分配正常服务之前进行处理。

在计算服务质量之后，一个节点开始发送分配消息，该信息包括服务 ID、节点 ID 和节点为服务提供的 QoS。这个消息将广播到全部节点。消息接收器将服务记入到其分配列表中。另一个节点将发送一个分配消息。这个过程将一直持续到所有服务都被分配给节点。

在服务分配期间，一个节点可能提供一个具有较高 QoS 的服务，因此它以相同方式发送一个额外的分配消息来覆盖先前的分配，来作为一个正常服务分配。假如两个节点由于要分配相同的服务而发生冲突，在没有其他额外信息的情况下使用一个冲突解决机制来解决这个冲突。分配消息有四个额外的值来防止冲突。有了这个信息，每一个节点都能够在本地决定哪一个冲突节点能够得到该服务。冲突解决机制包括五个阶段步骤，其中，如果前一阶段中两个节点的值相等，将在下个阶段寻求解决方法。

在分配了所有服务后，使用一个校验步骤来保证所有节点有相同的服务分配。如果一个节点收到一个校验消息，它会将校验中信息和本地分配进行比较。如果本地分配的 QoS 比较好，将会发送进一步的校验消息，以通知其他节点更新信息。如果本地分配不好，则会收到配置改进的消息。校验步骤结束以后，每一个节点才可以启动分配的服务。

经过在 OCμ 中间件中运行自配置的仿真测试[30,31]，结果显示平均每个服务有 1.5 条消息量就可以把所有服务分配到网络节点上。

该算法能够找到所有的不合格配置。在实际的 OCμ 设置上进行仿真或实验期间，所有合格配置被成功分配给网络。整体分配的 QoS 虽然不是最优的，但至少足够运行应用程序。分配全部服务所需的消耗，只与配置中给定的服务数量呈线性关系。

14.5.5 自优化

在系统初始化配置之后，服务和节点会被相应的监控器所监控。收集的信息根据预先定义的资源参数来进一步优化系统。用于自优化的参数与那些用于自配置的参数是不同的。在运行期间，中央处理器、内存利用率和网络宽带等参数都是非常重要的。在某种程度上，自优化试图重置服务，使得资源被系统中的所有节点均等消耗。

自优化的概念起源于人类的荷尔蒙系统。荷尔蒙（信息）由细胞（节点）产生并释放到血液循环（节点间的通信）中。荷尔蒙与具有匹配受体的细胞（监控器）结合在一起，可能在细胞内触发一个行为（一个服务的重置）。

人类荷尔蒙系统对应的数字部分就是数字化荷尔蒙值，离开节点的消息承载着数字荷尔蒙值。数字荷尔蒙值是由一个度量指标产生的，该指标把如前所述的参数也考虑在内。接收节点的监视器提取消息携带的信息。

根据接收到的远程节点的负载信息，本地节点的自优化会决定该服务是否需要被重置到其他节点。

经过对 1000 个节点网络的仿真，结果显示自优化的范围与节点数量呈线性关系。通过最低限度地进行服务重置，自优化的理论最优值能达到 98.4%。此外，自配置可以获知服务的动态行为，从而在资源消耗中采取措施。

虽然自优化使用的方法相当简单，即信息只需在本地进行处理，并且没有中心组件来控制自优化，但是它产生的结果是非常好的，还可以根据网络规模进行线性扩展。最后一点也是最重要的一点就是考虑了普适环境，在普适环境中我们需要大量的互联设备。

我们开发和仿真了四个不同的传输策略[32]。根据平均误差均值，最好的传输策略达到了理论最优值的 98.4%左右。可以表明，这个传输服务的数量几乎达到了最优传输的数量。因此，考虑到资源消耗，如果所有服务都有相同的数量，将会在最小服务传输数量下达到最优效果。通过一种抑制重置的自适应屏障，在不增大增益的情况下进行整体优化，可以进一步减少服务传输的数量。

我们还仿真了这样一种动态服务行为，考虑改变服务的资源消耗。首先，仿真了一个周期服务行为，在一个周期内服务能够改变一定比例的资源消耗，并给剩下的周期返回初始值。第二，假设在一个预定时间内资源消耗持续增加。在之后的时间里，服务将会在新的负荷级别上停留一段时间，然后在相同的预定时间内回到正常水平。结果表明：混合传输策略能够完全适应服务的动态行为，从而抑制了意外的服务重置，这一策略利用动态屏障和负载估计器来计算网络的负载平均值。实验结果表明，OCμ 中间件[29]比仿真结果要好。

14.5.6 自愈

自愈（Self-Healing）的任务是确保智能门牌系统尽可能地满足某些设定条件。在我们的例子中，必须保证系统配置中确定的服务保持可用。

自愈可分为：①不需要条件的检测；②从这些条件中恢复。定义的自修复机制有以下任务：

故障检测：故障检测提供了分布式系统组件的故障信息。在智能门牌环境中，故障探测器能够用一个 OCμ 节点检测到节点崩溃。

分组：在某些情况下，必须智能地分配故障检测和其他监控任务的职责，以降低安全监控的开销。故障检测服务的组织称为分组和状态，这个状态是指 OCμ 节点监控系统中其他节点的状态。

自动规划：故障检测和分组是指不需要条件的检测。自动规划和调度作为一种智能机制则用于从这些条件中恢复。规划使用智能门牌系统的当前状态作为输入，输出的是恢复系统状态的解决方案，即恢复系统的全部功能或者尽可能长地保持系统的主要功能。

调度：调度组件和自动规划相互配合工作。它为 OCμ 节点制定生成计划的步骤，并控制恢复过程。

分布式数据存储：在 OCμ 的中间件中，选择数据存储服务以分布式的方式来存储数据，同时限制自动备份服务，以免在普适环境中产生过多的资源消耗。服务可以采用这种分布式的数据存储，长期存储其上下文，也就是说，服务必须决定何时哪种信息被存储。这样，一个崩溃的服务才有可能恢复它最后的状态。

接下来，将简要介绍故障检测和分布式数据存储。分组、自动规划和调度尚在研究之中。

14.5.6.1 故障检测

故障探测提供了分布式系统组件的故障信息。故障检测器用 OCμ 节点检测其他节点崩溃，在分布系统（如智能门牌环境）中这是一项艰巨的任务。

到目前为止，开发和仿真了一个新的自适应应计故障检测算法[33]，同时也研究了有关该算法[34]的一些变体。

在分布式系统中，故障检测器需在固定的时间间隔内，通过被监控节点的心跳消息和应用程序消息来互相监控。一个自适应的故障检测器[35,36]能够适应变化的网络条件。例如，在高流量和低流量期间，消息丢失的概率、消息到达的期望延时以及该延时的方差，其网络行为会有很大差异。因此，自适应的故障探测器是必不可少的。

与常用的故障检测器不同，应计故障检测[37]的原理不是直接输出一个可疑的崩溃节点，而是在连续范围内给出一个疑似信息，其中值越大表明被监控节点崩溃的可能性越大。因此，应计故障检测器分别进行监控和译码，这样不仅可以应用在更广泛的领域，还具备了建立通用工具的能力。

我们开发的算法基于这样一个约束，该约束定义了被监控节点每隔一定时间向监控节点发送心跳消息。监控节点用统计法分析心跳消息的到达时间间隔。这样，根据其历史行为，就可以输出被监控节点发生故障的概率。

我们算法的特点是处理所需的计算量极低，因此应用程序可以适应各种硬件设置。与其他故障检测器相比，特别是在信息丢失的情况下，该算法表现出更好的效果。与其他最新的故障检测算法[35-37]相比，我们算法在某些重要的设置[33, 34]展现出明显的优势。此外，与常用故障检测器相比，该算法输出的是一个节点崩溃的概率，而不仅仅是一个布尔值。在多变的环境中，这种算法为建立灵活的故障检测服务打下了理想的基础。

14.5.6.2 分布式数据存储

为了保证崩溃和恢复服务可以获取最后保存的状态，OCμ 中间件提供了一个存储服务，该服务使用自愈功能来克服节点的故障。

分布式数据存储将服务数据传播到不同的节点，增加了存储数据的冗余。当发生故障时，服务请求分布式数据存储的相关数据，数据存储则负责获取服务数据的最新版本。

数据存储本身根据某些资源的度量进行自愈，如内存消耗和通信带宽等。资源在运行期间度量，然后根据实际的资源消耗分发服务数据。在实际情况中，并不仅仅考虑资源，自愈过程也将考虑平均故障率以及节点的在线度量时间，以提高数据存储的可靠性。平均故障率用于评估一个节点的可信度。例如一个节点的故障率越低，该节点的可信度就越高。在节点并不全天在线的环境情况下在线时间尤其引人关注，例如，办公室环境中员工的个人计算机，白天工作时间测量上线时间，同时预测下一个下线周期的起点。其余的上线时间作为进一步的参数对节点进行评估。距离预期下线周期的时间越长，节点的利用率越高。

我们仿真了各种分布式数据存储的实现[38]。仿真目的是：找出在不同环境设置中产生故障的数量。故障是指在数据存储中进行读操作而没有结果或是获取了过时的数据。经过对 100 个节点的仿真结果表明，即使假设网络中每 36 个节点有一个会崩溃，故障仍可以减少到 0。如果故障率提高到 0.02%，那么网络的随机节点每 18s 就会出错。18s 的平均故障率意味着，每个节点发生故障至少经过 0.5h。关于分布式数据存储有趣的一点是，只有两个附加节点保存了数据副本，才能得到上面提到的结果。

14.5.7 自保护

有关 OCμ 自保护的研究，到目前为止仅限于新的检测，因此潜在的恶意消息是由计算机免疫技术进行检测的[39]。目前用于检测破坏的系统通常是基于规则或利用签名的，仅能对入侵进行静态检测。计算机免疫学开辟了识别入侵的新途径和新方法，这种免疫类似于我们的生物免疫系统。在自保护方面，将设计一个保护架构，该架构能够使中间件的所有成员在不需要中心实例的情况下识别入侵。一旦某个对等成员检测到入侵，节点能够自发地通过有效的通信策略消除中间件中的威胁或排除恶意服务。到目前为止，研究了使用人造抗体来检测有意或无意的恶意消息或未知服务。受生物学启发的计算机免疫学技术，借助人类免疫系统衍生了开发人造副本的构想[40]。

纵观生物免疫系统的功能，该系统最起码能够区分无害对象和有害对象[41]。由于未知物体和抗体表面蛋白质结构有所不同，从而实现匹配过程。所有的哺乳动物都有一个乳腺，这是身体已知的。具有不同蛋白质表面的抗体会不断地产生出来，然后通过阴性选择进行区分。如果这样一个细胞在乳腺中被激活，它将会被摧毁[41]，否则它将会释放到身体内，使身体免受特定类型入侵者的入侵。一种相反的过程称为阳性选择，此阳性选择也在身体内发生[42]，它促使一个 T 细胞受体识别出与主要组织相容性复合体结合的多肽分子。它的工作类似于阴性选择过程，不同之处是它能够区分出乳腺中可以和自身成分绑定的所有蛋白质表面。那些没被绑定的受体将被摧毁。生物免疫系统在乳腺中心之外广泛分布。

我们的中间件服务仅通过消息进行通信，并且由于 Java 环境中的沙箱机制是 OCμ 的实现基础，这些消息是目前影响系统的唯一因素。基于这一事实，我们的中间件免疫系统不针对蛋白质而是二进制信息。人工免疫系统的基本要求同样是要区分外来异物消息和系统能够接受的自身信息。想要通过比较短比特串来过滤信息而不是在每个节点上存储自身的大量信息。因此，首先开发了类似于 r-chunk 匹配法的抗体[43]。抗体由一个长度为 r 的短比特串来表示，该比特串还包含了受体。此外，还有一个特定的位移 o 作为这些抗体进行消息比对的起始点。在抗体释放到系统之前，它们在阴性选择过程中进行巡回。与人体中等待所有新生抗体和蛋白质巡回到乳腺所不同的是，更倾向于用结构化的方式来生成它们。采用这种方式的原因是中间件 OCμ 知道所有的自身消息，因此它能够在不使用特定位移上的任何自身消息的情况下，创造所有的受体模式。也不会对比全部消息，由于消息中数据不断变化，对比全部消息将产生极大数量的自身信息。为此只考虑包含发送者和消息类型的头信息。

首先，研究了抗体的设计（如不同受体的长度和位移）和由此得到的检测率之间的关系。设计了一个仿真器评估它的有效性，在人工和随机构造侵入消息的情况下，识别率高达 99.6%。在系统中使用一个长度为 $r \approx \log_2(n)$ 的受体系统将会达到最佳识别率，其中系统包含了 n 个自身信息[43]。还认识到受体的存储需要很大的空间，而受体比对也需要很长的时间。因此，针对这两个方面提出了一种优化方法。为了最大限度地减少空间复杂度，将相似的受体合并。在具有通配符的受体和我们的测试运行中，这种方法使存储抗体的空间减少了 30%。在两个节点之间交换抗体时受体合并也最大限度地减少了网络的使用。为了提高对比本身，在一个树结构中建立了受体的特定位移，使得在固定时间内可以进行复杂的比较，并且仿真运行速度提高了 30[44]。

抗体的对立称为蛋白质体组。它们和抗体的设计方式相同，不同的是蛋白质体是阳性选择机制中生成的。我们发现，抗体和蛋白质体的联合使用比仅使用抗体的效果要好，但还有一些不足之处。由于选择机制的特性，在特定位移上所有可能的蛋白质体必须完全出现[45]。

14.6 总　结

灵活办公可以通过为现有员工动态分配办公空间而大大降低成本。这个组织需要一个精密的软件系统，该系统具备高动态、可扩展、上下文感知、自配置，自优化、自愈和自保护等特点。在本章中，给出了满足这些需求的办公环境的经验。由于我们部门的组织形式为固定的办公室，无法调查灵活办公室范例本身。但是，开发和实现了一个具有普适性的中间件，一个用于封装用户上下文的移动代理系统，位置定位系统和位置预测技术。办公空间可以动态分配给当前的员工。应用程序则通过移动代理来实现，移动代理将用户的个人信息封装，同时以用户的名义在普适系统中提供基于位置的服务。人和物可以通过一个位置跟踪系统来跟踪，这套系统作为附加的普适性服务被集成在系统中。此外，一个位置预测服务能够预测空闲办公室的下一个使用者是谁，这个人什么时候再次使用。为了增加对复杂系统管理的能力，设计了一个能够自动配置、自动优化、自愈和自保护的中间件来满足自动的或者是有机的计算需求。研究了社会协作行为的自配置、基于人造激素的自优化、可靠性方法的自修复机制和计算机免疫学的自保护机制。系统最大的创新点是用于测试服务和展示平台的智能门牌，实现了智能门牌的有机计算中间件以及几个基于移动代理的服务。

参 考 文 献

1.　IBM Corporation Autonomic computing concepts http://www.ibm.com/autonomic/ 2001.

2.　VDE/ITG/GI. Organic Computing: Computer- und Systemarchitektur im Jahr 2010. http://www.giev.de/download/VDE-ITG-GI-Positionspapier Organic Computing. pdf, 2003.

3.　F. Bagci, H. Schick, J. Petzold, W. Trumler, and T. Ungerer.Communication and security extensions for a ubiquitous mobile agent system (UbiMAS).In Proceedings of Computing Frontiers(CF 2005),Ischia, Italy, 2005.

4.　F. Bagci, H. Schick, J. Petzold, W. Trumler, and T. Ungerer. Support of reflective mobile agents in a smart office environment. In Proceedings of Architecture of Computer Systems(ARCS 2005), Hall, Austria, 2005.

5.　F. Bagci. Reflektive mobile Agenten in ubiquitaren Systemen. PhD thesis, University of Augsburg, December 2005.

6.　N. Minar, M. Gray, O. Roup, R. Krikorian, and P. Maes. Hive: distributed agents for networking things. In Proceedings of Symposium on Agent Systems and Applications/Symposium on Mobile Agents (ASA/MA '99), IEEE Computer Society, Palm Springs, CA, 1999.

7.　I. Satoh. Spatialagents: integrating user mobility and program mobility in ubiquitous computing environments.Wireless Commun. Mobile Comput., 3(4), 2003. Project JXTA. http://www.jxta.org, 2002.

8.　R. Want, A. Hopper, V. Falcao, and J. Gibbons. The active badge location system. ACM Trans. Inf.Syst., 10(1):91–102, 1992.

9.　P. Bahl and V. N. Padmanabhan. RADAR: an in-building RF-based user location and tracking system.In INFOCOM (2), 2000, pp. 775–784.

10.　S. Feldmann, K. Kyamakya, A. Zapater, and Z. Lue. An indoor bluetooth-based positioning system: concept, implementation and experimental evaluation. Technical report, Universit¨at Hannover, 2003.

11.　L. M. Ni, Y. Liu, Y. C. Lau, and A. P. Patil. LANDMARC: indoor location sensing using active RFID. Wirel. Netw., 10(6):701–710, 2004.

12.　Y. Ji, S. Biaz, S. Pandey, and P. Agrawal. ARIADNE: a dynamic indoor signal map construction and localization system. In MobiSys 2006: Proceedings of the 4th international conference on Mobile systems, applications and services, New York, NY, USA. ACM Press, 2006, pp. 151–164.

13.　A. Harter, A. Hopper, P. Steggles, A.Ward, and P.Webster. The anatomy of a context-aware application. Wireless Network, 8(2/3):187–197, 2002.

14.　A. Smith, H. Balakrishnan, M. Goraczko, and N. Priyantha. Tracking moving devices with the cricket location system. In MobiSYS '04:

Proceedings of the 2nd international conference on Mobile systems, applications, and services. ACM Press, 2004, pp. 190–2002.

15. Website of the Embedded Sensor Board ESB 430 http://www.scatterweb.com.

16. F. Kluge. Untersuchung bestehender Methoden und Entwurf eines Systems zur Ortsbestimmung in Burogebanden Master's thesis, University of Augsburg, October 2005.

17. J. Petzold. Augsburg Indoor Location-Tracking Benchmarks. Context Database, Institute of Pervasive Computing, University of Linz, Austria http://www.soft.uni-Linz.ac.at/Research/Context Database/index.php,2005.

18. F. V. Jensen. An Introduction to Bayesian Networks. UCL Press, 1996.

19. E. Behrends. Introduction to Marcov Chains. Vieweg, 1999.

20. L. R. Rabiner. A tutorial on hidden Markov models and selected applications in speech recognition. IEEE, 77(2), 1989.

21. K. Gurney. An Introduction to Neural Networks. Routledge, 2002.

22. J. Petzold, A. Pietzowski, F. Bagci, W. Trumler, and T. Ungerer. Prediction of indoor movements using bayesian networks. In Location- and Context-Awareness (LoCA 2005), Oberpfaffenhofen, Germany, 2005.

23. L. Vintan, A. Gellert, J. Petzold, and T. Ungerer. Person movement prediction using neural networks. In First Workshop on Modeling and Retrieval of Context, Ulm, Germany, 2004.

24. J. Petzold, F. Bagci, W. Trumler, and T. Ungerer. Global and local context prediction. In Artificial Intelligence in Mobile Systems 2003 (AIMS 2003), Seattle, WA, USA, 2003.

25. J. Petzold, F. Bagci, W. Trumler, and T. Ungerer. Confidence estimation of the state predictor method. In 2nd European Symposium on Ambient Intelligence, Eindhoven, The Netherlands, 2004, pp. 375–386.

26. J. Petzold, F. Bagci, W. Trumler, and T. Ungerer. Hybrid predictors for next location prediction. In The 3rd International Conference on Ubiquitous Intelligence and Computing (UIC-06), Wuhan and Three Gorges, China, 2006.

27. J. Petzold. Zustandspren iktoren zurKontextvorhersage in ubiquitaen Systemen. PhD thesis, University of Augsburg, December 2005.

28. J. Petzold, F. Bagci, W. Trumler, and T. Ungerer. Comparison of different methods for next location prediction. In European Conference on Parallel Computing, Euro-Par 2006, Dresden, Germany, 2006.

29. W. Trumler. Organic ubiquitous middleware. PhD thesis, University of Augsburg, 2006.

30. R. Klaus. Selbstkonfiguration in einem dienstbasierten Peer-to-Peer Netzwerk. Master's thesis, University of Augsburg, 2006.

31. W. Trumler, R. Klaus, and T. Ungerer. Self-configuration via cooperative social behavior. In 3rd IFIP International Conference on Autonomic and Trusted Computing (ATC-06), Wuhan, China. Springer, 2006, pp. 90–99.

32. W. Trumler, T. Thiemann, and T. Ungerer. An artificial hormone system for self-organization of networked nodes. In IFIP Conference on Biologically Inspired Cooperative Computing, Santiago de Chile. Springer-Verlag, 2006, pp. 85–94.

33. B. Satzger, A. Pietzowski, W. Trumler, and T. Ungerer. A new adaptive accrual failure detector for dependable distributed systems. In SAC '07: Proceedings of the 2007 ACM Symposium on Applied Computing, New York, NY, USA. ACM Press, 2007.

34. B. Satzger, A. Pietzowski, W. Trumler, and T. Ungerer. Variations and evaluations of an adaptive accrual failure detector to enable self-healing properties in distributed systems. In ARCS '07: Proceedings of the 20th International Conference on Architecture of Computing Systems, 2007.

35. M. Bertier, O. Marin, and P. Sens. Implementation and performance evaluation of an adaptable failure detector. In DSN'02: Proceedings of the 2002 International Conference on Dependable Systems and Networks, Washington, DC, USA. IEEE Computer Society, 2000, pp. 354–363.

36. W. Chen, S. Toueg, and M. K. Aguilera. On the quality of service of failure detectors. In Proceedings of the International Conference on Dependable Systems and Networks (DSN 2000), New York. IEEE Computer Society Press, 2000.

37. N. Hayashibara, X. D'efago, R. Yared, and T. Katayama. The accrual failure detector. In SRDS, 2004, pp. 66–78.

38. J. Ehrig. Selbstheilung in einem verteilten dienstbasierten Netzwerk. Master's thesis, University of Augsburg, August 2006.

39. S. Forrest, S. A. Hofmeyr, and A. Somayaji. Computer immunology. Commun. ACM, 40(10):88–96, 1997.

40. P. S. Andrews and J. Timmis. Inspiration for the next generation of artificial Immune System . In 4th International Conference Artificial Immune Systems. LNCS,pp.126- 138.Springe-Verlag,2005.

41. S. A. Hofmeyr and S. Forrest. Architecture for an artificial immune system. In Evolutionary Computation, Vol. 8, No. 4, Massachusetts Institute of Technology, 2000, pp. 45–68.

42. T. Stibor, K. M. Bayarou, and C. Eckert. An investigation of r-chunk detector generation an higher alphabets. In Genetic and Evolutionary Computation Conference. Springer-Verlag, 2004, pp. 299–307.

43. A. Pietzowski, W. Trumler, and T. Ungerer. An artificial immune system and its integration into an organic middleware for self-protection. In Genetic and Evolutionary Computation Conference(GECCO 2006), Seattle, Washington, USA, 2006. ACM, ACM Press, Vol. 2, pp. 129–130.

44. A. Pietzowski, B. Satzger, W. Trumler, and T. Ungerer. A bio-inspired approach for self-protecting an organic middleware with artificial antibodies. In Self-Organising Systems, First InternationalWorkshop (IWSOS 2006), Passau, Germany, 2006. Springer, Vol. pp. 202–215.

45. A. Pietzowski, B. Satzger, W. Trumler, and T. Ungerer. Using positive and negative selection from immunology for detection of anomalies in a self-protecting middleware. In Informatik 2006, Informatik f¨ur Menschen, Dresden, Germany, 2006. Gesellschaft f¨ur Informatik e.V., LNI, Vol. p-93, pp. 161–168.

第15章 提供增强通信服务的基于代理的架构

15.1 引　言

在当今个人通信的发展趋势下，针对用户特定需求和偏好的通信服务需求逐渐增加。随着移动通信设备的广泛使用，用户希望能够掌控和定制他们自己的服务，因此用户对通信所处的环境（上下文）很敏感，这会影响其通信的可用性和能达性。

已有文献区分了上下文无关和上下文感知通信系统[1]。上下文感知服务考虑了呼入和呼出目的或环境，利用了实时的上下文知识。然而目前大多数的电话通信服务都是上下文无关的，也就是说它们没有这种知识。如果把上下文信息考虑进去，上下文感知服务就会变得更加丰富，可以让用户根据策略来管理自己通信系统的使用。

显然，上下文感知系统比传统系统需要更复杂的架构。此外，还需要用于编写用户策略和服务程序的高级概念和高级语言。人们对这一领域已经开展了很多相关研究，其中某些研究提出了面向代理的架构。针对上下文感知通信系统，实现了一种信念–愿望–意图（BDI，Belief-Desire-Intention）代理架构，本章将介绍该架构的有关研究成果。采用一种面向 Agent 的编程语言——AgentSpeak（L）实现了这一架构。还解释了 BDI 方法如何在实际环境中向用户提供有效的智能服务。在介绍这个过程中，探讨了所提架构中存在的一些挑战与难题。文献[2]介绍了架构组件，具体细节参见文献[3]，本章内容是文献[3]的扩展。

我们的架构可以根据用户当前的上下文信息，在用户需要定义复杂策略时，来确定如何处理用户的通信。

通信请求根据这些策略来处理，具有高度的定制化潜能。

15.2 动　机

现有技术和上下文服务的开拓者描绘了这样一种世界：人们根据所处的环境[4]，可以和他们想要联系的人随时随地、以任何方式进行通信，还可以根据特殊需求和偏好来调整通信。

如下所述的一种假设情形，说明了系统具有提供汇聚服务的能力，汇聚服务组合了声音、存在、网络、聊天以及其他元素服务。虽然听起来不切实际，但一些独立部件已经被开发出来了，并且我们提出的架构会将这些情况变为现实。

上午 9:00Bill 有个电话会议。8:30 他被堵在路上，但是他并不担心。他订阅了一个存在管理服务，通过这一服务能知道他在哪里以及如何尽快联系上他。这种服务将电话转接到他的移动电话，所以可以在车里参加会议。当他在办公室里工作时，如果他的电话不停地响就会干扰他的工作。一种解决方案是调用过滤服务，除了那些来自于特定客户的电话，其余的全部转至语音邮箱。这种服务能识别重要呼叫者，并且将每一个来电转到 Bill 的个性化息中。一般呼叫者则会听到 Bill 通用的语音信息。在此期间，Bill 可以完成他的会议。当他想与一个客户交谈，但是不确定客户所处位置（办公室，吃午饭等）及其使用的网络（家庭网络、有线网、或者无线网）时，存在管理应用程序将会定位客户，并使用适合的设备进行呼叫。Bill 或许也需要获取谈论中的信息（会话的上下文），或是将这些信息提供给他的客户。对他自己而言，这些信息将通过个人计算机（PC，Personal

Computer）提供。如果客户在他的办公室里，他也可以从他的 PC 上接收到信息，如果他使用手机，那么汇总信息可以显示在带有上网功能的手机上。

这一案例所强调的重点是，通信行为将一直是大型上下文的一部分。通信服务最终将表现自我意识：为什么使用他们、支持什么任务以及要完成的目标。

15.3　综合存在信息

存在信息指的是利用不同类型的通信信道获取某人的在线状态、可用性以及能达性等信息。存在定义[5]为某用户在网络上与其他人进行通信的意愿和能力。在大多数情况下，存在仅限于"在线"和"离线"两个指示符。在日常工作中"存在"这个概念更广泛。希望它能包括用户的物理位置（在家、办公室）、通话状态（准备且愿意通话、通话中）、用户当前担任的角色或者用户通话的意愿（方便通话，在会议中）。它也能包括一些其他指示符，这些指示符能显示用户是否登录到网络、用户是否被激活、用户的移动电话是否开机、登录的是什么网络、用户的蜂窝定位以及通信的首选媒介（语音、即时信息、视频、电邮）。这样，存在信息便与任何通信手段都相关，不仅有即时信息和联系人列表（一些应用中已经使用），而且也包括各种各样的设备和上下文。上下文的概念在文献[6, 7]中已经讨论过。根据文献[8]，上下文定义为描述一个实体（一个人、一个地方、一个物理的或计算对象）状态的信息。在上下文感知计算领域的大部分研究工作中，主要集中在通过位置感知服务来获知用户及其设备周边的物理环境，如基于全球定位系统。因此，除了位置之外，还有其他的一些有助于上下文的环境特征。与上下文有关的人为因素包括：用户的信息（如他们的习惯）、用户的社会环境（与他人的共同位置，社会互动）以及用户的任务。与物理环境有关的上下文不仅包括位置，还包括基础设施和用于计算和通信的环境资源信息。诸如"用户在过去做了什么"的信息也是上下文的一部分。某些上下文信息可以由用户手动键入，例如用户角色，而有些信息可以用传感设备轻易地收集起来，如位置、当日时间。其他的信息，例如用户当前状态，可以从用户日程表或者与会者名单的资料中收集。

将存在信息和上下文信息结合（图 15.1）可建立一个关于用户当前状况、状态、能达性的智能图。称为面向用户的综合存在信息（CPI，Consolidated Presence Information）。

"综合存在信息"指从各种设备、应用程序及网络和位置等属性中汇聚信息，从而构成一个人当前状态的综合汇聚视图。这就允许用户可以动态地制定一些策略去管理用户和应用程序彼此相互作用的特殊细节，并定义实时联系的首选设备或应用程序。这些策略可能基于一些属性：如当日时间、位置或是试图与他们联系的人。

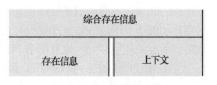

图 15.1　综合存在信息

比如说，一个用户的策略可能描述了在满足下列条件所需的行为：一个人在办公室上班，他正在写电子邮件。如果没有对汇聚的支持，那么就必须使用数据库查询的组合才能确定这些条件什么时候满足。实际上，并不需要如此复杂，而且一旦需要改变想要做出修改则很难。通过汇聚，可以收集和处理一个给定实体的所有信息，只需一个简单的查询就足以确定是否满足多种复杂条件的组合。

处理这些复杂策略（本章介绍的架构就可以提供支持）需要了解相关的知识，包括用户及其开展活动所在环境、组织性的活动以及用于从系统可用原始信息中获得知识的复杂智能机制。

我们的架构提供了负责建立、维护并且储存 CPI 的实体，15.4 节详细描述了这些实体。其中，信息存储格式可以采用存在信息描述格式（PDIF，Presence Information Description Format）[9]。

15.4 架　　构

15.4.1　架构的组成要素

为了提供满足用户特定需求和偏好的复杂服务，架构模型至少需要具有以下功能。

（1）用传感器收集并传播上下文信息，通过用户和他们使用的设备来发布存在信息。

（2）描述用户策略及其偏好。

（3）基于偏好的通信普适处理。

图 15.2 示出了整个系统的架构。

通信系统负责发送信号和通信，本架构的通信部分本身就是一个复杂的系统。采用独立于底层通信协议的方案，它以会话发起协议（SIP，Session Initiation Protocol）[10]、H.323[11]或其他会话协议为基础，通信系统将为不同功能的通信协议间提供互操作。

要求架构必须拦截并处理到达用户的每一条消息，从而加入用户的策略和当前上下文。为此，将重点介绍这些消息的处理过程。

上下文信息服务器（CIS，Context Information Server）负责控制上下文的更新，以及储存和发布上下文信息。在这里不关心这些信息是如何到达的。只假设存在一种机制，这种机制允许当信息发生改变时，由传感器、智能徽章等收集和转发信息。上下文信息的动态性需要一种能在上下文信息服务器中保持最新信息的机制，以使服务能够适应不断变化的上下文。在所有可能的上下文信息中，定义了一个重大事件列表（即一个用户登录到了系统，将增加/改变资源、设备也将变为可用等）。只要这种类型的事件发生，将触发确定重建用户 CPI 的触发器。

策略服务器（PS，Policy Server）管理着用户的个人策略以及订阅/通知策略。策略管理包括为终端用户创建、存储、删除、检索和提取策略。提出的策略语言将在后面介绍。

首先介绍一种新的架构实体——表示用户的个人通信管理器（PCM，Personal Communication Manager），它根据个人策略、存在信息及当前上下文来决定对呼叫采取的行为流。PCM 可以获得有关用户上下文的最新信息，从而干预呼叫功能。PCM 负责正确执行一个呼叫，然后由实体最终接受请求信息（比如说基于 SIP 架构的邀请或是订阅）并确定应该采取什么行动和应该如何处理呼叫。此外，它考虑了当前上下文，这是影响决策的关键部分。PCM 处理系统中发生的相关事件，这类事件可能是一次呼叫的邀请，也有可能是存在信息的更新，或者是当前上下文的一些变化。基于这个事件，PCM 将决定行动的下一个过程以及如何处理这次呼叫。PCM 的另一个作用是检测和解决（或建议解决办法）策略间引起的任何冲突。通过请求 PS，PCM 可以恢复这些策略。

用户的 PCM 的生命周期始于新用户在存在系统中的注册，结束于该用户明确地从系统中注销。在这期间，PCM 负责根据上下文和个人策略为用户管理呼叫。

PCM 的组成部件如图 15.3 所示。

存在信息管理器（PIM，Presence Information Manager）负责建立和维护 CPI，如 15.3 节所述。PIM 通过汇聚来自各方的存在及上下文信息来实现其功能。它管理原始存在数据并且提炼指示器流。综合存在由一种基于规则的进程来维护，该进程考虑了存在、上下文指示器以及反应用户状态的能力。已有研究者提出了若干机制[12, 13]。我们的下一步工作将为我们的架构研究一种推理上下文的实用机制。该机制是一种具有推理和学习机制选择的代理，可以从提供的原始数据中得到新的信息。这些机制将以代理可用函数库形式给出。

存在目录是存储和检索 CPI 的一个知识库。

策略和偏好管理器（PPM，Policies and Preferences Manager）包含偏好逻辑和响应实体请求的进程。它通过 PPM 解释 CPI，根据可用性、设备功能和个人偏好，在特定时刻、给定地点建立一个联系用户的最佳方法。

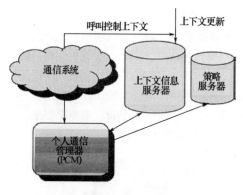

图 15.2　系统总体架构

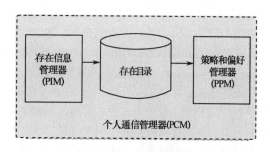

图 15.3　个人通信管理器

15.4.2　存在管理策略

有了这个架构，只需几个步骤就可以构建出 CPI，从而将上下文获取和管理从上下文知识的推理中分离出来。可以划分为三层（图 15.4）。

（1）上下文和存在信息源。

（2）存在管理。

（3）综合存在信息的用户。

一个实体的存在，即 CPI，是由一系列存在和上下文指示器构成的，上下文指示器来自接入网、直接来自用户终端、或是来自第三方信息源。组合这些指示器就能够为用户形成一个更高级别的存在视图。这种组合必须实时完成，以便在任何试图与实体进行通信之前推算出实体的存在。

PIM 的存在和上下文指示器由多个源生成。第一个源由用户使用网络的次级效应生成存在信息。比如说，当激活一个用户的手机时，GSM 网络上的注册就会形成一个指示器，该指示器表明在一个特定位置上用户目前处于激活状态并且准备使用这个网络。这样就生成了存在和上下文信息。第二个源直接由驻留在用户终端（PC、PDA、电话等）的存在客户端生成存在信息。指示器的第三个源是第三方服务。例如，酒店的登记系统可以生成一个指示器作为次级效应，指示宾客到达酒店进行登记。这一信息将在 CIS 内传递并且将表现用户的上下文信息。类似地，一个职员在上班的时候登陆到这个系统就可以构建一个有关其位置和通信有效性的指示器。

图 15.5 示出了 PCM 获取存在信息和上下文信息的过程。当一个用户的存在状态发生变化时，PCM 就会收到通知。

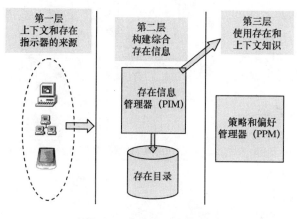

图 15.4　信息的分层管理

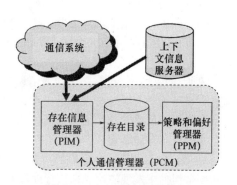

图 15.5　PCM 指示器的来源

如前所述，PCM 拦截通信层中交互的信息，所以它会获知任何有关存在信息变化的通知。因此，当一个用户的存在发生任何变化时，都将导致 PIM 重新应用规则以及重建用户的综合存在。

例如，在一个基于 SIP 的架构上，处理用户存在的实体就是存在代理[4]。对于这种架构，由存在代理通知 PIM 有关用户存在发生的变化。这个过程可以通过允许 PIM 订阅存在代理接收到的任何相关事件，即来自存在用户代理（PUAs，Presence User Agents）的任何更新。在这种情况下，当用户的存在发生任何变化时，将会以通知的形式发送到 PIM，这样就必须重新应用规则。为此，就有必要定义一个包含生成存在指示器事件的新事件包。该事件包被定义为 SIP 特有事件框架的扩展。

上下文信息（驻留于 CIS 中）通过 PIM 对 CIS 进行查询来获得，这样可以将获取的相关信息发送到 PCM。有了存在信息和上下文信息，PIM 将会在存在目录中更新 CPI。

图 15.6 示出了用例图[14]，即一种用于描述因果场景的常用符号，来表现为用户建立网络存在的过程。

这个过程有两个触发点：存在信息的变化或是在 CIS 中发生的任何事件，也就是说，对用户上下文信息的更新。这两种触发现象中的任何一种发生，PIM 将首先获取存在和上下文信息，然后为用户生成综合存在，该综合存在将被存储到存在目录中。另外，在这一过程之后，当前上下文信息有可能发生改变，因此也必须更新 CIS。

为简单起见，用一根线段来描述 PIM 的行为。如图 15.7 所示，在这根线段上包含着各项任务完成的详细顺序。

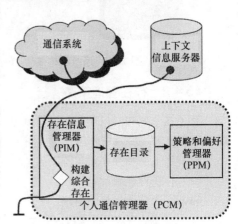

图 15.6　综合存在

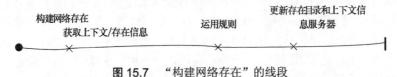

图 15.7　"构建网络存在"的线段

15.4.3　上下文感知的呼叫处理

特征选择机制和特征执行机制将会被纳入到 PCM 中，更准确地说是 PPM。

PPM 包含着偏好逻辑和基于规则的进程，以响应不同请求，它会依照用户的个人策略以及保存在存在目录中的信息，以决定处理和执行呼叫或是其他任何到达请求。

如图 15.8 所示，用例图符号表示 PPM 的行为。下一个执行行为的选择是一个复杂的机制，这个过程有可能会用不同的方式去实现。为此，用一个动态线段来表示这一过程。然后这个行为会由 PPM 的服务执行机制所执行。

在通信层上，假设存在用户通信设备的接入点，这些通信设备管理有关这些设备的会话。假设也支持像电话或即时通讯软件这样的通话设备，以及也支持像呼叫机之类的信息存储装置。

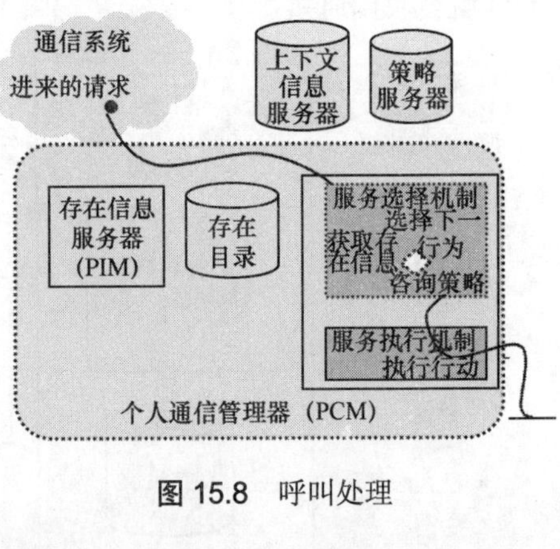

在做出如何联系一个用户的决定后，通过使用 CIS 目录服务组件中发现的信息来执行地址查询以联系合适的设备。

制定策略的语言很多。呼叫处理语言[15]允许用户按他们的意愿来定义呼叫处理的方式，但是呼

图 15.8　呼叫处理

叫处理语言有很多限制，使其难以表示呼叫控制的复杂策略[1]。网络电话终端系统语言（LESS）[16]从普通程序语言（CPL，Common Programming Language）处继承了基础的结构和多个组件，并且用这些组件增强了 CPL，这样就可以允许终端用户对他们自己的通信服务进行编程。文献[17]定义了一种面向通信领域策略的策略语言。接下来，将基于 BDI 和 AgentSpeck(L)提出一种定义策略的方法。

15.5　BDI 以及 AgentSpeak(L)

理性代理（Rational Agents）最成功的理论模型之一就是 BDI 模型[18, 19]。BDI 代理的概念具有广泛的实际应用价值，如在国防工业中[20, 21]。

BDI 框架是在 20 世纪 80 年代由 Georgeff 和 Lansky 提出的[22]，现已被应用于多个软件平台，如 Jack 智能代理（Jack Intelligent Agents）[21]和阻塞代理（Jam Agents）[23]。BDI 能够得到如此多的青睐，得益于 BDI 逻辑[24]的开发、基于 BDI 语言（AgentTalk[25]，3APL[26]，AgentSpeak(L)[27]）的定义，以及和 BDI 开发工具的建立，如 dMARS[29]。

BDI 模型为智能代理的描述提供了简便的术语和结构。不像其他的代理系统，BDI 框架有着许多实际应用，这些实际应用让这一代理系统的理论和术语能够比其他系统要更清晰更通用。

BDI 代理已被应用并且适合于高度动态化的模型和不可预测的环境，并体现了高度的适应性。通过只进行部分扩大行为的可选择性方案，它们可以保持对系统状态变化的响应。它们提供从失败行为中恢复以及为特定环境定制推理的方法。它们也描述了如何去处理冲突的行为和目标，以及如何修改已经执行的行为，所有的这些都需要在动态仿真中进行。

为此，BDI 框架提供了专门识别复杂领域行为的方法。已有大量实例说明了在智能代理应用中专门针对复杂领域的行为捕获和建模。

为了尽可能地减小理论和实际之间的鸿沟，BDI 架构定义了一种模型，该模型示出了模型理论、证明理论和抽象注释间的一一对应关系。在 AgentSpeak(L)中包括了下列概念：

（1）一个代理的信念状态就是代理当前的状态，是关于代理自己、环境和其他代理的模型。

（2）代理的愿望就是代理根据外在或内在刺激想要发起的状态。愿望和目标的区别虽然在哲学上是比较重要的，但在本文背景下区别不大。我们有时会用目标这个词来代替愿望。

（3）当一个代理采用一套特殊计划来实现目标时，这些部分实例化的计划（即计划中某些变量被赋值）被称为与该目标有关的意图。因此，意图就是代理在试图达到目标的过程中采取的主动计划。

AgentSpeak(L)编程语言的具体细节可参见文献[27,28]，是 BDI 代理架构逻辑编程的自然延伸，该语言为编写 BDI 代理提供了最好的抽象框架。代理的行为（即代理与环境的相互作用）由 AgentSpeak(L)编写的程序来描述。AgentSpeak(L)没有明确描述信念、愿望和意图，这些术语在 AgentSpeak(L)中被程序化了。

在运行过程中，一个代理可以被视为由一组信念、一组意图、一组事件和一组选择功能所构成的。

信念原子在通用符号中仅仅只是一个一阶谓词。信念原子或他们的反义称为信念文字。

目标是系统的一个状态，即代理想要成为的状态。AgentSpeak(L)区分了两种不同类型的目标：

（1）实现目标是带有操作符"！"前缀的谓词。它们声明代理想要实现该世界的一个状态，其中关联谓词为真。

（2）测试目标是带有操作符"？"前缀的谓词。测试目标用代理的一个信念为相关谓词返回一个统一值。如果没有找到统一值那么它就失败了。

一次触发定义了哪些事件可能会引起一项计划的执行。当需要实现子目标的时候，事件是内部的，当事件产生于环境变化而造成的信念更新时，则是外部的。有两种不同类型的触发事件：它们跟信念或是目标的增加 Addition（"+"）和删除 deletion（"−"）有关。

计划决定着代理将对环境执行的基本行为（Basic Actions）。该行为也被定义为一阶谓词，除此之外，他们可以运用特殊的判定符号（被称为动作符）将他们从其他的谓词中区别开来。在 AgentSpeak(L)中对于一项计划的语法为

$$p ::\ =\ te : ct <-\quad h$$

一项计划是由触发事件（Triggering Event，Te）形成的，紧跟着触发事件的是表示上下文（Context，Ct）的信念文字的连接词。为了确保计划的可行性，上下文必须是代理当前信念的一个逻辑结果。这个计划的其余部分是一系列基本行为或（子）目标（h），如果这个计划可行，那么当它被选择执行时，代理就必须实现（或测试）这些基本行为或是（子）目标。

意图是代理选择执行的计划（一个代理为了处理必然事件所约定的行为特殊过程）。意图一次执行一个步骤。一个步骤可能是查询或改变信念、对外部世界采取行动、暂停执行直到满足一定的条件或是提交新的目标。

文献[27]中给出如下示例，它描述了一些 AgentSpeak(L)的计划：

+concert(A,V): likes(A) < - !book tickets(A,V).

+!book _tickets(A, V): busy(phone)

<- call(V);....;!choose seats(A,V).

第一个计划描述的是：在地点 V，艺术家 A 要举办一场音乐会（因此，从环境来看，要添加一个信念音乐会（A,V）），如果这个代理欣赏音乐家 A，那么就会对那场音乐会的订票制定一个新的目标。第二个计划描述的是：无论什么时候这个代理采用了 A 在地点 V 演出的订票目标，如果电话不占线的话，那么它就可以实施包含着执行基本行为呼叫（V）的计划（假设打电话是代理可以执行的一个原子行为），接着就是执行对于订票的一个特定协议（指明为"…"），为这场表演选择座位的计划执行完毕时，这个示例结束。

AgentSpeak(L)解释器还需要三种选择功能。

（1）*SE* 从一组事件中选择一个事件。

（2）*SO* 从一组可用计划中选择一个"选项"（即一个可用计划）。

（3）*SI* 从一组意图中选择一个特殊意图。

在信念修正的过程中，代理将测试生成的事件是否可以激活任何新计划实例。在一个推理周期中只有一项计划可以成为意图，而且只有一项意图计划可以在主体的下一部分执行。这可以为发送到接口处的基本行为执行（在环境中）生成新的信念、目标或请求。当环境中行为产生变化时，新的信念和目标可能会为接下来的推理周期担当触发事件的角色。

虽然很多研究者都已经实现了通信设备代理[29,30]，但据我们所知，还没有人用 BDI 模型实现通信系统架构。

15.6　BDI 和上下文感知通信

这一节将解释为存在系统确定的架构元素和功能是如何映射在 BDI 模型上的。

15.6.1　BDI 映射

PPM 的选择功能是最重要的功能。它根据可用的综合存在信息、用户的偏好和策略来确定下一步应该采取的行动。

通过回顾 BDI 模型、所提出 PCM 的 PPM 部件以及想要它实现的功能，发现在领域的需求和代理的 BDI 模型中讨论的概念有着明显的重复。

把提出的 PPM 组件作为系统架构一部分，该组件是一个 BDI 代理（图 15.9）。

（1）CPI：存储在存在目录中，表示环境特征和用户的存在信息，在每次传感行为和每次用户状态改变后进行适当更新，CPI 表示信念。

（2）策略：可以被认为是代理的愿望，它被存储在 PS 上，并被视为要完成的目标。

（3）选择功能的输出代表着行为的下一过程，它将成为代理的意图。

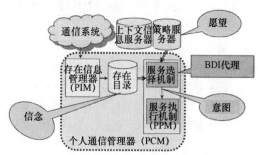

图 15.9　BDI 映射

BDI 代理提供了一种有响应的交错审议方法，并限制了理性行为所需的前向审议的数量，从而满足了提出的框架所需的要求。BDI 代理可以部分搜索和扩展计划行为，这些行为允许它们选择好的替代方案，同时也可以避免连续的审议和相关的时间损失。

15.6.2　例子

为了进一步证明采用基于代理的方法进行推理的正确性，以支持上下文感知的服务和在实际情况下为用户提供有用的、智能的服务，将考虑如下的情况：

Smith 先生是一名医生，每天在医院需要完成如下的任务：

（1）达医院。

（2）陆医院系统来表明他已到岗。

（3）像每个早上安排的那样，同其他医生一起对病人探访。

（4）拿到那天他必须完成的会诊和手术的时间表。

（5）根据时间表执行任务。

（6）如果时间允许，能够协助处理发生的任何紧急情况。

在一个代理上下文中，以上任务可以表示为在一个给定序列中需要完成的一组目标。为了完成每一个目标，必须执行一组特定的行为，也就是，要执行一项计划。

为了完成同样的任务可能会有很多的计划。比如说，为了完成第二个目标，可以有两个可能的计划：这个医生可以用他办公室的电脑登陆到系统，或者，如果在他上班的路上发生了什么事，他可以用他的 PDA 来表明已经到岗。实际上接下来的计划将取决于许多因素，包括医生的偏好、突发事件和可能会发生的意外状况等。结果表明，代表医生的代理将不得不在一些标准的基础上进行计划选择。

假设医生用他办公室的电脑登陆，那么相应的计划就会成为意图，意味着这个医生为了完成他的目标打算实施这个计划。这可能需要执行另外一组子任务，此外完成这些子任务可能还会有很多计划。这个过程可以用这种方式继续下去：通过执行可能会触发其他子目标的适当计划，来尝试实现所有目标。

但是在执行这些计划的过程中可能会产生许多问题。例如，假设由于技术故障 Smith 医生不能用他的电脑登陆。在这种情况下，Smith 医生的代理就应该为实现目标找到可替代性的计划，比如建议 Smith 医生使用另外一台电脑。换句话说，这个代理需要完成计划故障恢复，新的替代计划一定要考虑新的上下文。

这个医生可能面对的另外一个潜在问题是不同目标间的冲突。例如，假设这个医生想在早上和朋友去打高尔夫，这个愿望可能会跟他计划去参加一个有关他专业领域中最新动态的会议相冲突。代理应该能够通过安排另外一个时间打高尔夫来解决（Resolve）这个冲突，或者必要时它执行目标选择来确定哪一个目标更重要。

从上面给出的场景，可以看出：随着相关任务和可选择计划数量的增加，代理需要执行的推理复杂度也大大地增加。当上下文发生变化时，从响应用户策略的角度看，这就产生了为用户提供自动化支持的必要。但是会因为环境的动态特性将导致某些特殊挑战的出现。

所提出的解决方案包括代理、PCM，每一个代理都代表一个用户，这种方案可以执行上述任务。一个 PCM 有权使用它所代表的用户的综合存在信息。PCM 有大量的计划数据库，来表示用户策略，从而决定要执行什么行动。

对于上述方案，BDI 模型提供了一些基本特征。

（1）上下文感知。计划选择必须考虑到用户所处环境（即物理位置或是日程的最新变化）中的当前上下文，如综合存在信息的上下文。代理的信念基础随着环境的变化而更新，所以可以根据环境的实际状态来做出决定。

（2）计划选择。如果对于完成同一个目标有许多可供选择的计划，那么代理可以从这些不计划中做一个选择。这个选择可以取决于全部的开销、风险因素、用户的偏好等。所以一定要提供适当的决策程序来支持计划选择。

（3）计划故障恢复。如果一项计划失败了，代理可以适当地取消这项计划并且选择一个替换计划。

（4）冲突解决。如果发生了用户有许多目标不能同时实现的状况，代理必须能够基于目标的重要性或是执行这些计划开销的基础上决定尽量实现哪些目标。

15.6.3 概念的证明

在 15.6.2 节中给出了 BDI 模型和所提架构功能之间的映射，并且实现了 PCM 的 BDI 代理。需要指出的是，代理采用了 AgentSpeak(L)编程，Jason[27]是 AgentSpeak(L)的解释器。

BDI 机制采用了 PPM 功能所需的选择机制和执行机制（图 15.9）。呼叫路由和将要执行的行动都将基于个人用户策略进行决策，称为 AgentSpeak(L)计划。

为了说明所需的系统必要特征，并展示 BDI 模型提供所需功能的过程，将给出框架示例，这是基于上下文服务增强的实际通信系统，来实现完整仿真模型的第一步。该示例包括六个代理，每一个代理只管理一个用户的通信。假设用户都处于一个医院环境中。一开始，这些代理共享一组存储在关系数据库中的信念。图 15.1 给出了这个架构的 CIS 组件。另外，每个代理可以有它自己的信念。为每一个代理定义了代表用户策略的计划，以便涵盖我们预想的系统中发生的各种场景。

一个代理必须响应的外部事件通常来自于通信系统的请求消息（图 15.1）。这些消息可以是基于 SIP 架构上的 INVITE 或是 REGISTER 请求。在框架的示例中，通过定期地向代理传送类似真实请求的事件来仿真这些请求（环境）。

代理执行的计划会影响系统的当前状态。考虑到定义为计划的用户策略，示出了代理会响应来自于系统的上下文信息，并能做出相应的反应。也希望代理响应由其他代理引起的系统变化。最后也证明了通信代理为了避免可能的冲突可以进行谈判。

为了确保代理对系统和系统执行行为之间的理解没有偏差，将假设所有代理共享数据模型。该数据模型提供了一种独立于器件的世界描述。定义了一种实体-关系数据模型，该模型提供了保持上下文的手段，以及描述仿真域的语义。有了这个模型，代理的信念就可以表示为相对于数据模型的事实。代理愿望的形式是 AgentSpeak(L)计划，将依据实体、属性和包含在数据模型中的关系来制定。使用这一数据模型的好处是模型中的每一个实体类可以被视为一个有限域，对象实体本身则作为有限域中的元素。对象的属性将构成指定约束和根据数据模型进行推理的基础。

每个代理都有一组建模用户策略的计划。接下来，将详细描述处理特定情况的计划。

Smith 医生此刻在办公室。一个同事从医院给他打电话。根据医生的位置，存在系统将确定他可以使用的几个设备：他的 PDA、手机或是座机。因为呼叫者使用的是电话，而 PDA 没有语音功能，所以选择缩小到两个设备。Smith 医生有一个策略是将他的手机指定为只接家里的来电。因此，存在系统决定将来电转到 Smith 医生的座机。

在讨论实现这个策略的计划之前，需要讨论一下程序的运行版本所需的最初信仰初始信念基础。代理的信仰信念将基于以我们定义的数据模型为基础。因此，信念基础将包含系统中用户的信息、用户可用的设备、位置和用户参与的活动。所有这些表示了用户的综合存在信息 CPI。实体间的关系通过包含了引用到这些实体的数据库进行建模（如 PERSON_PERSON 指定了通过他们唯一的 ID 号来区别的两个人之间的关系。同样地，PERSON_DEVICE 指定了跟某个人相关的设备）。

代理可以在架构的存在目录组件中使用所有这些信息。从代理的角度来看，数据库中的信息都被映射成了谓词。例如：

```
PERSON(john, user00001, TRUE, available, call,
562-5800, eng, on _the_ phone, j, doctor)
DEVICE(fix _phone, dev00001, ip _phone, mitel, 5010,
eng, call, open, 563-2345)
LOCATION(or1, operating _ room, canada, ottawa, 345
carling, general hospital)
ACTIVITY(a1, meeting, work _ related, 11:00:00)
PERSON _PERSON(PERSONID _ 1,PERSONID _2,RELATIONSHIP)
```

代理只需增加、删除或是查询作信念事实，就可以实现数据库的浏览、插入或者删除数值。

这个策略针对如下情况执行计划，即 Smith 医生接到了来自于 X 的来电。这项计划的触发事件是 incoming _call，用一个参数来指定这个呼叫者。

```
+incoming _ call(X):true < -
!get _devices(DeviceList);
!get _ relationship(X,Relationship);
!get _ location(Location);
!get _activity(Activity);
!process _call(X, DeviceList, Relationship,
Location, Activity).
```

当来电请求到达时，需要做的第一件事情是获得医生可达范围内的设备列表。设备列表可以通过增加子目标 **get_devices** 来获得，用如下计划来实现上述过程：

```
+!get _devices(DeviceList): true
< - .findall(X, device(X,Y,Z,_,_,_, "call",_,_),
DeviceList); ?name(N);
?person(N,ID,_,_,_,_,_,_,_,_);!get _user _devices
(DeviceList,ID,UserDeviceList).
+!get _user _devices(DeviceList,ID,UserDeviceList) < -
!get _u _devices(DeviceList,ID,[],UserDeviceList).
+!get _u _devices([],ID,L,L).
+!get _u _devices([D|T],ID,L0,L): device(D,
Did,_,_,_,_,_,_) & person _device(ID,Did)
```

```
< -!get _u _devices(T,ID,[D|L0],L).
+!get _u _devices([D|T],ID,L0,L)
< - !get _u _devices(T,ID,L0,L).
```

首先，通过查询设备表获得具有"呼叫"功能的设备列表。这是用户上下文的一部分，存储在存在目录中，代理会对其进行查阅和查询。然后，get _user _devices 这一子目标将确定这个列表中哪些设备是与用户有关的。

接下来的事情是确定呼叫者与用户之间的关系。这通过验证存在目录的 PERSON_PERSON 表中是否有信息来完成，存在目录既包含用户的 ID 也包含呼叫者的 ID。如果没有这类信息，就可以说这种关系是未知的。

```
+!get _relationship(X,R) :
name(N) &person(N,ID,_,_,_,_,_,_,_,_) & person
(X,Xid,_,_,_,_,_,_,_,_) & person _person
(ID,Xid,R) < - true.
+!get _relationship(X,R) < - R = "unknown".
```

还需要确定用户当前的位置。如果没有有关用户位置的信息，位置就会被设置为未知。类似地，还可以确定用户目前正在从事的活动。

```
+!get _location(LName): name(N) &person
(N,ID,_,_,_,_,_,_,_,_) & person _location
(ID,L) & location(L,LName,_,_,_,_) < - true.
+!get _location(L) < - L = "unknown".
+!get _activity(ANAme): name(N) &person
(N,ID,_,_,_,_,_,_,_,_)& person _activity(ID,A) &
activity(A,AName,_,_) < - true.
+!get _activity(A) < - A = "unknown".
```

有了这些信息后，呼叫的实际路由将基于这些信息，让附加的 subgoal process_call 触发计划来完成。需要验证的特定条件，以及要执行的行为取决于如下条件。

```
+!process _call(X, DeviceList, Relationship,
Location, Activity): Location == "office" &
Relationship == "family" < - ring _mobile.
+!process call(X, DeviceList, Relationship,
Location, Activity): Location == "office" &
Relationship == "colleague" < - ring _fixed_
phone.
```

与策略中描述的一样，如果这个医生在办公室时他的家人给他打电话，那么这个电话应该被路由到他的手机。如果这个电话来自他的同事，那么他办公室里的固定电话会响。当所有测试条件都不为真时，缺省计划声明：他的手机应该接听其他所有的电话。

```
+!process _call(X, DeviceList, Relationship,
Location, Activity): true < - ring _mobile.
```

类似地，为了覆盖代理所代表的全部用户策略要为每个代理定义一套计划。

AgentSpeak(L)包含允许代理进行通信的机制，这样代理就可以共享计划并互相协商它们的信念基。我们发现这一机制还具有处理冲突策略的能力。

为了便于说明，举一个具有两个共同特征的例子：主叫来电甄别（OCS，Originating Call

Screening）和呼叫转移（CF，Call Forwarding）。这是任何电话系统中都具有的两个经典特征。OCS 禁止筛选列表上的呼叫号码，而 CF 则将来电转移到另一个号码上。

如果某个用户 A，他的 OCS 筛选列表包含另外一个用户 X，A 给用户 B 打电话，B 通过 CF 将来电转移到 X，这时冲突（特征交互）就产生了，A 的策略也就被否决了。

为了说明在仿真中是如何解决这个冲突的，假设 Bob 设置了 OCS 禁止任何打给 Charles 的电话，而 Alice 设置了 CF 将她的呼叫转移到 Charles。

这样，Bob 代理就将在它的信念中设置一条路线，这条路线表达为

```
ocs(charles).
```

同样地，Alice 代理将会有一个信念：

```
call_forward(charles).
```

当 Bob 试着拨叫一个号码的时候，产生的事件为 dial（X），其中 X 是他想要联系的那个人。这个事件将会触发一项计划的执行。需要检测被叫的那个人是不是在筛选列表上，只有他不在列表上这次呼叫才可以完成。

```
+dial(X): ocs(X)< - .print("You are forbidden to
call ", X).
+dial(X): true< - .print("Inviting ",X);
.send(X,tell,incoming _call(bob)).
```

在另一端，当 Alice（她将来电转移到 Charles）接到了一个来电，她的代理将检测这个来电是否应该被转移。如果要转移，那么代理将会询问来电发起人转移是否可以进行（如果这通电话将要转移到的那个人在电话发起人的筛选列表上时，就会进行这样的询问），一旦经确认可以转移，那么这通电话将接通。

```
+incoming _call(X): true < - ?call forward(F);
.send(X,askIf,ocs(F),Answer); .print("answer
from a1: ", Answer);
!ans(Answer,X,F).
+!ans(true,X,Y,F): true < - .print ("not allowed
to connect ", X, " to ", F).
+!ans(false,X,Y,F): true < - .print("forwarding
call from ", X, " to", F);
.send(F,tell,incoming _call(X)).
```

这个简单的例子说明了如何使用用于代理通信的机制是怎样用于进行条件和用户偏好的谈判中，这种机制还考虑到了对冲突的解决。引入上下文的引入可以允许加入更多丰富的策略的存在，这些策略可以依据存在、有效性可用性、角色、能力、呼叫类型或者呼叫内容来处理通话。在这些策略间也可能发生冲突，但在 Agent 语言 Speak(L) 的中为代理通信内嵌的机制允许存在可以轻易的解决这种冲突的简单方法。

这种方法已经被运用于其他的特性和特征组合，这里不再赘述。

15.7 相 关 研 究

近年来，由于用户对定制服务越来越有兴趣，促使了服务集成的快速发展。通用收件箱项目[31]为构建个人和服务移动性定义了一种架构。移动人群架构[33]是一种基于个人代理实现个人级别路由的架构。

Mercury 系统[34]是一种支持联合通信的系统。它允许人们使用任何可用设备与另一方发起对话。系统的路由呼叫考虑了另一方在给定上下文中更情愿使用的设备。虽然 Mercury 系统使用 SIP 协议作为创建、维持和终止会话的低层机制，但我们的目标是使架构协议相互独立。我们设计的功能实体不依赖于底层的通信机制。因此，采用一种与 SIP 和 H.323 都兼容的解决方案。

有关 Jason 及其应用，参见我们的文献[34]中的工作。文章介绍了一个基于多 Agent 的社会仿真平台，称为 MAS-SOC。该平台在构建基于多 Agent 仿真的方法时，用到了 Jason。

15.8 结 束 语

基于面向代理的编程和多 Agent 系统领域的最新进展，提出了一种面向代理的架构，该架构为个人通信系统中的用户和普适计算提供了增强服务，主要使用 AgentSpeak(L)编写了实现和策略语言的双重任务。据我们所知，通信和电话这两个应用领域尚未使用 BDI 架构，这种构架的复杂性要求可以用 AgentSpeak(L)简单描述出精密的控制技术。与其他 BDI 模型相比，AgentSpeak(L)有更精确的符号和更清晰、明确的逻辑语义，因而 AgentSpeak(L)抽象注释器[27]得以成功实现。Agent Speak(L)可精确地表述 BDI 代理，并且允许对代理的搜索和扩大计划行为进行建模，以供选择。另外，AgentSpeak(L)允许代理间相互协商来解决相互作用的问题。

我们工作的另一贡献是提出了"综合存在信息"[2]这一概念。将用户及其环境能获取的信息综合起来，在给定时间内提供了用户状态的统一视图。这个架构允许用户实时使用这些信息，这样就可以简化大量复杂服务的实现。

致 谢

这项研究部分由加拿大的自然科学和工程研究委员会资助。感谢 Babak Esfandiari 和 Ahmed Karmouch 教授对这份手稿的早期版本所做的详细评论。

参 考 文 献

1. K. Turner, E. Magill, and D. Marples. Service provision. Technologies for Next Generation Communications. Wiley Series in Communications Networking& Distributed Systems, 2004.

2. R. Plesa and L. Logrippo. Enhanced communication services through context integration. In T. Magedanz, A. Karmouch, S. Pierre, and I. Venieris, editors. Mobility Aware Technologies and Applications, MATA, Montreal, Short papers, Vol. 1–5, 2005.

3. R. Plesa and L. Logrippo. Enhanced communication services through context integration. In T. Magedanz, A. Karmouch, S. Pierre, and I. Venieris, editors. Mobility Aware Technologies andApplications, MATA, Montreal, Short papers, Vol. 1–5, 2005.

4. M. Day, J. Rosenberg, and H. Sugano. A Model for Presence and Instant Messaging. IETF RFC 2778, February 2000.

5. J. Rosenberg. SIP Extension for Presence. IETF Internet Draft, 2001.

6. T. Moran and P. Dourish. Context-aware computing. Introduction to the special issue on context-aware computing. Hum. Comput. Interact., 2001, 16(2–3).

7. N. Ryan, J. Pascoe, and D. Morse. Enhanced reality fieldwork. The contextaware archeological assistant. http://www.cs.ukc.ac.uk/projects/mobilcomp/FieldWork/Papers/CAA97/ERFldwk.html, 1997.

8. Schmidt, M. Beigl, and H. Gellersen. There is More to Context than Location, Computers and Graphics, 23/6, 893–902, 1999.

9. H. Sugano and S. Fujimoto. Presence Information Description format, IETF RFC Vol. 3863, 2004.

10. J. Rosenberg and H. Schulzrinne. SIP: The Session Initiation Protocol, IETF RFC Vol. 2543, 1999.

11. H.323 Information Site. http://www.packetizer.com/voip/h323/.

12. A.Wennlund. Context-Aware wearable device for reconfigurable application networks, Department of Microelectronics and Information Technology (IMIT), Royal Institute of Technology (KTH), Master of Science Thesis at the Royal Institute of Technology (KTH), Stockholm, Sweden, 2003.

13. G. Chen and D. Kotz. Solar: a pervasive-computing infrastructure for context-aware mobile applications, Department of Computer Science, Dartmouth College, Hanover, NH, USA, 2002.

14. D. Amyot. Introduction to the user requirements notation: learning by example. Comput.Networks,42(3), 285–301, 2003.

15. J. Lennox and H. Schulzrinne. Call Processing Language Framework and Requirements, IETF Internet Draft CPL-Framework-02, 2002.

16. X. Wu and H. Schulzrinne. LESS: Language for End System Services in Internet Telephony. IETF Internet Draft, 2005.

17. S. Reiff-Marganiec and K. J. Turner. APPEL: The ACCENT project policy environment/language, Technical Report CSM-161, University of Stirling, UK, 2004.

18. A.S. Rao and M. P. Georgeff. BDI-agents: from theory to practice. In Proceedings of the First Inter- national Conference on Multiagent Systems, San Francisco (ICMAS-95), pp. 312–319, 1999.

19. M. J. Wooldridge. Reasoning about Rational Agents. Intelligent Robots and Autonomous Agents Series, The MIT Press, 2000.

20. C.Heinze and S. Goss. Human performance modelling in a BDI system. In Proceedings of the Australian Computer Human Interaction Conference, 2000.

21. N. Howden, R. Ronnquist, R. Hodgson, and A. Lucas. JACK intelligent agents: summary of an agent infrastructure. In Proceedings of the 5th International Conference on Autonomous Agents, 2001.

22. M. Georgeff and A. Lansky. Procedural knowledge. Proc. IEEE 74(10): 1383–1398, 1986.

23. M. Huber. Jam: A BDI-theoretic mobile agent architecture. In Proceedings of the Third International Conference on Autonomous Agents, pp. 236–243, 1999.

24. A.S. Rao and M. Georgeff. Decision procedures for BDI logics. J. Logic Comput. 8; 293–342, 1998.

25. M. Winikoff. AgentTalk Home Page. http://goanna.cs.rmit.edu.au/□winikoff/agenttalk, 2001.

26. M. d'Inverno, K.V. Hindriks, and M. Luck. A formal architecture for the 3APL agent programming language.In J. P. Bowen, S. Dunne, A. Galloway, and S. King, editors. Proceedings of the 1st International ZB Conference, Springer Verlag, pp. 168–187, 2000.

27. A.S. Rao. AgentSpeak(L): BDI agents speak out in a logical computable language. In W. V. de Velde and J. W. Perram, editors. Agents Breaking Away. Springer Verlag, LNAI Vol. 1038, pp. 42–55, 1996.

28. Jason - http://jason.sourceforge.net.

29. M. d'Inverno, D. Kinny, M. Luck, and M. Wooldridge. A formal specification of Dmars. In M. P. Singh, A. Rao, and M.Wooldridge, eds. Proceedings of the 4th International ATALWorkshop, Springer Verlag, LNAI, Vol. 1365, pp. 155–176, 1997.

30. G. Caire, N. Lhuillier, and G. Rimassa. A communication protocol for agents on handheld devices.In Proceedings of the Workshop on Ubiquitous Agents on Embedded, Wearable and Mobile Devices,2002.

31. Z. Maamar, W. Mansoor, and Q. H. Mahmoud. Software agents to support mobile services. In Proceedings of the First International Joint Conference on Autonomous Agents and Multi-Agent Systems,pp. 666–667, 2002.

32. B.Raman, R. Katz, and A. Joseph. Universal inbox: providing extensible personalmobility and service mobility, In Proceedings of the 3th Workshop on Mobile Computing Systems and Applications, 2000.

33. M. Roussopoulos, et. al. Personal-level routing in the mobile people architecture. In Proceedings of the USENIX Symposium on Internet Technologies and Systems, 1999.

34. H. Lei and A. Ranganathan. Context-aware unified communication. In 2004 IEEE International Conference on Mobile Data Management, pp. 176–186, 2004.

35. R. H. Bordini, A. C. Rocha Costa, J. F. Hubner, A. F. Moreira, F. Y. Okuyama, and R. Vieira. MASSOC: a social simulation platform based on agent-oriented programming. J. Artifi. Soci. Soc. Simul. 8, (3), 2005.

第5部分 移动智能的安全

第16章 MANET路由安全性

16.1 引 言

在 Ad Hoc 网络中，并不是所有节点都处于其他节点的传输范围之内。因此，节点经常会为其他节点转发数据。如图 16.1 所示，如节点 S 向节点 D 发送数据流量，只有通过节点 A 和节点 B 的转发，数据流才能达到目的节点。这需要经过 3 次跳转。将网络数据从源节点转发到目的节点的过程称为路由。

MANET（Mobile Ad Hoc Networks）中的安全路由已经成为 MANET 研究中的一个重要领域。MANET 网络本质上是无线网络，因此它比有线网络更容易受到恶意代理的入侵。在有线网络中，可通过适当的物理安全措施，如限制网络基础设施的物理接入等，降低其受到入侵的风险。然而，在无线网络中，物理安全措施对限制访问无线网络媒体的有效性要差很多。因此，MANET 网络更容易受到恶意代理的

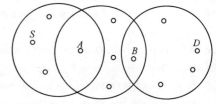

图 16.1 多跳情况

入侵。认证机制有助于阻止对 MANET 的未授权接入。但是，考虑到具有合法认证证书的节点更可能受到恶意实体的控制，因此需要能够使 MANET 网络节点在存在潜在对抗的环境中仍能正常运转的安全协议。

本章将首先对 MANET 网络的路由方法进行较为深入地综述。然后，介绍一种按需安全 MANET 路由协议，称为鲁棒源路由（RSR，Robust Source Routing）。RSR 协议是由文献[1]提出的。与文献[1]不同，本章将对 MANET 网络路由方法进行更为全面的概述并对 RSR 协议进行详细分析。

16.2 MANET 网络路由方法

MANET 网络路由协议一般分为两类，即基于拓扑结构的和基于位置的路由协议。将对这两组协议进行简要介绍。在介绍这两组协议之前，首先列举一些 MANET 网络路由协议所需的定性的属性。下面这个列表直接来自因特网工程任务部（IETF, Internet Engineering Task Force）MANET 网络工作组（MANET Working Group）的一份备忘录[2]。

（1）**无循环**：路由协议需要能够防止数据包在网络中进行任意时间周期的循环传递。

（2）**按需运行**：为了更有效地利用网络能量和带宽，MANET 路由算法不应在任意时间对任意节点间保持路由，而是应当根据需求或需要适应网络流量模式。

（3）**主动运行**：这是与按需运行相对的情形。在按需运行模式下如导致额外的延时而无法满足应用需求时，如果有充分的带宽和能量资源，需要进行主动运行。

（4）**"休眠"周期运行**：由于诸如节能等需求，节点可能需要在任意时间周期内停止接收和转发信号。路由协议应当能够支持休眠周期且不会造成严重后果。

（5）**安全性**：路由协议需要提供防止中断和修改路由运行的安全机制。

16.2.1　基于位置的路由协议

基于位置的路由协议利用节点的地理位置信息作出路由决策。为了采用基于位置的路由协议，节点必须能够确定其自身以及它希望通信的所有节点的地理位置。这个信息通常可通过全球定位系统（GPS，Global Positioning System）和位置服务获得。

本章的重点内容不是基于位置的路由，而是基于拓扑结构的路由。只对基于位置的路由基本算法进行简要概述。

16.2.1.1　贪婪

贪婪路由算法是由 Finn[3]提出的。在贪婪转发方法中，一个节点选择距离数据包传送目的节点最近的节点作为下一跳节点。如图 16.2 所示，如果节点 S 有数据流量要发送给处于自己传输范围之外的节点 D，贪婪转发要求命令节点 S 选择通过节点 B 转发数据流量。这是因为节点 B 处于节点 S 传输范围内且与目的节点 D 距离最近。

16.2.1.2　指南针

指南针路由算法是由 Kranakis 等[4]提出的。节点 S 中的数据流量需要发送给目的节点 D，指南针路由方法将选择 S 相邻节点中夹角 $\angle NSD$ 最小的节点 N 进行转发。如图 16.3 所示，因为 $\angle ASD$ 比任何其他 $\angle NSD$（N 为 S 传输范围内的节点）都小，因此 S 通过节点 A 向节点 D 转发数据。值得注意的是，Stojmenovic 和 Lin[5]指出指南针算法并非无循环方法。

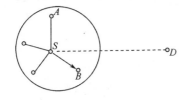

图 16.2　贪婪转发

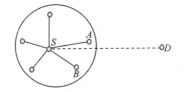

图 16.3　指南针转发

16.2.1.3　随机指南针

随机指南针路由[6]是指南针路由算法的一种变体，它通过随机决策来避免循环。假设在发送节点 S 和目标节点 D 之间有一条直线 $\overline{SD}$。随机指南针转发方法为发送数据包通过在节点 N_i 和 N_j 中随机选择一个节点作为下一跳。其中，$\angle N_iSD$ 与 $\angle N_jSD$ 分别是假想直线 $\overline{NS}$（节点 N 与节点 S 之间的连线）和 $\overline{SD}$ 在假想直线 $\overline{SD}$ 上侧和下侧夹角的最小值。如图 16.3 所示，节点 S 随机选择节点 A 或 B 用于转发数据包至节点 D，因为 $\angle ASD$ 是直线 $\overline{SD}$ 上侧最小角（连接 S 与 S 通信范围内一个节点与直线 $\overline{SD}$ 的夹角），$\angle BSD$ 是直线 $\overline{SD}$ 下侧最小角。

16.2.1.4　半径内转发最多

Takagi 和 Kleinroc 提出了半径内转发最多路由算法（MFR，Most Forwarded within Radius）[7]。假设在发送节点 S 和目标节点 D 之间有一条假想直线 $\overline{SD}$。在 MRF 转发中，节点 S 通过能将数据沿着直线 $\overline{SD}$ 推进进程最大的节点 A 转发至节点 D。即节点 A 是令点积 $\overline{DA} \cdot \overline{DS}$ 最小的节点。如

图 16.4 所示，节点 S 向节点 D 发送数据时将通过节点 A 转发，这是因为节点 A 是处于 S 传输范围内能将数据沿直线 $\overline{SD}$ 推进距离最大的节点。

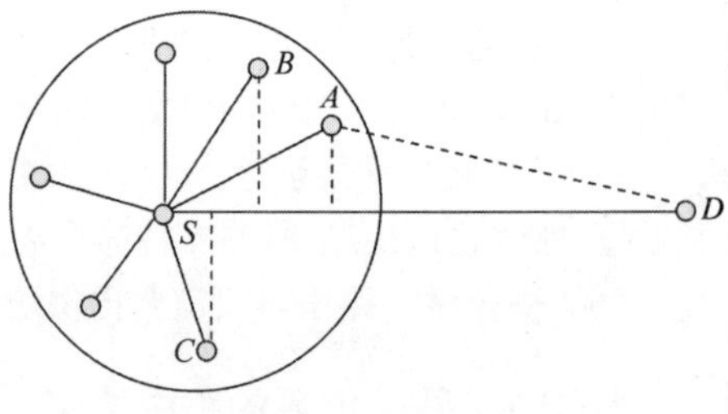

图 16.4 MFR 转发

16.2.2 基于拓扑结构的路由协议

基于拓扑结构的 MANET 路由协议主要分为两类：按需协议和主动协议。本节将简要阐述一些典型的基于拓扑结构的 MANET 路由协议。首先介绍主动协议。

16.2.2.1 主动协议

主动协议也称为周期协议。最著名的主动 MANET 路由协议是动态目标序列距离矢量（DSDV，Destination-Sequenced Distance-Vector）路由[8]。DSDV 采用典型的分布式 Bellman-Ford 距离矢量算法[9, 10]。在距离矢量算法中，对于每个目标节点 x，每个节点 i 中都存储一个距离集合 $\{d_{ij}^x\}$，其中 j 为节点 i 的相邻节点。这个距离一般被解释为数据流量由节点 i 经过给定相邻节点 j 到达节点 x 时所需的跳数。节点 i 根据距离集合选择到达目标节点距离最小的节点 k 作为下一跳的节点，即 $d_{ik}^x = \min_j\{d_{ij}^x\}$。通过这种方式连续选择下一跳节点，最终数据会沿着最短路径到达目标节点 x。为了使节点中的估计距离保持更新状态，每个节点需要监测自身向外连接的代价，估计自身到网络中所有节点的最小距离，并且周期性地把这些信息广播给每一个与它相邻的节点。众所周知，以上所描述的距离矢量路由算法不是无循环的[11]。节点在通过分布式方式选择下一跳节点时所依赖的信息可能是过时的，因此是错误的。这是造成路由产生循环的主要原因。DSVD 对每个路由距离信息标记一个序列号，这样节点能够很快区分出新路由和过时路由，因此可避免路由循环的形成。

在 DSDV 路由中，每个 MANET 节点维护一个用于做出路由决策的路由表。DSDV 路由表列出所有可到达的目的节点以及所需的跳数。路由表中的每个条目有一个来自目的节点的序列号。DSDV 协议要求每个网络节点通过广播或者组播的方式向它当前每一个相邻节点发布自己的路由表。另外，每个节点在接收到重要的新信息时需要立即将更新信息传输出去。节点广播的路由信息数据包括一个新的序列号以及针对每个新路由的下列信息。

（1）目的地址。

（2）从源节点到目的节点的跳数。

（3）收到的关于目的节点信息的序列号，目的节点最初所标记的序列号。

MANET 节点采用广播的路由表信息以及传播来的更新信息来更新它们的路由表，以上所述的距离矢量算法利用了该路由表来确定数据包的下一跳。

16.2.2.2 按需协议

按需路由也称为反应协议。与寻求维护 MANET 中所有目的节点路由的主动协议不同，按需协议基于每个需要来建立路由。与主动协议相比，现在已有大量的按需协议。以下简单介绍一些较为流行的按需协议。

动态源路由：动态源路由协议（DSR，Dynamic Source Routing）是由 Johnson 和 Maltz 提出的[12]。它的基本操作如下：当节点 S 有数据包向节点 D 发送，S 检查自己的路由缓存是否包含通向节点 D 路径的记录。如果不存在这样的记录，S 将广播一个路由请求数据包（RREQ，Routing REQuest），该数据包含发起者地址、一个唯一的请求 ID、目标地址及一个路由记录域。路由记录域用于记录 RREQ 包在网络传播中经过的跳转节点序列。当节点 n_i 接收到 RREQ 包后，如果在此之前它接收到过相同发起者地址和请求 ID 的 RREQ 包，则丢弃；否则，如果节点 n_i 不是目的节点 D，并且其路由缓存中也没有包含一个到达节点 D 的有效路径，则记录发起者地址和请求 ID，将自己的地址追加到路由记录中，然后转发数据包。如果 n_i 为目的节点，则向发起者返回一个包含路由记录复本的路由回复包（RREP，Route REPly）。如果 n_i 不是目的节点，但它已知到达节点 D 的路径，则向 RREQ 数据包的发起节点发送一个含有路径复本的 RREP 包。当接收到 RREP 包后，节点 S 将确定的到达节点 D 的路径记录到它的路由缓存中，将路径写入数据包头中的源路由域，并把数据包发送给到达节点 D 路径中下一跳的节点。在通向目标节点 D 路径上的中间节点将同样通过数据包头中源路由域存储的路径记录来确定其转发数据包的下一跳的地址，直到数据包最终达到预定的目的节点 D。

基于信号稳定性的自适应路由： 基于信号稳定性的自适应路由（SSA，Signal Stability-based Adaptive routing）是由 Dube 等[13]提出的。SSA 采用 MANET 网络中个体节点的信号强度和稳定性作为路由选择的标准。（作者的观点认为）合理地最大次数利用信号最强的节点进行连接可延长路由寿命并降低路由维护成本。在 SSA 路由中，源节点 S 向不在自己路由表中的目的节点 D 发送数据时，首先发出一份路由发现请求。S 将路由请求广播给它的所有相邻节点。每个相邻节点会对由强信道传输来的且从未传播过的路由请求进行传播。信道的强弱属性是根据在信道任一端的节点交换数据包的平均信号强度确定的。路由搜索包将持续在网络中遍历，直到找到目的节点，并且它存储了所遍历过的每个中间节点的地址。选择第一个到达目的节点 D 的路由搜索包并建立一个路由回复包，然后通过被选中的路径回复给节点 S。处于被选中路径中的每个中间节点在接收到路由回复包时将新的下一跳节点和目的节点对添加到自己的路由表中。

基于关联的路由： C-H Toh 开发了基于关联的路由（ABR，Associativity-Based Routing）[14]。移动节点在迁移时与其相邻的节点的关联会发生变化，并且过渡周期可通过关联标记来确定。ABR 利用了这一现象。通过移动数据连接协议更新关联标记，该协议周期性传输标识其自身的信标并根据相邻的移动节点更新其关联标记。移动节点在处于低移动状态时将显示出其与相邻节点具有高度关联标记（高度相关稳定性）；相反，较高移动性状态与较低的关联标记相关。在 ABR 路由中，节点 S 需要通向节点 D 的路由时，广播发送一个通过 MANET 网络传播的广播请求（BQ，Broadcast Query）信息，搜索到达给定目标节点的路由的节点。当中间结点 n_i 第一次接收到一个 BQ 信息时，将自己的地址、与相邻节点的关联标记、中继负载、链接的传播延时以及跳数添加到 BQ 信息适当的域中，然后将 BQ 广播给其相邻节点。下一个中间结点将删除它上游节点相邻节点的相关标记信息条目，只保留与自身与上游节点的相关标记。当目标节点 D 接收到 BQ 包时，将按以下标准选择路由：偏向选择具有较高相关标记的节点构成路由，而不是具有较少跳数的路由。对于具有相等数量相关标记的路由，则选择跳数较少的路由。如果两个路由具有相等的相关标记和跳数，则任选其一。被选的路由用于建立 REPLY 包，并通过该路由返回到源节点 S。从 D 到 S 路由上的所有中间结点将为 D 标记其路由有效路由，然后阻止所有其他可能到 D 的路由。

时间排序路由算法： 时间排序路由算法（TORA，Temporally-Ordered Routing Algorithm）是由 Park 和 Corson 提出的[15]。它是一个为高度动态 MANET 环境设计的高度自适应的多路径、无循环、分布式路由算法。TORA 设计的一个关键概念是将路由控制信息限制在拓扑变化附近小范围的一组节点内。在 TORA 路由中，在任意给定时间点，每个节点用一个相关顺序的五元组表示，五元组包含以下信息：①连接失败逻辑时间；②定义新参考级的唯一的节点 ID；③用于将每一个参考级分为两个独立参考子级的单比特信息；④一个传播顺序参数；⑤节点的唯一 ID。从概念上讲，五元组表示节点的高度，这是由参考级别和与参考级别有关的偏差 Δ 确定的。参考级由五元组中的前 3 个数值表示，偏差 Δ 由后 2 个值表示。每个节点（非目的节点）存储自身的高度 H_i，初始值设置为 NULL，即 $H_i = (-, -, -, -, i)$。目的节点的高度永远设置为 0，$H_{DID} = (0, 0, 0, 0, DID)$，其中 DID 表示目标 ID。除自身高度信息外，每个节点还保存一个与每个相邻节点 j 的高度信息列表 $HN_{i,j}$。每个节点 i 还需要为自身的所有连接维护一个连接状态表，连接状态由 H_i 和 HN_i 决定，并由较高节点指向较低节点。

当节点需要一个到达目的节点 D 的路由时，它会发出一个请求包（QRY，Query）。当节点 i 首次收到 QRY 时，进行如下处理：①如果节点 i 没有下游连接，则将重新广播 QRY；②如果接收节点具有至少一个下游连接且其高度为 NULL，则将该高度 NULL 设置为其非零的相邻节点中高度最小的值，并广播一个 UDP 包，该 UDP 包中包含目的 ID 和正在广播包的节点 i 的高度；③如果接收节点具有至少一个下游连接且其高度不为 NULL，则首先比较上一次广播 UDP 包的时间与 QRY 到达所通过的链接的激活时间。如果链接激活在发生 UDP 包广播之前，i 丢弃该 QRY 包；反之，则广播 UDP 包。当节点 i 从相邻节点 j 接收到之前没有见到过的 UDP 包时，节点 i 用 UDP 中的高度更新高度列表中的项 $HN_{i,j}$，然后进行如下操作：如果 i 的高度为 NULL，则设置高度为其相邻节点中非 NULL 高度中最小的高度值，更新连接状态表中的所有条目，并广播包含其新的高度的 UDP 包。广播 QRY 和 UDP 包的过程持续进行，直到形成一个以目的节点为根的有向无环图（DAG，Directed Acyclic Graph），即目标节点是唯一的一个没有下游连接的节点。DAG 表示由源节点 S 到目的节点 D 的路由。

Ad Hoc 按需距离矢量：Ad Hoc 按需距离矢量路由（AODV, Ad-Hoc On-Demand Distance Vector Routing）是由 Perkins 和 Royer 提出的[16]。其运行过程可归纳如下：每个采用 AODV 的节点对于每一个感兴趣目的节点，保存一个路由表记录。路由表记录包括目的节点 D、下一跳节点、到达 D 的跳数、目的节点的序列号以及路由记录的过期时间。当节点 S 有数据包需要发送到目的节点 D 时，它首先检查自己的路由表中是否存在包含 D 的记录，且以节点 D 为目的记录序列号要大于等于上一次已知的目标节点 D 的序列号。如果找不到这样的记录，则广播一个路由请求包（RREQ, Route Request），该包包含源地址、源序列号、广播 ID、目的序列号和跳数。源序列号和广播 ID 是由每个节点的独立计数器产生的。节点每次创建一个新的 RREQ 包，则广播 ID 计数器会加 1，而源序列号计数器的计数频率则会低很多。目的节点序列号为上次已知的目的节点序列号。当节点 n_i 接收到它以前未见过的 RREQ 时，通过记录收到 RREQ 第一个复本的相邻节点地址方式设置到达源节点的一条反向路径。如果 n_i 不是目的节点且其路由表中不存在通向 D 的记录，则跳数计数器加 1，然后向其相邻节点重播 RREQ。然而，如果 n_i 是目的节点或者其路由表中含有以 D 为目的的记录，且记录的目的序列号大于等于 RREQ 包中的序列号，则建立一个路由回复包（RREP, Route REPly）单播给发来 RREQ 包的相邻节点。RREP 包中含有源地址、目的地址、目的序列号、跳数以及生命周期。当中间节点收到 RREP 包后，利用包中包含的信息更新自己的路由表，然后将信息发给首次发来相关 RREQ 包复本的相邻节点。这个过程一直持续到 RREP 包到达源节点 S。这样源节点 S 便可将数据包转发给通向目的节点 D 路径的下一跳。

16.3　安全 MANET 路由提案

16.2.2 节中概述的协议是面向无对抗性网络环境设计的，其中网络中的节点都是非恶意的、无私的且行为良好的节点。然而，现实中的任何网络都有可能存在恶意、自私、行为不良的节点，这些节点有意扰乱路由协议。因此，需要安全机制来减缓这些不测所带来的影响。本节将概述一些为解决这些协议的缺陷所提出的路由安全方案。为了便于阐述，将现有的安全 MANET 路由协议分为以下类别：基本路由安全方案、基于信任的路由安全方案、基于激励的路由方案以及采用检测与隔离机制的方案。最后，简单介绍对这些类别方案的选择策略。

16.3.1　基本的路由安全方案

这一类路由方案通过提供认证服务来保护路由协议信息不被修改或重发，但是并未试图对自私或恶意节点引起的丢弃数据包问题提供解决方案。下面从一个较早的提案开始介绍。

Binkley 和 Trost 提出了一种基于认证的链接级 Ad Hoc 路由协议，该协议已被纳入波特兰州立大学实现的移动 IP①协议[17]中。这个协议通过 ICMP 路由发现消息[18]来发现移动 IP 节点。它将 ICMP 路由发现消息包的格式扩展为包含发送节点媒体访问控制（MAC，Media Access Control）、发送者的 IP 地址信息以及可用于验证广播信标的认证信息。该协议要求节点拥有共享的密钥来产生用来验证路由控制消息的消息认证码。

Venkatraman 和 Agrawal 提出了一种面向安全 AODV 的路由期间认证方案[19]用于抵抗外部攻击，如模仿攻击、重发路由控制信息、某些拒绝服务攻击等。这种方案假设网络中的节点相互信任并采用公共密钥来提供安全服务。源节点对消息散列并签署结果消息摘要以确保路由请求的完整性。路由请求的接收者通过统一的哈希函数计算信息的散列，将其与贴附在信息上的散列进行比较，验证签名，来检查其认证和完整性。传递路由回复信息的相邻节点对之间采用"强认证"方式。强认证过程可归纳如下：节点 n_i 首先向准备发送回复信息的相邻节点发送一个预回复信息以及一个随机的质疑（Challenge 1）。接收到预回复信息的相邻节点 n_j 也产生一个随机的质疑（Challenge 2），并用节点 n_i 的公共密匙加密质疑 1，然后将加密后的质疑 1 和质疑 2 一起发送给节点 n_i。当 n_i 接收到这一信息后，用节点 n_j 的密钥加密质疑 2，然后同路由回复信息一起发送给节点 n_j。这一过程是为检测一些试图模仿其他节点的恶意节点而设计的。

Papadimitratos 和 Haas 提出了安全路由协议（SRP，Secure Routing Protocol）[20]。SRP 假设发起路由请求查询的节点与搜寻的目标节点之间存在一个安全关联。基本运行步骤如下：源节点 S 通过建立并广播一个路由请求包来发起路由发现，该路由请求包包含源节点和目的节点地址、查询序列号、随机的请求标识、一个路由记录域（用于累计遍历过的中间节点）以及随机查询标识的信息完整性代码（MICs，Message Integrity Codes）。其中 MICs 是由 HMAC[21]通过节点 S 和目标节点 D 之间共享的密钥计算的。中间节点对路由请求包进行转发，以使一个或多个请求包到达目标节点。当路由请求包到达目的节点 D 时，D 验证：①随机请求标识与 MIC 的一致性；②序列号大于或等于最近一次的源于节点 S 的序列号。如果条件①和②同时通过验证，D 创建一个相应的路由回复包。该路由回复包包含源节点、目的节点、请求查询的路由记录域中的累计路由、序列号、随机请求标识以及上述计算的 MIC。然后，D 通过路由记录域中的逆向路径将回复包发送给源节点 S。当节点 S 接收到路由回复包，它确认路由回复包中包含的信息并验证计算得到的 MIC。如果验证通过，它采用确认的路由与 D 通信。

Hu 等提出了一种安全有效的 AD HOC 距离矢量路由协议（SEAD，Secure Efficient Ad Hoc）[22]。SEAD 是一种基于 DSDV[8]设计的安全主动协议。SEAD 采用单向哈希链[23]对广播路由以及路由更新中的跳数计数值进行认证。为了对路由更新信息的发出节点进行认证，SEAD 允许通过广播认证机制如 TESLA[24]、HORS[25]或 TIK[26]完成认证。这些认证需要网络节点具有时间同步时钟。另外，SEAD 允许将信息认证码用于对发出更新路由信息的节点进行认证。然而，这种方法是以每对节点间都建立了共享密钥为假设条件的。

Zapata 提出了安全 AODV（SAODV）[27-29]。SAOVD 采用了两项机制来保证 AODV 安全：对路由控制信息中的非可变域进行认证的数字签名以及确保跳数信息的安全的单向哈希链（类似前面讨论的 SEAD）。

Hu 等提出了一种基于文献[12]设计的路由安全方案，称为 Ariadne[30]。Ariadne 采用消息认证码来对路由控制消息进行认证并需要时间同步硬件对密钥的发布进行同步，这些密钥用于产生消息认证码。

Sanzgiri 和 Dahill 提出了 ARAN[31]。ARAN 采用数字证书保障路由控制消息的安全。在 ARAN 路由发现阶段，源节点 S 创建并签署一个路由发现包（RDP，Route Discovery Packet），附加上证书

---

① 移动 IP 是一种网络层协议，使移动节点即使改变网络接入点也可保留一个固定的 IP 地址。

信息后广播给相邻节点。当 S 的相邻节点 A 第一次接收到 RDP 信息后，利用附加的证书验证签名，签署 RDP 消息，附加上其证书然后向相邻节点广播。中间节点 B（A 的相邻节点）接收到 RDP 消息后通过附加的证书验证签名，然后删除节点 A 的证书和签名，将节点 B 记录为前序节点，签署信息并向其相邻节点广播。这一过程以这种方式持续进行，直到 RDP 消息到达目的节点 D。节点 D 选择接受到的第一个 RDP 消息来建立一个回复包（REP，REplay Packet），然后通过单播方式沿着反向路径发给源节点 S。节点 S 反向路径上的每个节点都通过附加证书验证其前序节点的签名，如果前序节点的证书不属于目标节点 D，则删除签名和证书，签署数据包，附加自己的证书并将数据包转发给下一跳节点。最终，节点 S 将会收到含有它所需路由的 REP。

Hu 等提出了一种称为数据包限制机制来检测和御防虫洞攻击[26]。在虫洞攻击中，攻击者在网络的一点接收数据包，将这些数据包通过非法方式传递到网络的另一点，并在那一点将那些包回播入网络。作者提出了两种数据包限制机制：地理限制和时间限制。地理限制要求节点知道自身的地理位置以及所有节点需要具有粗略的同步时钟。而时间限制要求所有节点具有严格的同步时钟。限制机制对数据包添加了一些必要的数据域，如数据包被发出的时间，发送节点的地理位置（用于地理控制），这些数据域供接收节点判断一个节点是否处于其传输范围内。作者还提出了一种可用于保证数据包限制机制安全的安全广播方案，称为 TIK。

16.3.2 基于信任的路由方案

属于这一类的路由安全方案根据对网络中节点行为的观测为其分配指定定量或定性的信任值。这个信任值在路由协议中作为额外的度量指标。下面从一个早期的协议着手介绍这类协议。

Yi 等提出了一种安全感知的 Ad Hoc 路由（SAR，Security-Aware Routing）[32]。SAR 根据信任级别对节点进行分类。属于同一类的节点共享一个密钥。在路由发现过程中，源节点 S 可规定成为由 S 到目的节点 D 路由路径上的一个节点必须满足的最小安全要求。S 可通过与指定安全级别相关的共享密钥对路由请求包进行加密，实现该规定。这种方法具有自身的优点，然而共享密钥也会引发问题，如恶意代理有可能会控制具有高安全级别分类的节点，从而获得组密钥。

Yan 等提出了一种信任模型，该模型基于节点的观测行为对节点分配定量的信任值[33]。这一信任评估机制在路由方案中的应用原理与 SAR 类似。但与 SAR 不同，Yan 等的方案中没有提出源节点 S 对不满足信任级别要求的节点出现在由 S 到给定目的节点的路由路径上予以阻止的方法。

Pirzada 和 McDonald 提出了一种用于 Ad Hoc 网络中基于信任通信的模型[34]。在这个模型中，每个节点被动地观测其他节点并根据观测到的行为对节点分配量化值（取值范围为 0～+1）。作者对动态源路由（DSR，Dynamic Source Routing）进行了扩展[12]。这种模型中结合了信任模型，并将信任作为一种额外的路由度量指标。这种方案容易受到恶意举报攻击，因为恶意节点可选择性地丢弃数据包并将正常节点错误地举报为异常节点。

Nekkanti 和 Lee 提出了一种基于信任的自适应按需路由协议[35]。作者认为阻止某种特定路由攻击最有效的方法是完全隐藏来自未认证节点的特定路由信息。基于这种考虑，他们提出方案的主要目标是隐藏由源节点到来自所有其他节点的目的节点的路由路径信息。这是一种基于 AODV[36] 的方法。它规定了以下 3 种可能的加密级用于加密路由请求包（RREQ），这些加密级是：需要 128 位密钥的高级加密，需要 32 位密钥的低级加密和不加密。节点和应用的安全级别决定了采用哪一个加密级别。其主要思想是对于信任度越高的节点，在路由发现操作过程中对其隐藏路由信息的必要性就越小。路由发现操作可归纳如下：要请求通向目标节点 D 的路由的源节点 S 创建一个 RREQ 包。RREQ 包中含有可供具体应用设定所需安全级别的域。源节点采用目的节点 D 的公共密钥按照一定的加密级别对 RREQ 中的源节点 ID 域进行加密，然后广播给其相邻节点。当中间节点首次收到一个 RREQ 数据包后，如果它不是目标节点，则将节点 ID 添加到数据包中，对其签署然后用目标节点 D 的公共密钥对其加密后广播给相邻节点。最终，RREQ 数据包会被传送到目的节点 D。接收到 RREQ 数据包后，节点 D 验证签名，对加密域进行解密并验证处于路由上的节点是否满足应用所要求的最低信任级别。如果这些验证操作均成功通过，它建立一个路由回复（RREP）包和一个流 ID（Flow ID），并采用处于通向源节点 S 的反向路径中的节点的公共密钥对 RREP 和流 ID 进行加密，按照节点接收 RREP 的顺序进行。然后，节点 D 签署加密后的 RREP 并广播给相邻节点。当中间节点 n_i 接收到 RREP 后，将试图解密，如果解密操作失败，则丢弃数据包；否则，更新自身的路由表，再删除 RREP 部分，然后广播给相邻节点。最终，RREP 会被传送到源节点 S，S 将验证数字签字并对 RREP 解密以确定所需路由。这种方案对路由节点提供了一定程度的匿名性，但是未能提供一种保护机制以防止异常节点对它们同意转发的数据包进行选择性丢弃。

Boukerche 等提出一种安全分布式匿名路由协议（SDAR，Secure Distributed Anonymous Routing）[37]。SDAR 的主要目标是在不影响节点匿名性的基础上允许值得信任的中间节点参与路由。SDAR 采用一种信任管理系统，该系统根据对节点行为的观测和其他节点的推荐对节点分配信任值。SDAR 要求每个节点建立两个对称密钥：一个与具有高信任值的相邻节点共享；另一个与具有中等信任值的相邻节点共享。当源节点 S 需要找一个通向目的节点 D 的路由路径时，S 创建一个路由请求包（RREQ），该包的一部分内容不加密，剩下的部分加密。RREQ 中不加密部分包括必要的路由信息，如消息的信任级别要求和一次性公共密钥 TPK。RREQ 加密部分包括目的节点 ID、由 S 和一次性公共密钥 TPK 的私有密钥 TSK 加上其他信息产生的一个对称的密钥 K_s。消息加密部分的一部分采用目的节点 D 的公共密钥加密，加密部分其他部分用对称密钥 K_s 加密。然后，节点 S 采用适当消息安全级别的共享密钥对整个数据包进行加密并将其广播给其相邻节点。当中间节点 n_i 接收到 RREQ 包后，如无法解密，则丢弃。如果解密消息成功，节点 n_i 将其 ID 信息和一个短期密钥 K_i 添加到数据包中，对其添加的内容进行签名并采用嵌入在部分 RREQ 包中的一次性公共 TPK 密钥进行加密。然后，节点 n_i 采用与相应安全级别节点的共享密钥对整个信息进行加密，然后广播该消息。最终，信息将传播到目的节点 D。节点 D 将通过适当的密钥对信息进行解密。经过验证签字后，节点 D 创建一个路由回复（RREP）并对其加密。首先采用源节点 S 附有的对称密钥 K_s 加密，然后采用短期密钥 K_i 按照相应的中间节点接收到 RREP 的顺序进行再次加密。然后，节点 D 将 RREP 转发给相邻节点准备作为下一跳的相邻节点将解密数据包中的部分信息后转发给其相邻节点（相邻节点中的一个节点将能够对信息进行部分解密）。这个过程一直持续到源节点 S 接收到 RREP。S 将能够对整个信息进行解密，得到所需的路由信息。SDAR 的操作过程与 Marti 等的方法类似[38]从而容易受到 Marti 等人提出的方案缺点的影响（在 16.3.4 节将阐述）。

Li 和 Singhal 提出了一种采用推荐和信任评估来建立网络实体间信任关系的安全路由方案[39]。这种方案采用了一种分布式的认证模型，运行如下：每个网络节点维护一个信任表，该信任表对已知的网络实体设置信任值。如果节点 S 需要知道节点 n_i 的信任值，但节点 n_i 不在 S 信任表中，S 向其信任表中的所有可信节点发出一个信任查询消息——用于确定 n_i 的信任值。当节点 n_j 接收到信任查询消息后，如节点 n_i 在其信任表中，则将其显示的信任值发给节点 S；否则，它发送一个请求查询消息给其信任表中所有可信的节点——需要 n_i 的信任值。这一过程将递归进行，直到包含节点 n_i 信任值的节点将该节点的信任值转发给信任请求消息的节点，按照顺序，该节点将信任值转发到给其发送信任查询消息的节点，一直下去，直至响应被传播到节点 S。节点 S 通过响应计算出所需节点的信任值。这个分布式认证模型用于确定网络节点的诚信。这样最终将会把不可信的节点排除在路由路径之外。这种方案具有自身优点，但是恶意代理可通过丢弃信任查询消息来阻止这种方案，从而导致该策略无效。

16.3.3　基于激励的路由方案

本节将简要阐述尝试通过对网络节点提供激励来刺激自私节点之间合作的方法。

Buttyán 和 Hubaux 提出了一种基于激励的系统用于刺激 MANET 网络中的节点间合作[40]。这个方案要求每个网络节点具有一个防篡改硬件模块，称为安全模块。安全模块有一个计数器，称为 Nuglet 计数器。当节点作为源节点发送一个数据包时，计数器自减；当节点转发数据包时，计数器自增。该方案运行过程如下：当节点 S 需要向目的节点 D 发送数据包时，如果在从 S 到 D 的路径中中间节点的数量为 n，则为发送数据包节点 S 的 Nuglet 计数器的值必须大于等于 n。如果 S 具有足够的 Nuglet 用于发送数据包，S 发送数据包后 Nuglet 计数器自减 n。另外，S 代表其他节点每转发一次数据包，Nuglet 计数器自增 1。Nuglet 计数器的值取值必须为正。因此，代表其他节点转发数据包并抑制向远距离节点传输大量数据包，对节点是有益的。这种策略提供了一种抑制自私节点的有效机制。然而，这种方案由于需要防篡改的硬件模块而未能得到广泛应用。

Zhong 等提出了 Sprite，一种面向 MANET 的简单的基于作弊证据的信用系统[56]。Sprite 对 MANET 中的节点提供激励，促进节点间合作和如实汇报行为。Sprite 要求提供一个集中实体，称为信用清空服务（CCS，Credit Clearance Service），用于确定发送消息相关的费用和信用。Sprite 的基本运行过程可归纳如下：当节点接收到一条消息后，节点保存一份消息的收据。随后，当节点与 CCS 具有快速链接时，通过上传收据向 CCS 汇报其接收或转发的消息。然后，CCS 利用收据确定传输消息相关的费用和信用。这个方案假设 CCS 的在线接入是可用的。这一假设在完全的 Ad Hoc 网络中因无法保证接入到在线实体而可能不成立。

16.3.4　采用检测与隔离机制的方案

本节将简要阐述采用检测与隔离技术的方案。以下从一个较早的方案开始介绍。

Marti 等[38]提出了一种用于缓解在 MANET 节点中存在的同意转发数据包却转发失败问题的方案。这种方案采用"看门狗"确定不良行为的节点和"路径评价"来避免这些节点的影响。每个节点都具有自己的"看门狗"和路径评价模块。"看门狗"的运行要求 MANET 中的节点以混杂模式运行：即处于节点 n_j 传输范围内的节点 n_i 应该能够监听节点 n_j 接收和发出的所有通信，包括与节点 n_i 无关的通信。"看门狗"的工作原理基于这样的假设：如果数据包被传输到节点 n_i，并需要由节点 n_i 转发给节点 n_j，但节点 n_i 的相邻节点并未监听到由 n_i 到 n_j 的传输过程，则节点 n_i 很可能是恶意节点，因此需要为其指定较低的等级。路径评价模块负责指定等级。指定等级过程如下：当路径评价模块初次识别节点 n_i 时，节点 n_i 被设置为"中间"等级 0.5。处于活跃路径上的节点每 200ms 等级值增加 0.01。而当节点的链接被推测为无效时，其等级值将减少 0.05。"中间"等级的范围为 0.0 到 0.8，但节点一般将自身的等级设置为 1.0。路径评价模块并不是根据路径中的跳数来选择到给定目的节点的路径，而是选择具有最高平均等级的路径。正如像作者用自己的话所描述，"看门狗的缺点是可能无法检测到存在于以下情况中的异常行为节点：①不确定性冲突；②接收器冲突；③传输功率限制；④虚假的异常行为；⑤冲突；⑥部分丢弃。"

Buchegger 和 Le Boudec 提出了一种注重动态 Ad Hoc 网络公平性的节点协作协议，称为 CONFIDANT（Cooperation of Nodes: Fairness In Dynamic Ad-hoc Networks）协议[41]。协议的目标是检测与隔离 MANET 中的行为异常节点。CONFIDANT 协议采用了一种名誉系统[42]，在该系统中 MANET 中的节点根据观测到的行为进行互相评级。将被认定为异常的节点放入黑名单并随后进行隔离。然而，名誉系统没有提供任何针对错误举报的保护措施，因此这种方案容易遭受到胁迫。

Awerbuch 等提出了一种路由安全方案[43]。 这种方案的目的是对由 MANET 中个别或共谋节点引起的拜占庭式失败提供恢复能力。这种方案采用数字签名来对每一跳进行认证，并要求网络中的每个节点维护一个包含节点可靠性度量的权值列表。在路由发现期间利用权值列表来避免故障路径。当在已建立的路径中检测到故障后，尝试启动一种自适应探测技术，用来检测故障链接。故障链接将被降低等级，从而避免了故障链接。探测技术在识别由非恶意行为引起的故障是非常有用的。然而，这些技术对恶意代理无效。简单地说，这是因为探测数据包与其他数据包有区别，因此，攻击者可在被探测时选择表现正常行为，而在不被探测的间隔表现为恶意行为。

Just 和 Kranakis[44]以及 Kargl 等[45]提出了检测 Ad Hoc 网络中自私或恶意节点的方案。这些方案中涉及到类似文献[43]的探测机制，探测数据包区别于其他数据包。

Patwardhan 和 Iorga 提出了一种称为 SecAODV 的安全路由协议[46]。SecAODV 基于 AODV，又区别于 AODV。它要求 MANET 中的每个节点都具有一个静态的 IPv6 地址。该协议允许在源节点和目的节点之间建立基于统计学唯一性密码验证（SUCV，Statistically Unique and Cryptographically Verifiable）标识符的安全通信信道。这将无需任何信任证书认证（CA，Certificate Authority）而确保 IPv6 地址与密钥的安全绑定。SecAODV 还提供了一种入侵检测系统（IDS，Intrusion Detection System）来监测节点的活动。由于该协议要求 MANET 中每个节点必须具有一个静态 IPv6 地址，因此目前该协议在应用上还有受到很大的限制。

16.4　鲁棒的源路由

本节将介绍一种安全按需、多径源路由协议，称为鲁棒的源路由（RSR，Robust Source Routing）。除提供数据源认证服务和完整性检查外，RSR 还可缓解智能恶意代理选择性丢弃或修改其同意转发的数据包的问题。仿真实验表明 RSR 在 MANET 网络中大部分节点为恶意节点时仍可保持较高的数据传输率。

RSR 具有两个阶段，即路由发现和路由使用与维护。下面对每个阶段分别进行介绍。

16.4.1　路由发现

在路由发现阶段，源节点 S 广播一个路由请求以表明它需要找到一条从 S 到目的节点 D 的路径。在路由请求中，S 规定其寻找的路径中不能包含任何处于禁忌列表内的节点，也不能包含任何出现在排除链接列表中的链接。将在 16.4.4 节中介绍禁忌列表和排除链接列表的合理性。另外，路径中还不能包含任何处于路径中节点的禁忌列表中的节点。路由请求遍历到的每个节点都需要将自己的标识符和禁忌列表添加到路由请求的相应的数据域内，并签署数据包。因此，有关被排除在路径之外的节点的标识信息很容易被确定。当路由请求数据包达到目的节点 D 后，D 选择三条有效路径，复制每一条路径到一个路由回复包中，签署数据包，并用各自的反向路径将路由回复包单播给源节点 S。S 收到这些路由回复包后，执行路由使用与维护。

16.4.2　路由的使用与维护

源节点 S 选择一条在路由发现阶段中获得的一条路由路径发送数据流量。目的节点 D 需要对接收到的每个数据包发送一个具有数字签名的确认（ACK，Acknowledgment）。对于一个数据包，如果 S 在给定次数的重发后仍未收到 D 的确认，也未收到表明目的节点 D 无法到达的链路层错误信息，这时假设路径中含有自私或恶意节点，然后操作如下：S 建立并发送一个先行包（FR，Forerunner Packet），通知路径上的节点它们应该在给定时间内预期收到来自源节点的具体数据量。当 FR 到达目的节点 D 后，它向 S 发送一个确认。如果 S 没有收到 FR 的确认，则按照 16.4.4.2 节所述"未收到 D 发送 FR 包的 ACK"标题下的步骤运行。否则，S 开始向 D 发送数据流。如果路径中存在自私或恶意代理选择并且它们选择丢弃来自 D 的数据包或确认，最终按照 16.4.4.2 节"S 开始发送数据但流量正在被丢弃"标题下的步骤进行处理。

16.4.3 问题的定义及模型

在本节中，将介绍在设计 RSR 中我们采用的网络和安全假设。还将更准确地对所提出协议解决的问题进行描述。

16.4.3.1 网络假设

RSR 对目标 MANET 网络采用以下假设：

（1）每个节点具有一个唯一的标识符（IP 地址，MAC 地址或证书序列号）。

（2）每个节点具有一个有效的证书以及 CA 的公共密钥，CA 发布其他对等网络的证书。

（3）节点间的无线通信连接是对称的，即如果节点 n_i 处于节点 n_j 传输范围内，则节点 n_j 也处于节点 n_i 的传输范围内。这是大部分兼容 802.11[47]网络的典型情况。

（4）MANET 节点链路层提供错误检测服务。这是多数 802.11 无线接口的共同特点。

（5）处于源节点到目的节点路径上的任意给定中间节点都可能是恶意节点，因此不能被完全信任。源节点只信任一个目标节点，反之亦然，一个目标节点仅信任一个源节点。

16.4.3.2 威胁模型

本工作中，对任何两节点之间不作存在安全关联的假设。已有的一些工作，如文献[22,26,48,47,12,10,44,45,49,4,21,23,39,38,50,35,20]，假设依赖一些协议可在通信双方之间建立的共享密钥，如著名的 Diffie-Hellman 密钥交换协议。然而，在对抗环境中，恶意实体可通过简单地丢弃密钥交换协议信息而不转发的方式很容易地扰乱协议，阻止节点同其他节点建立共享密钥。我们的威胁模型未对攻击实体进行任何特殊限制。攻击实体可拦截、修改或伪造数据包，建立路由循环、选择性丢包、人工延迟数据包或者通过向网络注入数据包以消耗网络资源为目的的拒绝服务攻击。恶意实体还可通过与其他恶意实体同谋以试图掩盖其攻击行为。我们协议的目标是检测并缓解自私或对抗活动。

虫洞攻击[26]是协议无法防止的一种特殊类型攻击。在虫洞攻击中，一个攻击者在网络中的一点接收数据包，然后通过不正常方式将数据包传递到网络的另外一点，再从那一点将它们转发入网络。同谋攻击可能采用这种攻击，如通过转发路由请求包以增加攻击实体控制路由路径的机率。如果虫洞表现出攻击活动，我们的协议将虫洞处理为单一链接，然后努力避免使用这一链接以缓解这种攻击带来的危害。

16.4.4 RSR 的详细信息

协议要求每个节点维护一个禁忌列表，该列表含有列表所有者认为是恶意节点或不可信节点的信息。列表所有者将对来自其禁忌列表中的任一节点发出的路由请求包予以默默地丢弃。由此，禁忌列表的所有者很有可能被其禁忌列表中的节点放入它们的禁忌列表中。因此，对于一个节点最好的情况是，只有给定节点具有较高概率确定为恶意节点或不可信任节点时，才可能被放入其禁忌列表。

如前所述，路由方案包括两个阶段，即路由发现和路由的使用与维护阶段。协议各阶段传输的所有单播路由数据包都有一个通用的源路由信息头，包括以下域：

（1）源地址：创建数据包的节点的标识符。

（2）目的地址：目的节点的标识符。

（3）源路由：数据包在由源到目的节点传播过程中必须遍历的路由路径。

16.4.4.1 路由发现

当节点 n_i 有数据需要传输到目的节点但不知道到目的节点的路径时，n_i 建立一个包含以下信息的路由请求（RREQ）包：

（1）请求 ID：一个唯一的随机临时数（nonce），该数据与源节点地址共同作为 RREQ 包的标识符。

（2）排除链接：路径中必须排除的零条或多条链接的列表。

（3）路由记录：RREQ 遍历的节点列表，包括这些节点的禁忌列表和附属数字签名。

值得注意的是，排除链接和禁忌列表是两个不同的实体，它们的目的也不同。即当节点 n_j 处于节点 n_i 的禁忌列表中，节点 n_i 将默默地丢弃由节点 n_j 发来的 RREQ 包。如果 n_i 当前处于 n_j 的任一路由路径上，n_i 将继续沿着给定的路由路径转发数据包。但是，由于 n_i 不再转发任何源自 n_j 的 RREQ 数据包，因此，n_i 不会成为 n_j 新路径上的节点。另一方面，如果节点 n_j 出现在 n_i 的排除链接中，n_i 会继续转发源自 n_j 的 RREQ 包。这是由于节点 n_i 并不能确定节点 n_j 或 n_k（问题链接上的其他节点）是自私节点或攻击节点。

建立 RREQ 后，n_i 签署 RREQ 并将其广播给它的相邻节点。当节点 n_j 接收到一组它之前没有接收过的具有相同标识符<源地址，请求 ID>的 RREQ 数据包后，将从中随机选择[1]一个，并检查下列条件的任一条是否成立：

（1）RREQ 的源节点处在 n_j 的禁忌列表中。

（2）n_j 出现在路由记录域中的禁忌列表中。

（3）在 n_j 与路由记录域中出现的相邻节点之间存在一个排除链接。

如果以上任意一个条件成立，n_j 丢弃数据包并记录具有给定的标识符<源地址，请求 ID>的 RREQ 已接收过。否则，n_j 验证发起者的签名[2]；如果验证失败，并且 n_j 的链路层没有报告传输错误，n_j 将向它发送 RREQ 的相邻节点添加到其禁忌列表中并丢弃 RREQ。原因是 n_j 的相邻节点修改或伪造了数据包，或者转发 RREQ 前没有对源节点签名进行验证；也就是说，n_j 的相邻节点或者是恶意节点，或者没有遵守协议。如果签名验证成功，n_j 将自己的标识符和禁忌列表添加到路由记录域，签署整个路由记录域，记录具有给定的标识符<源地址，请求 ID>的 RREQ 包已接收过，然后将该数据包广播给相邻节点。

RREQ 继续按照上面描述的方式在网络中遍历，直到一个或多个数据包到达目的节点 D。当接收到一组具有相同标识符<源地址，请求 ID>的 RREQ 后，节点 D 从中选择 3 个 RREQ 包，使其各自路由记录域中存储的路径跳数最小，而且路径中不存在处于任何其他路径成员的禁忌列表中的节点，也没有被列在源节点排除链接中的链接。然后，D 需要对每个 RREQ 包中路由记录域进行数字签名验证。如果一个被选中的 RREQ 包的签名全部有效，那么 D 对于给定的 RREQ 建立一个路由回复包（RREP），签署并通过 RREQ 中路由记录域中的反向路径单播给 RREQ 的源节点。如果一个 RREQ 包的任意一个签名验证失败，存在问题的 RREQ 包被丢弃，然后用上述标准选择的另外的 RREQ。源节点 S 需要对每个接收到的 RREP 发送一个已签名的确认。如果 D 在经过给定数量的重试后没有接收到 RREQ 的确认信息，如果还有其他的 RREQ 包，D 则选择另外的 RREQ 按照上面的步骤重新向 S 发出 RREP。

除通用源路由头外，RREP 包还含有以下信息：

（1）请求 ID：相应 RREP 包的请求 ID。

（2）路径：按照相应的 RREQ 路由记录域显示的顺序，路由路径上节点的标识符。

---

[1] 随机选择 RREQ 而不是选择第一个到达的可提供针对冲撞攻击（Rushing Attack）[48]的保护。
[2] 源认证用于减轻网络中拒绝服务攻击的效果。将在 16.4.5 节中讨论这种方法的优缺点。

当 RREQ 的源节点接收到 RREP 包后，开始执行下面介绍的路由使用和路由维护。

16.4.4.2 路由的使用与维护

接收到 RREP 包后，源节点 S 存储路径，选择跳数最少的路径，发送数据流量。目的节点（D）需要为接收到的每个数据包发送一个签名的确认（ACK，Acknowledgment）。如果 S 在进行一定次数重试后既未收到任意给定数据的有效 ACK 也未接收到来自任意中间节点链路层的错误消息时，S 则认为在给定路径中存在自私或恶意节点，从而启动以下的故障检测与隔离程序。

故障检测与隔离。当有证据表明给定路径上存在行为异常节点时，协议利用先行（FR）包通知路径上的节点：他们将期望收到来自源节点 S 发向一个特定目的节点的一定的数据流量。如果路径上的任意节点在接收到来自 S 的 FR 包后一定时间内没有接收到指定数量的数据流量时，它需要向源节点发送一个否认应答（NACK，negative acknowledgment），通知源节点 S 它没有收到预期的数据流量。数据流量速率利用文献[51，49，52]中描述的机制，以分布式协调功能（DCF，Distributed Coordination Function）模式运行的 IEEE 802.11 媒体访问控制（MAC，Medium Access Control）协议获得。

一个 FR 数据包包含以下域：

（1）FR ID：一个唯一的随机临时数和源地址（从源路由头中确定），作为一个 FR 包的标识符。

（2）期望数据流量：FR 包后续跟随的数据流量。

（3）ACK 标识符：这是一个 1 位的标识符，如果要求中间节点向 FR 包的源节点发送一个签名的 ACK，则设置该值。

为了避免不必要的网络流量，FR 包被建立时将 ACK 指示器标识符设置为 0。然后数据包被签名并沿着选定的路径发送给 D。当由 S 到 D 路径上的中间节点接收到 FR 包后期望验证签名，如果验证成功，则记录接收到 FR 的时间，然后转发该包到路径的下一跳节点。当 D 接收到一个有效的 FR 后，向源节点发送一个签名的 ACK。当 S 从 D 接收到 ACK 后，开始向 D 发送数据流量。

在 S 开始向 D 发送数据流量后，自私或恶意节点可能选择不转发 FR 包，也可能不转发 S 向 D 发出的数据流量。协议按照如下的步骤处理这种不确定性：

未收到 D 返回的 FR 包的 ACK。如果 S 没有收到有 D 发送的针对 FR 包的 ACK，也没有从任何中间节点收到表明目的节点 D 已无法链接的链路层错误消息，则 S 认定当前路径中存在异常节点将 D 发送的 FR 包或 ACK 丢弃了，并将进行如下处理：如果由 S 到 D 的精确路径长度为 3，S 就将 D 与中间节点的链接添加到其排除链接中，同时丢弃路径，然后选择到 D 的另一条路径，如果有一条路径可用，重复上述所示的路径利用过程。如果再也没有预先计算好的其他路径，S 将建立并签署一个新的 RREQ 包，该包含有其记录的所有问题链接的排除链接域，并将该包广播给相邻节点。如果有 S 到 D 的路径长度大于 3，则 S 建立另一个 FR 包，设置 ACK 指示器标识符为 1，签署该数据包并将其发向通往路径 D 的第一跳。当节点 n_i 接收到一个 ACK 标识符设为 1 的 FR 包后，要求通过有限的洪泛方式向 S 转发一个签名的 ACK。在有限洪泛广播中，IP 头的生存时间（TTL，Time-to-live）域设置为 d，其中 d 为当前节点到源节点 S 的跳数。如果 S 没有从路径中的每个节点收到有效的 ACK，则给定路径（在该路径上 S 未收到有效的 ACK）中的第一个节点 n_i 与其上流相邻节点之间的链接被添加到排除链接列表中。例如，在图 16.5 中，节点 S 收到来自 n_1 和 n_2 FR 包的 ACK，但未收到 n_3 的 ACK，S 将把 n_2 与 n_3 之间的链接添加到排除链接中，选择通向 D 的另外一条路径，或者根据以上所述发送新的路由请求。将含有问题链接的路径可通过去除子路径的方法进行剪枝，该子路径是以问题链接的下游节点开始。如在图 16.5 中 n_3 和 D 需要从路径中移除，得到由 S 到 n_2 的长度为 3 的子路径。剪枝后的结果子路径如果长度大于等于 3，则被存储起来；否则丢弃。

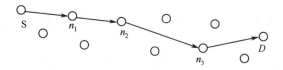

图 16.5　路由路径示例

S 发送数据流至 D 但流量正在被丢弃。如前所述，当节点 n_i 接收到 FR 包后，将记录接收该包时间。如果过了一定时间内（取决于网络延迟和可用的带宽情况）节点 n_i 未收到由 S 到 D 的预期的数据流时，n_i 需要通过有限洪泛方式向 S 发送一个签名的 NACK，NACK 表明 n_i 还未收到来自节点 S 期望的数据流量。NACK 包与 ACK 包类似，除了通知准备接收者 S：NACK 的源节点未收到来自 S 的预期数据流量。当 S 从节点 n_i 收到一个有效的 NACK 并通过处于到达 D 路径上的下游节点其他的 NACK 信息予以确认后，S 将节点 n_i 与上流路径上的相邻节点之间的链接记录为问题链接；然后 S 对给定的路径进行剪枝，然后如上所述重复选择或者发现另一路径的过程。

除丢弃数据包外，恶意节点还可能对数据包进行篡改。协议通过要求中间节点对接收到的数据包在转发前进行源节点签名验证来处理这种情况。如果节点 n_i 签名验证失败并且 n_i 链路层未报告传输错误消息，n_i 需要将发来数据包的相邻节点添加到自己的禁忌列表中，然后通过有限洪泛的方式向 S 发送一个 NACK 包，通知 S 数据包被篡改了。S 接收到 n_i 发来的 NACK 包后，将节点 n_i 与其上流相邻节点之间链接添加到排除链接列表中，然后对路径进行剪枝。

16.4.5　讨论

在本节中，将阐述本章讨论协议的相关设计选择问题。从采用数字签名进行完整性验证和源节点认证开始讨论。

16.4.5.1　加密工具的选择

大部分网络安全方案采用消息认证码而不是数字签名来进行数据完整性检查。之所以如此是因为消息认证码在计算上比数字签名更有效。与其他对称密钥的加密工具类似，采用消息认证码的缺点是要求通信双方之间需要建立共享密钥。如 16.4.3 节中所提到的，我们的协议是具体针对攻击 MANET 网络环境设计的。在这种网络中，含有或很可能含有持久的恶意或自私实体，这些实体通过进行 16.4.3.2 节的威胁模型中提到的攻击活动来试图扰乱网络。我们认为通过密钥交换协议在通信双方之间建立共享密钥是不可行的，因为攻击实体可通过丢弃而不转发协议消息轻易地阻碍这些协议的运行。节点 S 可产生一个对称密钥，签署并通过拟接收节点的公共密钥加密，然后通过广播向目标节点 D 发送。这将有可能允许在节点 S 和 D 之间建立共享密钥。但是，由于额外广播消息造成的吞吐率减少的代价使得这种方案变得不合理。另外，共享密钥可通过适当的频外（out-of-band）通信方式被发布到网络的其他节点，但是，考虑到如果不对共享密钥频繁刷新，有可能会在网络中被攻破，这种方式也是不可行的。

除高度对抗环境中在通信双方之间建立共享密钥问题外，消息认证码在确认特定恶意活动上也不是很有效。例如，在由 S 到 D 的路由路径上试图扰乱数据流的一个恶意实体可选择非法篡改数据包然后再转发，而不是简单丢弃数据包。因为目的节点在确定数据包被非法篡改后，会丢弃数据包，这种恶意行为的最终后果与丢弃数据包是类似的。数字签名可用于识别恶意实体对数据包进行篡改或确定同谋恶意实体转发了修改的数据包；但是消息认证码没有这个特点，因为通常只有数据流的源节点和目的节点知道计算消息认证码的密钥。为了提高对恶意实体的检测和隔离性能，在设计 RSR 时权衡了数字签名的上述特点。RSR 源认证操作具有以下两项主要目的。

（1）如图 16.5 所示的情况，如果正常节点 n_3 接收到 n_2 的数据包并转发给 D，如果数据包的签名验证失败，并且 n_3 链路层未报告传输错误，n_3 会将 n_2 添加到其禁忌列表中。原因是节点 n_2 或者篡改了数据包或者未对数据包进行签名验证，即 n_2 或者是恶意节点或者没有遵守协议。除将 n_2 添加到禁忌列表中外，n_3 将丢弃数据包并向源节点 S 发送一个 NACK 以通知 S 其接收到的数据包被非法篡改了。如果 S 也未收到来自 D 的针对给定数据包的 ACK，则证实了来自 n_3 节点信息的正确性。S 将 n_2 与 n_3 之间的链接记录添加到排除链接中，并开始对节点 n_2 启动相应的隔离机制。

（2）源认证还可以被用于减弱特定的拒绝服务攻击。恶意节点可能试图通过伪造的数据包充满网络的形式来消耗网络资源。RSR 源认证操作的部分目的是通过规定节点丢弃未认证数据包的方式减轻这种攻击方式的效果。需要指出的是，对抗实体可通过发出大量伪造数据包的方式覆盖其单跳相邻节点。但是，未认证数据包将被丢弃，资源的消耗被限制在对抗实体的单跳相邻节点范围内。

鉴于以上可能性，认为在源认证中采用数字签名的益处大于其相关代价。一些数字签名方案，如 RSA[53] 允许在签名和验证操作之间寻求平衡。如果加密系统的公共指数比较小，验证过程可比签名操作快几倍。例如，对于 1024 位 RSA 密钥来说，如果公共指数（e）为 3，验证操作可比签名过程快 700 倍[54]。因此，验证过程可以非常有效地完成。在 RSR 的数字签名操作中，大部分运算为验证过程。

利用加密工具进行上述第（1）条中所述操作的一种替代方式是使节点网络接口运行在混乱模式，并规定节点监视其相邻节点的输入和输出数据流，并汇报所有不一致的情况。然而这种操作的效率不高，并具有 16.3.4 节中对 Marti 等方案[38] 分析的缺点。

16.4.5.2 禁忌列表和排除链接

RSR 采用禁忌列表和排除链接分别记录问题节点和链接。由于以下原因，被其他节点列入禁忌列表的后果将较为严重：节点将默默丢弃由禁忌列表中节点发来的路由请求。因此，如果一个节点被几个节点列入禁忌列表，它将很可能难以与其传输范围外的节点进行通信。另外，一个节点的排除链接列表仅用于从其路由路径中排除问题链接。这样设计选择受到以下事实的启发：节点 n_i 并不确定问题链接中哪个节点是自私或对抗节点；n_i 希望消除将正常行为的节点错误地隔离的可能性。恶意节点可能会将正常节点添加到自身的禁忌列表中以扰乱路由发现过程。但是，这种可能性实际上对网络中具有积极效果，因为这将降低给定恶意节点在路由路径上的概率。类似地，对抗实体无法通过将正常链接添加到自身的排除链接列表中获得任何好处。

16.4.5.3 先行包机制

我们的 FR 包机制要求 MANET 节点能够确定接受数据流的流量。如 16.4.4.2 节中所述，数据流量可通过文献[51，49，52] 中介绍的技术有效地从 IEEE 802.11MAC 协议中获取。与其他 MANET 故障检测技术，如探测技术，相比，我们的 FR 包机制具有以下独特特点：FR 包通知由源节点 S 到目的节点 D 路径上的所有节点，S 准备将在给定时间内发出一定量的数据；因此，这些节点估计在给定时间内将要接收来自 S 的指定的数据流率，如果由 S 到 D 路径上的节点在给定时间内没有接到指定的数据流率，需要它们向 S 发送 NACK，以通知 S 它们没有收到期望的数据流。这一机制迫使路由路径上的自私或恶意节点配合转发 FR 包声明的指定数据量，否则，如果这些节点选择不转发数据流量，将面临被确定为问题节点的风险。自私或恶意节点可在转发 FR 包声明的指定数据流量后重新开始对抗活动。然而，最终结果是 FR 包可强制不合作的实体转发指定量的数据，反过来，这可有助于确定含有不合作节点的链接。这可与采用探测技术的方案诸如文献[43，44，45] 进行对比，因为探测技术只有探测数据包与其他数据包完全有区别迫使合作才成功，这在实际中是很难满足的。FR 中，数据包无需与其他包相区别，因为它们的目的是声明将要传输的数据量。对抗实体可选择丢弃数据包。然而，如 16.4.4.2 节和 16.4.6 节所述，协议运行过程将采取方法识别这些对抗活动。

16.4.6　分析

本节中，将通过具体恶意行为的示例说明 RSR 如何缓解这些行为可能造成的后果。

16.4.6.1　路由路径中存在单一恶意节点

针对如图 16.6 所示路由路径中存在单一恶意节点情况，考虑如下：

（1）如果 m 将由 S 发送到 D 的一个数据包丢弃了，则 S 无法接收到由 D 发送的给定数据包的 ACK。随后，S 将沿着通向 D 的路径发送 FR 包。如果 m 将该包丢弃，S 接收不到由 D 发送的针对 FR 包的 ACK。然后，S 将沿着相同路径发送一个 ACK 标识符位设置为 1 的 FR 包。路径上每个节点接收到这个 FR 包（ACK 标识符位设置为 1）后，需要向 S 以有限洪泛的方式发送一个ACK。如果 m 将这个包丢弃，则 S 将无法接收到 n_2 节点发来的 ACK。因此，S 将把节点 m 与 n_2 之间的链接划分为问题链接，添加到排除链接列表中。节点 S 发出的下一个 RREQ 包将会包含 m 与 n_2 之间有关故障链接的信息。当 n_2 接收到这个消息，如果至少有 N-1（关于 N 详见 16.4.5.2 节）个来自不同源节点的其他 RREQ 包将这个链接列为问题链接，则 n_2 将 m 添加到禁忌列表，启动对 m 的隔离程序。

（2）如果 m 节点确认并转发了 ACK 标识符设置为 1 的 FR 包，而在给定路径外的其他恶意节点的帮助下，将 n_2 和 D 向 S 发送的 ACK 成功滤除掉，S 将接收不到节点 n_2 的 ACK。因此，S 将会把 m 与 n_2 之间的链接添加到排除链接列表中。

（3）如果 S 收到了路径上每个节点发来的 FR 包（ACK 标识符位设置为 1）的 ACK 消息，则 S 开始向 D 发送预定的数据流量。如果 m 丢弃一个数据包，则 n_2 和 D 无法接收到它们期望的 FR 包指定的数据流量。它们将通过有限洪泛的方式向 S 发送一个 NACK。S 接收到 NACK 后，将 m 与 n_2 之间的链接添加到排除链接列表中。

（4）如果 m 借助给定路径外其他恶意节点的帮助，成功滤除了由 n_2 和 D 发送的 NACK 消息，S 由于未收到由 n_2 和 D 发送的针对 m 丢弃数据包的 ACK 消息，它将确定路径出现了故障。于是，S 将丢弃给定路径。如果 m 转发了所有由 S 到 D 的数据包，但丢弃了由 D 发送给 S 的一个 ACK，情况类似。

16.4.6.2　相邻同谋恶意节点

针对如图 16.7 所示路由路径上含有相邻同谋恶意节点 m_1 和 m_2 情况，如果 m_1 或 m_2 丢弃了本应转发的数据包，易于证实与上面讨论的情况一致。

16.4.6.3　相距两跳距离的同谋恶意节点

如图 16.8 所示的情况，如果 m_1 或 m_2 丢弃了本应转发给 D 的数据包，容易证实符合以上讨论的情况（1）～（3）。这种情况下，m_1 不太可能每次都能通过给定路径外其他恶意节点的帮助成功滤除由 n_1 以有限洪泛方式向 S 发送的 NACK，除非 S 传输范围内的所有节点都是恶意节点。这样，m_1 很难隐藏其恶意行为。

图 16.6　路由路径上有一
　　　　个恶意节点

图 16.7　路由路径上的相邻
　　　　同谋恶意节点

图 16.8　路由路径上的非相邻
　　　　同谋恶意节点

16.4.7 仿真估计

在 NS2 网络仿真器[55]上实现了 RSR。对于加密部分，使用 Cryptlib 加密工具产生了 1024 位 RSA 加密密钥用于数字签名和验证操作。在仿真实现中，恶意节点不遵守协议。例如，它们既不对它们转发的数据包进行签名验证也不向自己的禁忌列表和链接排除列表中添加节点或发送 NACK 消息。另外，它们对要求它们转发的数据包进行选择性丢弃或篡改。唯一例外的是，它们不对 RREQ 和 RREP 包进行丢弃或篡改，因为当它们所处的路径越多，对抗效果会越显著。表 16.1 给出了仿真中采用的参数设置。

表 16.1　仿真参数值

参　　数	值	参　　数	值
空间	670m×670m	流量类型	CBR
节点数量	50	最大链接数	34
移动模型	Random waypoint	包长	512 B
速度	20m/s	包产生速率	4 包/s
暂停时间	600s	仿真时间	170s

16.4.7.1　性能指标

采用以下指标对我们的方案性能进行评估：

（1）数据包传输率：这是指由恒定比特率（CBR，Constant Bit Rate）源产生的数据包传送到目的节点的比例。这个指标评估 RSR 在恶意代理数量变化的情况下发送数据包到目的节点的能力，其中恶意代理有选择地丢弃需要转发的数据包。

（2）数据包传输数量：这一指标从另一个角度表示在对抗实体数量变化的环境下方案将数据包传输到目的节点的有效性。

（3）路由开销（字节）：这是在整个仿真期间产生的路由控制消息总字节量。

（4）路由开销（包）：这是在整个仿真期间产生的路由控制消息总量。用发送包数量和接收包的数量对路由开销进行归一化，以弥补在仿真实现中对抗节点不发生数据包的事实。

（5）端到端数据包平均延迟：这里指的是所有数据包到达各自目的节点所用的总时间与接收到的数据包总数的比值。这一指标表示所有被成功传输的数据包的平均延迟。

RSR 的仿真实验结果与 DSR[12]的仿真结果进行了对比。DSR 可能是目前在 MANET 网络中应用最广泛的源路由协议。

16.4.7.2　仿真结果

仿真结果表明即使在存在较大比例的恶意实体的环境下 RSR 也能非常有效地向预定的目的节点传输数据包。如图 16.9 所示，节点中 80% 为恶意节点的情况下，RSR 可保持 0.8 的数据包传输率。而 DSR 在节点中恶意节点占 70% 时，数据包传输率已降为 0.2，当恶意节点比例为 80% 时，数据包传输率已降为 0。

需要指出的是，DSR 既未提供任何安全服务，也未提供可靠数据传输。而 RSR 提供了这两项服务。因此，可以预料到与 RSR 相关的开销将远远高于与 DSR 相关的开销。这是两种协议开销的折中。虽然 RSR 具有相对较高的开销，如图 16.10 所示，在整个仿真期间当网络中的恶意节点比例超过 10% 时，RSR 平均传输数据包数量是 DSR 的两倍。这证实了如图 16.9 中数据包传输率曲线表明的结果是一致的，在存在活跃的恶意实体的情况下，RSR 允许比 DSR 具有个更大的吞吐量。

RSR 采用数字签名提供数据源认证和完整性检查。在 RSR 仿真实现中，每个路由包都被签名并将签名附在包内。因此，RSR 包比 DSR 包要大得多。如所预料的，仿真结果表明随着恶意节点比例的增多，RSR 的平均路由开销增大。这是因为：随着恶意活动增加，需要发送更多的 FR 包、与 FR 包对应的 ACK 包以及 NACK 包。图 16.11～图 16.14 表明了无论是发送数据包数量还是接收数据包数量对按字节或数据包计算的路由开销归一化，其变化趋势是类似的。

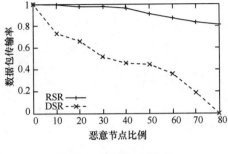

图 16.9　数据包传输率

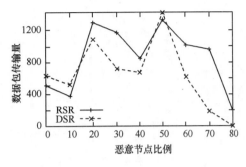

图 16.10　仿真期间的数据包传输量

图 16.15 表明平均数据包延迟没有明确的趋势。数据包延迟的波动很可能与在网络中传播的转发数据包的数量有关。在网络中转发的数据包数量越多，无线接入媒体的争用就会越多，因此，数据包被传送到各自目的节点需要花费的时间也就越长。平均数据包延迟也与数据包的长度成反比：平均起来，较大的数据包花费较长时间到达其目的节点。因此，与 DSR 相比，RSR 具有较长的平均数据包延迟是预料之中的。然而，与 RSR 在活跃恶意实体数量增多的环境中提供的成比例的较高吞吐量相比，延迟的适当增加是微不足道的。

一个出乎意料的结果是，在恶意节点比例从 60%增加到 70%时，如图 16.11～图 16.14 所示，路由开销是下降的。这个趋势可能与仿真期间采用 CBR 流量模式相关。一种可能是在这一仿真期间发送的 CBR 数据包遍历恶意节点的数量较少，因此，在这一仿真时间段，可能恶意活动稍有下降。

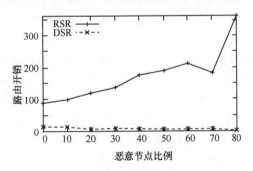

图 16.11　采用发送数据包数量归一化的
路由开销（字节）

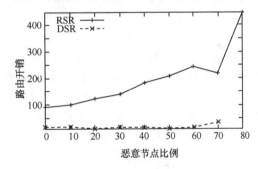

图 16.12　采用接收数据包数量归一化的
路由开销（字节）

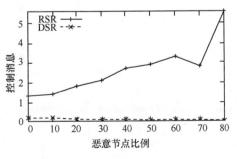

图 16.13　采用发送数据包数量归一化的
路由开销（包）

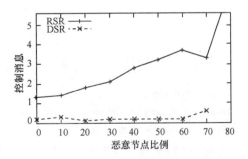

图 16.14　采用接收数据包数量归一化的
路由开销（包）

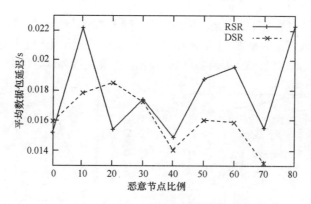

图 16.15　平均数据包延迟

16.5　小　结

本章中，对 MANET 中的路由方法进行了综述，并分析了现有的安全 MANET 路由方案。注意到在这些方案中大部分都无法处理自私或恶意实体对其一致同意转发的数据包进行选择性丢弃的行为。将试图缓解这种对抗活动的方案分为 3 类：基于信任的方案，基于激励的方案和采用检测与隔离机制的方案。指出基于信任的路由方案容易受到对抗攻击的影响，因为这些方案或者要求组密钥来实施信任级别要求，但并未对恶意举报攻击提供保护策略；它们或者会因丢弃信任查询消息而受到扰乱。其次，指出了基于激励的方案需要防篡改硬件模块或需要至中心实体的在线接入。由于这些要求，基于激励的方案在应用方面受到了限制。关于采用检测与隔离机制的方案，断言这些方案面对 16.3.4 节概括的各种问题是不够的。最后，通过对现有的各种 MANET 安全路由方案进行综述和分析，得出以下结论：需要对 MANET 中的自私节点和选择性丢包行为进行充分缓解的安全路由方案。

作为对这一问题努力的一个贡献，提出了一种鲁棒安全的 MANET 按需路由协议。这种协议能够即使在网络环境中具有较大比例活跃的能选择性丢包的自私或恶意代理情况下将数据包传输到目的节点。称这种路由协议为 RSR。RSR 引入了 FR 包的概念，其中 FR 包通知路径上的所有节点它们将在特定时间帧内预计接收到给定的数据流。这样路径上的节点监视着给定数据流，如果它们没有收到的数据流，它们可向源节点发送消息通知源节点未能如期接收到预定数据流。这样，与活跃恶意代理的链接将被识别出来并且恶意代理最终将被隔离。最后，给出的仿真结果证明了 RSR 在具有较大比例恶意或自私实体的环境中具有将数据包传输到目的节点的能力。

参 考 文 献

1.　C Cr'epeau, C R Davis, and M Maheswaran. A secure manet routing protocol with resilience against byzantine behaviours of malicious or selfish nodes. In Proceedings of the 21st International Conference on Advanced　Information Networking and Applications Workshops (AINAW), Vol. 02, May 2007: 19–26.

2.　S Corson and J Macker. Mobile ad hoc networking (manet): routing protocol performance issues and evaluation considerations. Internet Request for Comments (RFC 2501), January 1999.

3.　G G Finn. Routing and addressing problems in large metropolitan-scale internetworks. ISI Research Report ISU/RR-87-180, March 1987.

4.　E Kranakis, H Singh, and J Urrutia. Compass routing on geometric networks. In Proceedings of the 11th Canadian Conference on Computational Geometry, August 1999:51–54.

5. I Stojmenovic and X Lin. Loop-free hybrid single-path/ooding routing algorithms with guaranteed delivery for wireless networks. IEEE Trans. Parallel Distribut. Syst., 2001,12(10):1023–1032.

6. P Bose and P Morin. Online routing in triangulations. In Proceedings of the 10th International Symposium on Algorithms and Computation (ISAAC'99), LNCS, Vol. 1741, 1999: 113–122.

7. H Takagi and L Kleinrock. Optimal transmission ranges for randomly distributed packet radio networks. IEEE Trans. Commun., 1984,32(3):246–257.

8. C Perkins and P Bhagwat. Highly dynamic destination-sequenced distance-vector routing (dsdv) for mobile computers. In Proceedings of ACM SIGCOMM Conference on Communications Architectures, Protocols and Applications, October 1994: 234–244.

9. R Bellman. On a routing problem. Quart. Appl. Math., 1958,16(1): 87–90.

10. L R Ford Jr and D R Fulkerson. Flows in Networks. Princeton University Press, 1962.

11. C Cheng, R Riley, S P R Kumar, and J J Garcia-Luna-Aceves. A loop-free bellman-ford routing protocol without bouncing effect. In Proceedings of ACM SIGCOMM '89, September 1989: 229–237.

12. D Johnson and D Maltz. Dynamic source routing in ad-hoc wireless networks routing protocols. In Mobile Computing. Kluwer Academic Publishers, 1996: 153–181.

13. R Dube, C D Rais, K-YWang, and S K Tripathi. Signal stability based adaptive routing (SSA) for ad-hoc mobile networks. IEEE Personal Commun., 1997,4(1):36–45.

14. C-K Toh. Associativity-based routing for ad-hoc mobile networks. Wireless Personal Commun., 1997,4(2):103–139.

15. V D Park and M S Corson. A highly adaptive distributed routing algorithm for mobile wireless networks. In Proceedings of the 2nd IEEE INFOCOM, April 1997: 1405–1413.

16. C Perkins and E Royer. Ad hoc on-demand distance vector routing. In Proceedings of the 2nd IEEE Workshop onMobile Computing Systems and Applications(WMCSA1999), February 1999: 80–100.

17. C Perkins. IP mobility support for IPv4. Internet Request for Comments (RFC 3344), August 2002.

18. S Deering. Icmp router discovery messages. Internet Request for Comments (RFC 1256), September 1991.

19. L Venkatraman and D P Agrawal. An optimized inter-router authentication scheme for ad hoc networks. In Proceedings of the Wireless 2001, July 2001: 129–146.

20. P Papadimitratos and Z J Haas. Secure routing for mobile ad hoc networks. In Proceedings of the SCS Communication Networks and Distributed Systems Modeling and Simulation Conference (CNDS 2002), January 2002.

21. H Krawczyk, M Bellare, and R Canetti. Hmac: keyed-hashing for message authentication. Internet Request for Comments (RFC 2104), February 1997.

22. Y Hu, A Perrig, and D Johnson. Sead: secure efficient distance vector routing for mobile wireless ad hoc networks. In Proceedings of the 4th IEEE Workshop on Mobile Computing Systems and Applications (WMCSA'02), June 2002: 3–13.

23. L Lamport. Password authentication with insecure communication. Commun. ACM, 1981,24(11): 770–772.

24. A Perrig, R Canetti, D Tygar, and D Song. The tesla broadcast authentication protocol. Cryptobytes, 2002,5(2):2–13.

25. L Reyzin and N Reyzin. Better than biba: short onetime signatures with fast signing and verifying. In Proceedings of the 7th Australian Conference on Information Security and Privacy, LNCS Vol. 2384, 2002: 144–153.

26. Y Hu, A Perrig, and D Johnson. Packet leashes: a defense against wormhole attacks in wireless networks. In Proceedings of the 22nd Annual Joint Conference of the IEEE Computer and Communications Societies, April 2003: 1976–1986.

27. M Zapata and N Asokan. Securing ad hoc routing protocols. In Proceedings of the ACM Workshop on Wireless Security (WiSe'02), September 2002: 1–10.

28. M G Zapata. Secure ad hoc on-demand distance vector (soadv) routing. INTERNET-DRAFT draftguerrero-manet-saodv-00.txt, August 2001.

29. M G Zapata. Secure ad hoc on-demand distance vector routing. ACM Mobile Comput. Commun. Rev., 2002,6(3):106–107.

30. Y Hu, A Perrig, and D Johnson. Ariadne: a secure on-demand routing protocol for ad hoc networks. In Proceedings of the 8thACMInternational Conference onMobile Computing and Networking (Mobicom 2002), September 2002: 12–23.

31. K Sanzgiri, B Dahill, B Levine, and E Belding-Royer. A secure routing protocol for ad hoc networks. In Proceedings of 10th IEEE International Conference on Network Protocols (ICNP), November 2002: 78–87.

32. S Yi, P Naldurg, and R Kravets. Integrating quality of protection into ad hoc routing protocols. In Proceedings of the 6thWorld Multi-Conference on Systemics, Cybernetics and Informatics (SCI 2002), August 2002: 286–292.

33. Z Yan, P Zhang, and T Virtanen. Trust evaluation based security solution in ad hoc networks. In Proceedings of the 7th Nordic Workshop on Secure IT Systems (NordSec 2003), October 2003.

34. A A Pirzada and C McDonald. Establishing trust in pure ad-hoc networks. In Proceedings of the 27th Conference on Australasian Computer Science (CRPIT '04), January 2004: 47–54.

35. R K Nekkanti and C-W Lee. Trust based adaptive on demand ad hoc routing protocol. In Proceedings of the 42nd annual Southeast Regional Conference, April 2004: 88–93.

36. C Perkins and E Royer. Ad hoc on-demand distance vector routing. In Proceedings of the 2nd IEEE Workshop onMobile Computing Systems and Applications(WMCSA1999), February 1999: 80–100.

37. A Boukerche, K El-Khatib, L Xu, and L Korba. An efficient secure distributed anonymous routing protocol for mobile and wireless ad hoc networks. Comput. Commun., 2005,28(10): 1193–1203.

38. S Marti, T J Giuli, K Lai, and M Baker. Mitigating routing misbehavior in mobile ad hoc networks. In Mobile Computing and Networking. August 2000: 255–265.

39. H Li and M Singhal. A secure routing protocol for wireless ad hoc networks. In Proceeding of the 39th Hawaii International International Conference on Systems Science (HICSS-39 2006), January 2006: 225–234.

40. L Buttyan and J-P Hubaux. Stimulating cooperation in self-organizing mobile ad hoc networks. ACM/Kluwer Mobile Networks Appli 2003,8(5): 579–592.

41. S Buchegger and J Le Boudec. Performance analysis of the CONFIDANT protocol. In Proceedings of the 3rd ACM International Symposium on Mobile Ad Hoc Networking and Computing (MobiHoc'02), June 2002: 226–236.

42. P Resnick, K Kuwabara, R Zeckhauser, and E Friedman. Reputation systems. Commun. ACM, 2000,43(12):45–48.

43. B Awerbuch, D Holmer, C Nita-Rotaru, and H Rubens. An on-demand secure routing protocol resilient to byzantine failures. In Proceedings of the ACM Workshop on Wireless Security (WiSE '02), September ,2002: 21–30.

44. M Just, E Kranakis, and T Wan. Resisting malicious packet dropping in wireless ad hoc networks. In Proceeding of ADHOCNOW'03, October 2003: 151–163.

45. F Kargl, A Klenk, S Schlott, and M Weber. Advanced detection of selfish or malicious nodes in ad hoc networks. In Proceedings of the 1st European Workshop on Security in Ad-Hoc and Sensor Networks (ESAS 2004), August 2004: 152–165.

46. A Patwardhan, J Parker, A Joshi, M Iorga, and T Karygiannis. Secure routing and intrusion detection in ad hoc networks. In Proceedings of the 3rd IEEE International Conference on Pervasive Computing and Communications (PerCom 2005), March 2005: 191–199.

47. IEEE-SA Standards Board. IEEE Std 802. 1999: 11b-1999.

48. Y Hu, A Perrig, and D Johnson. Rushing attacks and defense in wireless ad hoc network routing protocols. In Proceedings of the 2nd ACM Wireless Security (WiSe'03), September 2003: 30–40.

49. M Kazantzidis and M Gerla. Permissible throughput network feedback for adaptive multimedia in aodv MANETs. In Proceedings of IEEE International Conference on Communications (ICC 2001), Vol.5, June 2001: 1352–1356.

50. T S Messerges, J Cukier, T A M Kevenaar, L Puhl, R Struik, and E Callaway. A security design for a general purpose, self-organizing, multihop ad hoc wireless network. In Proceedings of the 1st ACM Workshop on Security of Ad Hoc and Sensor Networks, October 2003: 1–11.

51. K Chen, K Nahrstedt, and N Vaidya. The utility of explicit rate-based flow control in mobile ad hoc networks. In Proceedings of IEEE Wireless Communications and Networking Conference WCNC 2004, Vol. 3, 2004: 1921–1926.

52. S Shah, K Chen, and K Nahrstedt. Dynamic bandwidth management for single-hop ad hoc wireless networks. In Proceedings of IEEE International Conference on Pervasive Computing and Communications (PerCom 2003), March 2003: 195–203.

53. R L Rivest, A Shamir, and L M Adelman. A method for obtaining digital signatures and public-key cryptosystems. Commun. ACM, 1978,21(2):120–126.

54. M J Wiener. Performance comparison of public-key cryptosystems. Cryptobytes, 1998,4(1):1–5 .

55. Ns2 network simulator. http://www.isi.edu/nsnam/ns.

56. S. Zhong, J. Chen, and Y. Yang. Sprite: a simple, cheat-proof, credit-based system for mobile ad hoc networks. In Proceedings of IEEE INFOCOM, Vol. 3, March 2003, pp. 1987–1997.

第17章 移动 Ad Hoc 无线网络的在线威胁检测方案

17.1 引　言

本章将介绍一种移动 Ad Hoc 网络（MANET）中基于单周期关联记忆算法的在线威胁检测方案。该方案是通过一种模式识别方法实现的，将网络状态作为模式。该方案通过对模式进行实时采集和分析来发现网络入侵和威胁检测。

MANET 是一种由无线移动节点组成的分散式网络[1]。这些无线移动节点是通过自协作方式组成网络的。MANET 不存在节点的配置和协作问题，而是通过节点自组织形成移动网络。与 MANET 相关的几个问题包括：在变换拓扑结构中的路由，无线通信，能量约束以及普遍的用于节点计算的资源限制等。作为一种无线移动网络，MANET 易于受到安全威胁，如自私节点、分布式拒绝服务（DDos，Disreibuted Denial-of-Service）以及流量堵塞等。入侵检测是用于克服这些威胁的常用方法之一。然而，在 MANET 中实现入侵检测需要的策略与标准的基于 IP 的有线网络很不相同。针对 MANET 分布式和分散的特点，已有文献提出了多种入侵检测方案（IDS，Intrusion Detection Schemes）。Huang 和 Lee[2]提出了一种基于聚类检测方案的协作方法。Sun 等[3]介绍了一种基于区域的入侵检测系统。Xie 和 Hui[4]讨论了一种抵抗已知或未知攻击的自然免疫系统。

分散式 IDS 所需具备的核心能力之一是能够在动态和分散环境中对已知和未知的威胁进行快速分析。在本章中，将介绍如何采用图神经元（GN，Graph Neuron）[5]设计一个在线威胁 检测系统。图神经元是神经网络的一种特殊形式，它采用单周期学习并且非常适合于动态网络中运行的小的/资源受限的设备。GN 通过一种新的算法设计来实现单周期记忆和回忆操作。本质上，GN 是一种无需大开销浮点运算的轻量级网络内部处理算法。因此，它非常适合应用于具有实时要求的应用以及一些小设备，如无线传感器网络（WSN，Wireless Sensor Network）[6]和 MANET[7]。采用 GN 有可能在任意网络中建立一个虚拟的无限的关联记忆资源。本章将介绍一种用于威胁或攻击模式识别的关联记忆方法。还将进一步详细叙述一种适合应用在 MANET 中的分布式 GN 方法。

本章内容概要如下：17.2 节对作为一种单周期学习关联记忆方法的 GN 进行简要介绍；17.3 节将对提出的 MANET 在线威胁检测方案——分布式分层图神经元（DHGN， Distributed Hierarchical Graph Neuron）进行介绍；17.4 节介绍一个 GN 应用的案例研究，这个应用作为 IDS 的一个模式系统；17.5 节通过 GN 在 WSN 中的实现来讨论各种通信方式；17.6 节给出面向 MANET 威胁检测中移动性方面的概念设计。

17.2 图 神 经 元

GN 是一种采用基于图的模式表示方式来实现单触发（one-shot）学习的新方法。通过 GN 可创建一个具有高度可扩展性的关联记忆设备，从而能够将多个输入流与存储在网络中的历史数据进行处理与匹配。这种方法采用并行网内处理以规避与图技术相关的模式数据库可扩展性限制[8]。

17.2.1 关联记忆概念

关联记忆（AM，Associative Memory）是从神经网络模型中派生出来的，并已被应用于多种不同的领域。Hopfield 网络是一种得到广泛应用的非监督式学习技术。在模式分析和最优化中，这种网络已被广泛应用于实现关联记忆（或内容寻址）。针对 Hopfield 记忆模型的研究表明，这种模型不具有可扩展性，并受限于网络中的处理/存储节点的数量[9]。向后传播网络可快速记忆，但添加新模式的训练代价非常大。理想情况下，一个关联记忆设备在离散时间处理和快速检索的情况下应当包括简单地单触发训练。GN 是一种旨在克服关联记忆设备中的扩展性问题和减少训练开销的方法[10]。

17.2.2 简单神经元方法

GN 是一种精细的分布式网络模式识别方法，它采用类似图形的存储结构来保存数据关系。GN 结构和其数据表示类似一个有向图。GN 阵列的处理节点被映射为图中的顶点集合 V，并且节点内部连接（即通信通道）属于边集合 E。通信被限制在阵列中相邻节点之间，因此，在网络中增多节点数量并不会带来通信节点开销的增加[11]。这些节点中每个节点以一个成对（值，位置）的形式表示信息。每个节点信息以最简单的形式用一个二维参考模式空间表示一个数据点。因此，GN 阵列将空间/时间模式转换为类似图结构的表示，如图 17.1 所示，然后比较图的边与后续输入，从而进行回忆或检索。

模式识别过程最初包含以下各阶段。

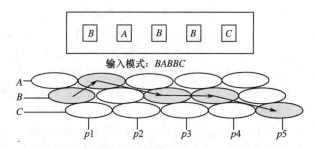

图 17.1　输入模式 BABBC 已存储到 GN 阵列。阵列每行表示一个值，
每列表示一个值在模式中出现的一个位置

17.2.2.1　模式输入阶段

一个包括 p（值，位置）对的输入模式通过网络按顺序传播。每个节点根据其预定的位置和值的设置对相关的输入对进行响应，与其他剩余模式无关。如图 17.2 所示，具有预先定义的值为 A 与位置为 1 的节点 $GN(A,1)$ 将会对输入模式 $p1$（ABBD）中的第一个字母 "A" 响应。也就是说，"A" BBD 以对 $(A,1)$ 形式输入，它将忽略消息的其他部分。类似地，节点 $GN(B,2)$ 将响应第二对 $p2(B,2)$，$GN(B,3)$ 将响应 $p3(B,3)$，$GN(D,4)$ 将响应 $p4(D,4)$。在这一模式输入阶段，所有其他 GN 节点都将保持非激活状态。

17.2.2.2　同步阶段

给所有节点发出一个标记输入模式已结束的传播信号。

17.2.2.3　偏置阵列更新

在这一阶段，每个被激活的节点联系所有相邻的节点，找出对输入做出响应的节点。如图 17.2 所示，对于输入模式 $p1$（ABBD），节点 $GN(A,1)$ 通过条目 {$GN(B,2)$} 更新自身的本地偏置阵列。类似地，节点 $GN(B,2)$ 通过 {$GN(A,1)$，$GN(B,3)$} 更新自身的本地偏置阵列，节点 $GN(B,3)$ 将 {$GN(B,2)$，$GN(D,4)$} 添加到它的偏置阵列，$GN(D,4)$ 将添加 {$GN(B,3)$}。这样，每个偏差阵列条目记录特定模式输入阶段被激活的相邻节点。偏置阵列的行表示被存储模式的一部分。一个 GN 节点通过存储一个与其已存储的所有偏置阵列的行都不同的相邻 GN 节点组合来定义一个新的信息对。当至少有一个已被激活的 GN 节点无法在其偏置阵列中找到匹配的条目时，则说明发现了一种新模式。在这一阶段，新模式将被存储，以前遇到的模式将被检索。表 17.1 给出了模式"*AABA*"首先被存储然后检索的处理过程。值得注意的是，当模式第一次被存储时，GN 网络的输出为空，在表中用"#"表示。响应为空的表明在网络中没有找到匹配模式，GN 对该模式部分进行了存储。

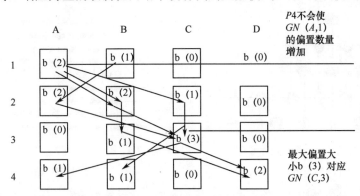

图 17.2 本图给出了四个任意选择的模式（*P*1：ABBD，*P*2：ACCB，*P*3:BACA，
*P*4：ABCD）已存储到 *GN* 阵列对每个 *GN* 节点的需求。在这种情况中，最大偏
置大小为 3。这表明存储模式的增加不会造成节点需求的不成比例增加。

GN 学习阶段的步骤 1 和步骤 2 以完全并行和分散的形式进行。如图 17.2 所示，阵列存储 4 个模式后，最大偏置阵列大小发生在 GN(B,2)处，大小为 3。在扩展性测试中，节点数达到 16384 个，结果表明随着网络大小的增加计算复杂度仅有微不足道的增加[10]。

表 17.1　GN 阵列的存储与检索响应

输入序列	输入模式	输　　出
1	*AABA*	####（存储）
2	*AABA*	*AABA*（检索）

17.2.3　串线（cross-talk）现象

一个 GN 网络并不拥有全部输入模式的信息，这可能会引起交叉问题，即众所周知的串线现象。GN 中的串线问题可解释如下。假设一个 GN 阵列可为 5 个元素的模式分配 6 个可能的元素值（如 *u,v,w,x,y,z*）。首先输入模式 *uvwxz*，然后输入 *zvwxy*。这两个模式将被存储到 GN 阵列。接着，输入模式 *uvwxy*，这一模式将会引起回忆。显然，该回忆是错的，因为最近的模式与前两个存储的模式并不匹配。引起这个错误回忆的原因是 GN 节点只知道自身节点和相邻节点的值。在这种情况下，输入模式将被分段存储为 *uv*、*uvw*、*vwx*、*wxy* 和 *xy*。最后的输入模式尽管与以前存储的模式不同，但含有以前存储模式的所有分段。串线问题可通过添加更高层到 GN 来解决。这种方法称为分层图神经元（HGN，Hierarchical Graph Neuron）[12]。将在 17.3 节简要介绍 HGN 方法。

17.3　分层图形神经元

HGN 是由按照金字塔方式排列的多层 GN 网络组成。基本层与模式识别应用中所用的模式大小相对应。模式的大小等于模式中元素的数量。每个元素可被指定为模式域中一个固定的可能取值。例如，一幅黑白位图的每个像素位置可表示为两种可能的取值，即"1"和"0"。图17.3和图17.4分别为模式大小为5具有两种可能取值的HGN结构，以及模式大小为7具有三种可能取值的HGN结构示意图。

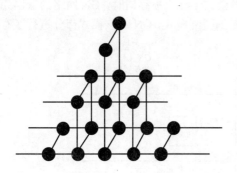

图17.3 模式大小为5、具有两种可能取值的HGN结构

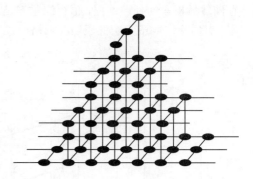

图17.4 模式大小为7、具有3种可能取值的HGN结构

HGN算法除了分层结构外与简单的GN算法类似。这种结构的好处是顶层GN节点能够对基本层进行监督，从而消除串线现象。HGN的每层都可看作一个简单的GN网络，区别是除基本层外的所有较高层将信息对值存储为 *p(index_left，index_middle，index_right)*。其中，*index_left*，*index_middle*，*index_right* 分别表示为左、下和右侧的GN节点的接收输入。每个指数表示对应输入模式的偏置阵列行号。

17.3.1　HGN 通信

HGN层内的通信路径与简单GN的通信路径类似。HGN的层间通信由基本层向顶层节点信息传播，然后由顶层节点向基本层传播。图 17.5 给出了信息在基本层内进行通信然后将指数值传递给高层节点的路径。

HGN按照以下的方式进行通信。基本层的每个GN节点从外部信源接收一个输入模式，按照Nasution和Khan[12]的说法称为激励和解释模块（SI, Stimulator and Interpreter Module）。图17.6给出了一个5元素模式（*YYXXY*）具有两种可能取值（*X* 和 *Y*）的输入通信。图中为由SI模块将输入模式发送到10节点HGN基本阵列的映射。

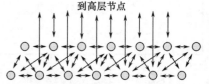

图17.5　HGN基本层的通信路径

（边缘节点只与它们相邻的节点通信）

需要注意的是在图17.6中所有具有值 *X* 的元素都由第一行GN节点处理，剩余的元素 *Y* 都由第二行GN节点处理。每个接收到输入的GN节点被称为激活节点。基本层的激活节点都将向其相邻GN节点发送信息对 *p*（行，列）以通知相邻节点自身已被激活。信息对 *p*（行，列）组成了针对当前输入模式的GN偏置阵列记录。最终，除了处于边缘的节点外，每个节点将从其相邻节点处收到两个信息对，处于边缘的节点将只收到一个信息对。然后，每个被激活的节点必须计算自己的偏置指数。如果发现新的信息对组合已在其偏置阵列中，则该项指数已被记录。否则，将存储新的指数作为新模式的引用。然后，除了处于边缘的节点外，每个激活的GN节点都将其指数值发送给同一列内的更高层节点。这一过程一直持续到指数值传递到最高层。由顶层GN节点判定输入模式是被当作新模式进行存储还是已存在的已知模式从而需要检索。对于新模式，将向下传递一个新指数值用于存储模式。对于检索模式，则向下传递一个已有的指数值用于检索。

17.3.2 HNG 中的节点要求

在类似 MANET 的稀疏网络中部署 HGN 的主要问题是对于较大和较复杂的模式分析所需的 GN 节点数量将大幅增加。图 17.7 给出了模式大小和分析该模式所需 GN 节点数量的关系。从图中可见，对大小为 43 的模式，所需的节点数量将接近 1000。在现在的 MANET 中，很可能无法满足 HGN 所需要的大量节点。这个问题可通过引入分布式图神经元（DHGN, Distributed Hierarchical Graph Neuron）方法解决。在 DHGN 中，一个 HGN 组合可分为多个 DHGN 组合组成。每一个组合的可映射到一个 MANET 节点。

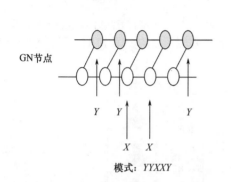

图 17.6 向 10-节点 HGN 基本层进行模式
输入（HGN 阵列可接收 5 个元素长度
两种可能取值的模式）

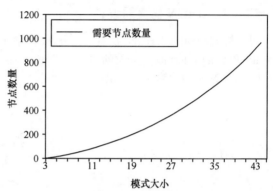

图 17.7 实现两种可能取值的 HGN 模式
大小与所需节点数量的关系

17.3.3 分布式分层图神经元

DHGN 本质上是 HGN 算法的一种扩展，其中 DHGN 的组成部分由 HGN 的组成部分分解而得。关于相关的通信和处理部分，DHGN 与 HGN 类似，除了不是用整体模式作为一个输入，而是将模式分割为几个更小的部分，每个分段部分作为各自 DHGN 组成部分的输入。图 17.8 给出了将一个 HGN 结构分解为几个 DHGN 的组合。

每个 DHGN 阵列能够彼此独立处理模式分段。因此，DHGN 组成部分可以独立地映射到网络中可用的节点，而不损失 HGN 的精度。图 17.9 给出了 HGN 和 DHGN 所需节点数量的比较。在对比中 HGN 输入一个综合模式，其大小为 35，在 DHGN 中将该输入模式分割为多个 7 元素的分段模式。如图 17.8 所示，DGHN 处理大小为 35 的模式需要少于 200 的节点，而 HGN 处理 35 个元素的模式需要约 650 个。

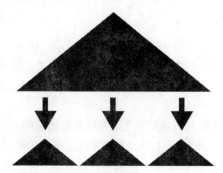

图 17.8 HGN 分解为 DHGN 阵列（HGN 基
本阵列等于 DHGN 基本阵列的累加）

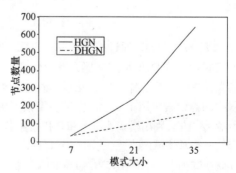

图 17.9 采用 7 元素模式段表示 35 元素模式时
DHGN 和 HGN 所需节点数量比较

17.4 案例研究 I：用于模式识别的 DHGN

本案例研究考虑与任一分布式系统相关的两个重要因素，即参与节点的变化能力和计算负载分布。为了测试我们的方法作为分布式系统的有效性，仿真实现了两种不同的 DHGN 方案：第一个测试通过变异形式的 DHGN 测试分布式系统内变化处理的能力；第二个测试通过标准的 DHGN 说明方法的分布性。

17.4.1 DHGN 仿真器设计

用于模式识别的 DHGN 仿真程序是采用 C 语言和支持节点间通信的消息传递接口（MPI, Message Passing Interface）开发的。基于 DHGN 实现的模式识别应用结构如图 17.10 所示。其中 SI 可看作 DHGN 结构的输入和输出函数的控制器。

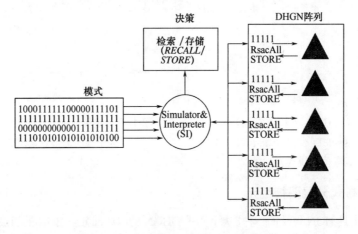

图 17.10 用于模式识别的 DHGN 结构

本次仿真的测试数据是由一组人眼可辨别的字母字符模式组成。这次选择的字母有 A, I, J, S, X 和 Z。这些字母被映射为 7×5 的单比特位图表示，如图 17.11 所示。

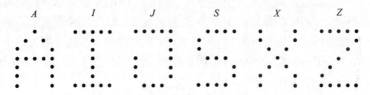

图 17.11 用 7×5 位形式表示的字符

如表 17.2 所列，通过按行扫描的方式，将这些字符转换为 35 位的二进制模式表示。然后，将这些模式输入到 DHGN 仿真器。本次仿真中，这可通过执行一组命令实现。第一个命令是初始化。在初始化中，用户将输入模式元素输入到基本阵列。例如，如图 17.12 所示，在本例的位图表示中，图像中的点像素可用 1 表示，而空白像素可用 0 表示。

命令 $I10$ 分别用模式元素 1 和 0 初始化 DHGN 基本层阵列。*STORE* 命令用于存储原始模式。以下是存储一个具体模式的命令示例：$S11111110000000111111100000001111111$。其中字母 S 之后的模式将被存储在阵列中。在对 *STORE* 命令的响应中，如果模式存储成功，DHGN 阵列将在偏置阵列中产生一个新的指数。否则，将回忆以前存储的模式对应的指数。*RECALL* 命令用于向 DHGN 阵列输入失真模式。如果未找到接近匹配的模式，DHGN 阵列将输出 0。如果找到匹配模式，则输出该模式的指数。

RECALL 命令的形式为 *R*111111100000001111111100000001111111，其中字母 *R* 用于通知 DHGN 阵列这是一个 *RECALL* 操作。这个操作通知阵列后续的模式是一个新模式或者是以前存储模式的失真形式。

表 17.2 按水平扫描方式对字符的 35 位表示模式

字　　符	位　　模　　式	字　　符	位　　模　　式
A	00100010101000111111100011000110001	S	10001100010101000100010101000110001
I	11111000010000110001100011000101110	X	10001100010101000100010101000110001
J	01111100001000001110000010000111110	Z	11111000010001000100010001000011111

17.4.2 变异形式的 DHGN

如前所述，DHGN 网络由多个 DHGN 部分组成。这些组成部分可能会跨网络分布。在变异形式 DHGN 中，各组成部分的大小可能各不相同。对于这次仿真，选择了 7-21-7 组合模式，该模式 DHGN 由 3 个子结构，包括两个 7 元素 DHGN 和一个 21 元素 DHGN。图 17.13 图示了这些组成部分。

```
    A           I           J           S           X           Z
0 0 1 0 0   1 1 1 1 1   1 1 1 1 1   0 1 1 1 1   1 0 0 0 1   1 1 1 1 1
0 1 0 1 0   0 0 1 0 0   0 0 0 0 1   1 0 0 0 0   1 0 0 0 1   0 0 0 0 1
1 0 0 0 1   0 0 1 0 0   0 0 0 0 1   1 0 0 0 0   1 1 0 1 0   0 0 0 1 0
1 1 1 1 1   0 0 1 0 0   1 0 0 0 1   0 1 1 1 0   0 0 1 0 0   0 0 1 0 0
1 0 0 0 1   0 0 1 0 0   1 0 0 0 1   0 0 0 0 1   0 1 0 1 0   0 1 0 0 0
1 0 0 0 1   0 0 1 0 0   1 0 0 0 1   0 0 0 0 1   1 0 0 0 1   1 0 0 0 0
1 0 0 0 1   1 1 1 1 1   0 1 1 1 0   1 1 1 1 0   1 0 0 0 1   1 1 1 1 1
```

图 17.12 位图表示字符

变异形式的 DHGN 考虑到网络环境中一些部分可能具有较少的能量资源，因此相对其他部分网络而言，只能提供有限的处理能力。针对这种情况，将分析 DHGN 中非平衡组合对模式识别精度的影响。仿真的结果表明变异形式的 DHGN 可达到与 HGN 几乎类似的精度。此外，DHGN 实现需要的节点数量较少。式（17.1）给出了单一 HGN 组合处理具有 n 个可能值 p 个元素模式所需的节点数量 N_{HGN}，即

$$N_{HGN} = n\left(\frac{p+1}{2}\right)^2 \tag{17.1}$$

式（17.2）给出了在相同情形下，采用 m 个组成部分的 DHGN 所需的节点数量 N_{DHGN}，即

$$N_{DHGN} = \sum_{i=1}^{m} n_i \left(\frac{p_i+1}{2}\right)^2 \tag{17.2}$$

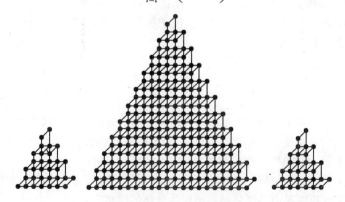

图 17.13 7-21-7 变异形式 DHGN 组成 35 元素模式两种可能取值网络
（注意图中中间阵列比其他两个阵列要大）

不难发现，在相同情形下，式（17.2）中的平方项远远小于式（17.1）中的平方项，因此与 HGN

相比，DHGN 需要更少数量的 GN 节点。

DHGN 仿真器内的映射过程从模式输入开始。如表 17.2 所列，每个模式被分段后通过 SI 模块载入 DHGN 阵列。在本例中，DHGN 对字母 I 的位图模式进行分析的情况如图 17.14 所示。在本例中，字母 I 在字母 A 之后存储，字母 A 的指数为 1，因此结果显示字母 I 为一个新模式，指数为 2。在这个仿真中，每个分段是顺序处理的。但是，在实际实现中，这些模式分段的处理将是并行进行的，这将大大减少执行时间。

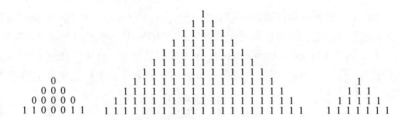

图 17.14 DGHN 阵列存储了字母 A 的位图模式，指数为 1 后，成功存储了字母 I 的位图模式，指数为 2

17.4.2.1 模式识别过程

在 DHGN 实现中，整体存储或回忆决策取决于 DHGN 各组成部分的合作决策。每个 DHGN 组成部分的顶层节点决定对模式分段进行回忆还是存储。如果模式分段还未被识别出，那么顶层节点将产生指数值 0。否则，将显示所回忆的模式分段指数值。在字母模式 A，I，J，S，X 和 Z 模式被存储后向 DHGN 阵列输入 A 模式的 1 比特失真模式，其结果如图 17.15 所示。

图 17.15 引入字母 A 的 1 比特失真模式结果。第一个 DHGN 阵列显示发现新模式

（指数设为 0），其他网络组成部分正确检索，返回为 A 的指数 1。

图中显示只有一个 DHGN 阵列将模式分段记录为新模式。其余的 DHGN 阵列回忆的指数值为 1，这正是所存储的字母模式 A 的指数值。利用 DHGN 阵列中的累计决策，通过检索/存储比率来决定对一个模式进行检索还是存储。式（17.3）给出了具有 m 个 DHGN 组成部分的 DHGN 模式识别过程回忆/存储比 P_{rs} 的计算方法：

$$P_{rs} = \frac{\sum_{i=0}^{m} n_0}{\sum_{i=1}^{m} n}$$ （17.3）

式中：n_0 表示在一个组成部分中指数为 0 的节点数量；n 表示组成部分中的任意 GN 节点。

通过将存储模式的 6 级失真应用到存储的字符模式中，然后计算了这些失真模式的检索率，对 DHGN 方案进行了测试。原始字母模式和失真模式如图 17.16 所示。

首先，将原始字符模式存储到 DHGN 阵列，然后向阵列输入失真模式。DHGN 仿真在 SUN 网络系统下运行，其中处理过程中将部分网络指定为分离的网格节点。

17.4.2.2 结果与讨论

DHGN 和 HGN 模式识别查全率，即对失真模式的正确识别率如图 17.17～图 17.22 所示。

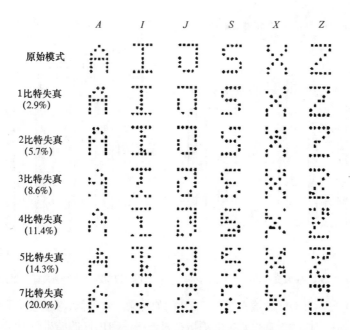

图 17.16 用于 DHGN 仿真模式识别的字符集

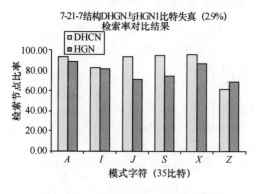

图 17.17 1 比特失真（2.9%）查全率

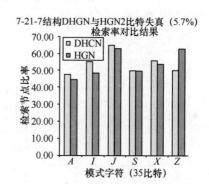

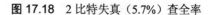

图 17.18 2 比特失真（5.7%）查全率

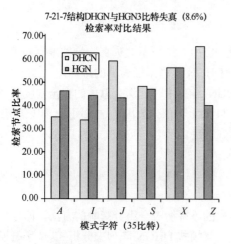

图 17.19 3 比特失真（8.6%）查全率

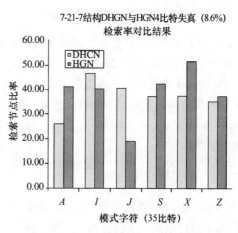

图 17.20 4 比特失真（11.4%）查全率

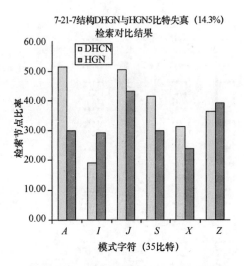

图 17.21　5 比特失真（14.3%）查全率　　　图 17.22　7 比特失真（20.0%）查全率

从这些图中可见，DHGN 的检索率与 HGN 的的结果非常相似。实际上，一些 DHGN 获得的值要高于 HGN。例如，1 比特失真模式集的测试结果表明，DHGN 的结果较 HGN 具有很大的提高。这是由 DHGN 的封装效应造成的，即失真影响发生在某个特定的 DHGN 阵列中，不会对其他阵列产生影响。封装效应如图 17.23 所示。

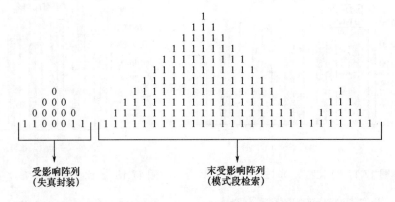

图 17.23　整体输入模式 A 中的 1 比特失真被封装在左侧网络中

字母 A 的 1 比特失真模式对应的阵列内部状态如图 17.17 所示。失真影响被限制在第一阵列，在该阵列中对一部分失真模式所进行分析，其他的 DHGN 阵列不受失真的影响。

这种封装的缺点是，当失真发生在较大的 DHGN 阵列中时，那么总体的查全精度可能受到不利影响。这种现象称为不平衡查全组成部分。图 17.24 的上半部分突出了这一问题。如果所有 DHGN 组成部分具有相似的大小，则这一问题可很容易得到解决。因此，标准形式的 DHGN 采用具有相似大小的组成部分。

17.4.3　标准形式 DHGN

下面介绍一种能够降低变异形式 DHGN 所带来的不平衡查全组分影响的方法，即标准形式的 DHGN。为了进行模式识别的仿真，实现了 5 个 7 元素模式 DHGN 阵列来分析 35 位字符模式。这种 5×7DHGN 组分的结构如图 17.25 所示。

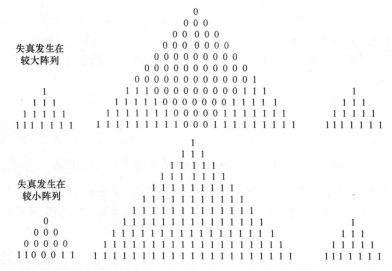

图 17.24 失真模式发生在较大阵列（上图）导致阵列不能检索模式并返回指数 0。较大阵列决策结果在最终决策中所占权重大于较小阵列权重。

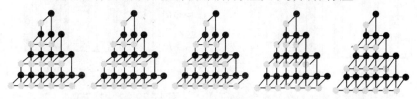

图 17.25 分析 35 元模式两种可能取值模式的 5×7DHGN 组成结构

为了测试 DHGN 算法在由小型设备或/和处理和存储能力受限节点组成的网络中的分布性，实现了一种标准形式的 DHGN。每个处理节点采用相对较小的 DHGN 阵列，能够存储较小的模式分段，从而在模式识别过程中所需的处理能力也相对较小。如图 17.26 所示，在分布式标准形式 DHGN 的实现中，所有的组成部分都被分配了相似大小的计算负载。DHGN 阵列在对模式 *I* 进行存储后（字母 *I* 是在字母 *A* 后存储的第二个字符模式）所产生的指数分布如图 17.27 所示。

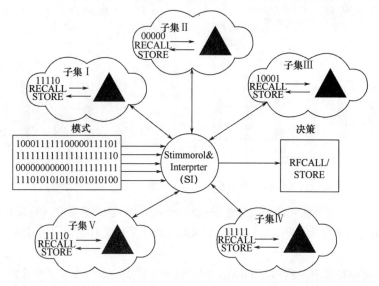

图 17.26 标准形式 DHGN 在多网络或稀疏网络（如 MANET）中的实现

如图 17.26 所示，每个组成部分可能被网络中的任何一个子集（簇）所控制。模式输入和模式输出也可被分散化。在网络中将 SI 模块表示为单独实体仅为了在表示上较为简明。对标准形式DHGN 的实现与变异形式的 DHGN 类似。与变异形式 DHGN 相比的主要区别是部署了大量的相对较小的 DHGN 阵列。

```
        2              2              2              2              2
      2 2 2          2 2 2          2 2 2          2 2 2          2 2 2
    2 2 2 2 2      2 2 2 2 2      2 2 2 2 2      2 2 2 2 2      2 2 2 2 2
  2 2 2 2 2 2    2 2 2 2 2 2    2 2 2 2 2 2    2 2 2 2 2 2    2 2 2 2 2 2
```

图 17.27 标准形式 DHGN 组成部分对模式 I 的输出指数

对其结果与讨论。在对标准形式 DHGN 的仿真中，采用了如图 17.11 所示的失真字符模式进行测试。仿真结果表明与变异形式的 DHGN 以及 HGN 相比，标准形式的 DHGN 在模式识别方面更加有效。在本例中，标准形式 DHGN 与 HGN 的查全率结果如图 17.28～图 17.33 所示。

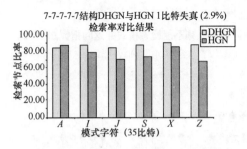

图 17.28 1 比特失真（2.9%）查全率

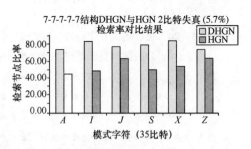

图 17.29 2 比特失真（5.7%）查全率

从以上这些实验结果中可见，标准形式 DHGN 的查全率比 HGN 具有明显的提高。封装效应使检索精度得到了提高，在封装效应中，失真普遍被划分到具体的组成部分中，因此不会对其他组成部分的决策造成影响。标准形式 DHGN 另外的好处是每个组成部分的大小相似，因此缓解了过大组成部分对结果精度的影响问题。2 比特失真字母 A 模式在标准 DHGN 中的封装效果如图 17.34 所示。

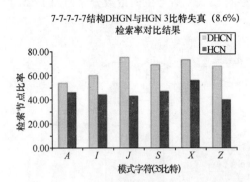

图 17.30 3 比特失真（8.6%）查全率

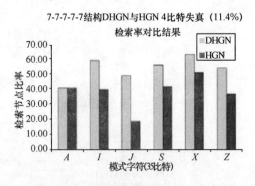

图 17.31 4 比特失真（11.4%）查全率

从图 17.34 可见，失真模式段被封装在左侧第一和第三个组成部分中。其余的模式段被作为模式 A 检索（通过偏置指数项为 1 表示）。标准形式 DHGN 和变异形式 DHGN 的检索率对比如图 17.35～图 17.40 所示。

从这些图中可明显看出标准形式 DHGN 通常对失真模式的查全率优于变异形式的 DHGN。标准形式 DHGN 较好的性能是由于同变异形式的 DHGN 比较，它对局部模式失真进行了均匀封装。

标准形式 DHGN 控制失真的一个详细区别如图 17.41 所示。图中给出了模式识别中,3 个 7 元 DHGN 阵列和 1 个 21 元素 HGN 阵列组分处理 1 比特失真模式的结果。

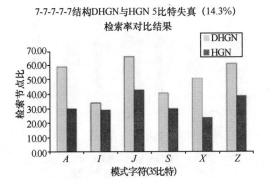

图 17.32 5 比特失真（14.3%）查全率　　　**图 17.33** 7 比特失真（20.0%）查全率

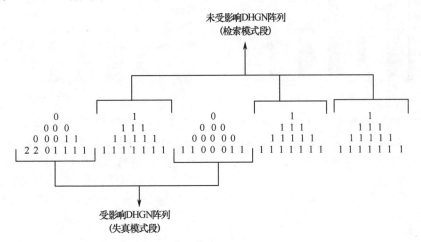

图 17.34 处理 2 比特失真 A 模式时标准形式 DHGN 封装效应
（失真影响左侧的两个组成部分,对其他阵列并不产生影响）

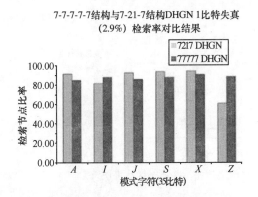

图 17.35 1 比特失真（2.9%）查全率　　　**图 17.36** 2 比特失真（5.7%）查全率

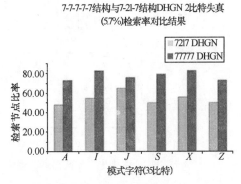

在 HGN 组分中失真影响无法被局部化,并且它会沿着该组分（图 17.41）的右侧进行传递,导致 NULL 检索。如图 17.41 所示,规模较小并且大小相似的 DHGN 组成部分比单一的 DHGN 更有可能发现失真模式。

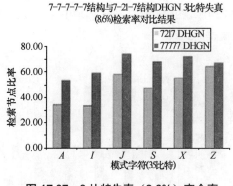

图 17.37　3 比特失真（8.6%）查全率

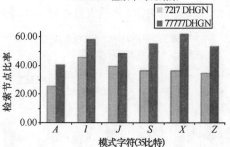

图 17.38　4 比特失真（11.4%）查全率

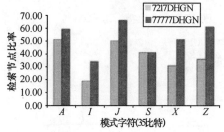

图 17.39　5 比特失真（14.3%）查全率

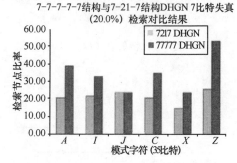

图 17.40　7 比特失真（20.0%）查全率

由以上分析可得出结论：DHNG 可在分布式和分散的移动 Ad Hoc 网络中提供一个完全分散式的模式识别解决方案。它也保留了 HGN 的单周期识别特性，这使得它特别适合于在这种网络中实现 IDS。在 17.5 节中，将探索 DHGN 在无线传感器网络中的适用性。这类网络的显著特点是具有高动态特性，其中网络节点可能根据通信媒体以及（或）如能量和环境等局部条件的变化而出现或消失。

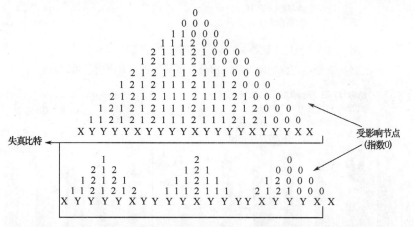

图 17.41　1 比特模式失真的影响在标准形式 DHGN 中被局部化（下侧），
在 HGN 中则失真影响沿着右侧向整个网络传递，并最终导致错误结论

17.5　案例研究 II：无线传感器网络中的威胁检测图神经元

这个案例研究基于 Baig 等[6]完成的 WSN 在线安全方案开发工作。在这项研究中，采用了简单的 GN 模式识别算法进行对 WSN 中的 DDoS 攻击进行检测。在这个方案中，每个 WSN 中的网

络节点也看作一个 GN 节点。该方案表明在 WSN 中 GN 算法能够提供一种能量有效的攻击模式检测机制。

17.5.1　WSN 中的 GN 方法

在 GN 方法中，GN 使网络利用很少的能量通过类似人类反思的方式对内部数据流模式进行实时处理。采用能量有效的方案实现 GN 算法，该方案为了节能，在网络中对模式进行部分更新。针对 WSN 中常见 DDos 设计的威胁检测方案分为以下 5 个阶段实现。

（1）初始化：在这个阶段，用 DDos 攻击模式对 GN 节点（即无线节点）进行初始化。所以，所有的 GN 节点都将存储需要以后检测的攻击模式。

（2）观测：所有 GN 节点将利用 17.1 节中描述的算法持续检测攻击模式。检测过程涉及观测从网络相邻节点获取的阈值[6]。

（3）通信：每个 GN 节点将与相邻节点通信，相互交换发现结果。

（4）判决：通过网内多个节点同时得出对输入模式是否为攻击或正常模式的决策。

（5）模式更新：如果检测到一个正常模式，那么更新该模式；否则，攻击模式将被回忆。

DDoS 攻击是通过一组阈值来检测的。这些攻击阈值在初始时存储到所有 GN 节点。如果一个输入模式被检测到高于阈值，那么将激发报警以表明可能受到 DDoS 攻击。否则输入模式被处理为正常模式，无需进一步行动。

为了检测 WSN 中的 DDos 攻击，Baig 等[6]提出利用 3 种不同的网络拓扑结构：①平面拓扑结构；②基于簇头（CH，Cluster Head）的拓扑结构；③数据汇总（DA，Data Aggregation）拓扑结构。每种拓扑结构有其自己的 DDoS 攻击模式算法。在 WSN 中用于部署 GN 的网络拓扑结构如图 17.42～图 17.44 所示。

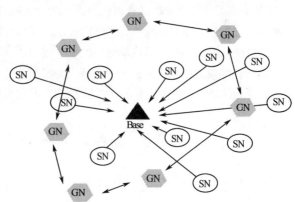

图 17.42　在平面网络拓扑结构 WSN 中部署 GN

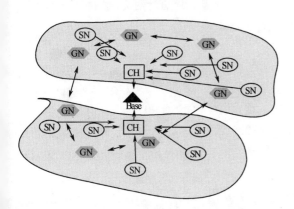

图 17.43　在基于 CH 网络拓扑结构 WSN 中部署 GN

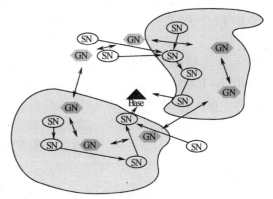

图 17.44　在基于 DA 网络拓扑结构的 WSN 中部署 GN

17.5.2　在三种主要 WSN 拓扑中的 DDos 检测

如图 17.42 所示，在平面网络拓扑结构中，网络中的每个节点使用一种单跳机制直接将其读数传输至基站，而不受任何中间节点的干扰。考虑到失去任何一个传感器节点对网络运行的影响都是相等的，因此所有传感器节点都被认为是潜在的攻击对象。传感器节点与基站之间的距离用于产生存储在 GN 节点中的阈值。

如图 17.43 所示，在基于 CH 的网络拓扑结构中，每个 CH 负责簇运行过程中簇的管理、数据收集以及数据转发操作。考虑到 CH 节点对网络运行的重要性，CH 节点被认为有可能成为攻击目标。个体 GN 节点负责观测流向各自簇头 CH 的数据流量。GN 阵列中所有的其他节点，即不属于簇的节点，将被预设相对较高的对 CH "不关心"（Do Not Care）阈值，从而对网络状态查询请求不予以响应。

如图 17.44 所示，在一个基于 DA 的网络拓扑结构中，传感器数据通过网络由源节点向基站传输中，为了减少网络中的整体数据流量，数据将在路径上的汇集点汇集。一个典型的数据汇集拓扑结构包括对由个体源传感器节点到基站网络数据流的多棵互连树。假设所有汇集层的节点都可能成为 DDoS 攻击的目标。当给定源-接收器路径上的单一汇集节点能量资源耗尽后将可能导致网络中整个装备将无法参与后续的运行。在这种情况下，阈值模式的产生依赖于目标节点与个体 GN 节点的接近程度和目标节点与基站之间的距离。从这些图中可发现，GN 节点较好地分散在 WSN 中。WSN 节点和 GN 节点处理（在这些节点上运行）联合进行以检测 DDoS 攻击。WSN 节点持续地测量网络流量指标，GN 处理负责实时比较这些指标与阈值模式。当正匹配事件发生后，网络中的所有节点将被同时通知并立即启动他们的复原过程。

这一在线模式识别方案的精度依赖于 GN 节点中个体子模式的更新率。通过改变更新率和限制感兴趣更新区域，可在不大幅影响攻击检测率的情况下获得更高的能量效率。

17.6 MANET 中的 DHGN 威胁检测法

MANET 为支持节点移动性应用了一种对等多跳概念。它既没有固定的通信设备也没有任何基站[7]。

典型的 MANET 概念图如图 17.45 所示。MANET 面临着大量的威胁。这些威胁与 WSN 中的攻击有密切的关系。作为无线网络的一个子集，MANET 暴露在所有针对无线网络的攻击中。表 17.3 按照协议栈列出了一些对 MANET 的攻击（采用文献[13]中的表）。

入侵检测是 MANET 中可采用的对策之一。在基于 MANET 的 IDS 中一个重要的概念是合作执法[13]。在合作执法中，每个移动节点都将对一些异常行为节点有所察觉。这导致自我意识状态，在这种状态下，网络必须能够识别自身状态变化的一些变化。IDS 的一些实现，如看门狗和路径评估器[14]采用自我意识方法检测节点行为的一些变化。

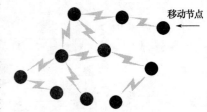

图 17.45　典型的 MANET 表示

表 17.3　协议栈安全攻击[13]

层	攻　击
应用层	拒绝，数据损坏
传输层	数据劫持，SYN 洪泛①
网络层	虫洞，黑洞，拜占庭，洪泛，资源消耗，位置披露攻击

层	攻　　击
链路层	流量分析，监视，干扰 AMC（82:11），WEP 弱点
物理层	干扰，拦截，窃听
多层	Dos，假冒，重播，中间人

① 恶意客户程序用户用来向计算机服务器进行拒绝服务攻击的一种方法

　　一个自我意识网络可通过一个用于对其状态信息进行存储和检索的快速可扩展的联想存储器实现。该网络存储器可以将以前存储的攻击模式与未来可能发生的类似攻击模式进行关联。利用 MANET 中用于 IDS 的 DHGN 增强方案，可以在 WSN 中实现 GN 机制的应用。这个方案还是一个能量有效的方案，因为个体 DHGN 阵列无需在整个网络中更新模式信息即可对模式进行检测。在相对较小的通信域内工作将更加节能。DHGN 也可支持一些所需的移动性，如网络中的一组节点可能暂时无法访问。由于模式分布在网络中几个 DHGN 组成部分中，即使部分网络无法访问时也可允许继续进行模式匹配。图 17.46 给出了一个 DHGN 覆盖部署的自我意识 MANET。从图中可见，每个 DHGN 阵列都位于一个特定的移动节点内。这些节点起到 DHGN 组成部分的作用。当检测到攻击模式时，将产生一个警告，引发对整个网络同时进行补救的程序。

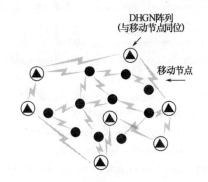

图 17.46　DHGN 覆盖部署的自我意识 MANET

17.7　总　　结

　　本章中，对一种新型的神经网络进行了阐述。它能够在资源受限网络中有效运行，并能够自动适应网络条件的变化。GN 在网络中可实现完全分布式单周期关联记忆算法。因此，它非常适合对网络条件变化做出快速响应的在线系统。它还具有高度可扩展性，因此，基于 GN 的分布式 IDS 将能够获取大量关于网络流量模式的信息而不会造成内存资源耗尽和时间呆滞。利用 HGN 模型，将简单的 GN 方法扩展为 DHGN。HGN 分布形式在开发具有自我意识的 WSN 和 MANET 进行威胁检测时非常有用。通过一个案例研究说明了简单 GN 方法如何用于 WSN 的 DDoS 攻击检测。DHGN 可提供更好的网络部署框架，并可控制含噪/失真模式。因此，针对 WNS 研究的网络阈值概念可通过 DHGN 容易地应用于 MANET 中。MANET 的移动性和（相对 WSN 而言）节点稀疏性的问题通过标准形式以及变异形式的 DHGN 来解决。

致　　谢

作者感谢 Alphawest Sun Microsystems 提供了设备，以及莫纳什 E 研究中心进行了相关网络仿真。

参 考 文 献

1.   S Kurkowski, T Camp, and M Colagrosso. MANET simulation studies: the incredibles. ACM SIGMOBILE Mobile Comput. Commun. Rev. ED, 2005,9(4): 50–61.

2.   Y Huang and W Lee, A cooperative intrusion detection system for ad hoc networks. In Proceedings of the 1st ACM workshop on Security of Ad Hoc and Sensor Networks, Fairfax, Virginia, USA, 2003.

3.   B Sun, K Wu, and U W Pooch. Alert aggregation in mobile ad hoc networks. In Proceedings of the 2003 ACM Workshop on Wireless Security, San Diego, CA, USA, 2003.

4.   H Xie and Z Hui. An intrusion detection architecture for ad hoc network based on artificial immune system. In Proceedings of the Seventh International Conference on Parallel and Distributed Computing, Applications and Technologies (PDCAT'06), Taipei, Taiwan, 2006.

5.   A I Khan. A peer-to-peer associative memory network for intelligent information systems. In Proceedings of The Thirteenth Australasian Conference on Information Systems, Melbourne, Australia, 2002.

6.   Z A Baig, M Baqer, and A I Khan.Agraph neuron-based distributed denial of service (DDoS) attack recognition scheme for wireless sensor networks. In Proceedings of the International Conference of Pattern Recognition (IPCR'06), Hong Kong, 2006.

7.   D P Agrawal and Q A Zeng. Ad hoc and sensor networks. Introduction to Wireless and Mobile Systems, Brooks/Cole-Thomson Learning, 2003: 297–348.

8.   R E Trajan and A E Trojanowski. Finding a maximum independent set. SIAM J. Comput., 1984,25(3): 537–546.

9.   E M Izhikevich.Weakly pulse-coupled oscillators, FM interactions, synchronization, and oscillatory associative memory. IEEE Trans. Neural Networks, 1999,10(3): 508–526.

10.   M Baqer, A I Khan, and Z A Baig. Implementing a graph neuron array for pattern recognition within unstructured wireless sensor networks. In Proceedings of EUC Workshops, LNCS,2005, 3823:208–217.

11.   A I Khan, M Isreb, and R S Spindler. A parallel distributed application of the wireless sensor network, In Proceedings of the Seventh International Conference on Computing and Grid in Asia Pacific Region, Tokyo, Japan, 2004.

12.   B B Nasution and A I Khan. A hierarchical graph neuron scheme for real-time pattern recognition, IEEE Trans. Neural Networks, 2008,19(2): 212–229.

13.   B Wu, J Chen, J Wu, and M Cardei. A survey on attacks and countermeasures in mobile ad hoc networks. In Wireless/Mobile Network Security. Springer, 2006: 1–35.

14.   S Marti, T J Giuli, K Lai, and M Baker. Mitigating routing misbehaviour in mobile ad hoc networks. In Proceedings of the Sixth Annual International Conference on Mobile Computing and Networking (MOBICOM), Boston, USA, 2000.

第18章 有信任纠葛的安全移动 Ad Hoc 网络路由

18.1 引　言

移动 Ad Hoc 网络（MANET，Mobile Ad Hoc Network）是一种由移动异构节点组成的短暂的集合，它通过中间结点转发数据包来实现节点间的通信。这种网络的移动性和拓扑结构动态变化的特点不利于集中信任授权，因此安全性是最重要的问题。

尽管已提出了一些可对中间节点认证和验证已发现路径完整性的安全路由协议 [1-5]，但设计这些协议不是为了对中间节点的可信度进行评估。然而，为了增强通信安全性，对已发现的恶意节点进行隔离和动态选择可信节点都需要对节点的可信度进行评估。因此，这促进了大量的信任和信誉模型[6-16]的发展。节点的信任模型收集其他节点的可信度证据然后进行决策，如是否对该节点发送数据包或代表其他节点转发数据包等。这类方法统称为检测-反应（Detection-Reaction）法。这种方法的证据收集过程可通过被动监视、链路层确认以及推荐等方式完成。然而，这些模型或者需要对基本路由操作进行修改，或者会引入与收集其他节点信任度证据相关的其他问题。尤其在基于推荐的背景下，这些方法或者需要努力解决推荐偏差问题，或者对真实诱导（Honest-Elicitation）和搭便车（Free-Riding）问题较为脆弱。如果一个建议节点为了避免自身被某个恶意节点标记为低推荐值而为该恶意节点转发了高推荐值，那么该建议节点存在真实诱导问题。另外，一个恶意节点也可通过对良性节点以低推荐值的方式转发或者对同谋恶意节点以较高推荐值的方式转发来进行真实诱导。搭便车问题即一个节点从其他节点接收推荐，但当其他节点向该节点请求推荐信息时，则无法相互推荐。进一步，交换推荐信息会引入额外的开销和复杂度，最终会降低网络性能。另外，几乎没有信任和信誉模型[6,7,8]不能很好地定义有效的恶意节点隔离策略。

本章将具体介绍基于信誉的信任模型，该模型称为有信任纠葛的安全 MANET 路由（SMRTI，Secure MANET Routing with Trust Intrigue），然后介绍用于评价其他节点可信度和隔离恶意节点的检测-反应法。在我们的模型中，采用以下方式采集信任度证据：与单跳节点交互、观测单跳节点之间的交互以及推荐。然后，将采集到的证据进行量化并表示为信誉评分。在与单跳节点交互中，模型通过获取的证据将单跳节点分为良性或者恶意的。另外，观测单跳节点之间的交互的目的是确定那些在未来交互中可能会发生异常的单跳节点形成列表。最后，模型通过推荐来确定多跳良性节点的名单。与相关模型[6-16]不同，我们的模型中部署了一种新的推荐采集方法，这种方法既无需修改基本路由操作，也不用因推荐信息通信而传播额外的数据包或数据头。因此，我们的模型中最终消除了搭便车问题，并可在基本路由协议的规范内运行。由于节点从不传播它们的信誉评分作为推荐信息，我们的模型还可防止推荐者的偏差和真实诱导问题。它还定义了恶意节点隔离且只选择良性节点进行通信有效策略。对上下文的决策，诸如是否发送数据包或者为其他节点转发数据包，取决于上下文定义的策略以及上下文中相关节点的可信度。反过来，重要的是注意到节点的可信度通过其拥有的信誉评分来计算。另外，我们的模型的运行与集中式和分布式信任认证无关。提出模型的一个精简版发表在参考文献[17]中，本章将对该模型进行深入分析。

本章组织如下：18.2 节介绍一些重要的相关工作并对它们的特点和局限性进行讨论；18.3 节给出模型的假设条件和应用背景；18.4 节具体介绍信任模型及其运行过程；18.5 节为仿真结果并分析模型的有效性；最后，18.6 节给出相关结论以及进一步研究方向。

18.2 相关工作

本节中，将讨论几个最近提出的并得到了较好检验的信任模型[6-16]。Liu 等提出的信任模型[6]通过监视单跳节点行为和由其他节点推荐来收集可信度证据。他们将信任度表示为离散数值，并探索了各种将推荐信息分散到各节点的方法。Pirzada 等[7]提出了在动态源路由（DSR, Dynamic Source Routing）协议[18]中建立可信路由的类似方法。然而，这种方法将信任度表示为连续数值。他们对每条链接指定信任权值，然后采用基于指定权值的最短路径法选择一条可信路由。基于 Ant 的证据分布（ABED, Ant-Based Evidence Distribution）方法[8]基于群体智能，即通过蚁群建模来发现和分派可信证据。针对真实诱导问题，Mundinger 和 Boudectic 提出了一种偏差测试方法[9]。在这种方法中，每个节点的信任模型只接受与自己信誉评分相差不大的节点的推荐信息。为了强制实现基于推荐的信誉共享并处理真实诱导问题，Liu 和 Issarny[10]提出通过被推荐节点的历史经验来对节点进行推荐信息的评分，然后鼓励节点只与曾经共享过真实推荐的节点共享推荐信息。但是，他们的方案无法防止推荐节点与被推荐节点之间的勾结。

Virendra 等[11]提出了一种利用节点间维护的信任关系在 MANET 中建立组密钥的信任模型。在这种信任模型中，节点只接受来自单跳可信节点的建议。可通过 5 个步骤对节点进行初始化以及维护节点间信任关系。节点协作：动态 Ad Hoc 网络公平性（CONFIDANT, Cooperation of Nodes: Fairness In Dynamic Ad-hoc Networks）[12]通过直接经验和推荐信息收集证据，随后利用收集到的证据做出基于信任的决策，如排除恶意节点和路由选择等。尽管这个模型能排除不相容的推荐，但为了鼓励真实的推荐节点在以后传播推荐信息，它并没有惩罚有责任的推荐节点。Rebahi 等[13]提出了一种与 CONFIDANT 类似的信任模型，主要区别是他们的模型中每个节点都向所有的单跳节点广播它们的信誉。Eschenauer 等[14]提出了多个用于证据发现和传播的 P2P 策略。他们对传播推荐信息的要求定义为：推荐节点对被推荐节点进行证据收集和评估需要采用与接受推荐的节点对其证据收集和评估的方式相同。与其他信任和信誉模型[6-14]类似，Li 等[15]和 Lindsay 等[16]通过与其他单跳节点交互和推荐信息收集证据以建立节点间的信任关系，然后利用已建立的信任关系来选择可信路径并隔离恶意节点。但是，前者利用主观逻辑对证据进行量化，后者采用信息熵量化证据。

我们的研究结果一致表明相关的信任和信誉模型通常难以完全防止真实诱导问题。另外，这些模型中传播推荐信息的方法也存在搭便车、推荐偏差和增加开销的问题。这些促使我们开发一种完全基于检测——反应的信任模型，在解决以上问题的情况下增强 MANET 的安全性。有趣的是，基于观测的 Ad Hoc 网络协作执法（OCEAN, Observation-based Cooperation Enforcement in Ad Hoc Networks）[19]仅从相邻节点之间的交互采集证据，从而消除了以上提到的问题。但是，我们的模型与 OCEAN 的主要区别是采用了一种新的传送推荐信息方法，这种方法在无需修改基本路由操作的条件下得到推荐信息。

18.3 假设与术语

SMRTI 对网络层安全进行了增强。因此，与相关的信誉和信任模型[14-16]类似，它依赖于安全路由协议[1-5]对中间节点进行认证。干扰攻击（Jamming Attacks）不在本章的讨论范围内，但可通过部署扩频或绕过干扰区域等机制来抵抗这类攻击[20]。与相关信誉和信任模型[7,10-12,15,16]类似，SMRTI 收集篡改攻击的证据，如对路径中的节点进行添加或删除，以及未经授权而通过被动监视对路由请求的序列号进行递增等。它依赖基于协作的合伙模型（Cooperation-based Fellowship Model）[21,22]抵抗拒绝服务攻击（DoS, Denial of Service），如丢包和洪泛攻击。

将内部攻击者进行的恶意行为称为异常行为或恶意行为，而将遵守基本路由操作的良性节点的行为称为正常或良性行为。定义单跳节点为相邻节点，节点的无线传输范围为节点的环境。为了便于说明，将数据流跟随的成功的路由发现序列定义为通信流。一般地，路由发现周期中的路由请求（RREQ）、路由回复（RREP）、路由错误（RERR，Route Error）阶段以及数据流定义为事件（Event）。路径和路由这两个术语在整个章节中可互换，表示数据包经过的节点列表，该表包括源节点和目的节点。本章中，研究基于 DSR 协议的 SMRTI 设计和结构。类似地，SMRTI 也可用于覆盖其他反应协议，如 Ad Hoc 按需距离矢量路由协议（AODV，Ad Hoc On-demand Distance Vector）[23]。我们将在其他章节介绍相关内容。SMRTI 可部署在每个节点上，以分布式与以节点为中心运行，即在每个节点的运行不影响且独立于其他节点的运行。

18.4 SMRTI：结构

在 SMRTI 中，信誉定义为对其他节点的"评价"。这种评价是根据从节点行为中收集到的证据确定的，它是主观的。信任定义为对一个节点的行为与预期相符的"期望"。一些影响"期望"的因素也会影响节点的信誉。因此，信任是主观的，期望只适用于特定的场景和时间。给定基于评价的期望，信任在模型中表示为信誉的函数。

18.4.1 概述

SMRTI 通过被动监视数据包和推荐信息异步获取相邻节点的可信度证据。随后，根据给定相邻节点的行为和事件的背景对证据进行量化。最后，量化后的证据被表示为信誉评分，作为对给定相邻节点的评价。

在 SMRTI 中，检测部分负责采集和量化证据，形成信誉，如图 18.1 所示。它通过信誉采集、信誉评估两个模块以及数据包缓冲、信誉表、拒绝列表三个数据结构完成必要的操作。信誉采集模块对证据进行采集、量化证据并将证据表示为信誉，信誉评估模块则对近期的和以前设定的信誉汇集起来以修改对给定相邻节点的评价。篡改攻击的证据是将杂乱模式监视的数据包和数据包缓冲中存储的数据包进行对比获取的。另外，信誉表给出了其他节点的信誉评分。如 18.4.4.1 节的详细介绍，拒绝列表包含了在路由发现阶段具有异常行为的节点标识，以至于不管这些节点具有多么高的信誉评分，它们都被排除在外，直到相应的通信流完成。

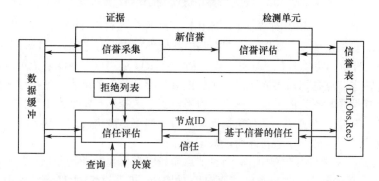

图 18.1 有信任纠葛的安全 MANET 路由（SMRTI）结构

需要注意的是，检测部分通过被动监视包和推荐信息采集证据。但是，对一个给定节点，根据证据的获取方式，信誉评分被分为 3 个不同类别：直接、观测和推荐信誉。也就是说，对于给定的检测节点，证据可通过直接互动、观测或推荐获得。

SMRTI 同时辅助 DSR 对以下情况做出决策：接受或拒绝由路由发现过程发现的新路由，记录或丢弃转发包中的路由，是否向其他节点发送或代表其他节点转发数据包，参考或忽略某个证据。以上每一种情况的决策都是依据各具体情况的策略和相关节点的可信度做出的。反过来，一个节点的可信度由节点所得的信誉评分（直接、观测和推荐）确定。

如图 18.1 所示，SMRTI 采用反应部分对从 DSR 接收到的查询决策进行反馈。反应部分通过信任评估模块、基于信誉的信任模块以及数据结构（信誉表和拒绝列表）实现其所需的操作。信任评估模块根据针对事件情况的详细策略从路由中提取具体节点，然后根据这些节点的可信度做出相应决策。另外，基于信誉的信任模块根据节点的信誉评分（直接、观测和推荐）为每个提取出的节点计算可信度。它利用信誉表进行计算，而在相应通信流路由发现阶段利用拒绝表排除具有异常行为的节点。

考虑到离散值只能提供一个较小可能取值集合，而 MANET 中的信誉和信任涉及到连续取值，因此参考文献[16]，将信誉和信任均表示为区间[-1,+1]内的连续实数值。

18.4.2 系统运行

如图 18.2 所示，考虑路径 $S{\rightarrow}O{\rightarrow}X{\rightarrow}N{\rightarrow}C{\rightarrow}D$，其中 S 为通信流的源节点，D 为目标节点。节点 O、X、N、C 为由 S 到 D 路径的中间节点。由此开始，将利用这一场景对以上提到的每个情况中 SMRTI 的决策过程进行解释。

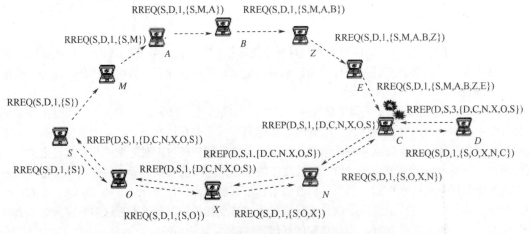

图 18.2 动态源路由协议中的路由发现阶段

考虑源节点、目的节点和中间节点中的路由注册表操作。根据 DSR 协议，每个节点根据路由发现或者被转发的包来发现一个新路由。在将路由注册到路由缓存之前，SMRTI 定义了策略，来对路由上所有节点（评价节点除外）进行可信度评估。SMRTI 采用这一策略防止可能包含特定节点的路由条目，这里特定节点是指对当前通信流之外的具有异常行为的节点。这反过来有效地促使评估节点排除含有选择性异常行为的节点。然而，也考虑到了选择性异常节点中良性行为的证据，具体情况见 18.4.4 节。需要注意的是，只有选择性异常节点的可信度提高到体现为持久的良性行为的评估节点后，含有这些节点的路由条目才可能被记录下来。

现在考虑源节点 S 的路由选择操作。当 S 节点希望将数据包发送到 D 时，首先检查自己的路由缓存是否含有通向 D 的路由。如果找到了通向 D 的路由，S 通过 SMRTI 评估路由的可信度。虽然路由在被注册到路由缓存之前已经被评估过可信度了，但 SMRTI 对策略进行了细化，在每次部署路由之前还会对路由的可信度进行评估。这是因为信任是非单调的，因此路由的可信度在条目注册和部署之间是可能发生变化的。假设存在多条通向 D 的可信路由，则选择具有最高可信度的路由进行通信。相反，如果路由缓存中只有通向 D 的不可信路由或者不存在，S 将发起一个新的通向 D 的路由发现。如果是前者的情况，SMRTI 促使路由缓存清理不可信路由。

现在按顺序考虑中间节点、源和目的节点接收和转发数据包的操作。在中间节点（O，X，N 和 C），SMRTI 定义了一组具体策略来决定是否为其他节点转发数据包以及是否向其他节点发送数据包。为了接收数据包，它评价发出上游数据包的前跳相邻节点的可信度。类似地，对要接收下游数据包的下一跳相邻节点的可信度也进行评估。如前所述，前跳节点和下一跳节点的可信度都是通过从它们过去的良性和恶性行为中采集到的证据进行评估。如果前跳或后跳节点曾经出现过异常行为，则 SMRTI 将会对它们采集足够的以前异常行为的证据。因此，这将降低它们的可信度并将它们从通信流中排除。考虑到这些评价过程在路由发现阶段进行，并假设在 S 到 D 之间发现多个路由，则接下来的数据流很可能会通过其他可信路由进行传输。最后，SMRTI 通过评估源节点 S 和目的节点 D 的可信度来评估数据包的可信度。这是因为中间节点（O，X，N 和 C）仅为源 S 和目的 D 节点转发数据包。类似中间节点，运行在 S 的 SMRTI 定义一个策略对下一跳节点（O）和目的节点 D 的可信度进行评估。另一方面，在目的节点 D，SMRTI 定义一个策略对前跳节点（C）和源节点（S）进行可信度评估。以上的一组评估在路由请求事件中在源节点（S）和中间节点（O，X，N 和 C）处有区别。这是因为路由请求事件中广播的特点，下一跳节点是未知的。在这种情况下，中间节点（O，X，N 和 C）只对前跳节点和数据包（即源和目的节点）的可信度进行评估。类似地，源节点（S）只评估目的节点的可信度。

需要指出的是，SMRTI 在做出任何决策操作而进行节点可信度评估前，总是先确认评估节点不在拒绝列表中。反过来，这可防止将异常节点包含到通信流中，特别是在路由发现阶段。

18.4.3　反应部分

反应部分用于辅助 DSR 根据具体场景定义的策略以及与具体场景相关节点的可信度来做出信任增强的决策。如前所述，反应部分是通过信任评估模块、基于信誉的信任模块以及拒绝列表和信誉表数据结构实现操作的。

18.4.3.1　信任评估

开始，信任评估模块针对需要做出决策的不同情况（如路由注册、路由选择、数据包接收和转发等）采用面向具体情况的策略。然后，通过预先设置的阈值，即阈值限制（Δ），对具体事件上下文的情况进行可信度评估。只有上下文的可信度至少为"Δ"，上下文才可被声明为可信。评估之前，信任评估模块首先通过面向上下文的策略确认的节点不在拒绝列表中。下面对每种上下文的评估进行详细介绍，同时采用基于信誉的信任模型对面向上下文策略所列节点的可信度进行评估。在 SMRTI 中，"Δ"会根据上下文和事件而变化。但是，为了简明，对所有的上下文采用了统一的"Δ"。

在节点"i"处 SMRTI 的信任评估模块对数据包"k"（$T_i\text{Packet}_k(t_{a+1})$）进行信任度评估，公式如式（18.1）所列。其中，$0<\alpha<1$，$t_{a+1}>t_a$。参数 α 根据事件的类型在数据包源"Src"和目的节点"Dest"的权重之间移动。例如，在路由查询事件中，给定源节点"Src"最高的权重，同时目的节点"Dest"在路由回复事件中也采用最高的权重。注意到信任评估模块在节点"i"利用基于信誉的信任模块计算出源节点"Src"的信任度 $T_i\text{Node}_{src}(t_a)$ 和目的节点"Dest"的信任度 $T_i\text{Node}_{Dest}(t_a)$。

$$T_i\text{Packet}_k(t_{a+1}) = \{[\alpha T_i\text{Node}_{src}(t_a)] + [(1-\alpha)T_i\text{Node}_{Dest}(t_a)]\} \tag{18.1}$$

类似式（18.1），在节点"i"处信任评估模块对路由"R"的可信度 $T_i\text{Route}_R(t_{a+1})$ 计算如式（18.2）所列。注意到基于信誉的信任模型用于采集路由中每个节点"j"的可信度 $T_i\text{Node}_j(t_a)$。

$$T_i\text{Route}_R(t_{a+1}) = \sum_{j \in R \wedge j \neq i} \{\beta_j T_i\text{Node}_j(t_a)\}, \quad \sum_{j \in R \wedge j \neq i} \{\beta_j\} = 1 \tag{18.2}$$

18.4.3.2 基于信誉的信任

在 SMRTI 部署的初始化阶段，节点为其他节点的信誉评分（直接信誉、观测信誉和推荐值）赋初始值，最小为"Δ"。通过从信誉表中检索节点"j"的信誉评分（直接信誉、观测信誉和推荐值），在节点"i"处 SMRTI 的基于信誉的信任模块对节点"j"计算可信度（$T_i\text{Node}_j(t_{a+1})$）。在式（18.3）中，$\omega_{ij}^{RR}(t_a)$ 表示节点"i"对节点"j"在 RR 类型（直接信誉、观测信誉和推荐值）信誉上的评分。另外，参数 λ_j^{RR} 表示在计算节点可信度时不同类型信誉的权重。这 3 种类型信誉的优先级是按照直接信誉、观测信誉和推荐值的顺序升序排列的。这是基于这样一个直觉：人们的经验（直接交互和观测）要优先于他们从别处获得的建议，同样，直接交互要优先于对相邻节点间交互。

$$T_i\text{Node}_j(t_{a+1}) = \sum\{\lambda_j^{RR}\omega_{ij}^{RR}(t_a)\}, \quad \sum\{\lambda_j^{RR}\} = 1 \tag{18.3}$$

18.4.4 检测部分

针对每一种信誉类型（直接、观测和推荐），检测部分收集、量化证据，并将其表示为信誉评分。然后，将近期的信誉评分和累计信誉评分汇集到一起。如前所述，它通过信誉采集、信誉评估两个模块以及数据缓冲、信誉表、拒绝表三个数据结构来实现这些功能。

18.4.4.1 直接信誉

节点的直接信誉定义为：通过直接与其他节点交互而采集证据，然后将证据量化汇总得出的对其他节点的评价。节点的信誉采集模块通过验证被动监测数据包与存储在数据包缓冲中的数据包副本来采集直接信誉的证据，如图 18.3 所示。采集到的证据根据其表现的是良性或恶性行为分别被量化为正值或负值。表示近期直接信誉的量化值（正值或负值）被传送到信誉评估模块，与累计直接信誉进行汇集。

只有数据包从上游前跳节点接收或转发给下游下一跳节点无任何恶意行为，证据才会被量化为正值，即 pos(event)。注意到正值的大小取决于事件的类型。相反，对于确认存在恶意行为的证

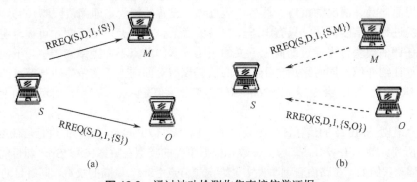

图 18.3　通过被动检测收集直接信誉证据

(a) S 向 O 和 M 广播 RREQ；(b) S 监听随后广播。

据将被赋以负值，即 neg(event, action)。与正值不同，负值不仅仅取决于事件类型，还取决于恶意行为的类型。在异常情况中，恶意节点（前跳或下一跳）将被添加到拒绝列表，以便在相应通信流中将其排除。如果恶意节点在路由发现阶段被列入拒绝列表，则信任评估模块会将含有恶意节点的路由评估为不可信。这最终将从路由缓冲中废除该路径，并引发 DSR 为数据流选择其他可用的有效路由。但是，如果恶意节点在数据流阶段被列入拒绝列表，则相应无效路由将促使 DSR 启动路由维

护操作。

在式（18.4）中，节点"j"的信誉评估模块将新的直接信誉{pos(event)或 neg(event, action)}与对节点"j"的累计直接信誉（$\omega_{ij}^{\text{Direct}}(t_a)$）汇集在一起，形成对节点"$j$"的直接信誉。结果（$\omega_{ij}^{\text{Direct}}(t_{a+1})$）将作为后续计算的累计信誉。需要指出的是，在对新证据进行量化时不受以前累计信誉的影响。否则，在式（18.4）中，节点"i"对新证据的量化将与对节点"j"的评价不相关。这个方法将结果限制在-1 和+1 之间，与式（18.1）结合应用。这可预防信誉结果对持续表现良性行为的节点无法发现其在未来可能出现的异常行为（或对持续恶意节点在未来可能表现为良性行为）。例如，节点"i"对持续表现为良性行为的节点"j"所能设置的直接信誉最大值为+1。节点"j"更多的良性行为不再使直接信誉值增加。换言之，节点"i"给节点"j"赋予直接信誉饱和值为+1 的状态，表示节点"i"对节点"j"是在直接交互上是绝对可信的。但是，节点"j"在不远的将来一个恶意行为例子将足够导致直接信誉崩溃。

$$
\begin{aligned}
"j"\text{表现良性行为} &\equiv \omega_{ij}^{\text{Direct}}(t_{a+1}) \\
&= \min\{[+1],[\omega_{ij}^{\text{Direct}}(t_a)+\text{pos(event)}]\} \\
"j" &\equiv \text{表现恶意行为} \equiv \omega_{ij}^{\text{Direct}}(t_{a\_1}) \\
&= \max\{[-1],[\omega_{ij}^{\text{Direct}}(t_a)-\text{neg(event,action)}]\}
\end{aligned}
\tag{18.4}
$$

18.4.4.2 观测信誉

一个节点的观测信誉定义为：通过观测特定节点与一般相邻节点之间的行为收集证据，然后将证据量化汇总得到对被观测节点的评价。注意，一般相邻节点为处于观测节点和被观测节点的传输范围内的节点。SMRTI 中观测信誉的概念主要来源于社会心理学中的概念。例如，在社会中，当一个个体的行为偏离正常时，他的行为将受到关注。反过来，这说明了那些主要对因异常行为出名的个体感兴趣的观察者的心理。观测者的目的是利用他们所观测的现象，以至于如果他们碰巧与行为异常的个体的交互，他们将会较为小心谨慎。需要注意的是，从观察个体的角度看，正常行为的定义可能是主观的，即使正常行为的广义定义以社会法律形式的存在。也应该注意到除非给观测者具有直接利益，否则观测者可能一般不会考虑个体的正常行为。

SMRTI 通过观测相邻节点间的交互来采集篡改攻击的证据。如图 18.4 所示，节点 Z 通过观测其相邻节点 D 和 C 之间的交互采集证据。开始，节点 Z 监听由 D 向 C 转发的数据包（图 18.4（a）），然后，C 代表 D 对数据包进行转发（图 18.4（b））。如果 C 转发的数据包没有任何修改，则节点 Z 将观测到的证据丢弃。从节点 Z 的角度看，在网络中 C 按照 SDR 规范转发 D 的数据包是一个正常行为的实例，而且重要性相对较小。进一步，对正常行为观测到的证据进行丢弃的决策有助于抵制同谋攻击。否则，D 和 C 可能通过互相交换虚拟包的方式增加节点 Z 对他们的观测信誉。然而，如果 C 进行修改攻击，则 Z 赋给 C 一个负值。注意到负值的数值大小与事件类型和篡改攻击（如增加序列号，对路由中节点进行增加或删除）成正比。随后，节点 C 被添加到用于排除的拒绝列表，直到相应的通信流结束。注意到 C 的每次异常行为都会使其失去在前跳节点 D 中的直接信誉，还会失去包括 Z 在内的所有对其观测的相邻节点中的观测信誉。总之，对恶意节点的恶意行为进行多次惩罚（前跳节点和多个观测相邻节点）有助于阻止其偏离正常行为。

如果节点"j"具有异常行为，在节点"i"上的信誉评估模块将新的观测信誉（neg(event, action)与对节点"j"的累计观测信誉（$\omega_{ij}^{\text{Observed}}(t_a)$）汇集起来，如式（18.5）所列。但是，如果节点"j"表现为正常行为，则对节点"j"的累计观测信誉保持不变。最后，结果（$\omega_{ij}^{\text{Observed}}(t_{a+1})$）将作为以后计算的累计信誉。

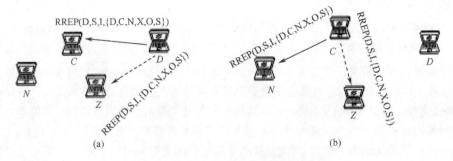

图 18.4　通过被动监测收集观测信誉证据

(a) Z 观测 D 到 C 的传输；(b) Z 观测 C 到 N 的传输。

$$
\begin{aligned}
"j" \text{ 表现良性行为} &\equiv \omega_{ij}^{\text{Observed}}(t_{a+1}) = \{\omega_{ij}^{\text{Observed}}(t_a)\} \\
"j" \text{ 表现恶意行为} &\equiv \omega_{ij}^{\text{Observed}}(t_{a+1}) \\
&= \max\{[-1],[\omega_{ij}^{\text{Observed}}(t_a) - \text{neg(event,action)}]\}
\end{aligned} \quad (18.5)
$$

18.4.4.3　推荐信誉

节点的推荐信誉定义为其对某一特定节点的评价，该评价是根据所有推荐该特定节点的推荐信息计算的。为了便于解释，提供推荐信息的节点，即推荐节点称为推荐者。类似地，将被推荐的节点称为被推荐者，将接收推荐信息的节点称为请求节点。通常，多数模型[6-16]通过传播数据包或者添加额外的数据头来交互推荐信息。但是，这些模型的决策可能会受到从其他节点接收到的推荐信息的恶意影响。首先，它们缺乏确定推荐者偏差的能力。其次，它们缺少很好的方法来确定推荐者的可信度，即推荐者是否在进行真实诱导或搭便车。另外，传播推荐数据的方法也会增加网络开销并降低网络性能。

1）处理常规推荐

我们认为理解推荐信息传播方法中的相关步骤对阐述相关问题较为重要。起初，被传播的推荐信息可定义为推荐者对被推荐者的评价，然后由推荐者转发给感兴趣的节点。注意，传播的推荐信息反映推荐者的评价，这可能仅仅基于推荐者与被推荐者直接交互。或者，这也可能包括支持被推荐节点的推荐者接收到的推荐信息的汇总。值得注意的是，发布的推荐信息给出了推荐者和被推荐者关系的一个快照。因此，可从发布的推荐信息中合理地推导出如果推荐者和被推荐者的关系未发生变化的情况下推荐者以后是否会为被推荐者转发数据包。这个推断只是用于与发布推荐信息涉及到的上下文（如转发数据包）相同。

当发布的推荐信息到达请求节点后，请求节点根据推荐信息修改被推荐节点的评价。评估的原因是请求节点可能未能见证引起发布的推荐信息所涉及的事件。另外，发布的推荐信息仅反映推荐者对这些事件的评估。因此，请求节点将根据推荐者的信任度决定接受或拒绝传播的推荐信息。但是，如果接受了发布的推荐信息，它将按照推荐者的信誉等级对发布的推荐信息进行调整。

2）所提出的推荐值推导方法

回想一下，从传播的推荐信息中可合理地推导出推荐者以后是否会为被推荐节点转发数据。在我们的方法中，节点间通过与以上推导相反的过程进行推荐信息交互，因此可避免推荐信息相关问题。

考虑如图 18.5 所示的情况，节点 X 向节点 N 单播数据包，包含路由 $S{\rightarrow}O{\rightarrow}X{\rightarrow}N{\rightarrow}C{\rightarrow}D$。在这个情况中，节点 N 可通过其前跳节点 X（推荐者）是否转发来自其上游节点 O（被推荐者）的数据获得 X 推荐 O 的隐含推荐信息。开始，N 从被包含在上游数据包中的路由中收集 X 对 O 的推荐证据。然后，N 计算评价，即根据对 X 的信任度从收集到的推荐证据计算针对 O 的推荐信誉。类似地，N 从路由中计算推荐信息直到到达路由的终端，即 N 沿着上游路由反向遍历，获得 O 对 S 的推荐。

由于推荐信息从包含在上游数据包中的路由推导出来，因此推导推荐信息前，需要对路由进行验证。如前所述，部署了 SMRTI 的节点仅当前跳节点（数据包发来的节点）、后一跳节点（数据包转发到的节点）和数据包（数据包的源和目的节点）的可信度至少为 "Δ"，才会转发数据包。因此，很明显，节点为了转发上游的数据包需要确定前跳节点的可信度。进一步，通过递归应用于所有上游节点，这可沿路由反向遍历这些节点直到数据包的源节点。

重新回顾上面的情况，X 只有对节点 O（前跳节点）、N（下一跳）、S（源节点）和 D（目的节点）所持的信誉评价至少为 "Δ" 时，才会转发从 O 发来的数据包。随后，N 推导出 X 代表 O 转发数据包的意愿，作为 X 对 O 的推荐。类似地，N 计算出 O 代表 S 转发数据包的意愿，作为 O 对 S 的推荐。这个过程在节点 S 处终止，因为节点 S 没有上游（前跳）节点。

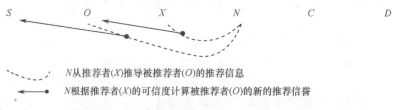

图 18.5　节点 N 根据上流包的路由推导推荐信息

现在通过 N（请求节点）从 X（推荐者）推导出关于 O（被推荐节点）的推荐信息考虑推荐信誉的评估过程。开始，N 根据式（18.3）计算节点 X 的可信度。根据 X 的可信度数值是否小于 "Δ"，确定推导出的推荐值的正或负。这实际上说明 N 对从 X 推导出对于 O 的推荐值的观点。需要注意的是 N 对推导出的推荐值设置正值或负值也与从其他节点处得到推荐值赋予的正值和负值是相同的。换言之，以上操作无法表示 N 对 X 的信任度与对其他节点的信任度不同。因此，从 X 推导出来的关于 O 的正或负的推荐值根据 N 对 X 的信任度进行成比例调整，然后得出 O 新的推荐信誉。这种调整表明推导出的推荐信息与 N 对 X 的信任度成正比。最后，N 通过将针对 O 的新的推荐信誉和累计推荐信誉汇集在一起，修改累计推荐信誉。从 O 获取 S 的推荐信誉过程与此类似。

式（18.6）给出了上述在 "t_{a+1}" 时刻的操作过程。节点 "i" 将累计推荐信誉（$\omega_{ij}^{Rec}(t_a)$）和新的从节点 "h" 推导出的针对节点 "j" 的推荐信誉 $\{[T_i \text{Node}_h(t_a)\, pos(packet)]\ \text{or}\ [T_i \text{Node}_h(t_a)\, neg(packet)]\}$ 汇集起来，得到结果（$\omega_{ij}^{Rec}(t_{a+1})$）。这一结果作为后续计算推的累计信誉。

$$T_i \text{Node}_h(t_a) \geqslant \Delta \equiv \omega_{ij}^{Rec}(t_{a+1}) = \min\{[+1], [\omega_{ij}^{Rec}(t_a) + T_i \text{Node}_h(t_a) pos(packet)]\}$$
$$T_i \text{Node}_h(t_a) < \Delta \equiv \omega_{ij}^{Rec}(t_{a+1}) = \max\{[-1], [\omega_{ij}^{Rec}(t_a) - T_i \text{Node}_h(t_a) neg(packet)]\}$$
$$(18.6)$$

总之，提出的方法防止节点的推荐信誉受到恶意推荐者推荐信息的影响，这反过来促进节点仅相信自己的决策。因此，节点更好地解决了与推荐偏差相关的问题。考虑到推荐者不再发布他们的评价作为推荐信息，因此也没有机会引起真实诱导和搭便车问题。

18.5　仿真结果

NS2 仿真器在评估 Ad Hoc 路由协议中被广泛应用。它采用双线地面反射模型[24]进行无线传播。这种模型考虑了信号强度、传播延迟、捕捉效果及干扰等物理现象。节点传输范围设置为 250m。NS2 为移动性部署了随机路点模型，其中节点从随机点开始，等待一段时间（由设置的暂停时间确定），然后选择另外一个随机点，利用可在 0 到最大速度 "V_{max}" 之间均匀选择一个速度移动到新位置。媒体接入控制协议（MAC，Medium Access Control）设置为 IEEE 802.11 分布式协调功能（DCF，

Distributed Coordination Function）和 DSR 路由协议。在我们的仿真中，由发送节点到接收节点的数据流量设置为 2Mbps 的恒定比特率（CBR，Constant Bit Rate），数据包大小设置为 512 字节。在整个仿真运行过程中 CBR 数据流的发送和接收节点集合并不是固定的，而是在随机选择的发送节点和接受节点集合之间动态变化。这种设置增加了发现的路由总量，因此将良性节点暴露在更多的恶性节点环境中。仿真过程每次持续 300s，CBR 流的最小和最大持续时间分别为 20s 和 40s。

18.5.1　SMRTI 和恶意节点

将 SMRTI 封装到 DSR 协议中，在 NS2 中进行了实现。具有激活的 SMRTI 的移动节点称为 SMRTI 节点。在路由发现阶段，只有数据流的路由被选中，中间 SMRTI 节点才会适应 DSR 协议接受新的路由请求序列号。这一设计使 SDR 协议能够丢弃修改过序列号的路由，并允许传播随后的有效的路由请求。根据初步的模拟研究，SMRTI 节点的参数设置见表 18.1。为简便起见，为了使恶意行为不具有吸引力，将 neg(event,action) 设置为一个固定的数值，而 pos(event) 采用多个数值。

记住 SMRTI 根据基于合作的团体模型来分别抵御洪泛和丢包攻击。在缺少团体模型的情况下模拟 SMRTI 节点抵抗篡改攻击来研究这些节点的性能。用于分析所考虑的篡改攻击是从路由上添加或删除节点以及增加路由请求序列号。以潜入路由或者扰乱数据流为目的、修改路由头文件的节点称为恶意节点。将遵守 DSR 所列规范的节点称为 DSR 节点。这些节点既不进行篡改攻击也不能使 SMRTI 抵御篡改攻击。

表 18.1　SMRTI 仿真参数设置

参　　数	值	参　　数	值
阈值限制（Δ）	0.50	Pos(event)	0.02
默认信誉值（直接、观测和推荐）	0.51	Neg(event, action)	0.10

18.5.2　场景和评价标准

网络中的总节点数量设置为 100。为了便于比较，采用相同的参数设置在不同场景下分别模拟 SMRTI 节点和 DSR 节点抵抗恶意节点的情况下进行了仿真。表 18.2 中列出了在不同场景下的一组变化的参数设置。

以下给出了为进行性能分析的仿真场景以及对每种场景下的性能评价标准：

场景Ⅰ：在不同比例恶意节点下对 SMRTI 节点和 DSR 节点性能进行测试。随恶意节点比例（恶意节点从从 0~100 间隔为 10 递增）的增加估计 SMRTI 或 DSR 节点性能。其他参数包括：暂停时间 10s，最大速率 $V_{\max}$ 为 20m/s，仿真面积为 1500m×1500m。这一场景用于测试 SMRTI 和 DSR 节点性能开始显著下降时的恶意节点比例。

场景Ⅱ：按照上一场景，恶意节点与 SMRTI（或 DSR）节点比例固定在 3 个均匀分布的数值上，即网络中全部节点的 25%、50% 和 75%。对每一种分布，在最大速率 $V_{\max}$ 从 0~50m/s 间隔 5m/s 进行变化的条件下分别对 SMRTI 和 DSR 节点进行性能分析。仿真中的其他固定参数为暂停时间 10s，仿真面积为 1500m×1500m。这一场景的目的是研究 SMRTI 或 DSR 节点性能抵抗恶意节点中移动性能的影响。

场景Ⅲ：与场景Ⅱ相比，本场景设置暂停时间从 0~40s 以 4s 为间隔进行变化。最大移动速率设置为 20m/s，其他参数保持不变。设计这一场景是为了确定暂停时间是多少时，SMRTI（或 DSR）节点能较为有效地抵抗恶意节点。

场景Ⅳ：与场景Ⅲ比较，在本场景中仿真面积从 500m×500m 以间隔 500m×500m 变化到 5000m×5000m，最大移动速率固定为 20m/s。其他参数设置与场景Ⅱ相同。这一场景评价网络连接性能和节点密度在 SMRTI 或 DSR 节点抵抗恶意节点中的影响。

表 18.2　NS2 仿真变量参数

参数	值	参数	值
SMRTI 节点	0～100	暂停时间	0～40s
恶意节点	0～100	仿真面积	500m×500m～5000m×5000m
最大速率 "V_{max}"	0～50m/s		

性能指标：数据包传输率（PDR，Packet Delivery Ratio），是目的节点接收到的 CBR 数据包总量与源节点发送的 CBR 数据包总量的平均比。

然而，由于 SMRTI 节点与 DSR 节点比较，并不产生额外的数据包或数据头，因此诸如数据包或字节开销的性能指标在我们的仿真中并未测试。

18.5.3　性能分析

仿真结果如图 18.6～图 18.9 所示，很明显，SMRTI 节点的性能优于 DSR。值得注意的是，在图 18.6 中，DSR 节点的 PDR 在引入 10%恶意节点的情况下迅速地由 82%下降到 20%。这种快速下降主要是由于篡改路由请求序列号造成的，以及其他造成下降的因素是对路由中的节点进行添加或删除。显然，具有最短路径的有效路由能有效防止选择恶意延长的 CBR 数据流路由。另外，恶意缩短路由可成功地干扰 CBR 数据流。但是，修改路由请求序列号不利于阻碍相应的路由请求和未来路由请求的传播，从而防止相应的和后续的 CBR 数据流有效路由的建立。这将持续到未来的路由请求序列号超过修改过的路由请求序列号。从图 18.6 中可观察到进一步增加恶意节点的比例对 DSR 节点的影响较为轻微。类似地，在图 18.7 和图 18.8 中分别显示的 DSR 节点性能随最大速率 V_{max} 以及暂停时间的变化而波动的幅度比较小。由于移动性干扰 CBR 数据流的比率和路由上含有恶意节点的概率与路由长度成正比，将活跃的 CBR 数据流路由长度归结为单跳或两跳路由。换言之，断言在 DSR 节点中不含恶意节点的情况下，活跃的 CBR 数据流路由是由单跳或两跳路由构成，其对 DSR 节点性能下降很小。进一步利用图 18.9 中 DSR 在 500m×500m 中的显著表现证实了我们的论断。这是由于节点传输范围为 250m，节点在 500m×500m 的面积中紧密填充，单跳长度的 CBR 数据流路由占主导地位。总之，可得出以下结论：DSR 节点难以建立多跳路由来抵抗恶意节点和只有对处于非常靠近的节点，以至于 CBR 数据流的路由长度仅为单跳或两跳的情况下，才能发送 PDR。

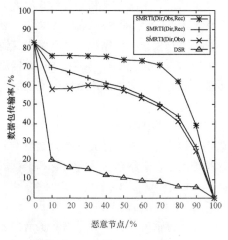

图 18.6　SMRTI 节点与恶意节点

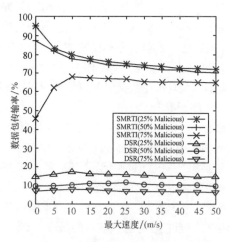

图 18.7　SMRTI 节点与最大速度

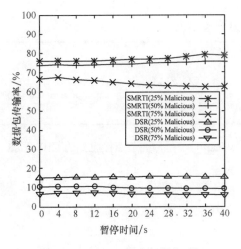

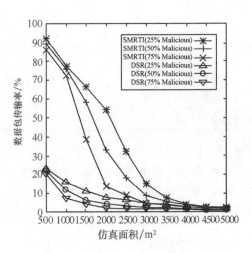

图 18.8 SMRTI 节点与暂停时间   图 18.9 SMRTI 节点与仿真面积

18.5.3.1 SMRTI 节点与恶意节点

SMRTI 节点能够有效抵抗恶意节点,如图 18.6 所示。这是由于它们只接受路由发现中可信的路由和可信的转发数据包;**只有路由是可信的和活跃的,才记录路由请求序列号;只传播可信的数据包;将数据包发送给可信节点或代表可信的节点转发数据包;将相应通信流的路由发现过程中存在异常的节点进行排除。**如前文所述,SMRTI 节点根据上下文的具体策略和通过特定上下文策略确认的那些节点的可信度对以上每种上下文做出决策。由于节点的可信度取决于该节点的信誉等级(直接、观测和推荐),在对节点的可信度评估中考虑的信誉类型(直接、观测和推荐),对 SMRTI 节点的性能具有综合影响。

图 18.6 中的曲线"SMRTI(Dir, Obs)"表示只考虑直接信誉和观测信誉采集的证据的影响。在直接信誉中,通过直接交互采集到的证据使 SMRTI 节点将相邻节点分为恶意或良性节点。另外,通过观测相邻节点之间的交互获取的证据使 SMRTI 节点能够候选出在交互中有可能存在异常行为的节点。换言之,观测信誉增强了为直接信誉所采集的证据,增强了反应部分的决策,如排除含有候选恶意节点的路由及防止候选恶意路由数据包的传播。当恶意节点的比例超过网络中节点数量的 1/2 后,PDR 显著下降。在这种情况下,尽管 SMRTI 节点能够利用直接和观测信誉有效地检测恶意节点,但 SMRTI 节点比例的下降降低了可信路由的可用性。

图 18.6 中类似的另一条曲线"SMRTI(Dir, Rec)"表示考虑直为接信誉和推荐信誉所采集的证据对结果的影响。由推断节点间的关系获得的推荐信誉使 SMRTI 节点能够对其他 SMRTI 节点进行鉴定。换言之,推荐信誉不仅增加了 SMRTI 节点为其直接信誉采集的证据,还将网络中其他类似的 SMRTI 节点联系到一个团体中。这反过来有效地增强了反应部分的决策,如为 CBR 数据流列入可信路由以及只传播数据包到可信节点。随着网络中恶意节点的稳步增加,SMRTI 节点比例逐渐下降,PDR 逐渐降低。

总之,观测信誉和推荐信誉增强直接信誉。只要网络中的 SMRTI 节点数量相对恶意节点数量多一些,两种信誉都会对反应部分的决策起到增强的影响。换言之,它们彼此互补。这可从图 18.6 所示的曲线"SMRTI(Dir, Obs, Rec)"中观察到。在这种情况下,直接信誉观测信誉和推荐信誉联合起来对网络中 SMRTI 节点的性能产生了显著的影响,可抵抗高达 75% 的恶意节点的性能。如图 18.6 所示,有趣的是,在没有恶意节点的情况下,SMRTI 和 DSR 节点的 PDR 指标彼此一致。这说明 SMRTI 节点在没有恶意节点的情况下其运行情况与 DSR 运行情况相似,并且消除了诸如为推荐信息传递额外的数据包或数据头。还发现即使在不存在恶意节点的情况下,SMRTI 和 DSR 节点的性能从未达到 100%，这是由以下原因造成的：**由于随机路点的移动性干扰了节点的均匀分布，几乎没有目的节点不可到达；当 CBR 流选择最短的拥挤路径时，最短路径上的节点丢包；由于最多的最短路径经过处于网络中心的节点造成竞争导致中间节点丢包。**基于负载均衡的服务质量（QoS，Quality of Service）[25]解决方案可用来提高这种情况中的网络性能。这不在本章的讨论范围内。

18.5.3.2 SMRTI 节点与最大速率和暂停时间

如图 18.7 所示，根据网络中恶意节点的比例，在最大移动速率"V_{max}"变化的情况下，SMRTI 节点的性能不同。当恶意节点最多不超过网络中节点总数一半时（例如恶意节点占 25% 和 50%），SMRTI 节点的性能而明显下降，尤其在最大速率变化的低端这种现象较为显著。但是，当恶意节点占网络中总节点数量 3/4 时，SMRTI 节点的性能显著增加，尤其在最大速率变化的低端，这种趋势更为显著。尽管当恶意节点占 75% 时 SMRTI 节点的性能随着最大移动速率的增大而提高，但性能还是比恶意节点占 25% 和 50% 时的性能低。

先考虑在恶意节点占网络节点 25% 和 50% 时的情况。如图 18.7 所示，只有在最大移动速率为 0m/s 时，SMRTI 节点表现较好。在这种情况下，SMRTI 节点和相邻节点的位置是固定的。换言之，由于节点位置固定以及相邻节点行为的重复，SMRTI 节点可为直接信誉和观测信誉采集节点可信度的重复性证据。注意在仿真过程中，针对推荐信誉的可信度证据的采集可能因动态 CBR 流而变化。随着仿真时间的上升，重复性证据将影响 SMRTI 节点加深区分恶意节点和良性节点的有效性，从而导致反应部分做出准确的决策。但是，在仿真过程中，移动性引起 SMRTI 节点环境中相邻节点的插入或移除将改变证据采集过程。进一步增强移动性将破坏链接，这将导致数据包丢失以及随后启动新的路由发现周期。所有这些证实在最大速率的较高端 SMRTI 节点性能的下降。

现在来分析最后的设置：恶意节点占网络节点 75% 的情况。如图 18.7 所示，与上面的情况不同，对这种设置 SMRTI 节点在最大移动速率为 0m/s 时表现较差。由于移动 SMRTI 节点及其相邻节点位置固定，**造成 SMRTI 节点可为直接信誉和观测信誉采集节点可信度的重复性证据并可有效地加深恶意节点和良性节点的区分。**与上面情况比较，这里重要的是注意到在网络中恶意节点占 75%，意味着 SMRTI 节点所处的环境中存在着 3/4 的恶意节点。结果，尽管反应部分有能力对恶意节点和良性节点进行有效地区分，但它需要努力在高密度恶意节点中寻找有效的路由。然而，一旦节点是移动性增强后，注意到 SMRTI 节点遇到类似 SMRTI 节点的概率将会显著提高。这可以从在最大速率的低端 SMRTI 节点的性能增加得到证实，如图 18.7 所示。另外，较高的最大速率阻止了 SMRTI 节点性能的进一步提高，因为它们约束了 SMRTI 节点间的数据流持续实际那并引入了破坏的链接。

在暂停时间的变化的情况下，SMRTI 节点抵抗恶意节点的性能（图 18.8）与最大速率变化的情况下 MRTI 节点抵抗恶意节点的性能（图 18.7）关系相反。在图 18.8 中，在恶意节点占网络中总节点的比例不超过 1/2 时（图 18.8 中曲线"SMRTI（25% Malicious）"和"SMRTI（50% Malicious）"），SMRTI 节点性能随着暂停时间的增长而逐渐提高。换言之，在暂停时间低端处的 SMRTI 节点性能（图 18.8）与在最大移动速率高端时的性能（图 18.7）类似。这种相似性的原因是较高的移动速率或较短的暂停时间都缩短了路由的生命周期。同样，处于暂停时间高端的 SMRTI 节点性能（图 18.8）与处于最大移动速率低端的性能（图 18.7）类似。这种相似性的原因从以下事实得到：在较长暂停时间或较低最大速率的情况下，数据流在 SMRTI 节点间持续的时间较长。

另外，如果恶意节点占据了网络节点的 3/4，SMRTI 节点的性能将随着暂停时间的变长而逐渐下降。这由通过图 18.8 中曲线"SMRTI（75% Malicious）"表示。考虑到 SMRTI 节点的环境中平均 75% 的节点为恶意节点，SMRTI 节点发现有效路由的概率将显著下降。另外，在较高暂停时间（20～40s）和 CBR 流持续时间（20～40s）的一致性也增加 SMRTI 节点被困在恶意节点环境中的可能性。正如预期，SMRTI 节点抵抗 75% 恶意节点的性能比其抵抗 25% 和 50% 的恶意节点的性能要低。

总之，只要网络中恶意节点的比例不超过 SMRTI 节点的比例，SMRTI 节点在不同最大移动速率和暂停时间情况下均能取得较好的性能。另外，如果恶意节点比例超过了 SMRTI 节点的比例，虽然 SMRTI 节点具有隔离恶意节点的能力，但它们由于密度较低建立通信较为困难。

18.5.3.3　SMRTI 与仿真面积

图 18.9 表示了如下场景：SMRTI 节点性能随着仿真面积的增加而降低。在 500m×500m 和 1000m×1000m 中较高的节点密度将 CBR 数据流成功限制在了单跳内，而在 1500m×1500m 内均匀分布的节点建立多跳 CBR 数据流。进一步增加仿真面积，不仅将网络分为节点簇，还将由于缺乏簇间通信而导致 SMRTI 性能下降。当仿真面积为 3500m×3500m 时，进一步将节点分布在距离簇较远的位置，网络将稳定于仅有稀少的链接 SMRTI 节点，几乎没有任何传送性能，如图 18.9 所示。最后，仿真面积的扩大阻断网络。这可从图 18.9 中微不足道的 PRD 得到证实。

总之，这一场景不仅描绘了节点密度对 SMRTI 节点确定 PDR 的影响，而且也提供了见识：只要网络处于工作状态，攻击范围就有可能存在。换言之，它证实了，当网络无效时，预防攻击所涉及的防御机制也将失去任何意义。

18.6　结　　论

已经成功地阐述了为增强 MANET 安全性而提出的新的探测与反应模型，称为 SMRTI。SMRTI 从宽泛的角度有效捕获信任度证据，包括与单跳节点直接交互，观测单跳节点之间的交互和通过其他节点接受的推荐。从直接交互中采集的证据使 SMRTI 能够将单跳节点分为良性节点或恶意节点，而从相邻节点间交互采集的证据使 SMRTI 选出可能在未来交互中出现异常行为的候选节点。最后，从推荐信息中采集的证据使 SMRTI 与多跳良性节点建立起信任关系。与相关模型不同，为了消除两种已知的问题——真实诱导和搭便车，SMRTI 用一种新的方法采集推荐信息。进一步，由于无需在交流推荐信息中传播额外数据包，这种方法在减少计算和消除额外开销上降低了复杂度。所有这些优点使 SMRTI 得以运行在有限的 MANET 中。还通过全面的 NS2 仿真说明了 SMRTI 的性能以及详细分析了观察到的 SMRTI 特征。仿真结果表明 SMRTI 可有效处理篡改攻击。在今后的工作中，除了将 SMRTI 集成到安全路由和协作模型中之外，还可以将 SMRTI 进行调整以适应其他反应、主动以及混合协议。

参 考 文 献

1.　K Sanzgiri, B Dahill, B N Levine, C Shields, and E. M. Belding Royer. A secure routing protocol for ad hoc networks. Proceedings of the 10th IEEE International Conference on Network Protocols (ICNP'02), Paris, France, 2002:78–89.

2.　M G Zapata and N Asokan. Securing ad hoc routing protocols. In Proceedings of the ACM International Conference on Mobile Computing and Networking, Atlanta, GA, USA, 2002: 1–10.

3.　Y C Hu, A Perrig, and D B Johnson. Ariadne: a secure on demand routing protocol for ad hoc networks. Proceedings of the ACM International Conference on Mobile Computing and Networking, Atlanta, Georgia, USA, 2002:12–23.

4.　P Papadimitratos and Z J Haas. Secure routing for mobile ad hoc networks. Proceedings of the SCS Communication Networks and Distributed Systems Modeling and Simulation Conference, San Antonio, TX, 2002.

5.　S Capkun and J P Hubaux. BISS: building secure routing out of an incomplete set of security associations. In Proceedings of the ACM Workshop on Wireless Security, San Diego, CA, USA, 2003: 21–29.

6.　Y Liu and Y R Yang. Reputation propagation and agreement in mobile ad hoc networks. In Proceedings of IEEE Wireless Communications and Networking (WCNC'03), New Orleans, USA, 2003: 1510–1515.

7.   A A Pirzada, A Datta, and C McDonald. Propagating trust in ad hoc networks for reliable routing. Proceedings of IEEE InternationalWorkshop on Wireless Ad-Hoc Networks, Oulu, Finland, 2004: 58–62.

8.   T Jiang and J S Baras. Ant based adaptive trust evidence distribution in MANET. Proceedings of 24th International Conference on Distributed Computing Systems Workshops (ICDCSW'04), Tokyo,Japan, 2004: 588–593.

9.   J Mundinger and J Y Le Boudec. Analysis of a reputation system for mobile ad hoc networks with liars. In Proceedings of the 3rd International Symposium on Modeling and Optimization in Mobile Ad Hoc and Wireless Networks (WIOPT'05), Trentino, Italy, 2005: 41–46.

10.   J Liu and V Issarny. Enhanced Reputation Mechanism for Mobile Ad Hoc Networks. In Proceedings of the 2nd International Conference on Trust Management (iTrust'04), Oxford, UK, 2004: 48–62.

11.   M Virendra, M Jadliwala, M Chandrasekaran, and S Upadhyaya. Quantifying trust in mobile ad hoc networks. In Proceedings of International Conference on Integration of Knowledge Intensive Multi-Agent Systems (KIMAS), Waltham, Massachusetts, USA, 2005: 65–70.

12.   S Buchegger and J Y L Boudec. Performance analysis of the CONFIDANT protocol. In Proceedings of 3rd ACM International Symposium on Mobile Ad hoc Networking & Computing, Lausanne, Switzerland, 2002: 226–236.

13.   Y Rebahi, V E Mujicav, and D Sisalem. A reputation based trust mechanism for ad hoc networks. In Proceedings of 10th IEEE Symposium on Computers and Communications (ISCC'05), Cartagena, Spain, 2005: 37–42.

14.   L Eschenauer, V D Gligor, and J Baras. On trust establishment in mobile ad hoc networks. In Proceedings of 10th International Security Protocols Workshop, Cambridge, UK, 2004: 47–66.

15.   L Xiaoqi, M R Lyu, and L Jiangchuan. A trust model based routing protocol for secure ad hoc networks. In Proceedings of IEEE Aerospace Conference, Big Sky, Montana, USA, 2004: 1286–1295.

16.   S Yan Lindsay, Y Wei, H Zhu, and K J R Liu. Information theoretic framework of trust modeling and evaluation for ad hoc networks. IEEE J. Selected Areas Commun., 2006, 24 (2): 305–317.

17.   V Balakrishnan, V Varadharajan, P Lucs, and U K Tupakula. Trust enhanced secure mobile ad hoc network Routing. In 2nd IEEE International Symposium on Pervasive Computing and Ad Hoc Communications (PCAC 2007), Proceedings of the 21st IEEE International Conference on Advanced Information Networking and Applications Workshops(AINAW2007), Niagara Falls, Canada, 2007: 27–33.

18.   D B Johnson, D A Maltz, and J Broch. DSR: the dynamic source routing protocol for multihop wireless ad hoc networks. In Ad hoc Networking, C. E. Perkins, editors, Addison–Wesley LongmanPublishing Co, Inc, Boston, MA, USA, 2001.

19.   S Bansal and M Baker. Observation based cooperation enforcement in ad hoc networks. Technical Report (CoRR cs.NI/0307012), Stanford University, 2003.

20.   A D Wood and J A Stankovic. Denial of service in sensor networks. IEEE Comput, 2002, 35(10): 54–62.

21.   V Balakrishnan and V Varadharajan. Fellowship in mobile ad hoc networks. In Proceedings of IEEE Security & Privacy in Emerging Areas (SecureCom2005), Athens, Greece, 2005: 225–227.

22.   V Balakrishnan, V Varadharajan, and U K Tupakula. Fellowship: defense against flooding and packet drop attacks in MANET. In Proceedings of the 10th IEEE/IFIP Network Operations and Management Symposium (NOMS 2006), Vancouver, Canada, 2006: 1–4.

23.   C E Perkins, E M Royer, S R Das, and M K Marina. Performance comparison of two on-demand routing protocols for ad hoc networks. IEEE Personal Commun., 2001,8(1): 16–28.

24.   T S Rappaport. Wireless Communications: Principles and Practice. Prentice Hall, 1996.

25.   E S Elmallah, H S Hassanein, and H M AboElFotoh. Supporting QoS routing in mobile ad hoc networks using probabilistic locality and load balancing. In IEEE Global Telecommunications Conference (GLOBECOM 2001),San Antonio,Texas,2001: 2901–2906.

第19章 基于位置的接入控制系统的隐私管理

19.1 引　言

用户数据的隐私保护是计算机安全领域的最热门课题之一。近年来，安全性事件、数据管理错误以及用户个人信息未授权的交易等问题常见报道，让受害者暴露于身份盗窃和非法档案分析的危害之中 [1]。这些现象促进了隐私标准门槛的提高与相关问题的研究，并对新的立法工作起到了引导的作用。一些面向隐私保护的方法将不必要发布的个人信息最小化，或者关注个人信息在中转或向授权方发布后防止泄露的问题，如延迟发布个人偏好[2]等。我们的工作主要关注的是在基于位置的服务框架中的个人信息保护问题。我们将讨论基于位置的接入控制系统（LBAC，Location-Based Access Control）的隐私要求，该系统要求提供在线服务以根据用户的物理位置来评估情形 [3]。在LABC领域中，隐私问题主要是通过研究让用户匿名访问在线服务的模型和技术 [4-6]来解决。但是，根据用户偏好或商业需要来提供不同程度的隐私解决方案的研究还比较少。例如，因为隐私原因而用于用户定位的模糊技术非常适合降低用户的定位精度。但是，实际上只有提高位置测量粒度的方案被研究和实现了[6,7]。此外，强调因隐私原因对位置的模糊处理和保持 LBAC 策略评估的可接受精度之间平衡的重要性经常被提到，但是还未获得完全的支持。要想权衡这种对立的需求，尤其重要的一方面是需要有衡量指标（在本书工作中称为相关性），以便同时衡量隐私水平和位置精度。这种衡量指标需要与位置测量的技术细节和 LBAC 系统的特殊性无关。这样，隐私和精度需求才能被评估、协商、比较并集成到一个协调一致的框架中。

本章中：19.2 节讨论相关工作；19.3 节给出基于位置接入系统和认证语言（19.4 节）的基本场景和概念；19.5 节讨论用户隐私保护中用于修改定位信息的模糊技术；19.6 节给出一种集成了模糊技术的隐私感知的基于位置接入控制系统；19.7 节中对本章做出总结。

19.2 相 关 工 作

与基于位置的隐私技术相关的工作可主要分为三类：基于匿名的、基于模糊的和基于策略的技术。

基于匿名的技术提供了用户身份保护的解决方案。这一类技术包括了所有基于匿名概念的方法 [4,5,8,6]，它们的目的是使个体的身份（即身份或个人信息）不可识别。Beresford 和 Stajano [4,9]提出一种基于匿名服务的方法，称为混合区。这种方法将预定区域内的用户消息进行延迟和重新排序。这种方案是基于可信中间件实现的。在定位系统和第三方应用程序之间放置一个可信的中间件，负责限制第三方应用程序收集的信息。混合区模型中引入了应用区和混合区（Mix Zones）的概念。应用区是位于一个具体物理区域内感兴趣的同类应用，而混合区是不允许对用户进行跟踪的区域。特别地，在混合区内用户是匿名的，即所有在同一区内共存的用户的身份被混合并且变得难以辨认。混合区模型的目的是保护长期用户的移动信息，同时仍允许与大量基于位置的服务进行交互。其他工作[8,6]是基于位置 k 匿名概念的，即在给定区域或时间段内无法区分一个用户与其他 $k-1$ 个用户的身份。Gruteser 和 Grunwald[6]定义了位置模糊场景中的 k 匿名。他们提出了一种中间件结构和一种自适应算法，可根据具体匿名要求在空间或时间维度上对位置信息的分辨率进行调整。最后，另一个研究方向是用户路径的隐私保护[10-12]问题。路径隐私涉及保护用户在一段时间内不被持续监测。这一研究领域与基于位置跟踪的应用尤其相关，其中通过外部服务采集用户在特定区域应用的数据，如导航系统，这些应用利用它们提供有效的服务。总之，基于匿名的技术适合所有无需用户身份知识的场景，并且这些技术的有效性主要取决于位于相同物理区域的用户数量。

基于模糊的技术提供对位置隐私的保护方案。这一类方法包括所有基于位置模糊[13-16,7]概念的方法，它们通过降低位置信息精度的处理来提供隐私保护。与基于匿名的技术不同之处在于，基于模糊的技术的主要目标是在维持与用户身份绑定的情况下干扰位置信息。Duckham 和 Kulik [16,17]定义了一种框架，该框架是一种可以在面向高质量信息服务的个人需要与位置隐私之间提供平衡的机制。他们提出了一种基于"不精确"概念的方案，暗含了其缺乏具体的位置信息。作者提出通过等概率地将 n 个（位置）点添加真实用户位置的方法来降低位置信息的质量并提供模糊特性。基于模糊的方案还提供了通过通用和直观的方法（如最小距离）指定隐私偏好的机制。但是，这个机制也存在一些缺点。首先，没有统一的隐私级别衡量标准，这使得它们难以被整合到一个完善的基于位置应用的场景中[3]。第二，它们通常只实现了一种基于放大位置面积的单一模糊技术。对此，可以通过定义或组合不同的模糊技术来提高鲁棒性，以应对恶意攻击者可能采取的去模糊尝试，这也是传统的位置模糊方法经常忽略的一点。最后，模糊方案通常仅对特定的具体应用场景有效。Ardagna [13,18,14]等提出了一种新的解决方案以克服以上缺点，该方案由管理过程和几个旨在通过人工扰乱传感技术测量的位置信息的技术构成。这种方案的关键在于：一方面允许以一种简单直观的方式指定隐私偏好；另一方面是在保持在线服务质量的情况下，为基于位置的服务强制执行隐私偏好管理。为了达到这一目的，作者引入了相关性的概念作为位置信息精度的评价标准，这是从一些传感技术的物理属性中抽象而来的。相关性可用于对位置相关信息的隐私程度进行量化度量，也可用于供用户定义他们的隐私偏好。将在基于相关性偏好的基础上对不同的模糊技术及其构成进行讨论。

基于策略的技术建立在隐私策略[19-23]概念的基础上。隐私策略定义了当第三方使用或者向第三方发布用户位置信息时必须遵守的一些限制。基于策略的技术关键是如何对位置管理与泄漏的可控策略进行定义。然而，对于不熟悉具体策略定义语言的用户而言，难以理解和管理复杂的基于规则的策略定义。因此，尽管基于策略的技术具有有效性和灵活性，但它们很容易导致终端用户难以对工具进行管理。

还探索了对多源位置信息进行集成的技术 [24]。目前，多数商用定位平台都包含了在位置提供者与基于位置的应用之间进行协调的网关[7]。在这些结构中，位置网关从多源获取用户的位置信息，根据隐私需求可能对位置信息进行修改，然后提供给基于位置的应用。定位技术精度和可靠性的提高暗示着已出现了从基于位置的服务中利用位置信息的新方法。一些早期的移动网络协议将终端设备的物理位置的概念与接入网络资源的能力相关联 [25]。近期，新出现的代表性研究课题是在多源位置信息集成技术中包含一个基于服务层协议（SLA，Service-Level Agreement）和 LBS 中隐私偏好的 QoS 参数的协商阶段[18,3]。利用定位信息监测用户移动在无线网络中的普及应用也是最近研究的主题 [26,27]。

另一个研究焦点是在 LBS 场景中对接入控制服务的结构和运行的基本描述。例如，Nord 等 [28]假设采用不同类型的位置源，如 GPS、蓝牙和计算机无线网络系统（WaveLAN）设计基于位置感知的应用，以此对与协议无关的定位技术的必要性进行了探索。考虑到位置信息的非同源特点，他们引入了一种用于位置源和应用客户端之间交互位置信息的通用位置协议，并提出了不同的位置信息融合技术。另一个工作 [29]研究了在移动商业应用领域中的位置信息及其管理，并提出了一种支持综合位置要求的集成的位置管理结构。但是，多个无线网络的协调、移动商务位置协商协议和隐私问题还未被考虑。

很少方法将位置信息作为一种提高安全性的手段。Sastry 等 [30]在传感器网络中采用了基于位置的接入控制。Zhang 和 Parashar[31]提出一种对基于网格的分布式应用适用的接入控制方法，该方法对基于角色的接入控制（RBAC，Role-Based Access Control）进行了位置感知的扩展。Ardagna 等[3]提出了一种基于位置的接入控制模型和语言以及一种评估架构。其他论文则为含有位置信息的数据库查询考虑了时变信息 [32,33]。

一些其他工作沿不同的思路开展，将位置信息作为一种需要防止未授权接入资源来加以保护。例如，Hengartner 和 Steenkiste[34]提出了一种通过电子证书、代理和可信的基于位置服务方式保护用户位置信息的机制。文献[20]针对同样的问题提出了一种用于全球位置服务的隐私感知结构，其允许用户通过定义规则来控制对他们的位置信息的访问权限。

最后，一些工作提出了具有特定目的位置中间件，在保障 QoS 最大化的前提下对应用和位置提供者的交互 [35-37]进行管理。一般地，在这些协议中，位置中间件具有以下特征：①接收 LBS 组件咨询位置信息的请求；②从位置提供者的缓冲池中收集用户的位置信息；③产生回应。Naguib 等[35]提出了一种中间件框架，用于管理背景感知的多媒体应用，称为 QoSDREAM。Nahrstedt 等[36]设计了一种适用于普适计算环境的 QoS 中间件，目的是最大化分布式应用的 QoS。而 Ranganathan 等[37]认为中间件为商业应用和位置检测技术提供了一种明确的分隔。尽管一些中间件组件支持位置服务与应用之间的通信和协商，但只有很少的方案进行了集成服务质量和隐私保护的尝试。例如，Myles 等 [38]提出了一种基于中间件和数据发布策略定义的结构，该中间件用于管理基于位置的应用与位置提供者之间的交互。Hong 等[22]提出了一种基于 P3P 语言的扩展版本，用于在背景感知的应用中表示用户隐私偏好。Ardagna 等[13]给出了一种中间件结构，用于在基于位置接入控制系统的背景下对用户隐私偏好和 LBS 的定位准确度进行集成。

19.3　基本案例和概念

19.3.1　基于位置的控制接入结构

与传统的接入控制系统相比，在 LBAC 案例中将涉及更多的组成部分。一个 LBAC 系统评估策略并不直接访问位置信息，而是将位置请求发送到外部服务，称为定位服务（LS，Location Service），然后等待相应的回答[3]。这些定位服务的特征取决于用户业务发生的通信环境。这里主要关注移动网络，其中定位服务由移动电话运营商提供。一般地，一个 LBAC 案例涉及以下 3 个实体，如图 19.1 所示。

图 19.1　基于位置接入控制基本结构

用户：获得 LBAC 系统授权可接入请求服务的实体。对用户除要求他们所持有的终端能够认证以及以某种形式进行定位验证外，没有做其他的假设条件。

接入控制引擎（ACE，Access Control Engine）：实现 LBAC 系统的实体。它负责根据一些含有基于位置的条件的策略对接入请求进行评估。ACE 必须通过与定位服务通信来获取位置信息，并且它对特殊接入控制模型和认证语言不做限制。

定位服务：提供位置信息的实体。可满足的位置请求类型取决于具体移动技术、测量用户位置的方法以及环境条件。

注意，ACE 和 LS 之间需要进行功能分解，是因为定位功能全部被封装在由移动运营商设置和管理的远程服务中。因此，除了它们提供的接口外，对这些服务无法设置任何假设条件。

隐私感知系统的设计提出了在传统的接入控制系统中从未考虑过的新结构和功能的相关问题。在这些问题中，对用户位置隐私的保护问题尤为突出，还引发了对隐私感知的 LBAC 系统的需求。设计隐私感知的 LBAC 结构必须将可提供隐私感知定位服务的组件与基于位置接入控制执行的应用逻辑绑定的组件进行集成。处理这个问题的典型方法是在 LBAC 系统和定位服务之间集成一个起到信任网关作用的定位中间件（LM，Location Middleware）。该定位中间件需要能够与多种定位服务交互来为接入控制引擎提供定位服务。它还应该管理具有定位服务的底层通信，并满足用户表达的隐私偏好以及接入控制引擎设置的定位准确性要求。隐私感知的 LBAC 参考结构如图 19.2 所示。

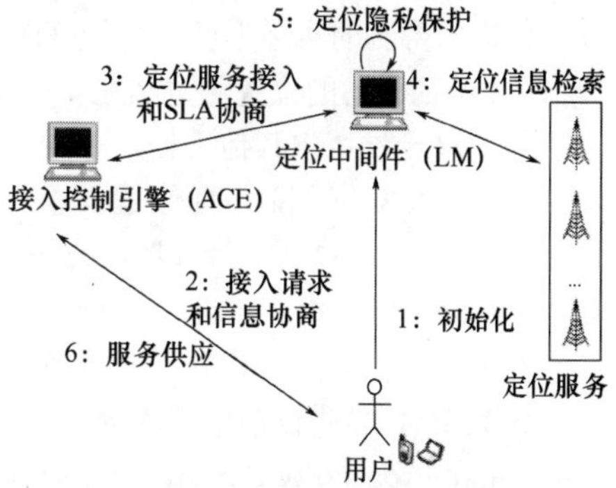

图 19.2　隐私感知的 LBAC 参考结构

逻辑组件之间的通信通过请求/响应的消息交换实现。交互流可在逻辑上分为以下 6 个宏操作：

（1）初始化：对用户隐私偏好和 LBAC 策略进行定义。

（2）接入请求和信息协商：用户向接入控制引擎提交接入请求后，协商处理过程负责对双方进行双向识别。

（3）定位服务接入和 SLA 协商：接入控制引擎向定位中间件请求定位信息或服务；服务水平协议需要设置为同意上述 QoS 属性。

（4）定位信息检索：定位中间件通过与多个定位服务通信来收集用户位置信息。

（5）定位隐私保护：根据用户隐私偏好和 LBAC 准确性使用模糊技术。

（6）服务供应：评估 LBAC 策略并确定是否同意接入请求。

19.3.2　位置测量

位置测量技术具有两个具体特征。

（1）互用性：根据定位信息源的可获得性和成本，位置汇集过程可通过不同的位置信息源完成。

（2）准确性：由于技术限制（如测量误差）和可能的环境影响，每个位置测量信息的准确性都是变化的。

互用性主要取决于移动手机运营商之间的漫游协议，更多是面向商业的。在 LBAC 系统设计中，需要谨慎考虑准确性问题。

到目前为止，在移动网络环境中还不存在可保证完美用户定位的技术[39]。定位的准确性总是低于 100%，因此通常定位是指定一个范围，将用户定位在一个圆形区域内。对于一个给定的定位请求，定位面积取决于附近天线的数量和周围环境的特点。另外，环境条件的变化，如可能具有影响信号的反射和干扰现象，这经常会造成位置测量结果的不稳定。在我们的模型中，通过假设定位服务提供的结果总会受到测量误差的影响，我们对这些问题进行了考虑。这个事实与定位服务接口语法和语义相关。因为通过控制接入引擎确定的一个接入请求的评估结果是基于这些不确定性完成的，但是随后却必须以准确的术语表示和处理。

值得注意的是定位服务的适用性和准确性主要取决于所采用的定位技术。随着 GSM/3G 技术的普及，定位能力取得了很多进展[40]。802.11、WiFi 和 AGPS/GPS [41,42]尽管存在一些限制，降低了它们的应用性能，但也可用于定位。WiFi 具有有限的覆盖范围，因此它的应用被限制在室内环境或者具有热点覆盖的城市区域。相反，GPS 无法在室内或狭小的环境中使用，但不存在覆盖限制的问题。这一特征使 GPS 成为在开放的户外环境中理想的定位技术。

这种定位准确性不足的直接后果是用户的定位位置无法被表示为地理上的一点。因此,考虑定位服务返回的位置测量的形状,引入第一个工作假设。

假设 19.1 一个位置测量结果用一个平面圆形区域表示。

这一假设在不失一般性的情况下,简化了对 LBAC 系统的分析和设计过程:(1)它是一般考虑到的凸形区域(为了便于计算积分,区域必须是凸形的);要求的一种特殊情况(2)圆形能够对多种定位技术得到的实际形状进行较好的近似(如蜂窝电话)。下面,用 Area(r_i, x_i, y_i)表示一个圆心为(x_i, y_i)、半径为 r_i 的位置测量结果。

按照这一领域中其他工作 [43] 的思路,引入下面的第二个假设:

假设 19.2 假设具有位置测量 Area(r, x, y)中的一个随机位置,其中随机位置是随机点 $(\hat{x}, \hat{y}) \in Area(r, x, y)$ 的一个邻域。则用户的真实位置(x_u, y_u)属于随机点 $(\hat{x}, \hat{y})$ 邻域的概率均匀分布在整个位置测量区域内。

相应地,实际用户位置的联合概率密度函数可定义如下 [44]。

定义 19.1 (联合概率密度函数) 给定一个位置测量 Area(r_i, x_i, y_i),联合概率密度函数(Joint PDF,Joint Probability Density Function)$f_r(x, y)$定义为

$$f_r(x,y) = \begin{cases} \dfrac{1}{\pi r^2}, & (x,y) \in \text{Area}(r_i, x_i, y_i) \\ 0, & \text{其他} \end{cases}$$

19.3.3 定位准确性

由传感技术返回的位置测量结果的准确性取决于测量圆形区域的半径,这也取决于定位技术不可避免的测量误差。为了评价给定位置测量结果的质量,需要将其定位准确性与定位技术能够提供的最佳准确性进行比较。

一些工作对不同定位技术及其能达到的最佳准确性进行了讨论 [45,46]。在文献[46]中,作者对蜂窝网络中的标准定位解决方案进行了综述,如 GSM 的 E-OTD、WCDMA(Wideband Code Multiple Access)网络的 OTDOA 以及 Cell-ID。特别地,E-OTD 基于 GMS 系统中已存在的观测到的时间差(OTD,Observed Time Difference)特征进行定位,其定位准确性可达到 50～125m。观测到的到达时间差(OTDOA,Observed Time Difference Of Arrival)可达到的最佳定位精度为 50m。最后,Cell-ID 是一种基于蜂窝扇形区信息的简单的定位方法 [47,48]①,而蜂窝大小在城区为 1～3km,在郊区或农村地区为 3～20km。

因此,一个位置测量的准确性依赖于其区域半径,表示为 r_{meas}。为了评价位置测量的质量,测量的准确性需要与定位技术能达到的最佳精度进行比较。用 r_{opt} 表示最佳精度的半径(即最小测量误差),可采用 $r_{\text{opt}}^2 / r_{\text{meas}}^2$ 表示位置测量质量一个较好估计。例如,定位过程采用以上所述的 3 种定位技术,假定用户的位置采用 E-OTD 方法测量得到的结果是 r_{meas}=62.5m,用 OTDOA 的结果为 r_{meas}=50m,用 Cell-ID 的结果为 r_{meas}=1km。定位区域对应的最佳精度(最小半径)为 r_{opt}=50m。这 3 种定位技术的测量结果位于 3 个不同的区域。特别是,OTDOA 方法给出了最好精度的区域,给出的测量质量为 1,而其他的通过 E-OTD 方法计算的区域,测量质量相应地下降到 0.8,通过 Cell-ID 测量的区域,结果质量为 0.05。通过这种方法,可根据最优定位准确性来对不同的测量技术进行区分,从而选择当前最优的可用定位技术。

---

① 其他方法[47,48]可对标准定位方法的准确性进行进一步的改进。

19.3.4　相关性

相关性的概念与准确性的概念严格相关。相关性定义为一种无因次、与技术无关的位置定位准确性的量度。定位位置可以由传感技术测量的一个位置或者是一个模糊的位置。相关性取值范围为 $R \in (0,1]$，具有以下性质。

（1）取值接近 0 时，表示位置信息一定是不可靠的。这表明测量误差非常大的极限条件或者模糊技术降低了信息准确性以致结果与原始测量的位置无关。

（2）取值为 1 时，表示位置信息具有最佳准确性。这是第二极限条件，即测量误差与由最佳传感技术引入的误差相等，并未采用模糊技术。

（3）取值为（0，1）之间时，表明定位准确性低于最优精度。由于测量误差比最小测量误差大造或是由于人为引入模糊技术造成的。这表示一般情况，其中根据用户要求的特定隐私级别降低原信息的准确度，同时保持应用提供者需要的可接受程度的准确性。

相应地，将模糊定位技术提供的位置隐私定义为（1−R）。换一种解释，相关性的含义对于将一个位置的准确性值归一化为一个无因次的值。这个度量值如果以一种损失百分比的方式给出，则与任何物理尺度以及参考区域无关。它也用于表示一个位置测量结果的不准确程度，且与具体模糊技术无关。相关性是一个通用的功能术语，用于在 LBS 与用户或应用服务提供者进行交互时量化定位位置的准确性（以及相应的隐私程度），一般地，用户或应用服务提供者不知道位置感知技术与模糊技术的技术细节。

在参考的情景中，LBS 负责对位置进行管理。（这里位置指的是）一方面需要因隐私原因可能进行干扰的位置；另一方面为了提供一定质量的服务需要具有准确度高于某一阈值的位置。为了满足这两方面的要求，所有的位置测量都具有一个对应的相关值，并且，所有与用户隐私或信息质量相关的管理决策都是通过考虑或可能地协调定位测量的相关性数值来确定的。

我们的隐私管理解决方案的特征可用以下的 3 个相关性数值表示。

（1）初始相关性（R_{Init}）：由传感技术返回的位置测量对应的相关性。这个相关性的初始值只与内在的测量误差有关。

（2）最后相关性（R_{Final}）：这是为了满足用户隐私偏好而产生的最后模糊区域的相关性。这是由初始相关性经过一种或多种模糊技术后得到的结果。

（3）请求相关性（R_{LBAC}）：这是 ACE 对基于位置策略可靠评估所要求的最小相关性。这个值表示对位置测量或位置判定评估的可接受的精度阈值。低于这一阈值，ACE 将认为定位信息对接入控制决策来说过于不准确。

初始相关性 R_{Init} 的值通过具体测量结果的技术精度对可达到的最优精度进行归一化而计算得到。这可通过两种测量误差的比表示：获得最佳准确性下应该返回的面积（即半径为 r_{opt}）与实际测量面积（半径为 r_{meas}）。换言之，R_{Init} 表示给定测量的准确性（如由于特殊环境条件造成的）相对于技术所允许的最优精度的精度损失。这只是一个直接由物理值（即测量误差）计算出来的比例值。R_{Final} 是考虑因隐私原因而引入精度降质后的相关性，由 R_{Init} 推导而来。用一个标量 $\lambda \in (0,1]$ 表示精度降质。相应地，采用模糊技术对与 R_{Init} 相对应的位置测量进行处理，得到具有相关性为 R_{Final} 的结果区域。

定义 19.2（R_{Init} 和 R_{Final}）　给定由传感技术测量的一个半径为 r_{meas} 的位置区域，半径 r_{opt} 表示传感技术所能达到的最优精度，降质参数 $\lambda \in (0,1]$，初始相关性 R_{Init} 和最后相关性 R_{Final} 可计算如下：

$$R_{\text{Init}} = \frac{r_{\text{opt}}^2}{r_{\text{meas}}^2} \tag{19.1}$$

$$R_{\text{Final}} = \lambda R_{\text{Init}} \tag{19.2}$$

不同的是，R_{LBAC} 的值是给定的，或者作为接入控制决策的要求由 ACE 自动定义，或作为定位服务 QoS 参数通过协商产生。

19.4 基于位置的接入控制

传统的接入控制机制基于这一假设：请求者的配置信息可完全决定它们被授权做什么。但是，背景信息以及用户的物理位置也可能在确定接入权限时发挥重要作用。将介绍一种集成了基于位置条件的接入控制策略，主要关注策略评估和执行，这是同接入控制策略扩展相关的无法避免的挑战问题。LBAC 支持含有基于请求者物理位置条件的接入控制策略。位置信息是动态的，易于受到测量误差的影响且需要特殊的设备负责位置信息的汇集，这些特点为集成带来了困难。无线和移动网络领域的快速发展促进了新一代的适合作为定位传感器同时能够计算用户相对位置和移动的设备的产生。一旦汇集了用户的位置，便可对 LBAC 策略进行评估，用户可被许可接入特定的资源。由于移动用户在使用蜂窝电话（GSM 和 3G）或具有 WiFi 卡的膝上电脑处理事务时可能到处移动，因此基于位置的验证过程必须适应快速的背景变化。不论哪种具体技术，位置验证都可提供与用户和他们接入的资源相关的丰富的背景表示。当特定的接入请求提交后，接入控制模块可能获得包含请求者位置和移动性的基于位置的信息。在不远的将来，基于位置的服务很可能提供与环境有关的其他知识（例如，用户做在桌子前还是在户外散步？单独一人还是与其他人在一起？）。这些细粒度的背景信息将潜在地支持一类新的基于位置感知情况调节的接入和资源享用。

19.4.1 基于定位的谓词

为接入控制机制定义基于定位的谓词，需要对授权语言支持的以及目前定位技术可验证的条件进行具体化。条件的主要类别有以下 3 类[3]：

（1）基于位置的谓词：用户位置的条件，如评估用户是否在某个建筑内或城市或其他实体的附近等。

（2）基于移动的谓词：用户的移动条件，如用户的速度、加速或行进的方向。

（3）基于交互的谓词：与多用户或实体相关的条件，如在处于某给定区域内的用户数量。

尽管定义了和以上类别确定的具体条件对应的一些谓词，但随着需求的增加和技术的进步，还可以通过添加谓词的方式对语言进行扩展。

进一步，基于定位的谓词的语言假定以下两个元素。

（1）**用户（Users）**：用户标识（UID, User Identifiers）的集合，这些标识符清楚地区分了用户，对定位服务已知。这包括系统的用户（即潜在的请求者）和其他已知的需要定位的物理对象或移动实体（如安装了车载 GPRS 卡的车辆）。典型的基于位置应用的一个 UID 是将用户身份连接至移动终端身份的 SIM 卡号①。

（2）**区域（Areas）**：一个地图区域集合，或者表示为一个几何模型（即在 n 维坐标空间中的一个区域）或一个符号模型（真实的地理名称，如街道、城市、邮编，建筑等）[49]。

下面将 users 和 areas 的元素分别称为 user terms 和 area terms。假设这些元素为谓词的基础。很容易扩展一种语言来支持它们的这些变量。

---

① 个体用户可能同时拥有多个 SIM 卡，或者相同的 SIM 卡也可能供其他用户使用。由于移动网络中的识别管理问题不在本章讨论范围内，将不具体讨论这些问题。

所有的谓词都可表示为一个逻辑查询，从而具有形式 predicate(parameters, value)。它们的执行结果返回一个三元组[bool_value, R, timeout]。其中 bool_value 将根据相应的接入决策被设置为 True 或 False，R 为表示评估谓词估计的准确性的一个相关值，timeout 设置为定位谓词评估结果的有效时间帧。定位谓词的核心集合包括以下谓词（表 19.1）：

（1）二元位置谓词 inarea：第一个参数为 user term，第二个参数为 area term。这一谓词用来评估一个用户是否位于一个特定区域内（如城市、街道或建筑）。

（2）二元位置谓词 disjoint：第一个参数为 user term，第二个参数为 area term。这一谓词用来评估一个用户是否在给定区域之外。直观上讲，disjoint 是 inarea 的否定。

（3）四元组位置谓词 distance：第一个参数为 user term，第二个参数为 user term 或 area term，（系统识别一个实体），第三个和第四个参数分别为最小距离（min_dist）和最大距离（max_dist）。这一谓词的含义是查询用户与某具体实体的距离是否在给定的范围内。涉及的具体实体可以是固定的或移动的，物理的或符号的，还可以是用户请求接入的资源。将最小距离与最大距离参数设置为相等数值，则可评估精确距离；将最小距离设置为 0，表示"附近"；将最大距离设置为无穷，表示"比……远"。

（4）三元组移动谓词 velocity：第一个参数为 user term，第二个和第三个参数分别为最小速度（min_vel）和最大速度（max_vel）。其含义是查询用户的速度是否在给定速度范围内。与 distance 的情况类似，将最大速度和最小速度设置为相同值时，可查询具体速度；"小于"或"大于"则可分别通过设置 min_vel 为 0 和设置 max_vel 为无穷来实现。

（5）三元组交互谓词 density：第一个参数为 area term，第二和第三个参数分别为最小（min_num）和最大（max_num）用户数量。其含义为查询在给定区域内的目前用户数量是否处于指定的区间之内。

（6）四元组交互谓词 local_density：第一个参数为 user term，第二个参数为用户周围的"相对"区域。第三和第四个参数分别为最小（min_num）和最大（max_num）用户数量。其含义是评估用户周围区域的密度。

表 19.1　基于定位的谓词示例

类　　型	谓　　词	描　　述
位置	inarea(user, area)	评估用户是否在某区域内
	disjoint(user, area)	评估用户是否在某区域外
	distance(user, entity, min dist, max dist)	评估用户与某实体的距离是否在[min_dist, max_dist]区间内
移动	velocity(user, min vel, max vel)	评估用户的速度是否在[min_val, max_val]区间内
交互	density(area, min num, max num)	评估区域内用户的数量是否在[min_num, max_num]区间内
	local_density (user, area, min num, max num)	评估用户周围"相关"区域的密度

例 19.1　假设 Alice 是一个用户元素，Milan 和 Director Office 是两个区域元素：

Inarea(Alice, Milan) = [True, 0.9, 2007-08-09_11:10am]

含义为定位服务以 0.9 的相关性评估"Alice 处于 Milan"为真。这个评估结果直到 2007 年 8 月 9 日上午 11：10 有效。

Velocity(Alice, 70, 90) = [True, 0.7, 2007-08-03_03:00pm]

含义为定位服务以"Alince 移动的速度处于[70，90]之间"评估为真，相关性为 0.7。这一结果在 2007 年 8 月 3 日下午 3：00 前有效。

density(Director Office，0，1) =[False, 0.95, 2007-08-21_06:00pm]

含义为定位服务将"在 Director Office 中最多有一个用户"评估为假，相关性为 0.95。这一评估结果的有效期为 2007 年 8 月 21 日下午 6：00。

19.4.2 基于定位的接入控制策略

现在讨论如何表示基于位置的接入控制策略。需要注意的是我们的目标不是为设置具体接入控制策略开发一种新的语言。我们的方法可被看作为采用位置信息对已有语言（如文献[50-52]）的表达能力进行丰富与扩充的一种通用解决方案，而不会增加评估的计算复杂度。因此，假设为每个用户指派一个标识符或假名。除了用户的标识符或假名外，用户通常还有其他属性（如姓名、地址、生日等），可通过数字证书传播或组织到用户的配置文件中。对象是用户可能要求接入的数据或服务，对象的属性存储在配置文件中。通过传统的圆点符号对用户或对象配置文件中的每个属性进行引用。例如，假设 Alice 是一个用户的标识符；这样它也是相应 profile 的标识符。Alice.address 表示 Alice 的地址。另外，为了在语言中不引入变量的情况下对被评估的请求用户和对象进行尽可能地引用，采用了关键词 **user** 和 **object**。例如，**user**.Affiliation 表示当前请求被处理的用户配置文件中的属性 Affiliation。一个基于位置的授权规则可定义如下。

定义 19.3（基于位置的授权规则） 基于位置的授权规则为三元组形式：<subject_expression, object_expression, actions>，其中：

（1）subject_expression：对象表达式，为一个布尔型变量公式，该公式允许表示一组对象是否满足特定的条件。其中条件可能为对用户配置、位置谓词或用户小组成员、活动主角等的评估。

（2）object_expression：目标表达式，为一个布尔型变量公式，其允许表示一组目标对象依赖于它们是否满足一定的条件。其中条件为对象成员的类别、元数据中的属性值等。

（3）actions：策略涉及的一个或一组行为。

在对象表达式域中设置的具体条件可分为两类：通用条件和基于位置的条件。通用条件评估类中对象的成员或者它们配置文件中的属性。而对于目标表达式，则通过**谓词名称（参数）**的形式给出。其中参数为一个可能为空的常量或属性的列表。基于位置的条件与位置谓词相对应。

例 19.2 假设一个健康护理场合，其中某医院提供核磁共振检查（MRI，Magnetic Resonance Imaging）以及负责病人数据的管理。假定 MRI 设备为提供核磁断层扫描的软件和硬件设备。对 MRI 设备的管理是一个非常关键活动。只有经过严格挑选的医务人员才能得到操作授权，并且操作时必须根据高级安全标准进行（见表 19.2 中的策略 1）。此外，对医疗数据库的接入也需要根据不同安

表 19.2　医疗保健中接入控制策略示例

	Subject_expression		Actions	Object_expression
	通用条件	位置条件		
1	equal(**user**.Role,"Doctor")^ Valid(**user**.Username, **user**.Password)	inarea(**user**.sim, MRI Control Room)^ density(MRI Room, 1, 1)^ velocity(**user**.sim, 0, 3)	Execute	equal(**object**.name, "MRIMachine")
2	equal(**user**.Role,"Doctor")^ Valid(**user**.Username, **user**.Password)	inarea(**user**.sim, Hospital)^ local_density(**user**.sim, Close By,1, 1)^ velocity(**user**.sim, 0, 3)	Read	equal(**object**.category, "Examination")
3	equal(**user**.Role,"Nurse")^ Valid(**user**.Username, **user**.Password)	inarea(**user**.sim, First Aid)^ local_density(**user**.sim, Close By,1, 1)^ velocity(**user**.sim, 0, 3)	Read	equal(**object**.category, "Examination")
4	equal(**user**.Role,"Doctor")^ Valid(**user**.Username, **user**.Password)	local_density(**user**.sim,Close By, 1,1)^ disjoint(**user**.sim, Pharmaceutical Compay)	Read	equal(**object**.category, "Personal Info")
5	equal(**user**.Role,"Secretary")^ Valid(**user**.Username, **user**.Password)	local_density(**user**.sim,Close By, 1,1)^ inrea(**user**.sim, Hospital)	Read	equal(**object**.category, "Log&Bill")

全标准进行严格管理，由安全标准接入数据的风险级别确定。特别地，接入健康检查数据时至关重要的，因为它们含有关于病人健康情况高度敏感的信息（见表19.2中的策略2和3）。病人相关的信息需要得到保护，例如不能泄露给制药公司（见表19.2中的策略5）。最后，关于病人的注册和计费信息接入通常重要性要低一些。但是强制实施的相关法律和规定（见表19.2策略5）对这些数据控制也要求在较高的安全环境中，并且仅授权特给定的人员。

19.5 面向用户隐私的模糊技术

为了保障用户的位置隐私，在本节中将介绍3种基本模糊技术，用于修改用户的位置信息，将相关性（以下称准确性）降低到某一给定的水平。

19.5.1 放大半径模糊

如图19.3（a）所示，通过扩大定位测量的半径对该区域进行模糊是很多解决方案采用的技术，隐式或显式地将一个位置扩展到一个较粗的粒度（例如，将几米扩大到上百米，从一个城区扩大为整个城市等）。模糊是一个概率效应，由于相应联合概率密度函数（joint pdf）的减小，这可表示为 $(\forall r, r', r < r' : f_r(x, y) > f_{r'}(x, y))$。通过以下命题可计算模糊区域。

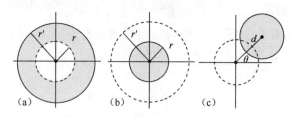

图 19.3

（a）放大半径模糊（b）减小半径模糊（c）移动中心模糊。

命题 19.1 给定一个半径为 r 相关性为 R_{Init} 的位置区域以及一个通过将半径 r 增大到 r' 得到的模糊区域，则模糊区域的相关性 R_{Final} 可通过减小相应的联合概率密度函数的比例 $f_r(x,y)/f_r(x,y)$ 的 R_{Init} 来计算。

在假设真实位置在圆形区域内均匀分布的前提下，R_{Final} 和 R_{Init} 的关系可表示为

$$R_{Final} = \frac{f_r(x, y)}{f_r(x, y)}, \quad R_{Init} = \frac{1/(\pi r'^2)}{1/(\pi r^2)}$$

$$R_{Init} = \frac{r^2}{r'^2} \times R_{Init} \begin{cases} = R_{Init}, & r' = r \\ \in (R_{Init}, 0), & r' > r \\ = 0, & r' \to +\infty \end{cases} \tag{19.3}$$

因此，给定两个相关性值 R_{Init}、R_{Final} 以及初始区域半径 r，则通过这种技术计算得到的模糊区域最后的半径为 $r' = r\sqrt{R_{Init} / R_{Final}}$。

19.5.2 减小半径模糊

如图19.3（b）所示，另一种模糊用户位置的可能方法是将位置区域半径 r 减小到 r'。在这种情况下的模糊效应是通过如下方式产生的：在保持联合概率密度函数不变的前提下相应地减小从返回的位置区域内找到真实用户位置的概率。

正式表述如下：假设未知用户的真实位置坐标为 (x_u, y_u)，给定半径为 r 的位置区域，真实的用户位置处于该区域内的概率为 $P((x_u, y_u) \in \text{Area}(r, x, y))$。当通过减小半径模糊该区域时，返回半径

为 $r' \leqslant r$ 的区域，这暗含着 $P((x_u, y_u) \in Area(r', x, y)) \leqslant P((x_u, y_u) \in Area(r, x, y))$，由于排除了一个概率密度函数大于零的圆环区域。

由半径减小产生的模糊区域可通过以下命题进行计算。

命题 19.2 给定一个半径为 r 相关性为 R_{Init} 的位置测量区域以及一个通过将半径 r 减小到 r' 得到的模糊区域，则模糊区域的相关性 R_{Final} 可通过减小相应的概率比 $P((x_u, y_u) \in Area(r', x, y))/P((x_u, y_u) \in Area(r, x, y))$ 的 R_{Init} 来计算。

在笛卡儿坐标系中，对于所有的子集 $A \subseteq \mathbb{R}^2$，$P((x, y) \in A)$ 的计算式为：$\iint_A f(x, y)\mathrm{d}x\mathrm{d}y$，其中 $f(x, y)$ 为相应的联合概率密度函数。在极坐标 (s, θ) 中求解双重积分需要进行 $(x, y) \to (s, \theta)$ 的坐标转换，其中 $\mathrm{d}x\mathrm{d}y = s\mathrm{d}s\mathrm{d}\theta$[46]。对于原位置测量中获得的值，概率密度函数保持不变，即 $f(r, \theta) = 1/\pi r^2$。根据这些观测值，有

$$
\begin{aligned}
P((x_u, y_x) \in Area(r', x, y)) &= \int_0^{2\pi} \int_0^{r'} f(r, \theta) s\mathrm{d}s\mathrm{d}\theta \\
&= 2\pi \int_0^{r'} \frac{s}{\pi r^2}\mathrm{d}s = \frac{2}{r^2} \int_0^{r'} s\mathrm{d}s = \frac{r'^2}{r^2}
\end{aligned}
$$

类似地，$P((x_u, y_u) \in Area(r', x, y))$ 可被计算为

$P((x_u', y_x) \in Area(r, x, y)) = \int_0^{2\pi} \int_0^{r'} f(r, \theta) s\mathrm{d}s\mathrm{d}\theta + \int_0^{2\pi} \int_{r'}^{r} f(r, \theta) s\mathrm{d}s\mathrm{d}\theta = 1$，导致户 u 位于测量位置区域 $Area(r, x, y)$ 的概率为 1。因此，命题中描述的相关可写为

$$
\begin{aligned}
R_{Final} &= \frac{\Pr(x_w y_u) \in Area(r', x_{c,i}, y_c)}{\Pr(x_w y_u) \in Area(r, x_{c,i}, y_c)} \times R_{Init} \\
&= \frac{r'^2}{r^2} \times R_{Init}
\begin{cases}
= R_{Init}, r' = r \\
\in (R_{Init}, 0), r' < r \\
= 0, r' \to 0
\end{cases}
\end{aligned}
\tag{19.4}
$$

这样给定两个相关性值 R_{Init}、R_{Final} 以及初始区域半径 r，则通过这种技术计算得到的模糊区域半径为 $r' = r\sqrt{R_{Final}/R_{Init}}$。

19.5.3 平移中心模糊

如图 19.3（c）所示，通过移动测量位置区域的中心并返回移位的区域也可达到位置模糊的效果。直观上，模糊效果取决于两个区域的重叠部分，即重叠部分越小，模糊程度越高。在这种情况下，应考虑到产生与原始测量位置区域不相交的被模糊的区域是无法接受的。原因是所有不相交区域包括真实用户位置的概率为 0，这样根据我们的相关性标准，它们是无法区分的。这种情况被认为是虚假的位置信息。在设计时，我们的系统时不会出现这种情况，在商业服务规则中，假定 LBS 和相关应用如 LBAC[3,14]通常也无法处理虚假信息的情况。

用 d 表示初始区域和最终（模糊）区域中心的距离，r 表示初始区域半径。由于原始区域和模糊区域不能不相交，则 $d \in [0, 2r]$。如果 $d=0$，则表示没有隐私增益；如果 $d=2r$，则表示隐私最大；如果 $0<d<2r$，则表示隐私程度递增。除距离 d 外，通过平移中心得到模糊区域，还必须指定一个旋转角度 θ。在本章范围内，不失一般性，假设角度 θ 随机产生。对角度 θ 的选择策略取决于具体应用情况，这在文献[13,14]中进行了讨论。

给定 d 和 θ，将模糊后的区域表示为 $Area(r, x + d\sin\theta, y + d\cos\theta)$，将模糊位置区域和原始位置区域的重叠部分表示为

$$Area_{Init \cap Final} = Area(r, x, y) \bigcap Area(r, x + d\sin\theta, y + d\cos\theta)$$

为了计算模糊效果并定义相关性之间的关系，需要组合两个概率。第一个概率是真实用户位置处于重叠区的概率 $Area_{Init \cap Final}$，即

$$P((x_u, y_u) \in AreaInit \cap Final \mid (x_u, y_u) \in Area(r, x, y))$$

第二个概率为从整个模糊区域中选择的一个点属于重叠区域的概率，即

$$P((x', y') \in Area(r, x, y) \bigcap Area(r, x + d\sin\theta, y + d\cos\theta)$$

这两个概率的乘积表示由于模糊引起的相关性的减小量。由移动中心产生的模糊区域可通过下面的命题计算。

命题 19.3 给定一个半径为 $r=r_{meas}$ 相关性为 R_{Init} 的一个可测位置区域以及通过平移中心距离 d 和角度为 θ 得到相同半径的一个模糊区域，则模糊区域的相关性 R_{Final} 通过乘以 R_{Init} 计算如下：

$$\Pr((x_u, y_u) \in Area_{Init \cap Final} \mid (x_u, y_u) \in Area(r, x, y)) \Pr((x', y') \in Area_{Init \cap Final} \mid$$
$$(x', y') \in Area(r, x + d\sin\theta, y + d\cos\theta))$$

由于两个概率可表示为

$$\Pr((x_u, y_u) \in Area_{Init \cap Final} \mid (x_u, y_u) \in Area(r, x, y)) = \frac{Area_{Init \cap Final}}{Area(r, x, y)}$$

$$\Pr((x', y') \in Area_{Init \cap Final} \mid (x', y') \in Area(r, x + d\sin\theta, y + d\cos\theta))$$
$$= \frac{Area_{Init \cap Final}}{Area(r, x + d\sin\theta, y + d\cos\theta)}$$

因此，有

$$R_{Final} = \frac{Area_{Init \cap Final} \, Area_{Init \cap Final}}{Area(r, x, y) Area(r, x + d\sin\theta, y + d\cos\theta)} \times$$
$$R_{Init} \begin{cases} = R_{Init}, & d = 0 \\ \in (R_{Init}, 0), & 0 < d < 2r \\ = 0, & d = 2r \end{cases} \tag{19.5}$$

将 $Area_{Init \cap Final}$ 项展开为中心之间距离 d 的函数，d 可通过求解以下方程组获得，其中变量为 d 和 σ。

$$\begin{cases} \sigma - \sin\sigma = \sqrt{\delta}\pi, \delta = \dfrac{Area_{Init \cap Final} \, Area_{Init \cap Final}}{Area(r, x, y) Area(r, x + d\sin\theta, y + d\cos\theta)} \\ d = 2r\cos\dfrac{\sigma}{2} \end{cases} \tag{19.6}$$

式中：变量 σ 表示由连接原始区域的中心与原始区域与模糊区域交点的两个半径确定的圆形扇区的中心角度。这两个公式计算两个部分重叠的圆周中心之间距离 d 的问题的解。

19.6 一种隐私感知的 LBAC 系统

现在介绍一种隐私感知的 LBAC 系统，系统中将前面介绍的模糊技术集成到基于位置的接入控制系统中。

19.6.1 LBAC 谓词评估：R_{Eval} 计算

设计隐私感知的 LBAC 结构的主要问题与负责评估 LBAC 谓词的组件相关。以下两种选择都是可行的，但是不同选择对隐私保障的方式具有深刻影响。

（1）ACE 评估：ACE，负责评估接入控制策略的组件，向定位中间件请求用户的位置，没有透露 LBAC 谓词。返回位置信息和一个相关值。

（2）LM 评估：ACE 向 LM 发送一个 LBAC 谓词，用于评估和接收一个布尔类型的返回值和一个相关性值。

这两种选择对不同的请求集合都是可行且适合的。一方面，由于定位服务设备不会处理与应用相关的基于位置的谓词，因此 ACE 评估强制要求将定位服务和应用严格分开。另一方面，LM 评估中，尽管位置信息已经被模糊过，也需要避免与应用程序交换位置信息。第二种选择从商业角度来说具有更多的灵活性。例如，ACE 可为一组具体的位置谓词定制位置服务，以及根据不同需求（如不同的准确性级别）选择不同的 QoS。然后，LM 可根据服务质量区分价格。由于第二种选择更细致，在后面将主要关注第二种选项。

如前面的讨论，假设 LM 返回结果的形式为（*bool_value, R, timeout*）。但是，在 ACE 评估中，包含在响应中的相关性 *R* 为经过对一个可测位置模糊后的 R_{Final}。在 LM 评估中，值 *R* 是一个附加详尽解释的结果，具体含义与位置谓词的具体类型有关。强调移动、交互谓词与位置谓词有本质上的区别是很重要的。实际上，移动和交互谓词的评估分别需要相同用户和不同用户的位置信息，并不会发布相应用户的位置测量信息。位置谓词发布用户的位置测量信息，并只涉及一个位置测量信息。为了表达明确，用 R_{Eval} 表示 LM 评估之后包含了产生的一个响应的参数 *R*。

位置谓词：假设一个位置测量为 $Area(r_{meas}, x_c, y_c)$（$Area_{Init}$），相关性为 R_{Init}，经过模糊后产生一个相关性为 R_{Final} 的位置区域 $Area_{Final}$。R_{Eval} 为根据模糊后的区域和 LBAC 谓词中具体指定的区域由 R_{Final} 推导得到的相关性。LM 按照以下公式计算谓词评估的相关性 R_{Eval}，即

$$R_{Eval} = \frac{Area_{Final \cap LABC}}{Area_{Final}} R_{Final}$$

式中：标量系数取决于模糊区域和 LBAC 谓词指定区域的重叠区域（表示为 $Area_{Final} \cap LABC$）。例如，假设 inarea(*John, Room*1)为 ACE 组件发给 LM 组件的谓词，表示请求确定用户 John 是否在房间 *Room*1 中。如果 John 的位置与 *Room*1 的区域重叠区域大于 0，则谓词评估返回（*true, R_{Eval}, timeout*），其中 R_{Eval} 大于 0；否则 R_{Eval} 接近 0。

移动谓词：谓词 Velocity，是目前定义的唯一一个移动谓词。评估时在不同时间对用户的位置进行两次测量，然后计算用户的速度。相关性 R_{Eval} 不能像上面的情况那样计算，而是通过对计算用户速度时所采用的两次位置信息的相关性求取平均值得到：

$$R_{Eval} = \frac{R_{Init1} + R_{Init2}}{2}$$

虽然估计用户的速度，但这个谓词并不返回用户的位置信息。用户可选择对 velocity 结果进行模糊处理。在这种情况下，R_{Eval} 的计算则通过对计算用户速度时所采用的两次位置信息模糊后的相关性求平均值得到：

$$R_{Eval} = \frac{R_{Final1} + R_{Final2}}{2}$$

例如，假设 ACE 组件发送给 LM 组件的谓词为 velocity(John, 70, 90)，含义是请求确定用户 John 的速度是否处于[70,90]的范围内。如果 John 的速度在指定范围内，谓词评估返回为(*true, R_{Eval}, timeout*)，其中 R_{Eval} 为大于 0；否则，R_{Eval} 趋近于 0。

交互谓词：这类谓词 R_{Eval} 的计算是根据处于与参考区域 $Area_{LBAC}$ 相交位置上的所有用户的位置测量来计算的。该类谓词中定义了两个具体的谓词,密度谓词 density 和局部密度谓词 local_density。前者要求 $Area_{LBAC}$ 为地理标识，如一个城市；后者中 $Area_{LBAC}$ 的含义为相应用户周边的区域。R_{Eval} 根据下式计算：

$$R_{Eval} = \frac{\sum_{i=1}^{n} \dfrac{Area_{i,Init \cap LBAC}}{Area_{i,Init}} R_{Init,i}}{n} \quad \forall Area_{i,Init} : Area_{i,Init} \bigcap LBAC \neq 0$$

式中：$Area_{i,Init} \cap$ LBAC 表示第 i 个位置测量区域 $Area_{i,Init}$ 与 LBAC 谓词指定的位置区域 LBAC 重合部分，$R_{Init,\ i}$ 为第 i 个位置测量的初始相关性，n 为谓词评估中涉及到的用户数量。如果考虑模糊区域，即，对用户位置测量产生的其中与 $Area_{LBAC}$ 重叠的所有区域，R_{Eval} 计算如下：

$$R_{Eval} = \frac{\sum_{i=1}^{n} \dfrac{Area_{i,Final \cap LBAC}}{Area_{i,Final}} R_{Final,i}}{n}$$

假设 ACE 组件向 LM 组件发送的谓词为 density($Room$1,0,3)，即请求确认 $Room$1 中的用户数量是否在 0 到 3 之间。如果用户数量处于 0 到 3 之间，则谓词评估返回为（$true$, R_{Eval}, $timeout$）。否则，返回（$true$, R_{Eval}➔0, $timeout$）。

LM 和 ACE 评估如下：

为了进一步分析 ACE 评估和 LM 评估的区别，关注一个场景，在此场景中采用移动中心进行模糊和评估位置谓词（类似的讨论对移动和相交谓词也成立）。在这种情况下，选择 ACE 或 LM 具有重要的影响。下面来看采用 LM 评估和 ACE 评估分别对谓词 inarea($John$, $Room$1)进行评估的示例，如图 19.4(a)和图 19.4(b)所示。在采用基于移动中心的模糊技术时，可选择无数的角度 θ，但所有的角度值对 R_{Final} 来说都是等价的。在此为了简便起见，只考虑两个可能的模糊区域：Area1 和 Area2。

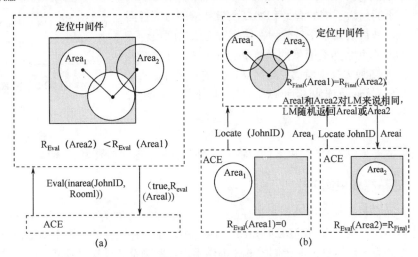

图 19.4　LM 评估和 ACE 评估示例

（a）LM 评估；（b）ACE 评估。

如采用 LM 评估，如前所述，LM 将为每个区域计算一个 R_{Eval} 并根据相应的 R_{Eval} 值对模糊区域进行排序。在我们的示例中，很容易看到 Area1 的相关性（表示为 R_{Eval} (Area1)）比 Area2 的相关性（表示为 R_{Eval} （Area2））大。这个信息对定位服务的规则非常重要，因为在对 ACE 进行返回时，需要将 R_{Eval} 值与 R_{LBAC} 相匹配，ACE 需要用具有最小的相关值对 LBAC 评估。因此，LM 评估时最佳的策略是选择角度 θ，使 θ 产生的模糊区域在给定 R_{Final} 情况下 R_{Eval} 最大[①]。

如果采用 ACE 评估，LM 不计算任何 R_{Eval}（即 R_{Eval} 与 R_{Final} 相等），并且只能在产生具有相同 R_{Final} 模糊区域的所有角度中随机选择一个 θ 值。但以这种方式，随机选择模糊区域（我们的示例中，

---

① 除选择使 R_{Eval} 最大的角度 θ 策略外，也可采用其他角度 θ 选择策略，如随机选择。

Area1 或 Area2）可能在 ACE 评估过程中导致结果不可预测，范围从相关值等于零（如图 19.4（b）中如果返回 Area1）到相关值等于 R_{Final}（如图 19.4（b）中如果返回 Area2）。因此，在对谓词评估中与条件 R_{LBAC} 匹配的谓词评估结果也是随机拒绝或接受。因此，通过平移中心产生的模糊与 ACE 评估是不匹配的。这一结果支持能够自动评估 LBAC 谓词的定位中间件的结构。

最后，当采用基于移动中心的模糊技术时需要考虑一个细节之处。评估一个 LBAC 谓词和角度 θ 的选择是相关的，因为模糊区域的位置不同，R_{Eval} 可能变化。因此，LM 尽可能选择使 R_{Eval} 最大的角度。图 19.5 给出了一个具有 3 个模糊区域（即 Area1，Area2 和 Area3）的示例，它们提供了相同的 R_{Final} 和不同的相关性 R_{Eval}，分别表示为 $R_{Eval}(Area1)$、$R_{Eval}(Area2)$ 和 $R_{Eval}(Area3)$。容易看出，$R_{Eval}(Area1)$ 比 $R_{Eval}(Area2)$ 大（即 Milan 与 Area1 的重叠面积比 Milan 与 Area2 的重叠面积大），因此，LM 应当考虑选择产生 Area1 对应的角度 θ。

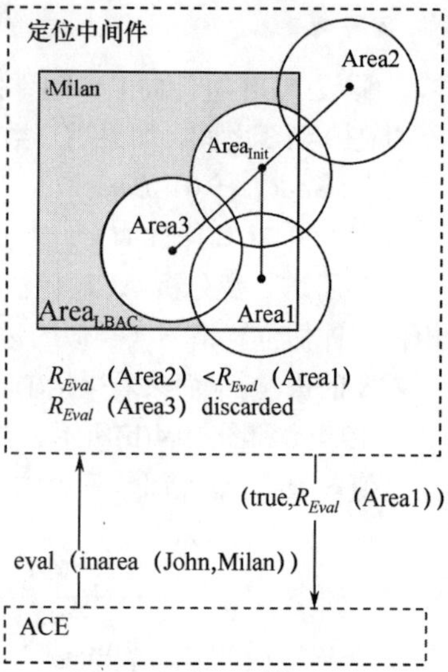

对于 Area3 可能产生一个问题，很明显 Area3 具有与 Milan 最大的重叠面积，且其提供的 R_{Eval} 比其提供给原始区域的相关性 R_{Init} 还要大。这会引起 LBAC 谓词评估的不一致性。这是因为 LM 作为一种方法，鼓励模糊技术配置，来人为增加满足 R_{LBAC} 阈值的可能性。为了避免这一副作用，引入下面的约束条件：$R_{Eval}(Area_{Final}) \leqslant R_{Eval}(Area_{Init})$，即由相关性为 R_{Final} 的模糊区域计算得到的相关性 R_{Eval} 必须小于或等于原始区域提供的相关性 R_{Init}。换句话说，区域不能只为了增加满足 LBAC 质量要求的可能性而受模糊技术控制。我们的约束条件确保在给定的无限角度集合 Θ 中，产生子集 $\Theta_f \subseteq \Theta$ 包含所有有效的角度 θ_1，…，θ_n，即这些角度产生的相关性 R_{Eval} 最大等于考虑原始区域产生的相关性。

在图 19.5 所示对 inarea 评估的示例中，引入了以下的约束条件：

$R_{Eval}(Area2) < R_{Eval}(Area1)$
$R_{Eval}(Area3)$ discarded

$(true, R_{Eval}(Area1))$

eval (inarea (John,Milan))

ACE

图 19.5 区域选择

$$R_{Eval} \leqslant \frac{Area_{Init \cap LBAC}}{Area_{Init}} R_{Init} \tag{19.7}$$

Area3 不满足式（19.7）的约束条件，将被丢弃。因此，返回结果为 Area1。

19.6.2 隐私感知中间件

目前已有的中间件组件主要是负责管理应用与定位提供者之间的交互，以及以 QoS 最大化为目标的通信与协商协议[22,38,35-37]。在隐私感知的 LBAC 中，中间件组件还负责平衡用户隐私与基于位置服务的准确性。为了这个目的，我们的 LM 提供用户位置测量和模糊以及基于位置的谓词评估功能。如图 19.6 所示，LM 从功能上可分为以下 5 个逻辑单元。

（1）通信层：通信层管理与 LP 的通信过程，它本意为隐藏底层的通信细节。

（2）协商管理器：作为与 ACE 沟通 QoS 属性的接口（文献 [53]描述了具体的沟通策略）。

（3）位置模糊：为用户隐私而应用了模糊技术。

（4）接入控制偏好管理器：通过与位置模糊单元交互来管理定位服务的属性。

（5）隐私管理器：管理隐私偏好和基于位置的谓词评估。

需要强调的是，根据不同的情况，我们的定位中间件结构可扩展到包含由用户定义的多重隐私偏好。例如，可能用户希望设置：①对面向用户亲戚和亲密朋友的社交网络位置服务没有隐私限制；②对搜索感兴趣点（如商店或名胜地等）的商业定位服务或者在工作中需要确定自己位置的定位服务设定一定级别的隐私限制；③对于高度敏感的情景设置较高的隐私要求。

下面，提供了如何评估 inrea 和 distance 谓词的两个示例。

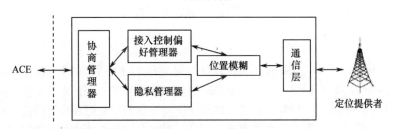

图 19.6 定位中间件

例 19.3 假设 ACE 需要对 Milan 中的用户定位，相关性为 R_{LBAC}=0.5，请求接入服务。假定用户 John 的隐私偏好要求的相关性为 R_{Final}=0.8。为了执行 John 的接入请求，ACE 要求 LM 对谓词 inarea(*John, Milan*)进行评估，其中 John 表示定位用户。设对 John 的位置测量为 $Area_{Init}$，对应的 R_{Init}=1。如图 19.7 所示，图示了一个 R_{Eval} 的计算实例，此时采用了基于放大半径的模糊技术。标量系数 $Area_{Fianl∩LBAC}$/$Area_{Final}$ 等于 0.75。我们可计算出与谓词相关的最终相关性 R_{Eval}=0.75×R_{Final}=0.6。谓词评估过程结束，返回给 ACE 的结果为（*True*, 0.6, *timeout*）。最后，ACE 将 R_{Eval} 与 R_{LBAC} 进行比较。由于 R_{LBAC}<R_{Eval}，评估的质量满足 ACE 的要求，John 获得了访问权。

假设 ACE 要求用户距存放危险物品的危险区域（图 19.8）至少为 1000m，接入服务的相关性为 R_{LBAC}=0.8。假设 John 的隐私偏好要求相关值为 R_{Final}=0.2。当 John 提交一个接入请求后，ACE 请求 LM 评估谓词 distance(*John, Dangerous*, d_{min}, d_{max})，其中 John 表示定位用户，d_{min}=1000m，d_{max}=+∞。谓词 distance 指定了危险区域的周围区域 $Area_{LBAC}$（见图 19.8 中的灰色区域），这一区域包含所有处于距离处于 d_{min} 和 d_{max} 之间的危险区域之外的点。设 John 的位置测量区域为 $Area_{Init}$，相关性为 R_{Init}=0.9。图 19.8 给出了采用基于移动中心的模糊技术计算 R_{Eval} 的一个示例。由于模糊区域 $Area_{Final}$ 和 $Area_{LBAC}$ 的重叠区域为 $Area_{Final}$ 的 1/2，标量系数 $Area_{Fianl∩LBAC}$/$Area_{Final}$ 等于 0.5。与谓词估计相关的最终相关性计算为 R_{Eval}=0.5×R_{Final}=0.1。谓词评估过程结束，返回给 ACE 的结果为（*True*, 0.1, *timeout*），含义为 John 距离危险区域至少为 d_{min}，相关性为 0.1。最终，由于 R_{LBAC}>R_{Eval}，ACE 拒绝了 John 的请求。

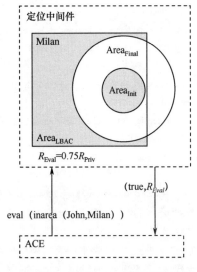

图 19.7 LM inarea 谓词评估示例

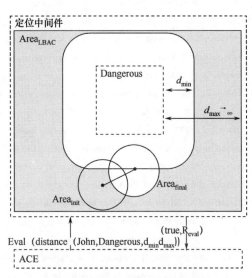

图 19.8 LM 谓词 distance 评估示例

19.7 总 结

本章中讨论了设计基于位置的接入控制系统的要求以及与传统接入控制方案的主要区别。阐述了如何将接入控制语言扩展为支持基于位置条件的定义和评估的语言。还阐述了对位置信息进行保护的隐私需求。特别讨论了 LBAC 系统对信息准确性的要求与隐私保护中对位置信息模糊化要求之间的平衡。定义了一些基本的模糊技术和一种用于衡量位置隐私程度和位置信息的准确性要求的通用评价标准，即相关性。许多示例和案例研究丰富了对相关问题和概念的详细说明。还有很多问题需要进一步研究，如对基于位置的谓词评估引起的副作用的分析、去模糊攻击以及 QoS 属性协商策略的研究。

致 谢

本章涉及的研究工作受到了以下项目的资助：欧洲联盟 6FP 项目 PRIME（合同号：IST-2002-507591），欧洲共同体的第七框架计划（FP7/2007-2013，216483），以及 2006 年意大利 RPIN 中的 MIUR（2006099978）项目。

参 考 文 献

1. Privacy Rights Clearinghouse/UCAN. AChronology of Data Breaches, 2006. http://www.privacyrights.org/ar/ChronData Breaches. htm.

2. K E Seamons, M Winslett, T Yu, L Yu, and R. Jarvis. Protecting privacy during on-line trust negotiation. In Proceedings of the 2nd Workshop on Privacy Enhancing Technologies, San Francisco, CA, April 2002.

3. C A Ardagna, M Cremonini, E Damiani, S De Capitani di Vimercati, and P Samarati. Supporting location-based conditions in access control policies. In Proceedings of the ACM Symposium on Information, Computer and Communications Security (ASIACCS'06), Taipei, Taiwan, March 2006.

4. A R Beresford and F Stajano. Location privacy in pervasive computing. IEEE Pervasive Comput. 2003,2(1):46–55.

5. C Bettini, X SWang, and S Jajodia. Protecting privacy against location-based personal identification. In Proceedings of the 2nd VLDB Workshop on Secure Data Management (SDM 2005), Trondheim, Norway, September 2005.

6. M Gruteser and D Grunwald. Anonymous usage of location-based services through spatial and temporal cloaking. In Proceedings of the 1st International Conference on Mobile Systems, Applications, and Services (MobiSys2003), San Francisco, CA, May 2003.

7. Openwave. Openwave Location Manager, 2006. http://www.openwave.com/.

8. B Gedik and L Liu. Location privacy in mobile systems: a personalized anonymization model. In Proceedings of the 25th International Conference on Distributed Computing Systems (ICDCS 2005), Columbus, OH, June 2005.

9. A R Beresford and F Stajano. Mix zones: user privacy in location-aware services. In Proceedings of the 2nd IEEE Annual Conference on Pervasive Computing and Communications Workshops (PERCOMW04), Orlando, FL, March 2004.

10. M Gruteser, J Bredin, and D Grunwald. Path privacy in location-aware computing. In Proceedings of the Second International Conference on Mobile Systems, Application and Services (MobiSys2004), Boston, MA, June 2004.

11. M Gruteser and X Liu. Protecting privacy in continuous location-tracking applications. IEEE Security Privacy Mag. 2004,2(2):28–34.

12. B Ho and M Gruteser. Protecting location privacy through path confusion. In Proceedings of IEEE/CreateNet International Conference on Security and Privacy for Emerging Areas in Communication Networks (SecureComm), Athens, Greece, September 2005.

13. C A Ardagna, M Cremonini, E Damiani, S De Capitani di Vimercati, and P Samarati. A middleware architecture for integrating privacy preferences and location accuracy. In Proceedings of the 22nd IFIP TC-11 International Information Security Conference (SEC 2007), Sandton, South Africa, May 2007.

14. C A Ardagna, M Cremonini, E Damiani, S De Capitani di Vimercati, and P Samarati. Managing privacy in LBAC systems. In Proceedings of the IEEE 21st International Conference on Advanced Information Networking and Applications Workshops (AINAW 2007), Niagara Falls, Canada, May 2007.

15. P Bellavista, A Corradi, and C Giannelli. Efficiently managing location information with privacy requirements inWi-Fi networks: a middleware approach. In Proceedings of the International Symposium on Wireless Communication Systems (ISWCS'05), Siena, Italy, September 2005.

16. M Duckham and L Kulik. A formal model of obfuscation and negotiation for location privacy. In Proceedings of the 3rd International Conference on Pervasive Computing (PERVASIVE 2005), Munich, Germany, May 2005.

17. M Duckham and L Kulik. Simulation of obfuscation and negotiation for location privacy. In Proceedings of Conference on Spatial Information Theory (COSIT 2005), Ellicottville, NY, September,2005.

18. C A Ardagna, M Cremonini, E Damiani, S De Capitani di Vimercati, and P Samarati. Location privacy protection through obfuscation-based techniques. In Proceedings of the 21st Annual IFIP WG 11.3 Working Conference on Data and Applications Security, Redondo Beach, CA, USA, July 2007.

19. Geographic Location/Privacy (geopriv). September 2006. http://www.ietf.org/html.charters/geopriv -charter.html.

20. C Hauser and M Kabatnik. Towards privacy support in a global location service. In Proceedings of the IFIPWorkshop on IP and ATM Traffic Management (WATM/EUNICE 2001), Paris, France, September 2001.

21. U Hengartner and P Steenkiste. Protecting access to people location information. In Proceedings of the First International Conference on Security in Pervasive Computing Security in Pervasive Computing, Boppard, Germany, March 2003.

22. D Hong, M Yuan, and V Y Shen. Dynamic privacy management: a plug-in service for the middleware in pervasive computing. In Proceedings of the 7th International Conference on Human Computer Interaction with Mobile Devices & Services (MobileHCI'05), Salzburg, Austria, September 2005.

23. M Langheinrich. A privacy awareness system for ubiquitous computing environments. In Proceedings of the 4th International Conference on Ubiquitous Computing (Ubicomp 2002), G"oteborg, Sweden, September 2002.

24. J Myllymaki and S Edlund. Location aggregation from multiple sources. In Proceedings of the 3rd IEEE International Conference on Mobile Data Management (MDM 2002), Singapore, January 2002.

25. I F Akyildiz and J S M. Ho. Dynamic mobile user location update for wireless pcs networks.Wireless Networks, 1995,1(2):187–196.

26. D Faria and D Cheriton. No long-term secrets: location-based security in over-provisioned wireless LANS. In Proceedings of the 3rd ACMWorkshop on Hot Topics in Networks (HotNets-III), San Diego, CA, November 2004.

27. S Garg, M Kappes, and M Mani. Wireless access server for quality of service and location based access control in 802.11 networks. In Proceedings of the 7th IEEE Symposium on Computers and Communications (ISCC 2002), Taormina/Giardini Naxos, Italy, July 2002.

28. J Nord, K Synnes, and P Parnes. An architecture for location aware applications. In Proceedings of the 35th Hawaii International Conference on System Sciences, Big Island, HA, USA, January 2002.

29. U Varshney. Location management for mobile commerce applications in wireless internet environment. ACM Trans. Internet Technol. 2003,3(3):236–255.

30. N Sastry, U Shankar, and S Wagner. Secure verification of location claims. In Proceedings of the ACM Workshop on Wireless Security (WiSe 2003), San Diego, CA, USA, September 2003.

31. G Zhang and M Parashar. Dynamic context-aware access control for grid applications. In Proceedings of the 4th International Workshop on Grid Computing (Grid 2003), Phoenix, AZ, November 2003.

32. H Hu and D L Lee. Energy-efficient monitoring of spatial predicates over moving objects. Bull. IEEE Comput. Soc. Tech. Committee Data Eng., 2005,28(3):19–26.

33. M F Mokbel and W G Aref. GPAC: generic and progressive processing of mobile queries over mobile data. In Proceedings of the 6th International Conference on Mobile Data Management (MDM 2005), Ayia Napa, Cyprus, May 2005.

34. U Hengartner and P Steenkiste. Implementing access control to people location information. In Proceedings of the 9th ACM Symposium on Access Control Models and Technologies 2004 (SACMAT2004), Yorktown Heights, NY, June 2004.

35. H Naguib, G Coulouris, and S Mitchell. Middleware support for context-aware multimedia applications. In Proceedings of the IFIP TC6 / WG6.1 3rd InternationalWorking Conference on New Developments in Distributed Applications and Interoperable Systems, Deventer,

The Netherlands, September 2001.

36. K Nahrstedt, D Xu, D Wichadakul, and B Li. QoS-aware middleware for ubiquitous and heterogeneous environments. IEEE Commun. Mag., 2001,39(11):140–148.

37. A Ranganathan, J Al-Muhtadi, S Chetan, R H Campbell, and M D Mickunas. Middlewhere: a Middleware for location awareness in ubiquitous computing applications. In Proceedings of the ACM/IFIP/USENIX 5th International Middleware Conference (Middleware 2004), Toronto, Ontario, Canada, October 2004.

38. G Myles, A Friday, and N Davies. Preserving privacy in environments with location-based applications. IEEE Pervasive Comput., 2003,2(1):56–64.

39. S Horsmanheimo, H Jormakka, and J Lahteenmaki. Location-aided planning in mobile network –trial results. Wireless Personal Commun. Int. J., 2004,30(2–4):207–216.

40. M Anisetti, C A Ardagna, V Bellandi, E Damiani, and S Reale. Method, system, network and computer program product for positioning in a mobile communications network. In European Patent No. EP1765031, 2007.

41. I Getting. The global positioning system. IEEE Spectrum, 1993,30(12):36–47.

42. B Parkinson, J Spilker, P Axelrad, and P Enge, editors. Global Positioning System: Theory and Application. Vol. II, Progress in Austronautics and Aerounautics Series, V-164. American Institute of Astronautics and Aeronautics (AIAA), Reston, Virginia, USA, 1996.

43. M Mokbel, C-Y Chow, and W Aref. The new Casper: query processing for location services without compromising privacy. In Proceedings of the 32nd International Conference on Very Large Data Bases (VLDB 2006), Seoul, Korea, September 2006.

44. P Olofsson. Probability, Statistics and Stochastic Processes. Wiley, 2005.

45. F Gustafsson and F Gunnarsson. Mobile positioning using wireless networks: possibilities and fundamental limitations based on available wireless network measurements. IEEE Signal Process. Mag., 2005,22(4):41–53.

46. G Sun, J Chen, W Guo, and K R Liu. Signal processing techniques in network-aided positioning: a survey of state-of-the-art positioning designs. IEEE Signal Process. Mag., 2005,22(4):12–23.

47. J Borkowski, J Niemelä, and J Lempiäinen. Performance of Cell ID+RTT hybrid positioning method for UMTS radio networks. In Proceedings of the 5th EuropeanWireless Conference, Barcelona, Spain, February 2004.

48. L Cong and W Zhuang. Hybrid TDOA/AOA mobile user location for wideband CDMA cellular systems. IEEE Trans. Wireless Commun., 2002,1(5):439–447.

49. N Marsit, A Hameurlain, Z Mammeri, and F Morvan. Query processing in mobile environments: a survey and open problems. In Proceedings of the 1st International Conference on Distributed Framework for Multimedia Applications (DFMA'05), Besancon, France, February 2005.

50. C A Ardagna, E Damiani, S De Capitani di Vimercati, and P Samarati. Towards privacy-enhanced authorization policies and languages. In Proceedings of the 19th IFIP WG11.3 Working Conference on Data and Application Security, Nathan Hale Inn, University of Connecticut, Storrs, USA, August 2005.

51. S Jajodia, P Samarati, M L Sapino, and V S Subrahmanian. Flexible support for multiple access control policies. ACM Trans. Database Syst., 2001,26(2):214–260.

52. T W van der Horst, T Sundelin, K E Seamons, and C D Knutson. Mobile trust negotiation: authentication and authorization in dynamic mobile networks. In Proceedings of the 8th IFIP Conference on Communications and Multimedia Security, Lake Windermere, England, September 2004.

53. C A Ardagna, M Cremonini, E Damiani, S De Capitani di Vimercati, and P Samarati. Locationbased metadata and negotiation protocols for LBAC in a one-to-many scenario. In Proceedings of the Workshop on Security and Privacy in Mobile and Wireless Networking (SecPri MobiWi 2006), Coimbra, Portugal, May 2006.

第6部分 移 动 多 媒 体

第20章 支持 VoiceXML 的智能移动服务

20.1 引　言

在过去的 20 年里，两大技术创新给人们的生活和行为带来了巨大影响。第一大创新是因特网，它为人们提供了获取海量信息的新途径和新方法，以及爆炸式增长的各种在线服务。因特网已经彻底改变了人们彼此沟通的方式，例如，人们利用因特网可以接收新闻、商品资讯以及开展各类日常活动。第二大创新是移动电话，它提供了一个方便用户随时随地进行通信的工具。一开始移动电话只是用于人与人之间相互通信，而如今则具备了向用户提供各种上网服务以及应用程序等功能，例如，手机不仅能作为一个简单的网络浏览器，还可以成为支持 GPS 的导航系统。研究者和专业人员一致认为，如果将这两大创新（通过移动电话访问服务实现联机上网功能）相结合会给移动商务带来革命性的影响[1, 3, 5, 9, 20]。到目前为止，大多数研究主要集中在智能手机的移动应用上，即将一些应用逻辑内置在移动设备上。然而，语音是最基本和最有效的通信方式，语音通信方式仍是所有移动电话最主要的功能。鉴于以上情况，用语音接口提供上网服务的移动应用将很有可能越来越流行并且实用[14]。

在本章，将介绍语音操作可互换的控制环境（VOICE，Voice Operated Interchangeable Control Environment）。VOICE 的目标是建立一个高度自定义的平台，用于开发具有语音接口的移动上下文感知应用。由于 VOICE 应用不占用移动设备的逻辑部分，因而通过任意一部电话都可以获得该应用。通过分析同一个用户的多个请求模式以及匹配一组用户模式之间的相似度，可以实现 VOICE 的上下文感知功能。为了测试这种环境的生存能力，设计并实现了一个简单的推荐系统——语音操作的餐厅搜寻指南，该系统首先由用户拨打电话来指定搜寻参数编号，然后根据用户设定的搜索规则以及之前收集到的用户上下文和位置上下文信息，向用户提供餐厅建议。

本章结构安排如下：首先简要介绍 VoiceXML、总结推荐系统领域的相关研究进展并着重介绍现有的研究和产业项目；然后描述餐厅搜寻指南的模拟情景并详细阐述 VOICE 结构；最后对系统的可行性进行实验分析，并指出今后的工作方向。

20.2 相 关 工 作

本节简单描述了与 VOICE 密切相关的一些研究课题、技术、现有的项目及其应用。

20.2.1 VoiceXML

VoiceXML 是由全球网络协会（World Wide Web Consortium）提出的[20]，它是一个用于描述人类用户与计算机系统之间语音接口 XML（可扩展标记语言）的特定领域应用。支持 VoiceXML 的应用和用户进行交互时，通常采用播放预先录制好的音频片段以及文语转换，其中系统输入包括识别或录制的声音输入和接受到的按键式电话产生的输入。由于 VoiceXML 服务摆脱了众多复杂应用，如资源配置、控制并发线程以及特定平台的 APIs，因此开发者热衷于研发基于语音接口的 VoiceXML 应用[5]。

一个基于 VoiceXML 的应用程序包括一个或多个 VoiceXML 文档，这些文档规定了应用程序与用户的对话结构，以及针对不同用户输入需要采取的一组行为响应。此外，与 VoiceXML 文档相关联的所有对象（音频文件、输入语法以及自定义脚本）都位于 Web 上的指定网址。

如今出现了大量商业化的 VoiceXML 应用程序，如客户关系管理、医疗处方补开、提供驾驶导航、飞行跟踪等。VoiceXML 服务在语音接口以及 VOICE 的其他各类功能上发挥着至关重要的作用。

20.2.2　推荐系统

推荐系统主要用于向消费者提供产品建议或服务，因此，对因特网上存在的各种电子商务和社会网络服务具有非常重要的作用。通常情况下，推荐系统根据人们对项目的喜好程度进行推荐，如基于用户人数统计和其他上下文信息，或者根据他/她的历史行为来预测其可能偏好。电子商务网站利用推荐系统建立消费者与其可能感兴趣产品或服务之间的连接，从而提高销售利润。总之，推荐系统给电子商务系统带来的好处有[18]：推荐系统可以将电子商务网站的普通浏览者转变成购买者；根据消费者当前购物车中的商品向他们推荐一些和这些商品相关的商品，有助于提高电子商务系统的交叉销售能力；推荐系统还可以通过提供个性化界面、建立客户与电子商务网站或具有共同特点客户群之间的增值关系，来增加消费者的忠诚度。

推荐系统广泛采用的推荐技术分为两类：信息过滤（Information Filtering）和协同过滤（Collaborative Filtering）。信息过滤方法通常采用一个用户模型（User Profile）来表示用户偏好或需求；这些模型可以由用户自己创建，也可以通过系统对用户行为分析后来创建。当系统需要预测用户对一个以前没见过、也没有评价过的内容项的感兴趣程度时，这些模型或用户上下文信息是非常有用的。实现信息过滤机制比较容易，这是因为该机制不限制系统用户数量；另一方面，推荐质量很大程度上取决于内容项的信息质量。

推荐系统采用的另一个机制是协同过滤技术，该技术要求数据库中每一个内容项都有对应的用户评价。系统通过让用户直接对内容项评分或观察用户行为（如正在浏览的某个内容项的描述、当前购物车/收藏列表的商品或是购买的商品）收集这些评价。协同过滤机制的推荐过程是，首先识别出对某个内容项具有相似评价的用户群，然后综合这些用户群的评价做出推荐预测。协同过滤并不要求每个项都是特别高质量的信息源（采用的是用户评价数据库）；另一方面，协同过滤技术的推荐质量会随着用户对内容项评价数量的增多而动态提高。协同过滤系统面临的主要难题是稀疏性（Scarcity）和冷启动（Cold-Start）两大问题，这是因为当某个内容项的用户数偏少或评价数较低时，将导致系统无法做出推荐[15]。

移动设备的无处不在和便利性，使得推荐系统特别适合应用在移动设备领域。由于用户携带移动设备不断游走各地，也就意味着推荐系统要访问的这些设备会经常移动到新环境，这成为零售商和其他商业网点不断增加这类系统安装的主要因素。与全尺寸同行系统不同，移动推荐系统[11, 25]所运行的移动设备被施加了诸多限制。智能手机和掌上电脑的屏幕往往太小，无法显示一个具体建议要传达的所有细节信息。移动设备的这些特点需要在推荐准确度和移动推荐系统接口的简单性之间进行折中。此外，目前移动通信行业的基础设施仅限于移动网络运营商（如 Verizon、T-Mobile 或 Sprint）或是大型的信息服务提供商（如 AOL、Google 或 MSN），他们负责提供和发布在特定移动软件系统中要大规模运行和使用的应用软件。另一方面，带有语音接口的移动系统没有特殊的发布需求，它可以容纳大范围内的用户通过各种移动设备进行访问。

VOICE 非常适合开发带有语音接口的移动推荐系统。采用 VOICE 框架开发的餐厅搜寻指南包括了一个简单的推荐组件。VOICE 框架的目标之一是提供必要的架构基础设施，以实现本书所描述的移动推荐系统。

20.2.3　支持语音和上下文感知的应用

Dey[6]将上下文（Context）定义为"任何用于表征实体状态的信息"。其中，实体可以是一个用户、位置或与系统/用户交互有关的任何对象。事实上，上下文感知应用使用上下文信息为用户提供服务，其相关性取决于用户的当前任务。应用上下文可以指当前位置、时间、用户标识，以及其他用户和对象[7,8,17]。

现有研究表明，这种基于语音接口的直观建议，无论在移动电子商务领域，还是移动信息服务领域，均可以提高终端用户对移动应用的接受度[3,9]。近年来，随着语音识别技术的日臻成熟，涌现了大量采用支持 VoiceXML 语音接口的应用开发，这个接口可以轻而易举地和任何一部电话建立连接。接下来，将选取一些典型的应用实例进行简要介绍。

Careflow 听写应用系统[4]为医生提供了一个基于语音接口的患者病历转录服务。系统的中间件通过一个具有企业级 CORBA 服务的接口动态生成 VoiceXML。目前，连同其他医疗转录和医疗文档管理服务，该系统已经被广泛应用在医疗服务机构。

History Calls [16]是一个支持 VoiceXML 的系统，该系统被应用在犹他州艺术博物馆，向游客提供自动化的音频导游。History Calls 组合了由 VoiceXML 生成的语音和预先录制的音频，内容主要摘录自博物馆展品有关的访谈。

Vocera 通信系统[22]为医院应用而设计，向移动工作者（如护士）提供了一个独立的通信解决方案。该系统通过一个专门设计的 WIFI 进行通信，设备重量只有 2 盎司，带有一个免提的语音接口，用户可以作为徽章随身佩戴。系统服务器提供了专有的声音识别和企业级功能，如目录、寻呼以及语音邮箱访问。

语音率增强战术系统（VoiceLETS，Voice Law Enforcement Tactical System）[10]在阿拉巴马州警察局无人调度时，也能进行日常查询以及返回搜索结果。VoiceLETS 主要处理驾驶员和车辆信息查询。VoiceLETS 由 VoiceXML 驱动，所有数据来自阿拉巴马州内行使的机动车和维修部的数据库。应用 VoiceLETS 系统需要考虑这样一个事实，警务人员在遇到潜在紧急情况时，通常无法用自己的双手来查看通信设备。

近年来开发了几种多模态网络浏览器[12,23]，还有一些基于 VoiceXML[13,19]的 HTML 内容音频转码系统。这类系统对视障人士具有广阔前景。然而，尽管这种系统在技术上是可能实现的，但就目前看来实用性非常有限。

在撰写本书时，本章作者未发现任何与 VOICE 功能类似、支持 VoiceXML 的上下文感知系统开发项目。然而，现在已经出现了许多与 VOCIE 系统结构方案类似的系统，他们将企业数据库与后端语音识别服务（VoiceXML 或专有的）相结合，在 Tether-less 基础设施（移动电话或 WiFi）上提供随时随地的访问。

20.3　VOICE 系统的应用实例

John 初次来到康涅狄格州恩菲尔德镇，因此对这个地方十分陌生，甚至不知道在哪个餐厅吃饭。晚餐时间到了，John 已经相当饿了——幸运的是，John 通过手机获悉了一份可用的餐厅指南，于是他决定打一个电话以确定该去哪里。当 John 接通了由 VOICE 驱动的餐厅指南后，系统会自动检测以前的电话历史记录，判断出 John 之前没有使用过这个系统。由于这是 John 第一次调用餐厅搜寻指南，VOICE 系统没有 John 的用户上下文信息，因此不能提供任何个性化特征；于是，VOICE 会自动扩展所有语音提示，让 John 能够享有第一次轻松体验。

在检查了包含用户上下文信息的历史数据库后，确定 John 是一个新用户，图 20.1 示出了 VOICE

图 20.1　一个典型的基于 VOICE 的餐厅搜寻指南用户对话框

在第一次系统提示后对 John 所做的问候响应。

John 说 "Zip Code"，系统提示 "Please state or type your zip code" John 响应 "06082"。在通知 VOICE 系统他在寻找一个有 "Take-Out"（买卖）服务的 "Chinese"（中国）餐厅后，John 得到一组邮编 06082 的外卖中餐馆。John 选择第三项 "Cheng's Palace" 后，得到更加详细的餐馆信息，包括地址：CT，恩菲尔德，123 大街；电话号码：860-555-1234。当 John 被询问是否打算前往这家餐厅时，由于他准备订餐到他家庭地址，他回答 "No"，然后挂断了电话。图 20.1 给出了 John 与系统交互的完整对话清单中的大部分内容。

几天后，John 打算请他的朋友 Tom 一起到城里的某个意大利餐厅吃饭。在 John 再一次拨打餐厅搜寻指南后，VOICE 判断他之前拨打过，在检索他的上下文信息之后，自动设置其邮编是 06082，然后响应 "Welcome back to the Restaurant Search Guide. Are you calling for restaurants in 06082?"，John 做出肯定响应。在选择去该区域的意大利餐厅就餐之后，John 选择让系统指示他从当前位置前往这家餐厅的路线（期间可能会重复几次，以确保他能准确地保存该路线）。

今后几个星期，John 多次拨打餐厅搜寻指南，VOICE 系统跟踪用户上下文信息，如邮政编码、菜系、餐厅类型等偏好（也注意到 John 的确吃了很多中餐外卖）。经过一段时间，如果 John 不再咨询该区域内的意大利餐厅，系统将 "忘记" John 喜欢这类菜系，不再自动建议该区域内的意大利餐厅。

20.4　VOICE 系统结构

VOICE 系统具有多层体系结构，不同层次的系统结构通常分布了多个服务器，如图 20.2 所示。VoiceXML 服务提供器（Service Provider）是系统的第一层，包括了 VoiceXML 处理器和所有可用的

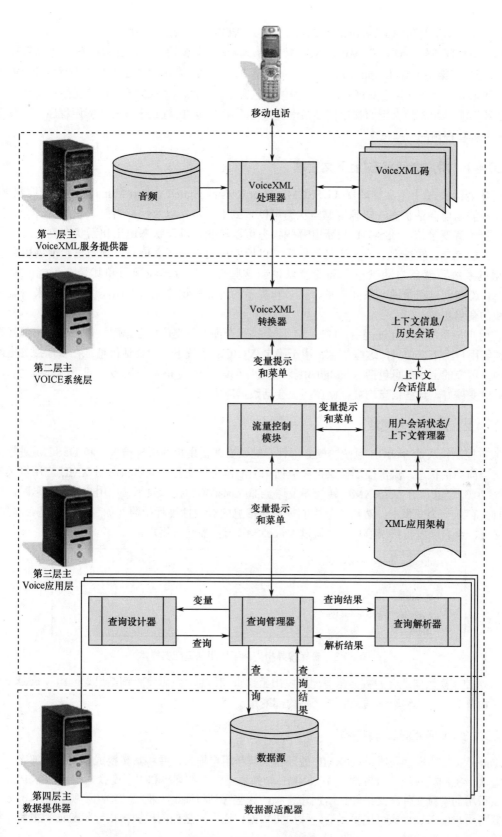

图 20.2　VOICE 框架结构

音频文件（本章示例用的是 BeVocal[2]提供的服务）。VOICE 系统层和 VOICE 应用层包含了 VOICE 系统和应用程序逻辑，这里有 VoiceXML 转换器、流量控制模块、用户会话状态/上下文管理器、XML 应用程序架构（XML Application Schema）、查询管理器、查询设计器以及查询解析器。VOICE 系统层还承载了上下文信息数据库。数据提供层包含了一个或多个服务器，以提供数据源适配器要查询的数据源。20.3 节介绍的餐厅搜寻指南就是内置在 VOICE 框架下开发的应用程序，本节将以此为例来解释提出的一些概念。

20.4.1 用户会话状态/上下文管理

用户会话状态/上下文管理器（USSCM，User Session State/Context Manager）负责控制 XML 应用架构的当前会话状态，即确定哪些状态可以转到下一步，以及保持当前状态的所有变量值。已知当前所有变量值，USSCM 判断出哪些状态可以转变，以及状态退出和新状态到来之前所需的信息。USSCM 能查询上下文信息数据库，以检索出用户上下文信息；判断出当前调用之前是否使用过系统，然后自动赋予全局变量以说明这些变量是否已经调用和其最有可能的输入。USSCM 还能创建和传递一系列变量、菜单和提示的内部标识给流量控制模块，接收来自流量控制模块的变量更新。

在用户与系统的交互过程中，USSCM 还会执行查询上下文信息数据库，以跟踪用户偏好和使用习惯等用户上下文信息，这些信息将用于确定 VOICE 系统下一次会话信息。在餐厅搜寻指南的例子中，用户的上下信息包括 John 的邮编以及餐厅偏好，每次 John 选择餐厅或更改邮编之后，即使以后改变偏好，这些信息均被存储在历史会话数据库中。

20.4.2 流量控制模块

流量控制模块是 VOICE 系统的核心部件，它负责解析用户的所有输入，和 USSCM 进行交互以确定当前会话状态。流量控制模块也和数据源适配器进行交互，当前状态由 XML 应用框架来定义（图 20.3），以及给 VoiceXML 转换器发送全部内部菜单和提示表示。当用户输入信息时，这些信息首先存入一个变量中，然后流量控制模块对信息的有效性进行检验（如变量类型是否匹配），如有必要，会自动发出错误信息，并通过 VoiceXML 转换器转告用户。

```
1 <state name="findrestaurant">
2 ...
3 <adapter src="search.cgi"
variables="zipcode rest-type" />
4 </state>
```

图 20.3　餐厅搜寻指南例子所用的适配器样本

流量控制模块向适合的数据源适配器发出全部查询信息，然后将查询结果返回给 VoiceXML 转换器（如有提示）或将查询结果赋予一些内部变量。

20.4.3 VoiceXML 转换器

VoiceXML 转换器采用 VoiceXML 处理器来解释用户输入，并将其转换成可用的内部表示（需要经过流量控制模块校验有效性）。VoiceXML 转换器还将内部菜单和提示变换成有效的 VoiceXML，然后由可用的音频文件和文语转换器创建音频，这些音频将通过手机播放给用户听。在 VoiceXML 转换器将用户输入翻译成可用表示后，然后将数据传递到流量控制模块来进一步验证和更新，从而确保输入文本的有效性。

20.4.4　上下文信息数据库

上下文信息/历史会话数据库（Context Information/Previous Sessions Database）存储了全部上下文信息，这些信息是通过分析历史 VOICE 会话期间收集的数据得到的，包括主叫号码、被选中的选项以及提供给 VOICE 系统的各种信息。

20.4.5　XML 应用架构

VOICE XML 应用架构是 VOICE 不可或缺的功能之一，原因是该架构描述了所有要播放给用户听的音频创建提示、可以（或需要）赋值的每个变量和变量类型、以及每个要过渡的内部状态和过渡之前的状态，还包括了为了让 VOICE 系统遍历各种状态用户需要做的工作是什么。20.5 节将描述 XML 应用架构的各组成部分，并详细介绍各个组件的作用。图 20.4 给出了餐厅搜寻指南所用的一部分应用架构。

```
1 <state name="firsttime">
2 <required>
3 <!-- Require that the previous number of
4 calls is 0, and that no information
5 has been filled out. -->
6 <var name="previouscalls" value="no" />
7 <var name="zipcode" value="" />
8 ...
9 </required>
10 <prompt>
11 Welcome to the Restaurant Search Guide,
12 where you can search for restaurants in any
13 area. Since it seems as though this is your
14 first time calling us, we will give you
15 extended information on each of the
16 available options. Please select from the
17 following options: Say 'Zip Code' to select
18 the zip code in which to search. Say 'Type'
19 to select the restaurant type. Say
20 'Cuisine' to select the cuisine that you
21 desire. If you need further assistance at
22 any time, you may say 'Help,' and if you
23 ever want to start over, say 'Start Over'.
24 </prompt>
25 <variables>
26 <var name="option">
27 <grammar type="application/x-nuance-gsl">
28 [ zip-code type cuisine ... ]
29 </grammar>
30 </var>
31 ...
32 </variables>
33 <next>
34 <moveto state="enterzip">
35 <if cond="option=='zip-code'" />
36 </moveto>
37 ...
38 </next>
39 </state>
```

图 20.4　XML 应用架构中的样本状态部分－用于餐厅搜寻指南案例

20.5 用户对话状态

在用户与系统交互的任意给定时刻，可以认为 VOICE 处于一个用户对话状态，如图 20.5 所示。一个用户对话状态描述了各种提示和可用变量，这些变量记录了系统从当前状态可以过渡到的另一组状态。每个状态都采用音频提示进行描述，由 VoiceXML 文语转换器生成可用波形，也可以给用户播放一个音频文件。每个状态还包含了状态到来之前必须满足的一组前提条件。用户会话状态描述还具有很多适用的数据源适配器，定义如图 20.5 所示，一些变量会传递到这些适配器，在获得一些查询结果后再从适配器传递回去。图 20.4 给出了一个会话状态为"firsttime"的例子，当用户之前从未调用过系统、也没有填写过任何信息时，该状态被激活。例如，当 John 第一次调用 VOICE 系统时，第一次用户会话状态被激活，此时，该状态将向 John 介绍系统，告诉他都有哪些选项。

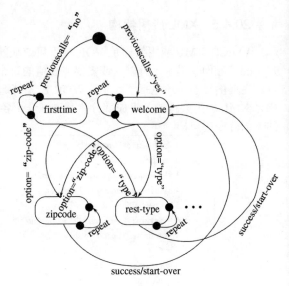

图 20.5 餐厅搜寻系统所用的典型用户会话状态

20.6 应 用 变 量

应用变量类型由公共 VoiceXML 变量类型来决定，还可以设计特定"语法"，以让 VOICE 接收范围更广的专用输入。这些变量可以是指定状态（指那些不保留且在不同 VOICE 模块之间传递的状态）或全局的（指已赋值系统的全部模块和状态）。在本文的餐厅搜寻指南示例中，"previouscalls"和"zipcode"变量是全局变量，而"option"变量是指定状态。一旦设置了某个已知变量的类型，VOICE 系统将自动确保每个用户输入和已知应用程序变量类型相匹配，并会提示用户输入正确的应用程序变量信息。图 20.4 的 26~30 行列出了上述示例所用的"option"变量，该变量采用精确词语（"zipcode"，"type"，"cuisine"等）定义"option"语法。当 John 听到系统的第一次提示并决定要输入系统的信息时，VOICE 仅接收这些词语的其中一个；在我们的示例中，变量会确定 John 将要听到的下一步提示，以及要赋值的变量。

20.7 可用的用户会话状态

一旦某个状态被传递过来，将把一组包含一个或多个用户对话状态转成可用的，这组状态还包括了每个用户会话状态的描述，并用状态名加以引用。达到可用状态需要满足一定前提条件（如图 20.4 所示，2~9 行），这些条件采用 VoiceXML 进行表述。图 20.4 33~38 行描述了当设置了"option"变量后，用户会话状态是如何转换到可用的。具体来说，在我们的例子中，如果 John 在第一次提示说"zip-code"，VOICE 将转换到"enterzip"状态。

20.7.1　数据源适配器

数据源适配器包含了 4 个组成部分：查询管理器、查询设计器、查询解析器以及数据源。数据源适配器允许 VOICE 连接和查询指定的信息源，信息源有本地数据库、XML 网络服务（Web Service）或应用程序 API。本文的餐厅搜寻指南例子，包含了两个数据源适配器：一个用于接收已知邮编（采用 Google 的 API）的所有可用餐厅列表，另一个用于保存从来电者位置到餐厅的路线。图 20.5 显示了餐厅搜寻指南其中一个数据源适配器的 XML 描述。

20.7.2　查询管理器

查询管理器本质上是一个中间人，它只在流量控制模块和查询设计器/解析器之间传递信息。查询管理器从流量控制模块接收到一组可用变量后，会把这组变量送给查询设计器。一旦查询设计器创建了一个数据源查询，查询管理器将执行该查询，并将查询结果返回给查询解析器。当查询解析器对结果做出分析后，它将发送更新变量和信息给流量控制模块，以供进一步使用。

20.7.3　查询设计器

查询设计器首先用查询管理器给出的一组可用变量来创建查询，然后采用正确格式对数据源执行该查询。例如，查询设计器对本地数据库生成一个 SQL 查询，对基于 Web 的应用程序传递 URL。一旦查询设计器创建了查询，该查询将被传送到查询管理器。

20.7.4　查询解析器

查询解析器对查询管理器发来的原格式数据源结果进行分析，然后将这些结果解析成有用数据。在某些情况下，这些数据是内部变量的形式，而其他数据可能生成用户提示。在本文餐厅搜寻指南的示例中，如果一个查询结果被解析成一个提示，如用户选择了哪个餐厅、得到了餐厅的哪些具体信息，以及允许用户通过输入编号而不是名字选取餐厅最大最小数量的新变量；而另一个查询（在一个独立的数据源适配器上）将返回从 John 所在位置到餐厅的驾驶路线。

20.8　可用性实验

对 VOICE 系统和餐厅搜寻指南的可用性，进行了一个简单实验。选取了 12 个人参与实验，他们之前没有用过 VOICE 系统。给每个参与者介绍了一组与其目标相关的指令，以及完成每个目标所需的任务。每个参与者使用 VOICE 输入指定查询和检索结果。参与者的目标有：

（1）找到 06082 邮编区域的外卖中餐厅，得到该餐厅的电话；

（2）找到 06082 邮编区域的意大利餐厅，得到前往该餐厅的路线。

每个参与者只用一部手机进行实验，他们所有尝试将以电子方式记录下来。实验结束后，要求每一位参与者填写一份问卷，内容包括一些个人基本信息以及对 VOICE 系统的体验评价。

（1）To what extent did the VOICE system understand what you said？（VOICE 系统能听懂你说话的程度有多少？）

（2）To what extent was the VOICE system's speech easy to understand？（理解 VOICE 系统语音的容易程度是多少？）

（3）To what extent did you understand what to say at each of the prompts？（每个语音提示后你对

该说些什么能理解到什么程度？）

（4）Were you able to complete the tasks and get the information that you required？（你能完成任务并得到你所需要的信息吗？）

（5）After using VOICE, how likely are you to use a similar system in the future？（使用 VOICE 后，你今后使用类似系统的可能性有多大？）

回答问题采用了 5 点李克特量表，其中 1 表示无法回答、不太可能或非常困难，5 表示总是、可能或非常容易。

使用两个标准测试 VOCIE 系统的有效性：完成目标所需的时间、尝试每个目标的次数。实验结果表明，平均每个参与者需要 62.3s 完成第一个目标，85.0s 完成第二个目标。所有参与者只用一次尝试就能完成他们的目标。还采用了另外一些性能指标对 VOICE 系统进行了评价——每个目标的平均尝试次数（1.1 次尝试）以及系统无差错性能比（92%）。如图 20.6 所示，经过对参与者的调查后，VOICE 系统对参与者进行的可用性测试取得了比较一致的高分。

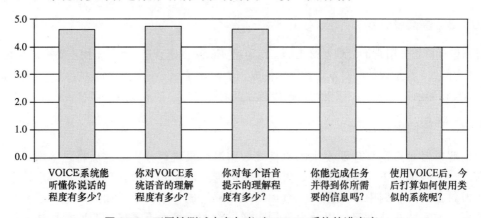

图 20.6 可用性测试中参与者对 VOICE 系统的满意度

此外，鼓励参与者能对系统的改进和扩展提出反馈意见。用户建议当读取餐厅路线或重复某个具体步骤编号的餐厅路线时，加入餐厅搜寻指南能有暂停的功能；他们还建议应该提供更多种类的菜系选项加入该系统。

20.9　结论与展望

本章，提出了一个 VOICE 框架，该框架通过可访问的语音接口进行电话连接，用于开发移动的上下文感知系统。为了证明 VOICE 结构的灵活性，实现了一个餐厅搜寻指南，这是一个帮助用户按照多个规则的组合查找餐厅的简单上下文感知推荐系统；该系统连接了多个数据源提供者，以获得餐厅数据，产生到达所选餐厅的驾驶路线。计划基于分析系统使用方式，通过开展可用性研究，以验证所提方案的有效性。

这里有几个方向可以补充到 VOICE 架构功能中。为了获得成功执行查询的最小必要数据量，采用混合主动对话框可以简化提供给用户的提示数量。为了简化特定应用程序开发中 VOICE 的定制过程，对于与本地数据库、XML 网络服务或特定应用程序/特定平台 API 对应的不同类型的数据源适配器，开发特定模板。此外，还可以将用户语音接口的某些部分和基于 SMS 的接口混合，例如，用户可能使用声音接口查询系统，却可以通过移动电话用文本消息形式接收到结果。

参 考 文 献

1. N. Anerousis, E. Panagos. Making voice knowledge pervasive. Pervasive Comput., 1(2):42–48, 2002.

2. BeVocal, 2008 Available at http://www.bevocal.com.

3. S. Chang, M. Heng. An empirical study on voice-enabled Web applications. Pervasive Comput., 5(3):76–81, 2006.

4. J. Chugh, V. Jagannathan. Voice-enabling enterprise applications. In Proceedings of the 11th IEEE Workshop on Enabling Technologies: Infrastructure for Collaborative Enterprises, Washington, DC, 10–12 June 2002 IEEE Computer Society, Sebastool, CA, 2002, pp. 188–189.

5. P. Danielsen. The promise of a voice-enabled Web. IEEE Comput., 33(8):104–106, 2000.

6. A. Dey. Understanding and using context. Personal Ubiquitous Comput., 5(1):4–7, 2001.

7. A. Dix, T. Rodden, N. Davies, J. Trevor, J. Friday, and K. Palfreyman. Exploiting space and location as a design framework for interactive mobile systems. ACM Trans. Comput. Hum. Interact., 7(3):185–321, 2000.

8. P. Dourish. What we talk about when we talk about context. Personal Ubiquitous Comput., 8(1):19–30, 2004.

9. Y. Fan, A. Saliba, E. A. Kendall, and J. Newmarch. Speech interface: an enhancer to the acceptance of M-commerce applications. In Proceedings 2005 International Conference on Mobile Business, Sydney, Australia, 11–13 July 2005. IEEE Computer Society Sebastool, CA, 2005, pp. 445–451.

10. J. E. Gilbert, R. Chapman, and S. Garhyan. VoiceLETS Backs Up First Responders. Pervasive Comput. 4(3):92–96, 2005.

11. H. van der Heijden, G. Kotsis, and R. Kronsteiner. Mobile recommendation systems for decision making 'on the go'. In Proceedings of the 2005 International Conference on Mobile Business, Sydney, Australia, 11–13 July 2005. IEEE Computer Society Sebastool, CA, 2005, pp. 137–143.

12. J. Kleindienst, L. Seredi, P. Kapanen, and J. Bergman. CATCH-2004 multi-modal browser: overview description with usability analysis. In Proceedings of the 4th IEEE International Conference on Multimodal Interfaces, Pittsburg, PA, 14–16 October 2002. IEEE Computer Society, Sebastool, CA, 2002, pp. 442–447.

13. J. Kong. Browsing Web through audio. In Proceedings of the 2004 IEEE Symposium on Visual Languages and Human Centric Computing, Rome, Italy, 26–29 September 2004. IEEE Computer Society, Sebastool, CA, 2004, pp. 279–280.

14. M. Lucente. Conversational interfaces for e-commerce applications. Commun. ACM, 43(9):59–61, 2000.

15. S. Middleton, N. Shadbolt, D. De Roure. Ontological user profiling in recommender systems. ACM Trans. Inform. Syst., 22(1):54–88, 2004.

16. M. Nickerson. History calls: delivering automated audio tours to visitors' cell phones. In Proceedings of the 2005 Information Technology: Coding and Computing Conference, Las Vegas, NV, 4–6 April 2004. IEEE Computer Society, Sebastool, CA, Vol. 2, pp. 30–34.

17. M. Satyanarayanan. Challenges in implementing a context-aware system. Pervasive Comput., 1(3):2, 2002.

18. J. B. Schafer, J. Konstan, and J. Riedi. Recommender systems in e-commerce. In Proceedings of the 1999 ACM Conference on Electronic Commerce, Denver, CO, 3–5 November 1999. ACM, New York, pp. 158–166.

19. Z. Shao, R. G. Capra III, and M. A. P'erez-Qui~nones. Transcoding HTML to VoiceXML using annotation. In Proceedings of the 15th IEEE International Conference on Tools with Artificial Intelligence, Sacramento, CA, 3– November 2005. IEEE Computer Society, Sebastool, CA, pp. 249–258.

20. A. Srinivasan, E. Brown. Is speech recognition becoming mainstream? Computer 35(4):38–41, 2002.

21. W. Srisa-an, C. T. D. Lo, and J. M. Chang. Putting voice into wireless communications. IT Professional, 4(1):62–64, 2002.

22. V. Stanford. Beam me up, doctor McCoy. Pervasive Comput. 2(3):13–18, 2003.

第21章 移动设备上的用户自适应视频检索

21.1 引　言

近年来，手持移动设备包括手机和个人数字助理（PDA，Personal Digital Assistant）已经变得越来越流行和多功能化，为访问普适多媒体信息创造了新的可能。新一代移动设备将不再只用于语音通信，他们也广泛用于捕获、处理和显示不同的视听媒体内容。

随着无线网络技术的迅猛发展，如 GSM、卫星、无线局域网（WLAN，Wireless Local Area Network）和 3G，如今将大型多媒体项传送至移动客户端变得更加容易。然而，多媒体移动服务仍然受到显示尺寸小的约束，还有电力供应、存储空间、处理速度等方面的限制。手持设备上多媒体内容的导航总是受制于有限时间内最少次数的交互。同时，大型多媒体数据如视频，由于内存有限而无法永久存储在移动设备上。

考虑到移动多媒体应用的下列典型场景：体育迷希望通过他们的手机观看体育视频。然而，这样做会花费很长时间，占用大量内存，以及耗尽电量，从而令人无法承受，况且有时也不需要观看整场比赛。因此，一个更好的解决方案是仅为他们提供视频剪辑的检索和浏览功能，该剪辑包含一个感兴趣事件镜头或一段时间的事件序列。已知一个大型体育视频集合，要完成这项任务还存在许多挑战：

（1）合理地分割视频并自动标注语义事件是十分困难的。虽然先进技术在提取各种视频的多模态视觉和音频特征中发挥了巨大作用，但是这些低层或中层特征与高层丰富语义之间的"语义鸿沟"仍然是一个尖锐问题。即使使用最好的事件标注算法，仍然难以保证语义解释结果的正确性和完整性。从而激发了人们利用现有标注结果、特征和用户反馈进行高层语义抽象建模。

（2）解决数据库建模问题是至关重要的，特别是要考虑多媒体对象之间的时间和/或空间关系。它不仅支持基本的检索方法还应支持复杂的时间事件模式查询。

（3）支持多媒体应用的个性化用户喜好是一种新需求。众所周知，人们对媒体数据具有不同的兴趣和感知。因此，将用户反馈纳入检索系统的训练是十分必要的。

（4）与此同时，要减少用户交互的数量以减轻用户负担，以及适应移动设备的各种限制。因此，还需要记录用户行为和积累用户偏好的有关知识。

（5）所设计的系统架构应该减少传输数据量并最小化移动设备的数据存储需求。

（6）移动检索界面应该是用户友好，操作简便，并能为用户提供足够的信息量和选择。

因此，一种高效且有效的多媒体内容管理和检索框架对于移动多媒体服务的发展将是至关重要的。

本章主要解决了有关无线移动环境中用户自适应视频检索系统设计和实施方面的一系列问题，称为移动视频检索（MoVR，Mobile-Based Video Retrieval）。开发了一种面向移动设备的个人视频检索和浏览的创新方案，可以支持内容分析、语义提取以及用户交互。首先，采用一个随机数据库建模机制称为分层马尔可夫模型中介（HMMM， Hierarchical Markov Model Mediator），在多媒体数据库中建模和组织视频，连同相关的视频镜头和聚类，以提供对事件和复杂时间模式查询的支持。第二，设计基于 HMMM 的模型来捕捉和存储每个用户的访问历史和偏好，这样系统可以提供"个性化推荐"。第三，对框架赋予模糊关联概念，能让用户可以仅依据他们的个人爱好，一般用户偏好，或者两者之间对检索内容做出选择。因此，用户具有权衡检索精度和处理速度之间满意程度的决定控制权。此外，为了提高处理性能以及增强客户端应用程序的可移植性，服务器端负责存储消耗信息和计算密集型操作，而移动客户端主要负责管理当前查询检索到的媒体和用户反馈。为了向移动设备提供更有效的访问和信息缓存，还为服务器端计算机设计了虚拟客户端来保留移动用户所需的一些相关信息。为了证明所提 MoVR 框架的性能，实施并测试了一个基于移动的足球视频导航和检索系统。

本章的其余内容组织如下：21.2 节回顾基于内容的多媒体检索系统（特别是移动系统）的相关研究方法；21.3 节探讨系统结构；21.4 节讨论多媒体数据库建模机制，HMMM 和相关的构建方法；21.5 节详细介绍所提 MoVR 系统的总体框架，特别是，通过引入用户模型，特征权重学习和模糊关联技术，提出了一种用户自适应的解决方案；21.6 节给出系统的实施和实验测试；21.7 节是结束语和未来工作。

21.2　相　关　工　作

移动设备上的视频浏览和检索是一个新兴的研究领域。由于移动设备在功耗、处理速度和显示能力方面的约束，相比传统的多媒体应用程序，会遇到更多挑战，如今已经开展了许多研究致力于解决该领域面临的各种问题。

为了减少观看时间并使交互和导航次数最小，学术界和产业界已经进行了各种有关视频内容概要的研究。例如，文献[11]提出了属性矩阵的奇异值分解（SVD，Singular Value Decomposition）以减少视频片段冗余，从而生成视频概要。聚类技术也被用于优化基于视觉或运动特征的关键帧选择，以增强视频概要[2]。在产业界，Virage 网站采用多模式特征[29]，已初步实现了 NHL（全国曲棍球联盟）曲棍球视频的视频概要系统。然而，可计算视频特征和用户感知的内容概念之间存在的语义鸿沟仍是一个突出问题。为此，利用相关内容的元数据对视频检索发挥着积极的作用[25]。例如，文献[17]中提出用本体论执行智能查询，获取元数据的视频概要。文献[28]提出了一个无线/移动环境中的视频语义概要系统，该系统包括一个 MPEG-7 标准的标注接口（MPEG-7-Compliant Annotation Interface）、一个语义概要中间件、一个面向 Palm-OS 设备的实时 MPEG-1/2 视频转码器，以及一个彩色/黑白 Palm-OS PDA 的应用程序接口。文献[19,20]还开发了元数据选择组件以方便标注。然而，自动媒体分析和标注技术尚不成熟，而纯手工媒体标注又非常耗时且容易出错[7]。另外，有研究者提出了语义事件检测框架用于简化视频概要。Hu 等利用来自不同新闻台资源的相似视频片段来识别感兴趣的新闻事件[12]。在早期的研究[4,5]中，提出了一种有效的视频事件检测方法，有助于多媒体数据挖掘和多模态特征分析。

在移动设备上的视频检索方面，"示例查询"（QBE，Query By Example）是基于内容的音频/视觉检索中的一个非常著名的查询方案，基于这个方案人们开发了许多系统[1,25]。然而，大多数现有方法中，查询过程的相似性估计通常是基于一个查询和数据库中的每个对象之间的（非）相似距离计算，随后是排序操作[1]。因此，针对移动设备，特别是对大型数据库，它可能会变成一个高代价操作，且检索时间过长。此外，现有研究还无法支持时间模式查询，其关注的是时间事件序列。

实际上，上述方法有助于解决移动设备中的视频浏览和检索的一些限制。然而，它们却无法适应对视频数据具有不同兴趣和感知的个人用户偏好。在文献[24]中，相关反馈已经被广泛应用于基于内容的检索研究中，以解决用户的偏好问题。文献[6]基于用户反馈提出一个学习要求特征权重的机制，以改进推荐排名。此外，文献[8]研究用模糊逻辑应用，来表示灵活查询，以及表达从一种渐进和定性的反馈方式学习到的用户偏好。文献[9]应用模糊分类和相关反馈技术处理视频内容，捕捉用户偏好。文献[18]也提出了一种类似思想，根据相关反馈中的用户偏好开发了一个模糊排序模型。然而，大多数相关反馈方法都有一个共同的弱点，就是反馈过程没有"记忆"[21]，也就是说，用户的历史反馈无法对未来查询提供帮助。因此，从长远来看，检索精度不会随着时间有所提高。

此外，移动设备难以支持频繁的交互和实时反馈学习。而用户模型已被广泛应用于信息过滤和推荐。文献[3]设计了一个名为 WebMate 的个人代理，它通过增量学习用户模型，帮助 Web 中的浏览和搜索。文献[22]也研究了 Web 检索过程中使用模糊逻辑的用户模型的作用。John 等[16]结合用户建模和模糊逻辑开发了一个信息检索原型系统。文献[10]提出了基于用户兴趣模型提取相关视频片段的思路，通过创建个性化信息传递系统，来降低存储、带宽、和处理能力需求并简化用户交互。

在我们的框架中，构造了一个通用模型，用来表示视频数据语义的一般知识。这样一个通用模型可以作为视频数据的语义索引来加快检索过程。同时，为描述个性化兴趣，为每一个用户建立了一个用户模型。此外，我们的方法还能支持多级视频建模和时间模式查询。

21.3 系 统 结 构

在我们的研究中，采用了传统的客户—服务器系统结构，还增加了适应移动多媒体服务的需求。为了提供最大化支持和最优化的解决方案，在系统设计中要严格遵循以下准则：第一，存储消耗信息和计算密集型操作均在服务器端处理；第二，移动客户端只需保持最小化的数据来执行检索过程；第三，系统应减少无线网络的负荷，同时增加多媒体数据的数据传输速度。

在服务器端的数据库中，采用 HMMM 机制存储并管理了大量多媒体数据。视频数据库不仅包含存档视频、视频镜头和簇，还有表示其关联关系、特征、和访问历史等数值。图 21.1 是为一般用户反馈开发的数据库，由来自整个组的不同用户的主动访问事件或模式组成。从该数据库可以提取出单个用户反馈来构建基于 HMMM 的个性化用户模型，这在后面章节会进一步解释。系统利用这些访问历史来学习一般用户感知和个性化用户兴趣。基于移动用户提供的模糊权重，模糊关联检索算法能够在这两个感知模型之间智能化地做出平衡，进一步检索视频片段，并相应地进行推荐顺序排序。请求处理程序（Request Handler）的设计是为了解释请求包，并且通过返回检索和排序结果响应移动设备。

移动设备上的客户端应用程序不需要保留所有已访问的媒体数据。另外，他们的主要任务是管理当前查询的检索媒体和用户反馈，包括当前屏幕所示视频镜头的关键帧，以及当前操作请求的视频片段。基于移动的图形界面是为视频检索系统所设计的，它允许用户轻松地编写与发布事件或基于时间模式的查询，以及浏览和观看检索结果集，并提供反馈。

为了提升该系统的移动和管理能力，设计了一个"虚拟客户端"的新层，将其融入服务器端应用程序，以扩展移动客户端的动态计算和存储能力。所设计的虚拟客户端表示移动视频检索系统中的移动用户状态。每个虚拟客户端定制为一个独立的访问视频检索系统的移动用户。它包含一个通信组件，该组件通过检查和收集移动设备发出的消息和命令的请求组成。这个通信组件还可以接收来自服务器的多媒体数据结果。由于要减少存储在移动设备中的数据大小，所设计的

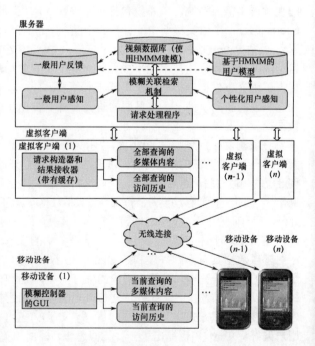

图 21.1 移动视频检索系统结构

虚拟客户端将为相应的移动用户缓存所有相关的多媒体内容和访问历史。

总而言之，所提的虚拟客户端方案，相比传统的客户-服务器模型，可以提供更好的灵活性、可扩展性和成本效益。由于用户不用担心存储限制来访问多媒体资源，移动用户的工作效率和生产

力得到了提高。

21.4　视频数据库建模

本节研究的重点是名为 HMMM 的视频数据库建模机制，用它来弥补低层视频特征和高层概念之间的语义鸿沟，表示事件模式查询的视频时间特征，并通过反馈和学习策略引入用户偏好。

21.4.1　马尔可夫模型中介

事实上，HMMM 是基于马尔可夫模型中介（MMM，Markov Model Mediator）发展起来的，这是前期工作中提出的完备数学模型[27]。MMM 表示为一个五元组 $\lambda = (S,F,A,B,\pi)$，其中 S 是一组称为状态的媒体对象，F 是特征集，A 表示媒体对象之间的关联关系，B 代表媒体对象的低层特征值，π 是被选为查询的媒体对象似然值。这里，一个媒体对象可能是一幅图像、一个显著对象、一个视频镜头等等，这取决于建模角度和数据源。此外，A 和 π 用来对用户偏好建模和弥补语义鸿沟，通过基于查询日志的关联数据挖掘过程来训练。基于关联的数据挖掘过程的基本思想是两个媒体对象 m 和 n 一起被访问的越多，他们之间的关联关系就越相关，即给定当前状态（媒体对象）状态（媒体对象）n 在 m 中（或相反）遍历选择的概率较高。有关 MMM 参数构建和训练过程的详细内容可以参见文献[27]。

21.4.2　分层马尔可夫模型中介

在我们最近的研究中，虽然 MMM 已经被成功应用于基于内容的图像检索（Content-Based Image Retrieval）[27]和 Web 文档聚类（Document Clustering）[26]，构建该模型是为了对没有时间约束的单层次媒体对象（如图像或 Web 文档）建模。因此，针对视频数据库建模，MMM 被扩展为一个多层次建模机制——HMMM[30]，该机制对各种层次的多媒体、它们的时间关系、检测到的语义概念以及高层用户感知建模。

顾名思义，HMMM 由多个分析层组成，反之可能包含一个或多个 MMMs。以一个已知视频数据库为例，可以构建这样一个三层 HMMM 模型，其中 MMMs 在顶层、中层和底层模型分别对视频簇、视频和视频镜头建模。这里，一个视频镜头作为视频数据库中的基本单元，用来描述摄像机操作开始和结束之间的连续动作。如图 21.2 所示，高层 MMM 的每个状态一一对应地链接到一个不同的低层 MMM。

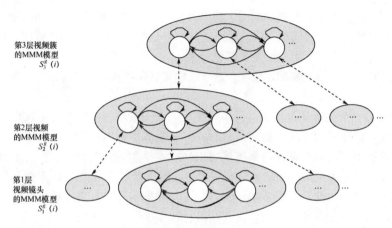

第3层视频簇
的MMM模型
$S_3^g(i)$

第2层视频
的MMM模型
$S_2^g(i)$

第1层
视频镜头
的MMM模型
$S_1^g(i)$

图 21.2　三层 HMMM 模型

定义 21.1 一个 HMMM 定义为一个八元组 $\Lambda = (d, \boldsymbol{S}, \boldsymbol{F}, \boldsymbol{A}, \boldsymbol{B}, \boldsymbol{\Pi}, \boldsymbol{O}, \boldsymbol{L})$。也可以表示为 $(d, \{\lambda_i^j\}, \boldsymbol{O}, \boldsymbol{L})$，其中：

（1）d 是 HMMM 中的层数，例如，图 21.2 中 $d=3$。

（2）$\lambda_i^j = (S_i^j, F_i^j, A_i^j, B_i^j, \pi_i^j)$ HMMM 第 i 层中第 j 个 MMM，其中 $i = 1, 2, \cdots, d$ 且 $j = 1, 2, \cdots, |\lambda_i|$，$|\lambda_i|$ 是第 i 层的 MMMs 数。因此，有 $\boldsymbol{S} = \{S_i^j\}$，$\boldsymbol{F} = \{F_i^j\}$，$\boldsymbol{A} = \{A_i^j\}$，$\boldsymbol{B} = \{B_i^j\}$，$\boldsymbol{\Pi} = \{\pi_i^j\}$。

（3）$\boldsymbol{O} = \{O_{i,i+1}\}$ 是第 i 层特征的重要性权重，描述了第 $i+1$ 个特征概念，其中 $i = 1, 2, \cdots, d-1$。

（4）$\boldsymbol{L} = \{L_{i,i+1}\}$ 是高层状态和低层状态之间的链接条件，其中 $i = 1, 2, \cdots, d-1$。

需要注意的是，虽然用 λ_i^j 作为一个通用符号表示构建的 HMMM 中的 MMM，不同层中的参数意义略有不同，这是为了反映了各媒体对象的不同性质。例如，如图 21.2 所示，S_1^j 是 HMMM 第一层中的状态，表示视频镜头，而研究中的 F_1^j 由低层或中层视觉/音频特征组成。相比之下，在第二层和第三层中的状态分别表示视频数据库中的视频集和视频簇集，而 F_2^j 包含了视频集中检测的语义事件。文献[30]中给出了关于 HMMM 的构建细节。

21.5 MoVR：移动视频检索

本章为移动视频检索系统的开发提出了 MoVR 框架。这个框架不仅支持基本事件查询，还支持一些面向时间事件模式的复杂查询，它包含了一组由一个特定时间序列跟随的重要事件。更重要的是，这个框架能够同时提供个性化推荐和广义推荐。如果用户的兴趣尚未明确形成，用户还可以指定一个模糊权重参数。该系统将做出调整，并基于模糊关联查询生成不同的检索结果。本质上，MoVR 的设计不仅是为了提供强大的检索能力，还为了向移动用户提供一个便携且灵活的解决方案。

21.5.1 MoVR 的总体框架

如图 21.3 所示，MoVR 的总体框架在服务器端分为三个主要处理阶段。

（1）阶段一是视频数据预处理。包括以下几个步骤：第一步是处理视频数据源，以检测视频镜头边界、分割视频并提取基于镜头的特征。然后应用数据清洗和事件标注算法，利用提取的镜头级特征和多模态数据挖掘方案，来检测预期的语义事件。第一阶段各部分是离线处理的，这不是本章重点。

（2）阶段二是视频数据库建模。如图上部中间框所示，设计 HMMM 机制用于对多层次视频实体、各种特征以及他们相关时间和关联关系建模。这些处理步骤也是离线执行的。这种 HMMM 数据库模型将在学习过程中利用用户反馈定期更新。

（3）阶段三包括系统检索和学习过程，这些过程实时在线执行，与虚拟客户端和移动客户端频繁交互。

一旦用户发起一个某语义事件或时间事件模式的查询请求，该信息将被发送到虚拟客户端，在这里打包后发送给服务器端进行处理。此后，对于服务器端上的初次用户或再次访问用户，这个过程中只是略有不同。对于前者，系统采用 HMMM 模型的初始设置，执行一般相似度匹配和排序过程。相反，对于再次访问用户，将利用存储在服务器端的他/她的用户模型执行检索，以达到更高级的检索功能。因此，在服务器端上开发了一种增强算法，来处理这些模糊关联视频检索和排序任务。

检索的视频片段经过排序后，发送回虚拟客户端。尽管为快速检索缓存了所有结果，但是默认情况下，只有其中一部分被实际传送到移动设备。用户可以通过他们的移动设备对查询结果发起反馈，然后将反馈发送到虚拟客户端，以组织并临时存储这些反馈。之后，为了构建和更新用户模型，这些反馈将被发送到服务器端。此外，系统还支持实时在线学习，可以仅根据当前查询的反馈生成优化结果。

事实上，服务器端应用程序的 HMMM 采用并智能集成了两个创新技术——用户模型和模糊关联，以下几节将做出介绍。

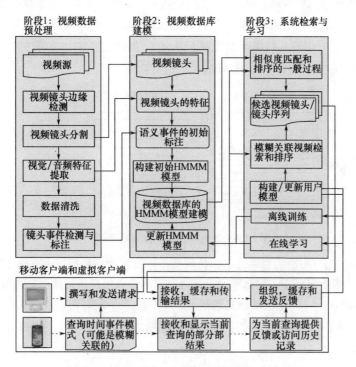

图 21.3 基于移动的视频检索系统的总体框架

21.5.2 用户反馈与用户模型

多媒体检索面临的主要挑战之一是识别和学习个性化用户兴趣。这种挑战的根本原因是用户的查询兴趣难以用示例查询或关键字准确表达。此外，不同用户对同一查询往往具有不同的想法或感觉，期望得到不同的结果和排序。例如，给定一个足球进球镜头查询，不同用户可能对不同的检索需求感兴趣：

（1）随后有一个角球。

（2）在女子足球视频中。

（3）有令人激动的呐喊声等。

本书研究中构建的 HMMM 模型，可以作为一个"一般用户模型"，表示多媒体数据的通用知识和相关语义。另一方面，还为每个移动用户构建了基于 HMMM 的"个性化用户模型"，该模型主要是通过学习个人用户查询历史和访问模式而构建的。其定义描述如下。

定义 21.2　一个基于 HMMM 的用户模型定义为一个四元组：$\Phi = \{\tau, \hat{A}, \hat{B}, \hat{O}\}$，其中：

（1）τ 表示移动用户的身份。

（2）$\hat{A}$ 是关联描述，其中包含一系列关联矩阵（Affinity Matrices），$\hat{A} = \{\hat{A}_n^g\}$，该矩阵描述了用户访问的媒体对象和所有媒体对象之间的关系，其中，$1 \leqslant n \leqslant d$ 且 $1 \leqslant g \leqslant |\lambda_n|$。

（3）$\hat{B}$ 是特征描述，表示基于特定事件和/或事件模式的正反馈的特征测量值。

（4）$\hat{O}$ 是特征权重描述由通过挖掘和评估用户访问历史获得的特征权重所组成。

21.5.2.1 关联描述

关联描述 $\hat{A}$ 的设计是为了对多媒体对象之间关联关系建模，这些对象与用户的历史查询/反馈日志有关。所提方案试图最小化用户模型占用的内存大小。如图 21.4 所示，系统通过检查查询日志和访问历史记录，来构建关联描述。以关联矩阵 A_1^j 为例，它描述了第 j 个视频的视频镜头之间的时间关联关系。系统将找到用户曾经访问的"正"视频镜头以及从初始矩阵（A_1^j）提取出的相应行。这些值随后被更新用于建立用户关联描述中的新矩阵 $\hat{A}_1^j$。类似地，在二级用户关联描述中，行表示至少有一个正视频镜头的访问视频，列包括簇中的所有视频。

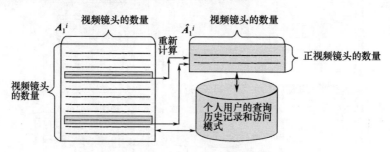

图 21.4　个人用户关联描述的产生

对于某个移动用户，他/她的查询日志和访问历史记录包括一系列历史查询以及相关的正反馈。定义矩阵 UF_n 来记录多级 HMMM 数据库中第 n 级对象的个人用户访问频率。例如，令 $UF_1(i,j)$ 表示时间序列 $\{\cdots,S_1^g(i),S_1^g(j),\cdots\}$ 的正反馈模式的数量。$UF_2(i,j)$ 表示同时访问视频 v_i 和 v_j 的正模式数量，而 $UF_3(i,j)$ 表示视频簇 CC_i 和 CC_j 交集的视频镜头的正模式数量。对于关联矩阵 $\hat{A}_n^g$，对应关联描述按下式计算和更新。

$$\hat{A}_n^g(i,j) = \frac{A_n^g(i,j) \times (1 + UF_n(i,j))}{\sum_x A_n^g(i,x) \times (1 + UF_n(i,x))} \tag{21.1}$$

式中：$1 \leqslant n \leqslant d$，$d=3$，而 $S_n^g(x)$ 表示在相同 MMM 模型中 $S_n^g(i)$ 和 $S_n^g(j)$ 的所有可能状态。此外，当 $n=1$ 时，状态 $S_1^g(i)$ 和 $S_1^g(j)$ 还需要遵循确定的时间序列，其中 $T_{S_1^g(i)} \leqslant T_{S_1^g(j)}$。

21.5.2.2 特征描述

特征描述通过修改目标特征值，构建对每个用户不同搜索兴趣的描述。如已发表论文中所述[30]，一个事件特征矩阵 B_1^j 根据标注事件计算得到。然而，标注结果未必完全正确或完备。此外，当用户查找某个特定事件时，可能具有特殊的兴趣。为了解决这些问题，提出了一个特征描述 $\hat{B}_1$。具体来说，在描述矩阵 $\hat{B}_1$ 中，行代表一个事件，列代表一个特征。令 f_j 表示第 j 个特征，其中 $1 \leqslant j \leqslant K$，且 K 是特征总数。已知 $\tilde{z}_m$ 为事件类型 e_m 的所有正镜头子集，并令 $B_1(\tilde{z}_m(i), f_j)$ 表示视频镜头 $\tilde{z}_m(i)$ 的特征值，式（21.2）定义了 $\hat{B}_1$。在事件类型 $e_m(|\tilde{z}_m| = 0)$ 没有正镜头的情况下，从构建的 HMMM 模型中事件特征矩阵 B_1^j 复制相应行。

$$\hat{B}_1(e_m, f_j) = \begin{cases} \dfrac{\sum_{i=1}^{|\tilde{z}_m|} B_1(\tilde{z}_m(i), f_j)}{|\tilde{z}_m|}, & |\tilde{z}_m| \geqslant 1, 1 \leqslant i \leqslant |\tilde{z}_m|, 1 \leqslant j \leqslant K \\ B_1^j(e_m, f_j), & |\tilde{z}_m| = 0, 1 \leqslant j \leqslant K \end{cases} \tag{21.2}$$

21.5.2.3　特征权重描述

许多文献方法使用欧氏距离、相关系数等等，根据特征值来确定两个数据项之间的相似度。然而，各种特征的有效性对表现媒体内容可能彼此差异很大，因此度量多媒体数据对象之间的相似性时，必须应用特征权重。在 HMMM 中，矩阵 $O_{1,2}$ 描述了当事件概念为 F_2 时，较低层视觉/音频特征 F_1 的重要性。令所有项的初始值相等，这表示在收集任何用户反馈和执行任何学习过程之前，所有特征被认为是同样重要的。一旦我们得到了标注事件集，将更新特征权重，如前期工作所述[30]。

本项研究主要集中在特征权重描述上，该描述根据移动用户的个人访问和反馈历史进行构建。由于用户会为他们喜爱的视频镜头提供正反馈，其基本思路是增加正视频镜头中相似特征的权重，同时减少它们中不相似特征的权重。为此，使用标准差 $\mathrm{Std}(e_m, f_j)$ 来度量包含事件 $e_m (1 \le m \le C)$ 的视频镜头特征 $f_j (1 \le j \le K)$ 的分布情况，其中 C 表示不同事件概念的数量。标准差越大，数据点越分散。因此，当事件 e_m 有多个正镜头时，$1/\mathrm{Std}(e_m, f_j)$ 值可以用来度量特征的相似度，反之则表示评估事件 e_m 的特征重要性。然而，当没有正镜头或者只有一个正镜头 $(\tilde{z}_m(i) \le 1)$ 时，这个方法并不适用，所以会从矩阵 $O_{1,2}$ 为事件 e_m 借出相应的特征权重。特征权重描述定义如下。

$$\mathrm{Std}(e_m, f_j) = \sqrt{\frac{\sum_{i=1}^{|\tilde{z}_m|}(B_1(\tilde{z}_m(i), f_j) - \hat{B}_1(e_m, f_j))^2}{|\tilde{z}_m| - 1}} \tag{21.3}$$

式中：$\tilde{z}_m > 1; 1 \le m \le C; 1 \le j \le K$。

$$\hat{O}_{1,2}(e_m, f_j) = \begin{cases} \dfrac{1/\mathrm{Std}(e_m, f_j)}{\sum_{k=1}^{K}(1/\mathrm{Std}(e_m, f_k))}, & |\tilde{z}_m| > 1, 1 \le m \le C, 1 \le j \le K \\ O_{1,2}(e_m, f_j), & |\tilde{z}_m| \le 1, 1 \le m \le C, 1 \le j \le K \end{cases} \tag{21.4}$$

21.5.3　模糊关联检索

已有研究表明模糊逻辑有能力描述和建模模糊性和不确定性，这是多媒体信息检索的特质。本书提出的框架采用了模糊逻辑建模用户检索兴趣的不确定性。具体来说，如果允许用户仅根据一般用户感知、个性化兴趣，或两者之间，对检索内容做出选择，将会导致无法平衡检索精度和处理速度。利用一个模糊权重参数 $\rho \in [0,1]$ 来度量当用户发起视频查询时，由用户造成的不确定性。如图 21.5 所示，移动设备界面上利用一个交互式进度条让用户调整 ρ。

通过选取个性化兴趣（图 21.5（b）），$\rho = 0$，系统将评价用户模型，然后根据学习到的有关用户历史访问模式的知识来检索视频片段。另一方面，如果选择广义推荐模式（图 21.5（a）），即 $\rho = 1$，系统将遵循从不同用户收集的完整查询日志中学到的一般知识。这样，最热门的视频片段将被检索到排名更高的位置。假设已经对数据库执行了视频聚类[31]，广义推荐模式通常更有效率，这是因为它通过检测相关簇得到满意的检索结果。

令 $Q = \{e_1, e_2, \cdots, e_C\}(T_{e_1} \le T_{e_2} \le \cdots \le T_{e_C})$ 是一个查询模式，而 $\overline{s_t} \in S$ 是事件 $e_t (1 \le t \le C)$ 的一个候选视频镜头，系统可以调整检索算法，并根据用户发出的模糊权重提供三种推荐，即广义推荐、个性化推荐和模糊权重推荐。下面给出详细讨论。

21.5.3.1　广义推荐

当选择广义推荐（图 21.5（a））时，构建 HMMM 模型中的矩阵将用作通用用户模型来执行随机检索过程。首先，如式（21.5）所列，采用一般特征加权 $O_{1,2}(e_t, f_y)$ 计算加权欧氏距离 $\mathrm{dis}(\overline{s_t}, e_t)$，随后用其推导出相似度（见式（21.6））。这里，$B_1'(e_t, f_y)$ 是根据学习到的通用用户共有知识，从事件 e_t 提取的特征 f_y 的平均值。

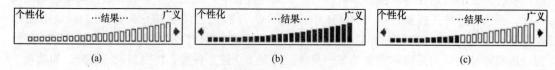

图 21.5　模糊权重调整工具

（a）广义推荐；（b）个性化推荐；（c）模糊关联推荐。

$$\mathrm{dis}(\overline{s_t}, e_t) = \sqrt{\sum_{y=1}^{K}(O_{1,2}(e_t, f_y) \times (B_1(\overline{s_t}, f_y) - B_1'(e_t, f_y))^2)} \tag{21.5}$$

式中：$\overline{s_t} \in S_1; 1 \leqslant y \leqslant K;\ 1 \leqslant t \leqslant C$。

$$\mathrm{sim}(\overline{s_t}, e_t) = \frac{1}{1 + \mathrm{dis}(\overline{s_t}, e_t)} \tag{21.6}$$

式中：$\overline{s_t} \in S_1; 1 \leqslant t \leqslant C$。

接下来，基于式（21.7）和式（21.8）计算边缘权重。当 $t = 0$ 时，使用初始状态的概率以及状态 $\overline{s_1}$ 和事件 e_1 之间的相似性度量计算初始边缘权重。需要注意的是，该系统试图评估访问下一个可能视频镜头状态的最优化路径，该镜头与未来预期事件相似。因此，采用关联关系以及候选镜头 $\overline{s_{t+1}}$ 与事件概念 e_{t+1} 之间的相似性计算从状态 $\overline{s_t}$ 到 $\overline{s_{t+1}}$ $(1 \leqslant t \leqslant C)$ 的边缘权重。

$$w_1(\overline{s_1}, e_1) = \prod{}_1(\overline{s_1}) \times \mathrm{sim}(\overline{s_1}, e_1) \tag{21.7}$$

$$w_{t+1}(\overline{s_{t+1}}, e_{t+1}) = w_t(\overline{s_t}, e_t) \times A_1(\overline{s_t}, \overline{s_{t+1}}) \times \mathrm{sim}(\overline{s_{t+1}}, e_{t+1}), 1 \leqslant t < C \tag{21.8}$$

在一轮遍历后，系统检索与期望事件模式 Q 匹配的一个视频镜头序列 R_k，下一步将计算相似性值。这里，$SS(Q, R_k)$ 是所有的边缘权重的累加，其中相似性值越大表示匹配越接近。

$$SS(Q, R_k) = \sum_{t=1}^{C} w_t(\overline{s_t}, e_t) \tag{21.9}$$

21.5.3.2　个性化推荐

如果用户选取个性化推荐（图 21.5（a）），除了所用矩阵主要来自基于 HMMM 用户模型，总体处理步骤是相似的。

$$\hat{\mathrm{dis}}(\overline{s_t},\ e_t) = \sqrt{\sum_{y=1}^{K}(\hat{O}_{1,2}(e_t, f_y) \times (B_1(\overline{s_t}, f_y) - \hat{B}_1(e_t, f_y))^2)} \tag{21.10}$$

$$\hat{\mathrm{sim}}(\overline{s_t}, e_t) = \frac{1}{1 + \hat{\mathrm{dis}}(\overline{s_t}, e_t)} \tag{21.11}$$

式中：$\overline{s_t} \in S_1; 1 \leqslant t \leqslant C$。

当计算边缘权重 $\hat{w}_{t+1}(\overline{s_{t+1}}, e_{t+1})$ 时，可能有两个条件。如果用户访问的候选视频镜头已经标记为"正"（$\overline{s_{t+1}} \in R_k$），该用户的关联描述应该包括这个视频镜头，因此，公式从该用户的个人关联描述（$\hat{A}_1$）中得到关联系数。否则，如果用户模型没有记录该视频镜头（$\overline{s_{t+1}} \notin R_k$），系统将从构建 HMMM 的关联矩阵（$A_1$）中选取值。

$$\hat{w}_1(\overline{s_1}, e_1) = \prod{}_1(\overline{s_1}) \times \hat{\mathrm{sim}}(\overline{s_1}, e_1) \tag{21.12}$$

$$\widehat{w_{t+1}}(\overline{s_{t+1}},e_{t+1}) = \begin{cases} \widehat{w_t}(\overline{s_t},e_t) \times \widehat{A_1}(\overline{s_t},\overline{s_{t+1}}) \times \widehat{\mathrm{sim}}(\overline{s_{t+1}},e_{t+1}), \\ 1 \leqslant t < C, \overline{s_{t+1}} \in R_k \\ \widehat{w_t}(\overline{s_t},e_t) \times A_1(\overline{s_t},\overline{s_{t+1}}) \times \widehat{\mathrm{sim}}(\overline{s_{t+1}},e_{t+1}), \\ 1 \leqslant t < C, \overline{s_{t+1}} \notin R_k \end{cases} \tag{21.13}$$

$$\widehat{SS}(Q,R_k) = \sum_{t=1}^{C} \hat{w}_t(\overline{s_t},e_t) \tag{21.14}$$

21.5.3.3 模糊关联推荐

或者，如果用户由于不确定而选择了一个模糊权重参数 $\rho \in (0,1)$ 来描述他/她的兴趣（图 21.5 (c)），系统将调整边缘权重，相应地，最优化路径和相似性值也会根据下式发生改变。

$$\tilde{w}_t(\overline{s_t},e_t) = \rho \times w_t(\overline{s_t},e_t) + (1-\rho) \times \hat{w}_t(\overline{s_t},e_t) \tag{21.15}$$

式中：$1 \leqslant t \leqslant C$。

$$\widetilde{SS}(Q,R_k) = \sum_{t=1}^{C} \tilde{w}_t(\overline{s_t},e_t) \tag{21.16}$$

得到候选视频镜头序列之后，它们将根据它们的相似性值排序并返回客户端。

21.6 实施与实验

根据所提的 MoVR 框架，开发了一个基于移动的足球视频检索系统，该系统由以下部分组成。

（1）在服务器端使用 PostgreSQL[23]建立和维护一个足球视频数据库。该数据库中存储和管理了共 45 个足球视频，有 8977 个分割的视频镜头和相应的关键帧。

（2）服务器端引擎用 C++实现。该模块不仅包含搜索和排序算法，还包含一系列其他的计算密集型技术，如视频镜头分割、HMMM 数据库建模、用户模型的生成和更新等。

（3）虚拟客户端应用程序使用 Java J2SE[14]实现。它作为服务器引擎和移动客户端的中间件工作，其中数据通信主要是用 UDP 和 TCP 实现。

（4）移动设备上的用户界面是用 Sun Java J2ME[13]Wireless Toolkit[15] 开发的。尽量让它便携、灵活、用户友好、具有简单而有效的功能。用户可以轻易地发出事件/模式查询、找到关键帧、播放感兴趣的视频片段以及提供反馈。

图 21.6 和图 21.7 示出了 MoVR 足球视频检索系统的用户查询界面。

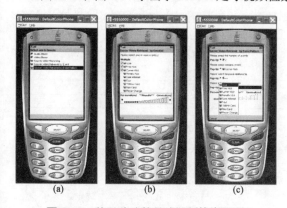

图 21.6 基于移动的足球视频检索界面

（a）初始选择；（b）事件检索；（c）模式检索。

图 21.7 基于移动的足球视频检索结果

（a）视频浏览结果；（b）视频检索结果；（c）视频播放器。

（1）在图 21.6（a）中，显示了初始选项，其中包括"Soccer Video Browsing"（足球视频浏览）、"Soccer Video Retrieval by Event"（通过事件检索足球视频）和"Soccer Video Retrieval by Event Pattern"（通过事件模式检索足球视频）等。用户可以使用上部中间按钮执行向上/向下移动来选择目标菜单，然后按下左上角的按钮来启动选定的应用程序。

（2）图 21.6（b）显示了单事件查询的查询界面。它允许用户不受时间限制选择一个或多个事件。例如，在图中，用户选择"Goal"（进球）、"Free Kick"（任意球）和"Corner Kick"（角球），表示对具有这三个事件中任何一个事件的视频片段用户都有兴趣。在事件列表中，有一个进度控制（Gauge Control）允许用户更改两个极值（个性化推荐和广义推荐）之间的模糊权重参数。左上角的按钮可以用来退出这个部分，返回到主菜单，而右上角的按钮可以用来发出查询。

（3）图 21.6（c）是时间事件模式检索的界面。用户可以使用弹出式列表选择事件编号来定义查询模式的大小。然后允许逐个选择事件，以及两个相邻事件之间的时间关系。以该图为例，用户首先设置事件编号为 2，然后选择模式为"Corner Kick<=Goal"角球<=进球，表示用户想要搜索"Corner Kick"后跟一个"Goal"的视频片段。这两个事件可能也发生在同一个视频镜头中（当时间关系设置为"="时），这可以称作一个"角球进球"。

（4）返回关键帧如图 2.7（a）和（b）所示。由于屏幕显示尺寸的限制，第一个屏幕只显示六个关键帧，其中每个关键帧表示每一个返回视频片段的第一帧。用户可以选择他们感兴趣的关键帧，然后触发"播放"按钮来显示相应的视频片段，这可能包括一个（用于事件查询）或多个视频镜头（用于事件模式查询）。注意，图 21.7（a）的视频浏览结果显示了一个视频中连续视频镜头的关键帧。图 21.7（b）示出了一个以角球视频镜头为目标的事件查询结果。这些从不同的足球视频中检索到的视频镜头，将根据它们的相似性值从左到右从上到下排序。

（5）视频播放界面如图 21.7（c）所示。它包含一个叫做"Positive Feedback"（正反馈）的按钮，如果用户满意当前视频片段，可以选择该按钮并返回一个正反馈。该界面也提供了"Snapshot"（快照）功能，能让用户从视频中捕捉视频帧。

在我们的实验中，总共使用了 300 个历史查询用于构建 HMMM 模型，其中系统从一般用户学习通用知识。如图 21.8 所示，对 10 组不同查询进行了测试，包括三个单事件查询、五个双事件模式查询和两个三事件模式查询。例如，查询 9 "Coner Kick<=Goal<Free Kick"是指一个角球，其次是一个进球，然后是一个任意球的模式，其中角球和进球可能发生在同一个视频镜头中。对这 10 个查询中的每一个，执行三套测试，它们分别代表不同的用户兴趣。在这些测试中，用户模型根据 30 个历史查询来构建，以测试所有三个可能推荐方法。前两个屏幕（每六个结果）显示排名前十二的视频片段被检测，这称作"Scope"（范围）。因此，"Accuracy"（精度）在这里被定义为在这个范

ID	查询	广义推荐	模糊权重推荐	个性化推荐
1	Goal	30.6%	38.9%	61.1%
2	Free Kick	19.4%	50.0%	58.3%
3	Corner Kick	27.8%	58.3%	72.2%
4	Goal<Goal	36.1%	55.6%	86.1%
5	Free Kick<=Goal	36.1%	50.0%	66.7%
6	Corner Kick<=Goal	33.3%	47.2%	72.2%
7	Free Kick <Corner Kick	25.0%	36.1%	52.8%
8	Corner Kick <Free Kick	36.1%	44.4%	52.8%
9	Corner Kick <=Goal < Free Kick	16.7%	38.9%	63.9%
10	Free Kick <= Goal < Goal	25.0%	36.1%	55.6%

图 21.8 不同推荐的平均精度

围内用户满意视频片段数量的百分比。最后，根据这些测试计算平均精度。图 21.9 说明了这三种推荐平均精度值的比较。从这个图中可以看到，基于"广义"推荐的结果平均精度最低；"个性化"推荐提供了最好的结果；而"模糊权重"推荐性能介于两者之间。总的来说，个性化推荐通过使用基于 HMMM 的框架学习个人用户喜好取得了更好的结果。同时，虽然广义推荐可能无法完全满足个人用户，但它表示从一般用户处学习的通用知识，并且只需要较短的处理时间。采用模糊权重推荐，可以为用户的视频检索提供更多的灵活性。

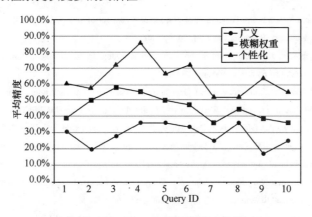

图 21.9 不同推荐的实验比较

21.7 总 结

随着移动设备和多媒体数据源的膨胀型增长，有效的移动多媒体服务是十分必要的。然而，受到显示大小、电源、存储空间以及处理速度的特有约束，移动设备上的多媒体应用程序面临很大挑战。在本章中，提出了 MoVR——一个移动无线环境中的用户自适应视频检索框架，为适应移动设备的各种限制，开发和部署了一套先进技术来解决这些基本问题，如低层视频特征和高层概念之间的语义鸿沟、视频事件的时间特征、个人用户偏好等。

具体来说，提出 HMMM 方案建模了各层次媒体对象、它们的时间关系、语义概念、和高层用户感知。定义了基于 HMMM 的用户模型，无缝集成了一种新的学习机制，通过评估他/她个人历史和反馈达到个人用户的"个性化推荐"。此外，在检索过程中采用模糊关联概念，使用户可以拥有选择偏好的控制权，从而使检索性能和处理速度达到合理权衡。更进一步，为了提高处理性能并增强客户端应用程序的可移植性，服务器端支持存储消耗信息和计算密集型操作，而移动客户端只需要保留执行检索过程所需的最小数据。虚拟客户端的设计是服务器应用程序和移动客户端之间的中间件。这种设计有助于减少移动设备的存储负载，并为它们的缓存媒体文件提供更多的可访问性。最后，开发了一个基于移动的足球视频检索系统，并验证了所提框架的有效性。

致 谢

Shu-Ching Chen，这项研究部分是由 NSF（美国国家科学基金会）EIA-0220562、HRD-0317692 和由国家海洋和大气管理局赞助的佛罗里达飓风联盟研究计划支持的。Mei-Ling Shyu，这项研究部分由 NSF ITR (Medium) IIS-0325260 支持。Min Chen 和 Na Zhao，这项研究部分是由美国佛罗里达国际大学论文年度奖学金支持的。

参 考 文 献

1. I. Ahmad, S. Kiranyaz, F. A. Cheikh, and M. Gabouj, Audio-based queries for video retrieval over Java enabled mobile devices. In Proceedings of SPIE (Multimedia on Mobile Devices II), Electronic Imaging Symposium 2006, San Jose, California, USA, 2006, pp. 83–93.

2. N. Babaguchi, Y. Kawai, and Y. Kitahashi, Generation of personalized abstract of sports video, In Proceedings of IEEE International Conference on Multimedia and Expo, Tokyo, Japan, 2001, pp. 800–803.

3. L. Chen and K. Sycara, WebMate: a personal agent for browsing and searching. In Proceedings of the 2nd International Conference on Autonomous Agents and Multi-Agent Systems, 1998, pp. 132–139.

4. S.-C. Chen, M.-L. Shyu, C. Zhang, L. Luo, and M. Chen, Detection of soccer goal shots using joint multimedia features and classification rules, In Proceedings of the Fourth International Workshop on Multimedia Data Mining (MDM/KDD), in Conjunction with the ACM International Conference on Knowledge Discovery & Data Mining (SIGKDD), Washington, DC, USA, 2003, pp. 36–44.

5. S.-C. Chen, M.-L. Shyu, M. Chen, and C. Zhang, A decision tree-based multimodal data mining framework for soccer goal detection. In Proceedings of the IEEE International Conference on Multimedia and Expo, Taipei, Taiwan, R.O.C., 2004, pp. 265–268.

6. L. Coyle and P. Cunningham, Improving recommendation ranking by learning personal feature weights. In Proceedings of the 7th European Conference on Case-Based Reasoning, Madrid, Spain, 2004, pp. 560–572.

7. M. Davis and R. Sarvas, Mobile media metadata for mobile imaging. In Proceedings of the IEEE International Conference on Multimedia and Expo, Taipei, Taiwan, R.O.C., 2004, pp. 1707–1710.

8. D. Dubois, H. Prade, and F. Sedes, Fuzzy logic techniques in multimedia database querying: a preliminary investigation of the potentials. IEEE Trans. Knowledge Data Eng., 13(3):383–392, 2001.

9. A. D. Doulamis, Y. S. Avrithis, N. D. Doulamis, and S. D. Kollias, Interactive content-based retrieval in video databases using fuzzy classification and relevance feedback. In Proceedings IEEE Multimedia Computing and Systems (ICMCS), Florence, Italy, 1999, pp. 954–958.

10. D. Gibbon, L. Begeja, Z. Liu, B. Renger, and B. Shahraray, Multimedia processing for enhanced information delivery on mobile devices. In Proceedings of theWorkshop on Emerging Applications for Wireless and Mobile Access, New York, USA, 2004.

11. Y. Gong and X. Liu, Summarizing video by minimizing visual content redundancies. In Proceedings IEEE International Conference on Multimedia and Expo, Tokyo, Japan, 2001, pp. 788–791.

12. J. Hu, J. Zhong, and A. Bagga, Combined-media video tracking for summarization. In Proceedings of ACM Multimedia, Ottawa, Canada, 2001, pp. 502–505.

13. Java 2 Platform, Micro Edition (J2ME). http://java.sun.com/javame/.

14. Java 2 Platform, Standard Edition (J2SE). http://java.sun.com/javase/.

15. Sun Java Wireless Toolkit. http://java.sun.com/products/sjwtoolkit/.

16. R. I. John and G. J. Mooney, Fuzzy user modeling for information retrieval on the World Wide Web. Knowledge Inform. Syst., 3(1):81–95, 2001.

17. S. Jokela, M. Turpeinen, and R. Sulonen, Ontology development for flexible content. In Proceedings of the 33rd Hawaii International Conference on System Sciences, 2000, pp. 160–169.

18. B.-Y. Kang, D.-W. Kim, and Q. Li, Fuzzy ranking model based on user preference. IEICE Trans. Inform. Syst., E89–D(6):1971–1974, 2006.

19. J. Lahti, M. Palola, J. Korva, U. Westermann, K. Pentikousis, and P. Pietarila, A mobile phone-based context-aware video management application. In Proceedings of SPIE-IS&T Electronic Imaging (Multimedia on Mobile Devices II), San Jose, California, USA, Vol. 6074, 2006, pp. 83–194.

20. J. Lahti, K. Pentikousis, and M. Palola, MobiCon: mobile video recording with integrated annotations and DRM. In Proceedings of IEEE Consumer Communications and Networking Conference (IEEE CCNC), Las Vegas, Nevada, USA, 2006, pp. 233–237.

21. Q. Li, J. Yang, and Y. T. Zhuang, Web-based multimedia retrieval: balancing out between common knowledge and personalized views. In

Proceedings of 2 International Conference on Web Information System and Engineering, 2001, pp. 100–109.

22. M. J. Martin-Bautista, D. H. Kraft, M. A. Vila, J. Chen, and J. Cruz, User profiles and fuzzy logic for Web retrieval issues. Special Issue J. Soft Comput., 6:365–372, 2002.

23. PostgreSQL, an open source object-relational database. http://www.postgresql.org/.

24. Y. Rui, T. S., Huang, M. Ortega, and S. Mehrotra, Relevance feedback: a power tool for interactive content-based image retrieval. IEEE Trans. Circuits Syst. Video Technol. Special Issue Segment. Descript. Retriev. Video Content, 8:644–655, 1998.

25. A. Sachinopoulou, S.-M. M 銇 el?, S. J 鋌 vinen, U. Westermann1, J. Peltola, and P. Pietarila, Personal video retrieval and browsing for mobile users. In Proceedings of SPIE—Multimedia on Mobile Devices, San Jose, California, USA, 2005, pp. 219–230.

26. M.-L. Shyu, S.-C. Chen, M. Chen, and S. H. Rubin, Affinity-based similarity measure forWeb document clustering. In Proceedings of the 2004 IEEE International Conference on Information Reuse and Integration (IRI), Las Vegas, Nevada, USA, 2004, pp. 247–252.

27. M.-L. Shyu, S.-C. Chen, M. Chen, and C. Zhang, A unified framework for image database clustering and content-based retrieval. In Proceedings of the Second ACM InternationalWorkshop on Multimedia Databases (ACM MMDB), Arlington, VA, USA, 2004, pp. 19–27.

28. B. L. Tseng, C. Lin, and J. Smith, Video summarization and personalization for pervasive mobile devices. In Proceedings of the IS&T/SPIE Symposium on Electronic Imaging: Science and Technology— Storage & Retrieval for Image and Video Databases, SPIE Vol. 4676, 2002, pp. 359–370.

29. Virage. http://www.virage.com.

30. N. Zhao, S.-C. Chen, and M.-L. Shyu, Video database modeling and temporal pattern retrieval using hierarchical Markov model mediator. In Proceedings of the First IEEE International Workshop on Multimedia Databases and Data Management (IEEE-MDDM), in Conjunction with the 22nd IEEE International Conference on Data Engineering (ICDE), Atlanta, GA, USA, 2006.

31. N. Zhao, S.-C. Chen, and M.-L. Shyu, An integrated and interactive video retrieval framework with hierarchical learning models and semantic clustering strategy. In Proceedings of IEEE International Conference on Information Reuse and Integration (IEEE IRI), Hawaii, USA, 2006, pp. 438–443.

第22章 一个基于位置服务环境中具备 i–Throw 设备的普适时尚计算机

22.1 引　言

近年来，由于计算和通信技术的快速发展，可穿戴计算和普适计算系统环境得以实现。可穿戴计算系统的广义定义为"在衣服或附件部分非强制性嵌入的移动电子设备"[2]。不像传统移动设备，它总是在用户不注意的情况下活动和运行，即在普适环境支持下向用户提供服务。在普适环境中，使用可穿戴计算机，可以在最小约束下随时随地获取想要的信息。

目前，新型可穿戴计算机的设计，问题主要集中在用户提出了大量不方便携带的设备[3-6]。可穿戴计算机设计成功与否主要取决于良好的耐穿性、实用性、外形美观以及社会认可度。此外，探索普适计算环境不应只考虑这些不舒适的携带问题。新兴的可穿戴普适计算机应该具有多种通信接口，如 WLAN、蓝牙和 ZigBee 等通信方式，以支持多种普适网络环境。

当各种通信接口被集成在一个整合式设备使用时，这些异构的通信接口可能会相互干扰，这是因为他们通常都在 2.4GHz ISM 频段上工作。因此，可穿戴计算机可能由于这些干扰问题而无法正常工作。要解决这些问题，需要采取适当的策略设计共存和互操作算法。

此外，一个友好的用户接口应该考虑当用户访问和使用系统资源时，尽量减少用户的不便。而不舒适的接口意味着用户要佩戴键盘和鼠标这些繁琐的输入或输出设备，经过培训才能获悉其功能。因此，针对可穿戴计算开发一个舒适的、用户友好的输入设备是十分必要的。一个新的用户接口能通过识别人友好的姿态、活动或感觉，做到简单、容易和直观。直观接口可以描述为，在普适环境下采用了一种所有人都容易接受和识别的人类友好姿态，来控制设备的机制。人的声音、眼睛和手势都可以作为实现可穿戴计算机用户接口输入的有效方式。

本章，提出了一种具有耐穿、美观和直观的可穿戴计算系统的设计方法和思想。主要特点如下：在任一普适系统环境下，它支持在 WLAN、蓝牙、ZigBee 设备之间的各种通信接口共存和互操作，这些设备能够被自由地操作。这可用在同一 ISM 频段工作的通信设备之间的动态信道分配机制来实现。此外，开发和集成了多个新的用户接口，可以帮助用户直观使用可穿戴计算机系统。在这些可用的用户接口中，本章主要介绍称为 i-Throw 的设备，其意思是直观输入设备。这个输入设备可以识别用户手势和方向，允许用户用手势控制普适设备。我们的可穿戴计算机被命名为普适时尚计算机（UFC，Ubiquitous Fashionable Computer），取这个名字的原因是我们特别强调其在普适环境下的耐穿性、外观设计以及紧密交互。在具有多种网络接口、传感器节点和普适组件的实际测试平台环境下，实现了 UFC 系统并进行了测试，同时也实施和提出了该系统的各种应用。

本章是以前发表的一篇论文[1]的扩展版本，补充了自适应角度分配的解释，并详细描述了一系列交互操作。

22.2　普适时尚计算机

一种新的便携式计算机物理形式——可穿戴计算系统形式出现了[10]。可穿戴计算系统（Wearable Computing System）从广义上定义为：在衣服或附件部分非强制性嵌入的移动电子设备[2]。不像传统移动设备，它总是在用户不注意的情况下活动和运行，即在普适环境支持下向用户提供服务。在普适环境中，使用可穿戴计算机，可以在最小约束下随时随地获取想要的信息。

22.2.1　UFC 设计思想

可穿戴计算机设计的新型范例主要针对的问题是用户不得不使用大量不方便携带的设备。可穿戴计算机平台应该具有重量轻、易携带、易使用，并兼具外形美观和社会认可度。我们选择从零开始设计和实现可穿戴平台，并将其视作一个主要的用户设备。基于上述需求，给出了可穿戴计算系统的设计思想如下：

（1）耐穿性和实用性：相比便携式计算机（Laptop PC）或手持设备（handheld device），我们的可穿戴平台允许用户用一种舒适和自然的方式携带计算设备，这是因为衣服已经成为日常生活中必不可少的部分。借助衣服表面积大的特点，I/O 接口不必搁置在小型计算设备内。此外，可穿戴平台通过在同一个衣服接口上集成附着在身体上的传感器和计算设备，可以很轻易地测量和收集像体温和心率等的生物信号数据。

（2）美学外观和社会认可度：试图仿照最新的人体风暴原型，来寻找满足这种需求的解决方案。选取了年轻大学生作为目标用户，通过分析他们的日常活动和时尚潮流来规划设计理念。此外，还尽最大努力让 UFC 平台的每个部分看起来像熟悉的时尚组件，例如：一个可连接/可拆卸的模块类似一个衣服纽扣，i-Throw 设备好像一个圆环，PANDA 可以当作一个项链。

22.2.2　UFC 平台

UFC 平台实现如图 22.1 所示。我们的 UFC 包括了几个模块部分：主模块有 CPU 和内存，带有各种通信接口的通信模块以及 I/O 接口的用户接口模块。考虑到 UFC 模块的重量和美学设计，将它们分布在衣服上。此外，每个 UFC 模块可以很容易地在衣服上连接和拆卸，允许用户构建个人自主的 UFC 平台。由于采用标准 USB 协议执行主模块和各种 UFC 模块的通信，USB 设备的热插拔（hotswap）能力，使得每个 UFC 模块可以在系统运行时连接和拆卸。表 22.1 给出了 UFC 平台的主要技术说明。在主模块中，UFC 系统的核心是一个基于 ARM 的 Intel XScale 处理器：PXA270。这个处理器的主要特点是时钟缩放和可达 624MHz 的动态电压调节。正因为这一点，可穿戴计算机的电源管理能够延长系统的使用寿命。UFC 的主内存是 256MB，这对于移动设备已经是相当大的容量了。但是，即使具有这个容量

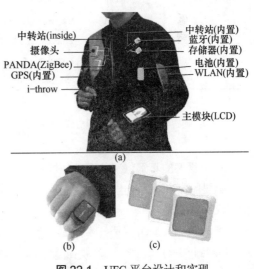

图 22.1　UFC 平台设计和实现

(a) UFC 平台；(b) i-Throw；(c) UFC 模块。

量，可支持的设备范围也仅限于音频和视频传输，以及基于中间件服务的 Java 虚拟机。下面将给出可穿戴计算系统的主要特点。

（1）新型用户接口：开发和集成了一个新型用户接口，可以帮助用户直观使用可穿戴计算机系

统。在这些可用的用户接口中，本章主要介绍命名的 i-Throw，其意思是直观输入设备。这个输入设备可以识别用户手势和方向，允许用户用手势控制普适设备。我们的可穿戴计算机被命名为普适时尚计算机，这个名字源于特别强调其在普适环境下的耐穿性、外观设计以及紧密交互。在具有多种网络接口、传感器节点和普适组件的实际测试平台环境下，实现和测试了 UFC 系统，并且实施和提出了该系统的各种应用。

（2）多模态通信：在任一普适系统环境下，它支持在 WLAN、蓝牙、ZigBee 设备之间的各种通信接口共存和互操作，这些设备能够自由地被操作。这可以在同一 ISM 频段工作的通信设备之间采用动态信道分配机制来完成。

（3）系统软件：UFC 运行的操作系统是 2.6 内核的 GNU/嵌入式 Linux 2.6 系统。具有 ARM 处理器的 Linux 2.6 比更低版本的实时嵌入式系统表现出更多的灵活性能。UFC 采用高效中间件平台实现，可以提供具有较低开销和能量的各种有用服务。中间件接口则可以通过调用 Java 本机接口（JNI，Java Native Interface）的标准 Java 环境来执行[16]。中间件包含的有用功能有上下文管理、服务发现和本地文件共享。

表 22.1 UFC 平台技术说明

模　块		参　数
主模块	CPU	XScale PXA270 624 MHz
	Memory	Mobile SDRAM 256 MB
	I/O 接口	RS232, USB 1.1/2.0, Mini-PCI and PCMCIA
通信模块	WLAN	IEEE 802.11 a/b/g
	蓝牙	IEEE 802.15.1
	ZigBee	IEEE 802.15.4
用户接口模块	i-Throw	Intuitive Input Device using hand motion（使用手运动的直观输入设备）
	音频 In/Out	Microphone for Voice Command / Earphone （声音指令的麦克风/耳机）
	视频 In/Out	Camera / VGA with HMD, 2.5" LCD
软件部分	操作系统	Embedded Linux 2.6.9
	VM	Java Native Interface
	中间件	OSGI Specification

22.3 基于位置的服务环境

由于我们的基于位置的服务环境针对的是校园环境，建立一个智能测试平台来运行各种服务是十分必要的。图 22.2 示出了我们的测试平台结构，该目标测试平台的三个重要组件是通信基础设施、位置跟踪基础设施和一个中间件。

通信基础设施为普适计算奠定了基础。采用两个知名标准：IEEE 802.11(WLAN)[24]和 IEEE–802.15.4(ZigBee)[25]，来支持随时随地的无线通信服务。用全网方式安装了足够多的 ZigBee 传感器节点和 WLAN 接入点。在此环境中，可以通过低速数据传输的多跳传感器节点和高速数据传输的 WLAN 进行通信。

位置跟踪基础设施是基于位置服务的必要部分。这里，ZigBee 传感器节点也用于位置跟踪。每个节点使用 2.4GHz 频段，作为一个物理通道，周期性地广播信标信号。移动用户从 ZigBee 通信接口接收信标信号。当用户从多个传感器节点接收到多个信标时，收到信标的用户可以通过计算每个传感器节点的接收信号强度指示器（RSSI，Received Signal Strength Indicator）的值，来识别他的位置[15]。

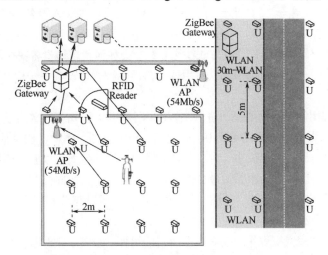

图 22.2　测试平台结构

　　然而，在测量过程中，发现用这种机制的位置感知解析度对我们的目标应用是不够的。因此，采用了一种基于 UWB 的位置跟踪设备[26]，其精度通常是 6in（15cm）。由于这种方法成本较高，只在测试平台的两个房间中安装了基于 UWB 的位置跟踪设备。

　　在此平台中，假设一种有成千上万的用户来回移动、彼此交互的场景或者一种基于位置的服务环境，仅对授权用户共享信息，允许他们出于不同目的来访问各种设备以及运行各种基于位置的应用程序。在这种情况下，一个可扩展的中间件框架有必要跟上高度的可变动态环境。为此，开发了一个中间件，名字叫 μ-ware[22]。μ-ware 由轻量级的服务发现协议、分布式信息共享功能、上下文管理器和实例服务加载程序组成。所有这些组成部分对于管理动态数据以及利用各种普适资源开发新的应用程序是非常有用的。

22.4　应用实例：普适环境下采用 i-Throw 的用户友好交互

　　为了解释我们的 UFC 平台和普适环境下用户友好交互的实际使用，实现了一个普适测试平台，在该平台下，多个 UFC 用户与各种普适设备或其他 UFC 用户交互。图 22.3 解释了普适测试平台室的概念。此外，实现了一个运行在 UFC 平台和普适设备上的实际应用程序，该应用程序使得很容易地交换各种对象以及控制普适设备成为可能。

22.4.1　动机

　　大多数便携式设备，包括我们的 UFC 平台，由于外型小巧，它们仅仅具有小尺寸的显示器和有限的输入设备。UFC 平台的显示器大小是 2.5in，输入按钮有 12 个，这些条件对监测 UFC 主模块和

图 22.3　普适测试平台室的概念

各种外设模块的状态、控制模块以及给 UFC 平台发送用户意图，是绝对不够的。

当某个 UFC 用户使用 UFC 平台试图控制各种普适设备时，这个问题更加凸显出来：随着可控制普适设备数量的增加，由于 UFC 平台的小型显示器以及有限的输入设备，在众多设备中找到一个设备并同它交换信息变得十分困难。因此，高效利用小型显示器以及输入按钮的各种命令的智能映射可以部分解决这个问题。然而，这种方法往往导致学会如何使用该设备变得困难，这降低了 UFC 平台的可用性。最近的一个研讨会强调，可用性是充斥各种普适设备下一代"智能"（Smart）家居的主要挑战之一[19]。

试图通过充分利用测试室内的空间资源来解决这个问题：已知各种普适设备分布在测试室的空间内，UFC 用户可以用一个空间运动或手势来表示自己的意图。例如，假设某个 UFC 用户想拍一张照片，并且打算把拍摄的照片放在一台公共显示器上，让其他人可以看到他拍的照片。从用户的角度来看，在该环境下反映个人意图的最自然方式是用他的手指指向公共显示器，然后把照片投到公共显示器上。如果支持这种用户友好的空间手势接口，通过充分利用丰富的空间资源可以克服 UFC 平台的 I/O 资源限制。

为了解释普适测试室内实现用户友好交互所需的组件，设置了下列场景：有 2 个 UFC 用户，"User 1"和"User 2"。"User 1"负责拍照、"User 2"打算从"User 1"处下载照片观看。图 22.4 显示了实现这个场景所需的一组交互操作。图中，每个操作用数字标记，每一个数字对应的每一个操作详述如下：

（1）每个 UFC 用户位置由位置跟踪设备（Location Tracking Device）识别。使用典型精度为 6in（15cm）的 UWB 位置跟踪设备[26]。每个 UFC 用户有一个 UWB 标记，以便 UWB 位置跟踪设备可以获取标记传输的信号，并估计标记位置。

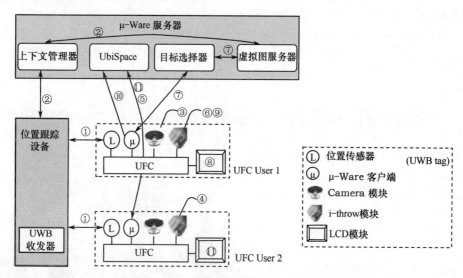

图 22.4　一组交互操作（例子）

（2）位置跟踪设备估计的 UFC 用户位置信息被发送到 μ-ware 服务器的上下文管理器。根据上下文管理器获得的位置信息，μ-ware 的虚拟图服务器更新普适测试室的虚拟图。

（3）"User 1"使用 UFC 平台上照相机模块拍照。照片将显示在 LCD 屏上。

（4）"User 2"打算接收"User 1"拍摄的照片。为此，"User 2 "做出"ready-to-receive"（准备接收）手势来表达接收其他用户对象的意图。

314

（5）在识别出"ready-to-receive"手势后，"user 2"的 μ-ware 发送"subscription"（订阅）消息给 μ-ware 服务器的 UbiSpace，以建立一个用户可以接收其他后续对象的数据通道。

（6）"User 1"打算给"User 2"发送照片。为了表达出其意图，"User 1"手指向"User 2"。

（7）在识别出"pointing"（指向）手势后，"user 1"的 μ-ware 给 μ-ware 服务器的目标选择器（target selector）发送一条查询命令，以辨别出用户所指的设备。目标选择器连同虚拟图服务器，根据目标选择机制选取一个合适的目标设备。在这种情况下，"User 2"被选取为目标设备。所选目标设备的信息最终被发送给"User 1"。

（8）在收到信息后，该信息将以文字或图形反馈形式显示在"user 1"的 LCD 屏幕上，以便用户可以辨别出当前选取的目标设备。

（9）在辨别出选取设备是"User 2"之后，"User 1"向"User 2"做出投出（throwing）手势，表示发送最近生成对象的意图，即"User 1"刚刚拍摄的照片。

（10）在识别出"throwing"手势后，"User 1"的 μ-ware 把刚刚拍摄的照片发布到 μ-ware 服务器的 UbiSpace 上，因此订阅者"User 2"可以下载这张照片。

（11）最后，订阅者"User 2"通过 μ-ware 服务器的 UbiSpace 下载这张照片。该照片将自动显示在 LCD 屏幕上。

总之，对于支持这一手势接口的 UFC 平台，需要下列组件。

（1）手势识别设备识别 UFC 用户指向的目标设备，与手势诸如"throwing"和"receiving"。

（2）位置跟踪设备跟踪 UFC 用户位置。这是必须的，因为找到 UFC 用户所指的目标设备取决于 UFC 用户的绝对位置。利用了典型精度是 6in（15cm）的 UWB 位置跟踪设备。

（3）位置服务器收集和管理 UFC 用户和普适设备的位置信息。当一个 UFC 用户指向一个特定设备时，识别出的手势信息被发送到位置服务器，最后它判定目标设备是哪一个。

（4）服务发现平台：对一个和某个普适设备交换信息的 UFC 平台而言，UFC 平台应该可以获得使其可能进行通信的接口。该接口包括 IP 地址、端口号和设备的一些属性。一直与中间件团队一起工作，他们开发了普适服务发现（USD，Ubiquitous Service Discovery）协议作为 KAIST 普适服务平台（KUSP，KAIST Ubiquitous Service Platform）的一部分[22]。USD 协议最初基于 UPnP[23]，这是一个广泛使用的服务发现，该协议被简化以避免解析 XML 的开销。在本次研究中，USD 协议和 KUSP 被用作一个服务发现平台。

（5）运行在 UFC 平台上的应用程序（Application that runs upon a UFC platform）根据手势、目标设备和历史操作推断出 UFC 用户意图，然后执行对应操作。

在这些必备组件中，本章重点讨论手势识别设备以及运行在 UFC 平台上的应用程序。

22.4.2 i-Throw

为了把手势接口置入 UFC 平台，开发了一个无线手势识别设备，称作 i-Throw。该设备外形很小，像一枚戒指可以套在用户手指上。它用一个三轴加速计、一个三轴磁阻传感器来识别手势和手指方向。还有一个 ZigBee 收发器负责给 UFC 平台传输识别出的手势信息。图 22.1（b）是其外观。

22.4.3 手势识别

i-Thow 设备执行手势识别有两个步骤：特征提取和测试。特征提取是发现每个手势参考特征的预处理步骤。特征 f 用一个 4 维矢量表示如下：

$$f=(A_{\text{TH}x}, A_{\text{TH}y}, A_{\text{TH}z}, T_{\text{H}}) \tag{22.1}$$

式中：A_{THx}、A_{Thy} 和 A_{THz} 是每个轴的加速度阈值；T_H 是持续时间阈值。

在特征提取阶段，为每个可能的输入手势找到正确的阈值。由于篇幅有限，略去了特征提取步骤的详细解释。表 22.2 给出了各种输入手势提取的特征。

在测试阶段，i-Thow 设备对比加速计输出和每个参考特征矢量大约经过 T_H 秒。如果匹配了某个特征，那么 i-Thow 通过 ZigBee 接口向 UFC 平台传输识别手势。

通过提取所需特征的最小集合，并用基于阈值简化的特征，设计非常简单的手势识别算法，以运行在 i-Throw 的微控制器上。

图 22.5 总结并展示了 i-Throw 识别的手势集合。其他可能的手势，如滚动向上/向下、取消，此处便不再赘述。

每次 UFC 用户指向设备时，UFC 平台均会在屏幕上显示出选取的目标设备。这个反馈信息可以帮助 UFC 用户找到正确的目标设备。类似地，一个扫描手势允许用户调查室内可控制的设备。该扫描操作与一个典型的 PC 桌面环境中在几个图标上移动鼠标指针类似。

"准备接收（Ready-to-receive）"手势用于表示 UFC 用户接收其他 UFC 用户对象的意图。当某个用户做出指向或扫描手势时，只有做出"准备接收"手势的几个用户才能被选中。

表 22.2 几种手势特征

手　势	特　征	手　势	特　征
Throwing	(2 g+, X, 2 g+, 150 ms)	Scrolling down	(0.5 g+, X, X, 500 ms)
Increasing	(X, 0.5 g+, X, 500 ms)	Selecting	(X, X, 0.5 g−, 70 ms) and (X, X, 1.5 g+, 70 ms)
Decreasing	(X, 0.5 g−, X, 500 ms)	Scanning	(1.7 g+, X, X, 100 ms) and (X, 1.4 g+, X, 100 ms)
Scrolling up	(0.5 g−, X, X, 500 ms)		

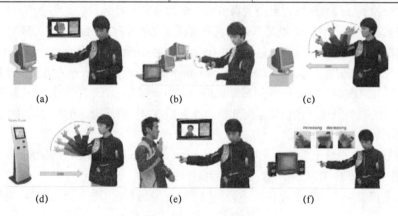

图 22.5 i-Throw 手势集

（a）Pointing；（b）Scanning；（c）Throwing；（d）Receiving；（e）Ready-to-receive；（f）Increasing/Decreasing。

22.4.4 目标设备检测

我们的目标检测算法采用的是在虚拟计算环境中使用的圆锥选择法 [20]。从 i-Throw 投出一个圆锥，选择一组与其相交的设备。此外，改进了典型的圆锥选择算法，以自适应地改变圆锥面积，从而提高总体目标检测精度。为此，需要知道 i-Throw 的方向以及 UFC 用户和设备的位置。位置信息可以通过位置服务器收集和管理，如 22.1 节所述。i-Throw 的方向可以通过组合加速计和磁阻传感器输出获取。其中：加速计用于倾斜补偿。使用方向和位置信息可以正确执行目标检测。

定义普适测试室内发送和接收到的对象集如下所示：

（1）music：mp3 格式，UFC 平台或公用扩音器播放的音乐对象，命名为 u-speaker；

（2）news：html 格式，从 news kiosk（新闻亭）获取的新闻对象；

（3）photo：jpg 格式，由 UFC 用户拍照生成的图片对象。

接下来，进一步定义了目标设备集，该集合包含了普适测试平台中可能的目标设备及其特征，表 22.3 总结如下。

表 22.3　目标设备集

目 标 设 备	支持的对象	流 对 象	目 标 设 备	支持的对象	流 对 象
u-display, u-projector	news, photo	input, output	u-trash	news, photo, music	input
news kiosk	news	output	u-speaker	music	input, output
u-printer	news, photo	input	UFC	news, photo, music	input

在这些设备中间，news kiosk 从互联网网站上自动收集并显示最近的新闻，然后每隔 10s 刷新一次。当某个 UFC 用户在 news kiosk 上看到了感兴趣的新闻，他或她向 news kiosk 做出"receiving"手势就可以获取这条新闻。

u-trash 功能是"deleting a file"（删除文件）的表示。与实际的垃圾桶类似，扔在垃圾桶的都是不再使用的东西，如果某个 UFC 用户向 u-trash 做出扔出手势，当前对象将被自动删除。u-trash 有别于其他设备，因为它不是电动装置，只是作为一个表示特定操作的标记，因而其内部并不执行实际操作。本例中为我们指出了如何充分利用室内空间资源。如果在室内加入各种标记的符号解释，就可以有效地执行对应操作，空间手势接口允许 UFC 用户以一个用户友好的方式执行各种操作。

表 22.3 给出了目标设备支持的各种对象：播放音乐的设备（如 u-speaker 或 UFC）支持音乐对象、新闻亭只支持新闻对象。表 22.3 还给出了一些设备仅允输入通道或输出通道：u-trash 仅对输入通道开放，而新闻亭仅对输出通道开放。

22.4.5　用于解决目标选择困难的自适应角度分配

正如 22.44 小节所述，图形反馈可以给 UFC 用户带来一种高效和直观地查找正确目标设备的方式。但是，如果预定的目标设备太小或与其他设备太接近会如何呢？这种情况会导致目标选择过程困难。

指向或选择目标设备的困难与物理分配的角宽度密切相关，角度取决于设备大小、关联位置以及用户位置。费茨（Fitts）定律对角度分配和选择困难之间的关系进行了很好的诠释[8, 9]。根据该定律，困难索引表示为角运动和角目标宽度的对角函数，并与选择时间成正比。

为此，提出了一个算法——自适应角度分配，该算法使得给定空间内用户设备的所有分配角宽度大于指定阈值 A_{TH}。该算法通过重新分配角宽度解决了滞后选择时间问题。当用户开始按照指定位置进行目标选择时，位置服务器计算设备的物理分配角宽度，如果必要，它会自适应重新分配角宽度。具体处理过程如下：

（1）目标设备分组：在计算了物理分配角宽度之后，位置服务器建立一个角度表，如图 22.6 所示。连续的角度被视作一个组角度，位置服务器在一个固定的组角度内重新分配每个角度。

（2）自适应角度分配：根据我们提出的算法，服务器为每组执行重新分配，图 22.7 是该算法的伪代码表示。

G_k 是第 k^{th} 组角度，A_i 是 G_k 的第 i^{th} 角度。A_{lack} 是扩大角度到 A_{TH} 所需的角度和，该扩大角度值小于 A_{TH}。一组全零 A_{lack} 不需要重新分配。A_{res} 是组内到 A_{TH} 的过角度之和。如果 A_{res} 为零，则

不能重新分配该组。此外，A_{don} 是过角度贡献出的角度和。如果 A_{res} 小于 A_{lack}，A_{don} 变为 A_{lack}；反之，A_{don} 变为 A_{res}。在确定了 A_{don} 的值后，所有角度以 A_{TH} 隙角比扩大或缩小。此时，由于扩大角和缩小角是同时的，因而组角度是一致的。图 22.8 显示出了当 A_{TH} 设为 10° 时，重新分配的结果。

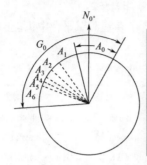

	Start /(°)	End/(°)	Size/(°)
A_0	330.50	13.80	43.30
A_1	13.80	36.40	22.60
A_2	36.40	48.80	12.40
A_3	48.80	59.20	10.40
A_4	59.20	65.20	6.00
A_5	65.20	69.30	4.10
A_6	69.30	93.20	23.90
G_0	330.50	93.50	122.70

图 22.6　角度表（对应图 22.9）

尽管初始角区（起始角度和结束角度之间的区域）和重新分配角区存在很小的间隙，由于用户的一般操作模式，这对选择性能影响不大；当某个用户想要选择具有 i-Throw 的一个设备时，他会凝视并指向它。用户通过 LCD 上的图形反馈做出校正后，可以完成正确选择。这表示反馈减小了由间隙引起的用户混淆。

为了适应和验证我们的自适应角度分配算法，以及确定阈值 A_{TH}，建立一个实验环境，图 22.9 表示了该环境的虚拟空间。在对应的真实空间内，7 个相同大小的 LCT 监视器等间隔摆放。13 名年龄在 23～31 岁范围内的男性参加了这次实验，要求他们做出 70 个正确选择，按照随机生成顺序对每个设备做 10 次。用户的位置被固定在距离 D_0 180cm 指定点处。测量了用我们的算法和基于射线技术方法选择每个设备的平均时间。

```
For all A_i in G_k {
    If |A_i| < A_TH        then A_lack += (A_TH − |A_i|);
    Else                   then A_res += |A_i| − A_TH;
}

If A_lack > A_res then A_don = A_res;
Else then A_don = A_lack;

For all A_i in G_k {
    If A_i < A_TH then
        |A_i| += A_don × (A_TH − |A_i|)/A_lack;
    Else then
        |A_i| −= A_don × (|A_i| − A_TH)/A_res;
}
```

图 22.7　自适应角度分配的伪代码

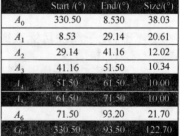

	Start /(°)	End/(°)	Size/(°)
A_0	330.50	8.530	38.03
A_1	8.53	29.14	20.61
A_2	29.14	41.16	12.02
A_3	41.16	51.50	10.34
A_4	51.50	61.50	10.00
A_5	61.50	71.50	10.00
A_6	71.50	93.20	21.70
G_0	330.50	93.50	122.70

图 22.8　角度重新分配后

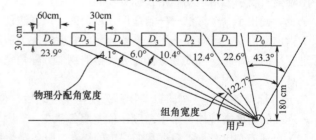

图 22.9　实验环境的虚拟空间

图 22.6 和图 22.8 是该实验情况下角的宽度在物理上是如何分配的，图 22.9 是根据本书算法重新分配的角度。由于边缘角度的影响，A_{mar} 在本实验中设置为 20°，两个终端设备（D_0 和 D_6）分配

的角度大于其他设备，而 D_4 和 D_5 分配相对较小的角度。实验结果如图 22.10 所示，该图示出了正确选择每个设备花费的平均时间。在利用射线技术的情况下，当角宽度小于 10° 时，选择时间明显增加。从实验结果来看，我们证明了遵循费茨定律选择 i-Throw 的行为并且确定了 A_{TH} 的合理值为 10°。该值是由用户经验所得到的一个参数并且会根据用户特征变化。

当物理分配角宽度低于 A_{TH} 时，所提算法阻止了选择时间的迅速增加。为了选择物理分配角度为 4.1° 的 D_5，自适应角度分配减少了大于 62.6% 的平均时间。然而，对于 D_2 和 D_3 情况，即使他们角宽度基本不发生变化，选择时间也要比以前稍长。原因是初始角区和重新分配角区存在微小间隙，每个角度的起始和结束度也会发生改变。不像传统的基于射线的选择，其初始和重新角区存在任意间隙，所提算法需要一些额外运动来补偿这种间隙。然而，这对选择性能的影响不大，因为大多数是用户常用操作模式。

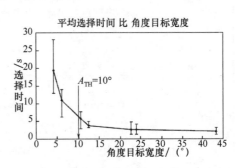

图 22.10 自适应角度分配对选择时间的影响

22.4.6 UFC 操作集

到目前为止，归纳了普适测试平台支持的手势集、对象集以及目标设备集。当 UFC 用户做出了一个给定手势集内的手势时，UFC 平台应该能够决定要处理的对象和操作。这个决定取决于目标设备类型和最近操作类型。例如，如果一个 UFC 用户拍了一张照片（"taking a picture"操作）并朝 u-printer 做出"throwing"手势，这很有可能是用户想要打印他刚拍摄的照片。另一方面，如果用户使用 UFC 终端阅读了一则新闻（"reading a news"操作），然后朝 u-printer 做出"throwing"手势，表示用户想要打印刚刚阅读的新闻，而不是照片或其他对象。这些例子均说明 UFC 平台必须跟踪最近操作，更具体地说，最近选择的对象。为此，定义下列内容：*mrso* 表示在各种音乐、新闻和照片对象中最近选择的对象。*mrso_music*，*mrso_news* 和 *mrso_photo* 分别表示最近选择的音乐、新闻和照片对象。

最后，表 22.4 总结了实际演示使用的 UFC 操作集。在该表中，"(1)"表示相应的对象取决于所选择目标设备的状态。演示视频片段参见文献[27]。

表 22.4 UFC 操作集

操作	选择的对象	条件		
		目标设备	手势	etc.
Increase volume	None	u-speaker	Increasing	None
Decrease volume	None	u-speaker	Decreasing	None
Delete a file	mrso	u-trash	Throwing	None
Send a file	mrso	u-display	Throwing	mrso_type=photo or news
		u-printer		mrso_type=photo or news
		UFC		None
	mrso_music	u-speaker	Receiving	None
		News kiosk		None

操　作	选择的对象	条　　件		
		目标设备	手　势	etc.
Read news	other mrso	None	Ready-to-receive	other.mrso_type==news and other.target_device==this and other.gesture==throwing
Listen to music	(1)	u-speaker	Receiving	None
	other.mrso	None	Ready-to-receive	other.mrso_type==music and other.target_device==this and other.gesture==throwing
View a photo	(1)	u-display	Receiving	None
	other.mrso	None	Ready-to-receive	other,mrso_type==photo and other.target_device==this and other.gesture==throwing

（1）表示相应的对象取决于所选择目标设备的状态

22.5　相　关　工　作

可穿戴计算系统已经成为热点研究领域之一。现有的一些可穿戴计算机包括根据工业标准结构概念定义的 PDA 系统。MITthril[7]是这些系统实例之一，它把计算、感知、网络融合入衣服，所有设备通过身体总线连接，这是一种单电缆的硬线连接。这些 PC 机和 PDA 只专注于解决将商用设备转成可穿戴设备，因此，并没有达到高度的耐穿性和可用性。

基于定制设计的可穿戴系统包括了一些低端专用器件，如手表[13]和衣服[14]。IBM 的 Linux 手表把相当数量的硬件打包成手表大小，展现了可穿戴计算机样式的模型。它具有小手表样式以及带有蓝牙和 Irda 的通信接口，支持短距离通信应用。然而，它缺少其他通信接口和用户接口，因此，应该考虑这些有限的接口可以支持哪类服务。这些低端定制设计由于缺乏系统规范和接口，其受制于具体任务。

现如今，研究者已经开发了定制设计的多用途系统，可以提供更多功能和灵活性。WearARM [11]、QBIC [2]和 Xybernaut 可穿戴计算机系统[12]均属于多用途设计，这些系统分别集成了肩膀、腰带以及腰部。这些系统在提供高低端处理性能和可穿戴设计之间做了平衡。QBIC 显示了一个实例，该实例可以解决人体工程学方面的问题，也在硬件层面提供了足够的连接以及计算性能。然而，这类系统应该考虑普适环境下实现随时随地可穿戴平台的实际需要。也就是说，应该在没有任何干扰和干预的情况下，实现可穿戴系统，以支持各种普适系统环境。还应该将直观用户接口应用于这些系统来保证使用的舒适性。

22.6　结　　论

本章介绍的普适时尚计算机是一个利用普适计算环境的可穿戴计算机。可穿戴计算机的成功主要依赖良好的耐穿性、可用性、美学外观和社会认可度。因此，它的外部设计应该达到美观和舒适，才能受欢迎，让更多的人在现实生活中使用它。此外，不仅要考虑这些不舒服的携带问题，还应该注意到利用普适计算环境的反映。在普适环境中，可穿戴计算系统集成了多种类型的设备，如通信设备接口，以便随时随地获得服务，这些系统还集成了用户接口，以方便用户没有任何负担使用计算系统。

本章，给出了可穿戴计算系统的设计方法和思想，即可穿戴、美学和直观。主要特点如下：在任何普适系统环境下，它支持在 WLAN、蓝牙、ZigBee 设备之间的各种通信接口的共存和互操作，这些设备可自由地被操作。这可以用运行在同一 ISM 频段通信设备之间的动态信道分配机制来完成。此外，开发了一个新的用户接口并把它集成入 UFC 中，以帮助用户直观使用我们的可穿戴计算机系统。在这些可用的用户接口中，本章主要介绍 i-Throw，其意思是直观输入设备。这个输入设备可以识别用户手势和方向，用手势控制普适设备。在具有多种网络接口、传感器节点和普适组件的实际测试平台环境下，实现了 UFC 系统并进行了测试，同时也实现和提出了该系统的各种应用。

参 考 文 献

1. J. Lee, S. Lim, J. Yoo, K. Park, H. Choi, and K. Park, A ubiquitous fashionable computer with an i-Throw device on a location-based service environment. In Proceedings of the 2nd IEEE International Symposium on Pervasive Computing and Ad-Hoc Communications, May 2007.

2. O. Amft, M. Lauffer, and S. Ossevoort, Degisn of the QBIC wearable computing platform. In Proceedings of the 15th IEEE International Conference on Application-Specific Systems, Architectures and Processors, September 2004, pp. 398–410.

3. S. Mann,Wearable computing as means for personal empowerment. In Proceedings 3rd International Conference on Wearable Computing, May 1998.

4. A. Pentland, Wearable intelligence. Sci. Am., 276(1es1), 1998.

5. T. Starner, The challenges of wearable computing: Part 1. IEEE Micro, July 2001.

6. M. Weiser, The computer for the 21st century. Sci. Am., 265(3):66–75, 1991.

7. R. Devaul, M. Sung, J. Gips, and A. pentland, MITthril 2003: applications and architecture. In Proceedings of 7th International Symposium on Wearable Computers, 2003.

8. P. M. Fitts, The information capacity of the human motor system in controlling the amplitude of movement. J. Exp. Psychol., 47:381–391, 1954.

9. G. V. Kondraske, An angular motion fitts' law for human performance modeling and prediction. IEEE Eng. Med. Bio. Soc., 207–308, 1994.

10. S. Mann, Smart clothing: the shift to wearable coputing. Proc. Commun. ACM, 39:23–24, 1996.

11. U. Anliker, et al., TheWearARM: modular, high performance, lowpower computing platform designed for integration into everyday clothing. In Proceedings of 5th International Symposium on Wearable Computers, 2001.

12. Xybernaut Corp. Xybernaut wearable systems. Mobile Assistant wearable computer, www.xybernaut. com.

13. C. Narayanaswami, et al., IBM's LinuxWatch: the challenge of miniaturization. IEEE Comp., 35(1):33–41, 2002.

14. J. Rantanen, et al., Smart Clothing prototype for the arctic environment. Personal Ubiquitous Comput., 6(1):3–16, 2002.

15. H. Cho, M. Kang, J. Park, B. Park, H. Kim, Performance analysis of location estimation algorithm in ZigBee networks using received signal strength. In Proceedings of the 21st International Conference on Advanced Information Networking and Applications Workshops (AINAW'07), pp. 302–306, 2007.

16. S. Liang, The Java Native Interface: Programmer's Guide and Specification. Addison Wesley, 1999.

17. IEEE Standard 802, part 15.4. Wireless Medium Access Control (MAC) and Physical Layer (PHY) Specifications for Low Rate Wireless Personal Area Networks (WPANs), 2003.

18. IEEE802.15.2 Specification. Coexistence of Wireless Personal Area Networks with Wireless Devices Operating in Unlicensed Frequency Bands, 2003.

19. M. Back, S. Lahlow, R. Ballagas, S. Letsithichai, M. Inagaki, K. Horikira, and J. Huang, Usable ubiquitous computing in next-generation conference rooms: design, evaluation, and architecture. UbiComp 2006 Workshop, 2006.

20. J. Liang and M. Green, JDCAD: a highly interactive 3D modeling system. Comput. Graphics, 18(4): 499–506, 1994.

21. M. Kang, J. Chong, H. Hyun, S. Kim, B. Jung, and D. Sung, Adaptive interference-aware multi-channel clustering algorithm in a ZigBee network in the presence of WLAN interference. IEEE International Symposium on Wireless Pervasive Computing, Puerto Rice, February 2007.

22. Y. Song, S. Moon, G. Shim, and D. Park, Mu-ware: a middleware framework for wearable computer and ubiquitous computing environment. A Middleware Support for Pervasive Computing Workshop at the 5th Conference on Pervasive Computing & Communications (PerCom 2007), New York, March 2007.

23. UPnP Forum. UPnP Device Architecture 1.0, Version 1.0.1, 2003.

24. IEEE 802.11 Specification. Wireless LAN medium access control (MAC) and physical layer (PHY) specifications. IEEE Specifications, June 1997.

25. IEEE 802.15.4 Specification. Wireless LAN medium access control (MAC) and physical layer (PHY) specifications for lowrate wireless personal area networks (LR-WPANs). IEEE Specifications, October 2003.

26. Ubisense. http://www.ubisense.net.

27. KAIST UFC Project. http://core.kaist.ac.kr/UFC.

第23章　有关移动多媒体播放能量效率的探讨

23.1　引　言

移动手持设备是普适计算环境应用的主流播放器。普适计算环境的特点之一是资源有限。普适工程需要解决移动手持设备的缺陷，如存储空间、处理时限、电池能量等。

另外，随着信息技术的发展，创新型便携电子产品越来越受到消费者的青睐。移动手持设备已成为一种发展趋势，很多应用程序也应运而生，包括视听功能、录像录音、网上冲浪、电话呼叫等，其中视听功能是娱乐类最必不可缺的一项。由于运行复杂度高，视频应用程序的能量消耗很大，这对于采用电池供电的手持设备来说是一种巨大的挑战。电池容量的增长极慢，每年仅 5%～10%，因而难以满足手持设备所需的电量[1]。

近年来，针对两个主流视频编解码标准：MPEG 和 ITU-T，发布了很多新的压缩编解码器。但是哪个编解码器最节能？如何进行视频编码才能保证用任意编解码器都能有好的画质，同时在手持设备上重放时能耗最小？这些均是困扰使用者的常见问题。

本章将试图解答上述问题。对几种编解码器压缩的几类视频进行了实验测试，并对能耗做出了分析，从而为用户选择适合的编解码器，来编码手持设备上待播放的视频提供参考。

本章其余部分结构组织如下：23.2 节介绍现今常用的视频编解码器；23.3 节介绍实验设计与装置；实验结果与能量分析将在 23.4 节给出；23.5 节是本章小结。

本章的早先版本参见 MUE 2007[2]，在此基础之上，本章从实验结果的展示与分析深度两方面进行了大幅扩展，同时深入探讨了在所有实验方案中，能量消耗对编解码器的能量效率及其参数的影响。

23.2　视频编解码器

为了实现快速传输及易于存储，视频需要经过编解码器编码或压缩。下面简要介绍几种常用的编解码器，这些编解码器用于编码实验中手持设备上播放的视频。

23.2.1　MPEG-4

MPEG-4 于 1998 年发布，包括一套音频和视频编码标准以及一组相关技术，由 ISO/IEC 运动图像专家组（即 MPEG）制定。MPEG-4 包含了 MPEG-1 和 MPEG-2 的绝大部分功能，以及其他格式的长处，并加入及扩充对虚拟现实模型语言（VRML，Virtual Reality Model Language）、面向对象的合成文件（如音频，视频和 VRML 对象）、数字版权管理（DRM，Digital Rights Management）及其他交互功能。MPEG-4 大部分功能都留待开发者决定采用与否，这意味着整个格式的功能不一定被某个程序所完全涵盖。因此，这个格式通常使用 "档"（profiles）或 "级"（levels），来定义 MPEG-4 中某些应用的特定功能[3,4]。

23.2.2　DivX

DivX，是 Div 公司的产品名称。基本上，微软的编码器不允许用户把 MPEG-4 码流存为 AVI 格式，而是迫使用户使用 ASF 格式，此外他们对 DivX 的重写也有限制。许多带有 "DivX 认证"

的较新的 DVD 播放机能够播放 DivX 编码的视频。为了降低处理需求，通常不包括 1/4 像素（QPEL）和全局动态补偿（GMC，Global Motion Compensation）功能，考虑到兼容性问题，基本 DivX 编码档也去除了这两个功能。我们在实验中采用 DivX3 和 DivX5[5]。

23.2.3 XviD

Xvid（旧称为"XviD"）是一个开放源代码的 MPEG-4 视频编解码器，是由一群义务开发者于 2001 年开发的。Xvid 视频编解码器可以执行 MPEG-4 简单档和高级简单档的标准，如 b 帧、lumi 掩膜、格子量化、QPEL、GMC 以及 H.263，MPEG 和自定义量化矩阵。它允许对数字视频进行压缩和解压缩，以降低计算机网络传输所需的带宽，并易于存储于 CD 或 DVD[6]。

23.2.4 H.263

H.263 是由 ITU 标准化的视频压缩算法和协议，于 1995 年发布。H.263 视频源编码算法基于 H.261 建议，混合了可减少时间冗余的帧间预测，以及可减少空间冗余的残留信号变换编码，还有一些其他的改动来提高压缩性能和差错恢复。后来，又进一步将版本增强为 H.263v2（又称 H.263+ 或 H.263 1988）和 H.263v3（又称 H.263++或 H.263 2000）。实验中采用了 H.263v2[7]。

23.2.5 WMV

WMV 一般使用扩展名为.wmv 的 ASF（Advanced Systems Format）容器进行封装，也可以放入 AVI 容器，这样的文件命名为.avi。WMV 是互联网上视频发布常用的编解码器，而且还用于在标准 DVD 上以 WMV HD 格式发布高清视频，这种 WMV HD 格式的视频内容可以在计算机或兼容式 DVD 机上播放[8]。

23.3 实 验 设 置

23.3.1 实验环境

在实验中，使用 Xvid、DivX5、DivX3（开源版）、MS MPEG-4v2（微软 MPEG 版本 2）、H.263+、WMV2（Windows Media Video V8）和 WMV3（Windows Media Video V9）作为 SUPER©（简单易用的多媒体转文件与播放器：Simplified Universal Player Encoder & Renderer）上的压缩编码器，如图 23.1 所示。SUPER©是由 eRightSoft 开发的免费软件，支持各种媒体格式[9]。

采用 TCPMP（核心掌上媒体播放器，The Core Pocket Media Player，如图 23.2 所示）作为播放器[10]。编解码过程参如图 23.3 所示。

视频文件是通过 SUPER©对影视源（DVD）编码的，加载在手持设备上然后经 TCPMP 播放或解码。在播放视频流的过程中，将对耗电量进行测量。

23.3.2 实验装置

实验装置如图 23.4 所示，实验中使用 Acer n300 PDA，它具备 400MHz Samsung S3C2440 处理器（64MB ROM 和 64MB SDRAM）和 Microsoft® Windows Mobil ™ Version 5.0 的操作系统[11]。为了测量功率消耗，去除了 Acer n300 PDA 的电池，用一个 5V 的直流电源串联一个 1Ω 电阻进行供电[12-14]，采用美国国家仪器公司的 PCI DAQ 数据采集板以 1000/s 的采样率对电阻两端下降的电压（计算电流）进行采样。能量测量在 LabVIEW8 上完成，这里 LabVIEW8 是一个图形化的数据采集、测量分析与显示的软件[15]。根据欧姆定律可以计算对应于每个样本的瞬时功率消耗，如式（23.1），求其总和即得到总功耗，如式（23.2）。

图 23.1　SUPER9©

图 23.2　TCPMP

$$P_{\text{Inst}} = \frac{V_R}{R} \times V_{\text{PDA}} \tag{23.1}$$

$$E = \sum P_{\text{Inst}} \times T \tag{23.2}$$

式中：$T = 1/1000\text{s}$ 。

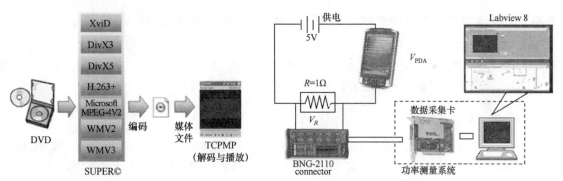

图 23.3　编解码过程示意图　　　　　　图 23.4　实验装置示意图

对三类影片，每类中有 5 个影片进行了能耗测量，如表 23.1 所列。实验 1 和实验 2 中，所有影片的分辨率为 352×288 帧率为 29 帧/s，比特率为 512Kb/s，播放时间为 5min。实验 3 则分别调整了分辨率、帧率和码率，来对比分析这几个参数的影响。

表 23.1　实验所用的测试影片

Animation Films	The Simpsons	Kiki's Delivery Service	Porco Rosso	Laputa:Castle In the Sky	Nausicaa of the Valley of the Wind
Action thriller	Courage Under Fire	X-Men 3	Spider Man1	Spider Man2	Superman Returns
Romance films	Broken-back Mountain	Goodbye Koru	The Lake house	Blue Gate Crossing	Now,I want to see you

23.4 实 验 结 果

下面将对手持设备上经过几种视频编码方案的视频解码能量效率进行分析。测量的能耗分别来自经过以下方式编码的视频：①实验 1 中使用不同的编解码器；②不同的视频文件格式；③不同的编码参数（分别为码率，帧率和分辨率）。

23.4.1 实验 1

使用 XviD、DivX3（开源版）、MS MPEG-4 V2、H.263+、WMV2 以及 WMV3 编解码器来编码影片，每类影片有 5 个视频剪辑，输出格式为 AVI。在 PDA 上播放视频剪辑，然后测量其能耗。5 个视频剪辑的平均能耗（以焦耳为单位）与不同编解码器的关系图如图 23.5~图 23.7 所示，其中图 23.5 是动画影片，图 23.6 为动作惊悚片，图 23.7 是言情片。

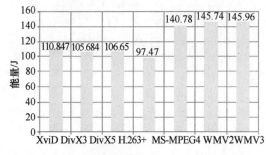
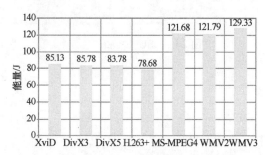

图 23.5 采用不同编解码器编码动画影片的平均能耗(J)　　**图 23.6** 采用不同编解码器编码动作惊悚片的平均能耗(J)

从三幅实验结果图可以观察到，通过 XviD、DivX3、DivX5 和 H.263+编码的影片播放能耗比较接近，而 MS MPEG-4 V2、WMV2 和 WMV3 的较接近。此外，还可以看到，XviD、DivX3、DivX5 和 H.263+编码影片的耗能少于 MS MPEG-4 V2、WMV2 和 WMV3。

23.4.2 实验 2

实验 2 是通过 XviD、DivX3、DivX5、MS Mpeg-4v2、H.263+、WMV2 和 WMV3 编解码器将影片编码成不同的视频格式：3GP、3G2、AVI、MP4 和 WMV，测量在 PDA 上播放的能耗。对于动画影片，不同文件格式的平均能耗与对应解码器的关系图如图 23.8 所示。图 23.9 对应于动作惊

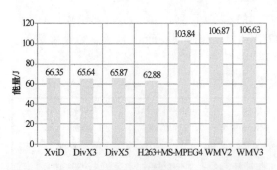
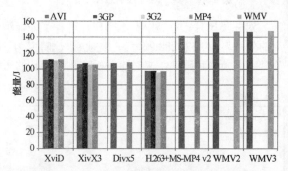

图 23.7 采用不同编解码器编码言情片的平均能耗（J）　　**图 23.8** 采用不同编解码器编码不同文件格式动画片的平均能耗（缺失的颜色柱表示该文件格式不能用对应编解码器播放）

惊悚片，图 23.10 对应于言情片。需要注意的是，编解码器不支持某些文件格式时，无法测量能耗，图中缺失的色柱表示该文件格式不能用对应编解码器播放。

从图 23.8～图 23.10 可以看出，由同一编解码器编码的影片耗能几乎一样，与文件格式并没有太大关系。

23.4.3　实验 3

实验 3 影片编码参数进行调整，分别是比特率、帧率、分辨率，观察各自对能量消耗的影响。

实验 3 使用的影片是"The Simpsons"，播放时间仍为 5min。在 PDA 上播放该视频剪辑并测量能耗。

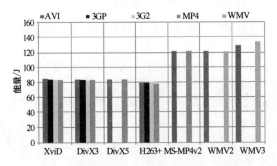

图 23.9　采用不同编解码器编码不同文件格式动作惊悚片的平均能耗（缺失的颜色柱表示该文件格式不能用对应编解码器播放）

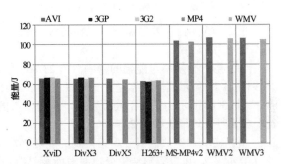

图 23.10　采用不同编解码器编码不同文件格式言情片的平均能耗（缺失的颜色柱表示该文件格式不能用对应编解码器播放）

（1）比特率对能耗的影响。图 23.11 所示的是不同比特率影片的播放能耗。图 23.12 中示出了比特率加倍时能耗的增长率，电能消耗的增长率可以通过下式计算：

$$\frac{后者能耗 - 前者能耗}{前者能耗} \times 100\%$$

例如，DivX3 以 144Kb/s 编码的视频能耗值为 62.04J，288Kb/s 时为 71.18J，那么此例计算出从 144Kb/s 到 288Kb/s 的能耗增长率为 14.73%。同理计算出其他能耗增长率值，得到码率翻倍时平均能耗增长率为 11.85%。

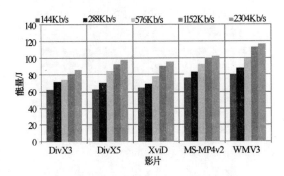

图 23.11　采用不同比特率编码视频的能耗
（分别为 144、288、576、1152 和 2304Kb/s）

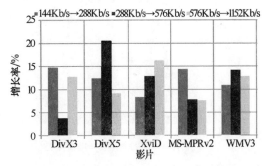

图 23.12　码率翻倍时能耗的增长率示意图
（144→288、288→576、576→1152Kb/s）

（2）帧率对能耗的影响。图 23.13 所示的是以 320×240 的分辨率、25 帧/s 编码的影片能耗，

图 23.14 所示实验数据则是在相同分辨率，而帧率改为 30 帧/s 时测得的。

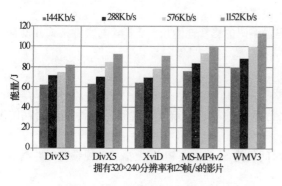

图 23.13　25 帧/s 视频的能耗增长率

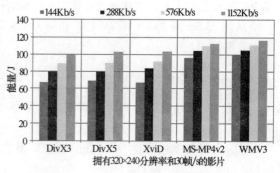

图 23.14　30 帧/s 视频的能耗增长率

图 23.15 示出了帧率调整时能耗的增长率，可以计算出帧率从 25 升至 30 帧/s 时能量消耗的平均增长率为 15.76%。

（3）影片分辨率对能耗的影响。 图 23.16 所示的是以 320×240 的分辨率、25 帧/s 编码的影片能耗，图 23.17 所示实验数据是在分辨率改为 384×288、帧率仍为 25 帧/s 时测得的。

图 23.18 所示的是在不同分辨率下实验所得的能耗增长率，可得当影像分辨率从 320×240 增至 384×288 时平均增长率为 22.44%。

根据实验对参数值调整观察得到的能耗平均增长率、比特率（11.85%）、帧率（15.76%）、分辨率（22.44%），可以得出结论分辨率对能耗具有最大的影响。

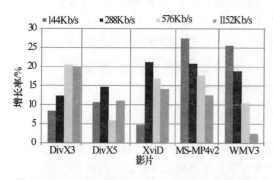

图 23.15　25 帧/s 增至 30 帧/s 时视频的能耗增长率

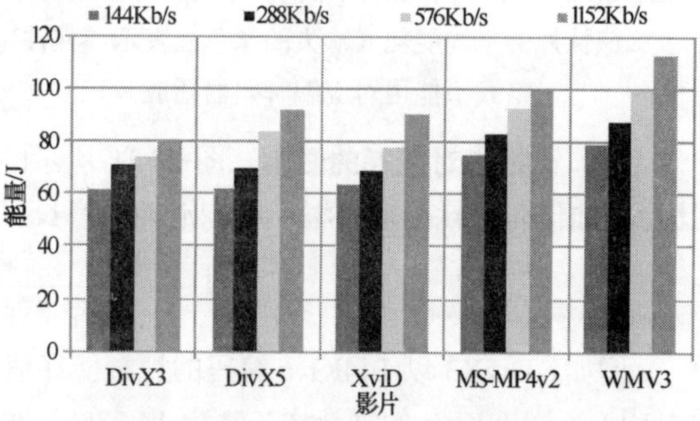

图 23.16　320×240 分辨率下视频的能耗

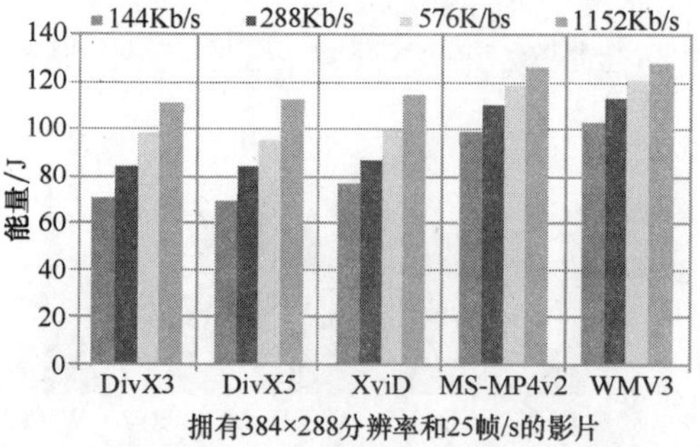

图 23.17　384×288 分辨率下视频的能耗

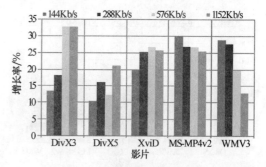

图 23.18　分辨率从 320×240 增至 384×288 时视频的能耗增长率

（4）讨论。 从实验数据观察到，当视频码率翻倍时，能耗的平均增长率为 11.85%，这个数字大概是分辨率从 320×240 增至 384×288 时能耗平均增长率值的 1/2，帧率增加时的增长率值在二者中间。

同时，也可以清楚地看到码率下降时影片中图像质量的下降。图 23.19 所示的是由 DivX5 在分辨率为 320×240、25 帧/s，而码率不同的情况下编码的影片中的三幅图像，可以看到，第二幅（288Kb/s）图像中钟（放大窗口内所示）的图像质量要好于第一幅（144Kb/s），第三幅（576Kb/s）又要好于第二幅。在屏幕上连续播放时，低码率影片的图像质量的下降就尤为明显了。

图 23.20 所示的是影视分辨率的变化对图像质量的影响。可以看出，分辨率从 320×240 增至 384×288 所对应的影视图像分辨率并没有明显变好。

因而，可以总结出，以高码率编码影片比以高分辨率编码能够获得更好的图像质量，同时在手持设备上播放时也更节能。

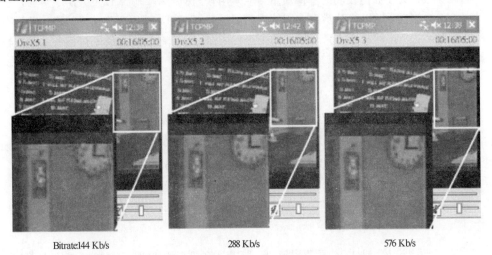

图 23.19   分别以 144、288 和 576Kb/s 码率编码视频的图像质量

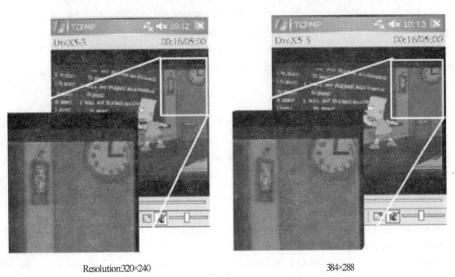

图 23.20   不同分辨率下编码视频的图像质量：320×240、384×288

23.5   总   结

在普适计算环境下，处理时间、电池寿命等资源非常有限，如何在保证满意的视频质量的同时，降低能量消耗是一个严峻的课题。本章通过实验，利用当今几种常用的编解码器来对视频进行编码，

然后分别测量它们的能耗，试图找出哪个视频编解码器最适于移动手持设备。

普适计算环境对于资源的限制要求对能量消耗做出合理的控制。不同的编解码器以及各自的编码参数对播放或解码视频时消耗的能量都会产生影响，下面对实验得出的结论进行总结：

（1）编解码器类型：实验发现，用 XviD、DivX3、DivX5 和 H.263+编码的视频播放时消耗的电量要小于 MS MPEG-4、WMV2 和 WMV3。在手持设备上播放时，由于屏幕较小，各编解码器编码的影像图像质量几乎相同。因此，耗能较少的一组编解码器作为移动手持设备是用户的首选。

（2）视频文件格式：实验结果显示，对于相同的编解码器，不同的文件格式差别并不大。

（3）编码参数：为了获得较高的图像质量，应采用较高的码率、帧率以及分辨率对影片进行编码。通过实验，播放视频时以高分辨率编码的视频能耗显著增加，而码率和帧率的增加并没有引发太多的耗能，对比之下，码率增加带来的影像更小。因而，用户希望在移动手持设备上获得较好的视频质量时，建议选择高码率编码视频。

致　谢

本书工作受到台湾信息安全中心（TWISC），国家科学委员会，以及基金 NSC 95-2218-E-001-001、NSC95-2218-E-011-015 和 NSC95-2221-E-029-020-MY3 的资助和支持。

参 考 文 献

1. K. Lahiri, A. Raghunathan, S. Dey, and D. Panigrahi. Battery driven system design: a new frontier in low power design. In: Proceedings of ASP-DAC/VLSI Design 2002,Bangalore, India, January 2002, pp. 261–267.

2. C.-H. Lin, J.-C. Liu, C.-W. Liao,Energy analysis of multimedia video decoding on mobile handheld devices. In: Proceedings of the International Conference on Multimedia and Ubiquitous Engineering, Korea, 26 April, 2007, pp. 120–125.

3. Applications and Requirements for Scalable Video Coding, MPEG-document ISO/IEC JTC1/SC29/WG11 N5540, 2003.

4. Overview of the MPEG-4 Standard: http://www.chiariglione.org/mpeg/standards/mpeg-4/mpeg-4.htm.

5. DivXNetworks, Inc. [online]. http://www.divx.com/divx/.

6. XviD Software Package [online]. http://www.xvid.org/.

7. G. Cote, B. Erol, M. Gallant, and F. Kossentini, H.263+: video coding at low bit rates. IEEE Trans.Circuits Syst. Video Technol., 8(7): 849–866, 1998.

8. W. Ashmawi, R. Guerin, S. Wolf, and M. Pinson, On the impact of policing and rate guarantees in DiffServ networks: a video streaming application perspective. In: Proceedings of the 2001 Conference on Applications, Technologies, Architectures, and Protocols for Computer Communications, California, United States, 2001, pp. 83–95.

9. SUPER_c . http://www.erightsoft.com/SUPER.html.

10. TCPMP. http://tcpmp.corecodec.org/.

11. Acer n300. http://www.acer.com.tw/PRODUCTS/pda/n300.htm.

12. N. R. Potlapally, S. Ravi, A. Raghunathan, and N. K. Jha. Analyzing the energy consumption of security protocols, In: Proceedings of the 2003 International Symposium on Low Power Electronics and Design, Seoul, Korea, 2003, pp. 30–35.

13. A. Kejariwal, S. Gupta, A. Nicolau, N. Dutt, and R. Gupta, Energy efficient watermarking on mobile devices using proxy-based partitioning. IEEE Trans. Very Large Scale Integrat. Syst., 14(6): 625–636,2006.

14. T. K. Tan, A. Raghunathan, and N. K. Jha. A simulation framework for energy-consumption analysis of OS- driven embedded applications. IEEE Trans. Comput. Aided Design Integrat. Circuits Syst., 22(9): 1284–1294, 2003.

15. National Instruments Corp. http://www.ni.com.

第 7 部分　智　能　网　络

第 24 章　无线传感器网络中以数据为中心的高效存储机制

24.1　引　言

无线传感器网络（WSNs，Wireless Sensor Networks）具有广泛的应用，如环境监控、军事、智能家居和远程医疗系统。WSN 由一个汇聚节点（sink node）和大量传感器节点组成，这些节点为执行一个较大的感知任务相互通信。传感器节点是一个具有感知、数据处理和存储以及通信能力的微型设备，但是其能量非常有限。汇聚节点是一个控制中心，通常负责发起要收集感兴趣信息的请求。传感器节点由无线介质连接，负责执行分布式感知任务以及存储用于查询的特定感知信息。WSN 好比一个数据库系统，负责向所有活动传感器节点提供感知和数据存储功能，为汇聚节点提供查询功能。传感器网络的一个关键问题是如何有效利用大量数据，分别给汇聚和传感器节点提供高效的数据检索和存储。解决这个问题的传统方法大致分为三类：本地存储（LS，Local Storage）、外部存储（ES，External Storage）和以数据为中心的存储（DCS，Data-Centric Storage）。

在本地存储机制中，当检测到事件时，将数据存储到传感器节点的本地内存中。由于汇聚节点并不知道哪个传感器节点存储了感兴趣数据，为按照其定义好的感兴趣条件发送一个查询包，通常会在整个 WSN 上执行洪泛（Blind Flooding）操作。外部存储提供一种替代机制，一旦传感器节点检测到事件发生，将数据存储到外部汇聚处。这种机制虽然不会消耗汇聚查询代价，但是会浪费很多能量把汇聚节点不感兴趣的数据传送给汇聚节点。在以数据为中心的存储机制中，有一些从 WSN 中选择的一些数据中心节点负责处理数据存储和检索。当通过传感器节点检测到事件时，将数据根据名字存储到数据中心节点相应的位置处。由于所有传感器节点和汇聚节点知道数据中心节点信息，不会使用洪泛操作向数据中心节点发送数据或查询。因此，在 WSN 中，以数据为中心的结构当然可以节省数据存储和检索的能量。

近年来，研究者从不同角度提出了很多以数据为中心的机制。根据他们的目标和设计思想，这些机制可以分为四类，即基本的、数据复制、负载平衡和分层管理策略。基本的以数据为中心（Basic Data-Centric）类的机制通常应用一个哈希函数建立事件类型以及事件发生时间之间到监控区域的一个物理位置的映射。然后，采用地理路由协议 GPSR[1] 为距离映射位置最近节点处的每个传感器存储其读数。当汇聚节点要查询一个特定的事件类型时，应用相同的哈希函数推导出一个位置，然后用 GPSR 向距离该位置最近的节点传送查询包。

数据复制类的机制会在数据中心的各节点中保存同一个事件信息。由于传感器节点采用电池供电，会由于能量耗尽而失效。存储事件信息的容错能力会随着存储同一个事件的数据中心节点的数量而增加。在几个数据中心节点保留同一个事件信息的另一个作用是可以加速汇聚查询和减少代价。通过数据中心机制，汇聚可以构造一个到最近数据中心节点的高效路由因而减少了查询代价。

除了考虑容错性和高效查询，负载平衡类机制旨在用不同的数据中心节点来分担数据存储的工作量。与数据复制类的机制不同，负载平衡类机制在一个确定的数据中心节点中保存同一个事件信息。这些机制将所有传感器节点的存储视作一个巨大的数据库存储，旨在开发多种策略，来建立可能发生的事件类型和事件发生时间与各传感器节点位置的映射。因此能够在存储事件信息和处理汇聚查询的工作量之间取得平衡。由于 WSN 的寿命主要取决于第一个失效节点的寿命，负载平衡方式对 WSN 是至关重要的。

另一类是分层管理策略，其目的是构建一个数据中心节点之间的分层管理架构，让汇聚查询变得更加高效。根据地理信息可以将数据中心节点划分成几个区域或者虚拟地分成几个簇。在一个区域或一个簇内，选某个节点将作为管理者，提供一种从汇聚节点到数据中心节点的高效查询。

本章将现有的以数据为中心的机制分成上述四大类，阐述了现有机制的基本概念和设计思想，并指出一些可能的发展方向和有关以数据为中心的存储面临的问题。

24.2　基本的以数据为中心的机制

基本的以数据为中心的机制是简单地利用哈希函数来建立事件类型到监控区域位置的映射。最著名的方法是地理哈希表（GHT，Geographic Hash Table）[2]机制，存储了距离映射位置最近的传感器上检测到事件。GHT 在特定的网络环境中运行，这个环境包括了大量相互连接的传感器以及小部分用于连接外部世界的静态汇聚。为此，采用 GPSR 路由协议来找到从检测事件传感器到目标位置的一个路由，以存储或检索数据。通过使用一个通用地理哈希函数，GHT 可以覆盖整个网络上的存储和通信负载。

GHT 支持两个操作：Put()和 Get()。Put(key, value)操作存储了距离位置最近的传感器的值，该位置由哈希键值 key 生成。另一方面，Get(key)操作检索所有与该键值 key 关联的值。一般地，一个键值对应一个特定事件。例如，图 24.1 显示了当传感器节点检测到一只狮子时，它将用 Put("lion"，data)操作存储这个事件。然后传感器节点在对应位置处设置哈希键值"lion"，使用 GPSR 导向存储位置，把感知数据置入目标传感器节点。由于存储位置可能没有传感器节点，距离存储地理位置最近的节点将被选作存储数据。在执行 GPSR 路由协议时，如果数据包的目的坐标附近没有邻近的传

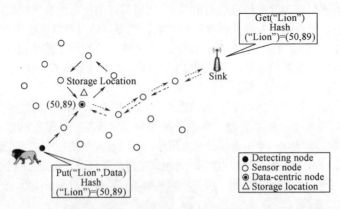

图 24.1　GHT 机制 Put()和 Get()操作示例

感器节点，数据将转向外围模式。在外围模式中，数据包遍历整个包围的目标位置的外围，直到到达启动外围模式的传感器节点。数据包被保存在地理上最接近存储位置的数据中心节点。当汇聚节

点打算检索有关事件"lion"的数据时，使用 Get("lion")操作来找到存储位置并获取数据。基于同一个哈希函数，键值"lion"将用 Put("lion", data)哈希到同一个位置。当查询数据包通过 GPSR 被发送到数据中心节点时，数据中心节点把数据返回给汇聚节点。

尽管 GHT 是一种简单有效的以数据为中心的存储机制，然而，使用静态哈希表来确定数据中心节点的位置，可能会增加通信开销，这些开销主要来自汇聚节点位置和数据传输的频率，尤其是多汇聚环境。此外，如果特定事件数据长期存放在一个固定的数据中心节点，数据中心节点附近的传感器节点可能会由于频繁地转发数据而衰竭，从而导致 WSN 内不平衡的能量消耗。

24.3 数据复制机制

基本的以数据为中心的机制旨在开发一种以数据为中心的存储结构来减少查询开销。然而，当数据中心节点失效时，存储在一个确定的数据中心节点的数据会导致无法访问。另一个考虑是查询效率。在数据复制机制，围绕数据中心节点有一些备份节点保存相同数据。这种方式下，汇聚节点可以访问其中一个备份节点，这样其可以有更多的机会来提高查询效率。为此，数据复制机制提供一些存储和访问备份数据的结构，因此增加了容错能力。大多数现有的数据复制机制根据一种特定的拓扑来备份相同数据，以便数据访问。基于这些拓扑结构，将这些机制进一步分为基于环结构、基于树结构和基于区域结构三类。

24.3.1 基于环结构的机制

基于环结构方法的基本思想是把相同的数据备份到处于环形位置上的传感器节点。Zhang 等[3] 提出了一种基于环结构的机制用以实现数据复制功能，其应用背景是用传感器网络检测感知领域内的目标。每个传感器节点检测附近目标并周期性地生成报告。当操作符表明要了解目标状态时，会向网络发送一个查询数据包，用于目标跟踪。一开始整个网络划分成若干网格。每个网格内的操作由一个领导节点调度。通过领导节点，汇聚节点可以收集到目标对象信息。为了避免在查询操作期间不必要的消息洪泛，本章设计了一种基于环结构的索引机制。

当某个传感器检测到目标时，将使用地理哈希函数计算目标的相对坐标，然后构建一个环结构，该结构包含了转发节点和索引中心相对坐标周围的索引节点。接下来，检测节点向环结构上的节点转发目标信息。当环结构上的转发节点刚转发接收到的目标信息，环结构上的所有索引节点立刻记录下目标信息。当汇聚节点要查询目标位置时会采用同一个哈希函数来计算索引中心的相对坐标，然后向索引中心转发一个查询数据包。从汇聚节点到索引中心的路由路径和索引中心周边的环结构会彼此相交。环结构上那些接收到查询数据包的成员将向环结构最近的索引节点转发数据包。索引节点随后对汇聚节点响应目标信息。图 24.2 示出了所提方法的环结构。通过地理哈希函数，汇聚节点和检测节点可以推导出相同的索引中心相对坐标以及对应的存储环结构。当事件或查询数据包到达环结构时，将沿着环结构转发这些信息，同时分别存储和检索对应的信息。

图 24.2 示出了文献[3]所提机制的示例。当传感器节点 a 检测到一个事件时，使用预定义的映射目标至索引中心位置的哈希函数计算目标"lion"的索引中心。节点 a 进一步构建一个包含转发和围绕索引中心的索引节点环结构。在此之后，节点 a 发送目标信息至所构造的环结构的节点上。由于节点 b, c, d 和 e 担任索引节点角色，记录检测节点 a 的位置。当汇聚节点要查询目标信息时，向环结构上的转发节点或索引节点发送查询请求。在接收到查询请求消息后，转发节点 f 进一步向索引节点 d 转发查询请求消息。接下来，索引节点 d 请求检测节点 a 向汇聚节点汇报目标信息。环

存储结构具有负载平衡和容错性等优点。

存储在若干个节点上的感知信息的副本可以加速查询操作。Xing 等和 Li 提出了一种数据复制机制，称为 LCS[4]，该机制在若干个数据中心节点存储相同的感知信息。存储特定信息的数据中心节点数量会根据信息的重要性而增加。LCS 假设每个传感器节点预先知道自己的位置，还有一个可靠的广播机制能够成功传递数据包给 WSN 的所有节点。设一个源传感器 s 的位置是 (x_s, y_s)，当传感器 s 检测到一个事件，给事件分配一个 σ 值，σ 表示该事件的重要性。然后，传感器在 WSN 上存储和广播 σ 值的事件信息。在接收到信息后，每个接收器根据源传感器和接收器的距离以及 σ 值来确定是否存储该信息。令接收器 r 及其位置 (x_r, y_r)，当接收器 r 同时满足下式条件时，将存储和转发数据包。

$$x_r = (x_s + 2^1 - 1, x_s + 2^2 - 1, \cdots, x_s + 2^\sigma - 1)$$
$$y_r = (y_s + 2^1 - 1, y_s + 2^2 - 1, \cdots, y_s + 2^\sigma - 1)$$

在广播数据包内有一个 TTL 域。在存储了事件信息后，接收器 r 将 TTL 值减去 1，然后向其邻居广播该数据包。另一方面，如果接收器只满足其中一个等式，仅存储信息，不向其邻居广播数据包。当两个等式均不满足时，接收器仅丢掉数据包，不做任何操作。

图 24.3 示出了应用 LCS 机制的数据复制。当源节点 A 检测到事件，存储数据包并向其邻居广播该数据包。事件信息将保存到围绕节点 A 环的实体节点上。对于在 x, y 坐标上任意两个位置完全不同的节点检测到了同一个事件，可以证明 LCS 会在不同的数据中心节点处存储 16 个事件信息副本。即便两个节点位置在 x, y 坐标上具有相同值，LCS 在不同数据中心节点最多存储 $4(2\sigma + 1)$ 个副本。这样，LCS 可以阻止大量的数据中心节点存储相同的事件信息副本。

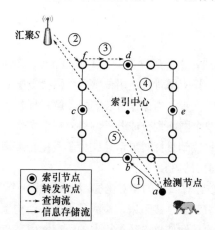

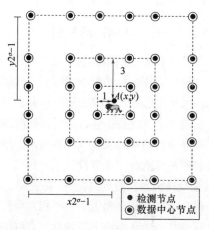

图 24.2　文献[3]提出的基于环结构的机制（在几个索引节点（或数据中心节点）存储相同的事件信息，索引节点位于环结构上，以提高查询效率）

图 24.3　LCS 数据复制机制（在事件检测传感器周围的多个环结构上，使用环拓扑存储同一个事件信息）

24.3.2　基于树结构的机制

数据复制机制不仅可以提高容错能力，还可以减少来自汇聚节点的查询开销。基于 GLIDER[6]框架，Fang 等[5]提出了一种以数据为中心的机制来加速汇聚查询以及减少用于发现数据中心节点的控制开销。在介绍这些以数据为中心的机制之前，首先了解一下 GLIDER 是如何工作的。在 GLIDER 中，无线传感器网络包含了一个汇聚节点、一些已知位置的地标和大量的传感器节点。网络区域从地理上划分成众多通过地标构建的 vonoroi 网格。每个传感器不需要事先知道自己的位置，但需要知道自己到最近地标和该地标的 voronoi 邻近地标的跳数。这可以很容易地通过控制 WSN 上每个地标洪泛来实现。令 $T(u)$ 表示地标 u 的 vonoroi 网格，N_u 为特定地标的集合，该特定地标是 u 的 voronoi 邻居，假设某个源传感器 $s \in T(u)$ 要给目的地 $d \in T(v)$ 发送数据。源 s 从 N_u 中选择一个邻近地标 w，w 是最接近

v 的。然后源 s 根据保留的跳数信息，给 $T(u)$ 和 $T(w)$ 边界发送数据包。接下来，$T(w)$ 的传感器进一步用相似的方式给边界发送接收到的数据包。当数据包到达 $T(v)$ 边界时被贪婪地路由到 d[6]。

在回顾了 GILDER 路由机制后，下面将给出文献[5]提出的以数据为中心的机制。将解释生产者是如何将其读取的数据存储到多个数据中心节点的。令 $p \in T(u)$ 为产生感知数据的生产者。生产者 p 哈希映射一个位置 $h \in T(v)$ 用来存储感知数据。这里，假设生产者 p 发送的感知数据将经过 $T_1, T_2, T_3, \cdots, T_k$，其中 $T_1=T(u)$ 和 $T_k=T(v)$。对于每个网格 T_i，$1 \leqslant i \leqslant k$，在 T_i 中接收数据包的传感器将随机选择一个传感器 $a \in T_i$ 作为一个独立点，负责建立网格内的指纹树，如图 24.4 所示。指纹树的建立过程描述如下：首先，传感器 a 沿着从自身到三个 vonoroi 网格（T_{i+1} 和两个普通 vonoroi 邻居：分别是 T_i 的 n 和 T_{i+1} 的 m，）的路线复制数据。因此，数据将被复制到三条路径上，直到在 T_i 边界处相遇。这样就可以构建出图 24.4 所示的指纹树。图 24.5 描述了一个构建指纹树的例子。在这个例子中，生产者 p 要给距离位置 h 最近的传感器发送感知数据，数据包通过 voronoi 网格 T_1, T_2, T_3, T_4。一开始，生产者 p 任意选择传感器节点 a_1 作为独立点，然后传感器 a_1 构建一个包括三个路径的指纹树，从 a_1 到 T_1 和 T_5、T_1 和 T_2 以及 T_1 和 T_6 的边界。接下来，数据包将被转发给网格 T_2，节点 a_2 被选作独立点角色。节点 a_2 将执行类似 a_1 的过程，在 T_2 构建指纹树。最后，指纹树构建完成，生产者数据被复制到位于指纹树的那些传感器上。

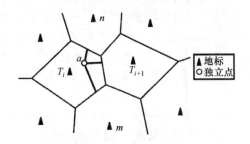

图 24.4 网格 T_i 构建的指纹树

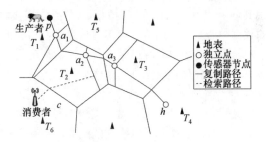

图 24.5 基于树结构机制[5]构建的复制和检索路径示例

当消费者 c 要查询某些生产者生成的数据时，先计算哈希位置 h，然后应用 GILDER 路由机制给 h 发送查询数据包。由于指纹树存储了相同的数据，消费者可以从复制路径和计算路径相交的地方检索数据，而不从 h，如图 24.5 所示。构建指纹树复制数据的优点是生产者和消费者是距离敏感的。具体来说，在这些网格内构建了指纹树，这些网格经过从生产者到哈希过的目的地的路径。因此，越是接近生产者的消费者，从自身到复制路径和检索路径交叉口遍历的行程越短，就可以更早地获得数据。

24.3.3 基于区域的机制

还有一些数据复制方法是基于区域拓扑图存储若干数据中心节点的相同数据。Seada 和 Helmy 提出了聚集区域（RR，Rendezvous Region）的概念，将存储位置从 GHT 中的单个点坐标扩展成了一个区域。这个扩展解决了由于节点迁移或节点失效引起的数据丢失问题。起初，整个网络被分成相同大小的几个区域，每个区域的大小设成多个通信范围。每个传感器节点知道其所属的区域，而不需要具体坐标信息。采用映射函数建立键值和区域的关系。感知数据存放在同一个区域的多个传感器上，以减少由于节点迁移和节点失效数据丢失的概率。这种容错机制也避免了由于大量数据传递引起的不必要的功率消耗，这是单个存储机制的主要缺点。

每个节点周期性地监控各自位置并确定其所属的区域。如果某个传感器节点识别出其区域的变化，将给旧区域的其他节点转发它的数据。假设检测到一个事件，传感器节点 s 生成数据，传感器 s 使用事件对应的键值和映射函数，就可以获得一个对应区域 RR_i。采用现有的地理路由协议（如 GPSR），可以把感知数据从源传感器 s 转发给区域 RR_i。每个接收到事件数据的传感器节点需要检

查其是否处于 RR_i。如果不在会直接将数据包转发给目的地 RR_i。当区域 RR_i 内的第一个传感器节点接收到事件数据包时将充当该区域的洪泛者（FLooder）。然后 Flooder 给所有区域内的传感器节点广播事件数据包。在服务器节点接收到事件数据包后，服务器把数据存储到其内部存储体，并给 Flooder 报告其状态。Flooder 需要检测返回报告的数量，如果备份服务器的数量不够，将广播一个包含概率 p 的服务器增加请求给区域内的所有传感器节点。任何接收到服务器增加请求的传感器节点会生成一个随机数并和数 p 比较。节点可以采用这种方式来决定其是否需要成为一个服务器，如果某个节点决定成为服务器角色，将存储数据，并向 Flooder 报告其状态。Flooder 检测服务器报告数量，改变概率 p，继续广播服务器附加请求，直到有足够的服务器报告数量。Flooder 需要保存服务器位置。当汇聚节点要查询数据时仅利用键值和映射函数就可以获得对应区域 RR_j。通过应用地理路由协议，就可以把查询数据包发送给区域 RR_j。接收到查询数据包和知道服务器位置的节点向最接近的服务器转发查询数据包。否则，仅给区域内的所有节点洪泛查询数据包。任何接收查询数据包的服务器会把数据返回给汇聚节点。

图 24.6 示出了文献[7]提出的一个数据存储和查询操作例子。图中，区域 RR_{13} 中的传感器节点 A 检测到一个事件，使用预定义的哈希函数计算存储区域是 RR_4。应用地理路由协议，节点 A 给区域 RR_4 发送事件信息。在区域 RR_4 中，由于节点 B 是第一个接收到该事件信息的节点，该节点切换成 flooder 角色，向该区域内的所有节点广播接收到的事件信息。这里，假设节点 C 和 D 是区域 RR_4 的数据中心节点，当接收到事件信息后，将存储这些事件信息。当汇聚节点要查询事件信息时，使用哈希函数得出事件存储区域 RR_4，然后应用已有的地理路由协议向该区域发送查询请求包。在区域 RR_4 中，任何接收到查询请求包的节点将进一步转发该数据包给最近的数据中心节点 D。最后，节点 D 沿着逆请求路径给汇聚节点报告事件信息。

还有一些基于区域的数据复制方法被提出用于大规模传感器网络。Sadagopan 等[8]将传统的基于洪泛的查询看作基于拉模式的策略，将基于推模式的策略与基于拉模式的策略相结合，提出了一种基于区域的机制来提高查询效率。下面将描述所提的梳子–针模型节点的基本概念，这些节点检测到事件后，将在网络中纵向推（送）信息，信息则存储在遍历过的节点上。对这些事件感兴趣的入口点将横向传播查询请求，而不是在整个网络广播查询包。也就是说，查询节点动态构建一个类似梳子的路线，检测事件的传感器节点好像一根针推送数据重复结构。如图 24.7 所示，节点 A 检测事件并沿垂直方向广播事件信息，打算查询事件信息的移动汇聚节点沿水平方向发送查询请求。仿真结果显示大多数情况下，comb-needle 策略比纯推模式和纯拉模式策略具有更高的效率。

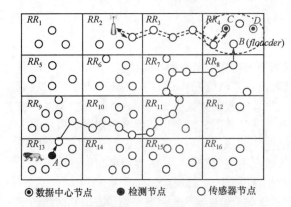

图 24.6　文献[7]的数据存储和查询操作示例

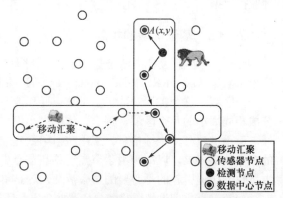

图 24.7　文献[8]中组合推拉模式的策略示例（节点 A 检测到事件，沿垂直方向在数据中心节点保存该事件，汇聚节点沿水平方向发送查询请求以获取事件信息）

现有的数据复制机制采用备份节点来提高容错能力和查询效率。然而，当某些事件发生的频率比其他事件高时，数据中心节点中存储事件信息和处理查询请求的负载会发生失衡。24.4 节将介绍一些负载平衡机制，这些机制负责平衡数据中心节点之间的负载。

24.4 负载平衡机制

网络寿命是 WSN 最重要的问题之一。然而，WSN 的寿命主要取决于各传感器节点之间的负载平衡度。一个负载平衡的 WSN 也意味着 WSN 能力是平衡的，这样每个传感器寿命基本上是相同的。WSN 的工作负载主要源是信息感知、存储、检索和路由。负责存储感知信息的数据中心节点同时负责处理信息的查询请求，因此也消耗了比其他节点更多的能量。除了上述基本的和数据复制机制，负载平衡机制用负载平衡的方式，给所有传感器节点分配数据存储和检索的工作负载。下面将解释一些重要的以数据为中心的机制，在这些机制的设计过程中考虑负载平衡问题。

在 WSN 中，一个事件通常被描述成一个具有 k 个属性值的元组：$A_1, A_2, \cdots, A_k$，其中属性 A_i 表示一个传感器读数或某个相应的检测值。Li 等开发了一个面向多维数据的分布式索引（DIM，Distributed Index for Multidimensional data）[9]，该方法考虑了负载平衡问题。DIM 的主要设计思想是根据特定编码方法划分 WSN 区域，给每个区域分配一个码字。按照多属性事件的值，事件信息被映射成一个码字，码字确定存储该事件的区域。查询结点也使用多个多属性值得到编码区域，从而减少查询开销，提高查询效率。

下面将对 DIM 进行详细解释。监控区域被分成 2^i 个区域。假设监控区域是矩形，在区域创建过程，边界矩形 R 最初用一条垂直线分成两个级别为 0 且大小相等的两个区域。然后再用水平线把两个子区域分成级别为 1 的更小的区域。这种划分操作不断重复执行，以便将整个区域划分成若干个小区域。如果划分级别 i 是奇数，分割线则平行于 y 轴。码字 0 和 1 被分别分配给右侧和左侧区域。反之，如果划分级别是偶数，分割线平行于 x 轴，码字 1 和 0 被分别分配给上侧和下侧区域。结果，每个划分后的区域被将被分配一个唯一的码字。

一个地理位置保持哈希用来将一个多属性事件映射到一个地理区域。当某个传感器节点检测到一个事件时，将事件属性值映射成一个码字，然后给该码字对应的区域发送事件信息，该区域用 GPSR 路由机制存储事件。类似地，要查询事件信息的汇聚节点，也要把该多属性值哈希成一个码字，然后应用 GPSR 路由机制给存储事件的区域转发查询请求。这样，事件信息是用一种负载平衡的方式进行存储的，查询事件信息也更高效。

图 24.8 示出了一个 DIM 例子。在这个例子中，每个事件包含两个属性：温度和亮度。首先，实现了区域创建过程，在这个过程中，每当一个区域被划分成两个较小的区域时，相应的属性值区间也被划分成两个子区间。负载平衡度会随着区域变小而减少，也就是说，区域创建过程会重复执行，直到区域数量满足负载平衡需求。给右下方区域分配的码字为⑩，这是因为它在线 1 的右边（第一个比特为 1），线 2 的下边（第二个比特为 0）。此外，⑤,⑥号区域是用两条垂直和两条水平线划分而成的。因此，这两个区域分别被分配了码字 1111 和 1110。

每个区域恰好有一个传感器节点负责存储具有特定属性值的事件信息。根据每个属性值落入的区间，事件信息依据该事件属性的多维范围值存入某个区域。例如，令 A_1 和 A_2 分别为事件 E 的温度和亮度值，在 1 号区域，传感器节点检测事件 E 的值 $(A_1, A_2)=(0.8, 0.7)$。由于 $A_1=0.8>0.5$，事件码字的第一个比特为 1。类似地，$A_2=0.7>0.5$，事件码字的第二个比特为 1。接下来，值 $A_1=0.8$ 落入区间 $(0.75, 1)$，因此事件码字的第三个比特是 1。最后，值 $A_2=0.7$ 落入区间 $(0.5, 0.75)$，因此事件码字的第四个比特是 0。作为结果，事件 $E=(0.8, 0.7)$ 被存入区域 6 的传感器中，给该事件分配的码字是 1110。

在文献中，Liu 等[10]也以改进 GHT[2]网络寿命为目标。使用静态哈希函数的 GHT 可以能会导致大量传感器访问同一个地理位置的问题。在这种情况下，距离该地理位置较近的网络资源会更早耗尽。这篇文献提出了一个做了如下改进的动态 GHT 机制。首先，采用一种基于时间的 GHT，随着时间的变化，同一事件类型的存储位置也相应改变。第二，提出了一种位置选择方案，该方案根据访问频率搜索可能的存储位置，来转移存储节点负荷，以避免不平衡的能量耗尽。图 24.9 图示解释了所提方法的基本概念，图中，事件圆环代表各种事件类型，位置圆环表示不同的存储位置。在每个间隙，事件圆环的选择取决于位置圆环的旋转。换句话说，事件 0 映射成第一个间隙的单元 0（位置 0）；事件 1 映射为第二个间隙的单元 1（位置 1）；等等。这种映射持续到每个事件圆环返回到起点。此时，事件圆环移到一个位置，如图 24.9(b)所示。在这种情况下，事件 0 映射到单元 8（位置 8），事件 1 映射到单元 0（位置 0）。在几个间隙后，事件将再一次被映射到第一个间隙的相同位置。采用这种方式，相同事件数据被均匀地分配到了各个单元，从而达到负载平衡的目的。

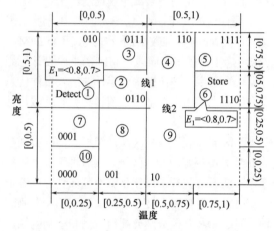

图 24.8　DIM 机制操作的示例

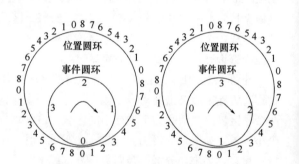

图 24.9　基于事件的 GHT：使用事件和位
置圆环来分发数据中心节点的工作负载

（a）移动前；（b）移动后。

给汇聚节点返回数据的传感器节点，其选择规则是相当简单的。当传感器节点检测到事件时，根据事件类型和当前间隙号计算对应事件节点。剩余的存储空间和剩余的能量将被用于在同一单元内选择传感器节点。具有最多资源的传感器节点负责存储和给汇聚节点返回数据。汇聚节点也使用该事件类型和时间间隙号，来找到存储感兴趣事件信息的传感器位置。

24.5　分层管理机制

为了减少网络流量，提高查询效率，其他一些研究者提出采用支持多层存储结构的分层管理机制，以有效存储感知信息和响应查询。本节主要介绍基于区域的结构和基于簇的结构。

24.5.1　基于区域的机制

一些基于区域的机制被提出用于数据存储和检索的分层管理。基于区域机制的主要思想是把整个 WSN 区域划分成若干区域，在每个区域中选择一个领导节点，来有效管理数据存储和查询请求。Le 等[11]提出了一种基于区域的存储结构，其中每个传感器节点不需要知道自己的位置信息。根据这种基于区域的管理，所提机制提供了一种数据查询的分层管理。

该结构的设计依赖一种贡献潜力的新概念，以及一种执行这种概念的分布式聚类算法。这种方法假设传感器节点均匀部署在监控区域，所有的传感器具有同等的传输范围，但可以有不同的初始能量和存储空间。下面描述数据存储和数据查询的操作过程。首先提出一种分布式区域划分算法，将 WSN 区域划分成若干小区域，然后在每个区域选择一个领导节点和一个存储传感器。在区域划分过程中，领导节点在区域内构建一个树结构，并通知区域内的所有传感器有关存储传感器的路由信息。接下来，构建领导节点之间的路由路径。区域内的所有传感器将给那个区域的存储传感器传输的感知信息。领导节点将维护区域内的成员和存储传感器信息。查询包首先发送到所有领导节点处，然后领导节点给区域内的存储传感器转发查询包。如果存储器存储的数据与查询需求匹配，存储传感器将返回所需的信息。

提出的区域划分算法具体细节描述如下。令传感器 s 的贡献潜力 $P(s)$ 表示其对网络的贡献潜力。潜力值根据程度、剩余能量、存储空间或者节点的服务间隙来估计。每个节点 s 会和周边节点交换贡献潜力 $P(s)$。如果节点 s_i 的 $P(s_i)$ 小于邻居节点 s_j 的 $P(s_j)$，则 s_i 选择 s_j 作为上行节点。没有上行节点的节点将作为区域领导节点，来广播一个区域的结构消息，该消息包含了具有 *TTL* 的区域 *ID*（它的 ID），以及到下行节点的最大区域半径（R）。这些节点的 *TTL* 减 1，并且递归重复这个过程，直到 *TTL* 变为 0。最后，没有区域的节点将重新初始化区域发现过程，直到所有节点都属于一个确定的区域。这样，每个区域将包含一个位于区域中心点附近的区域领导节点。图 24.10 中，节点 a 和 b 是集合 A 和 B 的区域领导节点，因为 $P(a)$ 和 $P(b)$ 分别是集合 A 和 B 的最大值。如果 $P(a)$ 小于 $P(b)$，集合 A 和 B 将合并成一个更大的集合 C，节点 b 将成为集合 C 的区域领导节点。这些集合不断重复合并成一个更大的集合，直到集合半径大于预定义值 R。最后，区域中具有最大潜力值的节点将成为整个区域的领导节点。图 24.11 显示了构建的区域及其对应的区域领导节点。

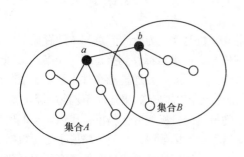

图 24.10　文献[11]中区域领导选择过程示例（由于节点 a 和 b 在集合中具有最大的潜力值，节点 a 和 b 分别成为集合 A 和 B 的领导）

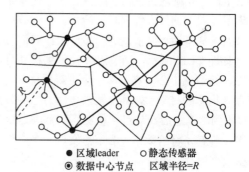

● 区域leader　　○ 静态传感器
◎ 数据中心节点　　区域半径=R

图 24.11　构建的区域及其区域领导和存储节点

24.5.2　基于簇的机制

簇结构已经广泛应用在 Ad Hoc 网络管理中。使用簇结构可以减少洪泛开销，这是因为只有簇头才参与 Ad Hoc 网络的数据包转发。有些以数据为中心的机制采用了基于簇的结构来提高数据存储和查询效率。大多数现有的以数据为中心的机制应用地理路由以有效地转发感知信息与查询请求到数据中心节点。然而，得到每个传感器节点的准确位置信息是非常困难的。Newsome 和 Song[12] 提出了一种基于簇的数据中心机制——GEM，可以在没有位置信息的情况下有效解决信息存储和查询问题。GEN 首先构建一个虚拟树形拓扑，然后将树映射到物理无线传感器网络上。在构建树的阶段，汇聚节点在 WSN 上洪泛一个数据包，来判断从每个传感器节点到汇聚节点的级别。给数据包设置一个名为 *level* 的字段用来计算从汇聚节点到接收器的级别，每当数据包被转发到下一个节点时，*level* 增加 1。接收器把具有最小级别的发送器视为其父，这样当数据包在 WSN 洪泛时，来构建虚拟树。之后，每个节点向其父报告其子树上从叶到根的节点数。

GEM 的下一步是给构建的虚拟树的每个节点分配一个虚拟角度范围。图 24.12 描绘了构建的虚拟树和每个节点的虚拟角度。首先，给根节点分配一个角度范围。本例中，根节点角度范围是[0,100]。然后，根节点把其角度范围划分成几个区间，这样区间数就是子节点数。然后，根节点给每个子节点分配区间，角度范围的划分主要取决于子节点的子树大小。例如，根节点 A 的虚拟角度范围划分取决于节点 B、C 和 D 的子树大小。由于 B、C 和 D 的子树大小分别是 3、4 和 3，节点 A 的角度范围[0,100]也被划分成三个子集[0,30]、[31,70]和[71,100]。类似地，节点 B、C 和 D 进一步划分其角度范围为几个区间，给每一个子节点分配一个区间，直到这些叶节点占用了整个角度范围。

当生成一个事件信息时，将应用哈希函数给角度范围哈希一个事件值。负责存储事件的数据中心节点，其角度范围覆盖了哈希后的角度范围。由于没有位置信息，作者进一步研究了基于角度范围的路由机制，用于给数据存储用途的数据中心节点发送事件信息或者给信息查询用途的数据中心节点转发查询请求。例如，图 24.12 中节点 F 生成了一个事件信息，假设该事件信息映射的角度范围是[60,70]。这样，根据最短路由(F, G, H, I)，该事件信息自被动发送到节点 I。由于节点 I 标记的角度范围是[58, 70]，覆盖了[60, 70]的子范围，因此该事件信息将被存储在节点 I 处。

Xu 等基于簇的拓扑也提出了一种分层管理机制——EASE。他们提出一种能量有效的数据存储策略，可以有效报告目标位置、以低代价更新目标位置以及增加网络寿命。该机制首先选取本地存储节点来存储检测目标信息，当本地存储节点接收到新的目标位置时，根据精度范围要求更新数据中心节点。精确的位置信息被保存在本地存储节点，而粗略的位置信息被存储在数据中心节点。当汇聚节点要查询目标位置时，给数据中心节点发送了一个查询请求。如果需要高精度查询，数据中心节点将从本地存储节点进一步检索详细信息。

如图 24.13 所示，当节点 A 检测到移动目标时，将改变自己角色为检测节点和本地存储节点。节点 A 给数据中心节点发送一个更新消息，以更新对应信息。如果目标移到接近另一个节点 B 处，节点 B 检测到目标后，其将转换角色为检测节点，给本地存储节点 A 发送检测事件信息。当从节点 B 接收到新消息后，节点 A 检测运动范围是否在预定义的精度范围内。如果运动范围超出容许精度范围，节点 A 将给数据中心节点发送一个更新消息，以确保运动目标精度在精度范围内。当汇聚节点要查询目标信息时，它给数据中心节点发送一个查询消息。如果数据中心节点精度不足，数据中心节点给本地存储节点进一步发送一个位置更新消息，以获取目标的详细信息。位置更新消息包括

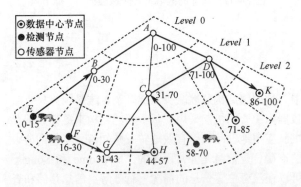

图 24.12　GEM 的虚拟树结构和角度分配

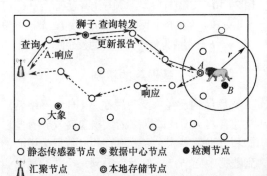

图 24.13　EASE 机制的分层管理策略示例

了汇聚节点位置，以便本地存储节点可以在汇聚节点和数据中心节点处更新位置信息。如果仅查询粗略信息，数据中心节点直接给汇聚节点提供所需的信息；反之，如果查询详细信息，数据中心节点根据需要从本地存储节点更新信息。按照这种方式，可以改进不必要更新消息的数量，显著减少功率和带宽消耗。

文献[14]中，Desnoyers 等提出了一种基于簇的管理，以探索新兴的传感器网络的多层特性。他们提出了一种双层传感器存储结构（TSAR，Two-tier Sensor storage Architecture）。在所提的结构中，WSN 组合了几个 *inxproxy* 节点和许多传感器节点。相比传感器节点，代理节点通常具有更好的计算和通信能力，更大的存储空间和更多剩余能量。每个代理节点管理几十到数百个传感器节点。在传感器层，每个传感器独立地存储感知信息并给代理节点报告信息概要。在代理层，TSAR 使用一种索引结构实现高效查询。

图 24.14 示出了 TSAR 结构，图中属于同一个组的传感器节点由一个代理节点管理，每个传感器节点在自身的存储器中存储感知信息并给代理节点报告信息概要，该摘要包括 ID 号、时间间隔以及在存储内的位置偏移。在接收到概要信息后，代理节点将概要信息记录在一张概要表中。所有代理节点周期性地交换它们的信息来创建一个区间跳跃图。当用户要查询一个事件信息时，首先给代理节点发送查询请求。根据查询请求，代理节点检测其概要表，如果记录在概要表的摘要信息与该请求匹配，将进一步给管理传感器转发请求。在接收到查询请求后，传感器给用户报告有关查询事件的详细信息。TSAR 提出一种用于数据存储和搜索的分层管理，可以显著减少搜索时间。

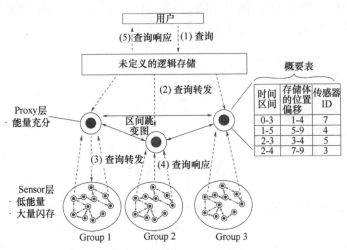

图 24.14 双层 TSAR 数据存储和查询管理结构

24.6 未来发展方向和开放问题

前面几小节介绍了几篇以数据为中心的存储的文章。尽管上述文章致力于在不同环境下开发以数据为中心的存储结构，但是，其中的大部分没有考虑多个汇聚节点的环境以及查询频率因素。使用静态哈希表来确定数据中心节点位置，可以会引起通信开销，这主要取决于汇聚节点的位置以及数据发送的频率，特别是在多汇聚环境下。此外，如果特定事件信息很长时间存放在一个固定的数据中心节点，数据中心节点附近的传感器节点可能会由于频繁的数据转发而能量耗尽，导致不平衡的功率消耗。

一个开放的问题是为具有相似甚至相同查询的那些汇聚节点开发路径共享。路径共享机制的开发应该考虑由一个新汇聚节点启动的新查询的到达,除了查询频率,这个查询与已有的多个查询相同。此外,如果一些汇聚节点完成了查询,从同一个数据中心节点到多个汇聚节点的最优共享路径应该随之被改变。查询改变会产生数据中心节点可能改变的问题,因此,现有查询的最优共享路径也应相应改变。给多个汇聚创建最优共享路径的挑战是如何根据多汇聚节点的位置和请求频率来动态确定数据中心节点位置,从而减少冗余数据包的传输和转发节点的数量。

在选择数据中心节点时,如果不考虑汇聚节点的位置和请求数据集频率,可能会引起低效通信问题。图 24.15 给出了这种情况的一个示例。图中有三个不同的汇聚节点 X、Y 和 Z 打算查询事件 A 的信息,要求的响应频率分别是 1/50s、1/10s 和 1/20s。图 24.15(a)描绘了利用基本的以数据为中心的算法时的通信路径。汇聚节点 X 要求了最大响应频率,但是由于位置距离事件 A 的数据中心节点最远,因此,从数据中心节点传输感兴趣的信息给汇聚节点 X 需要消耗较大的通信开销。根据汇聚节点 X、Y 和 Z 的位置和请求响应频率,一个更好的机制可能是动态改变数据中心节点位置,如图 24.15(b)所示。图 24.15(b)中,由于 X 的请求频率更高,新的数据中心节点位置更接近汇聚节点 X。相比之下,如图 24.15(a)和图 24.15(b)所示,从数据中心节点到汇聚节点 X 转发数据包以响应每一个数据分别需要 6 和 3。尽管图 24.15(b)中节点 Y 和 Z 为了响应数据增加了转发开销,然而,由于请求的频率较低,总的数据响应代价减少了。数据中心节点的改变会减少总的转发开销,特别是长时间数据集的应用,可以节约很多周期数据收集的能量。

此外,应用 GPSR 从数据中心节点到每个汇聚节点构建独立途径,可能会导致大量转发节点加入到路径中。图 24.15 表明了从数据中心节点到各汇聚节点独立构建的路径。这就需要一种新的路径共享路由算法,以从数据中心节点到多个汇聚节点构建一条共享路径。正如图 25.15(b)所示,根据 Y 和 X 的位置构建了一条共享路径。与图 24.15(b) 对比,图 24.15(a)描绘了几个独立路径产生的重复传输,并且消耗了转发节点的能量和网络带宽。

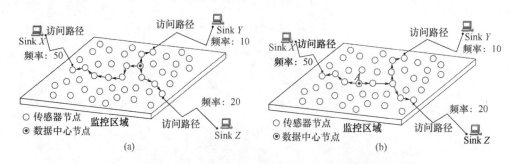

图 24.15 改变数据中心节点位置和建立共享路径的优势示例

(a) 采用基本的以数据为中心机制:数据中心节点和构建路由的静态位置;

(b) 数据中心节点位置动态改变,从新数据中心节点到多个汇聚节点构建一条共享路径。

24.7 总　结

本章根据以数据为中心的机制的设计目标和思想,将现有这些机制分成基本的、数据复制、负载平衡和分层管理四类。然后回顾了每种机制的基本概念和策略。最后,指出一些可能的发展方向和有关以数据为中心存储面临的开放性问题。在基本的数据中心类,回顾了 GHT 机制,该机制仅利用哈希函数得到数据中心节点位置。为了提高容错能力和查询效率,回顾了落入数据复制类的一些机制。这些机制根据拓扑结构,进一步被分成基于环结构、基于树结构和基于区域三类。由于网络寿命是设计 WSN 任何协议的最重要的问题之一,回顾了属于负载平衡类的一些其他数据中心机制。最后,本章回顾了四种以数据为中心的机制,这些机制的目的是减少网络流量和提供高效查询。

还有一些属于分层管理类的机制包进一步被分为基于区域和基于簇两类。

尽管文献中提出了一些以数据为中心的机制，但是，没有一种机制考虑多汇聚的网络环境，这可能会引起对同一个数据中心节点发起同一个或相似的查询请求。本章最后指出在多汇聚环境下以数据为中心的存储面临的开放性问题和可能的挑战。今后，需要致力于开发动态的以数据为中心的存储机制和路径共享算法，以提高复杂无线传感器网络环境的查询效率。

参 考 文 献

1. B. Karp and H. T. Kung. GPSR: greedy perimeter stateless routing for wireless networks. In: International Conference on Mobile Computing and Networking (MobiCom), 2000, pp. 243–254.

2. S. Ratnasamy, B. Karp, S. Shenker, D. Estrin, R. Gvoindan, L. Yin, and F. Yu. Data-centric storage in sensornets with GHT, a geographic hash table. Mobile Networks Appli., 8(4):427–442, 2003.

3. W. S. Zhang, G. H. Cao, and T. L. Porta. Data dissemination with ring-based index for wireless sensor networks. In: IEEE International Conference on Network Protocols (ICNP), 2003, pp. 305–314.

4. K. Xing, X. Z. Cheng, and J. Li. Location-centric storage for sensor networks. In: IEEE International Conference on Mobile Adhoc and Sensor Systems Conference, 2005.

5. Q. Fang, J. Gao, and L. J. Guibas. Landmark-based information storage and retrieval in sensor networks. In: Proceeding of the 25th Conference of the IEEE Communication Society (INFOCOM), April 2006.

6. Q. Fang, J. Gao, L. Guibas, V. de Silva, and L. Zhang. GLIDER: gradient landmark-based distributed routing for sensor networks. In: Proceeding of the 24th Conference of the IEEE Communication Society (INFOCOM), March 2005.

7. K. Seada and A. Helmy. Rendezvous regions: a scalable architecture for service location and datacentric storage in large-scale wireless networks. In: IEEE/ACM IPDPS International Workshop on Algorithms for Wireless, Mobile, Ad Hoc and Sensor Networks (WMAN), April 2004.

8. N. Sadagopan, B. Krishnamachari, and A. Helmy. Active query forwarding in sensor networks. Elsevier J. Ad Hoc Networks, 3:91–113, 2003.

9. X. Li, Y. J. Kim, R. Govindan, and W. Hong. Multi-dimensional range queries in sensor networks. In: Proceeding of the 1st International Conference on Embedded Networked Sensor Systems. 2003, pp. 509–517.

10. T. N. Le, W. Yu, X. Bai, and D. Xuan. A dynamic geographic hash table for data-centric storage in sensor networks. In:Wireless Communications and Networking Conference (WCNC), 2006, pp. 2168–2174.

11. T. N. Le, D. Xuan, and W. Yu. An adaptive zone-based storage architecture for wireless sensor networks. In: IEEE Global Telecommunications Conference (GLOBECOM), 2005, pp. 2782–2786.

12. J. Newsome and D. Song. Gem: graph embedding for routing and data-centric storage in sensor networks without geographic information, ACM SenSys, 2003, pp. 76–88.

13. J. L. Xu, X. Tang, and W. C. Lee. EASE: an energy-efficient in-network storage scheme for object tracking in sensor networks. In: IEEE Communications Society Conference on Sensor and Ad Hoc Communications and Networks(SECON), 2005, pp. 396–405.

14. P. Desnoyers, D. Ganesan, and P. Shenoy. Tsar: a two tier sensor storage architecture using interval skip graphs. ACM SenSys, 2005, pp. 39–50.

第25章 无线传感器网络的跟踪

25.1 引 言

无线传感器网络（WSN，Wireless Sensor Network）是一种面向应用的网络结构，其广泛用于战场、灾区以及核电站中，以进行环境监控、目标检测、事件跟踪以及安全监控等。在上述应用中，特别是在某些重要的场景中，用户往往只关注感兴趣区发生的事件，因此跟踪是一项重要的任务。一般来说，WSNs 中的传感器需要不断感知事件属性。一旦检测到事件，传感器便将传感器数据传送到汇聚节点或者用于外部存储的数据中心传感器。WSN 跟踪有两个目的：目标跟踪和事件边界确定。前者侧重于辨认一个或多个静态或移动目标，而后者集中于用事件边界附近的传感器识别出感兴趣事件的边缘。

大部分有关跟踪技术的前期工作，不仅考虑了无线同构传感器网络，在该网络中只部署具有相同感知单元的一种类型的传感器，关注的是只由一种属性构成的事件。如果一个事件有多种属性，由于事件属性不能仅用一种类型传感器来感知，那么现有方法无法完成事件跟踪。为此，带有各种感知单元的多种类型传感器对这些应用是十分必要的。这里，由各种类型传感器构成的网络称为无线异构传感器网络（WHSN，Wireless Heterogeneous Sensor Network）。

在本章，首先介绍 WSN 的跟踪任务，然后给出目标跟踪和边界确定的各种方案。先进技术的进步促使传感器可以装配多个感知单元，因而传感器能广泛用于 WHSN 完成跟踪任务。接下来，描述在 WHSN 跟踪协议设计中所面临的挑战，随后介绍一种新的面向 WHSN 的协作事件跟踪方案。最后，指出 WSN 跟踪技术尚存在的问题。

25.2 WSN 的跟踪场景

总体而言，WSN 的跟踪任务主要分为目标跟踪和事件边界确定这两类。目标跟踪的任务是确定在任何时刻下的目标位置。如图 25.1 所示，以国家公园内的一头狮子为移动目标，狮子移动路线附近的传感器可以检测到狮子，因此这些传感器将作为主动传感器，负责跟踪狮子。

另外，事件决策的主要目标是确保传感器在事件区内跟踪事件。图 25.2 示出了国家公园的场景，

狮子的路线　　　主动传感器　　　非主动传感器

图 25.1 目标（狮子）跟踪说明图

事件范围　　　主动传感器　　　被动传感器

图 25.2 事件（火灾）决策说明图

其中阴影区域表示火灾现场。此时，火灾可以视作一个事件。显然，一旦检测到有火灾，事件区内的传感器都将变成主动传感器用于跟踪火灾。

25.3　跟　踪　技　术

近年来，大部分 WSN 跟踪技术着重研究两个问题：目标跟踪[1, 2, 7–9, 12, 16, 18, 19, 21–23]和事件边界确定[3, 4, 10, 11, 13, 15]。目标跟踪方法集中于确定静态或动态目标的位置，如高速路上的汽车、战场中的坦克或者国家公园里的野生动物。而事件边界确定方法则是通过事件精确边界周围的传感器，来判定感兴趣事件的边缘。

25.3.1　目标跟踪

总的说来，现有的 WSN 目标跟踪方法主要分为树构造、聚类和随机技术三类。本节将分别介绍这三类的代表性协议。

25.3.1.1　树构造方法

Zhang 和 Cao[21]提出了一种基于树的协作（DCTC，Tree-Based Collaboration）框架，用于 WSN 的目标跟踪。简单来说，DCTC 构造一棵树，称为护航树，为移动目标跟踪形成一个有效的拓扑。护航树有两个重要的属性。第一个属性是护航树由目标周围的传感器构成，第二个属性是护航树的根节点是距离目标最近的传感器。图 25.3 示出了一个护航树的例子。根据上述两个属性，护航树能够及时有效地反映目标的移动情况。也就是说，当目标移动时，通过增加或删减一些传感器，动态构造一棵护航树。例如，一旦汽车开始移动，护航树就会发生改变，形成的新护航树结构如图 25.4 所示。在 DCTC 方法中，由于只有目标附近的传感器进行传感器数据聚合和数据传输调用，因此其通信开销和能量消耗均得到了明显的降低。

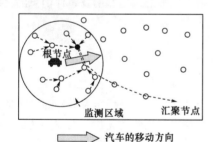

图 25.3　护航树说明图
（其根节点是汽车（摘自文献[21]））

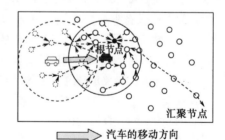

图 25.4　汽车移动时形成的新护航树
（摘自文献[21]）

在 DCTC 框架基础上，Zhang 和 Cao[22]进一步提出了树重配置的优化方法。移动目标跟踪中树重配置的优化问题，实际上是要找到代价最小的护航树序列。护航树重配置一般涉及两个步骤：①根节点更换；②树剩余部分的重配置。

（1）根节点更换：根节点更换的主要思想是用文献[20]中的运动预测技术来预测目标的新位置。图 25.5 给出了一个根节点更换规则的示例。假设 R^C 表示动态护航树当前根节点。L' 是通过 R^C 预测的下一次目标的位置。如果 R^C 和 L' 之间的距离超过预定阈值 δ，R^C 就用距离 L' 最近的传感器更换，并且将距离 L' 最近的传感器作为新的根节点，命名为 R^n。

（2）树重配置：针对最优护航树重配置，提出了两种优化方案：优化的完整重配置（OCR，Optimized

Complete Reconfiguration）和优化的拦截重配置（OIR, Optimized Interception Reconfiguration）。在 OCR 方案中，重配置过程涉及了全部树传感器。而 OIR 方案中，只需要重配置一小部分树传感器。显然，OIR 方案的开销要低于 OCR。

Kung 和 Vlah[8]提出了一种可扩展架构，称为使用网络传感器的可扩展跟踪（STUN, Scalable Tracking Using Networked Sensors），其主要目的是让传感器将检测到的目标位置传送给一个查询节点（如 sink）。构造这种分层结构的一种有效技术称作排干与平衡（DAB, Drain-And-Balance）方法，该方法基于目标运动模式的预期属性。在 DAB 方法中，当目标移动时，只有那些有相同根节点的、能检测到目标出发和到达的子树传感器须要中转更新的消息，因此显著降低了 DAB 的更新流量。然而，DAB 树无法反映网络的物理结构，因此在有些情况下，构造的树可能是不适用的。

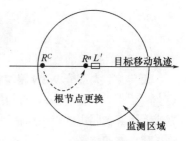

图 25.5　护航树根节点更换说明图（来自文献[22]）

受 DAB 树结构的启发，Lin 等人[12]提出了一种新的应用于 WSN 目标跟踪的树结构。文献[12]中，网络拓扑视为一种无向加权 Voronoi 图 $G = (V_G, E_G)$，其中 V_G 和 E_G 分别表示传感器和该传感器与相邻传感器间的链路。链 $(u,v) \in E_G$ 的权值表示事件发生概率的总和，包括从 u 到 v 以及从 v 到 u 的到达和出发概率。结合生成的加权 Voronoi 图，就形成了相应的 Delaunay 三角形。

与文献[12]中 DAB 方法类似，若给定拓扑图 G，就可以构造逻辑加权树，称为 T。每个传感器 $u \in T$，不仅要维持其感知范围内的当前目标，也要跟踪以传感器 u 子节点为根节点子树传感器感知范围内的目标。此外，一旦目标从传感器 u 的感知范围移动到传感器 v 的感知范围，到达和出发事件消息将被转发到传感器 u 和 v 共有的最近父节点。

还有文献提出了一种称为偏差避免树（DAT, Deviation-Avoidance Tree）的集中算法，该算法的树更新代价（update cost）是通过计算单位时间内，网络传输中的到达和出发事件消息的平均数目得到的。为了降低更新和查询代价，DAT 考虑了以下几条性质。

性质 1：传感器不应偏离其到汇聚节点的最短路径。

性质 2：每个传感器的父节点应该是其中一个相邻节点。

性质 3：权重高的链路应该靠近汇聚节点。

为了减小更新代价，DAT 算法一般更倾向于选择那些权重高的链接点作为最后的逻辑加权树（即 T）。此外，为了降低查询代价，DAT 算法在网络物理结构中，也会避免传感器偏离其到汇聚节点的最短路径。总之，由于考虑了上述性质，显然 DAT 方法构造了一个有效的树结构。完整算法参见文献[12]。

25.3.1.2　聚类方法

Yang 和 Sikdar [19]考虑了可伸缩性和鲁棒性，探索用聚类结构开发一种针对移动目标的分布式预测跟踪算法（DPT, Distributed Predictive Tracking）。DPT 的主要思想是，通过接近目标的簇头（CH, Cluster Head）选取并确定最优传感器集，实现目标跟踪。显然，由于用来跟踪目标的传感器数目大大减少，采用这种聚类技术可以节约能量。

DPT 方法中，为了获得准确的信息，在任何时候至少需要三个传感器来共同感知目标。假设簇头已知其簇内的传感器位置信息，并且每个传感器都有两个感知半径：正常光束和高光束，分别对应于正常和休眠操作模式。DPT 操作可以视为沿着移动目标轨迹上放置的传感器，按照感知-预测-通信-感知顺序执行的一种任务序列。DPT 有两个主要部分：目标描述子生成算法和传感器选择算法。

在目标描述子生成算法中，簇头利用目标描述子（TD，Target Descriptor）来维持目标信息。簇头的 TD 包含簇头的标识、簇头的当前位置、簇头下一个预测位置和时隙。此外，在线性预测器的帮助下，预测器能根据第 $n-1$ 个实际位置预测第 n 个位置，那么就可以根据目标经过的位置，有效定位移动目标的下一个位置。

在传感器选择算法中，一旦簇头 CH_i 预测到目标位置，那么下游簇头 CH_{i+1} 将选择三个传感器负责感知目标。原则上，为了准确识别目标，这些传感器中的任何一个到目标预测位置的距离，都应该小于传感器正常光束的范围。如果下游簇头不能找到足够的传感器来执行感知任务，就需要利用高光束来寻找合适的传感器。如果没有找到足够多的传感器，下游的簇头将向相邻的簇头不断请求帮助。

一般情况下，应该重视 WSN 的能效问题，因此 DPT 算法使用传感器休眠机制来节约能量，延长网络寿命。换句话说，只需要唤醒选择的传感器来感知目标，而传感器可以继续休眠。此外，传感器还根据目标位置，采用不同的光束感知目标，从而可以有效降低能耗。

25.3.1.3 随机方法

Aslam 等人[1]开发了一种二进制传感器模型，该模型将传感器数据转化为 1 比特信息，并且提出了一种基于粒子滤波（Particle Filtering）的移动目标跟踪算法。由于只利用一个比特表示跟踪信息，这种跟踪机制不仅能实现有效的能量利用率，还能在低传感器密度的情况下达到高跟踪准确度。文献[23]提出了一种基于传感器协作和传感器数据聚合的信息驱动方法，用于目标跟踪。假设领导节点在任何时刻都是活跃的，负责确定和路由到下一个领导节点的跟踪信息。文献[23]中的跟踪任务被视为一系列贝叶斯估计问题。文献所提方法通过使用贝叶斯滤波器使传感器来确定目标的状态，该滤波器主要结合了当前的测量值和之前的估计值。该方法不是依赖仅一个传感器的测量值，而是考虑了与时间和空间属性相关的多个测量值。这样的传感器协作，可以有效提高事件跟踪的准确率。

25.3.2 事件边界确定

除了目标跟踪，事件边界确定是 WSN 跟踪应用中另一种实用方式。具体来说，这种方式广泛用于那些感兴趣现象（又称为事件）占据较大区域的场景中。多数有关事件边界确定的研究主要集中在选择一组传感器，称为边缘传感器或者边界传感器，来表示现象的确切边界。

文献[3]中介绍了三种确定事件边界的方法，分别是统计方法、图像处理方法和基于分类器的方法。总而言之，这些方法的重点是边缘传感器的确定。边缘传感器定义为这样一个传感器，它不仅位于事件区内部，也位于理想边缘的预定义距离（又称为公差半径）内的传感器。如图 25.6 所示，假设阴影区是事件区，r_t 是公差半径，d_u 是传感器 u 和理想边缘之间的距离。很显然，传感器 u 是边缘传感器，因为它在事件区内并且 $d_u < r_t$。然而，如果 $d_u > r_t$，即使传感器 v 在事件区内，那么它也不是边缘传感器。文中所提出方法的主要思想是每一个传

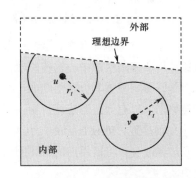

图 25.6 边界和非边界传感器说明图（传感器 u 和 v 分别表示边界和非边界传感器（摘自文献[3]））

感器从与相邻的传感器处收集信息，然后按分布式方式确定是否可以作为边缘传感器。

在统计方法中，传感器从与其相邻传感器收集信息，然后采用布尔决策函数进行决策，是边缘传感器还是作为非边缘传感器。基于滤波技术的图像处理方法[6]，主要是考虑图像中出现的高频信息（即变化剧烈），然后去除全部均匀变化来进行局部边缘检测，这里高频可以看作现象边缘。受模式识别概念的启发，基于分类器的方法利用简单的线性分类器，将传感器收集到的数据分为相似和不相似数据。借助线性分类器提供的分类线，传感器能够根据其位置和对应分类线间的空间关系，自行确定是在现象内部还是外部。

Ji 等人[7]调研了连续目标的检测和跟踪，如化学液体、野火或者毒气，这里的连续目标被视为一个事件。与一个或多个独立目标（如车辆或者动物）相比，连续目标通常占据很大面积。此外，这种连续目标会随着时间的推移增大或者缩小尺寸、改变形状或者切分成多个小目标。如图25.7 所示，网络中有三个连续目标。目标附近的传感器不仅负责检测和跟踪边界，若检测到目标，还负责将边界信息发送到汇聚节点。

文献[7]介绍了一种基于动态聚类结构来跟踪目标边界的方法。所提聚类方法主要包括三部分：边界传感器选择、边界传感器聚类和边界跟踪。

边界传感器选择的主要目标是判定边界传感器，以有效识别目标边界。这里，如果一个传感器在其感知范围内检测到目标，并且它的一个或多个单跳邻居不能检测到目标，那么这个传感器将被视作边界传感器。例如在图 25.8 中，假设阴影区是事件区。如果在前面时隙内没有检测到目标，而在当前时隙内检测到目标，传感器 E、F 和 G 将自判定为边界传感器。但是传感器 A、B、C 和 D 在前面和当前的时隙内没有检测到目标，因此不是边界传感器。此外，因为传感器 H 在前面和当前时隙内总是都检测到目标，因此 H 同样不是边界传感器。

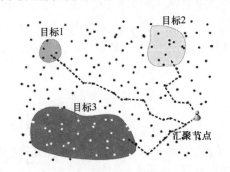

图 25.7　有三个连续目标的网络（摘自文献[7]）

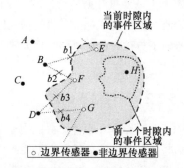

图 25.8　边界传感器说明图（摘自文献[7]）

在边界传感器聚类中，选取一部分已判定的边界传感器作为簇头。一种简单的方法是选取最靠近簇结构所覆盖区域中心的传感器作为一个簇头，用来聚类边界传感器。一旦确定了簇头，所有的边界传感器将根据其位置组织成一个簇结构。然后，簇头发布连接请求，使簇里的边界传感器形成连接路由，以有效跟踪连续目标。

如前所述，连续目标的大小或者形状可能会随着时间推移发生变化，因此在边界跟踪过程中，一旦边界改变，将调用前面所述的边界传感器选择过程来判定新的边界传感器。同时，簇结构也需要更新。

Nowak 和 Mitra[13]研究了一种 WSN 的边界检测与估计策略。他们考虑了广义边界类，如线性曲线和其它曲线。主要研究目标是，基于多尺度分割方法设计一种边界估计机制。通过递归动态分区（RDP，Recursive Dynamic Partition）过程，将网络分成若干个大小相等的正方形网格。每个正方形网格都被视为一个簇，簇内的传感器将它们的感知测量值传递给簇头节点。为了有效区分边界和非边界区域，该方法用非均匀分辨率进一步产生一个 RDP。也就是说，沿着边界的分区分辨率高，而非边界区域内的分区分辨率低。

25.4　WHSN 的跟踪

25.4.1　问题描述

前面的研究内容主要针对无线同构传感器网络中的事件检测与跟踪，网络中部署了大量具有相同感知单元的同种类型的传感器。此外，该网络只关心由一种属性构成的事件。受感知能力的约束，显然现有方法不适用于这类事件，即具有多种属性并且这些属性中任一种属性也不可能只属于一类传感器的事件。一般来说，由各种类型的传感器构成的网络，称为 WHSN。

图 25.9 描述了一个 WHSN 的示例，其中假设两种类型的传感器圆形和方形传感器分别负责感知氯气和氢气的浓度。考虑一个实际的跟踪应用，有害气体（事件）只由氯气或氢气组成。网络中部署的相应类型的传感器，能确定这种有害气体。然而，如果关心这个事件，就需要判定氯气和氢气是否存在，如果其中任何一种传感器失去感知能力，都显然不能完成这个事件。

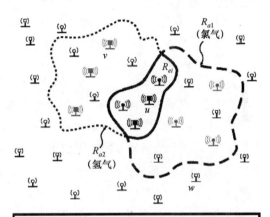

图 25.9　WHSN 说明图（其中有两种区域属性，R_{a1} 和 R_{a2}，存在和形成事件区域。圆形和方形传感器分别代表属性 a_1 和 a_2）

需要注意的是，WHSN 中事件检测和跟踪面临的艰巨挑战，受制于传感器的感知性能，尤其是传感器的分布方式。受低功耗、低代价、通信距离短等特征的约束，WHSN 中的传感器具有与其他传感器协作来完成各项任务的潜力。此外，区域属性的变化，很有可能导致事件区随着时间扩大或缩小，因此在设计事件跟踪方法时需要考虑传感器的适应能力。

提出了一种基于传感器协作的协同事件监测和跟踪协议（CollECT，Collaborative Event Detection and Tracking Protocol）。具体来说，CollECT 很适合这种场景：如果用户进入边界传感器的通信范围，用户（如救援人员或消防员）需要知晓事件边界的知识。在下一小节中，将首先介绍网络模型，然后详细介绍 CollECT。

25.4.2　网络模型

令无向简单图 $G = (V(G), E(G))$ 表示一个 WHSN，其中 $V(G)$ 是所有传感器（顶点）的集合，$E(G) = \{(u,v) : u 和 v 能互相通信\}$ 是链接（边缘）集合。N_u^I 是传感器 u 通信范围内的传感器集合，也就是说，$N_u^I = \{v \in V(G) : (u,v) \in E(G)\}$。对每个传感器 $u \in V(G)$，N_u^I 内的传感器数量表示为 $|N_u^I|$。所有的传感器都是静态的、与时间同步并且随机分布的。每个传感器通过 GPS 接收机[17]或者已有的定位方法[5,14]，获得自己的位置信息。

研究的网络是一个连通型网络（即每个传感器 $u \in V(G), |N_u^I| \geq 1$）。令 N_T 表示传感器类型的数

量，N_i 表示属于类型 i 的传感器的数目，其中 $1 \leqslant i \leqslant N_T$。令 a_i 和 e_j 分别表示属性 i 和事件 j。此外，令 A_u 表示传感器 u 能检测到的属性集。如果 $A_u = A_v$，则传感器 u 和 v 具有相同类型。给定每种事件的相关属性并且每个传感器已知这些属性。假设属性传播比包传播慢。在 CollECT 中，将实际属性区 R_{ai} 视为是属性 a_i 所在的一个连续区域。将实际事件区 R_{ei} 视为一个多个属性区域的重叠区并且所有属性共同构成了事件 e_i。在图 25.9 中，假设一种有毒气体，命名为 e_1，由两个属性 a_1 和 a_2 组成。那么，R_{a1} 和 R_{a2} 的重叠区被视为一个实际区域 R_{e1}。

CollECT 的主要任务是：首先估计属性区域，然后判定事件区。这里 R_{ai} 和 R_{ei} 分别表示 a_i 的估计属性区和 e_i 的估计事件区。在 CollECT 中，每种属性的估计属性区由两个连通的平面图表示，称为三角测量，其中，所有面由一个三角形来约束，三角形的顶点是同一类型的传感器。在形式上，一个估计属性区 R_{ai} 定义为由多个不重叠的三角形组成的一个区域，每个三角形至少有一个顶点能够检测到属性 a_i。

由于估计属性区内三角形的任意两个顶点不在彼此的通信范围内，这种三角形称为逻辑三角形。对逻辑三角形来说，任意两个顶点都视作彼此的逻辑邻居。在形式上，如果边缘 (u,v) 属于任何一个逻辑三角形 R_{ai}，其中 $a_i \in A_u$ 并且 $a_i \in A_v$，那么就将传感器 $v \in V(G)$ 定义为传感器 $u \in V(G)$ 的逻辑邻居。

令 LT_{uvw} 表示由顶点 u、v、w 组成的逻辑三角形。假设传感器 x 与传感器 u、v、w 的类型不同。将 LT_{uvw} 内的传感器 x 表示为 $x \in C_{LT_{uvw}}$，其中 $C_{LT_{uvw}}$ 是由边缘 (u,v)、(v,w)、(w,u) 构成的面。逻辑邻居 N_u^L，表示传感器 u 的逻辑邻居，由传感器 u 负责维护。对传感器 u 而言，若 $A_u = A_v$，则不会存在任何传感器 $v \in N_u^I$；因此，传感器 u 的任何一个逻辑邻居，都可能是来自传感器 u 的若干跳。

CollECT 中，传感器必须自组织适合的角色用于事件跟踪。在事件区内、属性区内且在事件区外、属性区外的传感器分别对应于普通传感器，警报传感器和紧急传感器。令 C_u 是传感器 u 的感知覆盖区，A_{ei} 是事件 e_i 的属性集合。接下来，将详细讨论普通、警报和紧急传感器。

（1）普通传感器：如果 u 不能检测属性 a_i，则传感器 $u \in V(G)$ 为普通传感器，其中 $a_i \in A_u$。

（2）警报传感器：如果 u 能检测到属性 a_i，则传感器 $u \in V(G)$ 为警报传感器，其中 $a_i \in A_u$。

（3）紧急传感器：如果 u 在所有 R_{ai} 的重叠区，则传感器 $u \in V(G)$ 为事件 e_i 的紧急传感器，其中 $a_i \in A_{e_j}$。

如图 25.9 所示，传感器 u、v 和 w 分别是紧急、警报和普通传感器，与上述描述一致。

25.4.3　协作事件检测和跟踪协议（CollECT）

CollECT 一般包括三个主要过程：邻近三角测量、事件决策和边界传感器选择。邻近三角形过程使同一类型的传感器动态构建各自的属性区域，该过程可看作由多个逻辑三角形组成的三角测量。在事件决策过程中，传感器根据从其多个逻辑三角形内不同类型传感器接收到的消息，局部判定事件的存在。类似于大多数已有的协议[3,4,11]，在边界传感器选择过程中，CollECT 目的是要识别由边界传感器表示的事件边界。总之，由于事件随着时间推移从一个小区域向外传播，通过多次重复上述过程，就可以实现对事件的及时检测与跟踪。

25.4.3.1　基本思想

如前所述，在 CollECT 中，估计属性区 R_{ai} 可看作是一个凸多边形，它的顶点是同一类型传感器。图 25.10 示出了一个估计属性区 R_{ai} 的顶点是警报传感器 u、v、w、x、y 和 z。假设 R_{ai} 中的警报

传感器 s 属于另一种类型的传感器，并且能够和 R_{ai} 的顶点协同判定事件，那么，有理由判定事件很可能存在于 R_{ai} 中。然而，这种粗略的推理可能导致事件决策失误。注意到，传感器 s 实际上位于 u，y 和 z 附近，而不是传感器附近。根据上述推理，实际上发生在传感器 u，y 和 z 附近的事件，则有可能考虑发生在传感器附近。

为了提高事件决策的准确度，CollECT 将最小化传感器所用区域，用于决策事件是否存在。如图 25.10（b）所示，R_{ai} 被划分为多个不交叠的四边形。传感器 s 位于由 u、v、y 和 z 组成的四边形（Q_1）内，而不是在由 v、w、x 和 y 构成的四边形（Q_2）内。可以看出，该事件可能存在于 Q_1 中；因此，相比图 25.10（a），事件决策的不准确性得到了改善。一般来说，三角形是所有平面的基本面。因此，任何凸多边形都可以被划分为多个不交叠的三角形。如图 25.10（c）所示，例如，R_{ai} 可以被划分为 4 个逻辑三角形 LT_{uyz}、LT_{uxy}、LT_{uvx} 和 LT_{vwx}。需要注意的是，事件可能存在于逻辑三角形 LT_{uyz} 中，因此相比图 25.10（b），事件决策的不准确水平得到了更大提高。基于上述讨论，在 CollECT 中，采取三角测量，不仅可以构建独立的属性区讨论，还可以决策事件。

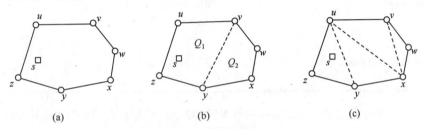

图 25.10 三角测量的基本思想

（a）传感器 s 在属性区域 R_{ai} 中；（b）传感器 s 在由 u、v、y 和 z 构成的四边形中；

（c）传感器 s 在由 u、y 和 z 构成的逻辑三角形内。

25.4.3.2　邻近三角测量

邻近三角测量的主要目标是，为每个属性构建其对应的估计属性区。如前所述，一个估计属性区 R_{ai} 被看作是由多个逻辑三角形构成的凸多边形。因此，传感器需要判定其逻辑邻居，从而和逻辑邻居一起构建逻辑三角形。

最初所有部署的传感器均是普通传感器，对每一个传感器 u，$N_u^N = \varnothing$。一旦检测到属性 $a_i \in A_u$，普通传感器 u 就变成警报传感器，然后向 N_u^I 内的所有传感器发送一个 VEREQ 包。为了便于说明，发起 VEREQ 包的传感器称为 VEREQ 包发射端。

一旦接收到从发射端 u 的一个 VEREQ 包，传感器 v 将按算法 25.1 所示过程执行 *Receive* VTREQ。原则上，传感器 v 根据已接收到的 VEREQ 包，决定是否保留新逻辑邻居的信息。如需要，这种信息将保留在一张表内，每个表格有五个单元，格式为 $(id(u), loc(u), attr(u), t(u), role(u))$，其中 $id(u)$ 是传感器 u 的标识，$loc(u)$ 是传感器位置，$attr(u)$ 是被检测传感器 u 的属性，$t(u)$ 是传感器 u 检测 $attr(u)$ 的时间戳，$role(u)$ 是传感器 u 的角色。然后，传感器也决定是否要根据其感知能力，转发接收到的 VEREQ 包。此外如果 $attr(u) \notin A_v$，由于传感器 v 不能和传感器 u 一起构建逻辑三角形，所以传感器 v 只转发 VTREQ 包。

Algorithm 25.1:*Receive* VTREQ

{Input:*u*:originator of the VTREQ packet}

if $attr(u) \in A_v$ then

　if $u \notin N_v^L$　then

```
if I am an ordinary or alert sensor then
Create a new entry (u,w,loc(u),attr(u),t(u),role(u))for the received VTREQ
packet;
```
$N_v^L \leftarrow N_v^L \cup \{u\}$;
```
Forward the received VTREQ packet;
else
Discard the received VTREQ packet;
end if
else
Discard the received VTREQ packet;
end if
if I maintain at least one logical triangle then
Perform Re Organize LT;                          /*Algorithm2*/
end if
else
Forward the received VTREQ packet;
end if
```

显然，对一个传感器来说，转发接收到的 VEREQ 包的操作，主要是为了保证 VEREQ 包能被传感器 w 接收到，其中 $A_u = A_\omega$，从而可以构建逻辑三角形。在 CollECT 中，每个传感器比如说 v，需要保存 $S_{LT}(v)$ 集合内所有的逻辑三角形。传感器 v 所保存的逻辑三角形数目，用 $\left|S_{LT}(v)\right|$ 表示。例如，如果 $LT_{uv\omega}$ 和 $LT_{v\omega x}$ 是传感器 v 的逻辑三角形，$S_{LT}(v) = \{LT_{uv\omega}, LT_{v\omega x}\}$。实际上，$S_{LT}(v)$ 内的每个逻辑三角形都可由所有的顶点表示。也就是说，$S_{LT}(v) = \{(u,v,\omega),(v,\omega,x)\}$。

在属性传播过程中，许多能够感知某种属性的传感器都将检测到这种属性，并且发送 VTREQ 包；因此一个传感器可能会收到多个 VEREQ 包。当传感器接收到多个 VETEQ 包时，CollECT 采用算法 25.2 所示为传感器重组逻辑三角形。

```
Algorithm 25.2:ReOrganizeLT
{Input:i,j,and x:originators of VTREQ packets received by w}
{Condition:w receives VTREQ packets from i and j prior to x}
```
$S_{LT}(w) \leftarrow S_{LT}(w) \cup \{LT_{iwx}\}$;
$S_{LT}(w) \leftarrow S_{LT}(w) \cup \{LT_{jwx}\}$;
if $x \in C_{LT_{uvw}}$ then
$S_{LT}(w) \leftarrow S_{LT}(w) - \{LT_{uvw}\}$;
```
else
if w is one of the end point of the shorter diagonal of the quadrilateral with vertices
u,v,w,and x then
```
if $\overline{uw}$ is the shorter diagonal then
$S_{LT}(w) \leftarrow S_{LT}(w) - \{LT_{vwx}\}$;
```
else
```
if $\overline{vw}$ is the shorter diagonal then
$S_{LT}(w) \leftarrow S_{LT}(w) - \{LT_{uwx}\}$;
```
else
```

```
if xw‾ is the shorter diagonal then
    S_LT(w) ← S_LT(w) − {LT_uvw};
end if
end if
end if
else
    N_w^L ← N_w^L − {x};
Remove entry corresponding to originator x from my table;
end if
end if
```

总体而言，为了降低计算代价并提高事件检测的准确度，在邻近三角测量过程中，CollECT 将会减小逻辑三角形的大小。如图 25.11 中的示例，如果不使用算法 25.2，根据从传感器 u、v 和 x 中接收的 VTREQ 包，传感器 w 会把 $LT_{uv\omega}$、$LT_{u\omega x}$ 和 $LT_{v\omega x}$ 当作它的逻辑三角形。传感器 u 和 v 也会将这三个逻辑三角形作为它们的逻辑三角形（称为 $S_{LT}(u)$ 和 $S_{LT}(v)$，都包括 $LT_{uv\omega}$、$LT_{u\omega x}$ 和 $LT_{v\omega x}$）。在这种情况下，$LT_{uv\omega}$ 将由自己的顶点保存（即传感器 u、v 和 w），因此事件决策的计算代价会显著增加。显然，如果有更多的传感器负责决策事件，将产生更多的通知事件存在消息，这样很可能会导致严重的冲突。因此，CollECT 仅用逻辑三角形的一个顶点来判定事件的存在。因此在图 25.11 中，传感器 w 仅用来保存逻辑三角形 $LT_{u\omega x}$ 和 $LT_{v\omega x}$。

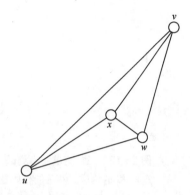

图 25.11　逻辑三角形重构（传感器 w 只用来保存 $LT_{u\omega x}$ 和 $LT_{v\omega x}$）

25.4.3.3　事件决策

受各类传感器协作的启发，CollECT 采用下列的三角警示（AIT，alert-in-triangulation）测试方法，让警报传感器确定在它的逻辑三角形范围内是否有事件发生。

AIT 测试：当接收到 VTREQ 包时，如果接收 VTREQ 包的所有发射端均在这样的逻辑三角形内，并且这些发射端和传感器 u 检测到的属性能构成事件 e_i，警报传感器 u 将认为事件 e_i 发生在它的逻辑三角形内。

一旦通过 AIT 测试，警报传感器将成为紧急传感器，然后发送事件发现（EVT，Event Discovery）数据包，通知传感器事件的存在。从紧急传感器发出的 EVT 数据包，包括事件标识、传感器 u 标识和传感器 u 的逻辑三角形集（即 $S_{LT}(u)$）。

需要注意的是，一旦通过 AIT 测试，如果所有逻辑三角形的顶点都发送 EVT 数据包，那么会有很多 EVT 数据包拥塞在网络中。因此，为了减少计算开销及避免数据包冲突，CollECT 会在逻辑三角形中选择一个警报传感器，称为主导传感器，负责事件决策。由于事件是从小区域分散传播出去的，而且假定事件散播的速度比数据包传播速度要慢，因此发送 VTREQ 数据包以及具有时间戳最大值的警报传感器，很可能在事件边界附近。这种警报传感器理应被认为是其逻辑三角形内的主导警报传感器，以实时通知事件区域外的那些传感器发生了事件。

CollECT 中，主导传感器将主动执行 AIT 测试，决策是否成为紧急传感器。同时，如果非主导传感器接收到位于逻辑三角形内的 EVT 数据包，这里逻辑三角形的主导传感器是接收 EVT 数据包的发射端，那么非主导传感器将被迫变为紧急传感器。

图 25.12 是 AIT 测试的一个例子。假设圆形和方形传感器能分别检测属性 a_1 和 a_2。假设事件 e_1 由属性 a_1 和 a_2 组成，LT_{abc}、LT_{ace}、LT_{cde} 和 LT_{xyz} 是逻辑三角形，$t(u)$ 表示传感器 u 检测到属性的时间

戳。这里，假设传感器 b、c 和 y 分别在其逻辑三角形 LT_{abc}、LT_{ace} 和 LT_{xyz} 的顶点之后发送 VTREQ 数据包，即传感器 b、c 和 y 都是主导传感器。因为已经通过 AIT 测试，一旦接受到从 y 发送的 VTREQ 包，传感器 c 将认为事件 e_1 发生在 LT_{ace} 内。随后 c 会主动变成紧急传感器，然后发送 EVT 数据包。类似的，当接收到来自传感器 a 的 VTREQ 包时，传感器 y 将主动变成紧急传感器，然后传送 EVT 包。

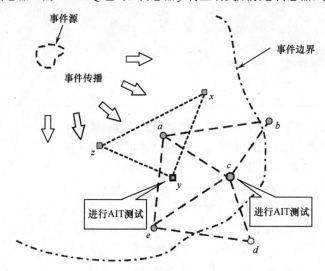

图 25.12 三角测量警示测试（假设事件从图的左上角的一个小区域传播出去。事件 e_1 由属性 a_1 和 a_2 构成。灰色的传感器是警报传感器。传感器 c（蓝色边界）和 y（红色边界）分别是 LT_{cde} 和 LT_{xyz} 的主导传感器并且会在接受到 VTREQ 包时进行 AIT 测试）

算法 25.3 示出了当接收到一个 EVT 数据包时，传感器 v 是如何运行的。如图 25.12 所示，在 LT_{ace} 内，非主导传感器 a 和 c 都将在接收到来自 c 的 EVT 数据包后，成为紧急传感器。同样在 LT_{xyz} 内，传感器 x 和 z 也会以被动方式成为紧急传感器。图 25.13 给出了事件决策的结果。

Algorithm 25.3:*Receive* EVT

{Input:*u*:originator of the EVT packet}

if v is in the logical triangles in $S_{LT}(u)$ and the leading sensor of such logical triangle is u

then

if I am a non-urgent sensor then

Set my role as an urgent sensor,

end if

Forward the received EVT packet;

else

if $v \in N_u^L$ then

Set my role as an urgent sensor;

Discard the received EVT packet;

else

Forward the received EVT packet;

end if

end if

25.4.3.4　边界传感器选择

除了紧急传感器，CollECT 还要关注边界传感器选择，从而识别理想的事件边界。回顾一下：如果传感器在网络中分布密集，邻近三角测量法很可能会缩小逻辑三角形的尺寸。从而基于这个观念，仅由一个或两个紧急顶点构成的逻辑三角形就可能靠近事件边界。在 CollECT 中，为了有效表示事件边界附近的逻辑三角形，如果逻辑三角形有一个或两个紧急顶点，就定义该逻辑三角形为边界逻辑三角形。顶点为传感器 u、v 和 w 的边界逻辑三角形，由 $LT_{uv\omega}^{B}$ 表示。考虑到属性分布和传播，只有边界逻辑三角形的普通或警报顶点，有机会变成边界传感器。

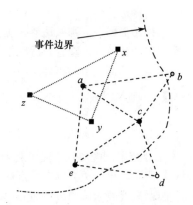

图 25.13　事件决策说明图（传感器 c 和 y 会主动变为紧急传感器。此外，传感器 a、e、x 和 z 将被动变为紧急传感器）

考虑到边界逻辑三角形有一个紧急顶点和两个警报顶点。很显然，紧急传感器在事件区域内，而警报传感器仅在属性区域内。也就是说，在这个三角形内，一些传感器在事件区域内，其他传感器则在事件区域外部。因此，边界逻辑三角形的警报顶点决定是否能变成边界传感器。另外，考虑到边界逻辑三角形都至少有一个普通和一个紧急顶点。基本上，在紧急顶点附近的传感器都在事件区域内。然而，在普通顶点附近的一些传感器都在属性区内，而不是在事件区内。显然，这样的普通顶点很可能会变成边界传感器。因此，边界逻辑三角形的普通顶点决定其是否会成为边界传感器。以下原则将分别用于警报和普通传感器，来确定该顶点是否会变成紧急传感器。

原则 1：如果 v 和 w 之一为紧急传感器，警报传感器 $u \in LT_{uv\omega}^{B}$ 成为边界传感器。

原则 2：如果 v 和 w 均是紧急传感器，普通传感器 $u \in LT_{uv\omega}^{B}$ 成为边界传感器。

在 CollECT 中，传感器在接收到 EVT 数据包之后，将调用边界传感器选择过程。图 25.14 中，假设 u、v 和 w 是紧急传感器，x 和 y 是警报传感器，传感器 z 是普通传感器，LT_{uxy}^{B}、LT_{uvy}^{B} 和 $LT_{v\omega z}^{B}$ 是边界逻辑三角形。因为 u 是紧急传感器，根据原则 1，警报传感器 x 和 y 将成为边界传感器。此外，因为 v 和 w 是紧急传感器，根据原则 2，普通传感器 z 将成为边界传感器。图 25.14（b）显示了边界传感器选择的结果。

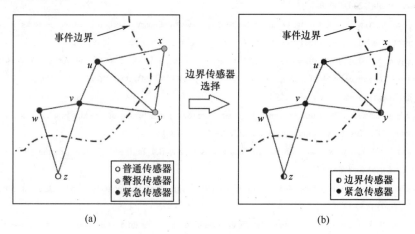

图 25.14　边界传感器说明图

（（a）边界传感器选择前；（b）边界传感器选择后。根据原则 1，警报传感器 x
和 y 会变成边界传感器。根据原则 2，普通传感器 z 将变为边界传感器）

25.4.3.5　事件跟踪

在实际应用中，实际属性区很有可能随着时间推移而改变，这样实际事件区也可能会发生改变。因此，如果事件大小和严重程度发生变化，为了要跟踪事件，传感器需要实时改变角色。例如，在某个时间内，边界传感器最可能检测到属性，因此将变成未来的警报传感器。此外，如果边界传感器不在事件边界附近，那么边界传感器很可能会变成非边界传感器。显然，普通或者警报边界传感器必须改变的角色，才能有效适应事件的变化。因此，上述用于 CollECT 的过程可能会多次重复调用，以便动态检测和跟踪事件。

25.5 结 论

本章介绍了一些文献中提出的无线传感器网络跟踪的跟踪场景分类和多种跟踪方法。这些方法分为目标跟踪和事件边界确定。目标跟踪的重点是目标识别，而目标边界确定是要选择靠近事件边界的传感器来代表精确的事件边界。随后，介绍了一种新的 WHSN 分布式跟踪方法，称为 CollECT。CollECT 包括邻近三角测量、事件决策和边界传感器选择过程，不仅要为事件决策构建邻近三角形测量，还要为精确确定事件边界选择一些合适的边界传感器。总之，受到相同和不同类型传感器的协作的启发，CollECT 能够实现事件的实时检测和跟踪。注意到，由于无线异构传感器网络与无线同构传感器网络存在多种不同特征，无线同构网络传感器中讨论过的许多问题值得重新讨论。因此，WHSN 传感器的部署、路由选择、覆盖范围和主动/休眠模式的方案设计仍是今后主要的研究方向。

参 考 文 献

1. J. Aslam, Z. Butler, F. Constantin, V. Crespi, G. Cybenko, and D. Rus. Tracking a moving object with a binary sensor network. In ACM International Conference on Embedded Networked Sensor Systems (SenSys), 2003: 150-161.

2. W. P. Chen, C. J. C. Hou, and L. Sha. Dynamic clustering for acoustic target tracking in wireless sensor networks. In IEEE International Conference on Network Protocols (ICNP), 2003: 284-294.

3. K. Chintalapudi and R. Govindan. Localized edge detection in sensor fields. IEEE International Workshop on Sensor Network Protocols and Applications (SNPA), 2003: 59-70.

4. M. Ding, D. Chen, K. Xing, and X. Cheng. Localized fault-tolerant event boundary detection in sensor networks. In IEEE INFOCOM, The Annual Joint Conference of the IEEE Computer and Communications Societies, 2005: 902-913.

5. T. He, C. Huang, B. M. Blum, J. A. Stankovic, and T. Abdelzaher. Range-free localization schemes for large scale sensor networks. In ACM International Conference on Mobile Computing and Networking (MOBICOM), 2003: 81-95.

6. B. Jähne. Digital Image Processing. Springer, 1997.

7. X. Ji, H. Zha, J. J. Metzner, and G. Kesidis. Dynamic cluster structure for object detection and tracking in wireless ad-hoc sensor networks. In IEEE International Conference on Communications (ICC), 2004: 3807-3811.

8. H. T. Kung and D. Vlah. Efficient location tracking using sensor networks. In IEEE Wireless Communications and Networking Conference (WCNC), 2003 : 1954-1961.

9. S. M. Lee, H. Cha, and R. Ha. Energy-aware location error handling for object tracking applications in wireless sensor networks. Comput. Commun., 2007, 30(7):1443-1450.

10. J. Lian, L. Chen, K. Naik, Y. Liu, and G. B. Agnew. Gradient boundary detection for time series snapshot construction in sensor networks. IEEE Trans. Parallel Distribut. Syst., 2007, 18(10):1462-1475.

11. P. K. Liao, M. K. Chang, and C. C. Jay Kuo. Distributed edge detection with composite hypothesis test in wireless sensor networks. In IEEE Global Telecommunications Conference (GLOBECOM), 2004: 129-133.

12. C. Y. Lin, W. C. Peng, and Y. C. Tseng. Efficient in-network moving object tracking in wireless sensor networks. IEEE Trans. Mobile Comput., 2006, 5(8):1044-1056.

13. R. Nowak and U. Mitra. Boundary estimation in sensor networks: theory and methods. Lect. Notes Comput. Sci., 2004, 2634:80–9.

14. A. Savvides, C. C. Han, and M. B. Strivastava. Dynamic fine-grained localization in ad-hoc networks of sensors. InACMInternational

Symposium on Mobile Ad Hoc Networking and Computing (MOBIHOC), 2001: 8–14.

15. S. Susca, F. Bullo, and S. Martínez. Monitoring environmental boundaries with a robotic sensor network. IEEE Trans. Control Syst. Technol., 2008, 16(2):288-29.

16. V. S. Tseng and K. W. Lin. Energy efficient strategies for object tracking in sensor networks: A data mining approach. J. Syst. Software, 2007, 80(10):1678-1698.

17. B. H. Wellenhof, H. Lichtenegger, and J. Collins. Global Positioning System: Theory and Practice. Springer-Verlag, 1997.

18. J. Xu, X. Tang, and W. C. Lee. EASE: an energy-efficient in-network storage scheme for object tracking in sensor networks. In IEEE International Conference on Sensor and Ad Hoc Communications and Networks (SECON), 2005: 396-405.

19. H. Yang and B. Sikdar. A protocol for tracking mobile targets using sensor networks. In IEEE International Workshop on Sensor Network Protocols and Applications (SNPA), 2003: 71-81.

20. Z. Yang and X. Wang. Joint mobility tracking and hard handoff in cellular networks via sequential monte carlo filtering. In IEEE INFOCOM, the Annual Joint Conference of the IEEE Computer and Communications Societies, 2002: 968-975.

21. W. Zhang and G. Cao. DCTC: dynamic convoy tree-based collaboration for target tracking in sensor networks. IEEE Trans. Wireless Commun., 2004, 3(5):1689-1701.

22. W. Zhang and G. Cao. Optimizing tree reconfiguration for mobile target tracking in sensor networks. In IEEE INFOCOM, the Annual Joint Conference of the IEEE Computer and Communications Societies, 2004: 54–61.

23. F. Zhao, J. Shin, and J. Reich. Information-driven dynamic sensor collaboration for target tracking. IEEE Signal Process. Mag., 2002, 19(2):61-72.

第 26 章　无线传感器网络中 DDoS 攻击建模与检测

26.1　引　言

本章建模了无线传感器网络的分布式拒绝服务攻击，并定义了一个针对这类攻击的集中式神经网络框架。该框架包括了以分类为目的的网络流量模式的训练和聚类。

无线传感器网络（WSN，Wireless Sensor Network）包含了一个成百上千的被称为传感器或传感器节点的微小器件集合。这些微小器件有限的板上存储资源限制了其保存在存储体内的应用程序、程序代码和实际数据的大小。因此，不可能将大多数面向高性能计算设备开发的应用和程序不变更地载入这些传感器节点的小内存空间中。

一个典型的传感器节点的片上处理能力低于标准台式机处理器几个数量级。这些网络的根部通常有一个计算设备拓扑结构，称作网络根部基站。基站的能量和寿命比标准传感器节点高出几个数量级[18]。此外，基站拥有更大的存储能力和更高的通信带宽链路。基站的操作包括信息传播、网络初始化、节点激活和撤销任务以及其他 WSN 连接的接口。

传感器节点通常被部署在恶劣的且不宜到达的环境，以监视和报告真实世界的事件。这类网络的常见应用包括林火监测、建筑结构监测、战场监视和监控。每个传感器节点很容易遭到许多可能的攻击，这些攻击是由网络内部或外部的攻击者类发起的。在较大的物理区域上部署传感器节点则更容易受到攻击[3]。这类网络应用的任务关键点是要使免遭攻击者类发起的恶意攻击。

拒绝服务（DoS，Denial of Service）攻击定义为一组恶意实体向受害者发起的攻击，目的是让受害人无法进一步给合法客户提供服务。通过利用系统/协议级漏洞或迫使受害人遭受大量的计算任务，例如：迪菲－赫尔曼（Diffie-Hellman）密钥交换应用程序中大整数的指数运算，达到攻击的目的[1]。

与此相反，分布式拒绝服务（DDoS，Distributed Denial of Service）攻击定义为不依赖于任何特定网络或系统级弱点的洪泛攻击。更确切地说，他们倾向于利用网络线速和受害者处理能力的不对称性。DDoS 攻击的基本思想是能量多的大于"能量少"的[14]。这些攻击被连续发起后，会导致网络客户端机器的崩溃或损害。恶意节点通过聚集一大群主机给受害者发送无用的数据包发起攻击，导致受害端发出大量请求（图 26.1）。如此高的流量强度让受害者或其网络无法承受。

传感器网络的无线特性加上传感器节点的资源有限特性，使其很容易遭受攻击者的攻击。为此，建立了无线传感器网络的分布式拒绝服务攻击模型，并且可以从这些网络中其他已知的攻击推导出这些攻击。抵抗这些攻击的关键环节是攻击检测过程，为此，针

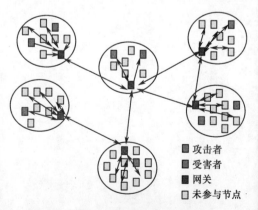

图 26.1　由攻击者节点向受害节点发起的分布式拒绝服务攻击

对攻击检测定义了一种基于集中式神经网络的方法。

26.2 无线传感器网络的攻击模型

战场上部署的传感器节点周边可能存在智能攻击者在运作，他们试图颠覆、破坏或拦截网络上交换的消息。某个传感器节点受损会对网络造成较大危害。针对传感器网络的各种安全方案需要在不影响网络安全的情况下，用最小的能量消耗来运作。将传感器网络攻击分成以下几类。

（1）身份攻击。

（2）物理层攻击。

（3）拒绝服务。

（4）分布式拒绝服务。

26.2.1 身份攻击

身份攻击（Identity Attacks）试图窃取传感器网络中运行的合法节点身份。这类攻击的目的是便于加入恶意节点，从而拒绝基站访问传感器读数或篡改节点读数。

26.2.1.1 女巫攻击

女巫攻击（Sybil Attack）定义为某些恶意设备非法采取网络中多重身份的身份攻击[15]。产生这种攻击的恶意设备的附加身份称为 Sybil（女巫）节点。Sybil 节点接收到的消息实际上是由恶意设备来接收的，同样，Sybil 节点传输的全部消息实际是由恶意设备发出的。这种攻击的另一种情况发生在 Sybil 节点无法和网络的合法运行节点进行直接通信时。在这些情况下，恶意设备扮演了中介节点的角色，接收到消息后，假装转发给 Sybil 节点。

一旦恶意设备成功创建了 Sybil 节点，就会从几种方式中选取一种发起实际攻击。对于涉及网络上分布式数据复制和存储的对等（P2P，Peer-to-Peer）网络，这种攻击直接朝向 Sybil 节点上的数据存储。如果对网络的路由拓扑发起 Sybil 攻击，会产生灾难性后果[15]。例如，在一个多径路由通道上实际可能正在经过代表一个单个恶意实体的多个 Sybil 节点。这种攻击的地理方法是攻击者在网络的各个地点放置多个 Sybil 节点。

对付这种攻击的防御机制就是验证，即定义一个验证节点所给身份为真的过程，该身份是由其对应物理传感器节点给出唯一的身份。网络上由 Sybil 攻击造成的损害可以使用加密技术来验证所有的消息传输得以补偿。这种技术面临大规模密钥生成、分发和邻居验证的后续使用等高代价。

26.2.1.2 节点复制攻击

节点复制攻击是攻击者类用已有节点的相同身份在网络中注入一个或一个以上节点的攻击。与女巫攻击不同，攻击者类创建一组虚拟节点，节点复制攻击涉及向网络中物理插入恶意节点。这种攻击假设攻击者节点具有改变和破坏网络中现有拓扑信息的能力，如网络的路由和可信度[16]。针对检测这种攻击的集中式方法是让每个节点生成一组邻居和传输它们以及它们所声明的身份给基站。基站执行复制节点的验证，如有必要，随后取消。

检测这类攻击可以采用随机多播机制[16]，该机制执行节点复制检测通过如下方式：让每个位置声明节点的邻居节点，向一组随机选择的证人节点隐式多播该节点的位置副本。根据生日悖论[5]，对于 n 个节点的网络，如果每个位置生成 $\sqrt{n}$ 证人，则很大概率会发生至少一次的冲突。换句话说，至少其中一个证人接收到位置冲突声明（复制）的概率是高的。然而，由于在传感器节点存储器保存程序最大长度的限制[19]，这种理论对于实际部署是无效且基本不可行的。

26.2.2　物理层攻击

对某传感器节点的干扰攻击定义为物理层攻击，这种攻击打乱了受害者的无线电频率。一个节点可以通过观察其邻居的固定能量，来终止干扰攻击，而不是使节点失效。抵御干扰的标准方法涉及多种扩频通信技术。如果攻击者持续干扰整个网络，就可以得到有效而完全的拒绝服务。如果还没有抵挡住攻击者，则需要使用另一种抵御这类攻击但需要花费一定代价的策略，就是使用任何可用的备用通信方式，如红外或光纤。

26.2.3　基站攻击

基站是整个传感器网络的活动中心。因此，保护基站使其免受隔离和/或剥夺基站参与网络活动的攻击是十分必要的。攻击者针对传感器基站发起的流量分析攻击通过以下三种方式之一执行：①给基站洪泛虚假请求；②远程欺骗基站进行流量误导（又名：槽洞攻击）；③消息窃听以定位并进一步阻碍或破坏基站。由于无法访问的基站拒绝服务给传感器节点，因此，该基站的流量分析攻击被列为传感器网络的拒绝服务攻击。

文献中已经提出了几种方法来阻止这些攻击。文献[6]提出了一种多基站冗余路径建立机制，以便容忍单个基站的失效。该方案假设消息从源节点到各基站要路由几个路径，因此，消息的多个副本在任意给定时间内被存入多个基站。多基站设置过程中遭受到的欺骗攻击漏洞可以通过单向哈希函数应用于所有基站生成消息来抵抗。单向哈希首先定义为最大 n 个地点的基站（h_n，$h_{n-1}, \cdots, h_0$），然后用逆序显示，h_0 是显示的第一个。序列中的任意一个哈希值由前一个显示过的哈希值检验，例如，链中的第二个哈希值 h_1 等于 $f(h_0)$。传感器节点接收到一个基站的多跳设置消息后，通过对比哈希值和单向哈希验证过程结果，来验证消息来源的真实性。这种做法有助于保护其免受欺骗攻击。

26.2.4　拒绝服务：无线传感器网络

攻击者类在无线传感器网络中发起 DoS 攻击能力是微乎其微的。WSN 的 DoS 攻击目的是减少和/或耗尽传感器节点有限的电池能量。如果攻击者包括了便携类攻击者，比标准传感器节点具有更高的处理和通信能力，那么这种攻击可能会给整个传感器网络带来灾难性的后果。有关 WSN 的 DoS 攻击检测和防御方面的研究很少。文献[23]诠释了在各种操作层可能发生 DoS 攻击的详细分类。

垃圾邮件攻击是拒绝服务攻击其中一种形式[22]，其中这些攻击是由一系列被称为反节点的节点发起的，这些反节点是由攻击者类注入到传感器网络中的。反节点总数 a 远小于实际网络大小 n。这些反节点通过频繁生成未经请求的假消息，对传感器网络中它们的合法邻居节点发起垃圾邮件攻击。考虑到传感器网络的有根拓扑结构，距离 Sink（即基站）较近节点积累的通信量远大于叶节点的积累。因此，树层次高的节点比其他节点耗尽得更快。

26.2.5　分布式拒绝服务：无线传感器网络

分布式拒绝服务（DDoS，Distributed Denial of Service）攻击不利用系统中的某些漏洞，而是利用网络线速和服务器处理速度之间存在的不对称性[4, 8, 9]。一部分 DDoS 中，攻击者类集结了一大群主机——称作僵尸主机（Zombies），以向受害者同时发送多个无用的数据包，导致受害端发生大量请求。如此高的流量强度促使受害者或其网络无法进一步操作。DDoS 攻击过程包含两个阶段，即僵尸初始化和攻击发起。在僵尸初始化过程，攻击者损害网络上的脆弱节点，并在这些节点上安装可能是脚本形式的攻击者源代码。代码内容是：等待攻击者的"触发"（trigger）调用以参与实际攻击过程，此时所有僵尸向网络中的一组受害者节点生成大量无用数据包[7, 17]。这些僵尸节点可以与受害者存在于同一网络中，也可能来自其他网络。攻击者脚本将指示僵尸生成具有随机选择源地址的数据包。这样做的目的是隐藏僵尸节点的真实身份。

在高性能的网络中，DDoS 攻击被分成两类。

（1）直接攻击：直接攻击是指攻击者直接给受害者发送大量攻击数据包。SYN 洪泛是最常用的攻击示例，这里发送给受害者服务器端口的是 TCP SYN 数据包。受害者通过给数据包源地址发送一个 SYN-ACK 做出响应。由于数据包的源地址是伪造的，受害者不会收到需要建立 TCP 连接的三次握手的第三个消息。因此，受害一端的半开连接数会耗尽所有可用的内存，迫使受害者拒绝后续的客户服务（包括合法客户）。

（2）反射攻击：反射攻击是指中间节点（反射者）作为合法的攻击发起者。攻击者给受害者地址发送带有源地址的数据包。反射者并不知道数据包有假冒源地址的情况下，给受害者发送请求的响应。结果受害者链路遭到反射数据包的洪泛响应[4]。

在某些场合，可能会发生这样的巧合，在一个很小的时间间隔内，生成大量合法的数据包，传送给一组确定的目的节点。这种大量合法的数据包被称为瞬间拥挤 [10]。明确识别出 DDoS 攻击流量并从瞬间拥挤区分出来是不容易的。

WSN 的传感器节点或基站与基于 IP 网络的服务器类似，都是泛洪型攻击的受害者。由于传感器节点的资源有限特性，需要大量使用传感器节点内存、能量和通信资源的任意一个所提方案的传感器节点部署均是不切实际的。

上述的各种攻击模型可能最终演变成 DoS 或 DDoS 攻击；反之亦然。图 26.2 示出了传感器网络中各种攻击之间的关系。表 26.1 给出了所述攻击最终成为拒绝服务攻击的可能性，以及具有合谋攻击者和网络虚假节点的需要。一个典型的 DoS/DDoS 攻击可以由恶意实体指使一组 Sybil 节点在多个路由路径上向一组受害者节点同时生成恶意流量数据包而发起。通过流量数据包验证（前面已做过定义）可以很容易检测到一个成功的 Sybil 攻击。然而，当攻击者作为节点注入或复制攻击的一部分向网络注入节点，并对网络中的目标节点发起 DDoS 攻击时，目标节点资源将很快耗尽，这样攻击者就可以窃取这些节点的身份，然后将他们分配给起初作为虚拟 Sybil 节点运行的注入虚假节点。网络中节点身份的唯一性是定期验证的，当发生 DDoS 攻击事件时，检测 Sybil 攻击的可能性会减少。这是由于一个 Sybil 节点的合法邻居节点会被大量的通信流淹没，不满足监测网络节点的总数。在这种情况下，DDoS 给网络操作造成的危害是不可逆转的，并潜伏着巨大的灾难性。

连接各种传感器节点和树形式基站的传感器网络路由，会因为 DDoS 攻击带来的大量涌入的流量受到影响。由于虚假节点生成和传输了大量无用的数据包，有限带宽的无线信道最终不得不放弃

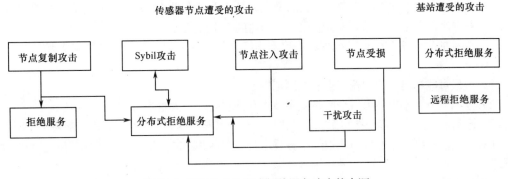

图 26.2　WSN 中分布式拒绝服务攻击的来源

网上传送的合法数据包。

受损节点会在很短的时间内向网络中的目标节点生成巨大流量。在具有 n 个节点网络中，当发生所有节点进一步加入对关键传感器资源的合谋洪泛攻击事件时，会加剧与该网络中的 i 个节点受损有关的净通信流量，其中 $i \ll n$。如果不采用一种能检测节点复制攻击的适当机制，传感器网络运行将导致大量通信流涌入关键节点集。前面介绍的检测节点复制攻击的技术，在检测过程中之所以存在不可避免的不确定度，是因为根据概率假设执行检测过程，显然这些方法检测洪泛攻击是不理想的。此外，文献[16]中所提出方案引起的开销使其不适合检测合谋攻击，这需要他们扩展合作以及进行更广范围的通信。在此可以看出，如果造成洪泛攻击，节点复制攻击的成功率将成倍增加。这样，虚假节点副本会损害受害者节点的身份，整个网络将会遭受更大程度的破坏。

表 26.1　各种 WSN 攻击终止分布式拒绝服务的可能性

攻　　击	结果可能性	合谋攻击者	检测/防御选择
Sybil	高	否	概率（probabilistic）
节点复制（node replication）	高	否	概率（probabilistic）
虫洞（wormhole）攻击	中	是	抗干扰（antijamming）技术
网络入侵（network intrusion）	高	是	防篡改（tamper-resistant）节点
节点注入（node implant）	高	否	加密（cryptosecrets）
节点受损（node compromise）	高	否	加密/校验

26.3　无线传感器网络中 DDoS 攻击检测的需求

在 WSN 中，通信介质的无线特征以及传感器节点有限的能量资源，用来区分分布式拒绝服务攻击建模和检测。攻击者根据传输和接收的数据包，监控网络流量并标记较活跃的节点作为关键节点，这些节点将成为分布式拒绝服务攻击的部分目标。把所有这种关键节点作为目标或受害节点。攻击节点针对关键传感器节点从多个网络终端发起分布式拒绝服务攻击。这类攻击的目的是消耗受害节点有限的能量资源。网络中的注入恶意节点进一步窃取能量耗尽受害节点的身份，在网络操作中开展各种恶意行为。缺乏单一的网络入口点使检测这些攻击的工作变得更加棘手。

无线传感器网络的拓扑结构定义了网络数据传输模型。网络中单个传感器节点的拓扑指定及其所处位置意味着每个检测器节点有不同的预期流量观测（值）。每个流量阈值（子模式）定义了在正常情况下，受害节点在给定时间内可以接收到的最大数据包数量。把这些阈值交替作为子模式或阈值子模式。这些子模式值的系统串联将生成整个阈值模式，定义为在给定时间内，来自网络各区域的已知受害节点可以注入的流量数据包的最大数量。攻击检测过程在一组攻击检测器节点的共同作用下，来重建一个完整的观测流量值模式，以达到攻击分类的目的。

一个单独的集中式实体可以被指派去检测网络异常流量工作。然而，这种方法存在以下几个缺点。

（1）流量可能超出了检测器节点的观测范围。

（2）检测器节点不得不为每个网络受害节点存储和处理一大组阈值模式。

（3）检测器节点缺少多个接口意味着攻击流量会覆盖检测器节点自身，从而扰乱整个检测过程。

针对高性能网络提出的分布式拒绝服务攻击检测方案并不能直接应用在无线传感器网络，原因如下：

（1）缺少单个入口点的无线网络要求有多个攻击检测器点来覆盖整个网络。

（2）攻击者类包含了各种功能的攻击者节点，因此需要分别建模。

（3）传感器节点有限的能量资源无法支持一些对有资源要求的攻击检测技术。

（4）无线传感器网络拓扑结构不同，则需要根据具体的拓扑结构来制订各自的正常网络流量模式，以方便攻击模式检测。

26.4 攻 击 模 型

攻击者类定义为打算直接或者通过其他实体给网络造成损失的一个恶意实体集合。负责定义，并引入恶意节点到网络（如果需要），目的是发起一个分布式拒绝服务攻击。在 WSN 中发起分布式拒绝服务攻击的这群恶意节点分成以下几类：①注入传感器节点；②受损传感器节点；③和/或便携类节点。注入传感器节点进一步被分成具有正常传感器功能的传感器节点和具有基站功能的较强传感器节点。便携类节点定义为在发射和接收能力方面具有更多通信资源的节点，比标准传感器节点具有更强的天线。此外，便携类节点是电池供电，相比常规传感器节点可以保持更长的寿命。受损节点定义为以扰乱正常网络操作为目的，由攻击者操纵的合法传感器节点。图 26.3 描绘了网络中现有各类节点的分布式拒绝服务攻击模型。网络的合法节点有中间数据聚合（DA，Data Aggregation）节点、簇头、非簇头和基站。网络中的恶意节点分成三类，即受损节点、恶意（注入）节点和便携类攻击节点。在该示例场景下，簇头被标记为目标节点，所有合法节点也容易遭受网络攻击者节点发起的分布式拒绝服务攻击。

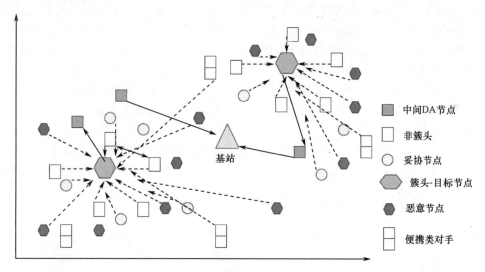

图例：
- 中间DA节点
- 非簇头
- 妥协节点
- 簇头-目标节点
- 恶意节点
- 便携类对手

基站

图 26.3　分布式拒绝服务攻击模型：无线传感器网络

着眼于由网络中攻击注入节点发起攻击的检测问题，以及网络中的一组传感器节点可能被迫向其他合法节点发起洪泛攻击的情况。

攻击者类召集网络恶意节点发起分布式洪泛攻击，从多个网络终端向受害节点生成大量攻击数据包。这种让多个恶意节点加入共同达到成功攻击的目的，是一种具有合谋特征的攻击。由于参与攻击导致每个节点产生开销，也就是说，攻击者节点生成与发送的大规模欺骗数据包显著减少了。多个攻击节点从多个网络终端发起的分布式洪泛攻击，会导致攻击节点能量消耗，攻击节点 a_k 在 t_1 时刻的总更新能量为：$E_{ak}(t_1) = E_{ak}(t_0) - E_{trans}(p/k)$，其中，对于第 k 个攻击节点网络，由全部攻击节点产生的攻击数据包总和为 p。$E_{trans}(p)$ 表示一个攻击节点传输 p 个数据包的能量消耗。具体来说，当一个单独的攻击节点发起洪泛攻击时，该单个攻击节点传输 p 个数据包所需的能量总和为 $E_{trans}(p)$。

当出现一个以上攻击节点时，网络恶意节点总能量节省的增加，使攻击者类中的攻击节点便于在后续的网络破坏活动中进一步使用。这些活动可能包括对网络节点连续传输洪泛攻击数据包、路由路径破坏以及消息注入和篡改攻击。

攻击者类注入网络的这群恶意节点需要相互通信来同步发起洪泛攻击。攻击控制操作的所有这类通信均处于标准传感器节点信道的通信频带之外，以避免将攻击活动检测为传感器网络的异常信道使用。攻击者监测传感器网络活动，以亲自挑选最活跃的网络节点。因此，那些在网络中参与频繁接收和发送消息的传感器节点被攻击者类标记为"关键"节点。指定这些关键节点为目标（受害者）节点，表示为 $T=\{T_1, T_2, \cdots, T_r\}$。例如，距离基站较近的节点，负责从节点将数据转发给基站，对接收和传递汇总消息表现更加活跃，因此，更可能被攻击者类标记为目标节点。所提的攻击检测方案的目的是针对这 r 个网络节点的集合检测分布式洪泛流量。

分配给各节点的任务及其所处的网络拓扑位置决定了其对网络操作的关键程度。如果传感器节点具有较高的关键程度值，表示他们的可用性对确保不间断网络操作是至关重要的，其身份与攻击者所做的"关键"标记可能会造成流畅网络操作的灾难性后果，这是因为攻击者将针对关键节点对身份发起分布式洪泛攻击。攻击者类打算通过同时向受害节点发起洪泛攻击流量，来耗尽网络集合 T 中 r 个已确定的目标节点的能量资源。另外所有其他的节点 $N \notin T$ 对网络操作没有显著作用，就攻击检测的目的而言，这些节点确实可忽略。

受害节点需要采取各种操作来处理大规模涌入的流量数据包，如果这些节点因为处理需求而使能量资源耗尽，可以认为产生了分布式洪泛攻击。当受害节点能量完全耗尽时，攻击节点会窃取网络合法节点的身份，以生成冗余或不正确的感知数据传送给基站，增加丢包率降低网络性能，以及给基站延迟发送数据包。除此之外，攻击节点也会向其他未受影响的网络合法节点发起新一轮的洪泛攻击。

第二次攻击情况下，攻击节点伪装成合法传感器节点发起洪泛攻击，用大量欺骗请求来迅速洪泛即时网络，即邻居节点。一种理想的攻击情形是一组合谋攻击同时向网络多个终端的目标节点发送大量欺骗请求。因此，攻击者可以悄悄采取行动，否则从单一的网络终端入口向一个特定目标节点发起的高流量很容易被指定网络区域中单独的攻击检测器节点检测为本地流量异常。把网络中的攻击节点集表示为 $A=\{A_0, A_1, \cdots, A_{k-1}\}$。

大小为 $a \times r$ 的可达矩阵定义了向 r 个受害者节点遍历时，由攻击发起的消息需要遍历的距离。消息遍历利用的能量 $E(a, r)$ 与距离 (a, r)，$\forall \{a \in A, r \in T\}$ 成正比。攻击节点 $a \in A$ 的平均能量利用率 E_a 如下：

$$E_a = \frac{1}{|A|} \sum_{i=1}^{|A|} \left(\frac{1}{v(i)} \sum_{j=1}^{|v(i)|} E_{util}(i, v(i)) \right) \qquad (26.1)$$

式中：$v(i)$ 是节点 a 的目标受害节点集；$E_{util}(i, v(i))$ 是恶意节点 i 向受害节点 $v(i)$ 传输恶意数据包的能量消耗。给定攻击节点 a 的受害者节点集越大，其能量消耗率就越高。然而，网络中大量攻击节点的出现，每个节点的能量消耗率会随着发起攻击而减少。这样，攻击节点的寿命也相应延长。

传感器节点 n 给网络目的节点 d 传输消息的平均能量消耗如下：

$$E_n = \frac{1}{|N|} \sum_{i=1}^{|N|} E_{util}(n_i, d) \qquad (26.2)$$

式中：n_i 和 d 均是传感器节点或者其中一个是基站。

网络传感器节点 n 的寿命设为 $G(n)$，其中 $G(n) \propto 1/E_n$，网络攻击节点的平均寿命设为 $G'(a)$，$G'(a) \propto 1/E_a$。考虑到参与攻击的攻击节点会频繁地生成和传输数据包这个特点，在攻击节点数量偏少时，可以认为攻击节点的单个寿命 $G'(a) \ll G(n)$。另一方面，如果参与攻击的攻击节点数量很多，可以预期 $G'(a) \gg G(n)$。因此，可以看到，相比于攻击者通过一个单独的攻击者节点发起集中式攻击，参与分布式洪泛攻击的攻击者会能够存活下来进行更长时间的后发攻击。这样，攻击节点就以成功地伪装成非受害者的合法节点，不受影响地干扰网络运行。

如果由多个攻击节点用分布式发起，分布式拒绝服务攻击将更加成功。因此，让多个攻击检测器节点以攻击分类为目的适当地来检测流量是势在必行的。

26.5 网络模型

无线传感器网络模型由一个有限的传感器节点集合组成 $N=\{N_1, N_2, \cdots, N_n\}$，其中 $|N|=n$。网络中除了传感器节点，还包括一个中心基站。网络的 n 个传感器节点包含了附加功能的传感器和/或网络管理和控制任务的传感器（簇头和数据聚合点），下一段将做出解释。受害者节点定义为节点集 $T=\{T_1, T_2, \cdots, T_r\}$，其中 $T \subset N$。这样集合 T 的每个目标节点 r 是网络的关键节点，$|T|=r \ll n$。攻击者类定义为网络的恶意节点集合，表示为 $A=\{A_0, A_1, \cdots, A_{k-1}\}$，其中 $|A|=k \ll n$。

无线传感器网络的传感器节点运行的目的是监控和检测其环境中的事件，然后把各自的观测资料和读数传送给中心基站。这些数据由传感器节点直接传送给基站或者经过一个定义好的中间节点链。按照节点到基站的消息通信频率对网络分类。将网络根据数据从传感器传送到基站的数据传送模型，即网络拓扑结构，分成三个最常用的传感器网络类，分别是平面的、基于簇的和数据聚合。这些网络拓扑均是基于网络数据传送模型来定义的。在源-汇聚节点通信模型中，来自源节点的流量数据包或者被传感器节点直接转发给基站或者经过一组中间节点。这些中间节点称为聚合节点，把这种情况进一步分成两个网络拓扑结构子类，即基于簇的网络拓扑结构和基于数据聚合的网络拓扑结构。基于簇的拓扑结构采用两跳方式从传感器节点传送数据包给基站，而基于数据聚合的拓扑结构采用多跳方式从传感器节点传送数据包给基站。

这些网络拓扑结构及其网络流量模型定义如下：

（1）平面拓扑结构：在平面拓扑结构中，每个网络传感器节点使用单跳机制将传感器读数传送给基站，通信过程中没有中间消息传送节点的介入。每个传感器节点在网络中设定具有相同的优先级。从传感器节点到本地基站的网络流量表示为 $f=\{f_1\}$，描述了到基站的单跳传输。有人认为，为使平面拓扑结构运行正常，所有传感器节点必须具有足够的通信范围，以便和中心基站进行通信。

（2）基于簇的拓扑结构：在基于簇的拓扑结构中，具有附加功能的一组传感器节点被定位簇头。这些簇头节点担任一组预定义的网络传感器节点簇的控制和管理中心。簇头负责各自簇的管理、簇内传感器节点的数据聚合以及给基站转发数据。此外，簇头还负责监控簇内传感器节点的状态并向基站报告故障和损耗。基于簇的网络通常沿着两跳网络流量路径达到基站。该流表示为 $f=\{f_{f,ch(f)}, f_{ch(f),bs}\}$，其中 $f_{f,ch(f)}$ 是节点 f 到其簇头 $ch(f)$ 的流，$f_{ch(f),bs}$ 是 $ch(f)$ 到基站的流。在某些特殊情况下，基于簇的拓扑结构在转发数据到基站之前在簇头之间采取多跳进行数据传送。把这样的拓扑结构分类为数据聚合网络拓扑结构。

（3）数据聚合拓扑结构：在数据聚合拓扑结构中，单个传感器节点的感知读数随着经过的网络而更新，该网络从源节点到基站，还会经过一个定义好的相互连接的中间节点树。路径上的数据聚合在一个特定的网络节点，称为聚合点，定义为节点入边数量超出总的出边数量的节点（通常等于单位值）。聚合中间数据的目的是减少网络的总流量以及最小化网络单个传感器节点频繁和大规模地给基站进行数据传送操作的能量消耗。一个典型的数据聚合拓扑结构由相互连接的树组成，这些树定义了从单个源传感器节点到基站的网络流量。经过聚合节点的数据聚合树上传感器节点的网络流量表示为 $f=\{f_1, f_2, \cdots, f_{L(f)}\}$，其中，$L(f)$ 是从节点 f 到基站的路径长度。

本节定义的网络模型对以攻击检测为目的的流量阈值模式建立是非常重要的。为了存储子模式值的生成以及随后的攻击检测器节点的对比，阈值模式要基于网络的内部拓扑结构来建立。

26.6　阈值模式建模

在前面的小节里，已经根据数据传送模型把无线传感器网络分成三个最常用的网络拓扑结构。基于已定义的网络拓扑结构，本节提出了阈值子模式值的生成方法，用于攻击检测器节点的存储和对比。

遭受 DDoS 攻击的传感器网络分析模型包含了两种类型的网络流量，即正常的和攻击的。典型的传感器网络流量直接从传感器导向基站。在正常操作模式期间，一个传感器节点可能会接收到多个源的流量，如在其附近的节点。流量的容量，本质上是流量的数量，如果传感器节点是簇头或数据聚合节点，则该流量较高。构成分布式拒绝服务攻击的流量，也可以归类为一种流，尽管采用了不同标记。假设每个攻击节点生成一个涌入受害节点 r 的单个流量。在攻击流量出现时，在给定时间段内，目标节点 r 接收到的，且需要攻击检测方案监控的总流量，定义如下：

$$\lambda_r = \sum_{i=1}^{f} \lambda_{r,i}^i + \sum_{j=1}^{k} \lambda_{r,j}^j \qquad (26.3)$$

式中：$\lambda_{r,i}^i$ 是节点 i 流量的正常流速；$\lambda_{r,j}^j$ 是攻击者集 A 中攻击者节点 j 的攻击流速。网络上的每个节点可以认为负责一个单独的队列，节点 i 的包处理和传输平均时间是 s_i。因此，到达节点 r 的流量强度定义为

$$\rho_r = s_i \left(\sum_{i=1}^{f} I_{r,i}^i + \sum_{j=1}^{k} I_{r,j}^j \right) \qquad (26.4)$$

$I_{r,i}^i$ 定义为正常流量强度，而 $I_{r,j}^j$ 定义为所有攻击节点 $k \in A$ 的攻击流量强度。在研究涌入网络目标节点集合的总流量强度时，考虑了攻击检测情况。因此，节点 r 的流量到达强度是正常感知流量和攻击流量独立到达强度的函数。

分布式拒绝服务攻击流是由多个网络终端的若干个攻击者节点发起的。攻击数据包会从网络的不同区域到达目标节点，因此，需要相互协作检测流向目标节点集的分布式异常流量。定义一组传感器节点为攻击检测器节点，用来观测涌入目标节点集 T 的网络流量。把这些节点记作 $G=\{g_0, g_1, \cdots, g_{d-1}\}$，其中$|G|=d$。传感器网络的流量广播特性有利于在混杂模式下监测朝向目标节点的流量。阈值定义为在观测者（检测器）节点的操作区域上，在固定时间间隔 $\varDelta$ 内，节点 r 从特定网络区域愿意接收的数据包的最大数量。生成这些阈值的要素之一是网络目标节点的拓扑表示。基于传感器节点的拓扑位置定义了不同的攻击模式。考虑到每个目标节点将保存不同的阈值（子模式），完整的阈值模式矢量是一种独特模式，该模式定义了在给定时间间隔内，节点 r 从网络各区域可接收流量的边界集合。对于固定的网络类型，网络中某个特定节点 r 在给定时间间隔内期望的总流量表示为 P_r。期望网络流入值取决于网络分类、节点 r 的初始能值、期望寿命以及节点 r 处理每个接收数据包的平均能量资源消耗。这些值会在网络初始化阶段提前产生。

模式生成规则根据早先定义的网络拓扑结构而有所不同。在网络中，每个网络拓扑结构具有一个不同的选定的潜在目标节点集。每个目标节点则具有流向他们且需要观测的不同流量模式集。在平面拓扑结构中，所有网络传感器节点具有同等重要性。拓扑结构中的 n 个节点的任何一个损失会对网络操作造成相等的影响。平面拓扑结构中子模式（阈值）值采用式（26.5）生成。与检测器节点 d 相关的目标节点 r 的阈值子模式值，表示为 th_d^r。

传感器节点在网络初始化节点部署，基站记录网络节点的总数量，以及到每个节点的距离估计。

上述参数有利于计算节点部署密度。例如，跨越一个较大地理区域的网络上只有少数几个节点，具有较低的节点部署密度，而在覆盖较小地理区域的网络上有大量已部署的节点，则节点部署密度较高。平面拓扑结构的节点部署密度定义了由于一个目标节点损失网络上可以遭受的损失程度。相比低节点部署密度网络，较密集网络中少数几个节点的损失影响不大。因此，较密集网络的阈值 th_d^r 较高，意味着在报警发生之前，可能会有较大数量的目标节点被丢失。

$$\mathrm{th}_d^r = \left[P_r + \mathrm{nw}(\mathrm{density}) + \frac{1.0}{d_{G(d)(r)}} \right] \tag{26.5}$$

式中：$\mathrm{nw}(\mathrm{density})$ 表示归一化的网络节点部署密度；$d_{G(d)(r)}$ 为从检测器节点 d 到目标节点 r 的归一化欧式距离；P_r 为固定时间间隔 Δ 内节点 r 归一化的期望数据包数量。

从特定检测器节点到目标节点的欧氏距离是计算阈值模式值的另一个因素。在检测器节点 d 观测范围外的目标节点，需要用网络中接近这些节点的已定位检测节点来监测。较低的阈值意味着从特定区域到目标节点的期望流量数据包的数量较少。

在基于簇的网络拓扑结构中，簇头在网络操作中起着重要作用，因此，需要不断监测流向他们流量。为此，考虑让簇头作为该拓扑结构的关键节点。网络拓扑结构的阈值子模式由式（26.6）生成：

$$\mathrm{th}_d^r = \left[P_r + \mathrm{num}_{\mathrm{ch}} + \frac{1.0}{d_{G(d)(r)}} \right] \tag{26.6}$$

式中：$\mathrm{num}_{\mathrm{ch}}$ 表示归一化的网络簇数量；$d_{G(d)(r)}$ 表示从检测器节点 d 到节点 r 的归一化欧式距离。

$d_{G(d)}(r)$ 的值是簇头到检测器节点的归一化距离。该值定义了从网络各区域流向簇头的期望流量密度。距离基站较远的簇头，通常在树路由层次的底端，因此在给定时间内，积累了较少数量的来自叶端传感器节点的流量数据包，这类节点的 P_r 值较低。相反，距离基站较近的簇头负责数据包的聚合以及簇头操作，由于涌入了大量累积流量负载，期望较高的流量入流，这类节点的 P_r 值较高。接近簇节点的检测器节点之间的归一化欧式距离产生较高阈值，表示有较多数量的期望请求流向这些簇头节点，而远离簇节点的检测器节点被认为处于各自监测区域之外，因此导致阈值下降。基于簇的网络节点部署密度定义了网络中正在运行簇的总数量。因此，对于较高的节点部署密度，会产生较高 th_d^r 的值，表明对每个簇节点影响较小。

在数据集合拓扑结构中，网络中的数据聚合节点在树层次的顶端进行感知数据的聚合和转发方面发挥着重要的作用。这些节点的失效将导致整个网络操作（传感器区域）环节的失效。数据聚合节点可以认为是拓扑结构的关键目标节点。数据聚合拓扑结构的模式生成式如下：

$$\mathrm{th}_d^r = \left[P_r + \frac{1.0}{d_{G(d)(r)}} \right] \tag{26.7}$$

式中：$d_{G(d)(r)}$ 表示检测器节点 d 到目标节点 r 的欧式距离。

节点目标密度在数据聚合网络中作用较小，这是因为感知数据的树路由路径在网络初始化节点就已设定且保持不变。从基站分离数据聚合节点的跳数确定了其重要级别。距离基站较近的聚合节点预计会涌入更多的网络流量，因此 P_r 值较大，导致阈值较高。另一方面，距离叶端传感器节点较近的聚合节点预计来自较低层次传感器节点的流量较低，因此 P_r 值较小，导致阈值子模式值较小。数据聚合节点附近的检测器节点预计可以观测到较高的流量，而距离聚合节点较远的检测器节点设置的 th_d^r 值较低，表明流向目标节点的流量速率较低。

假设网络中的所有通信数据包被附加了一个节点身份标记，用来识别源以及流量数据包的预定目的。节点身份可以使用传感器节点拥有的独特知识来生成。这些知识可以是传感器节点的相对地理位置，在网络初始化时其可被预置入传感器内存。位置 $\langle l_x(n), l_y(n) \rangle$ 节点 n 的 ID 设为 $\Lambda: N \rightarrow N(l_x, l_y)$，其中函数 Λ 使用了节点 n 的地理坐标来推出其唯一位置坐标标识。

表 26.2 中，解释了 d 个网络检测器节点中每一个节点有关的子模式（阈值）值，以及目标节点位置坐标 $l_{(x)},l_{(y)}$，以便和存储的阈值子模式值进行实时网络流量的特征比较。在 d 个检测器节点出现时，对于给定的目标节点 t_1，如果由一个中心实体对其分析，则完整模式矢量表示为，$\langle l_x(t_1),l_y(t_1),\mathrm{th}_0^1,\mathrm{th}_1^1,\cdots,\mathrm{th}_d^1\rangle$。

表 26.2 一组两个示例目标节点的阈值子模式，在 d 个检测器节点存储每一个子模式

（检测器节点，节点 ID）	t_1	t_2
(1, ID(1))	$\mathrm{th}_1^1,l_x(t_1),l_y(t_1)$	$\mathrm{th}_1^2,l_x(t_2),l_y(t_2)$
(2, ID(D))	$\mathrm{th}_2^1,l_x(t_1),l_y(t_1)$	$\mathrm{th}_2^2,l_x(t_2),l_y(t_2)$
⋮	⋮	⋮
(d, ID(d))	$\mathrm{th}_d^1,l_x(t_1),l_y(t_1)$	$\mathrm{th}_d^2,l_x(t_2),l_y(t_2)$

尽管单个检测器节点的一次观测并不足以描述一个完整的洪泛攻击情形，但对所有检测器节点观测流量读数进行完整模式的协调重建则可以达到相同的结果。

26.7 流量观测表

在生成一组目标节点期望初始阈值后，用这些值训练攻击检测方案，以学习正常网络流量模式。随后，对比从网络观测的流量中提取的统计特征来帮助基站做一个攻击是/否正在进行的决策。这些特征描述了流向一组 r 个目标节点的流量强度，从而用攻击检测方案对洪泛攻击进行分类。从流量提取的特征构成模式矢量，这些模式矢量在检测方案的模式匹配过程需要进行对比。流量特征定义如下：

（1）目标地址=d（其中 $d\in T$）数据包的百分比。

（2）源地址=$\{s\mid\forall_r,\mathrm{Euclidean}(s,r)>\mathrm{thr}_{\mathrm{euc}}\}$ 数据包的百分比，其中 $\mathrm{thr}_{\mathrm{euc}}$ 是检测器和目标节点最大允许距离阈值。

（3）源地址=$\{s\mid s\notin\mathrm{cluster}_d,$ 其中 $d\in T,s\in N\}$ 数据包的百分比。

定义 26.1 $\forall$ patterns p_r, length$(p_r)=2r$。

对于攻击检测的集中式方法，即不存在网络本地决策，在时间周期 $\varDelta$ 结束时，以分类为目的基站，所期望的模式矢量总数等于 n。如图 26.4 所示，每个模式矢量长度等于 $2r$，对于第 r 个目标节点，模式矢量 p_r，将根据从 n 个检测器节点收到的每个子模式在基站重组。目标节点 r 的模式矢量表示为 $p_r=\{p_1^r,pe_1^r,p_2^r,pe_2^r,\cdots,p_n^r,pe_n^r\}$，其中 p_n^r 是检测器节点 n 观测到的目标节点 r 为目的的数

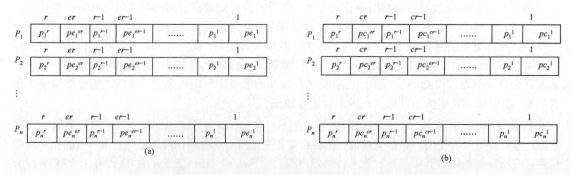

图 26.4 重构模式矢量描述了流向受害者节点集的网络流量阈值

据包百分比，pe_n^r 是节点 n 观测到的数据包百分比，为了满足上述定义的第二个特征提取规则，该节点具有以 thr_{euc} 为欧式阈值范围之外的源地址。

对于基于簇的无线传感器网络，目标节点 r 的模式矢量表示为 $p_r = \{p_1^r, pc_1^r, p_2^r, pc_2^r, \cdots, p_n^r, pc_n^r\}$，其中 p_n^r 与前面定义一样。然而，对于基于簇的网络，定义子模式 pc_n^r 表示检测器节点 n 观测到的数据包百分比值，该节点从操作簇 cluster$_r$ 外直接导向目标 r。

前面已经解释了从观测实时网络流量生成模式矢量的方法。这些模式矢量和阈值子模式值进行对比，生成并存储在每个攻击检测器节点上。攻击子模式会根据几个参数（包括目标节点的检测器节点的接近度）而变化。因此，每个检测器节点区域生成的阈值是不同的，也不能简化为由累加所有子模式之和来进行建模，即在给定时间周期 Δ 内流向目标节点网络流量阈值不能进行简单的累加。

26.8 集中攻击检测

神经网络在高性能网络中检测异常网络流量中是公认的一个非常强大的工具。其中，入侵检测和攻击检测广泛应用的这样一类神经网络方法是自组织映射（SOM，Self-Organising Map）。SOM 是一种由高维输入数据流形到规则的低维数组元素的非线性、有序和平滑的映射[20]。从入侵检测的角度来看，由此产生的神经元的几何映射描述了实际网络流量的模式。通过构建一个更高维的格映射，SOM 有利于网络流量异常检测所需数据的可视化和随后的分析。SOM 算法本质上是保留拓扑结构，相似度互相接近的输入模式矢量映射成彼此接近的图神经元[12]。

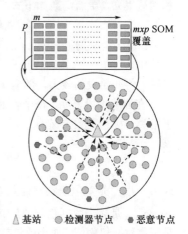

SOM 神经网络的这个特点对其准确区分正常和异常网络行为更具实际意义。文献[11,12]提出了几个基于 SOM 的入侵检测方案。在无线传感器网络中，自组织映射已经被用于生成最优数据聚合树[13] 和上下文分类[2]。

提出了一种攻击检测方案，该方案使用 SOM 算法的聚类功能将 DDoS 攻击模式聚类成映射神经元，然后将其扩展并纳入到无线传感器网络基站的决策层，在基站上运行以生成流量分类结果。图 26.5 示出了提出的攻击决策方案的 SOM 覆盖。

所提方案运行在两个层次上：SOM 层和决策层。SOM 应用程序作为 SOM 层的一部分运行，它根据输入矢量和神经元的欧式距离或哈密尔顿距离，基于神经元权重到输入矢量权重的接近度，将网络流量数据包聚类成格映射的 l 个神经元之一。决策层负责实际执行网络流量分类，根据收到的 SOM 层输入将流量分成攻击的和正常的。

△ 基站   ◎ 检测器节点   ● 恶意节点

图 26.5 基站的 SOM 覆盖

基于 SOM 的攻击检测方案包含两个操作阶段：学习和分类。

26.8.1 学习阶段

在这个阶段，即训练阶段，带有一组学习模式的 SOM 应用程序训练 l 个映射神经元，将输入矢量数据点映射为神经元阵列。这是一种互相竞争的映射过程，该过程一次引入一个矢量，将输入矢量的数据点给 l 个映射神经元的每一个。对于每个输入矢量，距离（欧式或哈密尔顿）输入数据点权重最近的神经元视为获胜者。随后，调整竞争获胜神经元的权重，来确保其值与当前输入数据点的特征更为接近。此外，对于每个输入矢量，获胜神经元的邻居也将更新他们的权重，因此，需要定义一个领域函数来计算已知获胜神经元的邻居。通常，邻域函数可以采用 Gaussian 或 Bubble，获胜者的邻居神经元的 k 维值将根据该函数进行调整。

26.8.1.1 领域函数

最常用的 SOM 领域函数是 Gaussian 和 Bubble。这里，把获胜者 n 在 t 时刻的领域函数定义为 $h_{n_i}(t)$。时间因子 t 是一个单调离散时间变量，随着 SOM 训练过程的每次迭代而递增。领域函数的更新因子 α 定义为获胜者 n 的邻居神经元 n_i 权重的更新率。映射中获胜者邻居半径定义为 σ。Bubble 函数为每个邻居 n_i 指定一个恒定的学习更新因子 α。Bubble 邻域更新函数如下式：

$$h_{ni}(t) = \begin{cases} \alpha(t), \| d_n, d_i \| \prec \sigma(t) \\ 0 \quad , \text{其他} \end{cases}$$

式中：d_n 和 d_i 是分别是获胜者 n 和邻居 n_i 的位置；$\|d_n, d_i\|$ 是节点对 (n, i) 的欧式距离或哈密尔顿距离。

另一方面，Gaussian 邻域函数采用标准钟形高斯模型来更新邻居权重。这里更新因子 α 与获胜者 n 到邻居节点 n_i 的距离成反比。因此，对于距离较远的邻居，α 值较低，而距离 n 较近的邻居，更新率明显偏高。Gaussian 邻域更新函数定义如下：

$$h_{ni}(t) = \begin{cases} \alpha(t)e, -\dfrac{\|d_n, d_i\|^2}{2\sigma^2(t)}, \| d_n, d_i \| < \sigma(t) \\ 0 \quad , \text{其他} \end{cases}$$

26.8.1.2 更新函数

SOM 算法的更新函数执行获胜神经元的邻居神经元权重的更新，随后准确确定获胜神经元 n 和邻居集 n_i。更新函数如下式：

$$m_i(t+1) = m_i(t) + h_{ni}(t)[\text{sd}(t) - m_i(t)] \tag{26.8}$$

式中：$m_i(t)$ 是时刻 t 神经元 i 的 k 维矢量值集合，$\text{sd}(t)$ 是样本（训练）数据的 k 维矢量。

SOM 的一个训练周期为 t 次循环，每次迭代给 SOM 赋予长度为 k 的一个训练矢量。σ（邻域半径）值初始设的较大，随着每次训练循环（迭代），σ 值逐步减小至一个特定因子（r_0）。

在训练阶段末期，每个映射神经元根据竞争获胜神经元的大多数输入模式类别，标记为攻击或正常类。标记函数定义为

$$\text{label}_l = \begin{cases} \text{attack}, & t_{\text{attack}}^l > \text{thresh}_{\text{attack}} \\ \text{normal}, & t_{\text{normal}}^l > \text{thresh}_{\text{normal}} \end{cases}$$

式中：t_{attack}^l 是竞争获胜神经元 l 的攻击数据包总数；t_{normal}^l 是竞争获胜神经元 l 的正常数据包总数。$\text{thresh}_{\text{attack}}$ 是攻击数据包阈值，如果通过神经元 i 观测，结果将被标记为攻击者类。类似的，$\text{thresh}_{\text{normal}}$ 是正常数据包阈值，如果通过神经元 i 观测，结果将被标记为正常类，其中 $\text{thresh}_{\text{normal}}=1-\text{thresh}_{\text{attack}}$。

26.8.2 数据分类

在本方案的分类阶段，与输入矢量相关的 k 维权重数组和映射神经元 l 的权重矢量进行比较。最匹配的神经元判为获胜者，据此对其输入矢量分类。方案中决策层产生观测输入模式矢量分类的最终判决，即攻击或正常网络流量。

26.8.3 流量特征

分布式拒绝服务攻击模式定义为在时间 t 开始的一个期间，流入一个由 r 个目标节点组成的节点集网络流量的增加。网络数据包流速在洪泛攻击时一般会发生改变。对目标节点集 r 的网络流量强度的统计特征进行提取，用于洪泛攻击分类的神经网络训练。在 SOM 应用的学习阶段，在固定时间长度 τ 内，把提取的流量统计特征引入 k 个神经元，该流量定义为 SOM 应用的训练流量，包

含了攻击以及正常流量矢量。训练流量可以含有攻击和正常流量模式矢量的随机重复。在训练阶段，加入 SOM 应用的模式矢量的总数也表明了应用程序训练的总时间长度。需要提取的流量特征构成了输入矢量，将用在检测方案的训练阶段以及流量分类阶段。流量特征定义如下：

（1）目标地址=d（其中 $d \in r$）的数据包的百分比。

（2）源地址=$\{s \mid \forall_r, \text{Euclidean}(s, r) > \text{thr}_{\text{euc}}\}$ 数据包的百分比。

（3）源地址=$\{s \mid s \notin \text{cluster}_d, \text{其中 } d \in r, s \in n\}$ 数据包的百分比。

定义 26.2 $\forall \text{ patterns } p_r, \text{length}(p_r) = 2r$。

在时间周期 τ 结束时，基站期望的模式矢量总数等于 n。如图 26.4 所示，模式矢量长度等于 $2r$，对于多个目标节点的任一个节点 r，模式矢量 $\boldsymbol{p}_r$，将根据从 n 个检测器节点收到的每个子模式在基站重组。目标节点 r 的模式矢量表示为 $\boldsymbol{p}_r = \{p_1^r, pe_1^r, p_2^r, pe_2^r, \cdots, p_n^r, pe_n^r\}$，其中 p_n^r 是以检测器节点 n 观测到的目标节点 r 为目的的数据包百分比，pe_n^r 是节点 n 观测到的数据包百分比，为了满足上述定义的第二个特征提取规则，该节点具有以 thr_{euc} 为欧式阈值范围之外的源地址。

对于基于簇的无线传感器网络，目标节点 r 的模式矢量表示为 $\boldsymbol{p}_r = \{p_1^r, pc_1^r, p_2^r, pc_2^r, \cdots, p_n^r, pc_n^r\}$，其中 p_n^r 与前面定义一样。然而，对于基于簇的网络，定义子模式 pc_n^r 表示检测器节点 n 观测到的数据包百分比值，该节点从操作簇 cluster_r 外直接导向目标 r。

26.8.4 检测算法

SOM 算法的训练阶段在基站上离线执行，采用生成模式作为部分样本数据。在执行训练阶段之前，用选定的 SOM 训练参数值初始化 SOM 应用程序。作为部分训练集的生成模式取决于应用程序收敛时间窗 τ 的长度。应用分类阶段发生在每个时间间隔 τ 末期，如下所示：

（1）观测阶段：在该阶段，构成攻击检测器集的传感器节点观测各自邻居至 r 个网络目标节点中任一个的流量。

（2）收敛阶段：观测者传感器节点根据流入 r 个目标节点的观测流量构建 r 个矢量。

（3）通信阶段：在当前时间段 t_i 末期，观测者节点以基站模式和构建的观测节点通信。

（4）判决：基站决定宣布在给定时间段 t，流向 r 个目标节点中任一个节点的流量是攻击或正常。

26.8.4.1 映射初始化

映射（map）选取的初始值对训练阶段末期确定高质量的映射布局是至关重要的。初始神经元的权重可以定义为线性变化或随机赋值。这些权重必须在样本数据库中 r 维模式矢量值范围内。根据组成攻击和正常网络流量的样本数据生成初始映射维数，具体参见前面小节给出的定义。映射生成过程是通过计算 $\boldsymbol{A}\boldsymbol{A}^{\mathrm{T}}$ 方阵的特征值来实现的，其中 $\boldsymbol{A}$ 是大小为 $m \times p$ 训练模式矩阵，$\boldsymbol{A}^{\mathrm{T}}$ 是其转置。然后选取两个最大的特征值，并计算最大和最小值的比率。选取这些映射维数，从而其映射维数比率正比于计算比率的平方根。

26.8.4.2 最佳时间阶段

τ 值就是最佳时间间隔长度，对方案性能结果具有显著影响。当检测器节点–基站彼此频繁交换消息时，较小的 τ 值会产生过多的通信开销。此外，由于较少的观测数据包将显著增加误报警数量增多的概率，攻击检测的准确率会降低。反之，τ 值越大，将会减小方案的总通信开销，增加检测率的准确度，尽管需要以延迟响应为代价，而且，在实际方案收敛之前，在攻击数据包造成损坏的地方，假阴性较高。

基于 SOM 攻击检测方案的最佳 τ 值定义为

$$\tau = \sqrt{\frac{c_1}{c_2} \frac{n_{\text{oal}}}{\text{TI}}} \tag{26.9}$$

式中：c_1 是无线信道单次通信消耗的代价 $c_1 \approx 1\text{ms}$；c_2 是由于网络目标节点损失消耗的代价 $\propto 1/$节点密度，$c_2 \approx \{0.5\sim1.0\}$；$n_{\text{total}}$ 是总检测器节点；TI 是攻击流量强度（packets/s）。

26.8.5 评价

在 N 值变化以及网络流量强度变化的情况下，开展了各种仿真对攻击检测率、假阳性率、假阴性率进行测试。仿真器使用 Java 集成开发环境编写。网络流量服从泊松（Poisson）分布。

26.8.5.1 检测率

图 26.6 绘制了在网络初始寿命期间，随节点部署密度变化的攻击检测率。对于高节点部署密度和低流量强度，检测率接近 92%，而当 $N=128$，即使是低流量强度，检测率也只有 65%。较低的节点部署密度网络相比较高密度网络，其检测率偏低。低密度网络情况下，存在较少的检测器节点将导致攻击检测过程成功率较低，这是由于传送到基站用于随后 SOM 应用程序的聚类而生成的模式矢量不完整。

较高的流量强度意味着在检测方案收敛期间，网络上有更多的数据包在不经意的穿行，较大的 TI 值将导致对所有 TI 的检测率均偏低。

在图 26.7 中绘制了 SOM 方案相比目标节点能量含量下降率（TI=500）的平均检测率。下降率定义为能量含量相比于目标节点的初始能量值的减小百分比。可以看到，目标节点的能量含量下降率取决于流量强度以及节点拓扑结构。及时检测分布式拒绝服务攻击有利于基站资源的再分配，进一步避免网络操作的中断。

正如观察到的，平均检测率随着目标节点的能量含量的衰减而迅速下降。出现这种情况，是由于 SOM 应用无法在节点能量率下降的基础上更新模式值，该值描述目标节点可接收请求的总数。而目标节点能量含量的连续衰减又要求更新要观察的模式值。由于基于 SOM 方法无法实时更新模式矢量值，随着时间的推移，检测率将大幅下降。在 0.9T 这一点，约 90% 的检测器节点会死亡，剩余不完整的模式矢量用来分析，当达到 1.0T 时，几乎所有的检测器节点都死亡了。

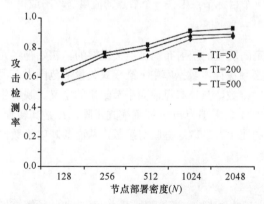

图 26.6 初始攻击检测率与不同流量强度的网络类型（$N=2048$ 和 TI＝50，检测率峰值为 92%。$N=128$ 和 TI＝500，最低检测率）

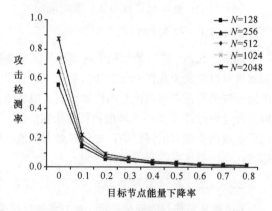

图 26.7 平均攻击检测率与目标节点能量含量的下降率

26.8.5.2 假阳性率

检测方案的假阳性是指检测方案聚类的正常数据包作为攻击数据包的总数。考虑到网络中的某些区域缺少检测器节点，当 N 值较小时，会生成不完整的模式矢量用于基站聚类。因此，这类网络的假阳性率偏高。图 26.8 示出了攻击检测方案的假阳性率。

假阳性率会随着流量强度的增加而增加。这是因为在方案收敛期间，当较少的数据包穿过网络时，为流量分析生成的模式矢量更准确。这样在基站执行分类的准确度在低 TI 值下则更高。因此，可以看到对于较低流量强度，假阳性率偏少。

从图 26.9 可以看到，平均假阳性率会随着目标节点能量含量的下降率增加而增加。而对于假阴性率，减小目标节点能含量需要更新相应的模式值，自组织映射应用无法做到这一点。因此，随着时间的推移，节点资源的下降，假阳性率表现出明显的稳步增长。

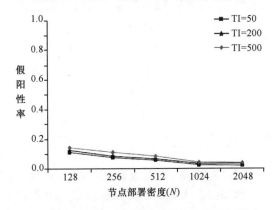

图 26.8　初始假阳性率与各种流量密度的网络类型（可以看出 N=128 和 TI=500，假阳性率高达近 14%，N=2048 和 TI=50，假阳性率非常低，大约 2%）

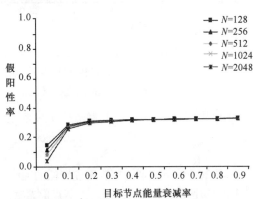

图 26.9　平均假阳性率与目标节点能含量的下降率（TI=500，假阳性率对所有 N 值达到峰值 30%，此时目标节点能含量下降 10%）

26.8.5.3　假阴性率

方案中的假阴性定义为通过检测方案分类的攻击数据包作为合法流量数据包的总数。检测方案的假阴性是 SOM 应用聚类的攻击数据包作为正常类的总数加上在应用收敛期间（如节点到基站的通信）剩余未检测的攻击包总数。图 26.10 示出了初始假阴性率与各种网络类型的对比。对于较大 N 值的假阴性率相比较小 N 值的假阴性率，偏低（<10%）。缺少检测器节点将导致用于 SOM 应用随后分析的模式矢量生成的不完整，因此引起本方案假阴性率的增加。

假阴性率随着 TI 值的增加而增加，而较高的流量强度也会导致在收敛时间期间进入网络的攻击数据包偏多，因此在同一时间段长度内剩余的未被观测到的攻击数据包总数更高。这样，较高的流量强度将导致较高的假阴性率。

图 26.11 示出了检测器节点寿命增长的假阴性率。可以看出，随着目标节点寿命的减少，平均假阴性率是增加的。当耗尽近 12% 的目标节点寿命时，可以观测到峰值假阴性率达到 62%。可以看出，在目标节点到达特定寿命时，在本例中为 12%，为了重构基站分析的完整模式矢量，附加的攻击检测节点作用将失效。因此，即使 N 值较高也不会影响方案的误报警率。

26.8.5.4　能量衰减率

本节我们分析网络攻击检测器节点的能量衰减率。如前所述，攻击检测器节点在每个时间阶段 Δ 末期，观测和生成攻击模式矢量，用于和基站通信。因此，检测器节点的总能量衰减率是通信代价 $Cost_{comm}$ 和计算代价 $Cost_{comp}$ 的函数。一个检测器节点用于生成和存储模式矢量的 $Cost_{comp}$ 是很小的，能量衰减率约等于 $f(Cost_{comm})$。而 $Cost_{comm}$ 是网络维数和节点部署密度的函数。

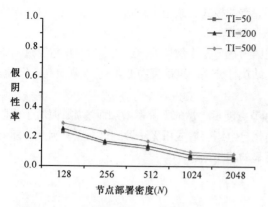

图 26.10 初始假阴性率与各种流量强度的节点部署密度（N=128 和 TI=500，最高假阴性率值是 30%，N=2048 和 TI=50，最低假阴性率是 5%）

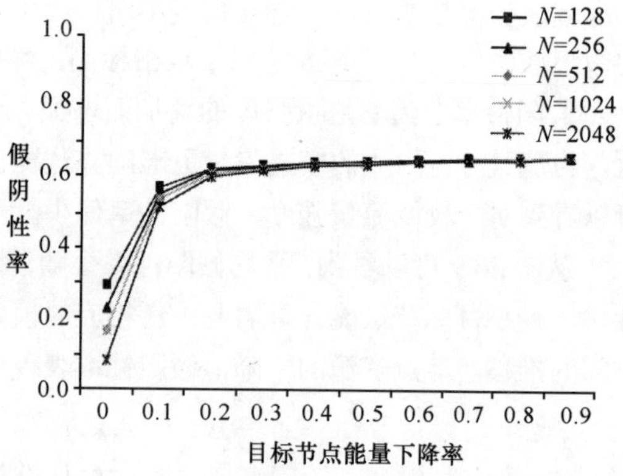

图 26.11 平均假阴性率与目标节点能含量的下降率（TI=500，所有 N 值的峰值假阴性率值是 62%，此时目标节点消耗能含量为 13%）

自组织映射方法中，检测器节点 n 的能量资源平均衰减率 L_n 定义如下：

$$\mu_{\text{som}} = \frac{\text{pkts(recv)}E_{\text{recv}} + \text{pkts(trans)}E_{\text{trans}}d^4}{t} \tag{26.10}$$

如表 26.3 所列，节点部署密度较低的网络，其能量耗尽率偏高。这是因为该情况下，检测器节点和基站的平均距离较长；反之，节点部署密度较高的网络由于从检测器节点到基站的模式消息覆盖的平均距离较短，能量衰减率较小。

表 26.3　基于 SOM 集中检测方案的能量衰减率

节点部署密度（N）	能量衰减率/（μJ/s）	节点部署密度（N）	能量衰减率/（μJ/s）
128	346	1024	122
256	173	2048	90
512	136		

26.8.5.5　总结

图 26.6 中基于 SOM 方法对所有节点部署密度，在初始化启动时，具有高的攻击检测率。例如，N=2048 网络对所有流量强度是检测率超过 85%。然而，正如图 26.7 推断的，该方案无法维持较长时间的高检测率。这种现象的发生，是由于 SOM 无法更新其训练神经元，无法反映目标节点的能量衰减率，当经过一段时间后，目标节点期望的请求数将减少。因此，当检测器节点寿命到达 90% 时，该检测方法基本无效。

误报警率表现出和检测率类似的趋势，尽管相反。如图 26.9 所示，在网络初始化时，对于 N=2048 方案的假阳性率从近 5% 开始稳定增长，当目标节点能量含量消耗 10%，假阳性率接近 27%。类似地，假阴性率也在这个时间接近 60%。图中也清楚地表明基于 SOM 方法无法更新模式值以及重新训练神经元来达到较高的准确率。对于要不断更新模式值的方法，需合理设置一种固定模式更新机制，加上分布式模式识别，来达到攻击检测较高的成功率。

26.9　结　论

本章，对无线传感器网络的分布式拒绝服务攻击进行建模，从其他现有网络攻击假设推导出这类攻击。该攻击从几个网络区域建模成一组阈值子模式，经过汇总从整体上重建网络流量。此外，提出了针对这类攻击的基于自组织映射的集中式检测方法。SOM 神经网络用网络流量（包括攻击和正常）模式进行训练。结果，运行在基站上的 SOM 应用程序，对从单个网络攻击检测器节点接收的网络流量观测值进行聚类。基于 SOM 方法对单个目标节点期望固定网络流量这类环境的检测攻击具有广泛前景。然而，该方法并不适合传感器网络，其中目标节点的活动及其能量资源会随着时间推移而减少。

参 考 文 献

1. Z. A. Baig. A performance analysis of an application-level mechanism for preventing service flooding in the internet. Masters Thesis, University of Maryland, USA, 2003.

2. E. Catterall, K. Van Laerhoven, and M. Strohbach. Self-organization in ad hoc sensor networks: an empirical study. In Proceedings of the Eighth International Conference on Artificial Life, 2002.

3. H. Chan and A. Perrig. Security and privacy in sensor networks. IEEE Comput. Mag., 36:103–105, 2003.

4. R. Chang. Defending against flooding-based distributed denial of service attacks: A tutorial. IEEE Commun. Mag., 40:42–51, 2004.

5. T. Cormen, C. Leiserson, R. Rivest, and C. Stein. Introduction to Algorithms. MIT Press, 2001.

6. J. Deng, R. Han, and S. Mishra. Intrusion tolerance and anti-traffic analysis strategies for wireless sensor networks. In IEEE Intl' Conference on Dependable Systems and Networks (DSN'04), 2004.

7. S. Dietrich, N. Long, and D. Dittrich. Analyzing distributed denial of service attack tools: the shaft case. In 14th Systems Administration Conference, May 2000.

8. J. Elliot. Distributed denial of service attacks and the zombie ant effect. IT Pro, 2000, pp. 55–57.

9. V. D. Gligor. Guaranteeing access in spite of service-flooding attacks. In Proceedings of Int'lWorkshop on Security Protocols, 2003.

10. J. Jung, B. Krishnamurthy, and M. Rabinovich. Flash crowds and denial of service attacks: characterization and implications for cdns and web sites. In International World Wide Web Conference, 2002.

11. H. G. Kayacik, A. N. Zincir-Heywood, and M. I. Heywood. A hierarchical SOM-based intrusion detection system. Eng. Appl. Artif. Intell., 20, 2007.

12. K. Labib and V. R. Vemuri. Nsom: a tool to detect denial of service attacks using self-organizing maps. Technical Report, University of California, Davis.

13. S. Lee and T. Chung. Data aggregation for wireless sensor networks using self-organizing map. Lecture Notes in Artificial Intelligence, 2005, pp. 508–517.

14. J. Mirlovic, J. Martin, and P. Reiher. A taxonomy of ddos attacks and ddos defense mechanisms. ACM SIGCOMM, 34(2):39–53, 2004.

15. J. Newsome, E. Shi, D. Song, and A. Perrig. The sybil attack in sensor networks: analysis and defenses. In Proceedings of IEEE Conference on Informantion Processing in Sensor Networks (IPSN'04), 2004.

16. B. Parno, A. Perrig, and V. Gligor. Distributed detection of node replication attacks in sensor networks. In Proceedings of IEEE Symposium on Security and Privacy, 2005.

17. T. Peng. Defending against distributed denial of service attacks. PhD Thesis, The University of Melbourne, 2004.

18. A. Perrig, R. Szewczyk, V. Wen, D. E. Culler, and J. D. Tygar. SPINS: security protocols for sensor netowrks. In Proceedings of Mobile Computing and Networking, 2001, pp. 189–199.

19. A. Perrig and J. D. Tygar. Secure Broadcast Communication in Wired and Wireless Networks. Kluwer Academic Publishers, 2002.

20. M. Ramadas. Detecting anomalous network traffic with self-organizing maps. PhD Thesis, Ohio University, 2003.

21. B. C. Rhodes, J. A. Mahaffey, and J. D. Cannady. Multiple self-organizing maps for intrusion detection. In 23rd National Information Systems Security Conference, 2000.

22. S. Sancak, E. Cayirci, V. Coskun, and A. Levi. Sensor wars: detecting and defending against spam attacks in wireless sensor networks. In IEEE Intl' Conference on Communications, 2004.

23. A. Wood and J. Stankovic. Denial of service in sensor networks. IEEE Comput. Mag., :54–62, 2002.

第 27 章　无线传感器网络中的
高能效模式识别

27.1　引　言

研究者已经数次尝试利用传感器网络开发一些行之有效的方法，以捕捉物理界现象的各种状态，其中传感器网络应用中最常用的模型是将感知数据传送至基站进行分析[1]。基站处理感知数据有两个主要问题：一是将感知信息通过物理环境传送到集中式服务器要消耗大量的传感器节点的能量；二是从每个节点传出的待分析原始数据流有可能超出集中式服务器的处理能力。无论遇到哪种情况，都会发生延时，从而将削减感知数据传输的意义。

除了能感知环境，传感器节点还能对感知数据进行本地处理以及无线传输。因此，这种能够进行网内处理的网络就不必将感知数据传送到集中式服务端（即基站）进行处理[15]。传感器网络中最常用的事件检测技术是阈值技术，就是简单地把一个值硬编码到传感器网络应用设备当中。当感知读数超过阈值时，表示检测到事件发生。然而，这种基于阈值的方法不能用于检测复杂事件。通常情况下，实际事件需要传感器节点相互协作，才能降低整体复杂度并推断其状况。基于协作信号与信息处理（CSIP，Collaborative Signal and Information Processing）、基于神经网络、基于模式的方法就是利用传感器节点的协作在传感器网络中进行事件检测的[17,18,24]，这几种方法用描述物理环境中唯一事件状态模式表征感知数据，通过与参考模式相比较，检测出感兴趣事件的发生。

传感器网络的主要研究目标之一是能够在不受限制且长期无人值守的户外环境部署并运行传感器网络。传感器节点在耗尽板载电池电量之前，持续提供对物理环境感知到的数据。此外，由于传感器网络所在的环境难以进入，而且节点众多，给节点更换电池或充电均是不可能的。

加入节能技术是网络设计时延长传感器网络寿命的关键。节点在睡眠间隙时可以节省大量的能耗，如 Mica2 节点的处理器处于活动模式和睡眠模式时分别耗能 33.0mW 和 $75.0\mu W$[5]。空闲模式也能省电，但是接收模式和空闲模式明显要比彻底关掉节点的耗能多，如 Mica2 节点处于接收、空闲和睡眠模式的能耗分别是 7.9mA、7.0mA 和 $1.0\mu A$。

本章提出了一个用多传感器节点协作完成事件检测的模式识别方法。该方法通过度量输入感知数据与参考模式的相似性对事件进行识别，模式以分布式方式储存在网络当中。另外，此方法提出了一种新的节点生命周期管理技术，作用于模式的相似性。交替转换传感器节点在活动模式与睡眠模式，从而动态控制节点间的协作并达到节能效果。

本章将介绍模版匹配的基础、一种事件识别方法（VGN 方法），并将通过实验仿真对实验结果进行检验。具体结构安排：27.2 节介绍模版匹配的基本原理；27.3 节给出 VGN 方法；27.4 节是仿真结果与分析；27.5 节将对比投票图神经元（VGN，Voting Graph Neuron）方法与 GN 和 Hopfield 网络；27.6 节是本章总结。

27.2　传感器网络中事件识别的原理

本节将介绍所提的用传感器节点进行事件检测的方法原理及其中的一些概念。

27.2.1　事件模式

感兴趣事件的出现是通过模式来判别的。模式可以定义为混沌的对立面[26]。例如，极端天气状况（如暴风雨）就有其对应的天气图或模式，用来预测他们的发生。相似地，在传感器网络中，一个事件模式可以是天气图，海鸟的行为数据，也可以是一座桥的压力级别。

感知数据传送的是有关环境情况的信息，利用模式而不直接利用单独的感知数据是获取多维复杂事件的有效方法。假设一个事件模式由 $M \times N$ 个单元（cell）表示，每个单元与一个传感器节点相关，且对应一个特定监控区域。假设活动的传感器节点数量与单元数量（$M \times N$）相同，在部署的传感器节点数多于 $M \times N$ 的情况下，就需要选出单元首领代表部分单元，并收集感知数据。这样，大小为 $M \times N$ 的传感器节点矩阵对应着各事件模式。矩阵是否规则，取决于传感器节点的部署方式。因而，一个事件模式可以定义为 t 时刻某区域 A 内由 $M \times N$ 各传感器节点监测到的一个 $M \times N$ 大小的感知数据矩阵，如图 27.1 所示。

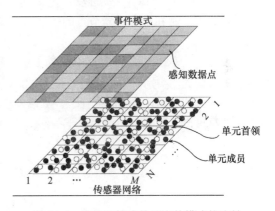

图 27.1　物理环境事件到事件模式的映射

27.2.2　模版匹配

任何事件检测系统的目的都是在监测环境中发现感兴趣事件的发生。由于利用的是事件模式检测事件，因此所提方法的目的是用用户定义的参考模式判定感兴趣事件的发生。通常情况下，模式识别系统运用参考模式建立未知模式的身份，参考模式可用作描述事件模式自身的示例或与感兴趣事件相关的主要类别。

模版匹配是一种早期的模式识别技术[7,22]，是一种判断两种已知模式是否具有高度相似性的过程。模版匹配可应用于数据过滤中[2]，但是模版匹配有两大问题[14]，第一是要试图在大模式中找到一个子模式的匹配[14,25]。例如，要在一个大拼图里找出拼图的一块，系统则会按顺序将给定的拼图块与拼图上所有的可用位置相匹配，一旦有位置匹配上给定拼图块，则声明该匹配。另一个问题则是要在参考模式集中找到未知模式的匹配。此时，输入模式与参考模式大小相同，系统试图通过将该未知模式与各个参考模式进行比较找出匹配，当任意已知模式与该未知模式具有高度相似性或相同时，则找到了匹配。

总体上讲，模版匹配是一种基于相似性识别模式的技术。基于相似性的方法通过直接操作感知数据挖掘模式。与许多模式识别方法不同，如最大似然法、贝叶斯学习法[4]，基于相似性的方法不使用特征矢量或概率密度分布函数[6]，而是利用原始感知数据度量模式之间的相似度，以识别模式。感知数据的几何结构用相似性度量定义。这一点很重要，因为格式化表示正确类别中全部目标的特征向量是困难的，创建出高维数据的特征向量也是不可能的[23]。当数据维数因特征向量的创建而减少时，重要的感知数据可能会丢失，从而导致不能表征物体或者将不同目标物体映射到同一特征向量。依赖于概率密度分布来进行模式分类的模式识别方法对传感器网络应用来说并没有用，这是因为只有具有大量检测目标/模式的样本时，才能建立起概率密度分布，然而传感器网络通常不具有这种条件。

传感器网络利用模版匹配来识别事件具有很多优势。模版匹配函数直接作用于原始感知数据，原始的感知度量可与参考度量集中的某个模式相匹配，几乎不需要甚至根本不需数据处理就可辨别出感兴趣事件的发生。最后，模版匹配不需要复杂的计算能力。模式之间的相似性可以通过简单逻辑或数学运算操作即可计算出；传感器节点也可以通过简单的比较运算操作与模式匹配。

传统的模版匹配方法有很多限制，导致其性能的降低，比如在使用不同尺寸的模式或旋转模式时[14]。然而，这个问题与三维物体识别与字符识别相关。每个事件模式对都与一个特定位置上的指定传感器节点相关。比如说，某时刻某一特定区域的温度或与给定模式匹配，或不匹配。因此，传感器网络中的模式匹配问题通常不受形变、移位或旋转的影响，从而这让我们可以专注于提出高效节能的识别方法。

模版匹配的操作如下：

模版匹配解释了识别模式的相似性度量，模版匹配中的相似性概念起源于紧致性定理[23]；属于同一类的目标物体在表现形式上也相近。基于相似性的识别可以看作是感知与更高层知识之间的联系[23]。感知是传感器节点的一个功能模块，更高层知识是由传感器协作和无线交换信息获得的。

任意两个模式的距离 $d(x,y)$ 度量了模式间的相似性，可以用于建立一个未知事件模式是否从属于参考模式的类别。为了将未知模式分类，要计算该模式与每个参考模式的距离。举例说，汉明测量法计算的是模式改变的位置[27]，测量方法还有欧氏距离、City-Block 距离和 Canberra 距离[27]。x 和 y 模式的距离 $d(x,y)$ 满足以下条件：

$$d(x,y) = 0 \qquad (27.1)$$

$$d(x,y) > 0 \qquad (27.2)$$

$$d(x,y) = d(y,x) \qquad (27.3)$$

距离度量 $d(x,y)=0$ 的属性状态表示当且仅当模式 x 和 y 二者完全相同时才满足，此时未知事件模式与其中一个参考模式完全匹配。当然，模式 x 和 y 不会总是完全相同，当二者不等时，距离值为非负值。根据紧致性定理，同一类别的模式具有高度相似性，因此，当 $0 < d(x,y) \leqslant \varepsilon$（$\varepsilon$ 是绝对值很小的正值）时，未知模式 x 与模式 y 不相等，但属于模式 y 的类别。最后式（27.3）显示出距离度量满足对称性。

虽然由于传感器网络地理分布的特性，收集事件模式感知数据本质是分布的，但是模版匹配方法中的距离度量却不能用分布式的方式计算。在空间分布的网络中，每个传感器节点负责全局事件模式矩阵中特定的地理位置（子模式，Subpattern），因而这些节点充其量只能察觉到其邻居节点，因此，为了便于在网内进行距离度量，再将度量数据传输给基站，需要减少通信量。

理论上，当未知事件模式与任何参考模式完全匹配时，每个传感器节点的距离度量值都需要等于 0（$d_i(x_i, y_i) = 0$），其中 i 为节点序号，x_i 和 y_i 分别是未知事件模式和参考模式的子模式。如式（27.4）所列，局部距离度量值之和也需等于 0，若和大于 0 则表明未知事件模式与任何参考模式都不匹配，如式（27.5）所列。

$$\sum_{i=1}^{n} d_i(x_i, y_i) = 0 \qquad (27.4)$$

$$\sum_{i=1}^{n} d_i(x_i, y_i) > 0 \qquad (27.5)$$

式中：n 为活动传感器节点数，与模式的维数相等 $n = M \times N$。

然而实际上，仅根据式（27.4）和式（27.5）并不能得到全局模式匹配的精确结果，子模式还可能与参考模式误匹配。另一个未知事件模式，其不与参考模式相匹配，但会因为有的传感器节点感知到 $d_i(x_i, y_i) = 0$ 则被判为与参考模式局部匹配，结果造成在 i 位置上有子模式与相同位置的一个或多个参考模式完全匹配；或者由于局部距离测量值之和满足式（27.4）被判为全局匹配。因此需要设计一种距离度量法，在传感器网络上用分布方式实现分布模式匹配，以提供精确的模版匹配。传感器节点的局部距离度量需要附加足够条件，才能不依赖全局信息做出最佳判断。

另外传感器网络需要尽可能地节约能量。经典的模式识别算法是在传统计算机系统上操作的，不受能耗约束。然而能量因素对传感器网络非常重要，执行任何任务都会产生耗能并减少网络的能量资源。因此可以通过禁止多余的操作和通信来节省网络能量。

本书将根据第二个模版匹配问题对事件识别问题进行建模。用物理环境中所获得的事件模式感知数据来表征未知模式，然后与描述不同感兴趣情况的参考模式集相比较；未知模式 P 根据与 n 个参考模式相比的相似程度进行分类。从而，事件模式可以通过高能效的分布式模版匹配方法进行匹配。

27.3　投票图神经元方法

本节提出了一种投票图神经元方法，该方法采用一种新的高能效模版匹配法识别事件。VGN 方法本质上利用的是图神经元（GN）的概念[11-13]。VGN 表示了模式化的感知数据，这些模式用于检测感兴趣的事件。传感器节点被描述为可存储子模式的存储单元。VGN 法核心是如何从传感器节点的局部信息推断全局信息，模式是通过投票方式进行匹配的。与 GN 算法仅采用一个简单的二元决策不同，VGN 中传感器节点的投票是协作单元，列出了所有与未知模式匹配的可能参考模式，并允许传感器节点互相交换决策以达成网络的整体决策。另外，VGN 还采用了节点协作、分布式内网处理、分布式存储和生命周期管理，来实现资源有限情况下实用的高能效模式识别。

27.3.1　VGN 概述

在传感器网络中执行事件识别是一项极具挑战性的工作。事件识别需要使用地理分布的 Ad Hoc 基础设施，信息处理要通过小型的、资源有限的传感器节点在网内完成，传感器节点使用一个共享无线信道进行无线通信，而且该信道的带宽和时变特性将给识别过程带来更多的困难。

VGN 方法的目的是在节省能量的同时以分布式的方式进行模式匹配。该方法采用传感器网络作为分布式处理系统，利用感知数据进行局部处理，通过只传输更高层的部分模式匹配结果来减少通信。VGN 的实现需要内存占用合理，使资源有限的处理器可执行，并要求数据通信量小，耗能少。同时，任何传感器节点可以将网络中获得的信息进行融合，来获取全局事件检测结果，这也是体现该方法为分布式的一种形式。但是传感器节点并不具有任何关于事件模式维度、节点数目的信息以及拓扑等全局信息。VGN 的另一个特点是，可以部署更多的传感器节点更换耗尽的节点，覆盖面积更大，或在不干扰网络运行的情况下增加感知数据的分辨率。传感器节点动态成组协作，运用中间节点通信来进行模式匹配，这样传感器网络的寿命是最长的，原因是模版匹配功能取决于传感器节点的可用性，而更换传感器节点通常是不灵活的。因此，这种方法通过关掉多余传感器节点并禁止冗余通信来节省网络的能量，从而提供尽可能长时间的事件识别服务。

VGN 汇集了 3 项技术：模式存储、模版匹配和能量节省。参考模式并不储存在基站中，而是在空间上被分割为子模式，每个子模式映射到指定节点上储存，从而实现网内的模式存储。也就是说，模版匹配技术在网络中分布式出现，每个节点将各自存储的参考模式与局部感知数据相匹配，然后做出局部的模式匹配决策。传感器节点间的协作也是非常必要的，因为节点各自做出的局部模式匹配决策可能无法与全局事件模式匹配。

节点间协作可以分为通信和更新局部模版匹配决策两步。传感器节点通过互相通信传输局部模版匹配决策，然后更新各自的决策信息。这个通信和更新过程持续到网络与全局模版匹配达成一致。

节点间协作在传感器网络中的作用至关重要。通常情况下，各节点是不能通过局部信息推断出环境状况的全局信息的。在 VGN 中，传感器节点通过局部模版匹配结果进行通信交换，协作完成模版匹配。节点间协作就是将节点的模版匹配结果集合起来获得网络决策，减少网络通信，并降低能量消耗。另外，VGN 选择有助于达成模版匹配一致的那些传感器节点，关闭其他节点，也间接地降低了能耗。因为判断匹配的主要因素是与参考模式的相似度，因此模式的相似度也决定了传感器节点的重要性。具有相同局部模式匹配结果的传感器节点所在的区域内，通常也具有高相似度的模式。VGN 就是利用这些区域，设置尽可能多的节点处于睡眠模式，从而大大降低能耗。此外，网络中较少的节点进行通信、共享网络资源，整个网络的性能获得了提升。

27.3.2 VGN 的具体内容

VGN 算法模式匹配过程如算法 27.1 所示。该算法将传感器网络作为一个分布式计算环境，每个传感器节点都具有模式匹配的处理和存储能力，且网络中的所有节点并行执行该算法。传感器节点将与其子模式相匹配的参考模式标签列于投票集 (v_i) 中，然后向网络中发送自己的投票集。但是，投票集的通信能力取决于网络状况和物理层。例如，传感器节点的部署在彼此的通信距离之内，就会减少多跳通信量，但是同时各节点并行传递投票集的能力也会降低。一旦传感器节点发送了自己的投票集，将进入睡眠模式；而没能发送投票集的传感器节点将保持活动状态，监听信道上发送来的投票集 (v_c)，如果接收到投票集，则检查其中的内容是否与自己的相同。若相同 $(v_i = v_c)$ 就进入睡眠模式；若不同 $(v_i \neq v_c)$，该传感器则需通过列出两个投票集的共同模式标签来更新 (v_i)，也就是 v_i 与 v_c 的交集。直到未知模式确定算法结束，表明 v_c 包含了匹配的模式标签，或者 $\varnothing$ 没有找到匹配。

算法 27.1：VGN 算法

各传感器节点执行如下

初始化

    $v_i \leftarrow$ {与子模式匹配的模式标签}

if 非睡眠 then

    重复

        试图 Communicate (v_c)

            进入休眠模式

        一旦 Receiving (v_c)

            if $v_i \neq v_c$

                    $v_i = v_i \cap v_c$

            else

                进入睡眠模式

            end if

    直到 $(|v_c| = 1)$ OR $(v_c = \varnothing)$

end if

如前所述，VGN 方法由三大部分组成——模式存储、模式匹配和睡眠模式。下一节将介绍各部分的具体内容。

27.3.2.1 模式存储

场景事件检测采用用户定义的参考模式集，传统方法以集中式储存参考模式，而传感器网络由于节点的存储容量小，单个传感器节点无法存储所有的参考模式，考虑到传感器网络集中式设计所带来的问题，因此在基站不必存储所有参考模式。VGN方法则采用分布式的模式存储以克服上述问题。

首先划分一个参考模式 P，将其表示为一个成对数组 (p_i)，即 $P = \{p_1, \cdots, p_i, \cdots, p_{M \times N}\}$ 是一个 $M \times N$ 的数组，其中 p_i 是模式 P 中索引 i 的基本模式元素对（Pair），$i \leqslant M \times N$。每个对包括子模式值、映射到的节点、模式的唯一编号、值、位置信息，以及模式的标签值。模式的值域 (D) 是元素对初始化时可能的取值集合，比如二值模式的值域为 $\{0,1\}$，其取值 $\in D$。位置是指标志位置的节点ID，也就是节点的相对位置或欧式坐标。节点还要存储模式标签 (L_m)，与每个参考模式相应的唯一编号，其中 m 是参考模式的序号。设传感器网络节点集的组成为 $S = \{s_1, \cdots, s_i, \cdots, s_{M \times N}\}$，每个 p_i 都映射到它指定的传感器节点 s_i。

用于存储传感器节点对的实现细节和数据结构不在本书的讨论范围之内，但需作说明的是，其存储方式应考虑到存储与检索的时空优化问题。另外，存储器结构的设计要满足输入 (p_i) 的模式标签检索具有一定的精确度。存储器需要列出与所有输入模式匹配的模式标签，才能完成局部模版匹配，因此最好采用能够提高检索性能的技术。

例如，将存储器划分为不同类别，用来对 (p_i) 值的所有可能组合进行描述，再把模式标签存储在各自的类别中，可以快速列出与输入 (p_i) 匹配的模式标签。存储器的类别描述的是 (p_i) 值的所有可能组合，包括前一个节点 p_{i-1} 值，当前节点 p_i 值，和下一个节点 p_{i+1} 值。对于二值模式 $(D = \{0,1\})$，类别 (p_{i-1}, p_i, p_{i+1}) 列出的所有模式即为 $\{000, 001, 010, 011, 100, 101, 110, 111\}$。位置 i 上的任意模式都与其中之一对应。每类列出所有等值的模式标签并对应于 (p_{i-1}, p_i, p_{i+1})。为了找到位置 i 上与未知模式对应的模式标签，通过将位置 i 上的未知模式对与一种类别进行匹配，而不搜索存储模式的整个域。

27.3.2.2 模版匹配

VGN 提出了一种分布式模版匹配的机制来检测事件。为了匹配模式，需要计算未知模式与参考模式之间的距离，因为参考模式是以分布式存储的，模式之间的距离也应以分布式度量。

每个传感器节点进行局部模版匹配是指，利用局部的输入感知数据找到与之相同的参考模式标签。一旦找到了与位置 i 上输入的感知数据匹配的所有模式标签，就将其列在投票集（vote set，表征节点的局部模式匹配结果）中。投票集 (v_i) 中列出的是与全局事件模式可能匹配的所有模式标签。若没有参考模式与位置 i 上输入的感知数据匹配，则指定投票集为空 $(v_i = \{\ \})$。这种局部模版匹配的方法对应于精确模版匹配，从而 $d(x,y) = 0$。

全局的距离度量是通过投票间接计算的，而不是直接在基站中计算每个传感器节点的度量之和。如果未知事件模式能与一个参考模式相匹配，就将该参考模式的标签加入所有传感器节点的投票集。同时，如果该未知事件模式的匹配参考模式多于一个，就不能加入投票集的公共模式标签中。其他文献对此还有很多种命名，如公共约定、一致、全体一致投票等[3,16]。

传感器网络分布式搜索被包含在所有传感器节点投票集中的公共模式标签，投票集的交集就是公共模式标签。两个集合的交集形成一个新的集合，包含的元素（模式标签）同时属于两个集合。因此，当一个模式与参考模式之一完全匹配时，对所有投票集做交集产生的是匹配的模式标签，或空集（当没有匹配可以确定时）。相似性的度量公式可以描述为投票集的交集，如式（27.6）和式（27.7）

所列。如未知模式 x 与第 j 个参考模式 $\left(y_j\right)$ 完全匹配，则对 n 个节点的投票集求交集可得到第 j 个参考模式的模式标签 $\left(L_j\right)$。

$$d\left(x,y_j\right)=0 \to \bigcap_{i=1}^{n} v_i = L_j \tag{27.6}$$

$$d\left(x,y_j\right)>0 \to \bigcap_{i=1}^{n} v_i = \varnothing \tag{27.7}$$

事件模式的匹配通过传感器节点间协作完成。网络间的协作可以定义为传感器节点间投票集的交换。每个节点试图与其他节点交流投票集，以更新自己的决策。这时，传输模式可以抽象成一个单跳组成的簇。通过将节点的投票集与接收到的投票集做交集得到更新的投票集，如式（27.8）所列。新投票集中的模式标签是两个投票集中共有的。所以每次更新之后，投票集的重要性通常会增加，而投票集中参考模式标签的数量会减少，参考模式标签与未知模式匹配上的候选者也会减少。

$$v_i = v_i \cap v_c \tag{27.8}$$

网络得到最终匹配结果的条件是，或者所有的传感器节点在所有投票集中找到了模式标签并达成了统一，或者是得到了空的投票集，分别对应找到和没有找到匹配的情况。下式描述的是采用交集运算时传感器网络最终得到的匹配结果：

$$C = \bigcap_{i=1}^{n} v_i = \begin{cases} \text{未找到匹配,} & C=\varnothing \\ \text{匹配模式} L_j, & \text{其他} \end{cases} \tag{27.9}$$

式中：C 是网络得到的结果；n 等于节点数量 $\left(M \times N\right)$。

全局匹配结果取决于节点间协作，利用中间节点通信来交互局部决策，得到最终的匹配模式。节点间的协作可以通过在途网络处理技术提高节点间的协作效率。全局结果则通过投票集通信、在途融合并传递给基站得到的[8,19]。VGN 的分布式特点使其适用于多种网络拓扑和多跳通信，而且 VGN 信息处理和睡眠模式技术有益于降低信息的通信量并减少冗余信息。任何节点都可以作为融合中心来执行 VGN 模版匹配[10]。由于指定投票集到中间节点进行处理，融合中心就可以将投票集处理整合为数据的单一输出。

27.3.2.3 睡眠模式

采用网内的投票集处理可以节省网络能量，VGN 还应用了睡眠模式策略进一步节能，即只利用节点的子集进行事件模式的匹配，关掉网络剩下的节点。因此，VGN 事件模式匹配的实现方式就是自主选择传感器节点以及节点间的动态协作。

睡眠模式策略关闭的节点是根据节点对事件识别过程的重要性选择的。传感器节点或参与模式匹配或进入睡眠模式都是自主选择的，而不依赖基站。这一特点对维持 VGN 方法的扩展性，以及在网络中添加节点进行部署时尤为重要。

VGN 方法在保证模式匹配性能的前提下，通过将传感器节点尽可能多地设定为睡眠模式，以及不允许传输冗余投票集的方法降低了能量的消耗并延长了网络寿命。因为传输相同的投票集不仅不能提高网络的最终匹配结果，还会耗尽网络的能量。不使用全体传感器节点，只是使用具有重要投票集的节点子集进行模式匹配也是出自相同的原因。

要理解睡眠模式策略，需要先回顾一下传感器节点进行模式识别时采用的机制。要匹配一个未知模式，传感器节点 s_i 要产生一个包括如下设置的投票集：$\{\varnothing\},\{X\},\{Y\}$ 或者 $\{X,Y\}$（存储了两个模式 X 和 Y）。图 27.2 所示的是存储模式 X 和 Y 产生的不同区域。根据传感器节点位置和与未知模式相匹配的模式，为投票集赋予一个集合，当未知的输入模式可与 X 或 Y 模式匹配时，投票集可以

分别由 $(\{X\}$ 或 $\{X,Y\})$ 或 $(\{Y\}$ 或 $\{X,Y\})$ 组成。如果传感器节点没能找到与未知模式匹配的参考模式 $(X$ 或者 $Y)$ ，就给投票集赋空集。无论哪种情况下，最终投票集结果都位于模式 X 和 Y 所在区域的交集中。图中的共享区表征模式 X 和 Y 相干的空间区域，位于共享区的传感器节点匹配过程中的作用无足轻重，因为他们的投票集包含了所有存储模式的全部标签，因此不能用于判断哪些模式能够与输入感知模式进行匹配。由于共享区节点不能用于模式匹配，因此通过关闭这些节点，启用那些位于只有模式 X 和 Y 区域的节点以尽快传输它们的投票集。

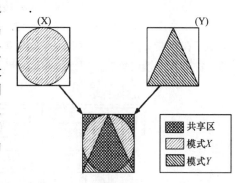

图 27.2　存储模式 X 和 Y 时产生的不同区域

传感器节点进入睡眠模式需要满足以下两个条件：①传感器节点在传输了自己的投票集之后可以进入睡眠模式；②当接收到与自己相同的投票集时可以进入睡眠模式。如果两个传感器节点的投票集包含了完全相同的模式标签，就判定两者的投票集相同，如式（27.10）所列。集合差运算 $(-)$ 得到的是不属于第二参数项但属于第一参数项的元素。当两个投票集相同时，差运算得 $(\varnothing)$ ，也就是没有不同的元素。所以任一落在共享区的节点传输了投票集之后，所有落在共享区的节点都可以进入睡眠模式，而使具有更重要投票集（包含 $\{X\}$ 或者 $\{Y\}$ ）的节点传输他们的投票集获得最后统一的结果。

$$|A-B| = |B-A| = 0$$

（27.10）

式中：集 A 和集 B 是相同的集合。

VGN 方法可以动态地适应模式之间的相似性。存储大面积共享区的模式会导致大量的节点具有相同的投票集，因此只要位于共享区的一个节点传输了投票集，共享区里所有的节点就进入睡眠模式，从而避免了传输冗余的投票信息。当超过两个参考模式时，重复上述过程使属于不同共享区的冗余节点进入睡眠模式。存储的模式是大面积的唯一模式类别时，VGN 就能进行快速地模式匹配，由于模式类别不同，投票集较小，具有重要投票集的节点也多，从而易于使网络快速达成匹配结果的一致。因此 VGN 是聚集传感器网络中的重要投票集（不同投票集）来进行节点协作的，并利用睡眠模式策略和降低冗余来降低能耗，此外，VGN 还能够动态地选择较小的节点子集对输入的事件模式进行匹配。

27.3.3　举例

下面这个例子描述了 VGN 方法如何进行模式匹配的。例中的传感器网络中由九个节点组成，可以接收的输入模式尺寸为 3×3 。该网络用来存储二进制的九个模式，如图 27.3（顶部）所示，并设定从任意传感器节点发送的投票集可由网络中其他的所有节点接收。

本例给出了网络对于各种未知模式响应。从 VGN 方法的角度看，网络响应取决于未知事件模式的类型，当某参考模式与事件模式匹配时，响应为匹配的未知模式，如若没有，则响应为拒绝未知事件模式。在图 27.3 中，用输入感知模式（a）与（b）说明网络中模式匹配的过程。首先进行投票集的初始化，为每个投票集分配一组与各节点位置模式对匹配的所有模式标签。然后节点按顺序遍历，向其他节点发送自己的投票集，每个节点在发送了自己的投票集后进入睡眠模式。节点一旦接收到投票集，就与自己的投票集做交集进行更新，更新后的投票集构成了传送投票集的共同模式标签，以及下一接收传感器节点的投票集。当任意节点发送了只包含一个模式标签的投票矢量，并使得其余节点进入睡眠模式时，表明例中的未知模式匹配。

图 27.3（c）和（d）示出了没有匹配的参考模式时，未知事件模式被拒绝的例子，此时任意传

感器节点传输的投票集为空集。除了在投票集初始化阶段，当未知模式与任何参考模式不匹配而创建空投票集以外，当接收到的投票集和传感器节点上的本地投票集之间没有公共模式标签时，也会创建一个空投票集，图 27.3（c）所示的是投票集初始化阶段产生的空投票集的情况，而 27.3（d）示出了在投票集更新过程中产生空投票集（即接收到的投票集中无公共模式标签）的情况。无论是哪一种产生空投票集的情况，传感器网络都会拒绝未知事件模式。

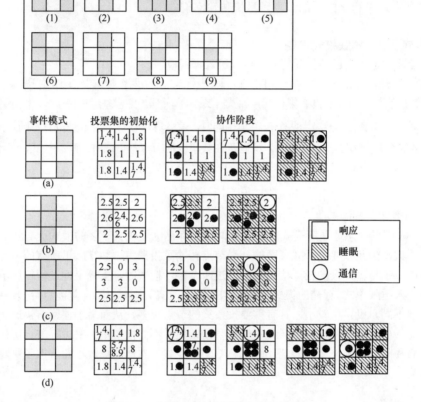

图 27.3　应用 VGN 进行模式匹配的过程

27.3.4　分析

本节将对 VGN 方法进行分析。由于在传感器网络中通信传输消耗能量最高，因此研究的关键问题是事件模式匹配所需的投票集数量，并根据匹配模式所需投票集的数量，对 VGN 方法的最坏情况做出详细分析。资源有限的传感器网络在通信消息时，会消耗大量网络能量，还会导致网络延时和拥塞。在关键应用中，需要尽可能地最小化能量消耗。

通常情况下，为了构造实际环境的全局视图，需要从所有传感器节点处收集信息来创建全局事件模式，也就是需要传输 $M \times N$ 个信息来推断全局环境状态，其中 $M \times N$ 是对应于传感器节点数目的模式维数。然而，参考模式之间的重叠会产生冗余投票集的共享区，因此 VGN 试图通过去除冗余投票集的方式，来减少所需投票集的数量。若节点收到与自己投票集相同的投票集，VGN 则使这些节点转入睡眠模式，阻止相同的投票集传输，从而实现动态地选择节点的子集，来传输投票集以进行模式匹配。

尽管在模式之间存在共享区，但最坏的情况下，VGN 不能让任何传感器节点在传输其投票集之前进入睡眠模式，也就是说需要传输全部传感器节点的投票集。这种最坏情况下，未知模式与所有存储参考模式之间的距离都满足 $d(x,y)=1$。此时任意两个投票集之间的距离为一个模式标签，彼此几乎相同。节点只有在传送了自己的投票集后才能进入睡眠模式，任意两个投票集相交会减少一个模式标签。所以最坏情况下全部传感器节点都要传送自己的投票集，即 $M \times N$ 个投票集。

图 27.4（a）是使用 3×3 模式时的最坏情况。网络共存储了 9 种参考模式，后 8 种与第 1 种模式的距离均为 1（$d(x,y)=1$）。图 27.4（b）是用图 27.4（a）中第 1 个模式表征的未知事件模式。图 27.4（c）是网络对输入模式产生的投票集响应。尽管图 27.4（c）中各投票集几乎相同，但是 VGN 的睡眠模式策略尚未起效。假定任何选中的投票集都能传输到其他所有的传感器节点。当传感器节点接收到一个投票集时，执行 $v_i \cap v_c$，此时得到一个新的投票集，集合里只包含两个投票集（v_i 和 v_c）共有的模式标签。每次传输投票集后，网络剩余投票集只减少一个模式标签。最后，当所有节点都传输了投票集，才能得出未知模式的匹配结果。

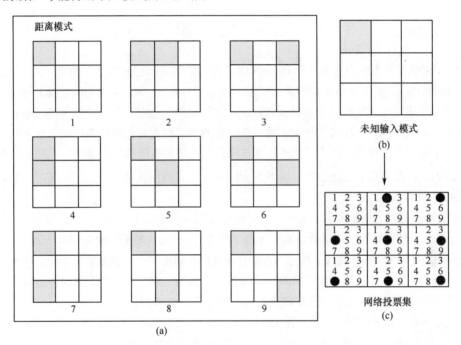

图 27.4 使用 3×3 模式时的 VGN 最坏情况示例

但是，最坏情况受到未知事件模式距离为 1（$d(x,y)=1$）的参考模式数量的影响。距离 $d(x,y)=\gamma$ 的二进制模式数量可以通过式（27.11）计算出来，该式是由距离参数 γ 和模式大小参数 n 组成的组合算式。

$$(n:\gamma) = \binom{n}{\gamma} = \frac{n!}{\gamma!(n-\gamma)!} \tag{27.11}$$

引起最坏情况（$d(x,y)=\gamma=1$）模式的数量为 $(n{:}1)=n$，与所有可能的二进制模式总数（2^n）相比是很小的。图 27.5 是随机选择参考模式的概率分布图，表征的是在不同模式距离下对任意大小模式测量得到的平均概率分布结果（%）。从图中可以看到，在所有可能出现的模式中，与其模式距离为 $d(x,y)=10\%$ 者少于 5%，此外模式距离的分布服从正态分布，均值位于分布中心，即大部分模式有 50% 的差距。因此当存储模式时，要避免存储模式之间的距离为 1（$d(x,y)=1$）。有这样一种可能性，

当所有可能的 2^n 种模式中只有 n 种互相距离为 1 的模式，此时最坏情况的概率仅为 $n/2^n \times 100\%$。在这种情况下，产生的结果与各节点将全部数据传输到集中式基站的情况几乎是一样的。但是在其他情况下，由于 VGN 方法利用了共享区存储模式，能够将投票集的通信量降至小于 n。

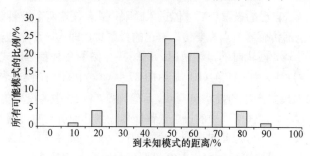

图 27.5 到未知事件模式距离的概率分布图

27.4 仿 真

本节将对 VGN 进行仿真分析。VGN 方法由于考虑了模式间相似性产生的共享区，通过减少冗余（相同的投票集），从而有效地提高了模式匹配的效率并降低了能耗。VGN 根据节点的重要性动态地选取节点子集，相互协作进行事件模式匹配，通过设置其他节点睡眠模式来降低能耗。

27.3.4 节研究了 VGN 在最坏情况下的性能，此时的通信量与传输所有感知数据到基站的情况几乎相同，但是受限于 $d(x, y) = 1$ 的模式，这些模式仅占所有可能模式数量的一小部分，带来的影响也是有限的。因此 VGN 方法总能够降低冗余通信，节省网络能量，使系统达到好于最坏情况或基站情况的性能。

VGN 的性能受模式间的相似性影响，不同相似性的参考模式下 VGN 的性能也不同。因此需要对 VGN 方法用不同类型的模式进行仿真，才能了解 VGN 性能，特别是能量节省方面。

在 MATLAB 中对 VGN 建模，构造 VGN 节点执行存储模式、创建投票集、节点协作、模式匹配。构造的节点数目与存储模式的维数对应。将模式分解为 pair，分布在部署的传感器节点当中，然后各节点根据 VGN 的模式存储机制将接收到的 pair 存入偏置数组中。

仿真实验使用一种新的度量标准来评价 VGN 性能，传感器节点协作可以实现模式匹配的 100% 准确度。因此，传统的模式识别度量标准由于错误警报和低准确率并不可行。能量是一个传感器网络最重要的资源，传感器节点所提供的功能很大程度上依赖于板载电池的能量，传感器网络应用需要具有高能效的特点并尽可能节能。因此，传感器网络的性能与网络执行模式匹配任务所消耗的能耗水平相关。

VGN 在模式匹配的同时，还通过减少冗余通信以及让尽量多的传感器节点进入睡眠模式来节省能量，延长网络寿命。仿真实验完成了不同情形下的模式匹配，并使用性能度量标准对传感器网络的能耗进行了测量。首先测量的是完成模式匹配所需的投票集数量。由于 VGN 通过节点投票集交换，协作完成模式匹配，因此所需投票集数量的测量对确定通信量是很重要的。投票通信实际产生的能耗取决于传感器节点的硬件配置。比如说，传输 1 比特数据的耗能大小取决于天线和调制模式。但是，所需通信量仍然可以通过计算模式匹配所需传输的投票集以及每个单独节点做出的通信量贡献来估计。VGN 方法使网络中具有最高重要性的节点互相协作，而让其他的节点进入睡眠模式，原因是位于共享区的节点对通信的贡献要小于网络中其他区域的节点。各传感器节点对通信的贡献程度反映了哪些区域为高能耗，从模式匹配所需的通信量可以推断出模式匹配所需时间，所需的时间可能会影响网的反应生成率，可以通过将传输全部所需投票集的时间求和计算出匹配一个模式的时间。另一个影响时间计算的因素是传感器节点处于活动模式的时长。VGN 方法的目标之一是使符合条件的传感器节点尽快进入睡眠模式；节点处于活动模式的时间越少，节省的能量越多。为了度量睡眠模式策略的性能，需要考虑到每个传感器节点从投票阶段开始直到进入睡眠模式的活动时间间隔。

27.4.1 测试模式

VGN 的性能依赖于存储模式之间的相似性。仿真结果显示了所用模式与各种模式下 VGN 性能的关系。

用两种模式类型对 VGN 进行性能测试：随机模式和传统模式，分别如图 27.6 和图 27.7 所示。随机模式的特点是唯一模式不相等，只含有少量的相似元素。二进制随机模式由一个专门用于仿真的随机模式产生器创建，该产生器仅能创建特定维数的随机模式，且每新创建一个随机模式要到先前创建的模式集中检验有没有创建过，若没有则添加到随机模式集中。随机模式主要用于评估 VGN 的可扩展性，如模式维数的变化以及存储模式数量的变化。

图 27.6　32×32 像素的二进制随机模式示　　　图 27.7　MNIST 数据库[21]的数字样例

传统模式包括手写数字 MNIST 数据库的二值图像[21]。MNIST 数据库有 60000 个 28×28 像素的手写数字模式，类别用数字划分：从 0～9，每个数字类别都有大量相同数值的手写数字图像。需要特别注意的是 VGN 算法不是字符识别算法，用数字作为成型的模式（具有高度相似性）是为了对算法进行评估。对于仿真目的，MNIST 模式要转为二值模式。

随机模式和 MNIST 数字代表两种不同模式类，分布式几乎无共享区的模式与有共享区的模式。图 27.8（a）～（e）所示的是随着存储模式数量的增加，对随机模式和数字模式分别测量得到的距离均值、最小值以及最大值。采用汉明距离测量，通过统计模式不同的位置数量来确定模式间的相似度。用测量得到的存储模式间距离建表，以显示每个模式类型的距离随存储模式数量增加时的度量。创建表以模式不同位置数量占所有位置总数（模式维数）的百分比显示了度量距离的结果。百分比越大，模式的相似性越小。

从图中可以看出随机模式比数字模式的距离度量百分比大。另外，随机模式条件下的距离均值、最小值和最大值几乎相等，并且随存储模式数量的增加维持几乎不变。图 27.8（a）显示了随机模式具有有限的相似性；存储模式的距离度量结果显示随机模式大概有 50%的位置不同，符合用随机模式仿真时几乎没有共享区的预期。

与此同时，数字模式具有高度相似性，数字 3、5、7 和 8 的模式具有相同的趋势。如图 27.8（b）～

（e）所示，随着存储模式数量的增加，度量距离的均值几乎保持不变，而整体的不同位置百分比保持在20%以下，也说明了数字模式具有高相似性。此外，随着存储模式的下降，最大距离增加，而最小距离减小。

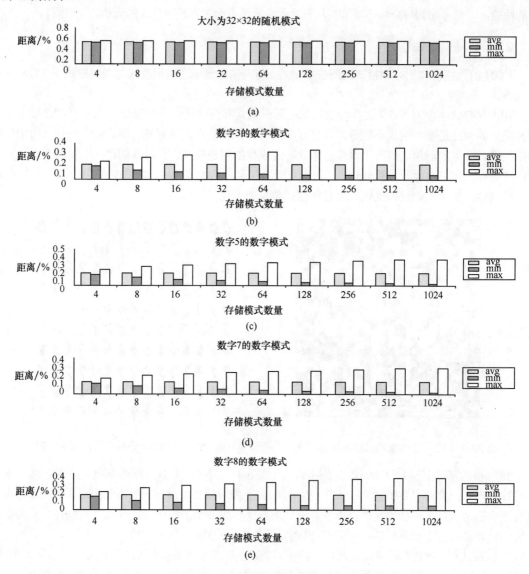

图 27.8　随机模式和数字模式的距离

27.4.2　通信分析

在第一个仿真实验中，选取匹配一个模式的投票集数来评估 VGN 性能。VGN 利用节点间投票集的通信协作完成模式匹配，通过观察随着模式维数与存储模式数量的增加时算法性能来分析所需的通信量。实验研究了模式大小分别为 256、1024、4096 和 16384 时的通信投票集数量，模式大小对应于传感器网络的大小。每个网络存储的随机模式从 4～4096 个不等，测试模式从存储模式中随机选择，作为未知模式。根据需要可以创建传感器节点，向网络发送投票集进行模式匹配。假定传感器节点组成一个单跳网络，各传感器可以接收到来自其他节点的信息，按顺序选择节点来发送投票集。这些假定针对实验中的 VGN 算法，降低了很多网络因素的影响，如网络延迟、信道竞争以及多条通信。

图 27.9 显示为了达成最终结果所需的投票集数量很小,随着存储模式数量的增加沿对数曲线增长。从图中还可以看出,无论网络规模大小,进行模式匹配所需投票集的总量几乎保持不变。因此可以得出结论,对于随机模式来说,达成匹配结果的过程与网络规模大小和存储模式维数相对独立,体现出 VGN 算法具有可扩展性,而且事件识别的通信量很小。

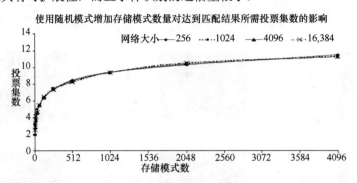

图 27.9 使用随机模式在不同节点个数的网络中达成匹配结果所需投票集的平均数量

对于使用 MNIST 数据库中数字模式的 VGN 算法也进行了实验仿真,包括数字 3 模式中随机选择的 4～1024 个存储模式,对数字 5 和 8 也进行了同样的仿真实验;所有数字模式为 28×28 像素。尽管图 27.10 所示的曲线趋势与图 27.9 中的相似,但是数字模式的仿真实验显示出所需通信总数量随存储模式数量的增加而增加。此外不同的数字模式类所需的通信量也不同;数字 5 模式的要比 3 和 8 略少。对于其他数字模式也呈现类似的模式。

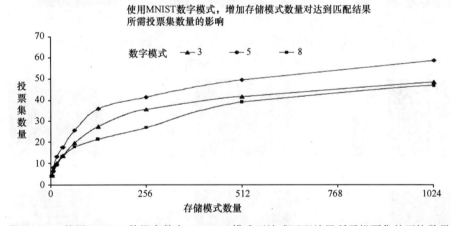

图 27.10 使用 MNIST 数据库数字 3、5、8 模式下达成匹配结果所需投票集的平均数量

图 27.11 和图 27.12 分别是网络存储随机模式和 MNIST 数据库数字模式时平均每节点的通信(ANC)比例。两幅图像中的 x 轴和 y 轴分别描述了传感器网络节点的坐标。ANC 是指每个传感器节点进行未知模式识别所需通信的投票集平均数量。实验对不同随机模式大小和不同数字模式的结果显示了相似的趋势,选取数字 3 模式和 32×32 随机模式的实验结果代表两类模式进行对比。图 27.11(a)～(i)和图 27.12(a)～(i)所示的是网络存储 4～1024 个模式的 ANC 比例示意图。

两图的 ANC 结果都表明大部分传感器节点并不传输自己的投票集。这一结论非常重要,符合 VGN 算法局部处理最大化并减小通信的目的。节点 ANC 随网络存储模式个数的增加而逐渐增加,原因是模式匹配需要获得更多的投票集。

图 27.11 和图 27.12 显示位于下方节点的 ANC 数多,意味着这些节点会重复发送自己的投票集。导致这些节点具有高 ANC 的原因是,仿真实验采用了顺序遍历节点选择机制,这可以通过随机选

择节点来平衡网络 ANC。

图 27.12 示出了数字模式下 ANC 结果与随机模式不同。首先，因为数字模式具有更高的相似性，比随机模式需要交换更多投票集，节点 ANC 也比图 27.11 相对应的多。第二，尽管仿真对节点按顺序遍历，但是在第一个节点之后大量的节点就不再传送投票集（ANC=0），转而进入睡眠模式。第一个节点以及后续的节点位于白色区域，有相同的投票集，从而进入睡眠模式，让其他更重要的节点传输投票集。

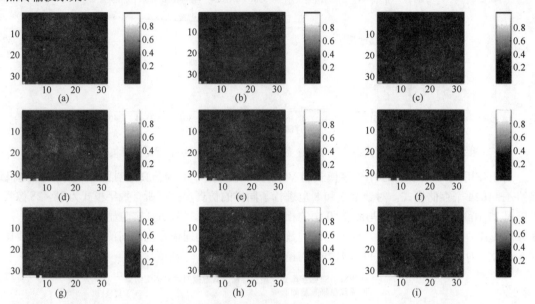

图 27.11(a)～(i)　由 1024 个节点构成的网络存储 4、8、16、32、64、128、
256、512、1024 个随机模式得到的 ANC 结果示意图

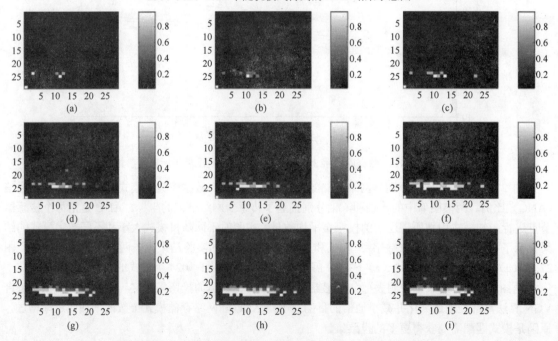

图 27.12(a)～(i)　网络存储 4、8、16、32、64、128、256、512、
1024 个数字 3 模式得到的 ANC 结果示意图

27.4.3 睡眠模式分析

VGN 的目的之一就是使尽可能多的节点进入睡眠模式，而用尽可能少的活动节点进行模式识别。传感器节点保持活动的时间间隔长短可用来衡量睡眠模式策略，为此，引入一个叫做平均活动时间（AWT，Average Wake Up Time）的度量值。AWT 测量的是各传感器节点的平均活动时间，即节点用来传输投票集所用的时间。节点在接收到与自己相同的投票集或网络达成匹配结果之前保持活动状态。从 AWT 可以推断出由于具有相同的投票集一同进入睡眠模式传感器节点是成组的，每组的节点间互相冗余，因此属于某一组的节点可以替代同组节点的工作。

对 256、1024 和 4096 个随机模式和数字 3、5、8 模式进行了 AWT 仿真。图 27.13 和图 27.14 所示的分别是对网络存储 4、8、16、32、64、128、256、512 和 1024 个 32×32 随机模式和数字 3 模式仿真得到的结果，他们的模式大小和数字模式具有相似的结果。两图的 x 轴和 y 轴表示节点坐标，条形表示的是 AWT 结果的范围。

从两图中可以看出，无论是随机模式还是数字模式，各节点的 AWT 随存储模式数量的增加而增加。有两个因素导致 AWT 的增加：第一，当存储模式的总数增加时，投票集的传输量也同时增加，如图 27.9 和图 27.10 所示。最后一组节点需要等到传输完最后一个投票集才能进入睡眠模式。第二，随着存储模式的增加，将导致模式共享区的减少，不同模式之间的干扰变强，从而难以找到相同的投票集，传感器节点需要等待更长时间才能获得相同的投票集。

如图 27.13 和图 27.14 所示，VGN 的输出在使用随机模式和数字模式时不同。存储数字模式的仿真结果可以清晰地看出，模式间的高度相似性对 AWT 产生的影响。所有数字模式沿着实际数字共享白色区域，如图 27.7 所示。白色区域内的节点由于共享区域不能用于区分模式，因此并不重要，大部分处于白色区域的节点很早就进入睡眠状态，因而 AWT 低。这些节点节省能量用于其他任务，如感知数据的中继。从 AWT 结果中还可以看到，具有相同 AWT 的其他传感器节点位置，每种颜色代表的节点组内的节点互相冗余，具有相同的投票集，可以通过组内节点的轮动通信来延长网络的寿命，因此节点 ANC 几乎相同，从而能量可以均匀分布在网络当中。存储的是随机模式时，模式之间具有较低相似性，因此节点 AWT 很高且各节点几乎相同。

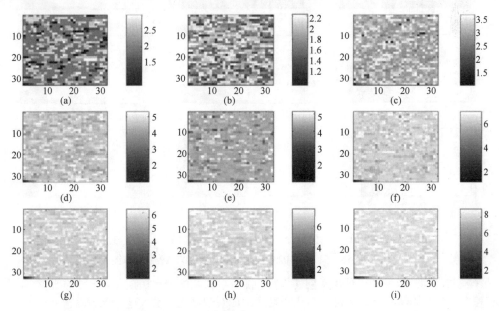

图 27.13 由 1024 个节点构成的网络存储 4、8、16、32、64、128、256、512 和 1024 个 32×32 随机模式时得到的 AWT

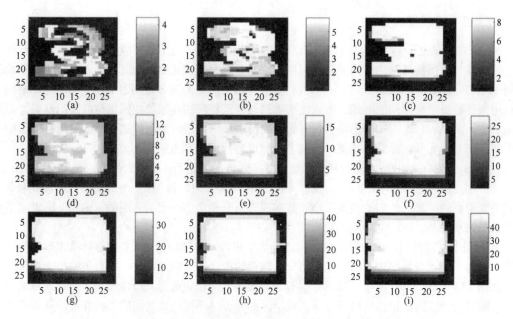

图 27.14　由 1024 个节点构成的网络存储 4、8、16、32、64、128、256、
512 和 1024 个数字 3 模式（MNIST 数据库）时得到的 AWT

　　每个仿真实验得到的 AWT 直方图提供了关于传输投票集后进入睡眠模式的传感器节点数量的额外信息。直方图的 x 轴和 y 轴分别代表节点进入睡眠模式的时间，以及进入睡眠模式的节点数量。图 27.15 和图 27.16 所示的分别是对随机模式和数字模式仿真的直方图。

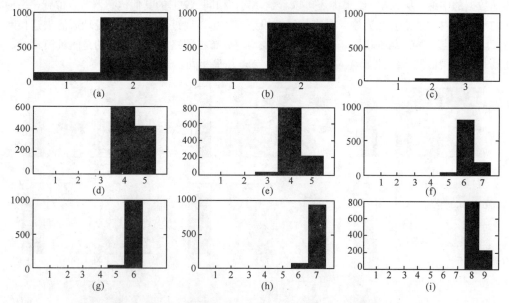

图 27.15(a)～(i)　由 1024 个节点构成的网络存储 4、8、16、32、64、
128、256、512 和 1024 个随机模式得到的 AWT 直方图

　　两个模式类别的直方图表现出不同的趋势。随机模式匹配得更快，因此 x 轴的值较小，随机模式所有直方图的共同特点是，大部分节点在网络达成匹配结果之前才能进入睡眠模式，如图 27.15 所示。因此对于随机模式来说，大部分节点在节点协作的后期阶段仍要保持活动状态，但是 VGN 能够使网络较快地达成匹配来弥补这个缺点。

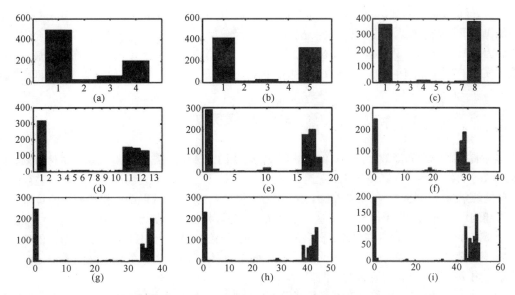

图 27.16(a)～(i)　由 1024 个节点构成的网络存储 4、8、16、32、64、128、256、

512 和 1024 个数字 3 模式（MNIST 数据库）得到的 AWT 直方图

与随机模式不同，睡眠模式策略则非常有利于数字模式的匹配，如图 27.16 所示，很多传感器节点能在第一个投票集传输以后立即进入睡眠模式。但与随机模式相同的是，仍有一大部分节点在网络达成匹配结果之前才能进入睡眠模式。

27.5　实　验　对　比

本节将 VGN 和 GN 算法作对比。GN 算法是一个基于神经网络的方法，也就是将传感器节点映射为一个神经网络分布式地对模式进行存储和识别。GN 算法没有嵌入睡眠模式的类似策略，因此所有节点一直保持活动状态。每个 GN 节点对子模式进行处理，生成一个表明是否与未知模式匹配的布尔结果。尽管 GN 算法能从所有节点收集识别信息对任何模式进行识别，但是由于模式间的干扰，GN 算法的识别准确度非常低。模式间干扰和图 27.2 讨论的共享区类似，·局部布尔结果不能提供用来模式匹配的足够信息。为了提高 GN 算法的准确度，需要精心选择参考模式集才能保证存储的模式集是无干扰的，但是这一点并不是总能做到。与此相对，VGN 不受模式干扰的影响，因为节点协作和投票集的交换为模式匹配提供了足够的信息，因此可以保证模式匹配的正确性。

关于通信的需求方面，GN 算法只依赖于局部的相互通信，每个 GN 节点仅在相邻两个节点范围内交换局部匹配结果，即前一个与后一个节点。只要接收到邻节点的局部结果，节点就能得到自己的最终决策。在所有节点都产生了正确的布尔值后，未知模式的识别完成。因此整个模式识别匹配的过程中每个传感器节点需要传输 2 次信息，网络共需传输 $2n$ 次信息，其中 n 是网络的规模大小。如果合理部署节点，调整相邻传感器节点的位置，传输信息的次数可以减为 n 次，但是无论存储模式数量多少，模式检测所需的信息传输都是 n 次。GN 算法要求所有传感器节点处于活动状态，而 VGN 算法考虑了位置的重要性与模式间的相似性，设定符合条件的节点进入睡眠模式，从而降低了所需的通信量和需要进行模式检测的节点数目。因为 GN 要求所有的节点参与模式匹配，网络各节点 ANC 和 AWT 均匀且相等。所有节点都要传输自己的决策因此 ANC=1，　AWT 因为不采用睡眠策略则与整个网络的工作时间相同。因此，VGN 的 AWT 和 ANC 性能要远远优于 GN 算法。

与其他方法也可以得到类似的对比。比如 Hopfield（HN）也采用分布式储存模式，当从分布式内存中检索到对应的模式时完成模式识别。这个过程要求大量迭代运算，每次迭代需要所有节点交流局部结果，不考虑局部结果的重要性。一次传输代价为 n^2I，其中 n 为网络节点数量，I 为允许的迭代次数。因此 HN 的 AWT 和 ANC 与 GN 算法相当，但高于 VGN 算法。另外，HN 在迭代最后可能会得到由模式干扰引起的伪状态，即 HN 最终得到的稳态（模式结果）不与任何存储模式相匹配[9]。

27.6　总结和未来方向

本章提出了一个高能效、分布式的模式匹配方法用于传感器网络节点对大规模事件检测、模式匹配。VGN 方法摒弃了在基站集中式处理的传统方法，并基于信息处理和睡眠模式技术进行网内处理，降低通信量，延长网络的工作时间。事件检测的问题转换为模式匹配，模式描述的是监测环境中感兴趣的现象信息，用于检测感兴趣事件并分类，通过将模式分割为基本模式元素对使其在网络中以分布式存储。VGN 利用重要性高的传感器节点进行模式匹配，动态管理传感器节点的协作，使局部感兴趣感知信息转换为全局事件的检测。此外引入睡眠模式策略，促进网络的按需处理并提高吞吐量利用率，进而延长传感器网络的寿命。

仿真结果显示了 VGN 算法在网络模式匹配的性能，与此同时本书也提出了几个用于性能评估的度量标准，即影响传感器网络能耗的参数如通信量和睡眠时间等。仿真结果表明相似程度低的模式能够快速匹配，而且模式维数的变化并不影响通信开销。另外，存储相似程度高的模式时匹配所需的通信开销有所增加，然而这一负面影响可以通过有效利用冗余节点转入睡眠模式进行补偿。

仿真还说明网络中的节点具有不同的重要性，重要节点通常比其他节点先消耗玩能量资源。通过研究各节点的处理能力和能耗特征，可以提高网络性能和寿命。应将附加的传感器节点以及配备了更多电量的节点部署在对模式匹配过程贡献多的区域中。

未来的工作是将传感器网络因素和模式识别因素考虑到模型当中。当前的 VGN 投票机制利用的是模式相似性和相同投票的冗余，未考虑噪声和丢包，未来将研究噪声对检测准确度和能量的影响。此外，模式匹配的准确性还受旋转、变形的影响，因此，未来也将研究其他投票机制，如多数投票、网络资源受限条件下的机制等。最后，传感器网络应用程序需要各层共同设计以协调优化能源的利用。因此未来计划应用不同的传感器路由和 MAC 协议分析并优化当前的投票机制，以提高该算法的性能。

参 考 文 献

1. I. F. Akyildiz, W. Shin Su, Y. Sankarasubramaniam, and E. Cayirci. A survey on sensor networks. IEEE Commun. Mag., 19:102–114, 2002.

2. D. H. Ballard and C. M. Brown. Computer Vision. Prentice Hall, 1982.

3. R. Battiti and A. Colla. Democracy in neural nets: voting schemes for accuracy. Neural Networks, 7(4):691–707, 1994.

4. C. M. Bishop. Neural Networks for Pattern Recognition. Clarendon Press, Oxford, 1995.

5. Crossbow. Mica2 datasheet. [online]. (http://www.xbow.com /Products/Product pdf files/Wire- less pdf/MICA2 Datasheet.pdf), Last accessed 21 February 2008.

6. R. P.W. Duin and E. Pekalska. Structural inference of sensor-based measurements. In Proceedings of the Structural, Syntactic, and Statistical Pattern Recognition (SSSPR '06), Vol. 4109. Springer Verlag, 2006, pp. 41–55.

7. D. A. Forsyth and J. Ponce. Computer Vision: A Modern Approach. Prentice Hall, 2002.

8. J. Gao, L. J. Guibas, J. Hershberger, and N. Milosavljevic. Sparse data aggregation in sensor networks. In 6th International Conference on Information Processing in Sensor Networks (ISPN'07), 2007, pp. 430–439.

9. S. Haykin. Neural Networks: A Comprehensive Foundation. Prentice Hall, 1998.

10. Z. Kamal, M. Salahuddin, A. Gupta, M. Terwilliger, V. Bhuse, and B. Beckmann. Analytical analysis of decision and data fusion in wireless sensor networks. In Proceedings of the 2004 International Conference on Embedded Systems and Applications (ESA04), 2004, pp. 263–272.

11. A. I. Khan.Apeer-to-peer associative memory network for intelligent information systems. In The 13th Australasian Conference on Information Systems, Vol. 1, Melbourne, Australia, 2002, pp. 317–326.12. A. I. Khan, M. Isreb, and R. Spindler. A parallel distributed application of the wireless sensor network. In Seventh International Conference on High Performance Computing and Grid in Asia Pacific Region, Tokyo, Japan, 2004, pp. 81–88.

12. A. I. Khan and P. Mihailescu. Parallel pattern recognition computations within a wireless sensor network. In ICPR, Vol. 1, 2004, pp. 777–780.

13. A.Konar. Artificial Intelligence and Soft Computing: Behavioral and Cognitive Modeling of the Human Brain. CRC, 1999.

14. B. Krishnamachari, D. Estrin, and S. Wicker. The impact of data aggregation in wireless sensor networks. In Proceedings of the 22nd International Conference on Distributed Computing Systems (ICDCSW '02), IEEE Computer Society, 2002, pp. 575–578.

15. L. I. Kuncheva. Combining Pattern Classifiers: Methods and Algorithms. Wiley, 2004.

16. M. Li, Y. Liu, and L. Chen. Non-threshold based event detection for 3d environment monitoring in sensor networks. In Proceedings International Conference on Distributed Computing Systems(ICDCS'07), IEEE, 2007.

17. J. Liu, J. Reich, and F. Zhao. Collaborative in-network processing for target tracking. J. Appl. Signal Process., 4(8):378–391, 2003.

18. S. Madden, M. J. Franklin, J. M. Hellerstein, and W. Hong. Tag: a tiny aggregation service for ad-hoc sensor networks. In 5th Annual Symposium on Operating Systems Design and Implementation(OSDI), 2002, pp. 131–146.

19. MATLAB. Matlab(http://www.mathworks.com/), 2007.

20. MNIST. Mnist database. [online]. (http:// yann.lecun.com/ exdb/ mnist/), Last accessed 21 February 2008.

21. M. S. Nixon and A. S. Aguado. Feature Extraction and Image Processing. Newnes, 2002.

22. E. Pekalska and R.P.W. Duin. The Dissimilarity Representation for Pattern Recognition, Foundations and Applications. World Scientific, 2005.

23. K. R¨omer. Distributed mining of spatio-temporal event patterns in sensor networks. In Proceeding International Conference on Distributed Computing in Sensor Systems (DCOSS '06), San Francisco, USA, June 2006, pp. 103–116. IEEE.

24. J. D. Tubbs. A note on binary template matching. Pattern Recog., 22(4):359–366, 1989.

25. W. Watanabe. Pattern Recognition: Human and mechanical. Wiley, 1985.

26. A. R. Webb. Statistical Pattern Recognition. Wiley, 2002.